自动控制理论
Automatic Control Theory

廖道争　主编

科学出版社
北　京

内 容 简 介

本书较全面地介绍了自动控制理论的基本内容和分析、设计方法，包括自动控制系统的数学模型；自动控制系统的时域分析法、根轨迹分析法和频率域分析法；自动控制系统的校正；离散控制系统的分析与校正；非线性控制系统(相平面法和描述函数法)；状态空间分析法等内容。教材注重基本概念和基本分析方法的阐述，内容力求通俗易懂、简明实用、易于自学，能满足理工科相关专业的教学需要。

本书可作为高等院校自动化类、电气类、电子信息类、机械类等专业的"自动控制理论"的课程教材，还可以作为成人教育和继续教育的教材，也可供从事控制工程的科技人员参考。

图书在版编目(CIP)数据

自动控制理论/廖道争主编. —北京：科学出版社，2018.6

ISBN 978-7-03-057652-1

Ⅰ.①自… Ⅱ.①廖… Ⅲ.①自动控制理论—教材 Ⅳ.①TP13

中国版本图书馆CIP数据核字(2018)第121707号

责任编辑：吉正霞 李亚佩/责任校对：董艳辉

责任印制：徐晓晨/封面设计：耕者设计

科学出版社出版

北京东黄城根北街16号

邮政编码：100717

http://www.sciencep.com

北京凌奇印刷有限责任公司印刷

科学出版社发行 各地新华书店经销

*

开本：787×1092 1/16

2018年6月第 一 版 印张：19 3/4

2020年1月第三次印刷 字数：501 000

定价：79.00元

(如有印装质量问题，我社负责调换)

前　言

自动控制技术的应用领域非常广泛，不但在国防、航空航天等高精尖应用中是必不可少的组成部分，而且在现代工业、农业、交通运输、医疗技术等各行各业中发挥着越来越重要的作用，为科学技术的发展和人类文明的进步做出了重要贡献。自动控制理论的概念和分析方法已广泛渗透到许多相关学科领域。

考虑到我国本科教学的发展现状，为了在较少的学时内，能使学生较系统地掌握自动控制理论中最基本的概念和理论，本书在内容组织上力求突出重点，在内容叙述上尽量通俗易懂；侧重于基本概念、基本理论和常用分析方法的阐述，略去了经典控制理论中一些不常用的内容。在经典控制理论和现代控制理论的内容组织上，考虑到这两部分的数学基础不同、处理思路不同，因此，编写中采用了国内大多数同类教材所使用的分开编写方式。

全书内容共 9 章，其中第 1 章至第 6 章介绍了经典控制理论的分析与设计方法，具体内容包括：控制系统的数学模型、时域分析法、根轨迹分析法、频率域分析法和控制系统的校正；第 7 章介绍了离散控制系统理论，包括采样定理、z 变换、脉冲传递函数、离散系统分析和最少拍设计等内容；第 8 章为非线性控制系统，包括相平面法和描述函数法；第 9 章介绍了现代控制理论的基础内容，包括状态方程、能控性和能观性、李雅普诺夫稳定性理论、极点配置和状态观测器等内容。为便于教学，每章均配有适当的习题。MATLAB 已成为控制系统分析和设计的基本工具软件，因此，第 2 章至第 9 章，每章的最后一节都介绍了应用 MATLAB 进行控制系统仿真或设计的内容。教材前 6 章与第 7 章、第 8 章和第 9 章的内容具有相对独立性，其他非控制类专业或成人教育教学中可以根据需要删除某些章节后使用。

培养社会需求的工程应用型创新人才已成为众多地方性高校的人才培养目标，由此引起的教学改革模式是理论教学学时减少、实践教学学时增加。本书在内容安排上，参照了三峡大学自动化专业和电气工程及其自动化专业近年来在工程教育专业认证建设工作中，所制定的新教学大纲要求和学时安排，在照顾理论体系完整性的基础上，对内容的选取尽量采用“少而精”的原则，避免一些内容的过度引申和扩展。

本书第 1 章、第 3 章、第 4 章由刘平编写；第 2 章由郭贵莲编写；第 5 章由游文霞和廖道争共同编写；廖道争编写其余各章节，并负责全书的统稿工作。在编写过程中三峡大学吴正平教授提出了许多宝贵意见。

本书在编写过程中参考了许多专家编写的教材，在此向原教材的各位作者表示由衷的感谢！

由于编者能力和水平有限，书中难免存在疏漏或不妥之处，敬请读者和同行专家批评指正。

编　者

2018 年 3 月

目　录

第1章 自动控制系统的一般概念

1.1 自动控制理论的发展及应用

随着科学技术的飞速发展,自动控制[①]理论和技术日益广泛地应用于现代工业、农业、国防、科学技术所涉及的各学科领域及人们的日常生活中。例如,数控机床零件的加工;汽车生产的流水线;热电厂锅炉汽包水位、蒸汽压力和温度的控制;水果按质量自动分拣;蔬菜大棚的温度控制;航天器的发射与回收;智能家居的控制等。自动控制理论和技术的广泛应用不仅大大提高了生产效率,降低了劳动强度,而且使人们的生活更加舒适方便。近年来,自动控制理论和技术进一步渗透到生物医药、交通管理、环境保护、经济学、金融学、社会学及其他社会生活的各领域,促进了各学科的交叉与渗透。自动控制理论和技术必将在宇宙探索、人类与大自然和谐共存及创造人类社会文明等方面发挥更大的作用。

自动控制理论是研究关于自动控制系统建模、分析和设计的一般性理论,是研究自动控制共同规律的技术科学,其产生和发展源于自动装置的应用。中国古代的指南车、地动仪、木牛流马等是自动装置早期的应用实例,但是落后的生产力无法提供控制理论和技术产生的实践基础和理论基础。1788年,瓦特(J. Watt)为了调节蒸汽机的转速而发明了飞球离心调速器,该装置能自动地调节蒸汽机进汽阀门开度,从而保持蒸汽机转速的相对恒定。1868年,麦克斯韦(J. C. Maxwell)发表了《论调节器》,研究调节器的微分方程、线性化处理等,得出了系统稳定性取决于微分方程的特征根是否都具有负实部的结论,并针对二阶和三阶系统讨论了使特征根具有负实部时,特征多项式系列应满足的条件,这是最早的稳定性研究。劳斯(E. J. Routh)在1877年,赫尔维茨在1895年(A. Hurwitz)分别独立给出了高阶线性系统的稳定性判据,后来被称为劳斯-赫尔维茨稳定判据。1892年,李雅普诺夫(A. M. Lyapunov)在其博士论文中提出了李雅普诺夫稳定性理论。20世纪初期,PID控制器开始在工业上得到广泛的应用。1932年,奈奎斯特(Nyquist)提出了负反馈系统的频率域稳定性判据——奈奎斯特判据,这种方法只需利用频率响应的实验数据通过作图就可以判定闭环系统的稳定性。1940年,伯德(H. Bode)提出了对数频率特性方法。1948年,伊文斯(W. Evans)根据反馈控制系统的开环传递函数与其闭环特征方程式之间的内在联系,提出了根轨迹分析法。

19世纪到20世纪上叶,控制理论随着生产的机械化及电气技术的发展得到不断丰富与完善。第二次世界大战期间,军事科学的需要大大促进了反馈控制理论的发展。1948年,维纳(N. Wiener) 发表了著名的"控制论",至此,以传递函数为基础的经典控制理论形成了比较完整的理论体系。

20世纪50～60年代,空间技术竞赛催生了现代控制理论。对现代控制理论做出突出贡

---

① 本书自动控制又称为控制。

献的有贝尔曼(R. Bellman)的动态规划理论(1957年)、庞特里亚金(L. S. Pontryagin)的极大值原理(20世纪50年代)和卡尔曼(R. E. Kalman)的多变量最优控制和最优滤波理论(1960年)。现代控制理论以状态空间法为基础,利用计算机作为系统建模分析、设计及控制的手段,可适用于多变量、非线性、时变系统。

20世纪70年代开始,随着科技进步特别是计算机科学技术的发展,出现了一些新的控制理论和方法,如自适应控制、鲁棒控制、预测控制、智能控制等。这些新的控制理论和方法的出现,对于人类解决大规模、复杂结构系统的控制问题具有非常重要的意义。

21世纪以来,随着计算机网络技术和云技术的发展,控制理论在网络控制、云控制等方向也得到了广泛的研究和应用。

随着人类社会由机械化时代进入电气化时代,进而迈向信息化、智能化时代,控制理论也必将得到进一步发展。

1.2 自动控制与自动控制系统

所谓自动控制,是指在无人直接参与的情况下,利用控制装置使被控对象(如机器、设备或生产过程等)的某些物理量或工作状态(如温度、压力、位置、速度等)准确地按照预期规律变化或运行。

在说明自动控制之前,先看一个人工控制的例子。

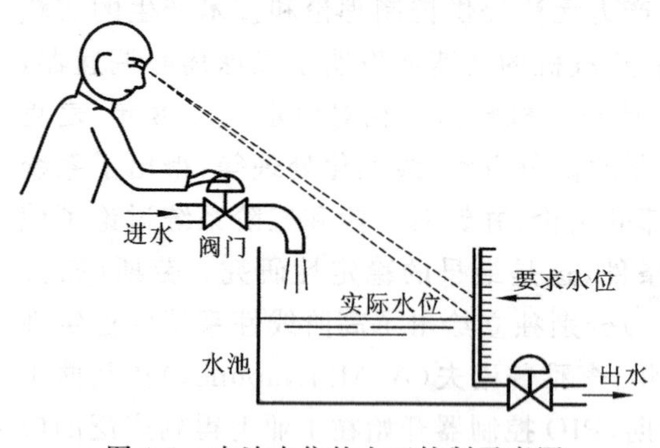

图1-1 水池水位的人工控制示意图

图1-1是通过人工控制保持水池水位恒定的供水系统。该水池有一个进水管和一个出水管,出水管的出水量是不可预知的,控制的目的是使水池水位保持在要求水位。当水位位于要求水位且进水量、出水量相等时,它处于平衡状态。当出水量发生变化或要求水位值发生变化时,就需要对进水量进行必要的控制。当出水量变大时,实际水位将下降,工人通过观察发现实际水位低于要求水位,做出需要增大进水阀门开度的判断,并执行这一动作。而且,聪明的工人还会根据实际水位和要求水位差值的大小决定阀门开度的大小。当实际水位上涨到要求水位且进水量和出水量相等时,它又达到平衡状态。当出水量变小而导致实际水位高于要求水位时,工人将减小进水阀门开度使得实际水位下降到要求水位,从而保持水池水位恒定。只要实际水位偏离了要求水位,工人便要重复上述调节过程。

为了将水池水位的人工控制改造为自动控制,需要分析工人在此系统中的作用或者功能。不难发现,工人主要完成以下几项工作:①观察实际水位(眼睛);②将实际水位与要求水位进行比较,获得两者的偏差(大脑);③根据偏差决定进水阀门调节的方向和幅度(大脑);④操作进水阀门进行调节(手臂)。如果能用装置或设备实现工人所完成的这四项功能,就可以实现水池水位的自动控制。

图1-2是用装置或设备来代替工人的水池水位自动控制系统。

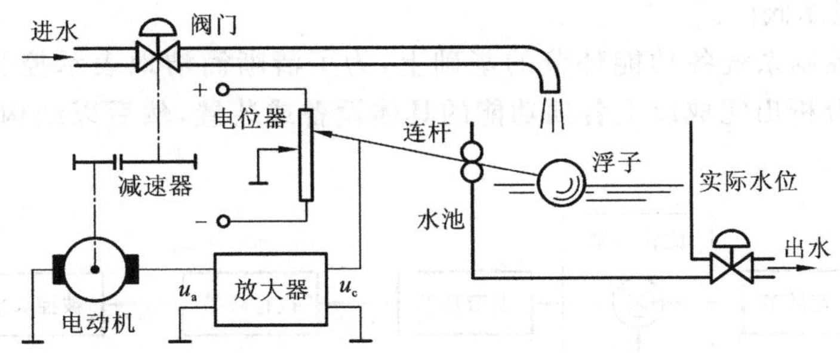

图 1-2　水池水位自动控制示意图

图 1-2 中浮子代替了人的眼睛，用来测量实际水位的高低；浮子固定在连杆的一端，连杆的另一端连接电位器的滑臂。浮子、连杆、电位器起到了测量实际水位，并与要求水位作比较获得偏差的作用。当实际水位位于要求水位时，电位器滑臂指向零电位，偏差电压 $u_c=0$。当实际水位低于要求水位时，浮子随着水位下降，由于连杆的作用，电位器滑臂上移指向正电位，获得正的偏差电压，即 $u_c>0$，而且 u_c 的大小是与要求水位与实际水位的偏差大小成正比。u_c 经放大后成为 u_a，u_a 作用于直流伺服电动机，控制电动机正向旋转，电动机通过减速器控制进水阀门开度增加，使水位上升。当实际水位回复到要求水位时，$u_c=0$，系统恢复到平衡状态。反之，若出水量变小，实际水位上升，超过了要求水位，电位器滑臂将会下移，获得负的偏差电压，即 $u_c<0$。电动机将反向旋转，控制进水阀门开度减小，使水位下降。可见，该系统在运行时，一旦干扰引起水位出现偏差，系统就要进行调节，最终总是使实际水位等于要求水位，从而达到控制的目标。在整个水位调节的过程中无需人工直接参与，控制过程是自动进行的。

自动控制系统是由被控对象和自动控制装置按照一定方式连接起来，能完成一定自动控制任务的总体。自动控制装置是由具有一定功能的基本元件组成的。其形式多样，种类繁多。结构形式完全不同的元件却可以在不同的控制系统中发挥着相同的功能。因此，自动控制系统也可以按照功能分为以下几个组成部分。

(1) 被控对象：指被控制的设备或过程，如图 1-2 中的水池。被控对象的某个或多个需要被控制的物理量成为被控制量或输出量，如水池的水位。

(2) 给定环节：主要用于产生与期望的被控制量相对应的给定信号或输入量。例如，水池水位控制系统中的电位器，其零电位处便是给定信号或输入量。

(3) 测量环节：用于测量被控制量或输出量。为了能和给定信号相比较，有时候需要进行物理量纲的转换。测量环节一般为各种传感器，将非电量转换成合适的电量，如电压或电流。测量环节获得的信号称为反馈量。

(4) 比较环节：其功能是将测量环节检测到的被控制量实际值与给定环节给出的输入量进行比较，得到两者之间的偏差。

(5) 调节环节：通常包括放大器和校正装置。它能将偏差信号放大，并使输出控制信号与偏差信号之间具有一定的数值运算关系(也称为调节规律或控制算法)。例如，水池水位控制系统中的放大器、电动机、减速器等。

(6) 执行环节：直接对被控对象进行操作，并使被控制量发生变化的元件。例如，水池水位控制系统中的进水阀门。

在理解自动控制系统各功能环节的基础上，为了清晰简洁地表示控制系统，通常要从实际控制系统中分析出完成以上各项功能的具体设备或装置，然后以结构图的形式表达出来，如图 1-3 所示。

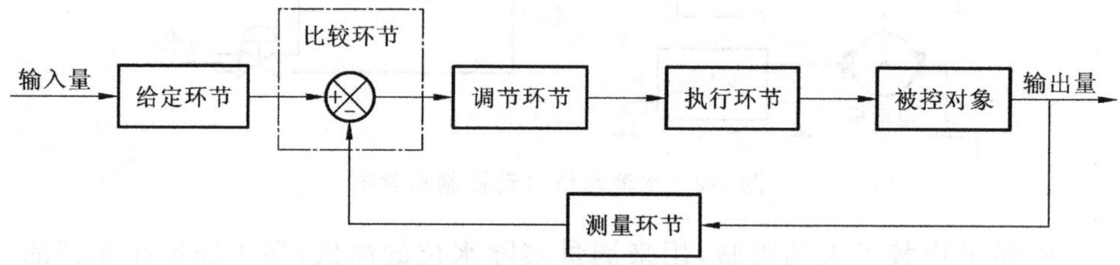

图 1-3 自动控制系统的基本组成

在结构图中，用矩形方框代表元件或装置，而不必画出它们的具体结构。信号连接线段的箭头表示信号(物理量)的传递方向，并将信号(物理量)的名称标在信号线上方。进入方框的信号表示该元件的输入量，离开方框的信号表示其输出量。被控对象的输出量及被控制量，一般置于结构图的最右端；系统的输入量一般置于结构图的最左端。

用结构图来表示控制系统，不仅比示意图绘图容易，而且表达更加清晰，信号的传递一目了然。因此在以后的讨论中，控制系统一般均以结构图来表示。

对于水池水位人工控制系统和自动控制系统，通过分析其工作原理，理解系统中各元件或装置的作用，便可绘出系统的结构图分别如图 1-4 和图 1-5 所示。

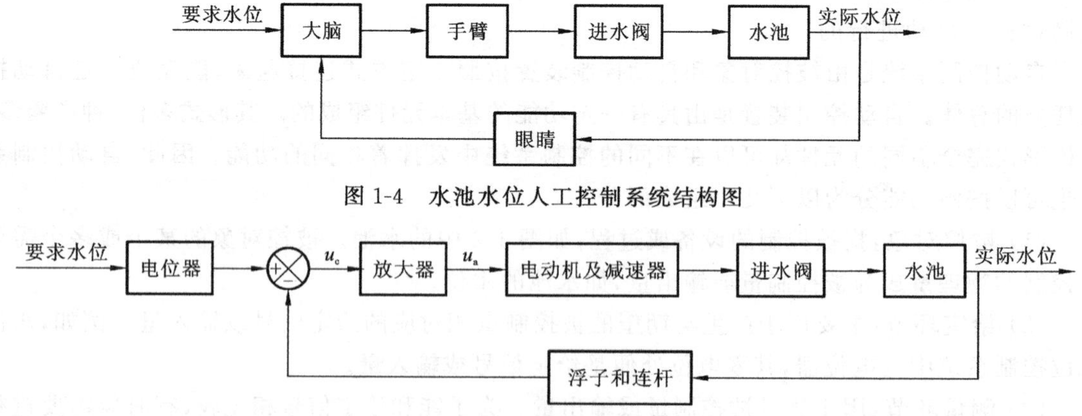

图 1-4 水池水位人工控制系统结构图

图 1-5 水池水位自动控制系统结构图

比较水池水位的人工控制系统和自动控制系统，不难发现两者非常相似。它们都是通过检测偏差并根据偏差去纠正偏差从而实现自动调节的。在自动控制系统中，反馈就是指输出量通过适当的测量环节将信号返回输入端，并与之同时作用于系统的过程，偏差量是通过输入量与反馈量的比较而获得的。这种基于反馈基础的“检测偏差用以纠正偏差”的原理又称为反馈控制原理。利用反馈控制原理组成的系统称为反馈控制系统。实现自动控制的装置可以各不相同，但反馈控制的基本原理却是相同的，可以说，反馈控制是实现自动控制最基本的方法。

1.3　自动控制系统的分类

自动控制系统可以按照多种不同的分类方法进行分类。例如，按被控制量的名称分类，有压力控制系统、转速控制系统、液位控制系统等；按组成系统的元件的种类分类，有电气系统、机械系统、液压系统等；按系统特性分类，有线性系统和非线性系统、时变系统和定常（时不变）系统、确定性系统和不确定性系统等；按输入量的变化规律分类，有恒值控制系统、程序控制系统和随动系统；按系统内部所传输信号的类型分类，有连续控制系统和离散控制系统；按输入量、输出量的个数分类，有单输入单输出系统（single input single output，SISO）、多输入多输出系统（multiple inputs multiple outputs，MIMO）。有时会将上述多种分类方法交叉组合，以全面反映自动控制系统的特点。

1. 恒值控制系统、程序控制系统和随动系统

恒值控制系统的输入量是相对恒定的数值。这种控制系统要求被控制量在各种扰动的作用下能够尽快的恢复到给定输入量，如恒温控制系统、水池水位控制系统等。

程序控制系统的输入量为一个已知时间函数，系统的控制过程按预定的程序进行，要求被控制量能迅速准确地复现输入量。这种控制系统的主要目的是保证被控制量能够按给定的时间函数变化，如数字程序控制机床。

随动系统的输入量是预先未知的随时间任意变化的函数，即输入量的变化规律事先无法确定，而要求输出量能够快速、准确地跟踪输入量。因此，随动系统又称为跟踪系统，如火炮自动瞄准目标的自动跟踪系统、位置随动系统等。

2. 线性控制系统和非线性控制系统

线性控制系统是指组成控制系统的所有元件都具有线性特性。线性控制系统的主要特点是具有叠加性和齐次性，满足叠加原理。这种控制系统的输入量与输出量的关系一般可以用微分（差分）方程、传递函数、状态方程来描述。进一步地，如果线性控制系统的各元件参数都不随时间而变化，则称为线性定常（时不变）系统；反之，则称为线性时变系统。

在组成控制系统的元件中，有一个或一个以上的元件具有非线性特性，则称该系统为非线性控制系统。非线性控制系统一般不具有齐次性，也不适用叠加原理，因此其分析方法更加复杂。

严格来说，绝对的线性控制系统实际上是不存在的，这是因为各种实际的物理系统总是具有不同程度的非线性。但为了研究问题的方便，只要非线性不是太严重，便可在一定范围内能进行线性化处理，从而用线性控制系统的理论和方法对其进行分析。

3. 连续控制系统和离散控制系统

如果控制系统中各部分的信号都是时间 t 的连续函数，则称这类系统为连续控制系统。连续控制系统中处理的变量为模拟量，如工业过程中出现的压力、流量、温度、位移等。

如果控制系统中各部分的信号至少有一处的信号是时间 t 的离散信号，则称这类系统为离散控制系统。显然，脉冲信号和数字信号都是离散信号，因此，计算机控制系统是常见的离散控制系统。离散控制系统中处理的变量为开关量或数字量。

4. 开环控制系统和闭环控制系统

根据控制系统中有无反馈作用可分为两类：开环控制系统与闭环控制系统。这两类系统在1.4节作详细介绍。

1.4 开环控制与闭环控制

如果系统的输出量和输入量之间不存在反馈通道，输出量对系统的控制作用没有影响，这种控制方式称为开环控制。图1-6是开环控制系统的结构图。

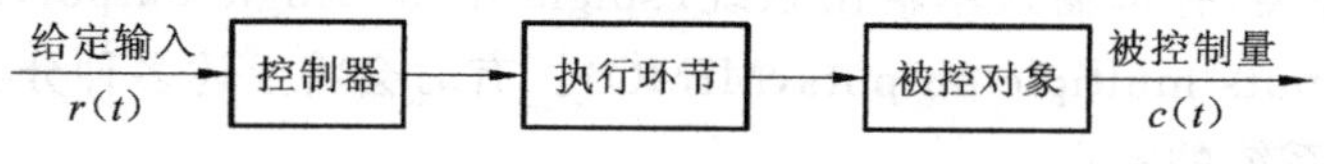

图1-6 开环控制系统结构图

由图1-6可见，开环控制系统从给定输入到被控制量只有单向的信号传递，因此其具有结构简单、成本低的优点。但是，开环控制系统没有检测偏差并反馈被控制量到输入端与给定输入的比较，当系统受到外部干扰或工作过程中特性参数发生变化后，被控制量一旦偏离给定值，系统自身没有纠偏的能力。当然，如果外部干扰较弱，系统参数稳定，对控制精度的要求不是太高时，开环控制系统也是可以采用的，如自动洗衣机、普通数控机床等一般都是开环控制系统。

图1-7是一个开环的直流电动机转速控制系统。控制的任务是使直流电动机以恒定的转速带动负载工作。其工作原理是：调节电位器滑臂，获得给定输入电压 u_g，u_g 经放大为 u_d 后，加于直流电动机电枢两端，使电动机以所期望的转速 n 带动负载运动。当负载恒定时，只要改变给定输入电压 u_g，便可获得相应的电动机转速。

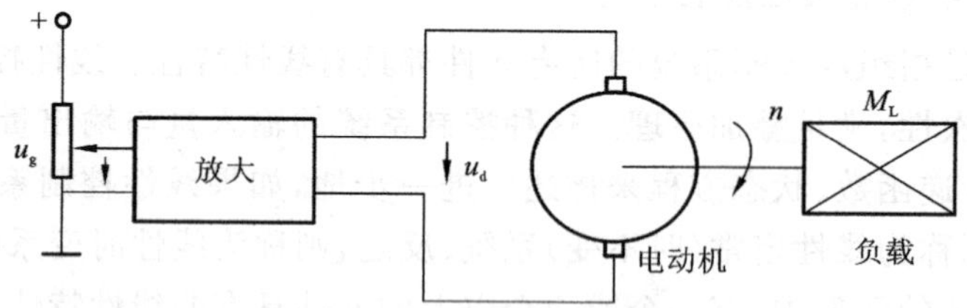

图1-7 开环直流电动机转速控制系统

图1-8是开环直流电动机转速控制系统的结构图。系统中信号的传递是单向的，只有给定输入 u_g 对被控制量 n 的单向控制作用，而被控制量 n 对给定输入 u_g 却没有任何影响，因而是一个开环控制系统。开环控制系统在适当的条件下一般也能获得一定的控制效果。但是，当系统受到外部干扰，如负载发生变化时，电动机的转速就会随之变化，不能再维持 u_g 所期望的转速。

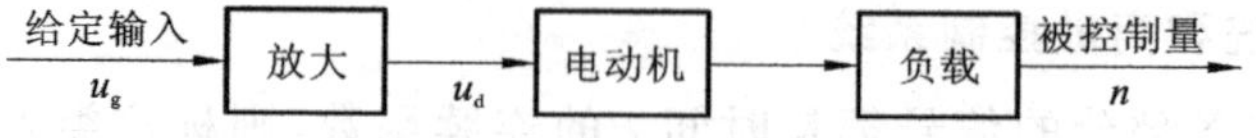

图1-8 开环直流电动机转速控制系统结构图

开环控制系统之所以控制精度不高，抗干扰能力差，是因为缺少从系统被控制量到给定输入的反馈通道。若把系统的被控制量检测出来并反馈到它的输入端，与给定输入量相比较，产生偏差信号，根据偏差信号的大小及正负，以一定的控制规律产生控制信号，来逐步减小直至消除偏差，便会大大提高控制精度和抗干扰能力。这种被控制量经反馈环节至给定输入端进行比较的控制系统称为闭环控制系统，又称为反馈控制系统。1.2节讨论的水池水位自动控制系统便是闭环控制系统。

闭环控制系统的工作原理是：测量环节连续不断地检测被控制量，并把所测得的被控制量的实际值与给定输入作减法运算，获得偏差信号；偏差信号经控制器按照一定的控制算法产生控制信号，去驱动执行元件；执行元件作用于被控对象，使被控制量趋近于给定输入，便达到减小直至消除偏差的控制目的。这种控制系统当受到干扰信号的作用时，通过反馈作用，能够自动地消除或削弱干扰信号对被控制量的影响。闭环控制系统具有较强的抗干扰能力，在控制工程中得到了广泛的应用。

一般闭环控制系统的结构图如图1-9所示。

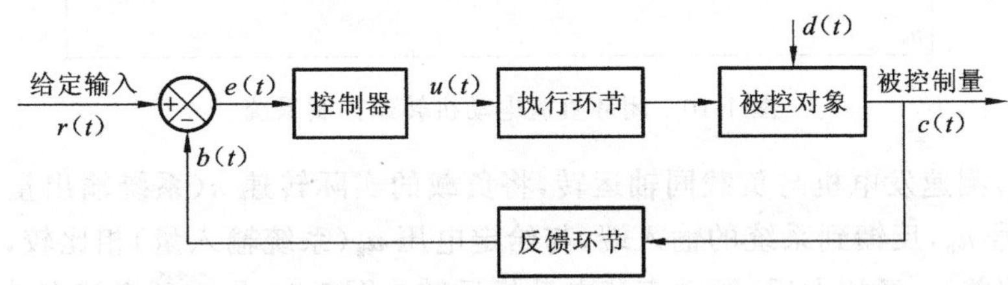

图1-9　闭环控制系统结构图

图1-9中：

$r(t)$——系统的给定输入(又称参考输入、输入量、给定量)。

$c(t)$——系统的被控制量(又称输出量)。

$b(t)$——系统的主反馈量，与被控制量成正比或为某种函数关系的信号。其物理量纲必须与给定输入相同。因为只有物理量纲相同的信号，才能在比较点处进行相减运算。

$e(t)$——系统的偏差信号，等于参考输入与主反馈量之差，即$e(t)=r(t)-b(t)$。

$u(t)$——控制信号，由控制器依据偏差信号的大小和正负，按照一定的控制算法运算后所产生。

$d(t)$——干扰信号，又称扰动。它是对系统被控制量产生不利影响的信号，可分为内部扰动和外部扰动。

控制器——它的输入是系统的误差信号，按照某种控制算法运算后，产生期望的控制信号传递给执行环节，执行环节作用于被控对象。

被控对象——受控的设备或过程，其输出就是系统的被控制量或输出量。

反馈环节——测量实际被控制量，并将其转换为主反馈信号的装置，这个装置一般为检测元件。

闭环控制又称反馈控制。反馈有负反馈和正反馈之分，若给定输入与反馈信号相减，则为负反馈；反之，为正反馈。图1-9所示系统为负反馈，若将图中比较环节中的“－”改为“＋”，则系统将变为正反馈。

负反馈是通过输入量、输出量之间的偏差传递给控制器，这个偏差就反映了期望的输出和实际的输出之间的差别。控制的目的就是不停地减小这个偏差直至为零。负反馈控制系统，控制精度高，抗干扰能力强。正反馈将进一步放大干扰，从而造成“恶性循环”，导致系统失稳。因此，只有在某些特定情况下，局部使用正反馈。在系统主反馈通道中，只有采用负反馈才能达到控制的目的。若在主反馈通道使用正反馈，将使偏差越来越大，导致系统发散而无法工作。

如果在图 1-7 所示的开环直流电动机转速控制系统中，加入一台测速发电机，将电动机的实际转速测量出来，并转换为电压信号反馈到给定输入端，便可将开环控制系统改造为闭环控制系统。闭环直流电动机转速控制系统如图 1-10 所示。

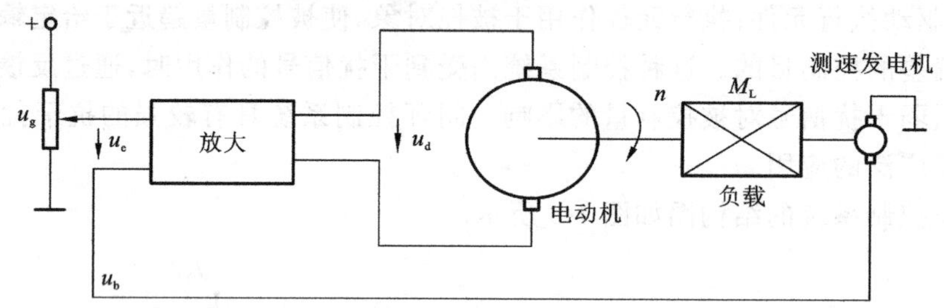

图 1-10　闭环直流电动机转速控制系统

图 1-10 中，测速发电机与负载同轴运转，将负载的实际转速 n（系统输出量）测量出来，并转换为电压信号 u_b，反馈到系统的输入端，与给定电压 u_g（系统输入量）相比较，得到偏差电压 $u_e=u_g-u_b$。偏差 u_e 经放大后，驱动直流电动机运转。图 1-11 是闭环直流电动机转速控制系统的结构图。

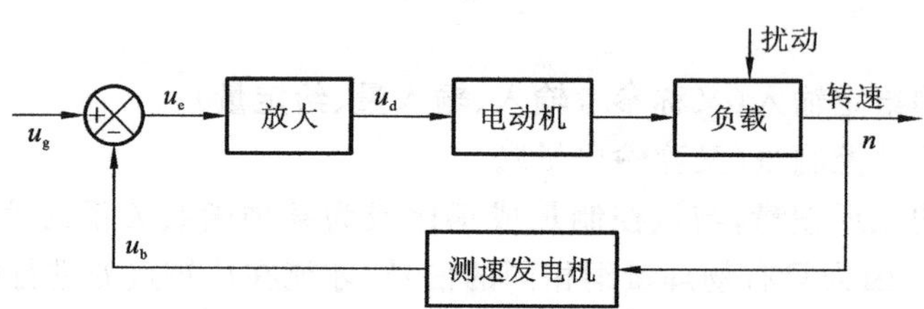

图 1-11　闭环直流电动机转速控制系统结构图

由图 1-11 可见，由于采用了反馈回路，信号的传输路径形成了闭合回路，使输出量反过来直接影响控制作用。这种通过反馈使系统构成闭环回路，并按偏差产生控制作用，用以减小直至消除偏差的控制系统，即为闭环控制系统。

在闭环控制系统中，不论是输入信号的变化、扰动的影响、系统内部的变化，只要是被控制量偏离了给定值而产生偏差，都会有相应的控制作用去消除这个偏差。因此，闭环控制具有很强的抗干扰能力。例如，在闭环直流电动机转速控制系统中，当负载增加造成电动机转速降低时，测速发电机所输出的电压 u_b 将减小，偏差电压 u_e 将增大，经放大后作用于电动机电枢的电压 u_d 将增大，从而使电动机转速增加。调节过程可用图 1-12 来表示。

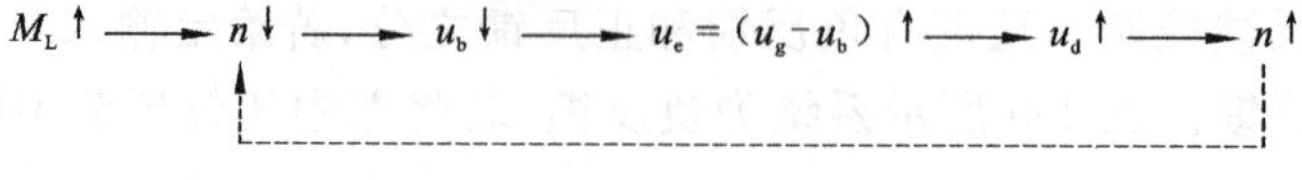

图 1-12　转速调节过程

这个调节过程是自动的、动态的，只要偏差存在，便会不断重复这个过程，直到达到平衡状态。

1.5　对自动控制系统的基本要求

自动控制系统种类繁多,不同的控制系统有不同的控制目标,因而其具体的要求也往往不一样。自动控制理论是研究各类自动控制系统共同规律的科学,对一般控制系统而言,都有一个共同的、基本的要求。无论是恒值控制系统还是随动系统,人们都希望被控制量能够准确、迅速地跟踪输入量。但在实际控制系统中,这些要求并不能完全得到满足,而只能近似地得到实现。这是因为控制系统中一般含有储能元件或惯性元件,如机械的惯性、电路中的电容与电感等,这些储能元件的能量是不可能突变的。因此,当系统受到输入量的作用时,被控制量的跟踪过程并不会立即完成,而是有一个渐变的过程。这个被控制量跟踪输入量的时间过程,称为动态过程,也称过渡过程。被控制量跟踪到输入量并达到平衡状态,称为稳态或静态。

一般而言,控制系统的性能从稳定性、准确性、快速性三个方面来评价,即对控制系统**稳**、**准**、**快**的要求。

1. 稳定性

稳定性是对控制系统最根本的要求,是保证控制系统正常工作的先决条件。稳定性是指控制系统能否克服扰动的影响恢复到原平衡状态的能力。简单地说,就是系统受到扰动作用后,其输出量将偏离原平衡状态;当扰动消失后,系统经过一段时间,仍能恢复到原来的平衡状态,则称系统是稳定的,否则就是不稳定的。从系统响应的角度来讲,稳定的系统其被控制量最终将基本收敛于给定输入量,不稳定的系统其被控制量将会发散,并严重偏离给定输入量,因此,稳定性实际上反映了被控制量能不能跟踪给定输入量的问题。显然,稳定的系统才能达成控制的目标,所以,稳定是控制系统正常工作的首要条件。

2. 准确性

准确性反映的是系统的稳态精度,或稳态性能,稳态精度常用稳态误差来衡量。当系统过渡过程结束达到稳态后,被控制量与给定输入量之差称为稳态误差。显然,这个误差越小,表示系统的输出跟踪输入的精度越高,准确性也越好。误差为零,则表明被控制量能完全跟踪给定输入量。

3. 快速性

快速性反映的是系统被控制量跟踪给定输入量的速度,它对被控制量跟踪给定输入量的动态过程的形式和快慢提出了要求,一般称为动态性能。

综上,稳定性、准确性、快速性针对控制系统输出量跟踪输入量的能力,分别从能不能跟踪、跟踪的精度及速度这三个方面提出了性能要求。归结起来,就是稳、准、快三个字。稳定性是前提,准确性、快速性是补充。

由于被控对象和控制目标的具体情况不同,各种系统对稳、准、快的要求各有侧重。例如,随动系统对快速性要求较高,而调速系统则对稳定性提出较严格的要求。同一个系统,上述三个方面的性能要求通常是相互矛盾和相互制约的。提高稳态精度,可能会破坏系统的稳定性;

改善稳定性，控制过程可能变得缓慢、控制精度也可能变坏。分析和研究这些矛盾，提出恰当的解决方法，正是本书所要讨论的主要课题。

本节所述对控制系统性能的基本要求只是一般性的概念，第 3 章至第 5 章将对稳定性、稳态性能、动态性能各指标给出具体的定义，并介绍了定性分析和定量计算的具体方法。不同的系统分析方法（时域分析法、根轨迹分析法、频域分析法）也主要是围绕这三个方面的性能指标进行。控制系统的综合与设计所提出的性能指标要求，也主要是这三个方面。

习 题 1

1. 试列举几位为自动控制理论的发展做出卓越贡献的学者，查阅资料，进一步了解其贡献。

2. 举几个日常生活中自动控制的例子，说明其工作原理，并说明是开环控制还是闭环控制。

3. 闭环控制系统一般由哪几部分组成，各部分的作用是什么？

4. 举一个你熟悉的闭环控制系统的例子，如室内温度控制系统、汽车自动巡航系统等。绘出系统的结构图，指出输入量、输出量和可能的扰动和噪声；指出控制器、被控对象、传感器是由哪些物理设备构成。简要讨论在没有反馈的情况下系统能否正常运行。

5. 对控制系统的基本要求有哪些？这些要求分别反映了控制系统哪些方面的性能指标？

6. 题图 1.1 为恒温箱自动控制系统示意图。

(1) 说明该系统的工作原理；

(2) 指出该系统是恒值控制系统还是随动系统；

(3) 画出系统结构图，在图中标明控制系统各组成环节所对应的具体设备或装置及图中各处信号名称。

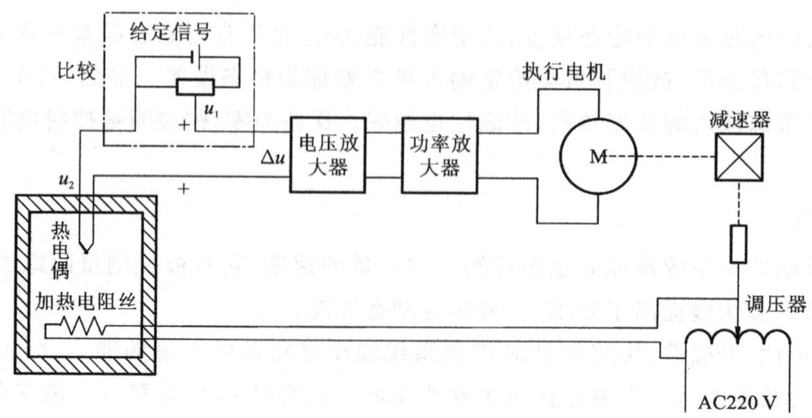

题图 1.1 恒温箱自动控制系统示意图

7. 某仓库大门自动控制系统的示意图，如题图 1.2 所示。

(1) 试说明控制大门开启和关闭的工作原理。

(2) 如果大门不能全开或全关，应该调整哪个设备，如何调整？

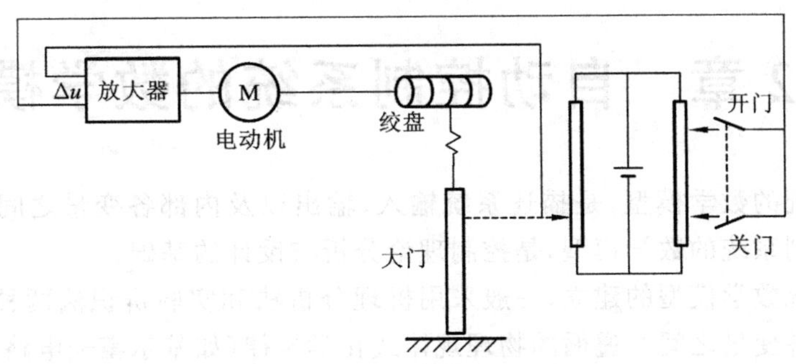

题图 1.2　仓库大门控制系统示意图

第 2 章　自动控制系统的数学模型

自动控制系统的数学模型，是描述系统输入、输出以及内部各变量之间关系的数学表达式。建立描述控制系统的数学模型，是控制理论分析与设计的基础。

自动控制系统数学模型的建立，一般采用机理分析法和实验辨识法两种。机理分析法是根据系统及元件各变量之间所遵循的物理规律或化学规律（如基尔霍夫电路定律、牛顿力学定律、热力学定律等）分别列写出相应的运动方程。实验辨识法是人为地给系统施加典型测试信号并记录其响应，获得系统的输出与输入信号的关系曲线，然后通过系统辨识法推导出相应的数学模型。本章主要介绍采用机理分析法建立系统数学模型的方法。实际系统一般很复杂，因此建立数学模型时往往需要进行一定程度的简化，对数学模型的要求是，既要能准确地反映系统的动态本质，又便于系统的分析和计算工作。

自动控制系统的数学模型有多种表示形式。时域中常用的数学模型有微分方程、差分方程和状态方程；复域中有传递函数、结构图、信号流图；频域中有频率特性等。本章只研究微分方程、传递函数、结构图、信号流图等数学模型的建立及应用。

2.1　自动控制系统微分方程模型的建立

微分方程是在时域中描述系统（或元件）动态特性的数学模型。任何一个物理系统，无论是机械的、电气的、热力的，还是液压的、化工的，都可以用微分方程加以描述。对微分方程求解，就可以获得系统在输入作用下的响应（即系统的输出）。微分方程是自动控制系统数学模型的基本形式，其他形式的数学模型如传递函数、结构图、状态方程等，都可由它演化而来。

列写系统或元件的微分方程，目的在于确定系统输入量与输出量之间的数学关系。通常对于由多个元件组成的系统，用机理分析法（亦称解析法）列写系统或元件微分方程的一般步骤是：

（1）根据系统的具体工作情况，确定系统或元件的输入、输出变量；

（2）从输入端开始，按照信号的传递顺序，依据各变量所遵循的物理（或化学）定律，列写出各元件的动态方程，组成原始微分方程组；

（3）消去中间变量，写出仅包含输入、输出变量的微分方程；

（4）将微分方程标准化，即将与输入有关的各项放在等号右侧，与输出有关的各项放在等号左侧，各阶导数项按降阶排列。

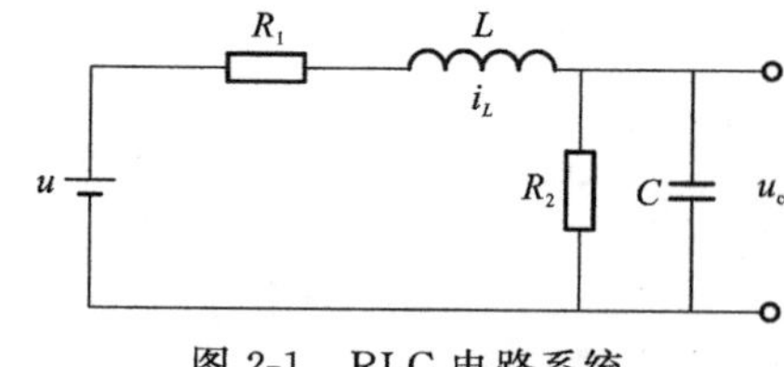

图 2-1　RLC 电路系统

下面举例说明建立微分方程模型的方法和步骤。

例 2-1　如图 2-1 所示电路，试写出以电压 $u(t)$ 为输入量，以电容 C 上的电压 u_c 为输出量的微分方程模型。

解　根据基尔霍夫电路定律写出回路方程，有

$$i_L=C\frac{\mathrm{d}u_c}{\mathrm{d}t}+\frac{u_c}{R_2} \tag{2-1}$$

$$R_1 i_L+L\frac{\mathrm{d}i_L}{\mathrm{d}t}+u_c=u \tag{2-2}$$

将式(2-1)代入式(2-2)消去中间变量 i_L。并将微分方程标准化，即将与输入有关的各项放在等号右侧，与输出有关的各项放在等号左侧，各阶导数项按降阶排列，得到微分方程模型为

$$LC\frac{\mathrm{d}^2u_c}{\mathrm{d}t^2}+\left(R_1C+\frac{L}{R_2}\right)\frac{\mathrm{d}u_c}{\mathrm{d}t}+\left(\frac{R_1}{R_2}+1\right)u_c=u \tag{2-3}$$

机械系统的微分方程可以运用牛顿定律进行推导，下面举例说明机械系统微分方程的求取方法。

例 2-2　汽车悬浮系统原理如图 2-2 所示。其中 x_i 为汽车轮胎的垂直位移，x_o 为车体的垂直位移，b 为阻尼器阻尼系数。试列写出其微分方程数学模型。

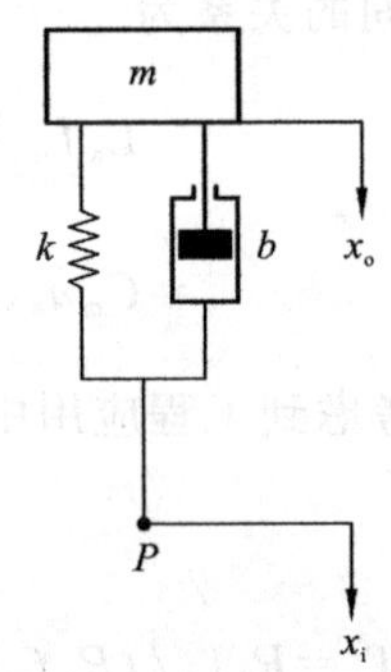

图 2-2　汽车悬浮系统原理图

解　由牛顿第二定律有

$$ma(t)=\sum F(t)=F_1(t)-F_2(t) \tag{2-4}$$

式中：$a(t)=\frac{\mathrm{d}^2x_o}{\mathrm{d}t^2}$ 为加速度；$F_1(t)=b\left(\frac{\mathrm{d}x_i}{\mathrm{d}t}-\frac{\mathrm{d}x_o}{\mathrm{d}t}\right)$ 为阻尼器阻尼力；$F_2(t)=k(x_i-x_o)$ 是弹簧的弹力。可得该系统的运动方程为

$$m\frac{\mathrm{d}^2x_o}{\mathrm{d}t^2}=b\left(\frac{\mathrm{d}x_i}{\mathrm{d}t}-\frac{\mathrm{d}x_o}{\mathrm{d}t}\right)+k(x_i-x_o) \tag{2-5}$$

整理得

$$m\frac{\mathrm{d}^2x_o}{\mathrm{d}t^2}+b\frac{\mathrm{d}x_o}{\mathrm{d}t}+kx_o=b\frac{\mathrm{d}x_i}{\mathrm{d}t}+kx_i \tag{2-6}$$

例 2-3　电枢控制的他励直流电动机原理如图 2-3 所示，取电枢电压 $u_a(t)$ 为输入量，角位移 θ_m 为输出量，试写出其微分方程。图中 L_a 和 R_a 为电枢回路的电感(H)和电阻(Ω)。

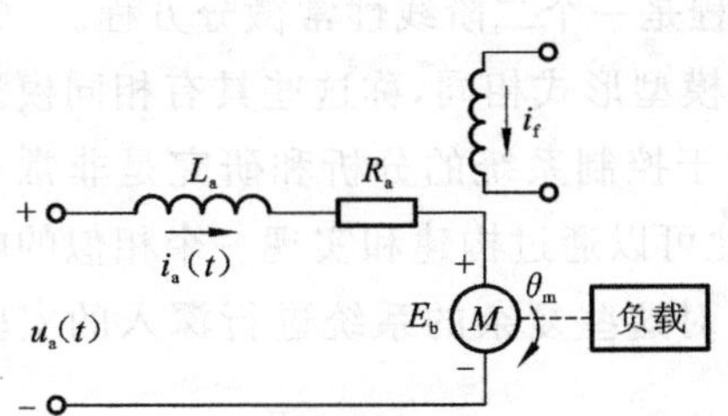

图 2-3　电枢控制他励直流电动机原理图

解　电枢控制直流电动机是将输入的电能转换为机械能。电机工作时，励磁电流 i_f 保持不变，通过改变加在电枢两端的电压 u_a(t)来控制电机的运动，电机运动方程由以下三部分组成。

(1) 电机电枢回路的电压平衡方程：

$$u_a(t)=L_a\frac{\mathrm{d}i_a}{\mathrm{d}t}+R_a i_a+E_b \tag{2-7}$$

式中：i_a 为电枢电流；E_b 为电动机的反电动势：

$$E_b=C_e\frac{\mathrm{d}\theta_m}{\mathrm{d}t} \tag{2-8}$$

其中，C_e 为电动机反电势系数(V · s/rad)。

(2) 电磁转矩方程：

$$M_{\mathrm{m}}=C_{\mathrm{m}}\cdot i_{\mathrm{a}} \tag{2-9}$$

式中：M_{m} 为电磁转矩(N·m)；C_{m} 为电动机转矩常数(N·m/A)。

(3) 电动机轴上的转矩平衡方程：

$$J_{\mathrm{m}}\frac{\mathrm{d}^2\theta_{\mathrm{m}}(t)}{\mathrm{d}t^2}+f_{\mathrm{m}}\frac{\mathrm{d}\theta_{\mathrm{m}}(t)}{\mathrm{d}t}+M_{\mathrm{L}}(t)=M_{\mathrm{m}}(t) \tag{2-10}$$

式中：J_{m} 为电机轴上的转动惯量($\mathrm{N\cdot m\cdot s^2}$)；$M_{\mathrm{L}}(t)$为负载力矩(N·m)；$f_{\mathrm{m}}$ 为电动机轴上的黏性摩擦系数($\mathrm{N\cdot(m/rad)\cdot s^{-1}}$)。

将式(2-8)～式(2-10)代入式(2-7)，消去中间变量 i_{a}、E_{b}、M_{m}，得到输入量 $u_{\mathrm{a}}(t)$与输出量 θ_{m} 之间的关系为

$$\begin{aligned}&L_{\mathrm{a}}J_{\mathrm{m}}\frac{\mathrm{d}^3\theta_{\mathrm{m}}(t)}{\mathrm{d}t^3}+(R_{\mathrm{a}}J_{\mathrm{m}}+L_{\mathrm{a}}f_{\mathrm{m}})\frac{\mathrm{d}^2\theta_{\mathrm{m}}(t)}{\mathrm{d}t^2}+(R_{\mathrm{a}}f_{\mathrm{m}}+C_{\mathrm{e}}C_{\mathrm{m}})\frac{\mathrm{d}\theta_{\mathrm{m}}(t)}{\mathrm{d}t}\\&=C_{\mathrm{m}}u_{\mathrm{a}}(t)-L_{\mathrm{a}}\frac{\mathrm{d}M_{\mathrm{L}}(t)}{\mathrm{d}t}-R_{\mathrm{a}}M_{\mathrm{L}}(t)\end{aligned} \tag{2-11}$$

考虑到工程应用中，直流电动机中 L_{a} 较小，通常忽略不计，式(2-11)可简化为

$$T_{\mathrm{m}}\frac{\mathrm{d}^2\theta_{\mathrm{m}}(t)}{\mathrm{d}t^2}+\frac{\mathrm{d}\theta_{\mathrm{m}}(t)}{\mathrm{d}t}=K_{\mathrm{m}}u_{\mathrm{a}}(t)-K_{\mathrm{L}}M_{\mathrm{L}}(t) \tag{2-12}$$

式中：$T_{\mathrm{m}}=R_{\mathrm{a}}J_{\mathrm{m}}/(R_{\mathrm{a}}f_{\mathrm{m}}+C_{\mathrm{e}}C_{\mathrm{m}})$为机电时间常数；$K_{\mathrm{m}}=C_{\mathrm{m}}/(R_{\mathrm{a}}f_{\mathrm{m}}+C_{\mathrm{e}}C_{\mathrm{m}})$、$K_{\mathrm{L}}=R_{\mathrm{a}}/(R_{\mathrm{a}}f_{\mathrm{m}}+C_{\mathrm{e}}C_{\mathrm{m}})$为电动机传递系数。

当 $M_{\mathrm{L}}=0$ 时，方程变为

$$T_{\mathrm{m}}\frac{\mathrm{d}^2\theta_{\mathrm{m}}(t)}{\mathrm{d}t^2}+\frac{\mathrm{d}\theta_{\mathrm{m}}(t)}{\mathrm{d}t}=K_{\mathrm{m}}u_{\mathrm{a}}(t) \tag{2-13}$$

由式(2-13)可见，电枢控制他励直流电动机的动态方程是一个二阶线性常微分方程。

比较上述 3 个不同系统的微分方程模型，可以看出其模型形式相同，称这些具有相同模型结构的不同物理系统为相似系统。相似系统这一概念，对于控制系统的分析和研究是非常有用的。例如，电气或电子系统通常更容易构建和实现，因此可以通过构建和实现一个相似的电路模拟系统来代替所要研究的机械系统或热力学系统，来对这些复杂的系统进行深入的实验研究。

以上所讨论的系统数学模型均能够用线性微分方程表达，称此类系统为线性系统。如果表征线性系统数学模型的微分方程式的系数均为常数，则称为线性定常(或线性时不变)系统。线性系统的重要特点是满足叠加原理。叠加原理有两重意义，即叠加性和齐次性。

叠加性，几个外作用施加于系统所产生的总响应，等于各个外作用单独作用时产生的响应之和。

齐次性，也称为均匀性，指当加于同一线性系统的外作用数值增大几倍时，则系统的响应也相应地增大几倍。

如果系统的数学模型中包含有非线性元件，则称为非线性系统。非线性元件指不能同时满足叠加性和齐次性的元件。

2.2　非线性微分方程的线性化

实际物理系统都包含着不同程度的非线性因素。非线性系统微分方程求解困难，而且非线性系统的分析远比线性系统复杂。因此，在进行控制系统分析与设计时，在一定的条件下将许多非线性系统近似地视作线性系统。这种有条件地把非线性数学模型化为线性数学模型的方法，称为非线性数学模型的线性化。采用线性化的方法，可以在一定条件下将线性系统的理论和方法应用于非线性系统，从而使问题得以简化。

通常系统在正常工作时，都有一个额定的工作状态及与之对应的工作点。由数学的级数理论可知，若函数在给定区域内有各阶导数存在，便可以在给定工作点的邻域将非线性函数展开为泰勒级数。

当变量对于平衡工作点的偏差范围很小时，可忽略级数展开式中偏差的高次项，从而得到只包含偏差一次项的线性化方程式。这种线性化称为小偏差线性化。下面具体讨论这种线性化方法。

设一个连续非线性的函数 $y=f(x)$，如图 2-4 所示。在给定的工作点(x_0,y_0)附近，将 $y=f(x)$用泰勒级数展开，得

$$y=f(x)=f(x_0)+\left.\frac{\mathrm{d}f(x)}{\mathrm{d}x}\right|_{x=x_0}(x-x_0)+\frac{1}{2!}\left.\frac{\mathrm{d}^2f(x)}{\mathrm{d}x^2}\right|_{x=x_0}(x-x_0)^2+\cdots$$

当增量 $\Delta x=x-x_0$ 很小时，忽略二次以上的高阶项，得到

$$y=f(x)=f(x_0)+\left.\frac{\mathrm{d}f(x)}{\mathrm{d}x}\right|_{x=x_0}(x-x_0)$$

$$f(x)-f(x_0)=\left.\frac{\mathrm{d}f(x)}{\mathrm{d}x}\right|_{x=x_0}(x-x_0)$$

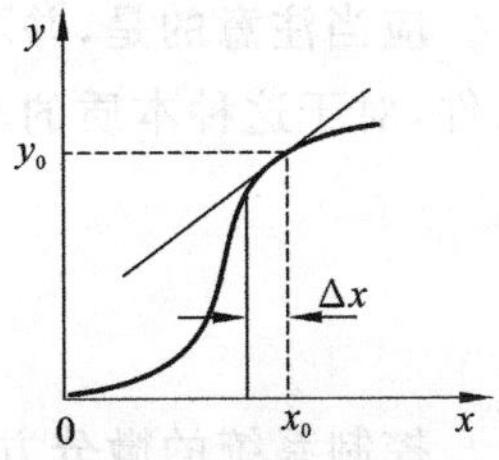

从而有

$$\Delta y=K\Delta x \tag{2-14}$$

图 2-4　小偏差线性化

式中：$\Delta y=y-y_0=f(x)-f(x_0)$；$K=\left.\frac{\mathrm{d}f(x)}{\mathrm{d}x}\right|_{x=x_0}$。

显然式(2-14)是 $y=f(x)$在工作点(x_0,y_0)处的切线方程。在平衡点处用切线方程代替了原来的非线性方程，这就是小偏差线性化的几何意义。

这种小偏差线性化对于控制系统大多数情况是可行的。因为，自动控制系统在正常工作情况下都处于稳定的工作状态(平衡状态)，这时被控制量与期望值保持一致。一旦被控制量偏离期望值出现偏差时，控制系统开始动作以减小这个偏差。因此偏差往往不会很大，只是小偏差。

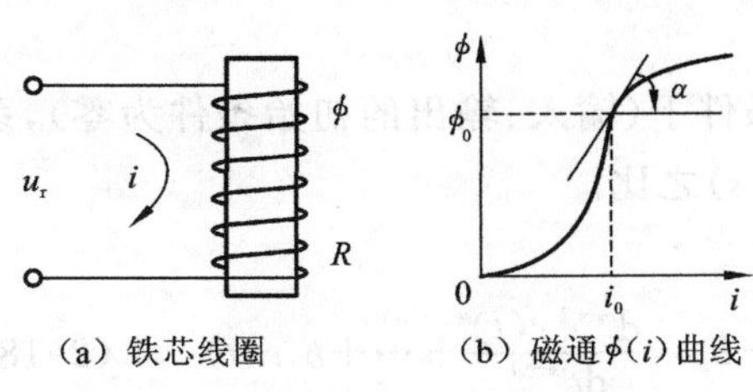

(a) 铁芯线圈　(b) 磁通 $\phi(i)$ 曲线

图 2-5　铁芯线圈及磁通 $\phi(i)$ 曲线

例 2-4　铁芯线圈，如图 2-5(a)所示。试列写以电压 u_r 为输入，电流 i 为输出的线圈微分方程。

解　根据基尔霍夫定律有

$$u_r=u_1+Ri \tag{2-15}$$

式中：u_1 为线圈的感应电动势，它正比于线圈中的磁通变化率，即

$$u_1 = K_1 \frac{\mathrm{d}\phi(i)}{\mathrm{d}t} \tag{2-16}$$

其中：K_1 为比例常数。铁芯线圈的磁通 $\phi(i)$是线圈中电流 i 的非线性函数，如图 2-5(b)所示。将式(2-16)代入式(2-15)得

$$K_1 \frac{\mathrm{d}\phi(i)}{\mathrm{d}i}\frac{\mathrm{d}i}{\mathrm{d}t} + Ri = u_r \tag{2-17}$$

显然这是一个非线性微分方程。如果在工作过程中，线圈的电压、电流只在平衡工作点(u_0, i_0)附近作微小的变化，$\phi(i)$在 i_0 的邻域内连续可导，则在平衡点 i_0 邻域内，磁通 ϕ 可展开成泰勒级数，即

$$\phi = \phi_0 + \left.\frac{\mathrm{d}\phi}{\mathrm{d}i}\right|_{i_0} \Delta i + \frac{1}{2!}\left.\frac{\mathrm{d}^2\phi}{\mathrm{d}i^2}\right|_{i_0} (\Delta i)^2 + \cdots$$

式中：$\Delta i = i - i_0$，当 Δi“足够小”时，略去高阶项，取其一次近似，有

$$\phi = \phi_0 + \left.\frac{\mathrm{d}\phi}{\mathrm{d}i}\right|_{i_0} \Delta i$$

其中：$\left.\frac{\mathrm{d}\phi}{\mathrm{d}i}\right|_{i_0}$ 为平衡点 i_0 处 $\phi(i)$的导数值，令其为 C_1，则有

$$\phi \approx \phi_0 + C_1 \Delta i$$

$$\phi - \phi_0 = \Delta\phi \approx C_1 \Delta i$$

上式表明，经小偏差线性化处理后，线圈中电流增量与磁通增量之间已经近似为线性关系。

应当注意的是，并不是所有的非线性问题都能线性化，有些非线性不满足泰勒函数的展开条件，对于这种本质的非线性，则需要用非线性控制理论来解决。

2.3 传递函数

控制系统的微分方程，是在时间域内描述系统动态性能的数学模型。通过求解系统的微分方程，就可以把握系统的运动规律。但是微分方程，尤其是对于高阶系统的微分方程求解非常困难。传递函数是在拉普拉斯变换(简称拉氏变换)的基础上，引入的描述线性定常系统(或元件)在复数域中的数学模型，它不仅可以表征系统的输入、输出动态特性，而且可以研究系统的结构或参数变化对系统性能的影响。经典控制理论中广泛应用的频率域分析法和根轨迹分析法，都是在传递函数基础上建立起来的。本节首先讨论传递函数的基本概念及其性质，然后在此基础上介绍一些典型环节的传递函数。

2.3.1 传递函数的定义

线性定常系统的传递函数 $G(s)$，定义为在零初始条件下(输入、输出的初始条件为零)，系统输出 $c(t)$的拉氏变换 $C(s)$与输入 $r(t)$的拉氏变换 $R(s)$之比。

设有线性定常系统，系统微分方程的一般形式为

$$a_n \frac{\mathrm{d}^n c(t)}{\mathrm{d}t^n} + a_{n-1}\frac{\mathrm{d}^{n-1} c(t)}{\mathrm{d}t^{n-1}} + \cdots + a_0 c(t) = b_m \frac{\mathrm{d}^m r(t)}{\mathrm{d}t^m} + b_{m-1}\frac{\mathrm{d}^{m-1} r(t)}{\mathrm{d}t^{m-1}} + \cdots + b_0 r(t) \tag{2-18}$$

式中：$r(t)$为系统输入；$c(t)$为系统输出；a_i, b_k $(i=0,1,2,\cdots,n; k=0,1,\cdots,m)$为由系统结构

和参数确定的实数。

在零初始条件下，即外界输入作用前，输入、输出的初始条件 $r(0)=r'(0)=\cdots=r^{(m)}(0)=0$，$c(0)=c'(0)=\cdots=c^{(n-1)}(0)=0$，对式(2-18)作拉氏变换可得

$$(a_n s^n+a_{n-1}s^{n-1}+\cdots+a_1 s+a_0)C(s)=(b_m s^m+b_{m-1}s^{m-1}+\cdots+b_1 s+b_0)R(s)$$

由此可得

$$G(s)=\frac{L[c(t)]}{L[r(t)]}=\frac{C(s)}{R(s)}=\frac{b_m s^m+b_{m-1}s^{m-1}+\cdots+b_1 s+b_0}{a_n s^n+a_{n-1}s^{n-1}+\cdots+a_1 s+a_0} \tag{2-19}$$

式(2-19)中 $G(s)$ 称为传递函数。传递函数是在零初始条件下定义的。零初始条件有两方面含义：一是指输入作用是在 $t=0$ 以后才作用于系统，因此，系统输入量及其各阶导数在 $t\leqslant 0$ 时均为 0；二是指输入作用于系统之前，系统是“相对静止”的，即系统输出量及其各阶导数在 $t\leqslant 0$ 时的值也为 0。大多数实际工程系统都满足这样的条件。零初始条件的规定不仅能简化运算，而且有利于在同等条件下比较系统性能。这样的规定对传递函数的定义是必要的。

传递函数的分母多项式 $f(s)=a_n s^n+a_{n-1}s^{n-1}+\cdots+a_1 s+a_0$，称为**特征多项式**。控制系统的动态性能与特征多项式有关。

例 2-5　求图 2-1 中 RLC 系统的传递函数。

解　已知该系统的微分方程为式(2-3)，即

$$LC\frac{\mathrm{d}^2 u_c}{\mathrm{d}t^2}+\left(R_1 C+\frac{L}{R_2}\right)\frac{\mathrm{d}u_c}{\mathrm{d}t}+\left(\frac{R_1}{R_2}+1\right)u_c=u$$

在零初始条件下，对上式进行拉氏变换得

$$LCs^2 U_c(s)+\left(R_1 C+\frac{L}{R_2}\right)sU_c(s)+\left(\frac{R_1}{R_2}+1\right)U_c(s)=U(s)$$

系统的传递函数为

$$\frac{U_c(s)}{U(s)}=\frac{1}{LCs^2+\left(R_1 C+\dfrac{L}{R_2}\right)s+\dfrac{R_1}{R_2}+1} \tag{2-20}$$

对于由电阻、电容和电感组成的电气网络的传递函数，也可以用电路原理中复数阻抗概念直接求出相应的传递函数，而不必先列出电路的微分方程式。

例 2-6　已知 RLC 网络如图 2-6(a)所示，求系统的传递函数。

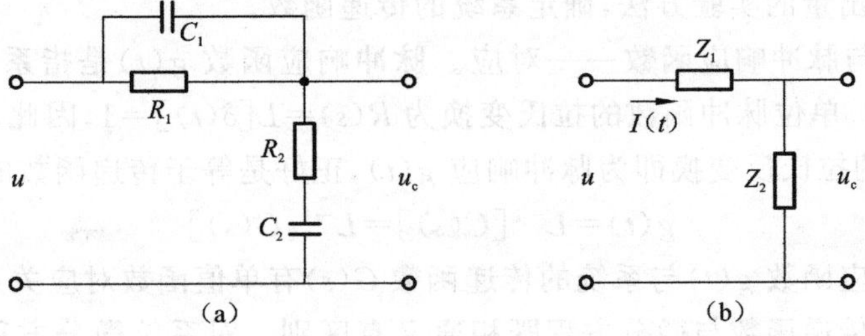

图 2-6　RLC 网络

解　对于 RLC 网络，容抗为 $1/Cs$，感抗为 Ls。将图 2-6(a)写成图 2-6(b)所示形式，其中 Z_1、Z_2 为复数阻抗。由图 2-6(b)可知：

$$I(s)=\frac{U(s)}{Z_1+Z_2}=\frac{U_c(s)}{Z_2}$$

$$G(s)=\frac{U_c(s)}{U(s)}=\frac{Z_2}{Z_1+Z_2}$$

式中：

$$Z_1=\frac{R_1/C_1s}{R_1+1/C_1s}=\frac{R_1}{R_1C_1s+1}$$

$$Z_2=R_2+\frac{1}{C_2s}=\frac{R_2C_2s+1}{C_2s}$$

从而：

$$G(s)=\frac{U_c(s)}{U(s)}=\frac{Z_2}{Z_1+Z_2}=\frac{\dfrac{R_2C_2s+1}{C_2s}}{\dfrac{R_1}{R_1C_1s+1}+\dfrac{R_2C_2s+1}{C_2s}}$$

$$=\frac{(R_1C_1+1)R_2C_2s+R_1C_1+1}{R_1R_2C_1C_2s^2+(R_1C_1+R_2C_2+R_1C_2)s+1}$$

2.3.2 传递函数的性质

由系统传递函数的定义得知，传递函数具有下列性质。

(1) 传递函数是复变量 s 的有理真分式函数，具有复变函数的所有性质。对于物理系统或物理可实现系统，$n \geqslant m$，即分母阶次高于分子阶次，且分子、分母多项式所有系数均为实数。传递函数的分母多项式，即特征多项式，对于系统的性能起决定作用。

(2) 传递函数是用系统参数表达的输出量与输入量之间的关系，只与系统（或元件）本身内部的结构和参数有关，与输入信号和初始条件无关。

(3) 一定的传递函数有一定的零点、极点分布图与之对应，因此传递函数的零点、极点分布图也表征了系统的动态特性。将传递函数定义式中的分母、分子多项式分解后，可以得到：

$$G(s)=\frac{C(s)}{R(s)}=K\frac{(s+z_1)(s+z_2)\cdots(s+z_m)}{(s+p_1)(s+p_2)\cdots(s+p_n)}$$

(4) 一个传递函数只能表示一个输入对一个输出的函数关系。如果传递函数已知，则可针对各种不同形式的输入研究系统的输出或响应。如果传递函数未知，则可通过引入已知输入量并研究系统输出量的实验方法，确定系统的传递函数。

(5) 传递函数与脉冲响应函数一一对应。脉冲响应函数 $g(t)$ 是指系统在单位脉冲输入 $\delta(t)$ 作用下的输出。单位脉冲函数的拉氏变换为 $R(s)=L[\delta(t)]=1$，因此，系统的脉冲响应为 $C(s)=G(s)$，$C(s)$ 的拉氏反变换即为脉冲响应 $g(t)$，正好是等于传递函数的拉氏反变换。即

$$g(t)=L^{-1}[C(s)]=L^{-1}[G(s)] \tag{2-21}$$

系统的脉冲响应函数 $g(t)$ 与系统的传递函数 $G(s)$ 有单值函数对应关系，都可以用于表征系统的动态特性。传递函数与微分方程既相通又有区别。对系统微分方程进行拉氏变换，可以得到控制系统的传递函数。但是微分方程是在时域中描述系统动态性能的数学模型，其描述的输出量与输入量之间的关系，是在任意初始条件下都符合的规律；而传递函数只描述零初始条件下输出量与输入量之间的关系，也就是说对于非零初始条件下，无法使用传递函数求

解。另外，传递函数只适合于线性定常系统，因为它是由线性常系数微分方程经拉氏变换得到的，而拉氏变换是一种线性积分变换。

2.3.3　传递函数的零点、极点及其对输出的影响

传递函数的分子多项式和分母多项式可以分解成如下形式：

$$G(s)=\frac{C(s)}{R(s)}=K\frac{(s+z_1)(s+z_2)\cdots(s+z_m)}{(s+p_1)(s+p_2)\cdots(s+p_n)} \tag{2-22}$$

式中：其中$-z_i$ $(i=1,2,\cdots,m)$为分子多项式的零点，称为传递函数的零点；$-p_j$ $(j=1,2,\cdots,n)$为分母多项式的极点，称为传递函数的极点。传递函数的零点、极点可以是实数，或共轭复数形式。式(2-22)中系数 K 称为传递系数或根轨迹增益，这种用零点、极点的形式表示传递函数的方法在根轨迹分析法中使用普遍。

传递函数的分子多项式、分母多项式分解后也常表示为如下形式：

$$G(s)=K_T\frac{(\tau_1 s+1)(\tau_2 s+1)\cdots(\tau_m s+1)}{(T_1 s+1)(T_2 s+1)\cdots(T_n s+1)} \tag{2-23}$$

式中：τ_i、T_j 为时间常数；$K_T=K\dfrac{z_1\cdot z_2\cdots z_m}{p_1\cdot p_2\cdots p_n}$，为系统增益。传递函数的这种表示形式在频率域分析法中应用较多。

传递函数的极点决定了所描述系统运动的基本模态。系统的稳定性、暂态性能都与极点有关。

例 2-7　已知某系统的微分方程模型为

$$y''+3y'+2y=5r(t)$$

(1) 写出系统特征多项式，并求出零点、极点。

(2) 求出系统的单位阶跃响应。

解　(1) 对微分方程进行拉氏变换得

$$s^2Y(s)+3sY(s)+2Y(s)=5R(s)$$

传递函数为

$$G(s)=\frac{Y(s)}{R(s)}=\frac{5}{s^2+3s+2}$$

特征多项式为传递函数的分母多项式，即 $f(s)=s^2+3s+2$。

由特征方程 $s^2+3s+2=0$，解得极点为 $s_1=-1$、$s_2=-2$。系统无零点存在。

(2) 单位阶跃信号 $r(t)=1,t\geqslant 0$ 的拉氏变换为 $R(s)=1/s$，故：

$$Y(s)=G(s)R(s)=\frac{5}{s^2+3s+2}\cdot\frac{1}{s}$$

$$=\frac{k_1}{s}+\frac{k_2}{s+1}+\frac{k_3}{s+2}=\frac{2.5}{s}+\frac{-5}{s+1}+\frac{2.5}{s+2}$$

对 $Y(s)$进行拉氏反变换，得

$$y(t)=L^{-1}[Y(s)]=2.5-5\mathrm{e}^{-t}+2.5\mathrm{e}^{-2t}$$

分析 $y(t)$中的各信号分量模态，e^{-t}、e^{-2t}分别对应于极点 $s_1=-1$、$s_2=-2$；常数项 2.5 与输入为单位阶跃信号有关。

2.3.4 典型环节的传递函数

自动控制系统是由若干元件组成的，这些元件从物理结构及作用原理上各不相同，但从动态性能或数学模型来看，却可分成为数不多的基本环节，如比例环节、惯性环节、微分环节、积分环节、振荡环节和延时环节等典型环节。不同的物理系统，可以是同一环节，同一物理系统也可以成为不同的环节，其环节特性是与描述它们动态特性的微分方程相对应的。典型环节是从数学模型上来划分的，是按元件的动态特性来划分。这种划分，给系统的分析和研究带来很大的方便。任何复杂的系统都可以用若干典型环节构成，如式(2-24)所示。具有相同基本因子传递函数的元件，可以是不同的物理元件，但都具有相同的运动规律。

$$G(s)=\frac{K_I}{s^{\nu}}\frac{\prod_{j=1}^{m_1}(s+z_j)\prod_{k=1}^{m_2}(s^2+2\xi_k s+\omega_k^2)}{\prod_{i=1}^{n_1}(s+p_i)\prod_{l=1}^{n_2}(s^2+2\xi_l s+\omega_l^2)} \tag{2-24}$$

1. 比例环节

比例环节又称放大环节，其输出量与输入量成正比，其特点是输出不失真、无延迟、成比例地反映输入信号的变化。

动力学方程为

$$c(t)=Kr(t) \tag{2-25}$$

式中：$c(t)$为输出量；$r(t)$为输入量；K 为环节的比例系数(常数)。

传递函数为

$$G(s)=\frac{C(s)}{R(s)}=K \tag{2-26}$$

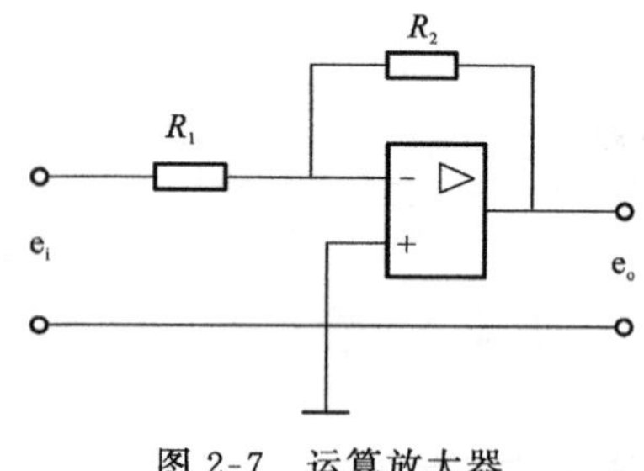

图 2-7 运算放大器

齿轮转动装置、运算放大器、测速发电机、电位器等元件在一定的条件下都可以视为比例环节。

例 2-8 图 2-7 为运算放大器，其输出电压 $e_o(t)$与输入电压 $e_i(t)$之间有如下关系：

$$e_o(t)=\frac{-R_2}{R_1}e_i(t)$$

式中：R_1、R_2为电阻。经拉氏变换后得其传递函数为

$$G(s)=\frac{E_o(s)}{E_i(s)}=-\frac{R_2}{R_1}=K$$

2. 惯性环节

惯性环节又称非周期环节，在这类环节中，因含有储能元件，所以对突变形式的输入信号不能立即输送出去。惯性环节的动力学方程为一阶微分方程：

$$T\frac{\mathrm{d}c(t)}{\mathrm{d}t}+c(t)=r(t) \tag{2-27}$$

传递函数为

$$G(s)=\frac{1}{1+Ts} \tag{2-28}$$

式中：T 为惯性环节的时间常数。

例 2-9　图 2-8 为无源滤波电路，$u_i(t)$ 为输入电压，$u_o(t)$ 为输出电压，i 为电流，R 为电阻，C 为电容。试求其传递函数。

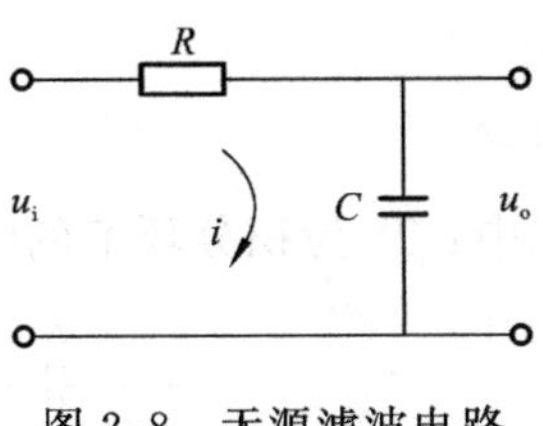

图 2-8　无源滤波电路

解　根据基尔霍夫定律有

$$\begin{cases} u_i(t)=iR+u_o(t) \\ i=C\dfrac{du_o(t)}{dt} \end{cases}$$

将电流信号代入第 1 个方程，得

$$RC\frac{du_o(t)}{dt}+u_o(t)=u_i(t)$$

经拉氏变换后，得

$$RCsU_o(s)+U_o(s)=U_i(s)$$

故传递函数为

$$G(s)=\frac{U_o(s)}{U_i(s)}=\frac{1}{Ts+1}$$

式中：$T=RC$ 为时间常数。

3. 微分环节

理想微分环节的微分方程为

$$c(t)=T_d\frac{dr(t)}{dt} \tag{2-29}$$

传递函数为

$$G(s)=\frac{C(s)}{R(s)}=T_ds \tag{2-30}$$

式中：T_d 为微分时间常数。

理想微分环节的单位阶跃响应为

$$c(t)=T_d\frac{d[1(t)]}{dt}=T_d\cdot\delta(t)$$

显然，理想微分环节的动态特性在实际系统中是不可实现的。因为当输入为阶跃信号时，其输出为幅值无穷大的脉冲，这是用物理装置无法实现的。工程上，实现的微分环节常常有惯性，其动态方程式为

$$T_c\frac{dc(t)}{dt}+c(t)=T_d\frac{dr(t)}{dt} \tag{2-31}$$

传递函数为

$$G(s)=\frac{T_ds}{1+T_cs} \tag{2-32}$$

式中：T_d 为微分时间常数；T_c 为实际微分环节的惯性时间常数。当 T_c 足够小时，可近似为纯微分环节。

4. 积分环节

积分环节的输出正比于输入的积分，其微分方程和传递函数分别为

$$c(t)=\frac{1}{T_{\mathrm{i}}}\int \boldsymbol{r}(t)\mathrm{d}t$$
$$G(s)=\frac{C(s)}{R(s)}=\frac{1}{T_{\mathrm{i}}s} \tag{2-33}$$

式中：T_{i} 为积分环节的时间常数。

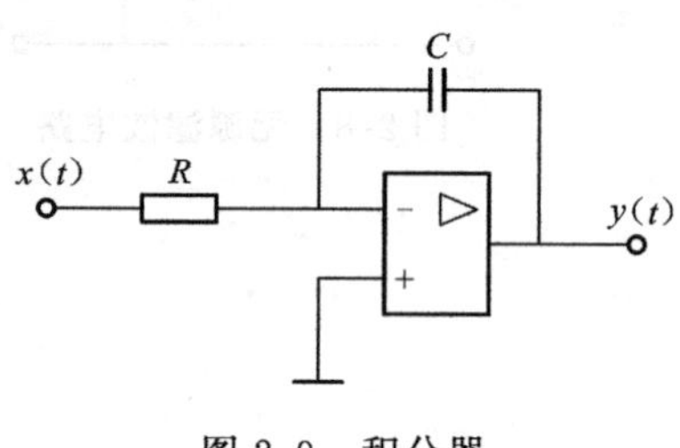

图 2-9　积分器

图 2-9 为由运算放大器组成的积分器，根据运算放大器的特点可知：

$$C\frac{\mathrm{d}y(t)}{\mathrm{d}t}=-\frac{x(t)}{R}$$

或

$$y(t)=-\frac{1}{RC}\int x(t)\mathrm{d}t$$

传递函数为

$$G(s)=\frac{Y(s)}{X(s)}=-\frac{1}{RC}\cdot\frac{1}{s}$$

5. 振荡环节

振荡环节(或称二阶振荡环节)的特点是其阶跃响应呈现出周期性振荡形式。振荡环节的微分方程和传递函数分别为

$$T^2\frac{\mathrm{d}^2c(t)}{\mathrm{d}t^2}+2\zeta T\frac{\mathrm{d}c(t)}{\mathrm{d}t}+c(t)=r(t)$$
$$G(s)=\frac{C(s)}{R(s)}=\frac{1}{T^2s^2+2\zeta Ts+1} \tag{2-34}$$

传递函数或写成以下形式：

$$G(s)=\frac{\omega_{\mathrm{n}}^2}{s^2+2\zeta\omega_{\mathrm{n}}s+\omega_{\mathrm{n}}^2} \tag{2-35}$$

式中：T 为时间常数；ζ 为阻尼比(或阻尼系数)，$0<\zeta<1$；$\omega_{\mathrm{n}}=\frac{1}{T}$为无阻尼自然振荡频率。

振荡环节的传递函数有一对位于 s 平面左半平面的极点，因此在阶跃信号作用下，输出必然会出现振荡现象。在单位阶跃信号作用下，振荡环节的输出为

$$c(t)=1-\frac{\mathrm{e}^{-\zeta\omega_{\mathrm{n}}t}}{\sqrt{1-\zeta^2}}\sin\left(\omega_{\mathrm{n}}\sqrt{1-\zeta^2}t+\arctan\frac{\sqrt{1-\zeta^2}}{\zeta}\right),\quad t\geqslant 0$$

系统运动过程是一个振荡的衰减过程。

6. 一阶微分环节

描述一阶微分环节输出、输入间的微分方程的形式为

$$c(t)=\tau\frac{\mathrm{d}r(t)}{\mathrm{d}t}+r(t)$$

传递函数为

$$G(s)=\tau s+1 \tag{2-36}$$

7. 二阶微分环节

描述二阶微分环节输出、输入间的微分方程形式为

$$c(t)=\tau^2\ddot{r}(t)+2\xi\tau\dot{r}(t)+r(t)$$

其传递函数为

$$G(s)=\frac{C(s)}{R(s)}=\tau^2 s^2+2\xi\tau s+1 \tag{2-37}$$

8. 延时环节

延时环节(或称迟延延环节、纯滞后环节)是指输出不失真地反映输入,但时间上滞后于输入的环节。具有延时环节的系统便称为延时系统。延时环节的输入 $r(t)$ 与输出 $c(t)$ 之间有如下关系:

$$c(t)=r(t-\tau)$$

式中:τ 为延迟时间。由拉氏变换的迟延定理,延时环节的传递函数为

$$G(s)=\frac{L[c(t-\tau)]}{L[r(t)]}=\frac{R(s)e^{-\tau s}}{R(s)}=e^{-\tau s}$$

延时环节与惯性环节不同,惯性环节的输出需要延迟一段时间才接近于所要求的输出量,但它从输入开始时刻起就已有输出。延时环节在输入开始之初的延迟时间 τ 内并无输出,在 τ 后,输出就完全等于从开始时刻起始的输入;简言之,输出等于输入,只是在时间上延时了一段时间间隔 τ。

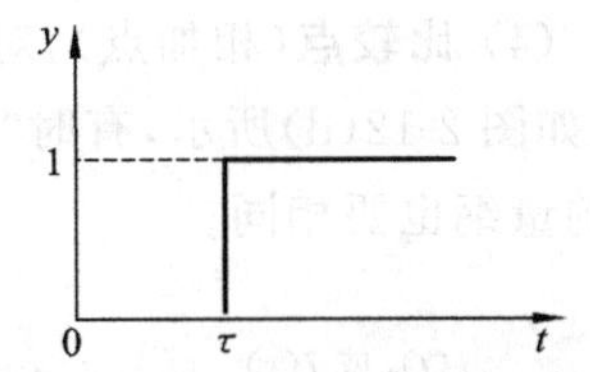

图 2-10　延时环节的单位阶跃响应

当延时环节受到单位阶跃信号作用时,其输出特性如图 2-10 所示。

大多数过程控制系统中都具有延时环节。例如,电厂锅炉燃料的传输、热力管道中热量的传播等。控制系统中延时环节的存在,增加了系统的设计难度。

例 2-10　图 2-11 为轧钢时带钢厚度检测示意图。带钢在 A 点轧出时,产生厚度偏差 Δh_1(图 2-11 中为 $h+\Delta h_1$,h 为要求的理想厚度)。但是,这一厚度偏差在到达 B 点时才被测厚仪所检测到。测厚仪检测到的带钢厚度偏差 Δh_2 即为其输出信号 $c(t)$。若测厚仪距机架的距离为 L,带钢速度为 v,则延迟时间为 $\tau=L/v$。故测厚仪输出信号 Δh_2 与厚度偏差这一输入信号 Δh_1 之间有如下关系:

$$\Delta h_2=\Delta h_1(t-\tau)$$

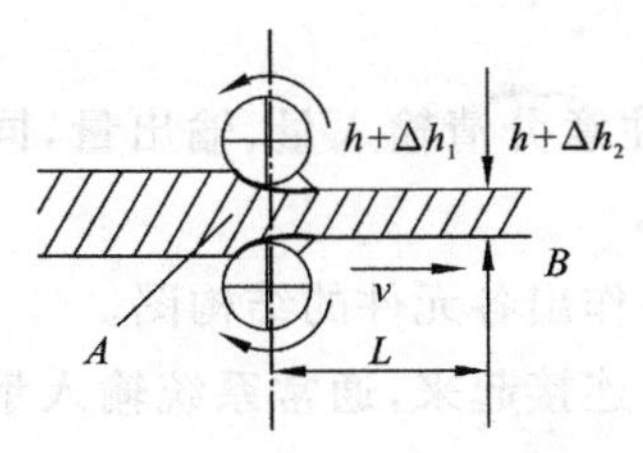

图 2-11　轧钢时带岗厚度检测示意图

此式表示,在 $t<\tau$ 时,$\Delta h_2=0$,即测厚仪不反映 Δh_1 的量。这里,Δh_1 为延时环节的输入量,Δh_2 为其输出量。故有 $c(t)=r(t-\tau)$,传递函数为

$$G(s)=\frac{C(s)}{R(s)}=e^{-\tau s}$$

2.4　自动控制系统结构图及其等效变换

自动控制系统可以由许多元件或环节组成。为了表明每一个元件在系统中的功能、各元

件之间的关系及信号流向，常常用结构图(也称方框图)这种图解方式表示。结构图不同于纯抽象的数学表达式，它的优点是能够简明地表明实际系统中各元件之间的关系及元件间信息的传递。根据结构图，通过一定的运算变换便可求得系统传递函数。结构图对于系统的描述、分析、计算非常方便，因而得到了广泛应用。

2.4.1　结构图的组成

(1) **信号线**，带有箭头的直线，箭头表示信号的传递方向，线上标记该信号的时间函数或拉氏变换，如图 2-12(a)所示。

(2) **方框**，表示系统或环节，方框中写入系统或环节的传递函数，如图 2-12(b)所示。方框的输出量等于输入量与传递函数的积，如 $Y(s)=G(s)X(s)$。

(3) **引出点**，也叫测量点或分支点，表示信号引出或测量的位置。从同一位置引出的信号，在数值和性质方面完全相同，如图 2-12(c)所示。

(4) **比较点**(相加点)，对两个以上的信号进行加减运算，"+"号表示相加，"−"号表示相减，如图 2-12(d)所示，有时"+"号省略不写。在相加点处加、减的信号必须是同种变量，运算时的量纲也要相同。

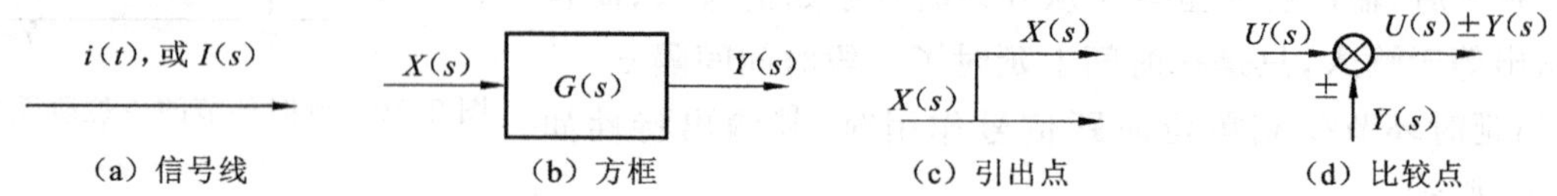

图 2-12　结构图的组成元素

2.4.2　结构图的绘制

系统结构图的绘制可按如下步骤进行。

(1) 建立控制系统各元件的微分方程。列写微分方程时，注意分清输入量、输出量，同时考虑相邻元件之间的负载效应影响。

(2) 对各元件的微分方程在零初始条件下进行拉氏变换，并作出各元件的结构图。

(3) 按照系统中各变量的传递顺序，依次将各元件的结构图连接起来，通常系统输入量位于左端，输出量(即被控量)位于右端，便得到系统结构图。

例 2-11　画出图 2-13 所示的两级 RC 网络的结构图。

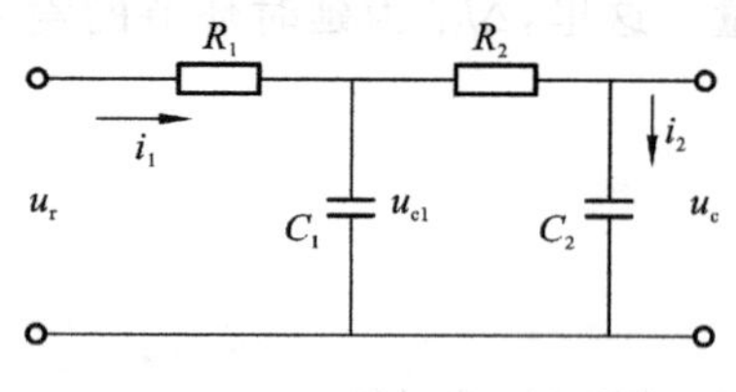

图 2-13　两级 RC 网络

解　根据基尔霍夫定律，可写出以下方程：

$$\begin{cases} u_r = R_1 i_1 + u_{c1} \\ u_{c1} = \dfrac{1}{C_1}\displaystyle\int (i_1 - i_2)\mathrm{d}t \\ u_{c1} = R_2 i_2 + u_c \\ u_c = \dfrac{1}{C_2}\displaystyle\int i_2 \mathrm{d}t \end{cases} \tag{2-38}$$

对上式进行拉氏变换得

$$\begin{cases} I_1(s)=\dfrac{U_r(s)-U_{c1}(s)}{R_1} \\ U_{c1}(s)=\dfrac{I_1(s)-I_2(s)}{sC_1} \\ I_2(s)=\dfrac{U_{c1}(s)-U_c(s)}{R_2} \\ U_c(s)=\dfrac{I_2(s)}{sC_2} \end{cases} \tag{2-39}$$

由式(2-39)可直接画出该 *RC* 网络的结构图,如图 2-14 所示。

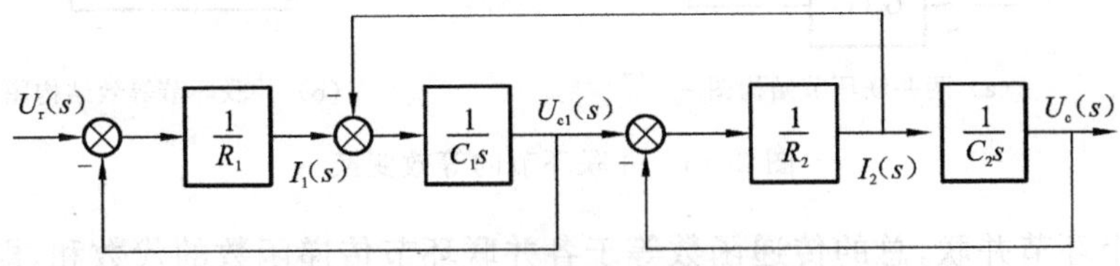

图 2-14　两级 RC 网络的结构图

2.4.3　结构图的等效变换

结构图是从具体系统中抽象出来的数学结构图形,由结构图作等效变换可以方便地求出闭环系统的传递函数。等效变换的原则是,变换前后输入量与输出量之间的传递函数保持不变。

系统各环节之间一般有串联、并联和反馈连接三种基本连接方式,下面研究这三种连接形式的等效变换方法。

1. 串联环节的等效变换

两个环节 $G_1(s)$和 $G_2(s)$以串联方式连接,如图 2-15(a)所示。

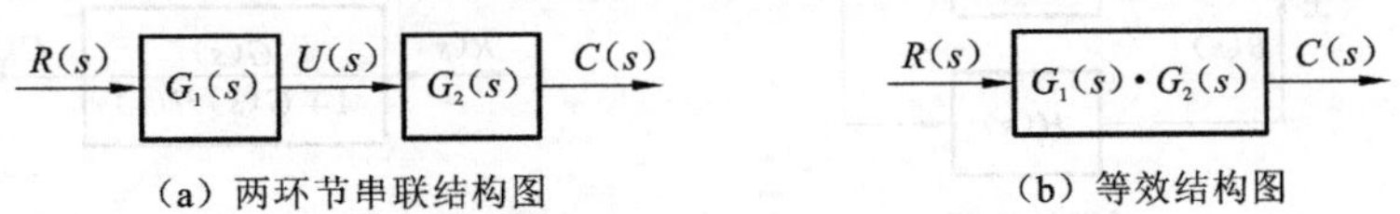

图 2-15　串联环节等效变换

如果将两个环节合并,用一个传递函数 $G(s)$代替,并保持 $R(s)$与 $C(s)$的关系不变,则串联连接后的传递函数为

$$G(s)=\frac{C(s)}{R(s)}=\frac{U(s)}{R(s)}\frac{C(s)}{U(s)}=G_1(s)G_2(s) \tag{2-40}$$

式(2-40)表明,两个传递函数串联的等效传递函数等于这两个传递函数的乘积,等效结构如图 2-15(b)所示。环节串联时等效传递函数等于各串联环节的传递函数之积,该结论可以推广到多个环节的串联。当系统由 n 个环节串联时,整个系统的等效传递函数为

$$G(s)=\prod_{i=1}^{n}G_i(s) \tag{2-41}$$

式中：$G_i(s)$为第 i 个串联环节的传递函数($i=1,2,\cdots,n$)。

2. 并联环节的等效变换

两个传递函数 $G_1(s)$与 $G_2(s)$的并联连接，其等效传递函数等于该两个传递函数的代数和，如图 2-16 所示。即

$$G(s)=G_1(s)\pm G_2(s) \tag{2-42}$$

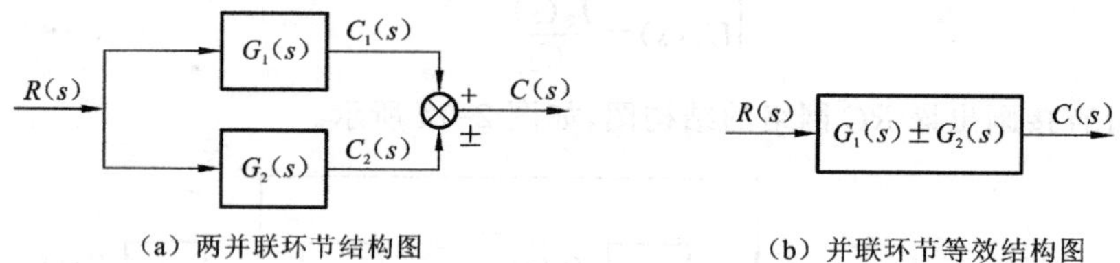

图 2-16 并联环节的等效变换

推广到 n 个环节并联，总的传递函数等于各并联环节传递函数的代数和，即

$$G(s)=\sum_{i=1}^{n}G_i(s) \tag{2-43}$$

式中：$G_i(s)$为第 i 个并联环节的传递函数($i=1,2,\cdots,n$)。

3. 反馈连接

所谓反馈，是将系统或某一环节的输出量，通过反馈回路返回到输入端的连接方式。如图 2-17(a)所示，比较点处"+"为正反馈，表示输入信号与反馈信号相加；"−"为负反馈，表示输入信号与反馈信号相减。反馈连接实际上也是闭环系统传递函数结构图的最基本形式。单输入作用的闭环系统，无论组成系统的环节有多复杂，其传递函数结构图总可以简化成图 2-17(a)的基本形式。反馈连接的等效变换结构，如图 2-17(b)所示。

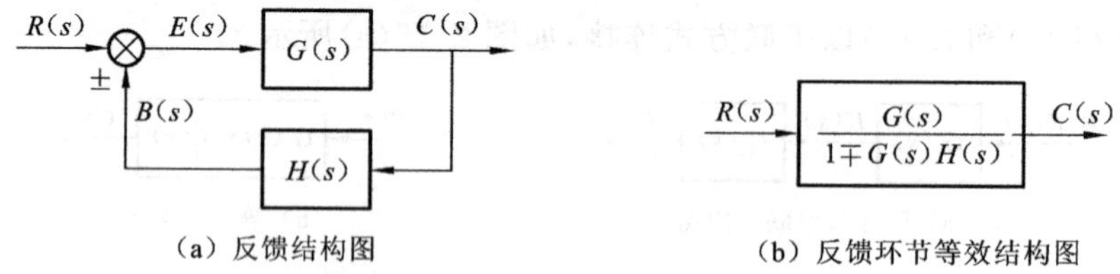

图 2-17 反馈连接的等效变换

图 2-17(a)中，$G(s)$称为前向通道传递函数，它是输出信号 $C(s)$与偏差 $E(s)$之比，即

$$G(s)=\frac{C(s)}{E(s)}$$

$H(s)$称为反馈回路传递函数，$H(s)=B(s)/C(s)$。

前向通道传递函数 $G(s)$与反馈回路传递函数 $H(s)$的乘积，为系统的**开环传递函数**，如式(2-44)。开环传递函数 $G_k(s)$是反馈信号 $B(s)$与偏差 $E(s)$之比，即

$$G_k(s)=\frac{B(s)}{E(s)}=G(s)H(s) \tag{2-44}$$

开环传递函数可以理解为：封闭回路在相加点断开以后，以 $E(s)$作为输入，经 $G(s)$、$H(s)$

而产生输出信号 $B(s)$，此输出信号与输入信号的比值 $B(s)/E(s)$，可以认为是一个无反馈的开环系统的传递函数。由于 $B(s)$ 与 $E(s)$ 在相加点的量纲相同，因此，开环传递函数无量纲，而 $H(s)$ 的量纲是 $G(s)$ 的量纲的例数。

图 2-17(a)中，输出信号 $C(s)$ 与输入信号 $R(s)$ 之比 $C(s)/R(s)$，为系统的**闭环传递函数**。由图 2-17(a)可知：

$$
\begin{aligned}
E(s) &= R(s) \pm B(s) = R(s) \pm C(s)H(s) \\
C(s) &= G(s)E(s) = G(s)[R(s) \pm C(s)H(s)] \\
&= G(s)R(s) \pm G(s)C(s)H(s)
\end{aligned}
$$

由此可得

$$[1 \mp G(s)H(s)]C(s) = G(s)R(s)$$

从而

$$G_B(s) = \frac{C(s)}{R(s)} = \frac{G(s)}{1 \mp G(s)H(s)} \tag{2-45}$$

式中，$G_B(s)$ 为闭环传递函数，分母中的减号对应于负反馈，加号对应于正反馈。

若反馈回路的传递函数 $H(s)=1$，称为单位反馈。此时闭环传递函数为

$$G_B(s) = \frac{G(s)}{1 \mp G(s)} \tag{2-46}$$

开环传递函数、闭环传递函数及开环系统的传递函数是三个常常容易混淆的概念，开环传递函数和闭环传递函数的概念在上面有所叙述，两者均针对闭环系统结构而言，而开环系统的传递函数则是针对于开环系统而言的。

2.4.4　信号比较点(相加点)与分支点的移动法则

前面介绍了几种典型连接的传递函数的求取，利用这些等效变换原则，能使结构图变得更加简单。但是对于一般的系统结构图，可能是这几种连接方式交叉在一起，无法直接利用上述简化原则，这时要先经过相加点及分支点的移动，变成典型连接的形式，然后进行化简。

1. 相加点移动规则

相加点移动分为两种情况：相加点前移和相加点后移。

相加点前移指相加点由环节的输出端移到环节的输入端。相加点后移指相加点由环节的输入端移到环节的输出端。遵循的原则是移动前后数学关系保持不变。图 2-18 是相加点前移的情况。

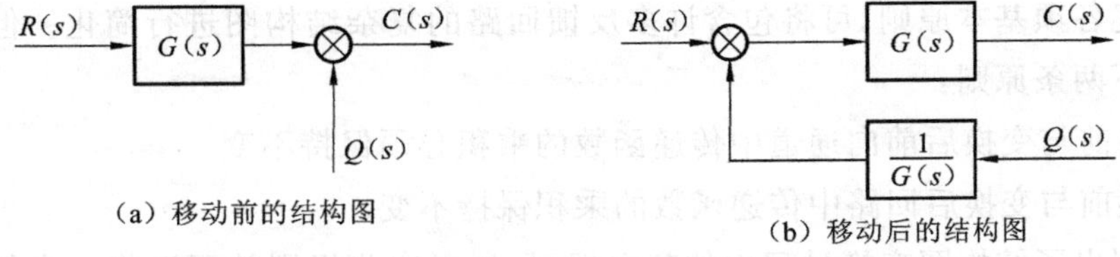

图 2-18　相加点前移的结构图变化情况

移动前，$C(s)=R(s)G(s)+Q(s)$；移动后：

$$C(s)=\left[R(s)+Q(s)\frac{1}{G(s)}\right]G(s)=R(s)G(s)+Q(s)$$

变换前后输出量保持不变，所以这一变换是等效的。相加点后移的变换如图 2-19 所示。

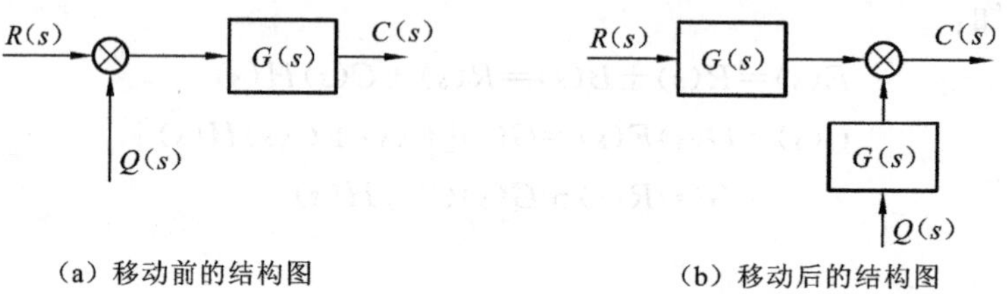

(a) 移动前的结构图　　(b) 移动后的结构图

图 2-19　相加点后移的变换

2. 分支点移动规则

分支点的移动有两种情况：一是由环节的输入端移到输出端；二是从环节的输出端移至输入端。根据分支点移动前后所得的分支信号保持不变的等效原则，相应的等效结构图，如图 2-20 所示。

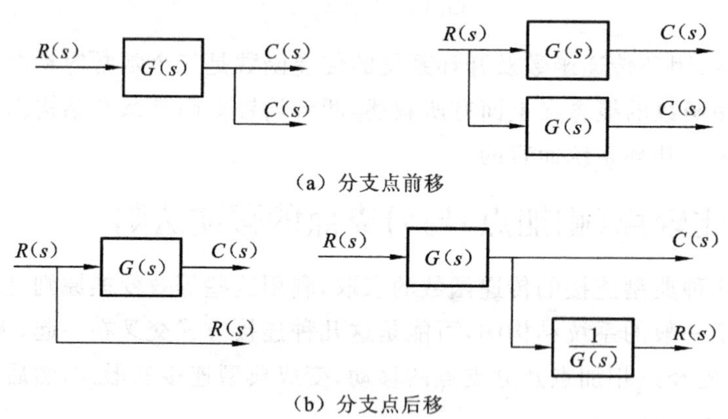

(a) 分支点前移

(b) 分支点后移

图 2-20　分支点的移动

在结构图的化简过程中，相邻的比较点或分支点可以互换(或合并)，如表 2-1 中 1、2 所示；但是相邻比较点和分支点之间，一般不宜交换其位置；此外，“—”号可以在信号线上越过方框移动，但不能越过比较点或引出点。

应用上述各项基本原则，可将包含许多反馈回路的复杂结构图进行简化。但在简化过程中应遵循以下两条原则：

(1) 变换前与变换后前向通道中传递函数的乘积必须保持不变。

(2) 变换前与变换后回路中传递函数的乘积保持不变。

表 2-1 列出了结构图变换过程中的基本规则，利用这些规则就可以将一个复杂结构的反馈控制系统结构图简化为如图 2-17(a)所示的典型反馈连接形式。

表 2-1　结构图变换法则

序号	原结构图	等效结构图	说明
1	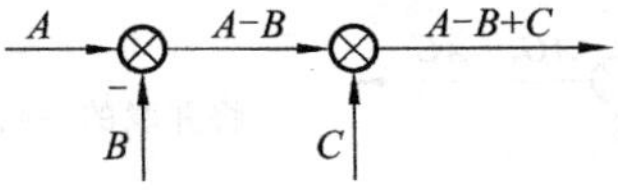 A, $A-B$, $A-B+C$, B, C	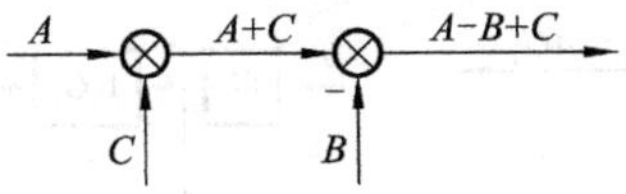 A, $A+C$, $A-B+C$, C, B	加法交换律
2	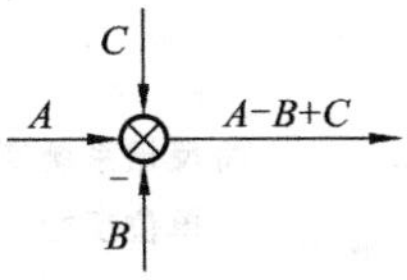 C, A, $A-B+C$, B	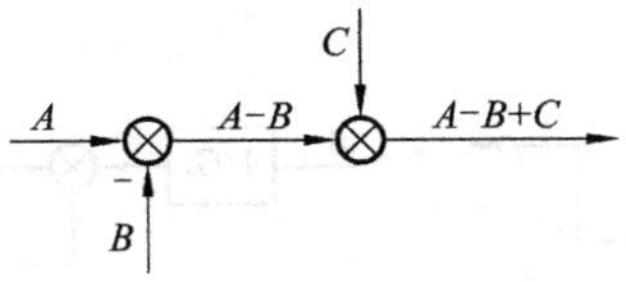 C, A, $A-B$, $A-B+C$, B	加法结合率
3	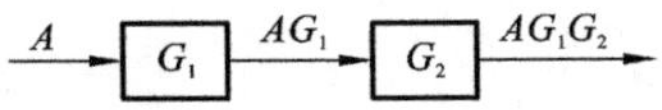 A, G_1, AG_1, G_2, AG_1G_2	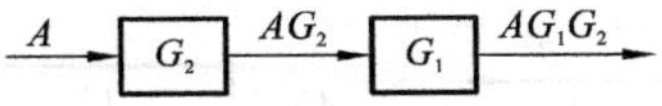 A, G_2, AG_2, G_1, AG_1G_2	乘法交换律
4	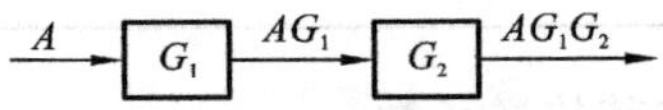 A, G_1, AG_1, G_2, AG_1G_2	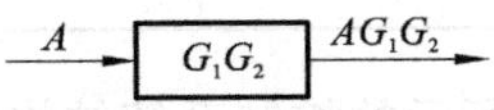 A, G_1G_2, AG_1G_2	乘法结合率
5	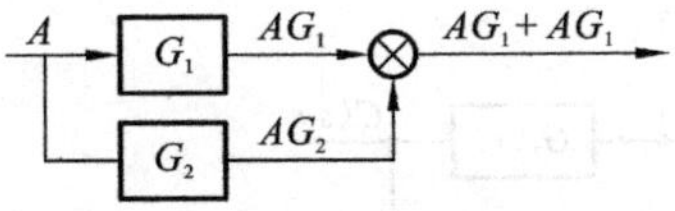 A, G_1, AG_1, AG_1+AG_1, G_2, AG_2	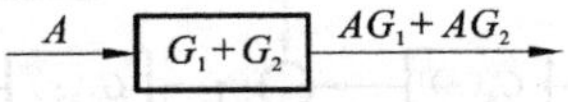 A, G_1+G_2, AG_1+AG_2	并联环节简化
6	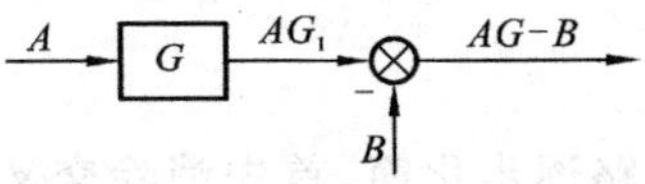 A, G, AG_1, $AG-B$, B	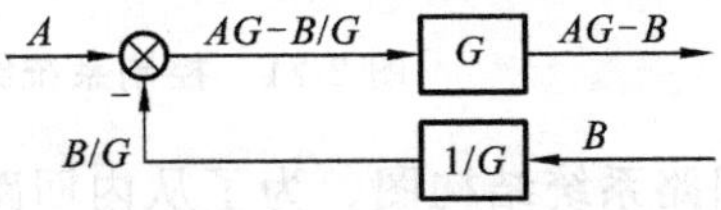 A, $AG-B/G$, G, $AG-B$, B/G, $1/G$, B	相加点前移
7	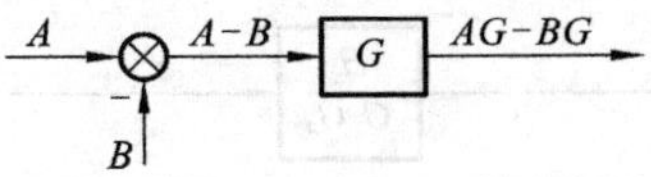 A, $A-B$, G, $AG-BG$, B	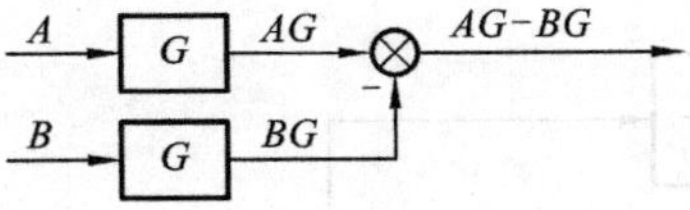 A, G, AG, $AG-BG$, B, G, BG	相加点后移
8	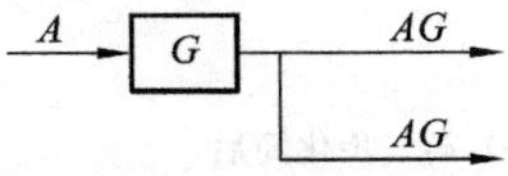 A, G, AG, AG	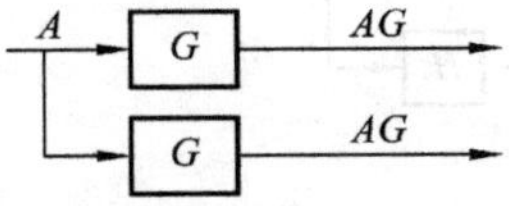 A, G, AG, G, AG	引出点前移
9	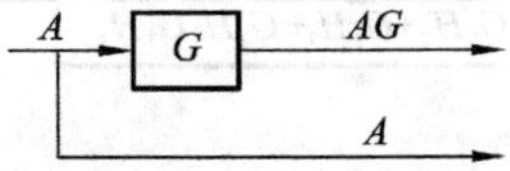 A, G, AG, A	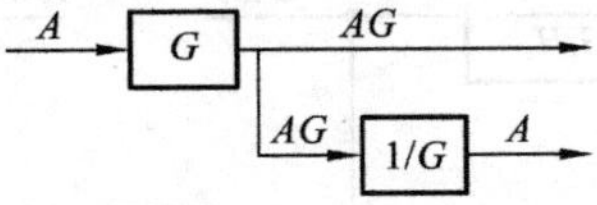 A, G, AG, AG, $1/G$, A	引出点后移
10	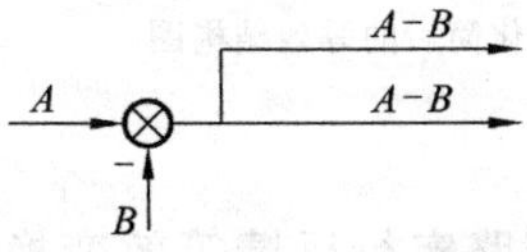 A, $A-B$, $A-B$, B	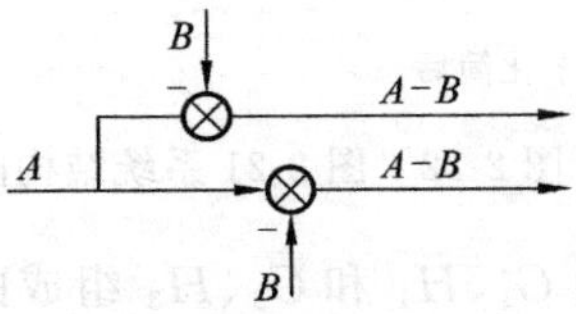 B, $A-B$, A, $A-B$, B	引出点前移越过比较点(较少应用)

续表

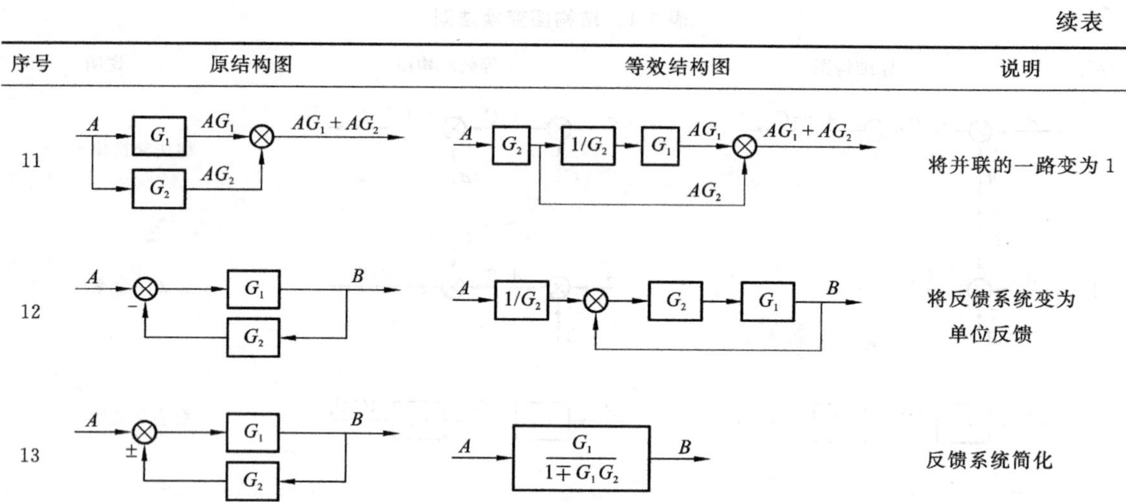

序号	原结构图	等效结构图	说明
11	A, G_1, G_2, AG_1, AG_2, AG_1+AG_2	A, G_2, $1/G_2$, G_1, AG_1, AG_2, AG_1+AG_2	将并联的一路变为 1
12	A, G_1, G_2, B	A, $1/G_2$, G_2, G_1, B	将反馈系统变为单位反馈
13	A, $\pm$, G_1, G_2, B	A, $\dfrac{G_1}{1\mp G_1G_2}$, B	反馈系统简化

例 2-12 试化简如图 2-21 所示的控制系统结构图，并求其传递函数。

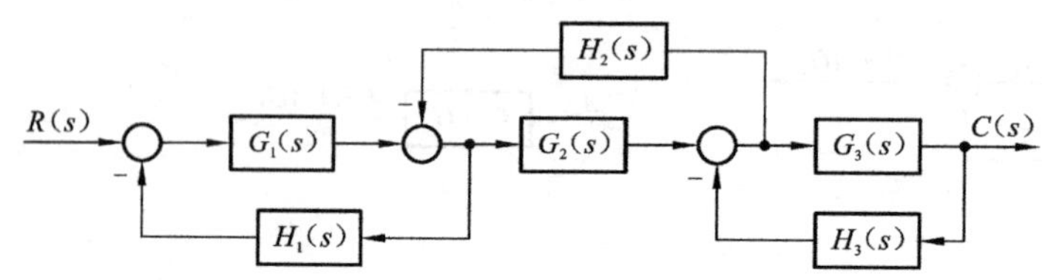

图 2-21 控制系统结构图

解 这是一个多回路系统结构图。为了从内回路到外回路逐步化简，首先消除交叉连接。第一步将 $G_3(s)$前的信号引出点后移，将 $G_1(s)$后的比较点前移，将图 2-21 化简为图 2-22(a)。

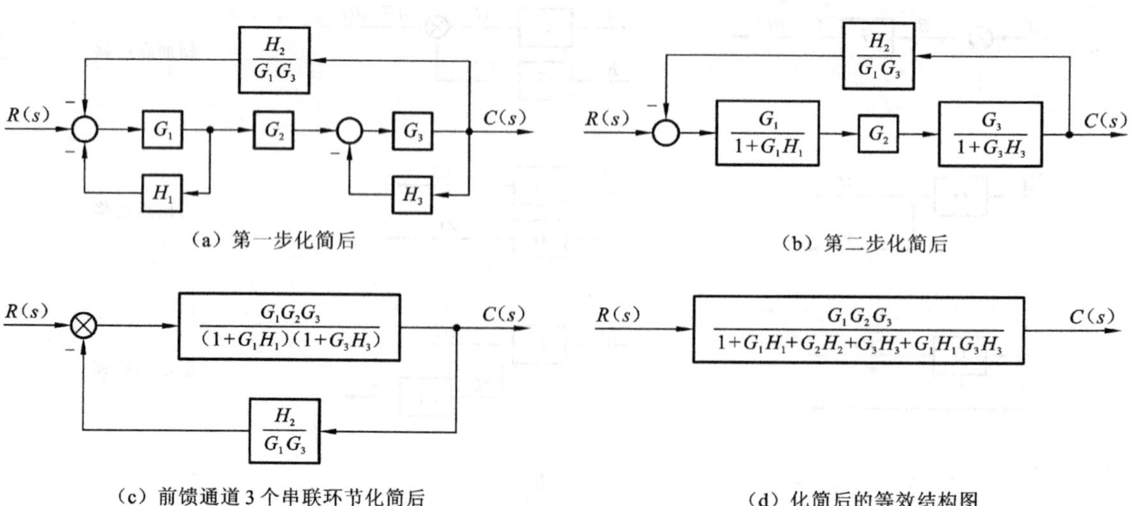

图 2-22 图 2-21 系统结构图的化简过程

第二步对图 2-22(a)中由 G_1、H_1 和 G_3、H_3 组成的两个反馈回路实行反馈等效变换，进而简化为图 2-22(b)。此时,系统结构图只剩下一个主反馈回路,将前向通过 3 个串联环节相乘后,就得到一个简单的典型反馈环节结构图,如图 2-22(c)所示。最后,按反馈连接求出系统传递函数为

$$\frac{C(s)}{R(s)}=\frac{\dfrac{G_1G_2G_3}{(1+G_1H_1)(1+G_3H_3)}}{1+\dfrac{G_1G_2G_3}{(1+G_1H_1)(1+G_3H_3)}\cdot\dfrac{H_2}{G_1G_3}}=\frac{G_1G_2G_3}{1+G_1H_1+G_2H_2+G_3H_3+G_1H_1G_3H_3}$$

2.5　典型闭环系统的传递函数

自动控制系统工作时会受到外加信号的作用。外加信号有两种:一种是有用的控制信号或输入信号 $r(t)$,它作用于系统输入端;另一种是干扰信号或称扰动信号 $n(t)$,扰动信号多作用于被控对象。一个闭环控制系统的典型结构如图 2-23 所示。当研究输入信号对系统输出信号 $c(t)$的影响时,就需要计算闭环传递函数 $C(s)/R(s)$;当研究扰动信号 $n(t)$对系统输出信号的影响时,也需要计算扰动信号下的传递函数 $C(s)/N(s)$。下面介绍几个传递函数的概念。

1. 系统的开环传递函数

在图 2-23 中,将 $H(s)$的输出通道断开,即在比较点处断开系统的主反馈通道,这时前向通道传递函数与反馈函数的乘积 $G_1(s)G_2(s)H(s)$,称为该系统的开环传递函数。即

$$G_k(s)=\frac{B(s)}{E(s)}=G_1(s)G_2(s)H(s) \tag{2-47}$$

称输入信号 $r(t)$到输出信号 $c(t)$的传输通道为前向通道,传递函数为 $G_1(s)G_2(s)$。

2. 系统的闭环传递函数

1) 输入信号 $r(t)$作用下的闭环传递函数

令扰动信号 $n(t)=0$,这时图 2-23 简化为图 2-24。利用结构图等效变换,可求得系统在给定输入 $r(t)$作用下的闭环传递函数为

$$\phi(s)=\frac{C(s)}{R(s)}=\frac{G_1(s)G_2(s)}{1+G_1(s)G_2(s)H(s)} \tag{2-48}$$

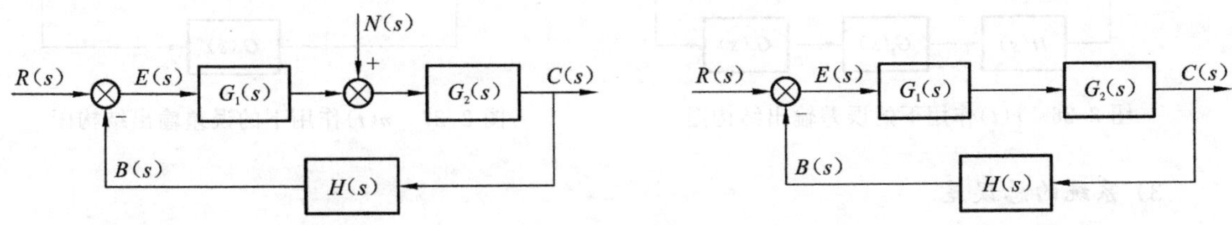

图 2-23　闭环控制系统的典型结构　　图 2-24　$r(t)$作用下的系统结构图

系统特征多项式为 $f(s)=1+G_1(s)G_2(s)H(s)=1+G_k(s)$,输出信号 $c(t)$的拉氏变换为

$$C_r(s)=\phi(s)R(s)=\frac{G_1(s)G_2(s)}{1+G_1(s)G_2(s)H(s)}R(s) \tag{2-49}$$

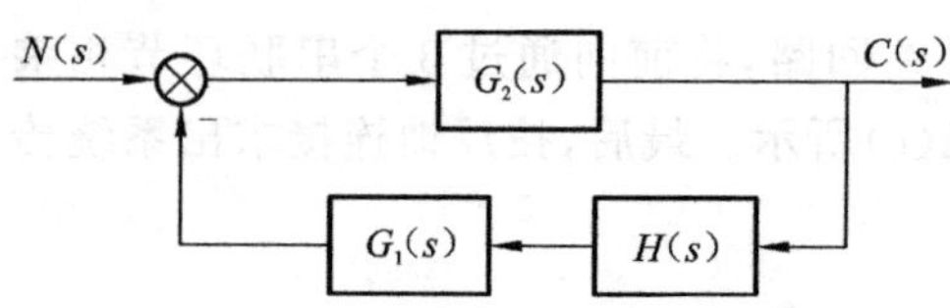

图 2-25 $n(t)$作用下的系统结构图

2）扰动信号 $n(t)$ 作用下的闭环传递函数

在研究扰动信号对系统的影响时，令 $r(t)=0$，则图 2-23 简化为图 2-25。

由图 2-25 可得扰动信号 $n(t)$ 作用下系统的闭环传递函数为

$$\phi_n(s)=\frac{C(s)}{N(s)}=\frac{G_2(s)}{1+G_1(s)G_2(s)H(s)} \tag{2-50}$$

扰动引起的输出为

$$C_n(s)=\phi_n(s)N(s)=\frac{G_2(s)}{1+G_1(s)G_2(s)H(s)}N(s) \tag{2-51}$$

根据线性系统的叠加原理，系统的总输出为

$$\begin{aligned}C(s)&=C_r(s)+C_n(s)=\phi(s)R(s)+\phi_n(s)N(s)\\&=\frac{G_1(s)G_2(s)}{1+G_1(s)G_2(s)H(s)}R(s)+\frac{G_2(s)}{1+G_1(s)G_2(s)H(s)}N(s)\end{aligned} \tag{2-52}$$

3. 闭环系统的误差传递函数

在控制系统分析中，还需了解控制过程中误差的变化规律，因为误差的大小反映了系统的工作精度。在图 2-23 中，给定信号 $r(t)$和反馈信号 $b(t)$之差即为系统的误差 $e(t)$：

$$\begin{aligned}e(t)&=r(t)-b(t)\\E(s)&=R(s)-B(s)\end{aligned} \tag{2-53}$$

1）输入信号 $r(t)$作用下的系统误差传递函数

令 $n(t)=0$，$E(s)/R(s)$可通过简化后的结构图(图 2-26)求得

$$\phi_e(s)=\frac{E(s)}{R(s)}=\frac{1}{1+G_1(s)G_2(s)H(s)} \tag{2-54}$$

2）扰动信号 $n(t)$作用下的系统误差传递函数

令 $r(t)=0$，$E(s)/N(s)$可通过图 2-27 求得

$$\phi_{en}(s)=\frac{E(s)}{N(s)}=\frac{-G_2(s)H(s)}{1+G_1(s)G_2(s)H(s)} \tag{2-55}$$

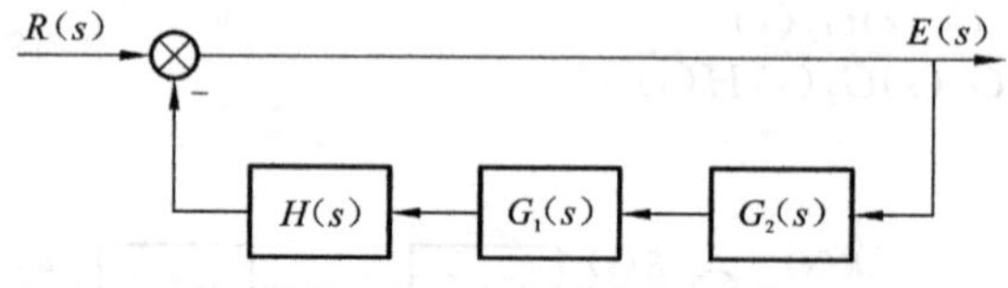

图 2-26 $r(t)$作用下的误差输出结构图

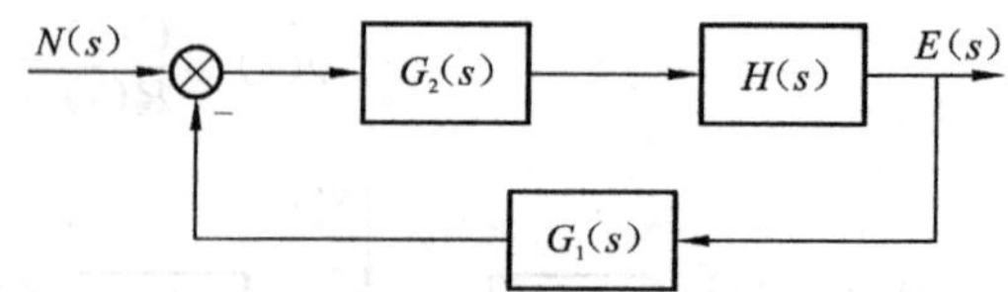

图 2-27 $n(t)$作用下的误差输出结构图

3）系统的总误差

根据叠加原理，求得系统的总误差为

$$\begin{aligned}E(s)&=\phi_e(s)R(s)+\phi_{en}(s)N(s)\\&=\frac{1}{1+G_1(s)G_2(s)H(s)}R(s)+\frac{-G_2(s)H(s)}{1+G_1(s)G_2(s)H(s)}N(s)\end{aligned} \tag{2-56}$$

比较上面的传递函数式(2-48)、式(2-50)、式(2-54)、式(2-55)，可以看出，它们虽然各不

相同但是各个传递函数的分母却是一样的，均为系统的特征多项式$[1+G_1(s)G_2(s)H(s)]$，这也是闭环控制系统各种传递函数的规律性。

2.6　信号流图和梅森增益公式

2.4 节讨论了通过化简系统结构图求取传递函数的方法，然而对于复杂的控制系统，结构图的化简过程仍较复杂，且易于出错。信号流图是信号流程图的简称，是一种由节点和支路组成的信号传递网络，是与结构图等价的描述变量之间关系的一种图形表示方法。信号流图由梅森(S. J. Mason)提出，起初用于线性代数方程式的表达。它由节点和支路组成，节点代表方程式中的变量，用小圆圈表示；支路用连接两个节点的有向线段表示，支路增益表示方程式中两个变量的因果关系。

例如，图 2-28 为线性方程 $x_2=a_{12}x_1$ 的信号流图。其中，x_1 为输入变量，x_2 为输出变量，支路增益 a_{12} 为两个变量间的增益。信号沿箭头方向单向传递，由输入指向输出。

信号流图不仅具有结构图表示控制系统的特点，而且能直接应用梅森增益公式方便地求出系统的传输增益，因此在控制工程中得到了广泛应用。

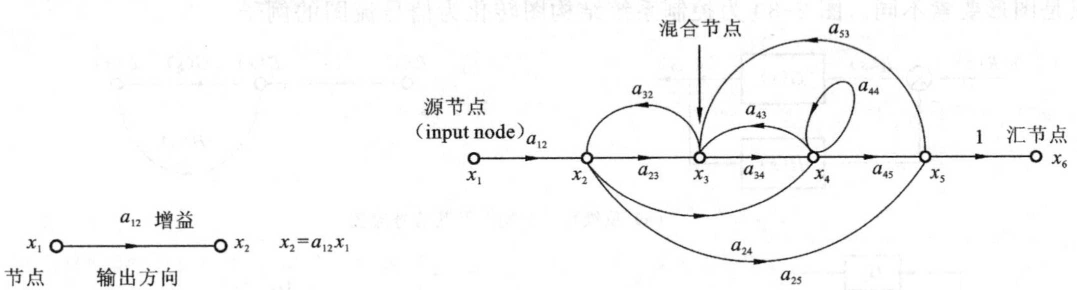

图 2-28　简单信号流图　　　　图 2-29　信号流图有关术语示意图

1. 信号流图的有关概念和性质

为了对系统信号流图进行较深入的研究，必须了解信号流图的有关概念。

(1) 出支路：离开节点的支路。

(2) 入支路：进入节点的支路。

(3) 源节点：只有出支路的节点，对应于外部输入，因此也称输入节点。如图 2-29 中节点 x_1。

(4) 汇节点：只有入支路的节点，也称为输出节点，如图 2-29 中节点 x_6。

(5) 混合节点：既有入支路，又有出支路的节点。

(6) 通道：又称为路径，是指从一个节点出发，沿着支路的箭头方向相继经过多个节点间的支路，一个信号流图可以有多条通道。

(7) 开通道：如果通道从某个节点出发，终止于另一个节点上，并且通道中每个节点只经过一次，则称为开通道。如图 2-29 中，$x_1\rightarrow x_2\rightarrow x_5(a_{25})\rightarrow x_6$。

(8) 闭通道：如果通道的终点就是通道的起点，并且通道中每个节点只经过一次，则该通道称为闭通道或回路。如果一个通道从一个节点开始，只经过一个支路又回到该节点，这样的通道称为自回环。如图 2-29 中，$x_3(a_{34})\rightarrow x_4(a_{45})\rightarrow x_5(a_{53})\rightarrow x_3$ 为闭通道；支路 a_{44} 为自回环。

(9) 前向通道：从源节点出发到汇节点终止，而且每个节点只通过一次的通道称为前向通道。

(10) 互不接触回环：如果一些回路没有任何公共节点和回路，称为互不接触回环。

(11) 通道传输增益：指沿通道各支路传输的乘积，称为通道增益。

(12) 回环传输增益：又称为回环增益，指闭通道中各支路传输的乘积，如图 2-29 中 a_{44}。

通过以上内容，总结出信号流图有以下性质。

(1) 用节点表示变量，源节点代表输入量，汇节点代表输出量，用混合节点表示变量或信号的汇合。在混合节点处，所有出支路的信号(即混合节点对应的变量)等于各入支路输入信号的代数和。

(2) 以支路表示变量或信号的传输和变换过程，信号只能沿着支路的箭头方向传输。在信号流图中每经过一条支路，相当于在结构图中经过一个用方框表示的环节。

(3) 线号流图只适用于线性系统。

(4) 对于同一系统，信号流图的形式不是唯一的。

其实，对于控制系统来说，其信号流图和结构图具有同等信息量，因此也是可以互相转换，只是图形要素不同。图 2-30 为控制系统结构图转化为信号流图的例子。

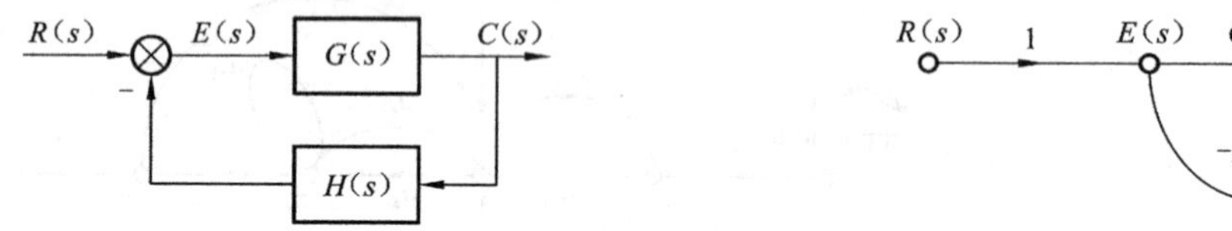

(a) 反馈环节结构图及其信号流图

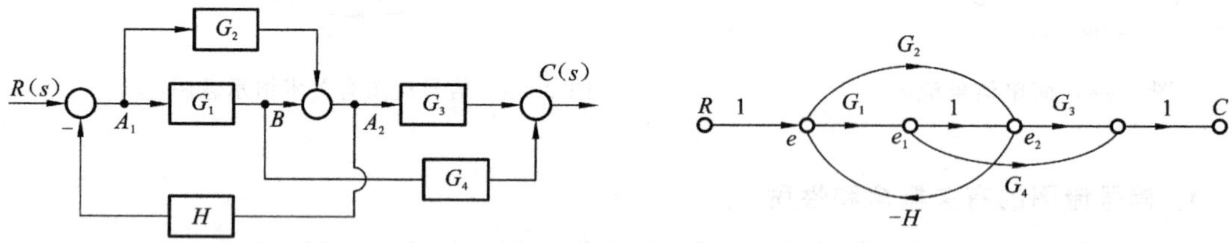

(b) 复杂系统结构图及其信号流图

图 2-30　控制系统结构图转化为信号流图

信号流图的绘制方法(以图 2-30 为例)：

(1) 用小圆圈表示各变量对应的节点。

(2) 在比较点之后的引出点，只需在比较点后设置一个节点便可，也可以与它前面的比较点共用一个节点。

(3) 在比较点之前的引出点 B，需设置两个节点，分别表示引出点和比较点，注意对比流图中的 e_1、e_2。

2. 梅森增益公式

对于比较复杂的系统，可根据梅森增益公式直接求取结构图的传递函数或信号流图的传输增益，而不需简化结构图。梅森增益公式为

$$G(s)=\frac{1}{\Delta}\sum_{k=1}^{n}P_k\Delta_k \tag{2-57}$$

式中：$G(s)$为待求的传递函数（或增益）；P_k为从输入到输出的第 k 条前向通道的总传输增益（传递函数）；Δ 为信号流图的特征式，是信号流图所表示的方程组的系数行列式，其表达式为

$$\Delta=1-\sum L_i+\sum L_iL_j-\sum L_iL_jL_k+\cdots \tag{2-58}$$

其中：$\sum L_i$ 为所有单个回环的传输增益之和；$\sum L_iL_j$ 为任何两个互不接触回环传输增益的乘积之和；$\sum L_iL_jL_k$ 为任何三个互不接触回环传输增益的乘积之和；Δ_k 为余子式。对于第 k 条前向通道的余子式，在信号流图的特征式中，将与第 k 条前向通道接触的回环传输增益代以零值，余下的 Δ 即为 Δ_k。

式(2-57)初看起来显烦琐，实际系统中含有大量回路的情况不多，因此梅森增益公式的使用还是很方便的。系统结构图与信号流图之间有对应关系，所以求取传递函数时可以直接利用系统结构图进行。

例 2-13　已知图 2-31 为控制系统的结构图，试求系统的传递函数 $C(s)/R(s)$。

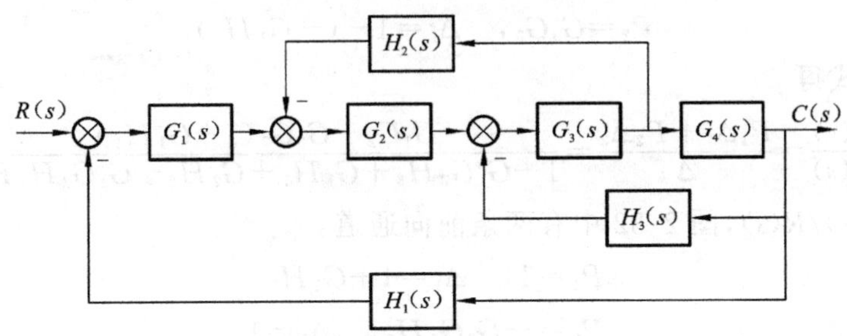

图 2-31　例 2-13 系统结构图

解　此系统有三个回路，即$-G_1G_2G_3G_4H_1$、$-G_3G_4H_3$、$-G_2G_3H_2$，因此：

$$\sum L_i=-G_1G_2G_3G_4H_1-G_3G_4H_3-G_2G_3H_2$$

无两两互不接触的回路。

所以，特征多项式为

$$\Delta=1-\sum L_i=1+G_1G_2G_3G_4H_1+G_3G_4H_3+G_2G_3H_2$$

图 2-31 中只有一条前向通道 P_1，即

$$P_1:R(s)\to G_1\to G_2\to G_3\to G_4\to C(s)$$

去掉 P_1 后，原结构图中不再含有回路，于是有

$$P_1=G_1G_2G_3G_4,\quad \Delta_1=1$$

根据梅森增益公式，得系统传递函数为

$$\Phi(s)=\frac{C(s)}{R(s)}=\frac{P_1\Delta_1}{\Delta}=\frac{G_1G_2G_3G_4}{1+G_1G_2G_3G_4H_1+G_3G_4H_3+G_2G_3H_2}$$

例 2-14　用梅森增益公式求图 2-32 所示系统的传递函数 $C(s)/R(s)$、$E(s)/R(s)$、$C(s)/N(s)$。

解　此系统有三个回路，即 $L_1=-G_1G_2H_3$、$L_2=-G_1H_1$、$L_3=-G_2H_2$；有一组两两互不接触的回路 $L_2=-G_1H_1$ 和 $L_3=-G_2H_2$。所以，特征多项式为

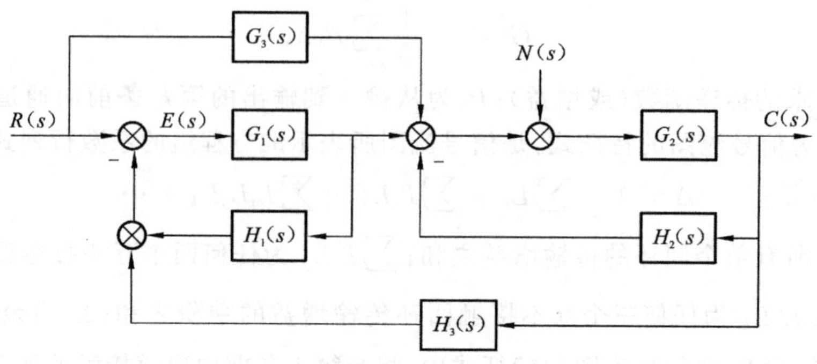

图 2-32 控制系统结构图

$$\begin{aligned}\Delta &= 1-(L_1+L_2+L_3)+L_2L_3 \\ &= 1+G_1G_2H_3+G_1H_1+G_2H_2+G_1G_2H_1H_2\end{aligned}$$

(1) 对于 $C(s)/R(s)$,图 2-32 中有两条前向通道：

$$P_1=G_1G_2,\quad \Delta_1=1$$

$$P_2=G_3G_2,\quad \Delta_2=1-(-G_1H_1)$$

根据梅森增益公式得

$$\frac{C(s)}{R(s)}=\frac{P_1\Delta_1+P_2\Delta_2}{\Delta}=\frac{G_1G_2+G_3G_2(1+G_1H_1)}{1+G_1G_2H_3+G_1H_1+G_2H_2+G_1G_2H_1H_2}$$

(2) 对于 $E(s)/R(s)$,图 2-32 中有两条前向通道：

$$P_1=1,\quad \Delta_1=1+G_2H_2$$

$$P_2=-G_3G_2H_3,\quad \Delta_2=1$$

所以：

$$\frac{E(s)}{R(s)}=\frac{P_1\Delta_1+P_2\Delta_2}{\Delta}=\frac{1+G_2H_2-G_3G_2H_3}{1+G_1G_2H_3+G_1H_1+G_2H_2+G_1G_2H_1H_2}$$

(3) 对于 $C(s)/N(s)$,图 2-32 中有 1 条前向通道：

$$P_1=G_2,\quad \Delta_1=1+G_1H_1$$

所以：

$$\frac{C(s)}{N(s)}=\frac{P_1\Delta_1}{\Delta}=\frac{G_2+G_2G_1H_1}{1+G_1G_2H_3+G_1H_1+G_2H_2+G_1G_2H_1H_2}$$

2.7 基于 MATLAB 的控制系统数学模型

MATLAB 是由美国 Math Works 软件公司开发的一种高级编程语言,适用于广泛的数学计算,经过不断地研究和改进,版本在持续更新中。MATLAB 具有编程方便、操作简单、图文处理灵活等优点,是目前国际上应用最广的用于自动控制系统设计与仿真的软件工具之一。本节就 MATLAB 在数学模型处理方面的应用做简要介绍。

MATLAB 表达系统数学模型有以下四种方式。

(1) 传递函数模型(tf 对象);

(2) 零点、极点增益模型 ZPK 对象；

(3) 状态空间模型(SS 对象)；

(4) 动态结构图。

本节主要介绍以传递函数形式表达的两种数学模型。有关动态结构图和状态空间模型将在 8.7 节和 9.9 节中分别介绍。

1. 传递函数模型

对于控制系统：

$$G(s)=\frac{C(s)}{R(s)}=\frac{b_0 s^m+b_1 s^{m-1}+\cdots+b_{m-1}s+b_m}{a_0 s^n+a_1 s^{n-1}+\cdots+a_{n-1}s+a_n},n\geqslant m$$

在用 MATLAB 建立传递函数时，需将其分子与分母多项式的系数写成两个矢量，并用 tf()函数给出，即

```
sys= tf(num,den)
```

式中：num=$[b_0\ b_1\ b_2\cdots b_m]$，为 $G(s)$分子多项式的系数；den=$[a_0\ a_1\ a_2\cdots a_n]$，为 $G(s)$分母多项式的系数；num 和 den 都是按 s 降幂次序给出。

例 2-15　试用 MATLAB 表示下列传递函数。

$$G(s)=\frac{6s+1}{0.1s^3+s^2+s+1}$$

解　键入：

```
num=[6 1];
den=[0.1 1 1 1];
sys= tf(num,den)
```

按回车键，命令窗口输出如下结果：

```
Transfer function

        6s+1
  ----------------
  0 .1s^3+s^2+s+1
```

2. 建立零极点形式的传递函数

为了分析和设计的需要，有时把传递函数写成以零点、极点表示的形式，即

$$G(s)=K\frac{(s-z_1)(s-z_2)\cdots(s-z_m)}{(s-p_1)(s-p_2)\cdots(s-p_n)}$$

对此在 MATLAB 中采用 ZPK(z,p,k)函数给出相应零点、极点形式的传递函数。其中，$Z=[z_1\ z_2\ z_3\cdots z_m]$为 $G(s)$的零点；$P=[p_1\ p_2\ p_3\cdots p_n]$为 $G(s)$的极点；$K=[K]$为增益。

例 2-16　已知传递函数如下，求出其零点、极点及增益。

$$G(s)=\frac{4s^2+16s+12}{s^4+12s^3+44s^2+48s}$$

解　键入：

```
num=[4 16 12];
den=[1 12 44 48 0];
[z,p,K]=tf(num,den)
```

运行结果：

```
Z=

     -3
```

```
        -1
P=
        0
        -6.0000
        -4.0000
        -2.0000
K=
        4
```

采用 sys1= zpk(sys) 或 sys1= zpk(num, den)，则可以把相应传递函数转换为零点、极点形式的传递函数。

3. 结构图的串联、并联与反馈连接

假设 G_1、G_2 两个环节串联连接，且 $G_1(s)=\dfrac{\text{num1}}{\text{den1}}$；$G_1(s)=\dfrac{\text{num2}}{\text{den2}}$，则可用指令：

```
[num,den]=series(num1,den1,num2,den2)
```

求其连接后的传递函数。

假设 G_1、G_2 两个环节并联连接，则可用指令：

```
[num,den]=parallel(num1,den1,num2,den2)
```

求其并联后的传递函数。

假设 G_1、G_2 两个环节为反馈连接，其中 G_2 为反馈环节，则可用指令：

```
[num,den]=feedback(num1,den1,num2,den2)
```

求其闭环传递函数。

例 2-17 假设两个环节分别为

$$G_1(s)=\frac{10}{s^2+2s+10},\quad G_2(s)=\frac{5}{s+5}$$

分别求其串联、并联、反馈连接时的传递函数。

解 键入程序：

```
num1=[10]; den1=[1 2 10];
num2=[5]; den1=[1 5];
[num,den]=series(num1,den1,num2,den2)
```

可得其串联连接时传递函数：

```
          50
------------------
s^3+7s^2+20s+50
```

键入：

```
num1=[10]; den1=[1 2 10];
num2=[5]; den1=[1 5];
[num,den]=parallel(num1,den1,num2,den2)
```

可得其并联连接时传递函数：

```
 5s^2+20s+100
------------------
s^3+7s^2+20s+50
```

键入：

```
num1=[10]; den1=[1 2 10];
num2=[5]; den1=[1 5];
```

```
[num,den]=feedback(num1,den1,num2,den2)
```

可得其反馈连接时传递函数：

```
        10s+50
 ---------------------
 s^3+7s^2+20s+100
```

例 2-18　设系统结构图如图 2-33 所示，求系统闭环传递函数。

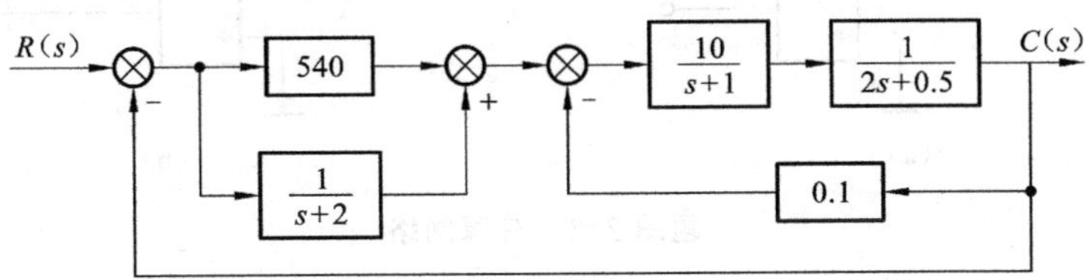

图 2-33　系统结构图

解　程序如下：

```
num1=[540]; den1=[1];
num2=[1]; den2=[1  2];
num3=[10]; den3=[1  1];
num4=[1]; den4=[2  0.5];
num5=[0.1]; den5=[1];
[numa,dena]=parallel(num1,den1,num2,den2);
[numb,denb]=series(num3,den3,num4,den4);
[numc,denc]=feedback(numb,denb,num5,den5 );
[numd,dend]=series(numa,dena,numc,denc);
[num,den]=cloop(numd,dend);
printsys(num,den)
```

运行结果如下：

```
num/den=
                    5400 s+10810
        ----------------------------------
        2 s^3+6.5 s^2+5406.5 s+10813
```

习　题　2

1. 线性系统建立数学模型的方法有哪些？传递函数模型一般有哪些表达方式？

2. 试写出题图 2.1 中无源网络的微分方程和传递函数。其中，电压 $u_i(t)$ 为输入量；电压 $u_o(t)$ 为输出量。

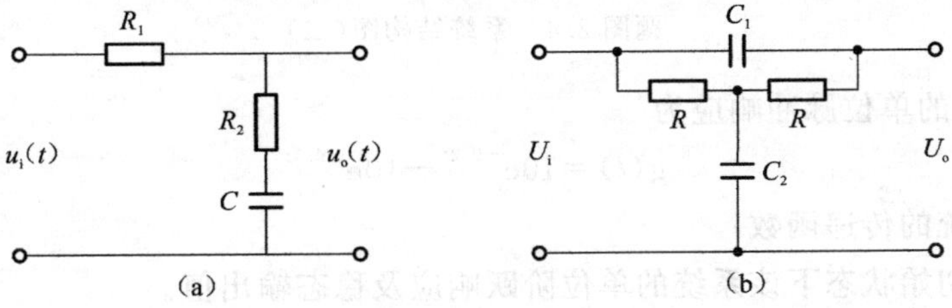

题图 2.1　无源网络

3. 试写出题图 2.2 中有源网络的传递函数，并说明属于什么环节。

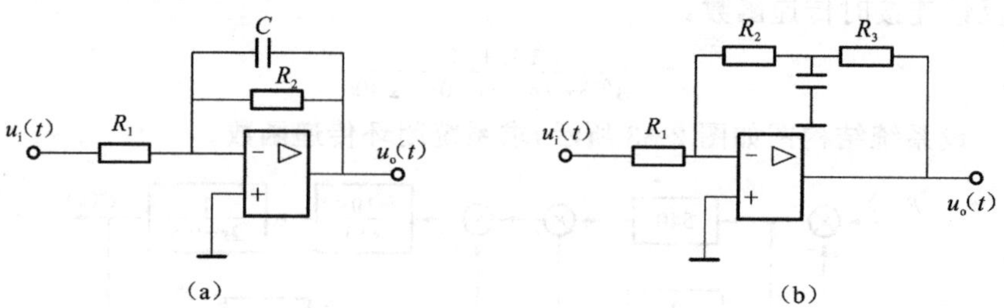

题图 2.2 有源网络

4. 在题图 2.3 中，已知 $G(s)$ 和 $H(s)$ 两方框对应的微分方程分别是

$$6\frac{\mathrm{d}c(t)}{\mathrm{d}t}+10c(t)=20e(t),\quad 20\frac{\mathrm{d}b(t)}{\mathrm{d}t}+5b(t)=10c(t)$$

且初始条件均为 0，试求传递函数 $C(s)/R(s)$ 及 $E(s)/R(s)$。

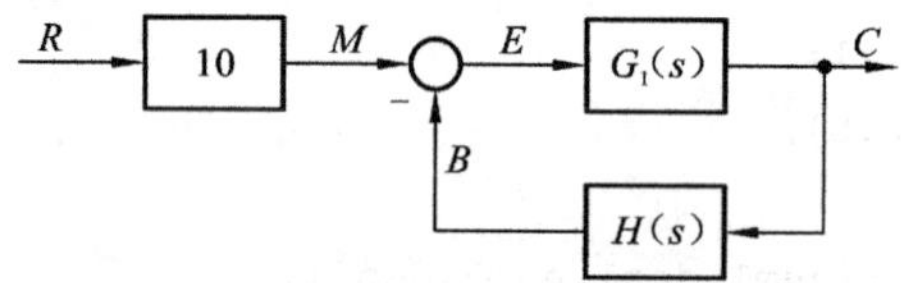

题图 2.3 系统结构图(一)

5. 已知控制系统结构图如题图 2.4 所示，试通过结构图等效变换求传递函数 $C(s)/R(s)$。

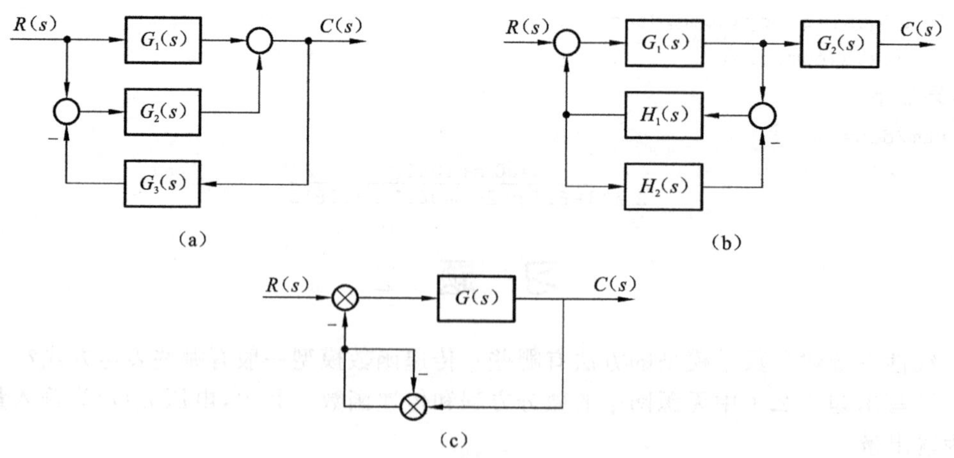

题图 2.4 系统结构图(二)

6. 已知系统的单位脉冲响应为

$$g(t)=10\mathrm{e}^{-0.2t}-10\mathrm{e}^{-0.5t}$$

(1) 求出系统的传递函数；

(2) 求出零初始状态下该系统的单位阶跃响应及稳态输出值。

7. 试用梅森增益公式，求出题图 2.5 所示系统的传递函数 $C(s)/R(s)$。

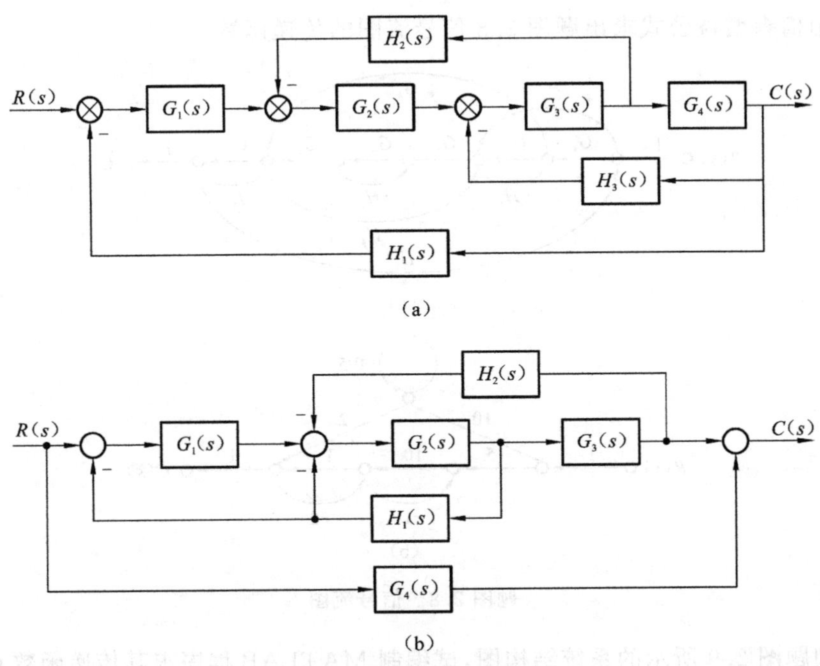

题图 2.5　系统结构图(三)

8. 若系统在阶跃输入 $r(t)=1(t)$ 时，零初始条件下的输出响应 $c(t)=1-e^{-2t}+e^{-t}$，试求系统的传递函数和脉冲响应。

9. 求题图 2.6 所示系统的传递函数 $C(s)/R(s)$、$C(s)/N(s)$。问欲消除干扰的影响，$G_0(s)$应该怎么选取。

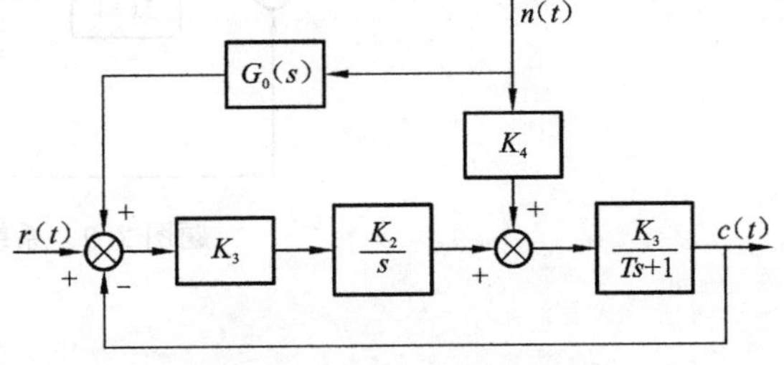

题图 2.6　系统结构图(四)

10. 试用梅森增益公式求出题图 2.7 中的传递函数 $C(s)/R(s)$和 $E(s)/R(s)$。

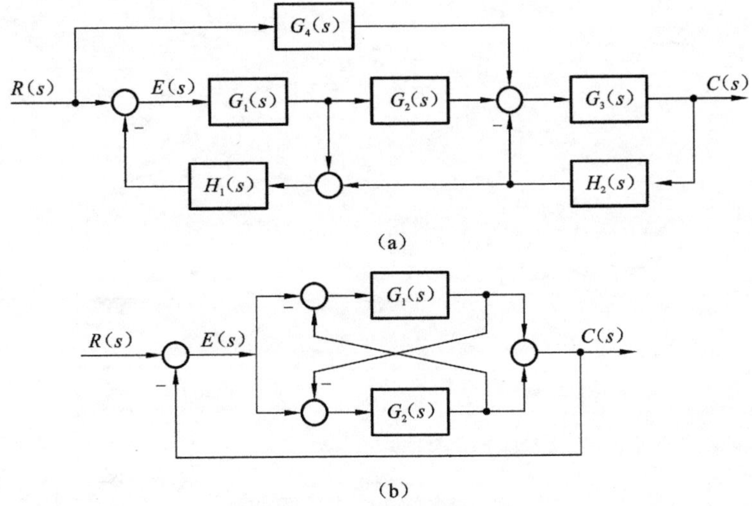

题图 2.7　系统结构图(五)

11. 试用梅森增益公式求出题图 2.8 信号流图的传递函数。

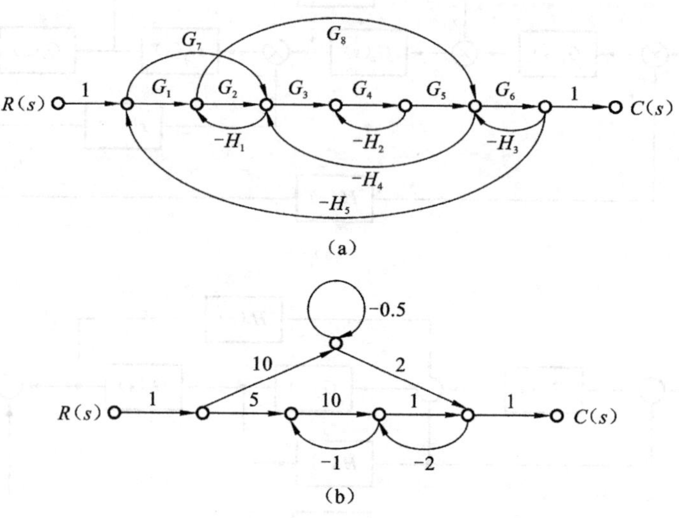

题图 2.8　信号流图

12. 已知题图 2.9 所示的系统结构图，试编制 MATLAB 程序求其传递函数 $C(s)/R(s)$。

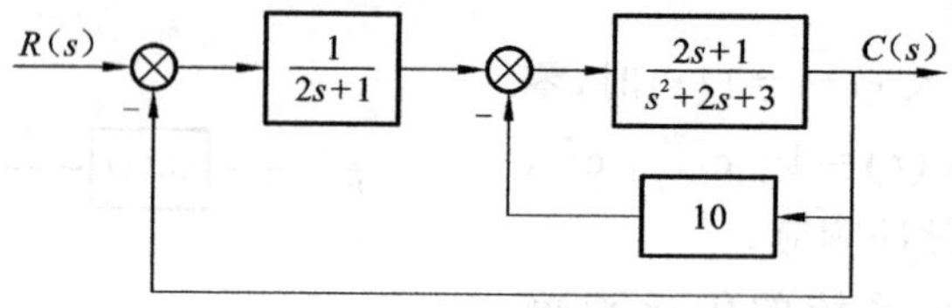

题图 2.9　系统结构图(六)

第 3 章 自动控制系统的时域分析法

一旦建立了已知控制系统的数学模型,便可对控制系统进行性能分析与设计。系统分析是在系统数学模型的基础上,分析系统的性能,讨论系统的三大性能即稳定性、准确性和快速性是否满足要求;分析参数变化对上述性能的影响,决定如何合理地选择选取参数。在经典控制理论中,分析控制系统性能的方法主要有时域分析法、根轨迹分析法和频率域分析法,三种分析方法各有千秋。其中,时域分析法是通过直接求取输出即被控制量的时间函数而对系统相关性能进行分析的一种直接分析方法,而根轨迹分析法和频率域分析法是复数域和频率域内的图解方法。在控制理论发展早期,求解微分方程十分困难,使时域分析法在控制系统的分析中受到一定的限制。随着计算机技术的发展,出现了功能强大的工具软件,时域分析法也变得相对简单方便。

相较而言,时域分析法具有直接、精确的特点,而且可以提供系统时间响应的全部信息;但也存在对高阶系统求解微分方程获取时间响应比较困难的不足。因此,时域分析法特别适用于一阶、二阶系统性能的分析和计算。

时域分析法是根轨迹分析法和频率域分析法的基础,只有深刻理解时域分析法引出的概念、方法和结论,才能为学习根轨迹分析法和频率域分析法打下坚实的基础。

3.1 自动控制系统的时域性能指标

在分析和设计控制系统时,需要对控制系统性能进行评价、比较,而评价和比较的依据就是所谓的性能指标,性能指标建立在系统对特定输入信号所产生的输出响应之上。这些特定信号称为典型测试信号。实际控制系统的输入信号常常是未知的,或是随机的,很难用解析的方法表示。只有在一些特殊的情况下是预先知道的,可以用解析的方法或者曲线表示。但系统对典型测试信号的响应特性,与对实际输入信号的响应特性之间,存在着一定的关系,所以采用测试信号来评价系统性能是合理的。

3.1.1 典型测试信号

自动控制系统常用的典型测试信号一般有以下几种。

1. 单位脉冲函数

脉冲函数定义为

$$r(t)=\begin{cases}\dfrac{A}{\varepsilon}, & 0\leqslant t\leqslant\varepsilon\\ 0, & t<0, t>\varepsilon\end{cases}$$

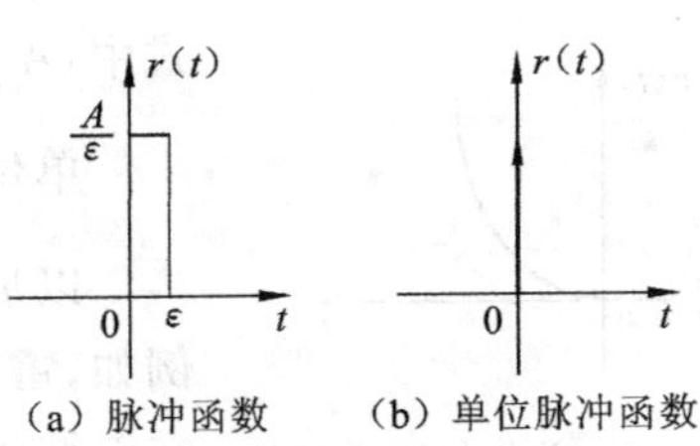

(a) 脉冲函数 (b) 单位脉冲函数

图 3-1 脉冲函数

脉冲函数如图 3-1(a)所示,脉冲宽度为 ε,面积为 A。若令 $A=1,\varepsilon\to 0$,则称为理想脉冲函数,或单位脉冲函数,记

为 $\delta(t)$。单位脉冲函数如图 3-1(b)所示。

$$\delta(t)=\begin{cases}\infty, & t=0\\ 0, & t\neq 0\end{cases},\quad \int_{-\infty}^{+\infty}\delta(t)\mathrm{d}t=1$$

单位脉冲函数的拉氏变换：$L[\delta(t)]=1$

在工程实际中常遇到持续时间很短的各种冲击信号可以用脉冲函数描述，如脉冲电压信号、冲击力、后坐力、阵风等。

2. 单位阶跃函数

阶跃函数定义为

$$r(t)=\begin{cases}A, & t\geqslant 0\\ 0, & t<0\end{cases},\quad 1(t)=\begin{cases}1, & t\geqslant 0\\ 0, & t<0\end{cases}$$

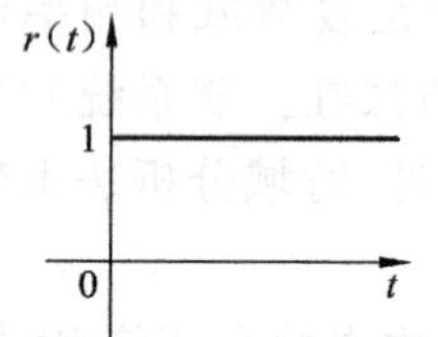

图 3-2 单位阶跃函数

式中：A 为常量。若 $A=1$，则称为单位阶跃函数，记为 $1(t)$，如图 3-2 所示。

单位阶跃函数的拉氏变换：$L[1(t)]=\dfrac{1}{s}$

阶跃函数在 $t=0$ 时有一个跳变，然后保持恒值。因此，常用阶跃函数作为输入信号，来考查系统对恒值信号的跟踪能力。

3. 单位斜坡函数

斜坡函数又称速度函数，其定义为

$$r(t)=\begin{cases}At, & t\geqslant 0\\ 0, & t<0\end{cases}$$

式中：A 为常量。当 $A=1$ 时，称为单位斜坡函数，如图 3-3 所示。

单位斜坡函数的拉氏变换：$L[r(t)]=\dfrac{1}{s^2}$。

以斜坡函数作为输入信号，多用于考查系统对随时间匀速变化的信号的跟踪能力。例如，雷达-火炮防空系统，当目标作匀速运动时，便可视为该系统工作在斜坡函数之下。

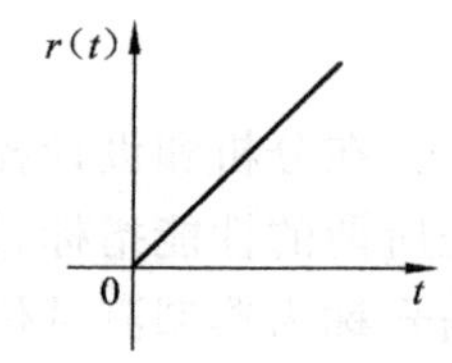

图 3-3 单位斜坡函数

4. 单位加速度函数

加速度函数又称抛物线函数，其定义为

$$r(t)=\begin{cases}\dfrac{1}{2}At^2, & t\geqslant 0\\ 0, & t<0\end{cases}$$

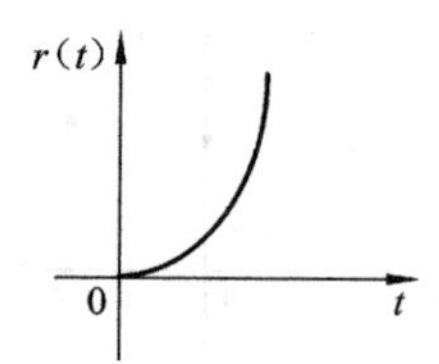

图 3-4 单位加速度函数

式中：A 为常量。当 $A=1$ 时，称为单位加速度函数，如图 3-4 所示。

单位加速度函数的拉氏变换：$L[r(t)]=\dfrac{1}{s^3}$。

以加速度函数作为输入信号，多用于考查系统的机动跟踪能力。例如，雷达-火炮防空系统，当目标作加速运动时，便可视为该系统工作在斜坡函数之下。

5. 正弦函数

正弦函数的定义为

$$r(t)=A\sin\omega t$$

式中：A 为正弦函数的振幅；ω 为正弦函数的角频率。

正弦函数主要用于频率域分析法，有时也用于时域分析法。例如，舰船的消摆系统，就是将波浪视为正弦函数输入。

3.1.2 线性定常系统的时间响应

控制系统在典型输入信号的作用下，输出量随时间变化的函数关系称为系统的时间响应。如果系统的输入为 $r(t)$，输出为 $c(t)$，则系统的运动可用如下微分方程描述：

$$\frac{\mathrm{d}^n c(t)}{\mathrm{d}t^n}+a_{n-1}\frac{\mathrm{d}^{n-1}c(t)}{\mathrm{d}t^{n-1}}+\cdots+a_1\frac{\mathrm{d}c(t)}{\mathrm{d}t}+a_0c(t)=b_m\frac{\mathrm{d}^m r(t)}{\mathrm{d}t^m}+\cdots+b_1\frac{\mathrm{d}r(t)}{\mathrm{d}t}+b_0r(t)$$

求解此微分方程，得到的 $c(t)$ 便是系统在 $r(t)$ 作用下的时间响应。如果已知系统的传递函数：

$$G(s)=\frac{N(s)}{D(s)}=\frac{C(s)}{R(s)} \tag{3-1}$$

式中：$R(s)$、$C(s)$ 分别为输入信号、输出信号的拉氏变换；$N(s)$、$D(s)$ 分别为传递函数分子、分母多项式。从式(3-1)表达出 $C(s)$，并将其展开为部分分式：

$$C(s)=G(s)R(s)=\sum_{i=1}^{n}\frac{A_i}{s+p_i}+\sum_{j=1}^{l}\frac{B_j}{s+p_j} \tag{3-2}$$

式中：$-p_i$ 为系统的极点，即 $G(s)$ 的极点；$-p_j$ 为输入信号即 $R(s)$ 的极点；A_i、B_j 为展开部分分式运算所产生的系数，为常数。为简单计算，此处假设系统具有互异实数极点，所得到的结论也适用于系统具有重极点或（和）共轭复数极点的情况。对式(3-2)拉氏反变换，便可得到系统的时间响应为

$$c(t)=\sum_{i=1}^{n}A_i\mathrm{e}^{-p_it}+\sum_{j=1}^{l}B_j\mathrm{e}^{-p_jt} \tag{3-3}$$

式中：等号右边第一项只与系统极点有关，而与输入信号无关，称为系统的暂态响应或动态响应、瞬态响应；第二项只与输入信号有关，称为系统的稳态响应。暂态响应是系统在典型输入信号的作用下，系统输出量从初始状态到最终状态的响应过程；稳态响应是系统在典型输入信号的作用下，当时间 t 趋近于无穷大时，系统输出的最终状态。

3.1.3 稳定性与相对稳定性

控制系统的性能指标中，最重要的是稳定性。所谓稳定性，是指系统受到扰动作用后偏离原来的平衡状态，在扰动作用消失后，经过一段过渡时间能否恢复到原来的平衡状态的性能。若输出量最终又返回到它的平衡状态，则称系统是稳定的；若扰动消失后系统不能恢复到原来的平衡状态，输出量表现为持续的振荡过程或输出量无限制的偏离其平衡状态，则称系统是不稳定的。

从系统时间响应的角度来看，系统暂态响应收敛或发散，决定了系统稳定与否。而暂态响应只取决于系统本身的极点，与输入信号无关。因此，线性系统的稳定性是系统本身固有的特

性，而与输入信号无关。

将不稳定的系统投入实际运行，不仅达不到控制的目标，而且会产生严重的后果。因此，稳定是系统投入实际运行的前提条件。

系统不仅必须是稳定的，而且需要一定的稳定程度，即相对稳定性。相对稳定性一般用稳定裕度（裕量）来表示。如果一个系统是稳定的，但不具备足够的稳定裕度，当工作环境和参数发生变化时，系统就有可能从稳定变为不稳定。

3.1.4 稳态性能

稳态性能，又称稳态特性，一般即指系统的稳态误差，是控制精度或抗干扰能力的一种度量。如果在稳态时，系统的输出量与输入量不能完全吻合，就认为系统有稳态误差。这个误差反映了系统跟踪输入信号的准确性。

3.1.5 动态性能

动态性能主要用于评价系统的动态响应过程，即系统的动态过程随时间的变化情况。为了便于比较和分析，一般假定系统在单位阶跃输入信号的作用前处于静止状态，且输出量及其各阶导数均为 0。实际控制系统的动态响应，在达到稳态以前，常常表现为阻尼振荡过程，如图 3-5 所示。

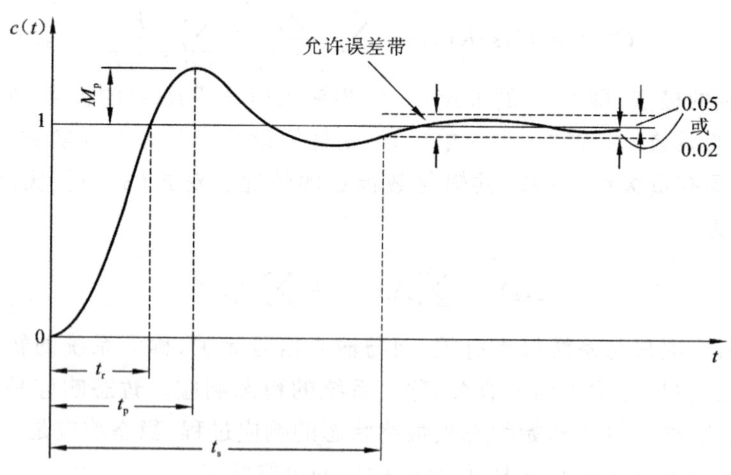

图 3-5　单位阶跃响应

为了说明控制系统对单位阶跃输入信号的动态响应特性，通常采用以下性能指标。

(1) 上升时间 t_r：指输出响应从稳态值的 10%上升到 90%所需的时间。对有振荡的系统，则取响应从 0 到第一次达到稳态值所需的时间。上升时间越短，响应速度越快。

(2) 峰值时间 t_p：指输出响应超过稳态值而达到第一个峰值所需的时间。

(3) 调整时间 t_s：指输出响应达到然后一直保持在一个允许的误差范围内，所需的最短时间。允许误差范围又称允许误差带，通常取稳态值的±5%或±2%。

(4) 最大超调量 M_p：指输出响应的最大值超过稳态值的百分比，即

$$M_p = \frac{c(t_p) - c(\infty)}{c(\infty)} \times 100\% \tag{3-4}$$

在上述四项体现系统动态过程特征的动态性能指标中，t_r、t_p 反映了系统响应在初始阶段跟踪输出的快慢，因而可以用来评价系统的响应速度；M_p 反映了系统的阻尼程度，即暂态过程中系统变化的剧烈程度；t_s 为系统响应从初始时刻到过渡过程基本结束所持续的时间，反映了系统的阻尼程度，同时也从总体上反映了系统响应的快慢，因而是一个综合性指标。

3.2　线性系统的稳定性与稳定判据

稳定性是对控制系统性能的三个基本要求（“稳、准、快”）之一，是系统能够正常工作的首要条件。对控制系统进行稳定性分析，提出保证系统稳定性的措施是控制系统分析和设计的基本任务。

3.2.1　稳定性的基本概念

控制系统稳定性的严格定义和理论阐述是由俄国学者李雅普诺夫于 1892 年提出的，主要用于判别时变系统和非线性系统的稳定性。线性定常系统的稳定性，可以通过一个例子得到直观的认识。

如图 3-6(a)和(b)所示，小球所处位置均处于平衡状态，现分别对两个小球施加外力作用，小球均会偏离平衡状态。当外力取消后，图 3-6(a)中小球经过几次振荡，最终会回到原平衡位置，而图 3-6(b)中小球则不可能再回到原来的平衡状态。显然，图 3-6(a)所示的平衡状态是稳定的平衡状态，图 3-6(b)所示的平衡状态是不稳定的平衡状态。

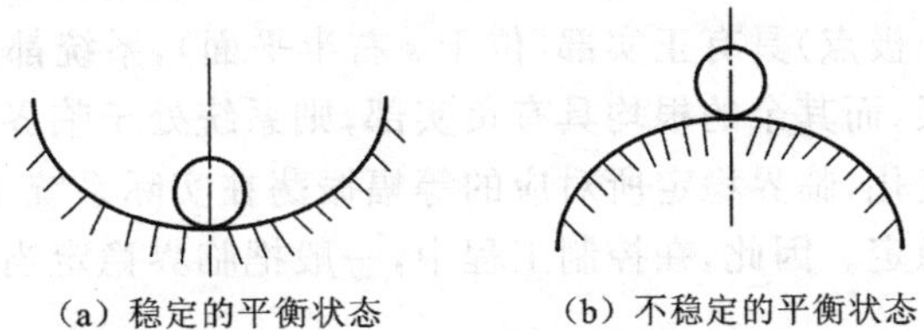

(a) 稳定的平衡状态　(b) 不稳定的平衡状态

图 3-6　稳定的平衡状态和不稳定的平衡状态

类似地，设线性定常系统原处于某一平衡状态，若它受到扰动作用而偏离了原来的平衡状态，当扰动取消后，系统仍能回到原有的平衡状态，则称该系统是稳定的；当扰动取消后，系统不能回到原有的平衡状态，甚至无限偏离原平衡状态，则称该系统是不稳定的。稳定性反映了系统受到扰动后的自我恢复能力，是系统的一种固有特性。对线性定常系统来说，稳定性指取决于系统本身的结构和参数，而与初始条件及输入信号无关。

3.2.2　稳定的充要条件

为研究线性系统稳定的条件，可用脉冲信号模拟扰动，即对线性系统在零初始条件下施加脉冲输入，考查其输出即脉冲响应 $g(t)$。若其脉冲响应 $g(t)$ 随着时间的推移趋近于 0，即

$$\lim_{t\to\infty} g(t) = 0 \tag{3-5}$$

则说明系统能够再恢复到原平衡状态，系统是稳定的。

单位脉冲函数的拉氏变换为 1，所以系统的脉冲响应就是系统闭环传递函数的拉氏反变换。设系统的闭环传递函数为

$$G(s)=\frac{K\prod_{j=1}^{m}(s+z_j)}{\prod_{i=1}^{q}(s+p_i)\prod_{k=1}^{r}(s^2+2\zeta_k\omega_k s+\omega_k{}^2)} \tag{3-6}$$

则该系统具有 m 个实数零点：$-z_j, j=1,\cdots,m$。q 个实数极点：$-p_i, i=1,\cdots,q$。r 对共轭复数极点：$-\sigma_k\pm j\omega_{dk}=-\zeta_k\omega_k\pm j\omega_k\sqrt{1-\zeta_k^2}, k=1,\cdots,r$。将其展开成部分分式：

$$G(s)=\sum_{i=1}^{q}\frac{A_i}{s+p_i}+\sum_{k=1}^{r}\frac{C_k s+D^k}{s^2+2\zeta_k\omega_k s+\omega_k^2} \tag{3-7}$$

对式(3-7)取拉氏反变换，便可得系统的单位脉冲响应：

$$g(t)=\sum_{i=1}^{q}A_i e^{-p_i t}+\sum_{k=1}^{r}B_k e^{-\sigma_k t}\sin(\omega_{dk}t+\beta_k) \tag{3-8}$$

由式(3-8)可见，当且仅当系统的所有闭环极点(特征方程的根)都具有负实部时，随着时间的推移，$g(t)$才能趋于 0。只要闭环极点中含有一个正实根或一对实部为正的共轭复根，则脉冲响应将会发散，系统不能再回到原有的平衡状态，系统就是不稳定的。如果闭环极点中含有一对实部为 0 的共轭纯虚根，则该极点对应的响应分量将既不收敛也不发散，而是呈现等幅振荡的形式，理论上将持续振荡。

由此得到线性定常系统稳定的充分必要条件为：系统特征方程的所有根(即闭环传递函数的所有极点)均具有负实部，或特征方程的所有根均位于 s 左半平面；哪怕只有一个特征根(闭环极点)具有正实部(位于 s 右半平面)，系统都是不稳定的。若系统的特征根中含有共轭纯虚根，而其余的根均具有负实部，则系统处于临界稳定状态。考虑到系统内部参数和外部环境的变化，临界稳定所对应的等幅振荡在实际系统中不可能持久的持续下去，最后通常导致系统不稳定。因此，在控制工程中，一般把临界稳定当作不稳定处理。

3.2.3 劳斯稳定判据

根据系统稳定的充要条件，如果能将系统所有闭环极点求出，即可判断稳定性。在自动控制理论的发展早期，对三阶及以上的高阶系统，直接求取特征根是比较困难的。1877 年，劳斯提出了不用直接求根，而是根据特征方程的根与系数的关系去判别特征根实部正负的方法，称为劳斯稳定判据。该判据的具体内容和步骤如下。

(1) 列出系统特征方程：

$$a_0 s^n+a_1 s^{n-1}+a_2 s^{n-2}+\cdots+a_{n-1}s+a_n=0$$

(2) 将特征方程的系数按照下面的规则列成劳斯表：

$$\begin{array}{lllll}
s^n & a_0 & a_2 & a_4 & a_6 & \cdots \\
s^{n-1} & a_1 & a_3 & a_5 & a_7 & \cdots \\
s^{n-2} & b_1 & b_2 & b_3 & b_4 & \cdots \\
s^{n-3} & c_1 & c_2 & c_3 & \cdots & \\
\vdots & & & & & \\
s^2 & d_1 & d_2 & d_3 & & \\
s^1 & e_1 & e_2 & & & \\
s^0 & f_1 & & & &
\end{array}$$

劳斯表中，第 1 行、第 2 行为已知特征方程的系数，第 3 行到第 $n+1$ 行由计算得出。其中：

$$b_1=\frac{a_1a_2-a_0a_3}{a_1},\quad b_2=\frac{a_1a_4-a_0a_5}{a_1},\quad b_3=\frac{a_1a_6-a_0a_7}{a_1},\quad \cdots$$

$$c_1=\frac{b_1a_3-a_1b_2}{b_1},\quad c_2=\frac{b_1a_5-a_1b_3}{b_1},\quad c_3=\frac{b_1a_7-a_1b_4}{b_1},\quad \cdots$$

用同样的方法求取表中各行元素，直到最后一行为止，每一行的元素要计算到出现 0 为止。如果计算无误，最后一行只有一个元素，且为特征方程的常数项，即 a_n。另外，为方便计算，可用一个正整数去乘或除劳斯表中的任意一行，不影响判断结果。

(3) 根据劳斯表中第 1 列各元素的符号，来判断系统的稳定性。劳斯判据的内容如下：

劳斯表中第 1 列的系数均大于 0，则系统稳定。反之，如果第 1 列中出现小于或等于 0 的数，则系统不稳定。而且第 1 列各系数符号的改变次数，等于特征方程正实部根的数目。

例 3-1　已知系统特征方程为 $s^4+2s^3+3s^2+4s+5=0$，试用劳斯判据判别其稳定性。

解　根据特征方程系数计算劳斯表：

$$\begin{array}{llll} s^4 & 1 & 3 & 5 \\ s^3 & 2 & 4 & \\ s^2 & 1 & 5 & \\ s^1 & -6 & & \\ s^0 & 5 & & \end{array}$$

因第 1 列元素出现负数，系统是不稳定的。且第 1 列元素符号改变两次，故特征方程有两个正实部根。

例 3-2　已知某系统特征方程为 $s^4+3s^3+3s^2+2s+2=0$，试用劳斯判据判别其稳定性。

解　根据特征方程系数计算劳斯表：

$$\begin{array}{llll} s^4 & 1 & 3 & 2 \\ s^3 & 3 & 2 & \\ s^2 & \frac{7}{3}(7) & 2(6) \leftarrow \text{各元素乘 3} & \\ s^1 & -\frac{4}{7} & & \\ s^0 & 2 & & \end{array}$$

此例在计算第 3 行元素时出现了分数，为了简化计算，将第 3 行各元素同时乘以 3，化为整数后再进行第 4 行的计算。这样做不会影响判断结果。由劳斯表可以看出，第 1 列元素出现负数，系统是不稳定的。且第 1 列元素符号改变两次，特征方程有两个正实部根。

在应用劳斯判据时，有可能出现两种特殊情况，造成劳斯表的计算无法进行下去，需要进行相应的处理后再进行计算。

特殊情况 1：劳斯表的某一行中，出现第 1 列元素为 0，而其余各元素不全为 0。此时可用一个足够小的正数 ε 代替为 0 的这个元素，继续往下计算。完成劳斯表，再进行稳定性判断。

例 3-3　已知某系统特征方程为 $s^4+2s^3+s^2+2s+1=0$，试用劳斯稳定判据判别其稳定性。

解　根据特征方程系数计算劳斯表：

$$
\begin{array}{llll}
s^4 & 1 & 1 & 1 \\
s^3 & 2 & 2 & \\
s^2 & 0(\varepsilon) & 1 \leftarrow \text{以}\ \varepsilon\ \text{代替}\ 0 & \\
s^1 & 2-\dfrac{2}{\varepsilon} & & \\
s^0 & 1 & &
\end{array}
$$

由劳斯表，当 ε 取足够小(如 $\varepsilon=0.1$)时，第 1 列元素符号改变两次，特征方程有两个正实部根，因此该系统不稳定。

特殊情况 2：劳斯表的某一行中所有的元素全为 0。这种情况表明系统存在对称于原点的根。例如，大小相等符号相反的实根，一对纯虚根或实部与虚部分别等值且反号的两对共轭复根。对于这种情况，可按全 0 行的上面一行的各元素构成一个辅助多项式。用辅助多项式对 s 求导后所得的系数代替全部为 0 行的各元素，继续计算余下各行。这些对称于原点的根可由令辅助多项式等于 0 构成的辅助方程求解得到，且这些根的数目总是偶数。

例 3-4 已知某系统特征方程为 $s^5+s^4+3s^3+3s^2+2s+2=0$，试用劳斯稳定判据判别其稳定性。

解 根据特征方程系数计算劳斯表：

$$
\begin{array}{llll}
s^5 & 1 & 3 & 2 \\
s^4 & 1 & 3 & 2 \\
s^3 & 0 & 0 &
\end{array}
$$

由于 s^3 这一行的元素全为 0，劳斯表的计算无法继续下去。现用它的上一行即 s^4 这一行的系数构成辅助多项式：

$$F(s)=s^4+3s^2+2$$

上式对 s 求导，得

$$\frac{\mathrm{d}F(s)}{\mathrm{d}s}=4s^3+6s$$

用其系数代替全为 0 的行，继续往下计算，完成劳斯表：

$$
\begin{array}{llll}
s^5 & 1 & 3 & 2 \\
s^4 & 1 & 3 & 2 \\
s^3 & 4 & 6 & \\
s^2 & \dfrac{3}{2}(3) & 2(4) \leftarrow \text{同乘以}\ 2 & \\
s^1 & \dfrac{2}{3} & & \\
s^0 & 2 & &
\end{array}
$$

由劳斯表可知，第 1 列元素未改变符号，所以系统没有位于 s 右半平面的根。令

$$F(s)=s^4+3s^2+2=(s^2+1)(s^2+2)=0$$

可解得：$s_{1,2}=\pm\mathrm{j}$，$s_{3,4}=\pm\sqrt{2}\mathrm{j}$，为两对纯虚根。用长除法可以求得系统的第 5 个根为 -1，故系统应为临界稳定。

3.2.4　劳斯稳定判据的应用

劳斯稳定判据的应用主要体现在以下三个方面。

(1) 判别已知系统的稳定性。例 3-1～例 3-4 均是利用劳斯稳定判据判别系统稳定性的例子。直接判别系统的稳定性是劳斯判据的初衷，在控制理论发展的早期具有重要的意义，但在计算机十分普及的今天，可以十分方便地用计算机软件求取高阶系统的所有特征根，因此此项应用的意义已不是那么明显。

(2) 分析系统相关参数的变化对稳定性影响。当系统中含有可变参数时，可以利用劳斯稳定判据确定参数变化对系统稳定性的影响，给出使系统稳定的参数取值范围。在设计控制系统时，经常需要调整开环增益来改善系统的性能，但开环增益的调整又可能造成系统不稳定。通常的做法是先给出使系统稳定的增益取值范围，在这个范围内进行相应的调整才是可行的，超出这个范围，将使系统不稳定。因此，劳斯稳定判据的这个应用具有比较重要的实际意义。

例 3-5　设控制系统结构图如图 3-7 所示，试确定满足稳定要求时 K_1 的临界值和开环增益的取值范围。

解　由系统结构图求得系统的闭环传递函数为

$$\Phi(s)=\frac{K_1}{s^3+5s^2+6s+K_1}$$

系统特征方程为

$$s^3+5s^2+6s+K_1=0$$

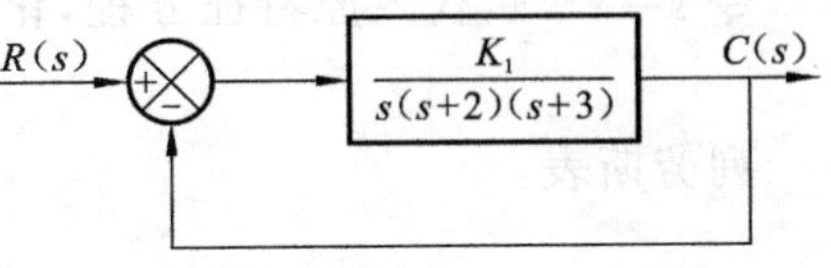

图 3-7　例 3-5 系统结构图

列劳斯表：

$$\begin{array}{lll} s^3 & 1 & 6 \\ s^2 & 5 & K_1 \\ s^1 & \dfrac{30-K_1}{5} & \\ s^0 & K_1 & \end{array}$$

欲使系统稳定，须满足：

$$\begin{cases} \dfrac{30-K_1}{5}>0 \\ K_1>0 \end{cases}$$

解得使系统稳定的 K_1 的取值范围：$0<K_1<30$，故使系统稳定的 K_1 的临界值为 30。将系统开环传递函数改写为时间常数表达式的形式：

$$G(s)=\frac{K_1}{s(s+2)(s+3)}=\frac{\dfrac{K_1}{6}}{s\left(\dfrac{1}{2}s+1\right)\left(\dfrac{1}{3}s+1\right)}$$

开环增益：$K=\dfrac{K_1}{6}$，故使系统稳定的开环增益的取值范围为 $0<K<5$。

(3) 检验系统的稳定裕度。用此方法可以估计一个稳定的系统，根据其所有根中最靠近

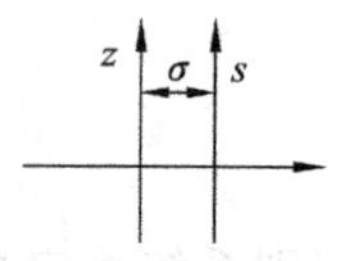

图 3-8 稳定裕度

虚轴的根距离虚轴的有多远，从而估计系统稳定的程度。步骤如下：①判断系统是否稳定。只有系统稳定时，才有检验稳定裕度的必要。②如果需要检验所有根距虚轴的距离是否都大于σ，则将s平面的虚轴向左移动σ，即令$s=z-\sigma$，代入系统特征方程，得到关于z的特征方程。③利用劳斯稳定判据对关于z的特征方程进行稳定性判别。如系统稳定，则说明原系统所有特征根均在z平面虚轴之左，原系统具有稳定裕度σ；否则，不具有稳定裕度σ；如图 3-8 所示。

例 3-6 已知系统的特征方程为$2s^3+10s^2+13s+4=0$，试用劳斯稳定判据判别系统稳定性，并检验有几个根在垂直线$s=-1$的右方。

解 列劳斯表：

s^3	2	13
s^2	10	4
s^1	12.2	
s^0	4	

劳斯表第 1 列元素全部为正，故系统稳定，特征方程的根全部位于s平面的左半部。

令$s=z-1$，代入原特征方程，化简后得到关于z的特征方程：

$$2z^3+4z^2-z-1=0$$

列劳斯表：

z^3	2	−1
z^2	4	−1
z^1	−0.5	
z^0	−1	

可见，劳斯表第 1 列元素符号改变一次，所以有一个根位于z平面的右半部，即位于$s=-1$的右方。因为系统稳定，可以断定有一个实根位于−1 和 0 之间。

3.3 线性系统的稳态误差

稳态误差用以度量对控制系统性能的“稳、准、快”三个基本要求中的准确性，通常也称为稳态性能。系统响应由稳态响应和暂态响应两部分组成。从稳态响应可以分析系统的稳态误差，从而定量分析系统的稳态性能。一个实际的控制系统，由于系统内部或(和)外部的各种原因，系统的稳态输出不可能在任何情况下都与给定输入一致，可以说，控制系统的稳态误差是不可避免的。因此，稳态误差是分析和设计控制系统时要考虑的一项重要的性能指标。

3.3.1 稳态误差的定义

误差，指系统响应的期望值$c_0(t)$和实际值$c(t)$之间的差值，即

$$\varepsilon(t)=c_0(t)-c(t)$$

稳态误差，当$t\to\infty$时系统的误差称为稳态误差，用e_{ss}表示，即

$$e_{ss}=\lim_{t\to\infty}\varepsilon(t)$$

稳态误差是在系统初始平衡条件下加上输入信号，经过足够长的时间，其暂态响应部分已经衰减到微不足道时，系统响应的期望值与实际值之差。因此，只有稳定的系统，研究稳态误差才有意义；对于不稳定的系统，根本不存在研究稳态误差的可能性。

对于如图3-9(a)所示的单位反馈系统，其偏差：

$$e(t)=r(t)-c(t)=c_0(t)-c(t)=\varepsilon(t)$$

即偏差与误差相等，偏差的稳态值即稳态误差。

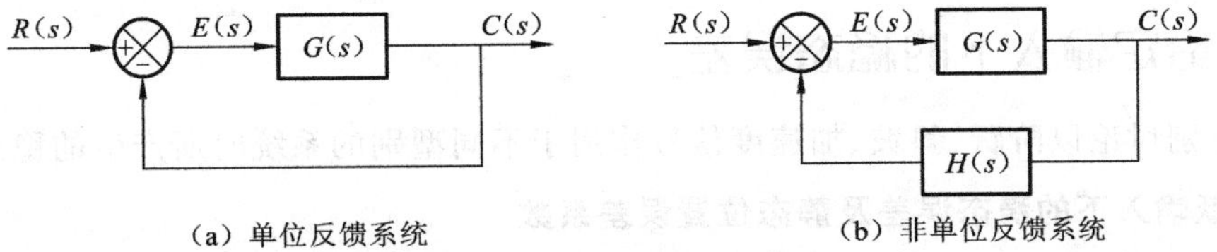

(a) 单位反馈系统　　(b) 非单位反馈系统

图3-9 单位反馈系统和非单位反馈系统

对于如图3-9(b)所示的非单位反馈系统，一般需要将期望值转换为参考输入。例如，在第1章中的直流电动机转速控制系统，无法将期望的电动机转速告知系统，而需要转换为一个与期望的转速相对应的电位器的电刷位置或是电位器提供的电压，提供给系统。这说明在转速控制系统中，给定输入是电压，但实际输出量是转速。一般来说，在非单位反馈系统中，偏差与误差不相等，但它们之间具有确定的关系：

$$E(s)=R(s)-H(s)C(s)=H(s)C_0(s)-H(s)C(s)=H(s)\varepsilon(s)$$

因此，通常用偏差 $E(s)$ 代替误差进行研究。除非特别说明，以后所说的误差就是指偏差；稳态误差就是指稳态偏差：

$$e_{ss}=\lim_{t\to\infty}e(t)$$

如果系统稳定，且其稳态误差的终值存在，则稳态误差可利用拉氏变换的终值定理求得，即

$$e_{ss}=\lim_{t\to\infty}e(t)=\lim_{s\to0}sE(s) \tag{3-9}$$

又因为：

$$\Phi_e(s)=\frac{E(s)}{R(s)}=\frac{1}{1+G(s)H(s)} \tag{3-10}$$

$$E(s)=\Phi_e(s)R(s)=\frac{1}{1+G(s)H(s)}R(s) \tag{3-11}$$

将式(3-11)代入式(3-9)，得

$$e_{ss}=\lim_{s\to0}sE(s)=\lim_{s\to0}\frac{sR(s)}{1+G(S)H(s)} \tag{3-12}$$

式(3-12)表明，系统的稳态误差不仅与其开环传递函数有关，还与其输入信号有关。

设系统的开环传递函数为

$$G(s)H(s)=\frac{K}{s^{\nu}}\cdot\frac{\prod_{j=1}^{m}(\tau_j s+1)}{\prod_{i=1}^{n-\nu}(T_i s+1)}=\frac{K}{s^{\nu}}G_0(s) \tag{3-13}$$

显然：

$$\lim_{s\to 0}G_0(s)=1$$

式(3-13)进一步表明，稳态误差除受输入信号影响外，还与开环传递函数的开环增益和开环传递函数中积分环节的个数有关。因此按系统开环传递函数中含有积分环节的个数对系统进行分类，即当 $\nu=0,1,2,\cdots$ 时，分别称相应系统为 0 型，I 型，II 型，……型系统。0 型、I 型、II 型……，称为系统的型别。

3.3.2　给定输入下的稳态误差

下面分别讨论以阶跃、斜坡、加速度信号作用于不同型别的系统时所产生的稳态误差。

1. 阶跃输入下的稳态误差及静态位置误差系数

设 $r(t)=A\cdot 1(t)$，则 $R(s)=\frac{A}{s}$，代入式(3-12)，得

$$e_{ss}=\lim_{s\to 0}\frac{s}{1+G(s)H(s)}\frac{A}{s}=\lim_{s\to 0}\frac{A}{1+G(s)H(s)}=\frac{A}{1+\lim\limits_{s\to 0}G(s)H(s)}$$

令 $K_p=\lim\limits_{s\to 0}G(s)H(s)$，并定义 K_p 为静态位置误差系数。则有

$$e_{ss}=\frac{A}{1+K_p} \tag{3-14}$$

因此，只要按照定义式求出静态位置误差系数，代入式(3-14)，便可计算稳态误差。

0 型系统：

$$K_p=\lim_{s\to 0}G(s)H(s)=\lim_{s\to 0}\left.\frac{K\prod\limits_{j=1}^{m}(\tau_j s+1)}{s^{\nu}\prod\limits_{i=1}^{n-\nu}(T_i s+1)}\right|_{\nu=0}=K,\quad e_{ss}=\frac{A}{1+K}=\text{有限值}$$

I 型和 II 型系统：

$$K_p=\lim_{s\to 0}G(s)H(s)=\lim_{s\to 0}\left.\frac{K\prod\limits_{j=1}^{m}(\tau_j s+1)}{s^{\nu}\prod\limits_{i=1}^{n-\nu}(T_i s+1)}\right|_{\nu=1,2}=\infty,\quad e_{ss}=\frac{A}{1+K_p}=0$$

上述结果表明，在阶跃输入作用下，0 型系统存在有限稳态误差，其大小与阶跃输入的幅值成正比，与系统开环增益 K 近似成反比；I 型及 I 型以上的系统，在阶跃输入作用下，稳态误差均为 0。因此，如果要求系统在阶跃信号作用下不存在稳态误差，则必须选用 I 型及 I 型以上的系统。通常把系统在阶跃信号作用下的稳态误差称为静差，0 型系统可称为有(静)差系统。

2. 斜坡输入下的稳态误差及静态速度误差系数

设 $r(t)=At$，则 $R(s)=\frac{A}{s^2}$，代入式(3-12)，得

$$e_{ss}=\lim_{s\to 0}\frac{s}{1+G(s)H(s)}\frac{A}{s^2}=\lim_{s\to 0}\frac{A}{s[1+G(s)H(s)]}=\frac{A}{\lim\limits_{s\to 0}sG(s)H(s)}$$

令 $K_v=\lim\limits_{s\to 0}sG(s)H(s)$，并定义 K_v 为静态速度误差系数。则有

$$e_{ss}=\frac{A}{K_v} \tag{3-15}$$

因此，只要按照定义式求出静态速度误差系数，代入式(3-15)，便可计算稳态误差。

0 型系统：

$$K_v=\lim_{s\to 0}sG(s)H(s)=\lim_{s\to 0}\left.\frac{sK\prod_{j=1}^{m}(\tau_j s+1)}{s^{\nu}\prod_{i=1}^{n-\nu}(T_i s+1)}\right|_{\nu=0}=0,\quad e_{ss}=\frac{A}{K_v}=\infty$$

I 型系统：

$$K_v=\lim_{s\to 0}sG(s)H(s)=\lim_{s\to 0}\left.\frac{sK\prod_{j=1}^{m}(\tau_j s+1)}{s^{\nu}\prod_{i=1}^{n-\nu}(T_i s+1)}\right|_{\nu=1}=K,\quad e_{ss}=\frac{A}{K}$$

II 型系统：

$$K_v=\lim_{s\to 0}sG(s)H(s)=\lim_{s\to 0}\left.\frac{sK\prod_{j=1}^{m}(\tau_j s+1)}{s^{\nu}\prod_{i=1}^{n-\nu}(T_i s+1)}\right|_{\nu=2}=\infty,\quad e_{ss}=\frac{A}{K_v}=0$$

可见，0 型系统不能跟踪斜坡输入，稳态误差为无穷大；I 型系统可以跟踪斜坡输入，但有稳态误差，该误差与系统的开环增益成反比；II 型或高于 II 型系统，能够完全跟踪斜坡输入，稳态误差为 0。通常把斜坡(速度)信号作用下系统的稳态误差称为速度误差。需要说明的是，速度误差并非指系统稳态输出与输入之间存在速度上的误差，而是指系统在斜坡(速度)信号作用下，系统稳态输出与输入之间存在的位置上的误差。0 型系统不能跟踪斜坡输入，是因为它的输出量的变化速度总是小于输入信号的变化速度，致使两者之间的位置差距不断增大。I 型系统可以跟踪斜坡输入，但存在稳态误差，表明在稳态时，系统的输出量与输入量变化速度相同，但输出量在位置上落后于输入量一个常值，这个常值就是稳态误差，如图 3-10 所示。II 型系统能够完全跟踪斜坡输入，稳态误差为 0，表明在稳态时，系统的输出量与输入量不仅变化速度相同，而且它们的位置也相同。

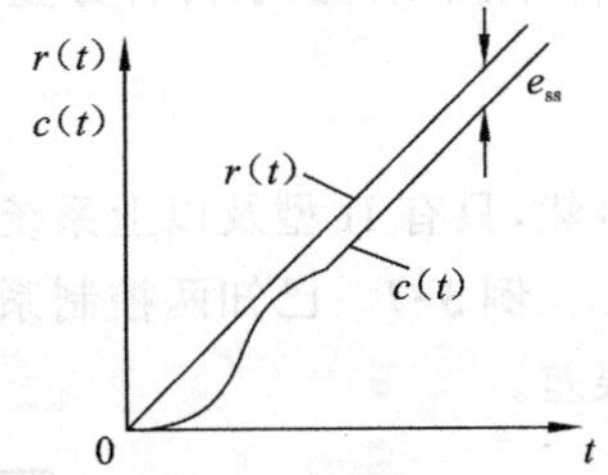

图 3-10　I 型系统的速度误差

3. 抛物线输入下的稳态误差及静态加速度误差系数

设 $r(t)=\frac{1}{2}At^2$，则 $R(s)=\frac{A}{s^3}$，代入式(3-12)，得

$$e_{ss}=\lim_{s\to 0}\frac{s}{1+G(s)H(s)}\frac{A}{s^3}=\lim_{s\to 0}\frac{A}{s^2[1+G(s)H(s)]}=\frac{A}{\lim\limits_{s\to 0}s^2G(s)H(s)}$$

同理，令 $K_a=\lim\limits_{s\to 0}s^2G(s)H(s)$，并定义 K_a 为静态加速度误差系数。则有 $e_{ss}=\frac{A}{K_a}$。

0 型，I 型系统：　$K_a=0,\quad e_{ss}=\infty$

II 型系统：　$K_a=K,\quad e_{ss}=\frac{A}{K}$

III 型及 III 型以上系统： $K_a=\infty$， $e_{ss}=0$

通常把抛物线(加速度)信号作用下系统的稳态误差称为加速度误差。与前述类似，加速度误差指的是系统在加速度信号作用下，系统的输出量与输入量之间的位置误差。可见，0 型及 I 型系统不能跟踪加速度信号；II 型系统可以跟踪加速度信号，但存在稳态误差；III 型及 III 型以上系统可以完全跟踪加速度信号，稳态误差为 0。

将上述三种型别系统的静态误差系数及其在典型输入信号作用下的稳态误差汇总在一个表格中，见表 3-1。

表 3-1 三种型别系统在典型信号作用下的误差系数及稳态误差

系统型别	静态误差系数			阶跃输入 $r(t)=A\cdot 1(t)$	斜坡输入 $r(t)=At$	加速度输入 $r(t)=\frac{1}{2}At^2$
ν	K_p	K_v	K_a	$e_{ss}=A/(1+K_p)$	$e_{ss}=A/K_v$	$e_{ss}=A/K_a$
0	K	0	0	$A/(1+K)$	∞	∞
I	∞	K	0	0	A/K	∞
II	∞	∞	K	0	0	A/K

4. 有限个典型信号构成的组合信号作用下的稳态误差

设组合信号为 $r(t)=A_0+A_1t+\frac{1}{2}A_2t^2$，利用线性系统的叠加原理，可将每一输入分量单独作用于系统，求得各分量所产生的稳态误差，再将各稳态误差分量叠加起来，得到

$$e_{ss}=\frac{A_0}{1+K_p}+\frac{A_1}{K_v}+\frac{A_2}{K_a}$$

显然，只有 II 型及以上系统才能跟踪上述给定信号。

例 3-7 已知两控制系统如图 3-11 所示，当给定输入为 $r(t)=4+6t+3t^2$ 时，分别求稳态误差。

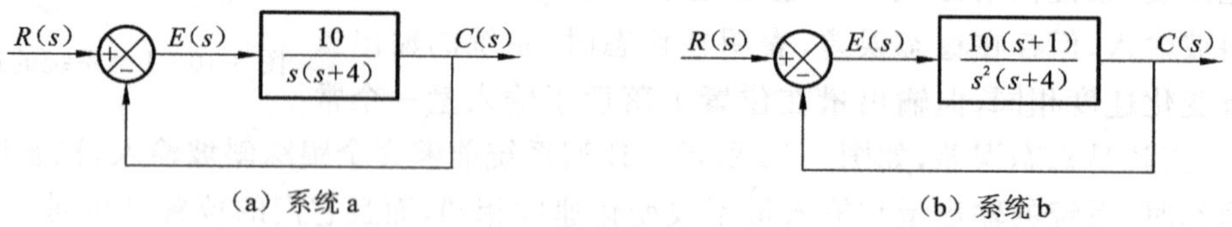

图 3-11 例 3-7 控制系统结构图

解 1) 图 3-11(a)所示系统，其开环传递函数为

$$G(s)=\frac{10}{s(s+4)}=\frac{2.5}{s(0.25s+1)}$$

这是一个 I 型系统，开环增益 $K=2.5$，$K_p=\infty$，$K_v=2.5$，$K_a=0$，不能跟踪加速度输入，所以 $e_{ss}=\infty$。

2) 图 3-11(b)所示系统，其开环传递函数为

$$G(s)=\frac{10(s+1)}{s^2(s+4)}=\frac{2.5(s+1)}{s^2(0.25s+1)}$$

这是一个Ⅱ型系统，开环增益 $K=2.5$，$K_p=\infty$，$K_v=\infty$，$K_a=2.5$，可以跟踪加速度输入，所以 $e_{ss}=\dfrac{A}{K_a}=\dfrac{6}{2.5}=2.4$。

静态误差系数定量描述了一个系统消除或减小稳态误差的能力，静态误差系数越大，系统的稳态误差越小。利用静态误差系数计算稳态误差，需要注意以下几点。

(1) 系统必须是稳定的，否则计算稳态误差没有意义。

(2) 上述结论只适用于典型输入信号及其组合作用于给定输入端时的稳态误差，不适用于扰动作用下的系统稳态误差。

(3) 当系统在某个输入信号作用下，稳态误差 $e_{ss}=\infty$ 与系统不稳定不能等同起来，它们从定义、决定条件及物理本质上来看，都是完全不同的两回事。

3.3.3　扰动作用下的稳态误差

系统除给定输入信号外，还会受到来自系统内部和外部各种扰动的影响。扰动信号对系统输出量跟踪输入量的能力具有破坏作用，是一种不利的影响。因此，控制系统一方面使输出和给定输入保持一致，另一方面要使干扰对输出的影响尽可能小。控制系统在扰动作用下的稳态误差，反映了系统的抗干扰能力。在分析控制系统在扰动作用下的稳态误差时，应注意：①给定输入与扰动输入作用于系统的不同位置，因此即使系统对某种形式的给定输入信号作用的稳态误差为 0，但对同一形式的扰动信号作用，其稳态误差不一定为 0。②扰动作用所引起的全部输出就是误差。

考虑图 3-12 所示的闭环控制系统，$R(s)$ 为给定输入，$N(s)$ 为扰动输入。当给定输入 $R(s)=0$ 时，讨论扰动作用下，系统的稳态误差。此时，扰动作用下的系统误差称为扰动误差，用 $e_n(t)$ 表示。

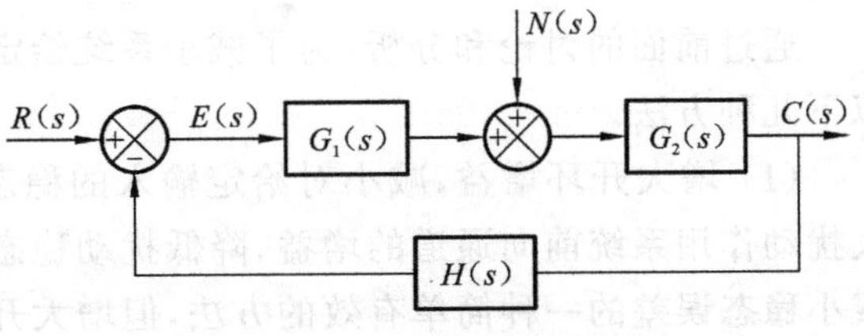

图 3-12　闭环控制系统

令 $R(s)=0$，由图 3-12 可得扰动作用下系统的误差传递函数：

$$\phi_{en}(s)=\frac{E_n(s)}{N(s)}=-\frac{G_2(s)H(s)}{1+G_1(s)G_2(s)H(s)}$$

由此得扰动误差：

$$E_n(s)=\phi_{en}(s)N(s)=-\frac{G_2(s)H(s)N(s)}{1+G_1(s)G_2(s)H(s)}$$

依据拉氏变换的终值定理：

$$e_{ssn}=\lim_{t\to\infty}e_n(t)=\lim_{s\to 0}sE_n(s)=\lim_{s\to 0}\frac{-sG_2(s)H(s)N(s)}{1+G_1(s)G_2(s)H(s)}$$

由上式可知，系统扰动误差决定于系统的结构和参数、扰动的作用位置及扰动量，即误差传递函数和扰动量。故求系统的扰动误差，应先根据系统的机构及扰动的作用位置，求得扰动误差的拉氏变换，再用终值定理计算。

例 3-8　已知控制系统如图 3-13 所示，若 $R(s)=\dfrac{1}{s}$，$N(s)=\dfrac{0.5}{s}$，试求系统在给定输入和

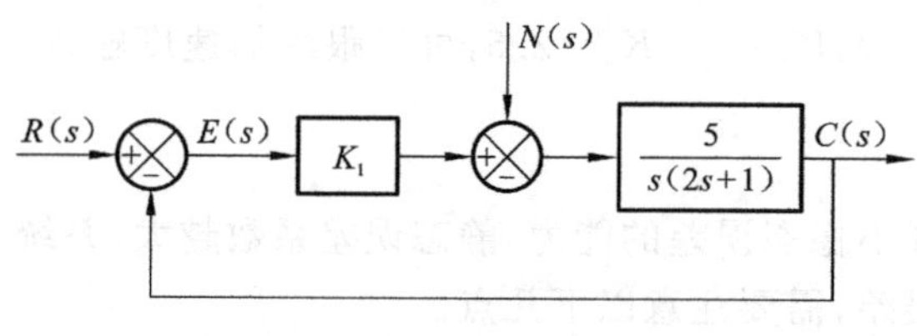

图 3-13 例 3-8 控制系统结构图

扰动输入共同作用下的稳态误差。

解 系统的开环传递函数为

$$G(s)H(s)=G_1(s)G_2(s)H(s)=\frac{5K_1}{s(2s+1)}$$

易知此系统为Ⅰ型系统，故给定输入单独作用时

$$K_p=\lim_{s\to 0}G(s)H(s)=\lim_{s\to 0}\frac{5K_1}{s(2s+1)}=\infty,\quad e_{sr}=\frac{1}{1+K_p}=0$$

扰动单独作用时，扰动误差的拉氏变换为

$$E_n(s)=-\frac{\frac{5}{s(2s+1)}}{1+\frac{5K_1}{s(2s+1)}}N(s)=-\frac{5}{2s^2+s+5K_1}\cdot\frac{0.5}{s}$$

扰动单独作用时的稳态误差为

$$e_{sn}=\lim_{s\to 0}sE_n(s)=\lim_{s\to 0}-\frac{5s}{2s^2+s+5K_1}\cdot\frac{0.5}{s}=-\frac{0.5}{K_1}$$

根据叠加原理，给定输入和扰动输入共同作用下总的稳态误差为

$$e_{ss}=e_{sr}+e_{sn}=-\frac{0.5}{K_1}$$

3.3.4 减小稳态误差的措施

通过前面的讨论和分析，为了减小系统给定输入或扰动输入作用下的稳态误差，可以采取以下几种方法。

(1) 增大开环增益，减小对给定输入的稳态误差，以提高系统对给定输入的跟踪精度；增大扰动作用系统前向通道的增益，降低扰动稳态误差，增强系统抗干扰能力。增大开环增益是减小稳态误差的一种简单有效的方法，但增大开环增益的同时会使系统的稳定性降低，严重时甚至会破坏系统的稳定性。为了解决这个问题，在增大开环增益的同时附加校正装置，以确保系统的稳定性。

(2) 增加系统前向通道中积分环节数目，提高系统型别，可以消除不同输入信号的稳态误差。但是，一般系统的积分环节个数不能超过两个，因为积分环节数目的增加会降低系统的稳定性，并影响动态性能指标。故在增加系统前向通道积分环节个数的同时，也要对系统进行校正，以防止系统失去稳定，并保证系统具有一定的动态响应速度。

(3) 采用前馈控制(复合控制)。通常在系统中引入与给定作用有关，或与扰动作用有关的补偿装置，提供附加控制作用，从而构成复合控制系统，进一步减小给定和扰动稳态误差，提高系统的控制精度。所谓补偿指作用于控制对象的控制信号中，除了偏差信号外，还引入与扰动或给定量有关的补偿信号，以提高系统的控制精度，减小误差。这种控制称复合控制或前馈控制，有对扰动进行补偿和按输入进行补偿两种基本形式。此处不对复合控制的具体方法作详细介绍，感兴趣的读者可自行查阅相关文献资料。

3.4　一阶系统的时域分析

用一阶微分方程描述的控制系统称为一阶系统。例如，图 3-14 所示的 RC 电路，便是一阶系统。其微分方程为

$$RC\frac{\mathrm{d}c(t)}{\mathrm{d}t}+c(t)=r(t)$$

$$Tc(t)+c(t)=r(t)$$

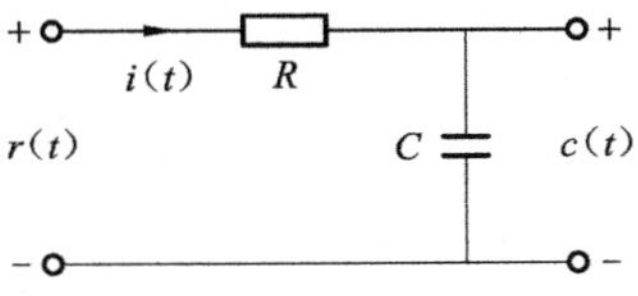

式中：$r(t)$为电路输入电压；$c(t)$为电路输出电压；$T=RC$ 为时间常数。当初使条件为 0 时，其传递函数为

图 3-14　RC 电路

$$\phi(s)=\frac{C(s)}{R(s)}=\frac{1}{Ts+1} \tag{3-16}$$

它实际上是一个一阶惯性环节，其结构图和等效结构图如图 3-15 所示。

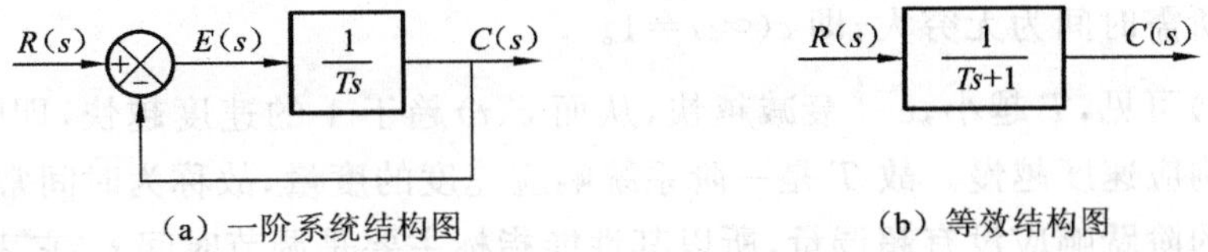

(a) 一阶系统结构图　　(b) 等效结构图

图 3-15　一阶系统的结构图

在实际控制工程中，室温调节系统、恒温箱控制系统、水位调节系统的传递函数形如式(3-16)，是一阶系统的典型例子，只是不同的系统中时间常数的含义有所区别。

下面讨论一阶系统在典型输入信号作用下的时间响应。在下面的分析和计算中，均假设系统初始条件为 0。

3.4.1　单位阶跃响应

单位阶跃函数的拉氏变换为 $R(s)=\frac{1}{s}$，则系统的输出由式(3-16)可知为

$$C(s)=\phi(s)R(s)=\frac{1}{Ts+1}\cdot\frac{1}{s}=\frac{1}{s}-\frac{T}{Ts+1} \tag{3-17}$$

对式(3-17)取拉氏反变换，得

$$c(t)=1-\mathrm{e}^{-\frac{t}{T}},\quad t\geqslant 0 \tag{3-18}$$

对比式(3-17)和式(3-18)，可知响应的稳态分量是由 $R(s)$的极点引起的，暂态分量是由系统闭环传递函数的极点引起的。这一结论不仅适用于一阶线性定常系统，而且也适用于高阶线性定常系统。

根据式(3-18)，可以画出一阶系统的单位阶跃响应曲线，如图 3-16 所示。它是一条单调上升的指数曲线，由图 3-16 中可以看出，$c(t)$的稳态值为 1，说明系统阶跃输入时的稳态误差为 0。

当 $t=T,2T,3T,4T,5T,\cdots$时，系统响应分别为 0.632，0865，0.95，0.982，0.993，…。如图 3-16 所示，单位阶跃响应可以用时间常数去度量系统输出量的数值，由此可以通过实验方

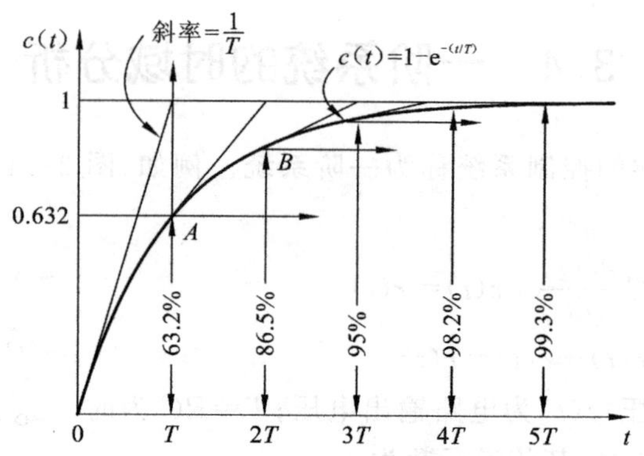

图 3-16　一阶系统的单位阶跃响应曲线

法确定所测系统是否为一阶系统，确定一阶系统的时间常数 T。$t=0$ 处斜率最大，其值为 $1/T$，若系统保持此变化速度，在 $t=T$ 时，输出将达到稳态值。但 $t=0$ 之后，斜率逐渐下降，使响应完成全部变化所需时间为无穷大，即 $c(\infty)=1$。

由式(3-18)可见，T 越小，$e^{-\frac{t}{T}}$ 衰减越快，从而 $c(t)$ 趋于 1 的速度越快，即响应速度越快，反之，T 越大，响应速度越慢。故 T 是一阶系统响应速度的度量，故称为时间常数。

一阶系统的阶跃响应没有超调量，所以其性能指标主要是调节时间 t_s，它表征系统过渡过程快慢。$t=3T$ 时，输出响应可达稳态值的 95%；$t=4T$ 时，输出响应可达稳态值的 98%，故一般取：

$$t_s=3T,\quad 对应 5\% 误差带 \tag{3-19}$$

$$t_s=4T,\quad 对应 2\% 误差带 \tag{3-20}$$

3.4.2　单位脉冲响应

当输入信号为理想单位脉冲函数时，$R(s)=1$，输出量的拉氏变换与系统的传递函数相同，即

$$C(s)=\Phi(s)R(s)=\frac{1}{Ts+1}=\frac{1/T}{s+1/T}$$

对上式取拉氏反变换得一阶系统的单位脉冲响应为

$$c(t)=\frac{1}{T}e^{-\frac{t}{T}},\quad t\geqslant 0 \tag{3-21}$$

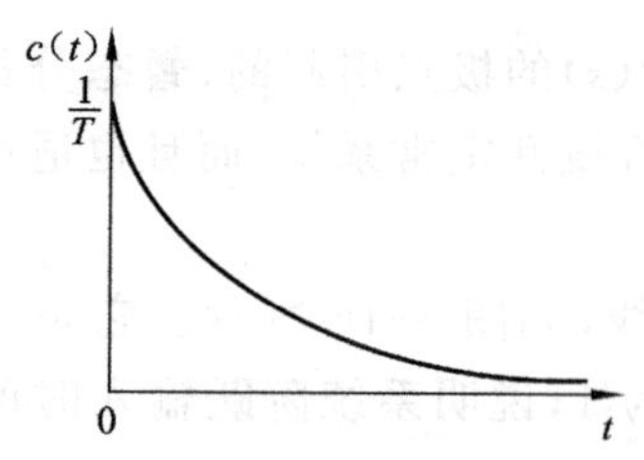

图 3-17　一阶系统的单位脉冲响应曲线

由式(3-21)，当 $T=0$ 时，$c(t)=\frac{1}{T}$；随着 t 的增大，$c(t)$ 逐渐减小，当 $t\to\infty$ 时，$c(t)\to 0$。单位脉冲响应曲线如图 3-17 所示。

由图 3-17 可见，一阶系统的单位脉冲响应是一个单调下降的指数衰减过程，无振荡、无超调。稳态值为 0，稳态误差为 0。

3.4.3 单位斜坡响应

当输入信号为单位斜坡函数时，$R(s)=\frac{1}{s^2}$，输出量的拉氏变换：

$$C(s)=\Phi(s)R(s)=\frac{1}{Ts+1}\cdot\frac{1}{s^2}=\frac{1}{s^2}-\frac{T}{s}+\frac{T}{s+1/T}$$

对上式拉氏反变换得单位斜坡响应

$$c(t)=t-T+T\mathrm{e}^{-\frac{t}{T}},\quad t\geqslant 0 \tag{3-22}$$

式中：$t-T$ 由输入信号的极点所引起，为响应的稳态分量；$T\mathrm{e}^{-\frac{t}{T}}$ 由系统的极点引起，为响应的暂态分量；当 $t\to\infty$ 时，暂态分量趋于 0。斜坡响应追踪斜坡信号的误差信号为

$$e(t)=r(t)-c(t)=T(1-\mathrm{e}^{-\frac{1}{T}t})$$

稳态误差：$e_{ss}=\lim\limits_{t\to\infty}e(t)=T$，如图 3-18 所示。

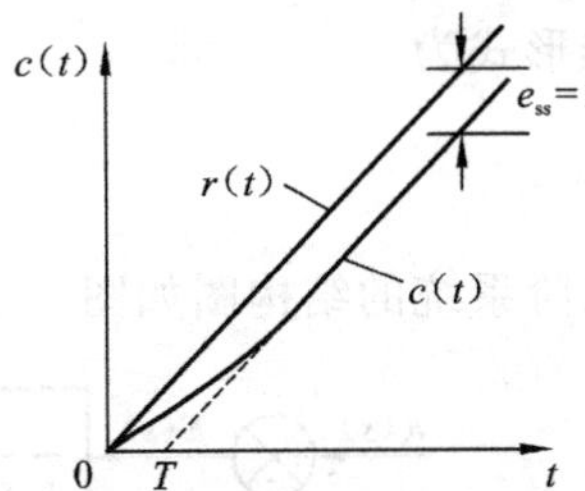

图 3-18　一阶系统的单位斜坡响应

由图 3-18 可见，一阶系统能跟踪斜坡输入信号。稳态时，输入和输出信号的变化率完全相同，均为 1。由于系统存在惯性，对应的输出信号在数值上要滞后于输入信号一个常量 T，这就是稳态误差。减小时间常数 T 不仅可以加快暂态响应的速度，还可以减少系统跟踪斜坡信号的稳态误差。将一阶系统对三种典型输入信号的时间响应总结在一个表格中，见表 3-2。

表 3-2　一阶系统对典型输入信号的时间响应

输入信号时域 $r(t)$	输入信号复域 $R(s)$	输出响应 $c(t)$
$\delta(t)$	1	$\frac{1}{T}\mathrm{e}^{-\frac{t}{T}}$
$1(t)$	$\frac{1}{s}$	$1-\mathrm{e}^{-\frac{t}{T}}$
t	$\frac{1}{s^2}$	$t-T+T\mathrm{e}^{-\frac{t}{T}}$

由表 3-2 可见，系统对输入信号导数的响应，就等于系统对该输入信号响应的导数；系统对输入信号积分的响应，就等于系统对该输入信号响应的积分，积分常数由零初始条件确定。这是线性定常系统的一个重要特性，也适用于二阶及高阶线性定常系统。因此，研究线性定常系统的时间响应，不必对每种输入信号形式进行计算，往往只取其中一种典型形式进行研究。

3.5 二阶系统的时域分析

用二阶微分方程描述其运动过程的系统，称为二阶系统。在实际控制工程中，二阶系统不乏其例，如质量-弹簧阻尼系统、RLC 串联电路等；而且，不少高阶系统在一定条件下可用二阶系统的特性来近似表征。因此，分析和研究二阶系统，具有重要意义。

3.5.1 二阶系统的标准形式

二阶系统的微分方程为

$$T^2\frac{\mathrm{d}^2c(t)}{\mathrm{d}t^2}+2\zeta T\frac{\mathrm{d}c(t)}{\mathrm{d}t}+c(t)=r(t) \tag{3-23}$$

式中：T 为时间常数；ζ 为阻尼比或阻尼系数。

零初始条件下拉氏变换的二阶系统的闭环传递函数为

$$\Phi(s)=\frac{C(s)}{R(s)}=\frac{1}{T^2s^2+2\zeta Ts+1}$$

令 $\omega_n=\frac{1}{T}$，称为二阶系统的无阻尼自然振荡频率，简称自然频率。则二阶系统闭环传递函数的标准形式为

$$\Phi(s)=\frac{\omega_n^2}{s^2+2\zeta\omega_n s+\omega_n^2} \tag{3-24}$$

二阶系统的结构图如图 3-19 所示。

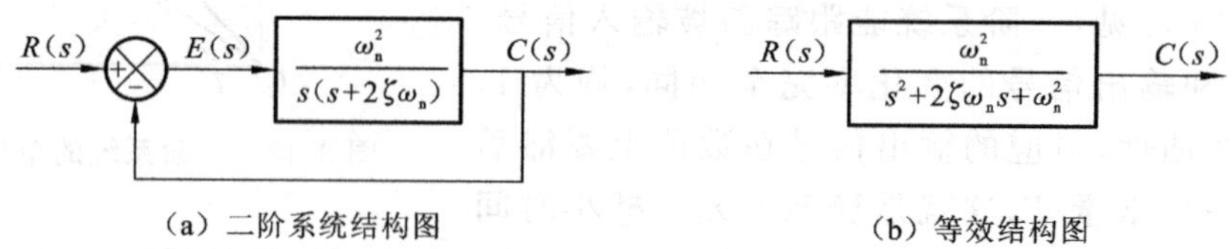

(a) 二阶系统结构图　　(b) 等效结构图

图 3-19 二阶系统的结构图

对应的开环传递函数标准形式：

$$G(s)=\frac{\omega_n^2}{s(s+2\zeta\omega_n)}$$

可见，二阶系统开环传递函数中含有一个积分环节，为 I 型系统。

3.5.2 二阶系统的单位阶跃响应

当输入单位阶跃信号时，$R(s)=\frac{1}{s}$，则输出的拉氏变换为

$$C(s)=\Phi(s)R(s)=\frac{\omega_n^2}{s^2+2\zeta\omega_n s+\omega_n^2}\cdot\frac{1}{s}=\frac{\omega_n^2}{(s-s_1)(s-s_2)}\cdot\frac{1}{s}$$

二阶系统的特征方程：$s^2+2\zeta\omega_n s+\omega_n^2=0$。其特征根(闭环极点)为 $s_{1,2}=-\zeta\omega_n\pm\omega_n\sqrt{\zeta^2-1}$。

可见，二阶系统的特征根与 ζ、ω_n 这两个参数有关。特别地，ζ 的取值决定了二阶系统特征根的分布及相应的暂态响应分量的形式。下面分别讨论在不同 ζ 值时，二阶系统的单位阶跃响应。

1. $\zeta>1$(过阻尼)

当 $\zeta>1$ 时，称为过阻尼状态，此时系统有两个不相等的负实极点 $s_{1,2}=-\zeta\omega_n\pm\omega_n\sqrt{\zeta^2-1}$，分布于 s 平面的负实轴上，如图 3-20(a)所示。

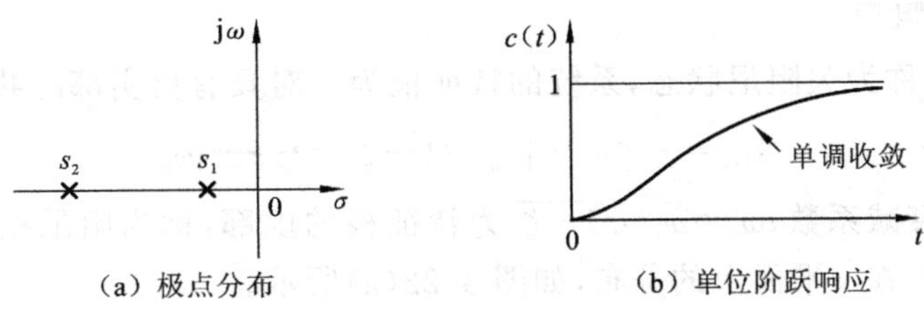

(a) 极点分布　(b) 单位阶跃响应

图 3-20　$\zeta>1$ 时二阶系统的极点分布和单位阶跃响应

此时系统输出的拉氏变换为

$$\begin{aligned} C(s)&=\Phi(s)R(s)=\frac{\omega_n^2}{s^2+2\zeta\omega_n s+\omega_n^2}\cdot\frac{1}{s}\\ &=\frac{\omega_n^2}{(s-s_1)(s-s_2)}\cdot\frac{1}{s}\\ &=\frac{1}{s}+\frac{A_2}{s+\omega_n(\zeta-\sqrt{\zeta^2-1})}+\frac{A_3}{s+\omega_n(\zeta+\sqrt{\zeta^2-1})} \end{aligned} \tag{3-25}$$

式中：$A_2=\dfrac{-1}{2\sqrt{\xi^2-1}(\xi-\sqrt{\xi^2-1})}$；$A_3=\dfrac{1}{2\sqrt{\xi^2-1}(\xi+\sqrt{\xi^2-1})}$。

对上式进行拉氏反变换，得到系统的时间响应：

$$\begin{aligned} c(t)&=1-\frac{1}{2\sqrt{\zeta^2-1}}\left[\frac{1}{\zeta-\sqrt{\zeta^2-1}}e^{-(\zeta-\sqrt{\zeta^2-1})\omega_n t}-\frac{1}{\zeta+\sqrt{\zeta^2-1}}e^{-(\zeta+\sqrt{\zeta^2-1})\omega_n t}\right]\\ &=1-\frac{1}{2\sqrt{\zeta^2-1}}\left[\frac{1}{\zeta-\sqrt{\zeta^2-1}}e^{s_1 t}-\frac{1}{\zeta+\sqrt{\zeta^2-1}}e^{s_2 t}\right],\quad t\geqslant 0 \end{aligned} \tag{3-26}$$

由式(3-26)可见，系统的响应中，1 是稳态分量，由输入信号的极点引起；两个指数项为暂态分量，由系统的闭环极点引起。两个极点均为负值，故暂态分量将随时间衰减，$t\to\infty$ 时衰减至 0。相比较而言，极点 s_2 距离虚轴更远，衰减更快；极点 s_1 距离虚轴较近，衰减较慢。因此，二阶系统在过阻尼时的单位阶跃响应整体上呈现出单调上升的指数曲线形式，最终收敛于稳态值 1，系统是稳定的。响应曲线如图 3-20(b)所示。

2. $\zeta=1$(临界阻尼)

当 $\zeta=1$ 时，称为临界阻尼状态，此时系统有两个相等的负实极点 $s_{1,2}=-\omega_n$，分布于 s 平面的负实轴上，如图 3-21(a)所示。

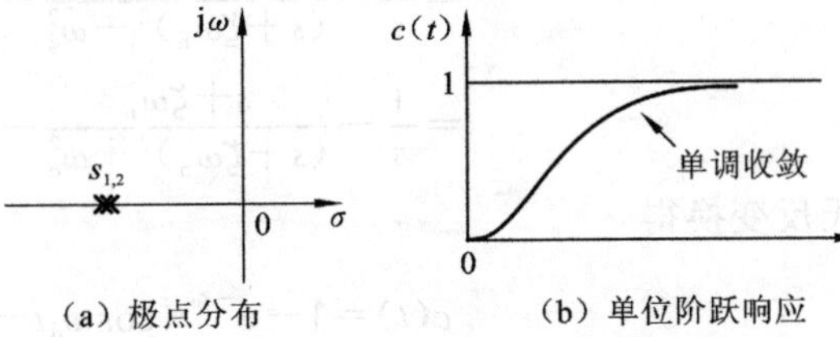

(a) 极点分布　(b) 单位阶跃响应

图 3-21　$\zeta=1$ 时二阶系统的极点分布和单位阶跃响应

相应的系统输出为

$$C(s)=\frac{\omega_n^2}{(s+\omega_n)^2}\cdot\frac{1}{s}=\frac{1}{s}-\frac{\omega_n}{(s+\omega_n)^2}-\frac{1}{s+\omega_n}$$

于是时间响应得

$$c(t)=1-(1+\omega_n t)e^{-\omega_n t},\quad t\geqslant 0 \tag{3-27}$$

式(3-27)表明，临界阻尼时二阶系统的单位阶跃响应是稳态值为 1 的无超调、无振荡的单调收敛过程，系统稳定。其响应曲线如图 3-21(b)所示。与过阻尼相比，临界阻尼时系统响应曲线上升更快，即响应速度更快。

3. 0<ζ<1(欠阻尼)

当 0<ζ<1 时,称为欠阻尼状态,系统的特征根为一对具有负实部的共轭复数:

$$s_{1,2}=-\zeta\omega_n\pm j\omega_n\sqrt{1-\zeta^2}=-\sigma\pm j\omega_d$$

式中:$\sigma=\zeta\omega_n$,称为衰减系数;$\omega_d=\omega_n\sqrt{1-\zeta^2}$为特征根的虚部,称为阻尼振荡频率。欠阻尼时二阶系统的闭环极点在 s 平面上的分布,如图 3-22(a)所示。

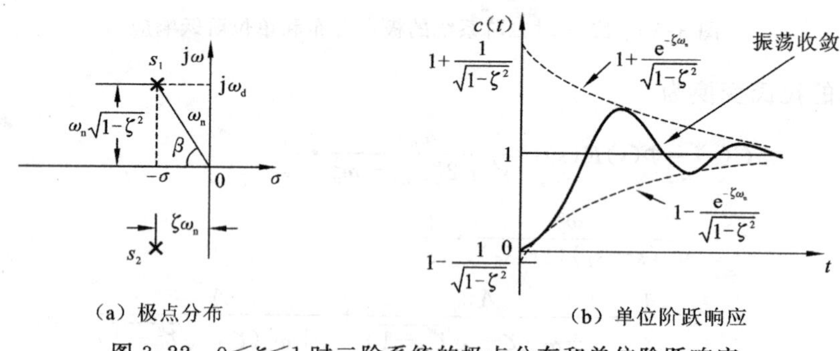

(a) 极点分布 (b) 单位阶跃响应

图 3-22 0<ζ<1 时二阶系统的极点分布和单位阶跃响应

图中 s_1 到 s 平面坐标原点的距离为 ω_n,向量 s_1 与负实轴的夹角为 β,称为阻尼角,且 $\zeta=\cos\beta$,或 $\beta=\arccos\zeta$。

当输入单位阶跃信号时,系统输出的拉氏变换为

$$\begin{aligned}C(s)&=\frac{\omega_n^2}{s^2+2\zeta\omega_n s+\omega_n^2}\cdot\frac{1}{s}\\&=\frac{\omega_n^2}{(s+\zeta\omega_n-j\omega_n\sqrt{1-\zeta^2})(s+\zeta\omega_n+j\omega_n\sqrt{1-\zeta^2})}\cdot\frac{1}{s}\\&=\frac{\omega_n^2}{(s+\zeta\omega_n)^2+\omega_d^2}\cdot\frac{1}{s}\\&=\frac{1}{s}+\frac{-s-2\zeta\omega_n}{(s+\zeta\omega_n)^2+\omega_d^2}\\&=\frac{1}{s}-\frac{s+\zeta\omega_n}{(s+\zeta\omega_n)^2+\omega_d^2}-\frac{\zeta\omega_n}{(s+\zeta\omega_n)^2+\omega_d^2}\\&=\frac{1}{s}-\frac{s+\zeta\omega_n}{(s+\zeta\omega_n)^2+\omega_d^2}-\frac{\zeta\omega_n}{\omega_d}\frac{\omega_d}{(s+\zeta\omega_n)^2+\omega_d^2}\end{aligned}\tag{3-28}$$

拉氏反变换得

$$\begin{aligned}c(t)&=1-e^{-\zeta\omega_n t}\cos\omega_d t-\frac{\zeta\omega_n}{\omega_n\sqrt{1-\zeta^2}}e^{-\zeta\omega_n t}\sin\omega_d t\\&=1-\frac{e^{-\zeta\omega_n t}}{\sqrt{1-\zeta^2}}(\sqrt{1-\zeta^2}\cos\omega_d t+\zeta\sin\omega_d t)\\&=1-\frac{e^{-\zeta\omega_n t}}{\sqrt{1-\zeta^2}}(\sin\beta\cos\omega_d t+\cos\beta\sin\omega_d t)\\&=1-\frac{e^{-\zeta\omega_n t}}{\sqrt{1-\zeta^2}}\sin(\omega_d t+\beta),\quad t\geqslant 0\end{aligned}\tag{3-29}$$

即

$$c(t)=1-\frac{e^{-\zeta\omega_n t}}{\sqrt{1-\zeta^2}}\sin(\omega_d t+\beta), \quad t\geqslant 0 \tag{3-30}$$

式(3-30)中：β 为阻尼角；等号右边第一项为响应的稳态分量；第二项为响应的暂态分量，它是一个幅值按指数规律衰减的阻尼正弦振荡。暂态分量幅值衰减的快慢取决于闭环极点实部的大小 $\zeta\omega_n$，即 σ，故 σ 称为衰减系数；其振荡频率取决于闭环极点的虚部 ω_d，因阻尼不为 0，故 ω_d 称为阻尼振荡频率。欠阻尼时二阶系统的单位阶跃响应曲线，如图 3-22(b)所示。

图 3-22(b)中虚线是由 $1\pm\frac{e^{-\zeta\omega_n t}}{\sqrt{1-\zeta^2}}$ 所形成的正弦振荡的振幅收敛轨迹，称为包络线。二阶系统欠阻尼单位阶跃响应曲线整体呈现出振荡收敛的过程，系统稳定。

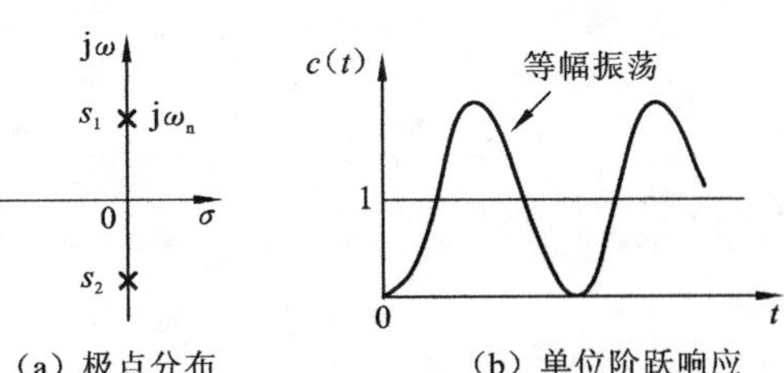

(a) 极点分布　　(b) 单位阶跃响应

图 3-23　$\zeta=0$ 时二阶系统的极点分布和单位阶跃响应

4. $\zeta=0$(无阻尼)

当 $\zeta=0$ 时，称为无阻尼状态，系统的特征根为一对纯虚根，$s_{1,2}=\pm j\omega_n$，对称分布于 s 平面的虚轴上，如图 3-23(a)所示。

相应的输出拉氏变换及响应为

$$C(s)=\frac{\omega_n^2}{s^2+\omega_n^2}\cdot\frac{1}{s}=\frac{1}{s}-\frac{s}{s^2+\omega_n^2}$$

$$c(t)=1-\cos\omega_n t, \quad t\geqslant 0 \tag{3-31}$$

稳态响应为 1；暂态响应为 $-\cos\omega_n t$，是振幅为 1 的余弦函数，振荡频率为 ω_n，它既不收敛也不发散。因此，二阶系统无阻尼时的单位阶跃响应是平均值为 1 的余弦形式的等幅振荡，振荡频率 ω_n 称为无阻尼自然振荡频率，系统处于临界稳定状态。其响应曲线如图 3-23(b)所示。

5. $\zeta<0$(负阻尼)

若 $\zeta<0$，称为负阻尼状态，二阶系统具有两个正实部的特征根，因而是不稳定的。当 $-1<\zeta<0$ 时，二阶系统的特征根为一对正实部的共轭复数，如图 3-24(a)所示。其时间响应为

$$c(t)=1-\frac{e^{-\zeta\omega_n t}}{\sqrt{1-\zeta^2}}\sin(\omega_n\sqrt{1-\zeta^2}\,t+\beta), \quad t\geqslant 0 \tag{3-32}$$

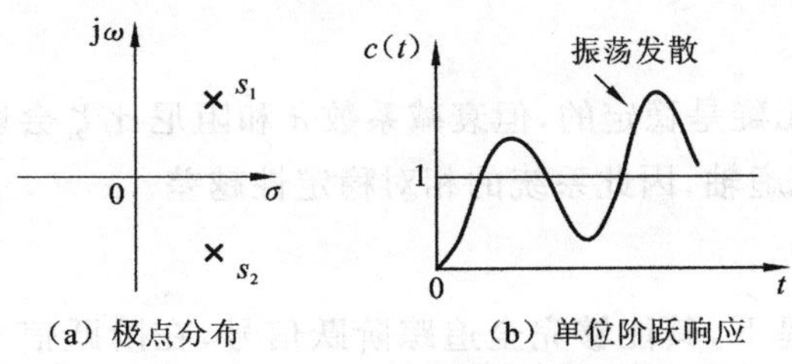

(a) 极点分布　　(b) 单位阶跃响应

图 3-24　$-1<\zeta<0$ 时二阶系统的极点分布和单位阶跃响应

式中：$\beta=\arctan(\sqrt{1-\zeta^2}/\zeta)$。由于阻尼比为负，指数因子具有正幂指数，正弦的振幅将随时间 t 的增加而越来越大，系统的响应为发散的正弦振荡，如图 3-24(b)所示。

当 $\zeta\leqslant -1$ 时，二阶系统具有两个正实数的特征根。其时间响应为

$$c(t)=1+\frac{e^{-(\zeta+\sqrt{\zeta^2-1})\omega_n t}}{2\sqrt{\zeta^2-1}(\zeta+\sqrt{\zeta^2-1})}-\frac{e^{-(\zeta-\sqrt{\zeta^2-1})\omega_n t}}{2\sqrt{\zeta^2-1}(\zeta-\sqrt{\zeta^2-1})}, \quad t\geqslant 0 \tag{3-33}$$

由于阻尼比为负，两指数项具有正幂指数，系统响应将单调发散。$\zeta \leqslant -1$ 时二阶系统的闭环极点分布和单位阶跃响应，如图 3-25 所示。

以上分析表明，在阻尼比 ζ 取不同值时，二阶系统的闭环极点位于 s 平面上不同位置，因而相对应的单位阶跃响应也有很大的差异。闭环极点实部的正负决定系统的稳定性，即响应曲线是收敛还是发散，实部大小决定该项暂态分量收敛或发散的速度；闭环极点的虚部决定系统响应曲线的单调或振荡及振荡的频率。图 3-26 给出了 ζ 取大于 0 的不同值时二阶系统的单位阶跃响应曲线。

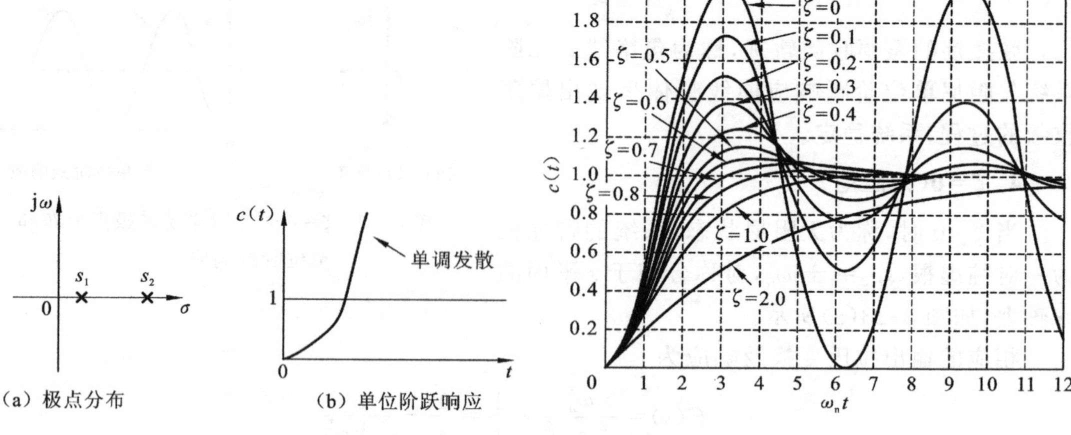

图 3-25　$\zeta \leqslant -1$ 时二阶系统的极点分布和单位阶跃响应　　图 3-26　二阶系统的单位阶跃响应

3.5.3　二阶系统阶跃响应的性能指标

二阶系统的稳定性、稳态精度、动态性能指标均与 ζ、ω_n 这两个特征参数密切相关。在实际控制工程中，一般都希望控制系统具有适度的阻尼程度、较快的响应速度和较短的调整时间。因此，二阶系统的阻尼比 ζ 一般在 0.4～0.8 取值。图 3-22(a)表示欠阻尼二阶系统闭环极点在 s 平面的分布位置及各特征参数之间的关系。

1. 稳定性

欠阻尼二阶系统具有负实部的闭环极点，其无疑是稳定的，但衰减系数 σ 和阻尼比 ζ 会影响系统的相对稳定性。σ、ζ 越小，闭环极点越靠近虚轴，因此系统的相对稳定性越差。

2. 稳态性能

典型二阶系统为 I 型系统，在系统稳定的前提下，其能够完全追踪阶跃信号，在阶跃信号作用下稳态误差为 0。若输入信号为斜坡函数，则静态速度误差系数为

$$K_v = \lim_{s \to 0} s \cdot \frac{\omega_n^2}{s(s+2\zeta\omega_n)} = \frac{\omega_n}{2\zeta}$$

于是斜坡输入下的稳态误差得

$$e_{ss} = \frac{1}{K_v} = \frac{2\zeta}{\omega_n}$$

3. 动态性能指标

欠阻尼二阶系统的上升时间、峰值时间、最大超调量、调整时间等动态性能指标将定量地描述系统动态响应的性能，它们取决于系统的两个特征参数 ζ 和 ω_n。下面基于欠阻尼二阶系统的单位阶跃响应推导各项动态性能指标的计算公式。其单位阶跃响应为

$$c(t)=1-\frac{e^{-\zeta\omega_n t}}{\sqrt{1-\zeta^2}}\sin(\omega_d t+\beta),\quad t\geqslant 0 \tag{3-34}$$

1) 上升时间 t_r

由定义，当 $t=t_r$ 时，$c(t_r)=1$。于是得

$$c(t_r)=1-\frac{e^{-\zeta\omega_n t_r}}{\sqrt{1-\zeta^2}}\sin(\omega_d t_r+\beta)=1$$

$$\omega_d t_r+\beta=\pi$$

故上升时间为

$$t_r=\frac{\pi-\beta}{\omega_d}=\frac{\pi-\beta}{\omega_n\sqrt{1-\zeta^2}} \tag{3-35}$$

由式(3-35)可知，当 ζ 一定时，β 不变，ω_n 增大，t_r 减小，系统响应速度加快。

2) 峰值时间 t_p

将式(3-34)对时间 t 求导，并令其为 0，得

$$\left.\frac{dc(t)}{dt}\right|_{t=t_p}=-\frac{1}{\sqrt{1-\zeta^2}}[-\zeta\omega_n e^{-\zeta\omega_n t_p}\sin(\omega_d t_p+\beta)+\omega_d e^{-\zeta\omega_n t_p}\cos(\omega_d t_p+\beta)]=0$$

化简得

$$\tan(\omega_d t_p+\beta)=\frac{\sqrt{1-\zeta^2}}{\zeta}$$

因为：

$$\tan\beta=\frac{\sqrt{1-\zeta^2}}{\zeta}$$

所以：

$$\omega_d t_p=0,\pi,2\pi,\cdots$$

根据峰值时间的定义，应取 $\omega_d t_p=\pi$，故得

$$t_p=\frac{\pi}{\omega_d}=\frac{\pi}{\omega_n\sqrt{1-\zeta^2}} \tag{3-36}$$

由式(3-36)可知，峰值时间 t_p 与阻尼振荡频率 ω_d(闭环极点的虚部)成反比。

3) 超调量 M_p

当 $t=t_p$ 时，$c(t)$有最大值，而对于单位阶跃输入，系统响应的稳态值 $c(\infty)=1$，将峰值时间式(3-36)中 $t_p=\frac{\pi}{\omega_d}=\frac{\pi}{\omega_n\sqrt{1-\zeta^2}}$代入式(3-34)，得输出最大值为

$$c(t_p)=1-\frac{e^{-\frac{\zeta\pi}{\sqrt{1-\zeta^2}}}}{\sqrt{1-\zeta^2}}\sin(\pi+\beta)$$

由于：

$$\sin(\pi+\beta)=-\sin\beta=-\sqrt{1-\zeta^2}$$

故：

$$c(t_p)=1+e^{-\frac{\zeta\pi}{\sqrt{1-\zeta^2}}}$$

代入超调量定义式得

$$M_p=\frac{c(t_p)-c(\infty)}{c(\infty)}\times 100\%=e^{-\frac{\pi\zeta}{\sqrt{1-\zeta^2}}}\times 100\% \tag{3-37}$$

式(3-37)表明，超调量 M_p 仅与阻尼比 ζ 有关，其关系曲线如图 3-27 所示。由图 3-27 可见，当 $\zeta=0$ 时，超调量为 1，即 100%；随着阻尼比的增加，超调量随之减小；当 $\zeta=1$ 时，超调量为 0，即系统无超调，呈临界阻尼状态。

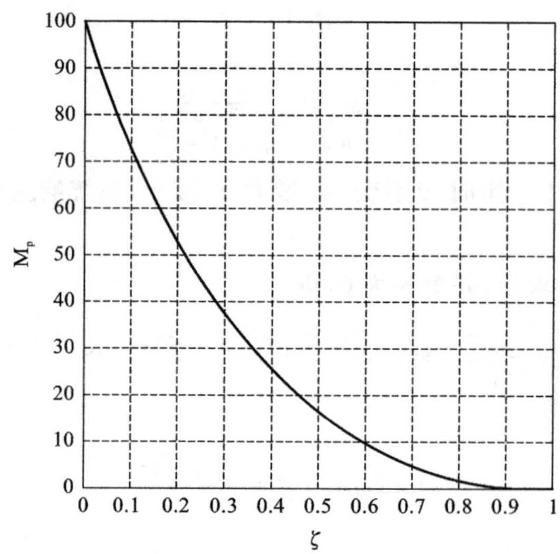

图 3-27　欠阻尼二阶系统的 M_p 与 ζ 的关系曲线

4) 调整时间 t_s

根据调整时间的定义，t_s 可由式(3-38)求出：

$$|c(t_s)-c(\infty)|=\left|\frac{e^{-\zeta\omega_n t_s}}{\sqrt{1-\zeta^2}}\sin(\omega_d t_s+\beta)\right|\leqslant\Delta \tag{3-38}$$

式中：Δ 为允许误差带，$\Delta=0.05$ 或 $\Delta=0.02$。由于式(3-38)中存在正弦函数，精确求解十分困难。为简便起见，一般采用近似的计算方法。忽略正弦函数的影响，认为指数函数衰减到 Δ 时，暂态过程即进行完毕。这样得到：

$$\frac{e^{-\zeta\omega_n t_s}}{\sqrt{1-\zeta^2}}=\Delta \tag{3-39}$$

即

$$t_s=-\frac{1}{\zeta\omega_n}\ln(\Delta\sqrt{1-\zeta^2})=\frac{1}{\zeta\omega_n}\left(\ln\frac{1}{\Delta}+\ln\frac{1}{\sqrt{1-\zeta^2}}\right)$$

由此得

$$t_s=\frac{1}{\zeta\omega_n}\left[4+\ln\left(\frac{1}{\sqrt{1-\zeta^2}}\right)\right]\quad \Delta=2\%$$

$$t_s=\frac{1}{\zeta\omega_n}\left[3+\ln\left(\frac{1}{\sqrt{1-\zeta^2}}\right)\right]\quad \Delta=5\%$$

当 $0<\zeta<0.8$ 时，可近似为

$$t_s\approx\frac{4}{\zeta\omega_n}\quad \Delta=2\% \tag{3-40}$$

$$t_s\approx\frac{3}{\zeta\omega_n}\quad \Delta=5\% \tag{3-41}$$

式(3-41)说明，t_s 近似与闭环极点的实部的大小即 $\zeta\omega_n$ 成反比，闭环极点距离虚轴越近，调整时间越长。ζ 通常由要求的最大超调量所限定，所以在保证超调量不超标的情况下，主要通过增加 ω_n 来减小调整时间。

例 3-9　某单位反馈控制系统的开环传递函数为

$$G(s)=\frac{5K_a}{s(s+34.5)}$$

若输入为单位阶跃信号：

(1) 试计算 $K_a=200$ 时，系统的动态性能指标 t_p, M_p, t_s；

(2) 讨论当 $K_a=1000$ 时，系统的动态性能指标有何变化。

解　(1) 系统的闭环传递函数为

$$\Phi(s)=\frac{G(s)}{1+G(s)}=\frac{5K_a}{s^2+34.5s+5K_a}\quad K_a=200,$$

因为
$$\Phi(s)=\frac{1000}{s^2+34.5s+1000}$$

所以
$$\omega_n^2=1000,\quad 2\zeta\omega_n=34.5$$

所以
$$\omega_n=31.6,\quad \zeta=\frac{34.5}{2\omega_n}=0.545$$

根据相关动态性能指标的计算公式，易得

$$t_p=\frac{\pi}{\omega_n\sqrt{1-\zeta^2}}=0.12$$

$$M_p=e^{-\pi\zeta/\sqrt{1-\zeta^2}}\times 100\%=13\%$$

$$t_s\approx\frac{3}{\zeta\omega_n}=0.174$$

(2) 当 $K_a=1000$ 时，有

$$\omega_n^2=5000,\quad 2\zeta\omega_n=34.5$$

$$\omega_n=70.7,\quad \zeta=\frac{34.5}{2\omega_n}=0.244$$

相应的性能指标为

$$t_p=\frac{\pi}{\omega_n\sqrt{1-\zeta^2}}=0.046$$

$$M_p=e^{-\pi\zeta/\sqrt{1-\zeta^2}}\times 100\%=45.36\%$$

$$t_s\approx\frac{3}{\zeta\omega_n}=0.174$$

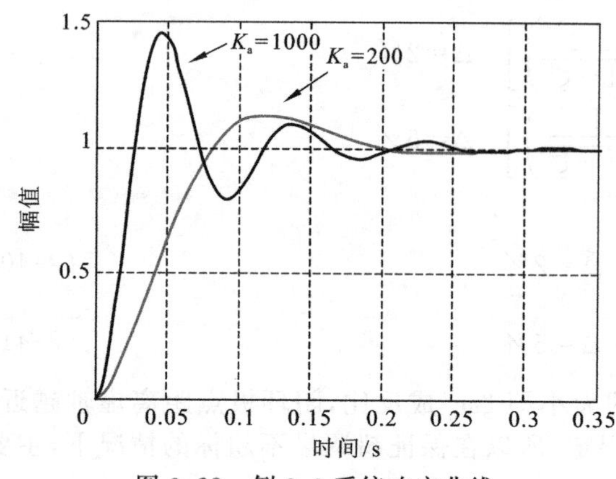

图 3-28　例 3-9 系统响应曲线

可见，当 K_a 增加时，ω_n 增加，ζ 减小，从而导致峰值时间 t_p 减小，超调量 M_p 增加，而调整时间不变。$K_a=200$ 和 $K_a=1000$ 时系统的阶跃响应如图 3-28 所示，可以直观地看出动态性指标的变化。

实际上控制系统的各项性能指标之间是存在矛盾的，仅靠调整增益（比例调节）往往在改善某项性能的同时可能破坏另一项性能。如果采用合理折中的方式仍不能使系统全面满足性能指标的要求，则需要采用其他的控制方式解决这些矛盾。

3.5.4　改善二阶系统性能的方法

常用的改善二阶系统性能的方法主要有两种：比例-微分控制和速度反馈控制。

1. 比例-微分控制

比例-微分控制是指作用于被控对象的控制信号由偏差的比例和微分信号之和构成，其结构如图 3-29 所示。

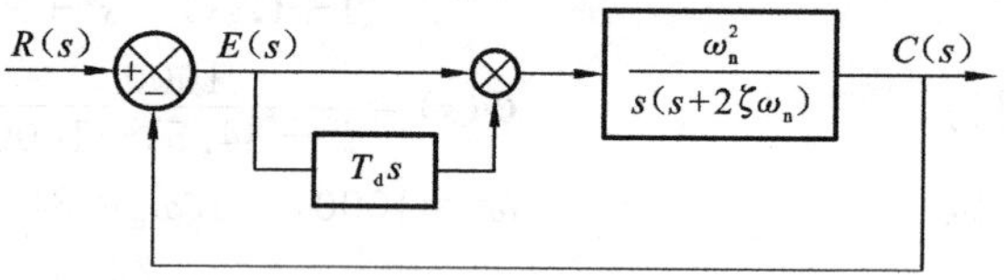

图 3-29 中，一个通路为偏差的比例控制通路，比例因子为 1；另一个通路为偏差的微分控制通路，T_d 为微分时间常数。系统中被控对象的输入信号是偏差信号 $e(t)$ 及其微分信号之和。

图 3-29　比例-微分控制的二阶系统

由图 3-29 求得系统的开环传递函数为

$$G(s)=\frac{(T_d s+1)\omega_n^2}{s(s+2\zeta\omega_n)}=\frac{\omega_n^2(T_d s+1)}{2\zeta\omega_n s\left(\frac{1}{2\zeta\omega_n}s+1\right)}=\frac{\frac{\omega_n}{2\zeta}(T_d s+1)}{s\left(\frac{1}{2\zeta\omega_n}s+1\right)}$$

与典型二阶系统开环传递函数相比，开环增益不变，均为 $K=\frac{\omega_n}{2\zeta}$。

闭环传递函数为

$$\begin{aligned}\Phi(s)&=\frac{(T_d s+1)\omega_n^2}{s^2+(2\zeta+T_d\omega_n)\omega_n s+\omega_n^2}\\&=\frac{(T_d s+1)\omega_n^2}{s^2+2\left(\zeta+\frac{1}{2}T_d\omega_n\right)\omega_n s+\omega_n^2}\\&=\frac{(T_d s+1)\omega_n^2}{s^2+2\zeta_d\omega_n s+\omega_n^2}\end{aligned}\tag{3-42}$$

式(3-42)与二阶系统的标准形式式(3-24)相比，ω_n 不变，但阻尼比增加为 $\zeta_d=\zeta+\frac{1}{2}T_d\omega_n$，且分子上多了一个因子$(T_ds+1)$，即增加了一个闭环零点$-\frac{1}{T_d}$，故称为有零点的二阶系统。

若输入信号为单位阶跃信号，系统输出的拉氏变换为

$$\begin{aligned}C(s)&=\frac{(T_ds+1)\omega_n^2}{s^2+2\zeta_d\omega_ns+\omega_n^2}\cdot\frac{1}{s}\\&=\frac{\omega_n^2}{s^2+2\zeta_d\omega_ns+\omega_n^2}\cdot\frac{1}{s}+\frac{T_d\omega_n^2}{s^2+2\zeta_d\omega_ns+\omega_n^2}\\&=C_1(s)+T_dC_2(s)\end{aligned}\tag{3-43}$$

则其时间响应为

$$c(t)=c_1(t)+T_dc_2(t)\tag{3-44}$$

式中：$c_1(t)$为典型二阶系统的单位阶跃响应；$c_2(t)$为典型二阶系统的单位脉冲响应。式(3-44)第二项的存在，使得响应曲线的前沿变陡，提高了时间响应的快速性，如图 3-30 所示。

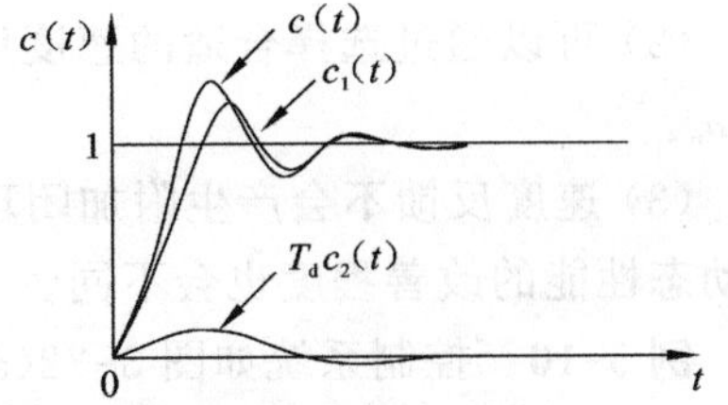

图 3-30　有零点二阶系统的单位阶跃响应

综上，比例-微分控制的二阶系统具有如下特点。

(1) 由于微分控制具有“预见性”，能提前产生修正信号，比例-微分控制可以在不改变自然频率 ω_n 的情况下增大系统的阻尼比，从而提高阻尼程度，减小振荡。可以通过选择适当的微分时间常数 T_d 来获得满意的阻尼系数 ζ_d。

(2) 不改变开环增益，对稳态误差无影响。

(3) 附加的闭环零点可以提高系统响应速度。

(4) 微分对高频噪声有放大作用，因此在输入端噪声较强时，不宜采用比例-微分控制。此时，可考虑采用速度反馈控制。

2. 速度反馈控制

速度反馈是指将输出信号微分以后反馈到输入端，与偏差信号相比较，构成内反馈回路。其结构如图 3-31 所示。

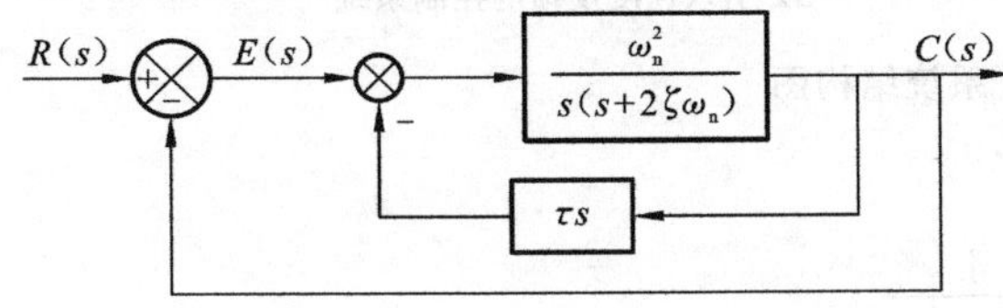

图 3-31　二阶系统的速度反馈控制

图 3-31 中，τ 为速度反馈系数。由图 3-31 易得系统的开环传递函数为

$$G(s)=\frac{\dfrac{\omega_n^2}{s(s+2\zeta\omega_ns)}}{1+\dfrac{\omega_n^2}{s(s+2\zeta\omega_ns)}\tau s}=\frac{\omega_n^2}{s^2+(2\zeta\omega_n+\omega_n^2\tau)s}=\frac{\dfrac{\omega_n}{2\zeta+\omega_n\tau}}{s\left(\dfrac{1}{2\zeta\omega_n+\omega_n^2\tau}s+1\right)}\tag{3-45}$$

可见，开环增益 $K=\frac{\omega_n}{2\zeta+\omega_n\tau}$，相比典型二阶系统来说，开环增益降低，会加大系统在斜坡输入时的稳态误差。

闭环传递函数为

$$\Phi(s)=\frac{G(s)}{1+G(s)}=\frac{\omega_n^2}{s^2+(2\zeta\omega_n+\tau\omega_n^2)s+\omega_n^2}$$
$$=\frac{\omega_n^2}{s^2+2(\zeta+\frac{1}{2}\tau\omega_n)\omega_n s+\omega_n^2} \tag{3-46}$$
$$=\frac{\omega_n^2}{s^2+2\zeta_t\omega_n s+\omega_n^2}$$

式中：$\zeta_t=\zeta+\frac{1}{2}\tau\omega_n$ 为阻尼系数，显然大于典型二阶系统的阻尼系数；与比例-微分控制时的阻尼系数 $\zeta_d=\zeta+\frac{1}{2}T_d\omega_n$ 对比，它们形式上是相似的；ω_n 仍然不变，没有添加零点。

采用速度反馈控制的二阶系统具有如下特点。

(1) 速度反馈会使系统开环增益降低，从而斜坡输入的稳态误差变大。

(2) 可以通过选择合适的速度反馈系数 τ 来增加阻尼系数 ζ_t，减小振荡，但不改变自然频率 ω_n。

(3) 速度反馈不会产生附加闭环零点，因此即使有 $\tau=T_d$，速度反馈与比例-微分控制对系统动态性能的改善程度也会不同。

例 3-10 控制系统如图 3-32(a)所示。

(1) 计算单位阶跃输入时系统的动态性能指标 M_p，t_s；

(2) 为使系统单位阶跃输入时超调量下降到 $M_p\leqslant5\%$，引入速度反馈，如图 3-32(b)所示，求速度反馈系数 τ。

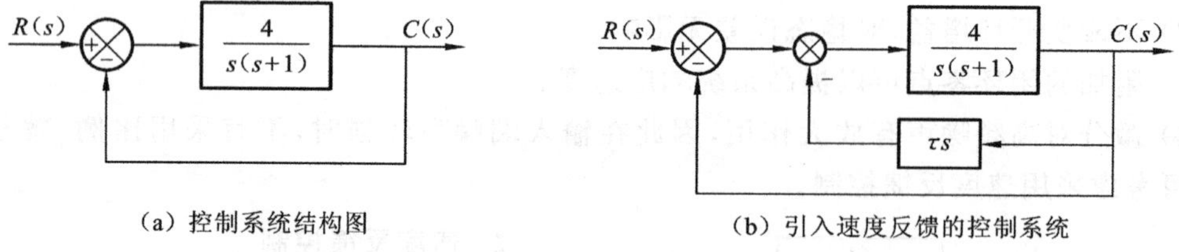

(a) 控制系统结构图　　(b) 引入速度反馈的控制系统

图 3-32　例 3-10 系统结构图

解 (1) 系统闭环传递函数：

$$\Phi(s)=\frac{4}{s^2+s+4}$$

对照二阶系统标准形式，得

$$\omega_n^2=4,\quad 2\zeta\omega_n=1\Rightarrow\omega_n=2,\quad \zeta=0.25$$
$$M_p=e^{-\pi\zeta/\sqrt{1-\zeta^2}}\times100\%=44.43\%$$
$$t_s\approx\frac{3}{\zeta\omega_n}=6,\quad \Delta=0.05$$

(2) 引入速度反馈后系统的开环传递函数：

$$G(s)=\frac{4}{s(s+1+4\tau)}=\frac{4}{1+4\tau}\cdot\frac{1}{s\left(\frac{1}{1+4\tau}s+1\right)}$$

可以看出，系统的开环增益由 4 下降为 $4/(1+4\tau)$。

闭环传递函数为

$$\Phi(s)=\frac{4}{s^2+(1+4\tau)s+4}$$

按超调量要求：

$$M_p\leqslant 5\%\Rightarrow\zeta=0.7$$

又因为：

$$2\zeta\omega_n=1+4\tau,\quad \omega_n^2=4$$

得

$$\tau=\frac{2\zeta\omega_n-1}{4}=0.45$$

引入速度反馈前后系统的单位阶跃响应，如图 3-33 所示。由图 3-33 可以看出，引入速度反馈后，系统阶跃响应性能除上升时间和峰值时间略有增加外，调整时间和超调量均大大降低。另外阻尼比的增加使系统响应的振荡减弱，提高了系统追踪输入信号的效果。

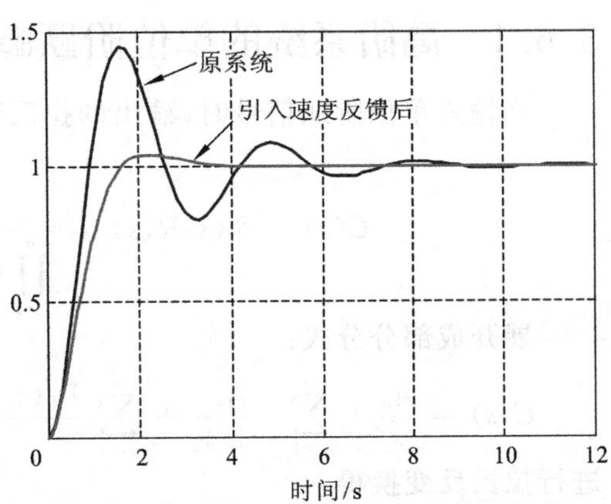

图 3-33　例 3-10 系统阶跃响应曲线

3.6　高阶系统的时域分析

用三阶或三阶以上微分方程描述的系统称为高阶系统。高阶系统微分方程的一般形式为

$$\begin{aligned}a_n\frac{\mathrm{d}^n c(t)}{\mathrm{d}t^n}+a_{n-1}\frac{\mathrm{d}^{n-1} c(t)}{\mathrm{d}t^{n-1}}+\cdots+a_1\frac{\mathrm{d}c(t)}{\mathrm{d}t}+a_0c(t)\\=b_m\frac{\mathrm{d}^m r(t)}{\mathrm{d}t^m}+\cdots+b_1\frac{\mathrm{d}r(t)}{\mathrm{d}t}+b_0r(t)\end{aligned}\tag{3-47}$$

式中：$c(t)$为系统输出；$r(t)$为系统输入；$a_i\ (i=0,1,\cdots,n)$、$b_j\ (j=0,1,\cdots,m)$为实常数，取决于系统的结构和参数；n 为系统的阶数，且 $n\geqslant m$。

由微分方程易得高阶系统传递函数一般形式：

$$\Phi(s)=\frac{C(s)}{R(s)}=\frac{b_ms^m+\cdots+b_1s+b_0}{a_ns^n+a_{n-1}s^{n-1}+\cdots+a_1s+a_0}$$

改写为零极点形式：

$$\Phi(s)=\frac{C(s)}{R(s)}=\frac{K_0\prod_{j=1}^{m}(s+z_j)}{\prod_{i=1}^{n}(s+p_i)}\tag{3-48}$$

式中：$-p_i\ (i=0,1,\cdots,n)$为系统的 n 个极点；$-z_j\ (j=0,1,\cdots,m)$为系统的 m 个零点；K_0 为系统的根轨迹增益。假设系统有 q 个实数极点 $-p_i\ (i=1,2,\cdots,q)$，有 r 对共轭复数极点：

$$s_{1k,2k}=-\zeta_k\omega_{nk}\pm \mathrm{j}\omega_{nk}\sqrt{1-\zeta_k^2},\quad k=1,2,\cdots,r\tag{3-49}$$

系统的阶数仍为 n，故有 $n=q+2r$。将每一对共轭复数极点合并为一个二阶因子，得

$$\Phi(s)=\frac{K_0\prod_{j=1}^{m}(s+z_j)}{\prod_{i=1}^{q}(s+p_i)\prod_{k=1}^{r}(s^2+2\zeta_k\omega_{nk}s+\omega_{nk}{}^2)} \tag{3-50}$$

3.6.1 高阶系统的单位阶跃响应

当输入单位阶跃信号时，输出的拉氏变换为

$$C(s)=\Phi(s)R(s)=\frac{K\prod_{j=1}^{m}(s+z_j)}{\prod_{i=1}^{q}(s+p_i)\prod_{k=1}^{r}(s^2+2\zeta_k\omega_{nk}s+\omega_{nk}^2)}\cdot\frac{1}{s} \tag{3-51}$$

展开成部分分式：

$$C(s)=\frac{A_0}{s}+\sum_{i=1}^{q}\frac{A_i}{s+p_i}+\sum_{k=1}^{r}\frac{B_k(s+\zeta_k\omega_{nk})+C_k\omega_{nk}\sqrt{1-\zeta_k^2}}{s^2+2\zeta_k\omega_{nk}s+\omega_{nk}^2},\quad q+2r=n \tag{3-52}$$

进行拉氏反变换得

$$\begin{aligned}c(t)&=A_0+\sum_{i=1}^{q}A_i e^{-p_i t}+\sum_{k=1}^{r}B_k e^{-\zeta_k\omega_{nk}t}\cos\omega_{nk}\sqrt{1-\zeta_k^2}t+\sum_{k=1}^{r}C_k e^{-\zeta_k\omega_{nk}t}\sin\omega_{nk}\sqrt{1-\zeta_k^2}t\\&=\underbrace{A_0}_{\text{稳态分量}}+\underbrace{\underbrace{\sum_{i=1}^{q}A_i e^{-p_i t}}_{\text{一阶分量}}+\underbrace{\sum_{k=1}^{r}D_k e^{-\zeta_k\omega_{nk}t}\sin(\omega_{dk}t+\beta_k)}_{\text{二阶分量}}}_{\text{暂态分量}}\end{aligned} \tag{3-53}$$

式中：$\omega_{dk}=\omega_{nk}\sqrt{1-\zeta_k^2}$；$\beta_k=\arccos\zeta_k$。

由式(3-53)进行分析，可得如下结论。

(1) 高阶系统时域响应的暂态分量由一阶分量和二阶分量叠加而成。闭环极点决定响应模态，一阶分量由闭环实数极点引起，响应模态为指数曲线；二阶分量由一对共轭复数闭环极点引起，响应模态是阻尼振荡曲线。

(2) 暂态分量的系数 A_i、D_k 的大小和符号由所有闭环极点和闭环零点共同决定。

(3) 对稳定的系统而言，每项暂态分量对整个动态响应的影响由该项分量的衰减速度和对应系数的大小决定。

(4) 衰减速度取决于引起该项暂态分量的闭环极点的实部大小，即极点到虚轴的距离的远近。距离虚轴越远的极点，其所引起的暂态分量衰减越快，该项分量对动态响应的影响就越小；反之，则衰减越慢，影响越大。

(5) 如果一对零、极点 $-z_j$，$-p_i$ 相互很接近($z_j\approx p_i$)，则 $-p_i$ 所引起的暂态分量的系数 A_i 几乎为 0，该极点对动态响应几乎没有影响。这种现象相当于产生了零、极点的近似对消。

因此，远离虚轴的闭环极点所对应的分量及系数很小的分量常可忽略，从而高阶系统的响应就可以用低阶系统的响应去近似。

3.6.2 高阶系统的近似分析与闭环主导极点

在工程实践中，通常利用闭环主导极点的概念，对高阶系统进行近似处理，将高阶系统简化为一阶系统或二阶振荡系统，再进行性能指标的计算和分析。

稳定的高阶系统，其所有闭环极点中，对于系统时间响应起主导作用的闭环极点，称为闭环主导极点。相应地，其他闭环极点称为非主导极点。

闭环主导极点应满足以下两个条件。

(1) 距离虚轴最近。该极点到虚轴的距离应小于其他极点到虚轴距离的1/5。

(2) 附近无闭环零点。

条件(1)表明主导极点对应的暂态分量衰减最慢；条件(2)说明主导极点避免了零、极点对消，其对应的暂态分量系数足够大。其他距离虚轴较远的闭环极点，对应的响应分量比较快速的衰减到0。因此，闭环主导极点所对应的暂态分量对动态响应的影响最大，主导着系统响应的变化过程。

高阶系统的闭环主导极点可能是单个实数极点，也可能是一对共轭复数极点。前者可用一阶系统近似代替，后者可用二阶振荡系统近似代替。

例 3-11　已知系统闭环传递函数如下，试作近似分析。

$$\Phi(s)=\frac{30}{(s^2+2s+5)(s+6)}$$

解　系统三个闭环极点为 $s_{1,2}=-1\pm j2$，$s_3=-6$。根据主导极点的条件，显然该系统具有一对共轭复数主导极点 $s_{1,2}=-1\pm j2$，故可近似为二阶系统进行分析。将其近似为

$$\Phi_1(s)=\frac{5}{s^2+2s+5}$$

近似前后两个系统的单位阶跃响应曲线如图3-34所示。

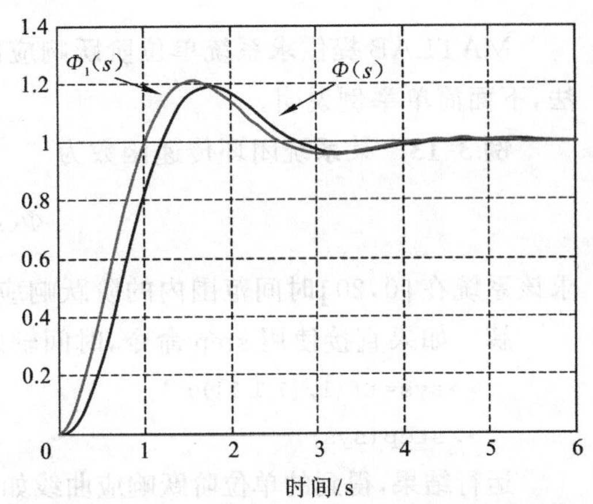

图3-34　高阶系统和二阶系统的阶跃响应

由图3-34可见，近似前后两个系统的单位阶跃响应曲线比较接近，则相关动态性能指标也差别不大，故原系统可以用二阶系统近似分析。相关指标计算不做赘述。

3.7　基于MATLAB的自动控制系统时域分析

使用MATLAB软件可以很方便对控制系统进行时域分析，如判断系统稳定性、绘制响应曲线、计算各项性能指标等。

3.7.1　通过特征根判别系统稳定性

在早期求解高阶方程比较困难时，可用劳斯稳定判据来判别系统稳定性。现在用MATLAB软件只需一条语句便可求出特征方程的所有根，从而方便地判断系统的稳定性。

例 3-12　已知某系统闭环传递函数为

$$\Phi(s)=\frac{2}{s^4+2s^3+3s^2+4s+5}$$

试判别系统的稳定性。

解 可用MATLAB的求根命令roots( )求出系统特征方程的根，再直接观察根的正负即可判别稳定性。roots( )的用法：将特征多项式的系数作为其参数。MATLAB代码及运行结果如下：

```
>>roots([1 2 3 4 5])
ans=
    0.2878+1.4161i
    0.2878-1.4161i
    -1.2878+0.8579i
    -1.2878-0.8579i
```

可见系统有两个正实部的特征根，系统不稳定。

3.7.2 系统的单位阶跃响应及性能指标

MATLAB提供求系统单位阶跃响应的命令是step，根据不同的需要，step命令有多种用法，下面简单举例说明。

例 3-13 某系统闭环传递函数为

$$\Phi(s)=\frac{1}{s^2+s+1}$$

求该系统在[0,20]时间范围内的阶跃响应，并求相关性能指标。

解 如果直接使用step命令，时间轴的范围是自动生成的，代码如下：

```
>>sys=tf(1,[1 1 1]);
>>step(sys)
```

运行结果，得到的单位阶跃响应曲线如图3-35所示。用鼠标右键菜单可以根据需要勾选系统的性能指标。将鼠标移动至曲线上任一点，并单击，则将自动显示该点对应的时间与幅值。

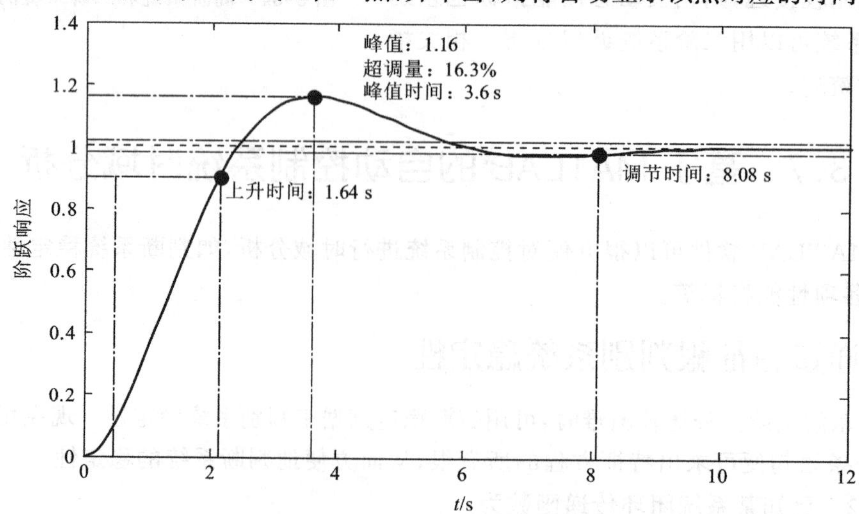

图 3-35 系统的单位阶跃响应及性能指标

若求取在指定时间范围内的响应，可直接在图 3-35 上将时间轴坐标范围设置为[0,20]，或者将指定的时间范围[0,20]作为 step 命令的参数，代码如下：

```
>>sys=tf(1,[1 1 1]);
>>t=[0:0.1:20];
>>step(sys,t)
```

运行结果如图 3-36 所示。

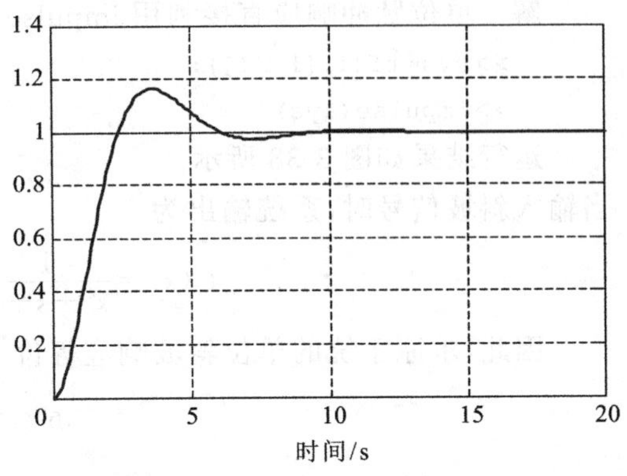

图 3-36　指定时间范围的阶跃响应曲线

若 step 命令等号左边含有变量时，可获取 step 运算产生的数值结果，不会自动绘出响应曲线。若要获得响应曲线，还需用绘图命令 plot 绘图：

```
>>sys=tf(1,[1 1 1]);
>>t=[0:0.1:20];
>>[y,t]=step(sys,t);
>>plot(t,y);
```

以上代码得到的曲线与图 3-36 一样，但可另外获得响应的幅值向量 y。

例 3-14　二阶系统闭环传递函数的标准形式为

$$\Phi(s)=\frac{\omega_n^2}{s^2+2\zeta\omega_n s+\omega_n^2}$$

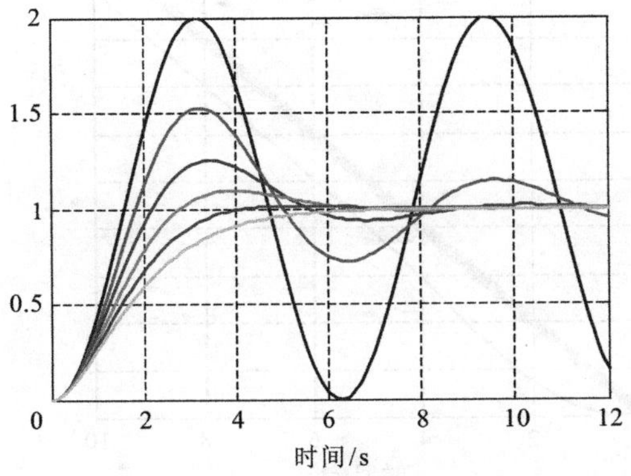

令 $\omega_n=1,\zeta=0、0.2、0.4、0.6、0.8、1$，将系统阶跃响应曲线绘在一个图中。

解　代码如下：

```
>>t=[0:0.1:12];
>>for i=0:2:10
zeta=i*0.1;
sys=tf(1,[1 2*zeta 1]);
step(sys,t);
hold on
end
```

运行结果如图 3-37 所示。

图 3-37　ζ 变化时的阶跃响应曲线

3.7.3　系统的单位脉冲响应和斜坡响应

MATLAB 提供了求取脉冲响应的命令 impulse，但未提供求斜坡响应的命令。因此，若要求系统的单位脉冲响应，可直接利用命令 impulse；但要求斜坡响应，则需要做简单的变换后用 step 命令来求取。下面以例子说明。

例 3-15　已知闭环系统如下，求其单位脉冲响应及单位斜坡响应。

$$\Phi(s)=\frac{1}{s^2+s+1}$$

解 单位脉冲响应直接利用 impulse 命令完成，代码如下：

```
>>sys=tf(1,[1 1 1]);
>>impulse(sys)
```

运行结果如图 3-38 所示。

当输入斜坡信号时，系统输出为

$$C(s)=\frac{1}{s^2+s+1}\cdot\frac{1}{s^2}=\frac{1}{s(s^2+s+1)}\cdot\frac{1}{s}$$

因此，求原系统的单位斜坡响应等价于求系统

$$\Phi'(s)=\frac{1}{s(s^2+s+1)}$$

的单位阶跃响应。经过这个简单的变换，就可以用 step 命令了。代码如下：

```
>>sys=tf(1,[1 1 1 0]);
>>t=0:0.1:10;
>>step(sys,t);
>>grid on
>>hold on
>>plot(t,t,'*')
>>title('unit-ramp response')
```

运行结果如图 3-39 所示。为了比较，图中以 * 绘出了斜坡信号的曲线，实线为斜坡单位响应曲线。

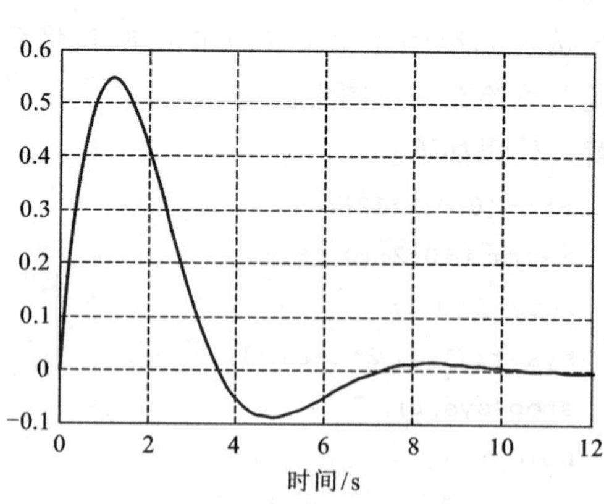

图 3-38 系统的单位脉冲响应

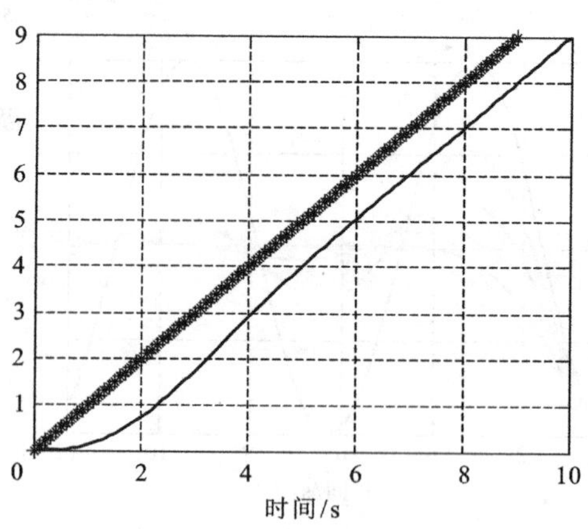

图 3-39 单位斜坡响应

习 题 3

1. 已知下列各单位反馈系统的开环传递函数，试判断相应闭环系统的稳定性。

(1) $G(S)=\dfrac{42}{(s+2)(s^2+2s+5)}$

(2) $G(s)=\dfrac{10(s+2)}{s(s-3)(s+5)}$

(3) $G(s)=\dfrac{6}{s^4+2s^3+3s^2+4s+5}$

2. 已知闭环系统的特征方程如下，试确定使系统稳定的 K 的取值范围。

(1) $s(0.1s+1)(0.25s+1)+K=0$

(2) $(s+1)(s+2)(s+3)+K=0$

3. 设某系统结构图如题图 3.1 所示，若系统以 $\omega_n=2$ rad/s 的频率作等幅振荡，试确定等幅振荡时的参数 K 与 a 的值。

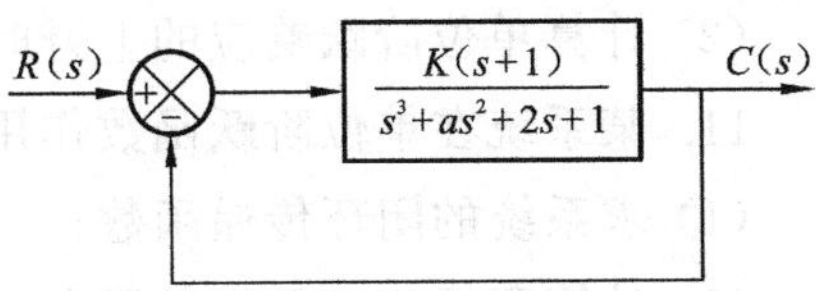

题图 3.1　控制系统结构图(一)

4. 设单位反馈控制系统的开环传递函数为

$$G(s)=\frac{10}{s(s+1)(s+4)}$$

试确定静态位置误差系数 K_p、静态速度误差系数 K_v 及静态加速度误差系数 K_a，以及当输入 $r(t)=1(t)+2t$ 时系统的稳态误差 e_{ss}。

5. 设控制系统的结构图如题图 3.2 所示，当输入信号为 $r_1(t)=2\cdot 1(t)$，$r_2(t)=3t$ 同时作用时，试计算系统的稳态误差 e_{ss}。

6. 设单位反馈控制系统的开环传递函数为

$$G(s)=\frac{4(s+1)}{s^2(s+3)(s+2)}$$

当输入 $r(t)=3t+6t^2$ 时，试求系统的稳态误差 e_{ss}。

7. 控制系统如题图 3.3 所示，$G_c(s)$为控制器。

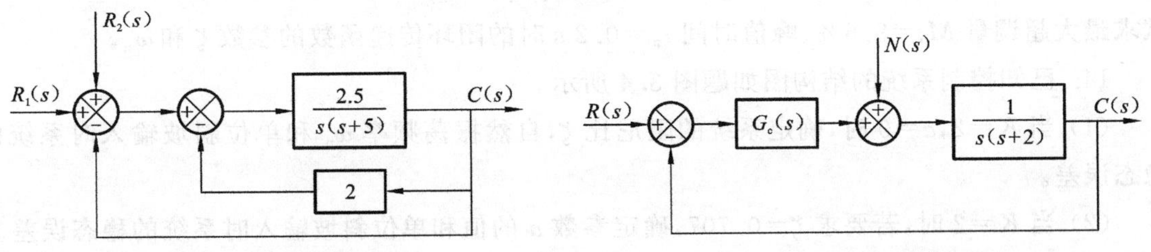

题图 3.2　控制系统结构图(二)　　　题图 3.3　控制系统结构图(三)

(1) 若采用比例控制，即 $G_c(s)=K_c$，$r(t)=t$，当 K_c 取何值时，系统的稳态误差为 0.1？

(2) 若希望 $r(t)=t$ 时系统的稳态误差为 0，$G_c(s)$应该如何选取？

(3) 若扰动信号 $n(t)=1(t)$，如何选取控制器 $G_c(s)$，使得扰动产生的稳态误差为 0？

8. 某单位反馈控制系统的闭环传递函数为

$$\Phi(s)=\frac{10(s+2)(0.25s+1)}{(0.1s+1)(s+5)}$$

系统是几型系统？开环增益是多少？若输入单位阶跃信号，稳态误差是多少？

9. 假设温度计可用传递函数 $1/(Ts+1)$ 描述。

(1) 将温度计放入被测物体中测量其温度，发现 1 min 才能显示出稳态值的 98%，请确定此温度计的时间常数 T；

(2) 若对被测物体进行加热，使得其温度以10 ℃/min 的速度匀速变化，若干分钟后，问温度计显示的温度值与实际温度的误差是多少？

10. 已知单位反馈控制系统的开环传递函数为

$$G(s)=\frac{4}{s(s+5)}$$

(1) 求其单位阶跃响应；

(2) 计算单位阶跃响应的上升时间、峰值时间、调整时间和超调量。

11. 某系统在单位阶跃函数作用下的输出响应为 $c(t)=1+0.2e^{-60t}-1.2e^{-10t}$。

(1) 求系统的闭环传递函数；

(2) 计算阻尼比 ζ 和无阻尼自然振荡频率 ω_n。

12. 二阶系统的标准形式为

$$\Phi(s)=\frac{\omega_n^2}{s^2+2\zeta\omega_n s+\omega_n^2}$$

请在 s 平面上绘出满足下列条件的闭环极点所在区域。

(1) $0<\zeta\leqslant\sqrt{2}/2,\omega_n\leqslant 3$；

(2) $1/2\leqslant\zeta\leqslant 1,1\leqslant\omega_n\leqslant 3$

(3) $1/2\leqslant\zeta\leqslant\sqrt{2}/2,\omega_n\geqslant 4$

13. 设系统的闭环传递函数为

$$\Phi(s)=\frac{\omega_n^2}{s^2+2\zeta\omega_n s+\omega_n^2}$$

试求最大超调量 $M_p=9.6\%$、峰值时间 $t_p=0.2$ s 时的闭环传递函数的参数 ζ 和 ω_n。

14. 已知控制系统的结构图如题图 3.4 所示。

(1) 当 $K=2,a=0$ 时，确定系统的阻尼比 ζ，自然振荡频率 ω_n 和单位斜坡输入时系统的稳态误差。

(2) 当 $K=2$ 时，若要求 $\zeta=0.707$，确定参数 a 的值和单位斜坡输入时系统的稳态误差。

(3) 在保证 $\zeta=0.707$ 和 $e_{ss}=0.25$ 的条件下，参数 a 和 K 应取何值？

15. 电子心律起搏器心速控制系统结构图如题图 3.5 所示，其中模仿心脏的传递函数相当于一个积分环节。

(1) 若要求 $\zeta=0.5$，问起搏器增益 K 应取多大？

(2) 若期望心速为 60 次/min，并突然接通起搏器，问多长时间后能基本稳定在此期望心速？

(3) 若患者能够承受的最大瞬时心速为 80 次/min，(1)中求得的 K 能否满足要求？

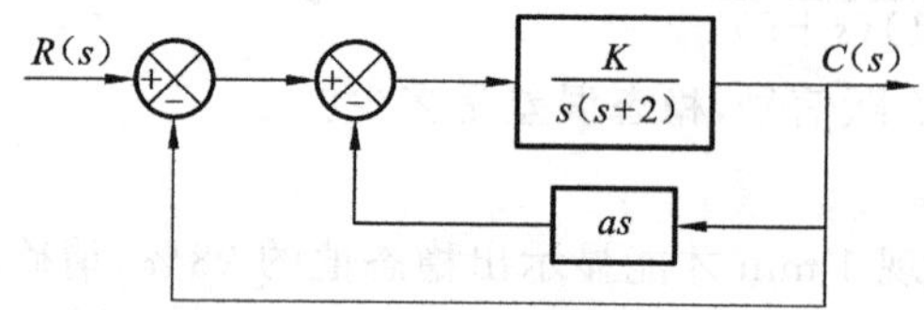

题图 3.4 控制系统结构图(四)

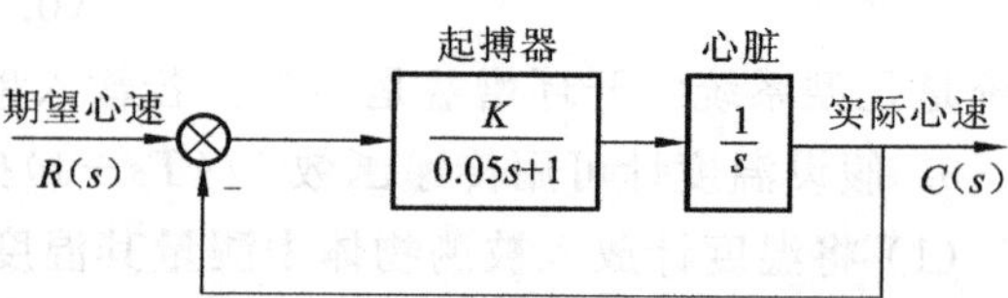

题图 3.5 心律起搏器控制系统结构图

16. 题图 3.6(a)所示系统的单位阶跃响应曲线如题图 3.6(b)所示，试确定参数 K_1、K_2 和 a。

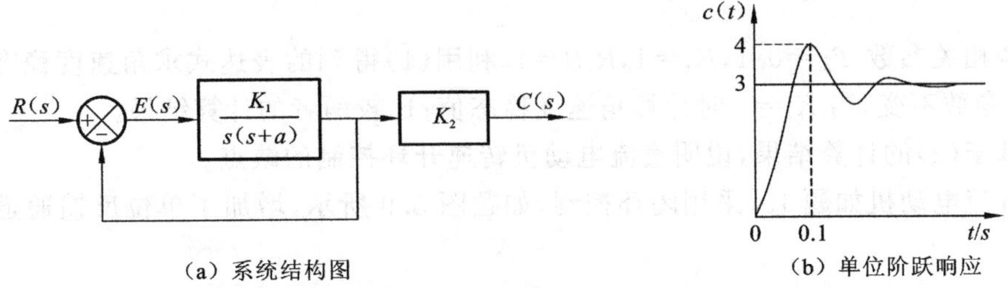

(a) 系统结构图　　(b) 单位阶跃响应

题图 3.6　系统结构图及单位阶跃响应

17. 已知闭环系统的阶跃响应的拉氏变换为

$$C(S)=\frac{500}{s(s+10)(s^2+4s+4)(s^2+24s+100)}$$

(1) 将系统近似简化为一阶或二阶系统，写出降阶简化后的闭环传递函数。

(2) 概略画出系统的阶跃响应曲线。

18. 四个系统闭环零极点分布如题图 3.7 所示。

(1) 要求闭环增益为 1，分别写出四个系统的闭环传递函数，并化为零极点形式。

(2) 对题图 3.7(a)，指出时间常数；对(*b*)，指出 ζ、ω_n、ω_d。

(3) 求题图 3.7(a)、题图 3.7(b)两系统的单位阶跃响应。

(4) 近似分析题图 3.7(c)、题图 3.7(d)。

(5) 用 MATLAB 将题图 3.7(a)、题图 3.7(b)、题图 3.7(c)、题图 3.7(d)四个系统的单位阶跃响应曲线画在一个图中，验证以上分析。

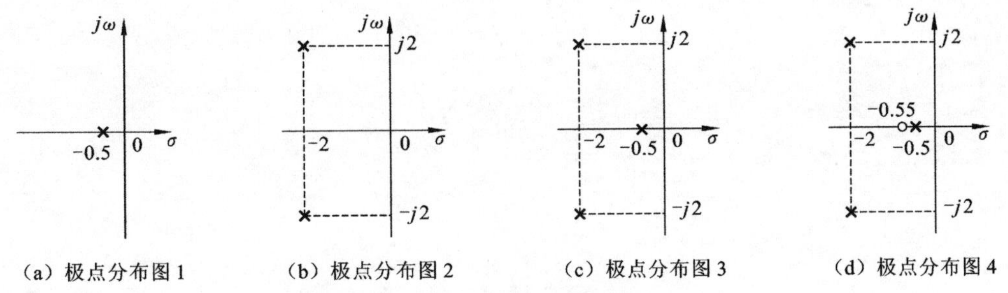

(a) 极点分布图 1　　(b) 极点分布图 2　　(c) 极点分布图 3　　(d) 极点分布图 4

题图 3.7　闭环系统零极点分布图

19. 直流电动机的传递函数为

$$G(S)=\frac{\Omega(s)}{E_f(s)}=\frac{\frac{K_t}{R_f B}}{T_m s+1}$$

式中：Ω 为电动机的角速度(rpm)；E_f 电动机端电压；K_t 为电动机转矩常数；R_f 为电动机电枢电阻；B 为阻尼系数；T_m 为电动机时间常数。如果采用开环控制，结构图如题图 3.8 所示。

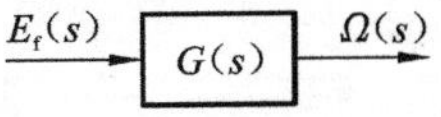

题图 3.8　直流电动机的开环控制结构图

(1) 求单位阶跃输入时，角速度的稳态输出表达式，即 $\omega_{ss}=\lim\limits_{t\to\infty}\omega(t)$。[$\Omega(s)$是 $\omega(t)$的拉氏变换]

(2) 若相关参数 $T_m=0.1,K_t=1,R_fB=1$，利用(1)得到的表达式求角速度稳态值的具体数值；其他参数不变，当 $K_t=2$ 时计算角速度稳态值；比较两者的计算结果。

(3) 基于(2)的计算结果，说明直流电动机转速开环控制的缺点。

20. 直流电动机如题 19，采用闭环控制，如题图 3.9 所示，增加了单位反馈通道和比例控制器 K。

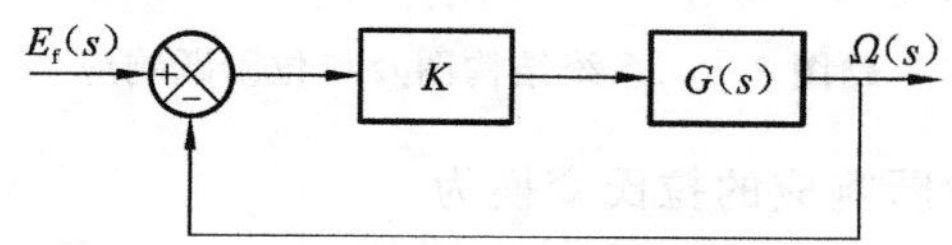

题图 3.9　直流电动机的闭环控制结构图

(1) 求单位阶跃输入时，角速度的稳态输出表达式，即 $\omega_{ss}=\lim\limits_{t\to\infty}\omega(t)$。

(2) 若相关参数 $T_m=0.1,K_t=1,R_fB=1,K=1$，利用(1)得到的表达式求角速度稳态值的具体数值；其他参数不变，当 $K_t=2$ 时计算角速度稳态值；比较两者的计算结果。

(3) 将比例控制器的比例系数增加到 $K=10$，重复(2)中的计算及比较。

(4) 基于(2)(3)的计算及比较结果，说明闭环控制相对于开环控制有什么优点？说明比例系数 K 是如何克服参数变化的影响的？

第 4 章　自动控制系统的根轨迹分析法

通过对时域分析法的讨论可知，控制系统的稳定性、动态特性等性能指标与系统的闭环极点在 s 平面上的分布位置密切相关。为了分析控制系统的性能，通常需要确定系统的闭环极点，即系统闭环特征方程的根。然而，求解高阶系统的特征根是一项困难的工作，而且如果系统中含有可变参数时，求解特征根就变得更加困难和复杂。在分析控制系统时，往往需要定量研究系统的一个或者多个参数发生变化时，系统闭环极点的位置变化及对系统性能的影响。这一点是时域分析法不容易做到的。

1948 年，伊文斯(W. R. Evans)根据反馈系统开环、闭环传递函数之间的内在联系，提出了直接由开环传递函数寻求闭环特征根(即闭环极点)移动轨迹的方法，建立了一套绘制根轨迹的规则，这就是被广泛应用的根轨迹分析法。

根轨迹分析法是一种图解方法，它作为经典控制理论的基本方法，与时域分析法、频率域分析法互为补充，是分析和研究自动控制系统的有效工具。

本章主要讨论根轨迹的概念、如何绘制根轨迹及根据根轨迹分析控制系统的性能。

4.1　根轨迹的基本概念

4.1.1　什么是根轨迹

当系统开环传递函数中某一参数(一般以增益为变化参数)发生变化时，系统闭环特征根在 s 平面上移动所产生的轨迹称为系统的根轨迹。

例 4-1　单位反馈控制系统如图 4-1 所示，试分析开环增益 K 变化时，系统闭环特征根的变化情况，并将特征根在 s 平面上的移动轨迹绘出来。

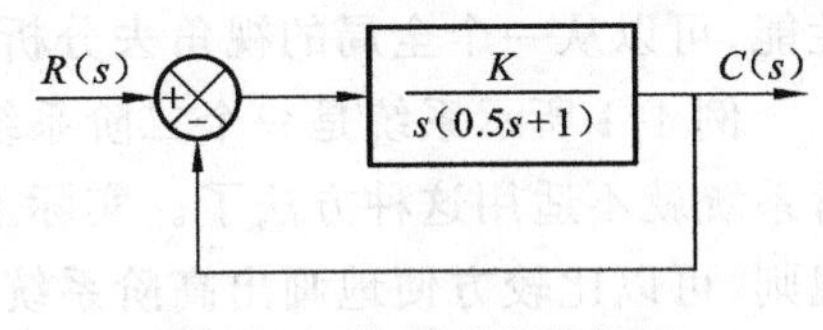

图 4-1　控制系统结构图

解　系统的开环传递函数为

$$G(s)=\frac{K}{s(0.5s+1)}$$

闭环传递函数为

$$\Phi(s)=\frac{C(s)}{R(s)}=\frac{2K}{s^2+2s+2K}$$

闭环特征方程为 $s^2+2s+2K=0$ 是简单的二阶方程，可以直接写出根的表达式：

$$s_{1,2}=-1\pm\sqrt{1-2K}$$

现令 K 从 0 变化到无穷大，显然，特征根将随着参量 K 的变化而变化。表 4-1 列举了当 K 从 0 变化到无穷大时相应的特征根 s_1 和 s_2。

表 4-1　特征根与参量 K 的关系

K	0	0.25	0.5	1.0	2.0	…	∞
s_1	0	-0.293	-1	$-1+\mathrm{j}1$	$-1+\mathrm{j}1.732$	…	$-1+\mathrm{j}\infty$
s_2	-2	-1.707	-1	$-1-\mathrm{j}1$	$-1-\mathrm{j}1.732$	…	$-1-\mathrm{j}\infty$

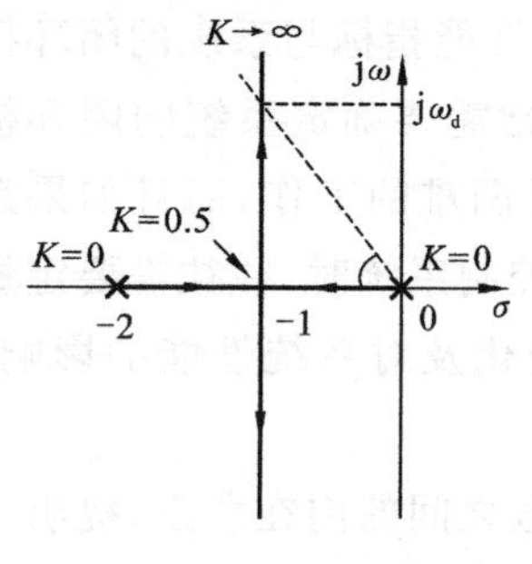

图 4-2　例 4-1 系统的根轨迹

把表 4-1 所列举的特征根 s_1 和 s_2 标在 s 平面上，并分别连成曲线，就得到了当 K 从 0 变化到无穷大时的根轨迹，如图 4-2 所示。

图中箭头的指向表示 K 增加时特征根的移动方向。由此根轨迹图可以获得闭环系统有关性能的信息。

(1) 稳定性，由图 4-2 可知，当开环增益 K 从 0 变化到无穷大时，本例二阶系统的根轨迹一直位于 s 平面虚轴的左边，说明系统的闭环极点都具有负实部，故系统是稳定的。

(2) 稳态特性，首先可以从根轨迹图中观察得知系统在原点有一个开环极点，即系统的开环传递函数还有一个积分环节，从而获知系统的型别；开环增益 K 即为静态速度误差系数，如果给定了稳态误差的要求，便可由根轨迹限定闭环极点的容许范围。需要说明的是，本例是以开环增益 K 为可变参量，本章后面的讨论通常是以根轨迹增益为可变参量，开环增益和根轨迹增益之间存在明确的倍数关系，故不影响对稳态特性的分析。

(3) 动态特性，由图 4-2 可见，K 的变化会影响二阶系统的阻尼状态。当 $0<K<0.5$ 时，系统有两个不相等的负实特征根，系统为过阻尼状态，单位阶跃响应为单调过程；当 $K=0.5$ 时，系统有两个相等的负实特征根，为临界阻尼状态，单位阶跃响应也为单调过程；当 $0.5<K<\infty$ 时，系统的特征根为一对具有负实部的共轭复数，为欠阻尼状态，系统的单位阶跃响应为阻尼振荡过程。且随着 K 的增加，系统的阻尼比会降低，ω_d 会增加，而闭环极点的实部不变，故系统的超调量会增加，振荡频率增加，但调整时间基本不变。

由以上分析可知，根据根轨迹图可以分析控制系统的稳定性、稳态特性、动态特性等各项性能，可以从一个全局的视角去分析系统的各项性能。

例 4-1 所示系统是一个二阶系统，因此可以经过直接求根，简单分析后画出根轨迹，而高阶系统就不适用这种方法了。实际上，伊文斯总结了绘制根轨迹的一套基本规则。应用这些规则，可以比较方便地画出高阶系统的根轨迹图。

4.1.2　根轨迹的幅值条件和相角条件

根轨迹是闭环特征根随参数变化而产生的轨迹，说明根轨迹上的任一点都必须满足闭环特征方程，而且所有的闭环特征根都必须位于根轨迹上，因此系统的闭环特征方程也称为根轨迹方程。根轨迹的幅值条件和相角条件就是由根轨迹方程推导而来。

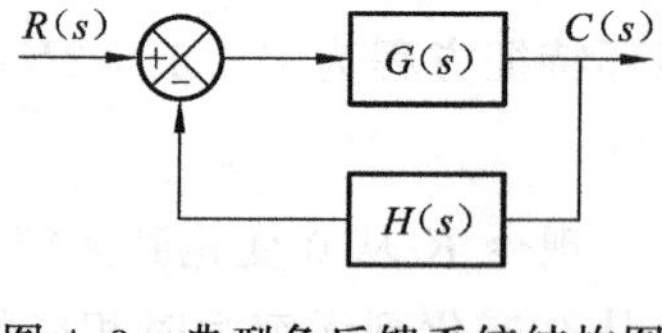

图 4-3 为典型负反馈系统结构图，其闭环传递函数为

$$\Phi(s)=\frac{C(s)}{R(s)}=\frac{G(s)}{1+G(s)H(s)}$$

图 4-3　典型负反馈系统结构图

闭环特征方程为

$$1+G(s)H(s)=0$$

可知，凡是满足此方程的 s 值，就是该方程的根，也就是 s 平面上根轨迹的点。

将特征方程变换为

$$G(s)H(s)=-1$$

由于 s 是复数，上式等号左边也必然是实数，可将上式进一步改写为

$$|G(s)H(s)|\angle G(s)H(s)=-1$$

欲满足复数相等，则等号两边必有幅值相等和相角相等，得

$$|G(s)H(s)|=1 \tag{4-1}$$

$$\angle G(s)H(s)=(2k+1)\pi,\quad k=0,\pm1,\pm2,\cdots \tag{4-2}$$

式(4-1)和式(4-2)分别称为根轨迹的幅值条件和相角条件。满足特征方程的 s 值必定同时满足式(4-1)和式(4-2)。

若系统的开环传递函数具有如下形式：

$$G(s)H(s)=\frac{K\prod_{i=1}^{m}(s-z_i)}{\prod_{j=1}^{n}(s-p_j)},\quad n\geqslant m \tag{4-3}$$

式中：K 为系统的根轨迹增益，且 K 由 $0\to\infty$ 变化；z_i $(i=1,2,\cdots,m)$ 为系统开环传递函数的零点；p_j $(j=1,2,\cdots,n)$ 为系统的开环极点。将式(4-3) 代入式(4-1) 和式(4-2)，可将根轨迹的幅值条件和相角条件具体化为

幅值条件：

$$\frac{K\prod_{i=1}^{m}|s-z_i|}{\prod_{j=1}^{n}|s-p_j|}=1 \tag{4-4}$$

或

$$K=\frac{\prod_{j=1}^{n}|s-p_j|}{\prod_{i=1}^{m}|s-z_i|} \tag{4-5}$$

相角条件：

$$\sum_{i=1}^{m}\angle(s-z_i)-\sum_{j=1}^{n}\angle(s-p_j)=(2k+1)\pi,\quad k=0,\pm1,\pm2,\cdots \tag{4-6}$$

由式(4-5)和式(4-6)可见，幅值条件与 K 有关，而相角条件与 K 无关。把满足相角条件的 s 值代入幅值条件，就一定可以求出一个与之对应的 K 值。这说明满足相角条件的 s 值必然同时满足幅值条件，根据相角条件求得的 s 值所对应的复平面上的点必然位于根轨迹上。因此，相角条件是根轨迹的充分必要条件。反之，满足幅值条件的 s 值不一定满足相角条件，由幅值条件求出的 s 值对应的点不一定位于根轨迹上。

基于以上分析，根轨迹就是 s 平面上满足相角条件点的集合。绘制根轨迹时，只需要使用

相角条件；当需要确定根轨迹上某些具体点的 K 值时，才使用幅值条件。

式(4-6)的根轨迹的相角条件中 $\sum_{i=1}^{m}\angle(s-z_i)$ 是所有开环零点指向测试点所形成的向量的相角之和；$\sum_{j=1}^{n}\angle(s-p_j)$ 是所有开环极点指向测试点所形成的向量的相角之和；相角条件就是看这两者之差是否为 π 的奇数倍。式(4-5)所示幅值条件中，$\prod_{j=1}^{n}|s-p_j|$ 为所有开环极点指向测试点所形成的向量的幅值之积；$\prod_{i=1}^{m}|s-z_i|$ 为所有开环零点指向测试点所形成的向量的幅值之积；如果测试点满足相角条件，则此点的 K 值就等于两者之商。下面举例说明。

设某系统开环传递函数为

$$G(s)H(s)=\frac{K(s-z_1)}{(s-p_1)(s-p_2)(s-p_3)(s-p_4)}$$

该系统有一个开环零点 z_1，四个开环极点 p_1,p_2,p_3,p_4，其开环零极点分布如图 4-4 所示。

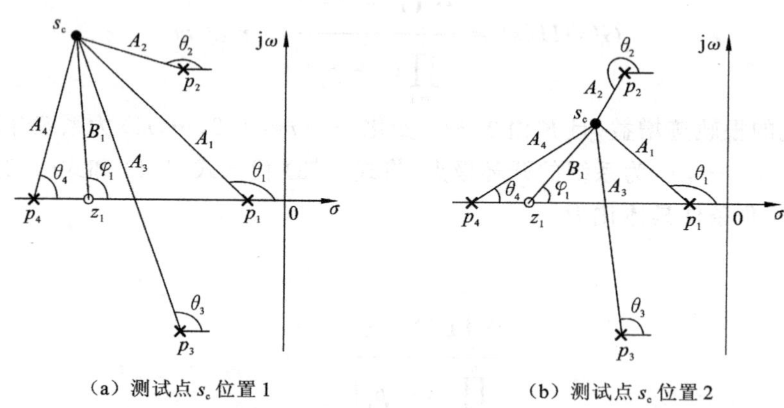

(a) 测试点 s_c 位置 1　　(b) 测试点 s_c 位置 2

图 4-4　图解幅值条件与相角条件

图 4-4 中，s_c 为测试点，则

$$|G(s_c)H(s_c)|=\frac{K\prod_{i=1}^{m}|s-z_i|}{\prod_{j=1}^{n}|s-p_j|}=\frac{KB_1}{A_1A_2A_3A_4}$$

$$\angle G(s_c)H(s_c)=\sum_{i=1}^{m}\angle(s-z_i)-\sum_{j=1}^{n}\angle(s-p_j)=\varphi_1-\theta_1-\theta_2-\theta_3-\theta_4$$

例 4-2　一系统开环传递函数为

$$G(s)H(s)=\frac{K(s+1)}{(s+2)(s+1.5)(s-0.5)}$$

试判断点 $s_c=-1.09+\mathrm{j}2.07$ 是否位于根轨迹上；若是，计算该点的 K 值。

解　将 $s_c=-1.09+\mathrm{j}2.07$ 代入开环传递函数，计算其相角：

$\angle G(s_c)H(s_c)=\angle(-1.09+\mathrm{j}2.07+1)-[\angle(-1.09+\mathrm{j}2.07+2)+\angle(-1.09+\mathrm{j}2.07+1.5)+$

$$\angle(-1.09+\mathrm{j}2.07-0.5)]$$
$$=\angle(-0.09+\mathrm{j}2.07)-[\angle(0.91+\mathrm{j}2.07)+\angle(0.41+\mathrm{j}2.07)+\angle(-1.59+\mathrm{j}2.07)]$$
$$=92.49°-[66.27°+78.8°+127.53°]$$
$$=-180.11°$$

可见,点 s_c 满足相角条件,该点是根轨迹上的点。可根据幅值条件计算该点的 K 值。

$$K=\frac{\prod_{j=1}^{n}|s-p_j|}{\prod_{i=1}^{m}|s-z_i|}=\frac{|-1.09+\mathrm{j}2.07+2||-1.09+\mathrm{j}2.07+1.5||-1.09+\mathrm{j}2.07-0.5|}{|-1.09+\mathrm{j}2.07+1|}$$
$$=\frac{|0.91+\mathrm{j}2.07||0.41+\mathrm{j}2.07||-1.59+\mathrm{j}2.07|}{|-0.09+\mathrm{j}2.07+1|}$$
$$=\frac{|0.91+\mathrm{j}2.07||0.41+\mathrm{j}2.07||-1.59+\mathrm{j}2.07|}{|-0.09+\mathrm{j}2.07|}$$
$$=\frac{2.26\times2.11\times2.61}{2.072}$$
$$=6$$

该系统的开环零极点分布及测试点,如图 4-5 所示。

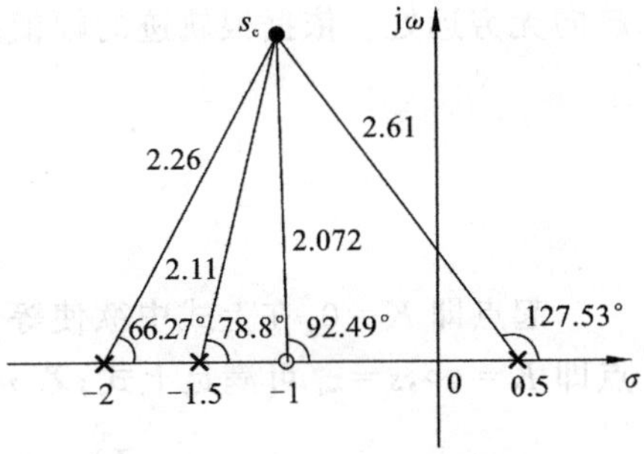

图 4-5　例 4-2 零极点分布

4.2　绘制根轨迹的规则

本节讨论负反馈控制系统增益变化时根轨迹的绘制规则,深刻理解和熟练应用这些规则对分析和设计控制系统是非常有益的。

根轨迹是根据系统的开环零点、极点去绘制的,因而在下面所述的开环传递函数均以零点、极点形式表示,以便于根轨迹的绘制。如果系统开环传递函数不是以零点、极点的形式给出,可以经过简单变换为零点、极点形式。

设系统的开环传递函数为

$$G(s)H(s)=\frac{K\prod_{i=1}^{m}(s-z_i)}{\prod_{j=1}^{n}(s-p_j)},\quad n\geqslant m$$

式中:K 为系统的根轨迹增益;$z_i\ (i=1,2,\cdots,m)$ 为系统开环零点;$p_j\ (j=1,2,\cdots,n)$ 为系统的开环极点。则系统的闭环特征方程为

$$1+\frac{K\prod_{i=1}^{m}(s-z_i)}{\prod_{j=1}^{n}(s-p_j)}=0 \tag{4-7}$$

下面讨论绘制以 K 为可变参数的根轨迹的基本规则。

1. 规则 1　根轨迹的分支数、连续性与对称性

根轨迹在 s 平面上的分支数(条数)等于系统的阶数 n。因为 n 阶系统必然有 n 个特征根，当 K 由 $0\to\infty$ 时，每个特征根也将随之变化，必将在 s 平面上产生 n 条不同的轨迹。

根轨迹是连续的曲线，且对称于实轴。因为 K 从 $0\to\infty$ 连续变化，而特征方程 $1+G(s)H(s)=0$ 是 K 的连续函数，所以根轨迹是连续曲线。又因为特征根要么是实数，要么是共轭复数；实数根位于实轴上，共轭复根必对称于实轴，所以根轨迹一定对称于实轴。

2. 规则 2　根轨迹的起点和终点

n 条根轨迹起始于 n 个开环极点；其中 m 条分支终止于 m 个开环零点，另外 $n-m$ 条分支趋向无穷远处。依据根轨迹的幅值条件：

$$K=\frac{\prod_{j=1}^{n}|s-p_j|}{\prod_{i=1}^{m}|s-z_i|}$$

起点即 $K=0$，在上式中欲使等号右边为 0，必有 $s=p_j$，即根轨迹的起点为开环极点。终点即 $K=\infty$，$s=z_i$ 可满足上式；若 $n>m$，上式等号右边可写为

$$\left.\frac{\prod_{i=1}^{n}|s-p_j|}{\prod_{i=1}^{m}|s-z_i|}\right|_{s\to\infty}=|s|^{n-m}|_{s\to\infty}=\infty \tag{4-8}$$

也可满足幅值条件。故终点为开环零点或无穷远处。

3. 规则 3　实轴上的根轨迹

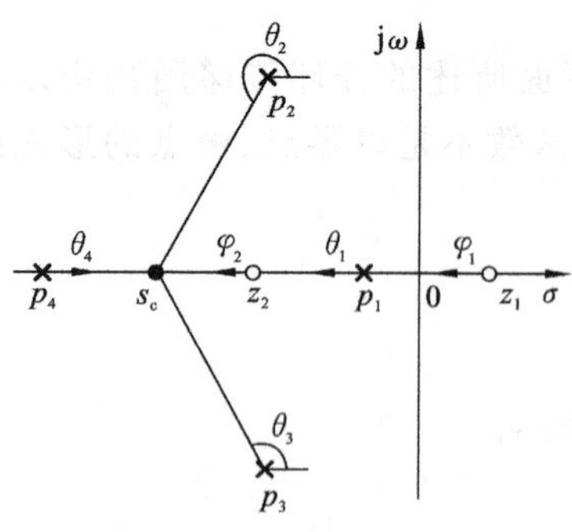

图 4-6　实轴上的根轨迹

实轴被开环实数零点、开环实数极点分割为多个线段，当某线段右边的实数零点和实数极点之和为奇数时，这些线段就是根轨迹的一部分。

在实轴上任取一测试点，位于测试点左边的开环零点、极点指向该点的向量的相角为 0；而位于测试点右边的开环零点、极点指向该点的向量的相角为 π；一对共轭复数零点(或极点)指向测试点的向量的相角之和为 2π，如图 4-6 所示。

图 4-6 中，s_c 为测试点。由图 4-6 可知，$\theta_1=\pi$，$\theta_2+\theta_3=2\pi$，$\theta_4=0$，$\varphi_1=\varphi_2=\pi$。一般地，设测试点右侧有 h 个开环零点，l 个开环极点，则

$$\angle G(s_c)H(s_c)=\sum_{i=1}^{m}\angle(s_c-z_i)-\sum_{j=1}^{n}\angle(s_c-p_j)=(h-l)\pi$$

欲满足根轨迹的相角条件，必有

$$(h-l)\pi=(2k+1)\pi \tag{4-9}$$

$h-l$ 必须为奇数，那么 $h+l$ 也必须为奇数。故当测试点右边开环零点、极点数目之和为奇数时，可满足相角条件，该测试点所在的线段就是根轨迹的一部分。

根据以上三条规则，可以绘制一些简单系统的根轨迹。

例 4-3　设一单位负反馈系统的开环传递函数为 $G(s)=\dfrac{K(s+2)}{s(s+3)}$，绘制 $K=0\to\infty$ 时的根轨迹。

解　由开环传递函数可知，系统有一个零点，$z_1=-2$；两个极点，$p_1=0$、$p_2=-3$，系统阶数为 $n=2$。绘制根轨迹时，应先画出 s 平面，标准实轴、虚轴、坐标原点，然后将开环零点、极点标在 s 平面上，再按照绘制根轨迹的规则逐步画出根轨迹。

(1) 根据规则 1，根轨迹有两条分支；

(2) 根据规则 2，两条根轨迹分支分别起始于两个开环极点 $p_1=0$、$p_2=-3$，一条分支终止于开环零点，另一条分支趋向无穷远处。

(3) 三个开环实数零点、极点将整个实轴分为四段：$(-\infty,-3]$，$(-3,-2)$，$[-2,0]$，$(0,\infty)$。根据规则 3，四段中 $(-\infty,-3]$，$[-2,0]$ 是根轨迹。

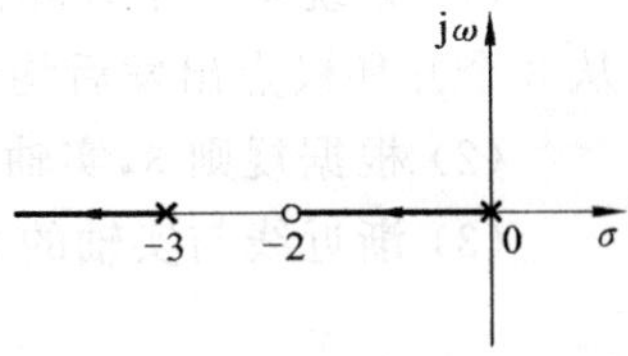

图 4-7　例 4-3 系统的根轨迹

最后画出系统的根轨迹，如图 4-7 所示。

4. 规则 4　根轨迹的渐近线

根轨迹的渐近线用于确定根轨迹分支趋向无穷远处的方向。如果系统的开环极点数 n 大于开环零点数 m，则系统的根轨迹增益 $K\to\infty$ 时，将有 $n-m$ 条根轨迹分支趋向无穷远处，趋向无穷远处的方向可由渐近线决定。

渐近线与实轴交点坐标：

$$\sigma_a=\frac{\sum_{j=1}^{n}p_j-\sum_{i=1}^{m}z_i}{n-m} \tag{4-10}$$

渐近线与实轴正方向的夹角

$$\varphi_a=\frac{(2k+1)\pi}{n-m},\quad k=0,\pm1,\cdots,n-m-1 \tag{4-11}$$

当 $K\to\infty$ 时，有 $n-m$ 条根轨迹趋于无穷远处，即 $s\to\infty$。根据特征方程：

$$1+\frac{K\prod_{i=1}^{m}(s-z_i)}{\prod_{j=1}^{n}(s-p_j)}=0$$

则有

$$\frac{K\prod_{i=1}^{m}(s-z_i)}{\prod_{j=1}^{n}(s-p_j)}=\frac{K}{s^{n-m}}=-1$$

$$s^{n-m}=-K$$

$$(n-m)\angle s=(2k+1)\pi,\quad k=0,\pm1,\cdots,n-m-1$$

所以

$$\varphi_a = \angle s = \frac{(2k+1)\pi}{n-m}, \quad k=0, \pm 1, \cdots, n-m-1$$

无穷远处闭环极点的方向角，即是渐近线的方向角。σ_a 证明从略。

例 4-4 设系统的开环传递函数为

$$G(s)H(s) = \frac{K}{s(s+1)(s+2)}$$

当 K 由 0 变化到∞时，试绘制其根轨迹图。

解 画出 s 平面坐标系，并标注开环零点、极点。

(1) 系统有 3 个开环极点，$p_1=0, p_2=-1, p_3=-2$，无开环零点；因此系统的 3 条根轨迹从 3 个开环极点出发后均趋向无穷远处。

(2) 根据规则 3，实轴上$(-\infty,-2]$、$[-1,0]$的线段是根轨迹。

(3) 渐近线与实轴的交点：

$$\sigma_a = \frac{\sum_{j=1}^{n} p_j - \sum_{i=1}^{m} z_i}{n-m} = \frac{-1-2}{3} = -1$$

渐近线与实轴正方向的夹角：

$$\varphi_a = \frac{(2k+1)\pi}{n-m} = \pm\frac{\pi}{3}, \pi \quad (k=0, \pm 1)$$

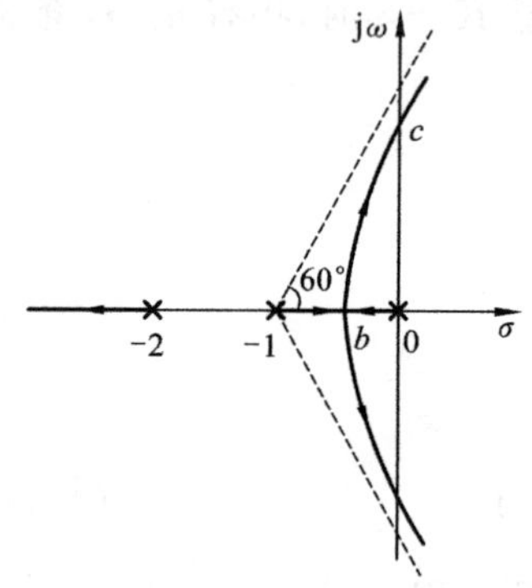

图 4-8 例 4-4 系统根轨迹

由此画出系统完整的根轨迹，如图 4-8 所示。

由图 4-8 可见，根轨迹的一条分支从开环极点 $p_3=-2$ 出发，沿着负实轴移动，趋向去$-\infty$处。另两条分支分别从开环极点 $p_1=0$、$p_2=-1$ 出发，随着 K 的增加，彼此沿着实轴相对而行，必然会在实轴上某个点相会合(图 4-8 中 b 点)，再彼此分开进入复平面，沿着±60°的渐近线的方向趋向无穷远处。这两条分支在趋向无穷远的过程中，将会在某点穿越虚轴(图 4-8 中 c 点)，进入 s 平面的右半部。

图 4-8 中 b 点称为根轨迹的分离点，在 b 点有重实根；过了 b 点，系统有一对共轭复根。图 4-8 中根轨迹与虚轴的交点 c 点为系统的临界稳定点，过了 c 点，系统会变得不稳定。因此，b 点、c 点坐标及对应的 K 值对系统的性能有重大影响。

5. 规则 5 根轨迹的分离点及分离角

根轨迹的分离点(或会合点)是指两条或两条以上根轨迹分支在 s 平面上相遇又立即分离的点，如图 4-8 中 b 点。分离点的存在说明闭环特征方程在此点有重根，因而可用求解方程式重根的方法确定分离点在 s 平面上的位置。

将开环传递函数写为

$$G(s)H(s) = \frac{KB(s)}{A(s)}$$

则闭环特征方程为

$$D(s) = A(s) + KB(s) = 0 \tag{4-12}$$

闭环特征方程出现重根，说明 s 值不仅要满足式(4-12)，而且必须满足：

$$D'(s)=A'(s)+KB'(s)=0 \tag{4-13}$$

消去式(4-12)和式(4-13)中的 K，得方程：

$$A(s)B'(s)-A'(s)B(s)=0 \tag{4-14}$$

求解式(4-14)所示方程，即可确定根轨迹的分离点坐标。此外，由式(4-12)可得

$$K=-\frac{A(s)}{B(s)}$$

上式对 s 求导，并令其导数等于 0，得

$$\frac{\mathrm{d}K}{\mathrm{d}s}=\frac{A(s)B'(s)-A'(s)B(s)}{[B(s)]^2}=0 \tag{4-15}$$

比较式(4-14)和式(4-15)，可发现两者等效，因此两式均可用来确定根轨迹的分离点。需要说明的是，由式(4-14)或式(4-15)求出的根并不一定都是分离点(只是分离点的必要条件)，只有位于根轨迹上的点才是实际的分离点。

例 4-5　求例 4-4 中系统根轨迹的分离点坐标，以及分离点所对应的 K 值。

解　系统开环传递函数：

$$G(s)H(s)=\frac{K}{s(s+1)(s+2)}$$

闭环特征方程：

$$1+\frac{K}{s(s+1)(s+2)}=0$$

则：

$$K=-s(s+1)(s+2)$$

对上式 s 求导并令其导数等于 0，得

$$\frac{\mathrm{d}K}{\mathrm{d}s}=-(3s^2+6s+2)=0$$

解得 $s_1=-0.423$，$s_2=-1.577$。由于 $s_1=-0.423$ 是根轨迹上的点，故 -0.423 就是分离点；而 $s_2=-1.577$ 很明显不在根轨迹上，故不是分离点，应舍去。

把分离点坐标值代入 $K=-s(s+1)(s+2)$，可求得分离点对应的 K 值：

$$K=-s(s+1)(s+2)\big|_{s=-0.423}=0.385$$

分离角是指根轨迹离开分离点处的切线与实轴正方向的夹角。当 l 条根轨迹分支进入并立即从分离点离开时，分离角为

$$\theta_{\mathrm{d}}=\frac{(2k+1)\pi}{l},\quad k=0,1,2,\cdots,l-1$$

6. 规则 6　根轨迹与虚轴的交点

根轨迹与虚轴相交的交点是闭环特征方程的纯虚根，系统处于等幅振荡或临界稳定状态。因此，可用两种方法计算根轨迹与虚轴的交点。下面以例 4-4 传递函数说明根轨迹与虚轴交点的计算方法。

(1) 令纯虚根为 $s=\mathrm{j}\omega$，将其代入系统闭环特征方程得

$$1+G(\mathrm{j}\omega)H(\mathrm{j}\omega)=0 \tag{4-16}$$

把式(4-16)等号左边复数化为实部与虚部的形式,并令实部和虚部均等于0:

$$\begin{cases}\mathrm{Re}[1+G(\mathrm{j}\omega)H(\mathrm{j}\omega)]=0\\ \mathrm{Im}[1+G(\mathrm{j}\omega)H(\mathrm{j}\omega)]=0\end{cases}$$

解以上两个方程便可求得式(4-16)中含有的两个未知量:临界稳定的 K 值及等幅振荡的角频率 ω。

例 4-6　闭环特征方程为

$$1+G(s)H(s)=1+\frac{K}{s(s+1)(s+2)}=0$$

化简得

$$s(s+1)(s+2)+K=0 \tag{4-17}$$

令纯虚根为 $s=\mathrm{j}\omega$,将其代入系统闭环特征方程式(4-17)得

$$(\mathrm{j}\omega)^3+3(\mathrm{j}\omega)^2+2(\mathrm{j}\omega)+K=0$$

$$K-3\omega^2+\mathrm{j}(2\omega-\omega^3)=0$$

故有

$$\begin{cases}K-3\omega^2=0\\ 2\omega-\omega^3=0\end{cases}$$

解得

$$\begin{cases}K=6\\ s=\pm\mathrm{j}\sqrt{2}\end{cases}\quad 或 \quad \begin{cases}K=0\\ s=j0\end{cases}$$

因 $s=j0$ 是根轨迹的起点,故舍去。

(2) 劳斯稳定判据法。

将式(4-17)化为

$$s^3+3s^2+2s+K=0$$

列劳斯表

$$\begin{array}{ccc} s^3 & 1 & 2\\ s^2 & 3 & K\\ s^1 & \dfrac{6-K}{3} & \\ s^0 & K & \end{array}$$

由劳斯表可见,当 $K=6$ 时,表中 s^1 行全为零。按照 s^2 行的系数构成辅助方程得

$$3s^2+K=3s^2+6=0$$

可解得 $s=\pm\mathrm{j}\sqrt{2}$。

7. 规则 7　根轨迹的出射角与入射角

根轨迹的出射角是指根轨迹分支离开开环复数极点处的切线与实轴正方向的夹角,入射角指根轨迹分支进入开环复数零点处的切线与实轴正方向的夹角。出射角和入射角指明了根轨迹分支离开或进入开环复数极点、零点的方向。

根轨迹离开 p_k 的出射角计算公式:

$$\varphi_{p_k}=\mp(2q+1)\pi+\varphi,\quad q=0,\pm1,\cdots \tag{4-18}$$

根轨迹进入 z_k 入射角计算公式：

$$\varphi_{z_k}=\pm(2q+1)\pi-\varphi,\quad q=0,\pm1,\cdots \tag{4-19}$$

以上两式中 φ 为除去 p_k 或 z_k 自身以外的其他开环零点、极点指向出射点或入射点的向量的相角。

计算出射角时：

$$\varphi=\sum\varphi_z-\sum\theta_p=\sum_{j=1}^{m}\angle(p_k-z_j)-\sum_{\substack{i=1\\i\neq k}}^{n}\angle(p_k-p_i)$$

计算入射角时：

$$\varphi=\sum\varphi_z-\sum\theta_p=\sum_{\substack{j=1\\j\neq k}}^{m}\angle(z_k-z_j)-\sum_{i=1}^{n}\angle(z_k-p_i)$$

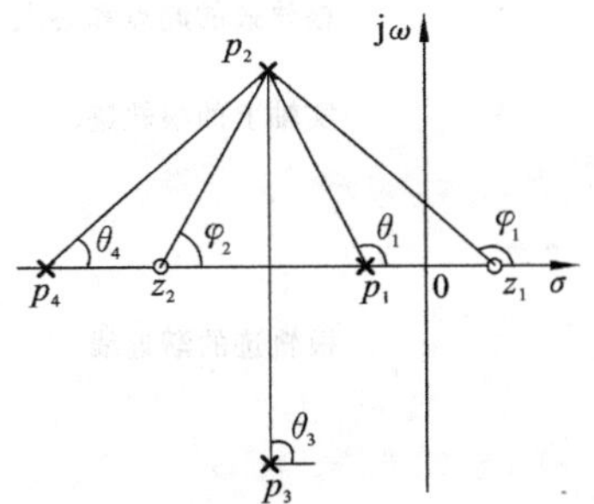

图 4-9　根轨迹出射角的确定

如图 4-9 所示，系统有两个开环零点：z_1、z_2，四个开环极点：p_1、p_2、p_3、p_4，其中 p_2、p_3 为一对共轭复数极点。则 p_2 的出射角为

$$\begin{aligned}\varphi_{p_2}&=\mp180^\circ+\sum\varphi_z-\sum\theta_p\\&=\mp180^\circ+[(\varphi_1+\varphi_2)-(\theta_1+\theta_3+\theta_4)]\end{aligned}$$

8. 规则 8　特征根之和与特征根之积

若系统的闭环特征方程为

$$K\prod_{i=1}^{m}(s-z_i)+\prod_{j=1}^{n}(s-p_j)=s^n+a_{n-1}s^{n-1}+\cdots+a_1s+a_0=0$$

其特征根为 $s_i\ (i=1,2,\cdots,n)$，则

$$\begin{cases}\displaystyle\sum_{i=1}^{n}s_i=-a_{n-1}\\ \displaystyle(-1)^n\prod_{i=1}^{n}s_i=a_0\end{cases} \tag{4-20}$$

即闭环特征根之和等于闭环特征方程系数 a_{n-1} 的负值；特征根之积乘以 $(-1)^n$ 等于闭环特征方程的常数项。当 $n-m\geqslant2$ 时，根之和与根轨迹增益 K 无关。此时根之和为一常数，开环极点和等于闭环极点和。

例 4-7　已知系统的开环传递函数为

$$G(s)H(s)=\frac{K}{s(s+1)(s+2)}$$

其根轨迹与虚轴的交点为 $s_{1,2}=\pm\mathrm{j}\sqrt{2}$，试求交点处的临界 K 值及第三个特征根。

解　系统的闭环特征方程为

$$s^3+3s^2+2s+K=0$$

由特征根之和公式易得第三个根：

$$s_3=-3-(s_1+s_2)=-3$$

由特征根之积公式得

$$K=(-1)^3 s_1 \cdot s_2 \cdot s_3=6$$

根据以上 8 条规则，便可较容易地绘出系统根轨迹的大致图形。为了便于查阅，把上述绘制根轨迹的规则归纳于表 4-2 中。

表 4-2　绘制根轨迹的基本规则

序号	名称	规则
1	根轨迹的分支数、连续性与对称性	根轨迹的分支数等于系统的阶数 n；根轨迹是连续的曲线，且对称于实轴
2	根轨迹的起点和终点	起始于开环极点，终止于开环零点或趋向于无穷远处
3	实轴上的根轨迹	实轴上某段的右边开环零点、极点数目之和为奇数时，则该段实轴是根轨迹的一部分
4	根轨迹的渐近线	渐近线与实轴的交点：$\sigma_a=\dfrac{\sum_{j=1}^{n}p_j-\sum_{i=1}^{m}z_i}{n-m}$ 渐近线与实轴正方向的夹角： $\varphi_a=\dfrac{(2k+1)\pi}{n-m},\quad k=0,\pm1,\cdots,n-m-1$
5	根轨迹的分离点及分离角	分离点：$\dfrac{dK}{ds}=0$ 的根；分离角：$\theta_d=\dfrac{(2k+1)\pi}{l}$
6	根轨迹与虚轴的交点	(1) 以 $s=j\omega$ 代入闭环特征方程求解 (2) 用劳斯稳定判据求临界稳定时的特征根
7	根轨迹的出射角与入射角	出射角：$\varphi_{p_k}=\mp(2t+1)\pi+\sum_{j=1}^{m}\angle(p_k-z_j)-\sum_{i=1,i\neq k}^{n}\angle(p_k-p_i)$ 入射角：$\varphi_{z_k}=\pm(2t+1)\pi-\sum_{i=1,i\neq k}^{m}\angle(z_k-z_j)-\sum_{i=1}^{n}\angle(z_k-p_i)$
8	特征根之和与特征根之积	特征根之和：$\sum_{i=1}^{n}s_i=-a_{n-1}$；特征根之积：$(-1)^n\prod_{i=1}^{n}s_i=a_0$

例 4-8　已知系统的开环传递函数为

$$G(s)H(s)=\frac{K}{s(s+a)(s^2+2s+2)}$$

(1) 当 $a=3$ 时，画出系统根轨迹，并确定 $\zeta=0.5$ 时系统的闭环传递函数；

(2) 当 $a=2$ 时，画出系统根轨迹，并确定系统阶跃响应为持续振荡时的闭环传递函数。

解　(1) 当 $a=3$ 时，系统无开环零点，有 4 个开环极点：$p_1=0$、$p_2=-3$、$p_{3,4}=-1\pm j$。

① 实轴上$[-3,0]$区间是根轨迹。

② 渐近线与实轴的交点：

$$\sigma_a=\frac{\sum_{j=1}^{n}p_j-\sum_{i=1}^{m}z_i}{n-m}=\frac{-3-2}{4}=-1.25$$

渐近线与实轴正方向的夹角：

$$\varphi_a=\frac{(2k+1)\pi}{n-m}=\pm\frac{\pi}{4},\pm\frac{3\pi}{4}$$

③ 分离点。

由系统闭环特征方程：

$$s(s+3)(s^2+2s+2)+K=0$$

得

$$K=-s(s+3)(s^2+2s+2)=-(s^4+5s^3+8s^2+6s)$$

则

$$\frac{dK}{ds}=-(4s^3+15s^2+16s+6)=0$$

解得　　$s_1=-2.3$，　$s_{2,3}=-0.73\pm j0.35$

易知 $s_1=-2.3$ 为分离点；

④ 根轨迹与虚轴的交点。

根据其闭环特征方程列劳斯表：

$$\begin{array}{llll} s^4 & 1 & 8 & K \\ s^3 & 5 & 6 & \\ s^2 & \frac{34}{5} & K & \\ s^1 & \frac{204-25K}{34} & & \\ s^0 & K & & \end{array}$$

由 $204-25K=0$ 可得 $K=8.16$，代入 s^2 行得辅助方程：

$$\frac{34}{5}s^2+8.16=0$$

解得 $s=\pm j1.1$，即为根轨迹与虚轴的交点。

⑤ 根轨迹的出射角：

$$\begin{aligned}\varphi_{p_3}&=\mp\pi-\sum_{\substack{i=1\\i\neq k}}^{n}\angle(p_k-p_i)\\&=\mp 180^\circ-\left(135^\circ+90^\circ+\arctan\frac{1}{2}\right)\\&=-71.56^\circ\end{aligned}$$

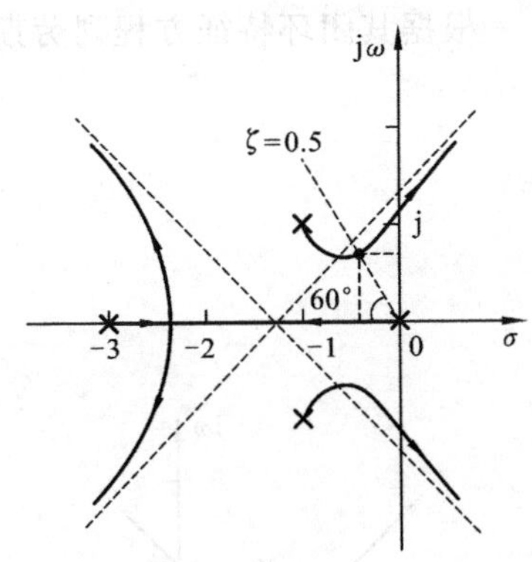

图 4-10　例 4-7 系统 $a=3$ 时的根轨迹

根据以上计算，可画出系统根轨迹，如图 4-10 所示。

为求 $\zeta=0.5$ 时的闭环极点，在根轨迹图中做等阻尼线，如图 4-10 中点画线所示。由图 4-10 可得等阻尼线与根轨迹的交点坐标为 $-0.4+j0.7$，交点处的 K 值可由幅值条件计算：

$$K=\sqrt{0.4^2+0.7^2}\cdot\sqrt{0.6^2+0.3^2}\cdot\sqrt{0.6^2+1.7^2}\cdot\sqrt{2.6^2+0.7^2}=2.63$$

此时的闭环传递函数为

$$\Phi(s)=\frac{2.63}{s(s+3)(s^2+2s+2)+2.63}$$

另外两个根可通过特征多项式除以因子 $(s+0.4-j0.7)(s+0.4+j0.7)$ 后得到的二阶方程而解得，由于等阻尼线与根轨迹的交点 $-0.4+j0.7$ 是读图而得，不可能完全精准，在做长除法的时候不能完全除尽，只能近似处理。

(2) 当 $a=2$ 时，系统无开环零点，有 4 个开环极点：$p_1=0$、$p_2=-2$、$p_{3,4}=-1\pm \mathrm{j}$。

① 实轴上$[-2,0]$区间是根轨迹。

② 渐近线与实轴的交点：

$$\sigma_a=\frac{\sum_{j=1}^{n}p_j-\sum_{i=1}^{m}z_i}{n-m}=\frac{-2-2}{4}=-1$$

渐近线与实轴正方向的夹角：

$$\varphi_a=\frac{(2k+1)\pi}{n-m}=\pm\frac{\pi}{4},\pm\frac{3\pi}{4}$$

③ 分离点。

由系统闭环特征方程：

$$s(s+2)(s^2+2s+2)+K=0$$

得

$$K=-s(s+2)(s^2+2s+2)=-(s^4+4s^3+6s^2+4s)$$

则

$$\frac{\mathrm{d}K}{\mathrm{d}s}=-(4s^3+12s^2+12s+4)=0$$

解得

$$s_{1,2,3}=-1$$

④ 根轨迹与虚轴的交点。

根据其闭环特征方程列劳斯表：

$$\begin{array}{llll}
s^4 & 1 & 6 & K \\
s^3 & 4 & 4 & \\
s^2 & 5 & K & \\
s^1 & \dfrac{20-4K}{5} & & \\
s^0 & K & &
\end{array}$$

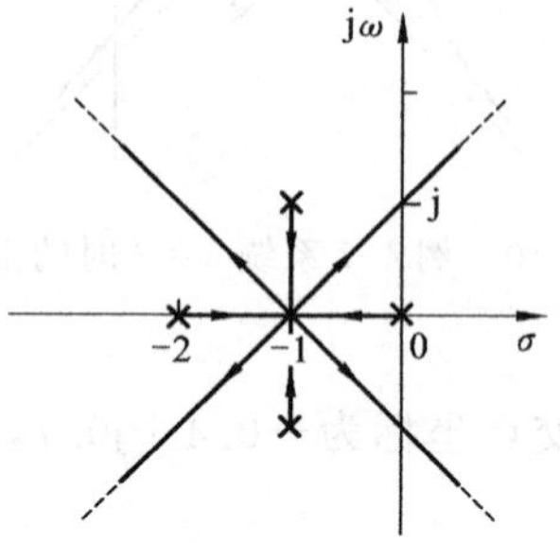

由 $20-4K=0$ 可得 $K=5$，代入 s^2 行得辅助方程：

$$5s^2+5=0$$

解得 $s=\pm\mathrm{j}$，即为根轨迹与虚轴的交点。

⑤ 根轨迹的出射角：

$$\varphi_{p3}=\mp\pi-\sum_{\substack{i=1\\ i\neq k}}^{n}\angle(p_k-p_i)$$

$$=\mp 180^\circ-(135^\circ+90^\circ+45^\circ)=-90^\circ$$

图 4-11 例 4-7 系统 $a=2$ 时的根轨迹

根据以上计算，可画出系统根轨迹，如图 4-11 所示。

实际上，当 $a=2$ 时，系统的开环极点分布具有明显的对称性，其根轨迹图形也具有对称的特点。

系统的阶跃响应为持续振荡，说明系统具有两个纯虚根，可知闭环极点应为根轨迹与虚轴的交点，即 $s_{1,2}=\pm\mathrm{j}$，由根轨迹的对称性易知另外两个极点为 $s_{3,4}=-2\pm\mathrm{j}$。此时系统的闭环传递函数为

$$\Phi(s)=\frac{5}{s(s+2)(s^2+2s+2)+5}$$

4.3 广义根轨迹

在控制系统中，一般把以根轨迹增益 K 为可变参量的负反馈系统根轨迹称为常规根轨迹。实际上其他参数也可选择作为系统的可变参量，如开环零点、开环极点、时间常数和反馈系数等。这种以非增益的变量为参变量的根轨迹称为参量根轨迹。参量根轨迹与正反馈根轨迹（零度根轨迹）统称为广义根轨迹。

4.3.1 参量根轨迹

绘制参量根轨迹的规则与绘制常规根轨迹的规则完全相同。只是需要在绘制参量根轨迹之前，引入等效负反馈系统和等效传递函数的概念，预先将可变参量变换到相当于常规根轨迹增益 K 在开环传递函数中所处的位置上，再依据绘制常规根轨迹的规则绘制。

设系统闭环特征方程为

$$1+G(s)H(s)=0 \tag{4-21}$$

若能通过等效变换，将其化为如下形式：

$$1+A\frac{P(s)}{Q(s)}=0$$

式中：A 为参变量；$P(s)$和 $Q(s)$为均不含有 A 的首一多项式。令

$$G'(s)H'(s)=A\frac{P(s)}{Q(s)} \tag{4-22}$$

称 $G'(s)H'(s)$为系统 $G(s)H(s)$的等效开环传递函数。因为具有相同的特征方程，故依据等效开环传递函数按照常规根轨迹的规则绘制的根轨迹与原系统的闭环极点是等效的。

例 4-9　负反馈系统的开环传递函数为

$$G(s)H(s)=\frac{4}{s(s+a)}$$

(1) 绘制 $a=0\to\infty$时的根轨迹；

(2) 若要求 $\zeta=0.707$，求闭环极点所对应的 a 值，并计算动态性能指标 M_p、t_s 和静态速度误差系数 K_v。

解　(1) 给定系统的闭环特征方程为

$$1+G(s)H(s)=s^2+as+4=0$$

将其变换为

$$1+\frac{as}{s^2+4}=0$$

则等效开环传递函数为

$$G'(s)H'(s)=\frac{as}{s^2+4}$$

然后可以按照绘制常规根轨迹的一般方法绘制等效开环传递函数的根轨迹。

等效开环传递函数有两个开环极点：$p'_{1,2}=\pm \mathrm{j}2$，一个开环零点：$z'_1=0$。易绘得其根轨迹

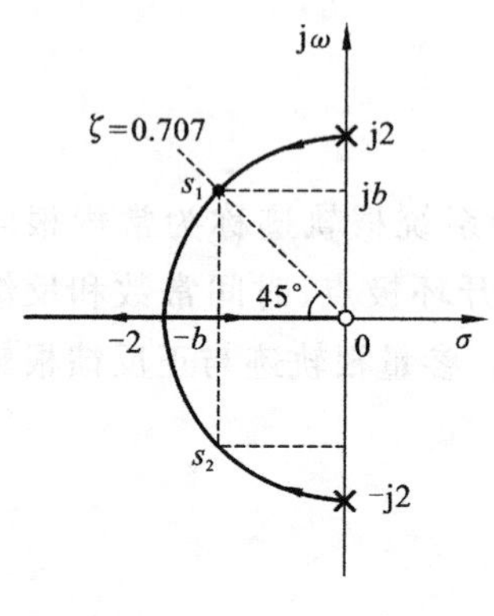

图 4-12 例 4-8 系统的根轨迹

如图 4-12 所示。

(2) 在根轨迹图中作 $\zeta=0.707$ 的等阻尼线，与根轨迹的交点设为 $s_1=-b+\mathrm{j}b$，将其代入闭环特征方程得

$$(-b+\mathrm{j}b)^2+a(-b+\mathrm{j}b)+4=0$$

化简得

$$(4-ab)+\mathrm{j}(ab-2b^2)=0$$

分别令实部和虚部等于 0，可解得 $a=2\sqrt{2}$、$b=\sqrt{2}$，即当 $\zeta=0.707$ 时，有一对闭环极点 $s_{1,2}=-\sqrt{2}\pm\mathrm{j}\sqrt{2}$，对应的 $a=2\sqrt{2}$，相应的动态性能指标为

$$M_{\mathrm{p}}=4.33\%,\quad t_{\mathrm{s}}=\frac{3}{\zeta\omega_{\mathrm{n}}}=\frac{3}{\sqrt{2}}=2.1\mathrm{s}$$

当 $a=2\sqrt{2}$ 时，静态速度误差系数：

$$K_{\mathrm{v}}=\lim_{s\to 0}sG(s)H(s)=\lim_{s\to 0}s\cdot\frac{4}{s(s+2\sqrt{2})}=\sqrt{2}$$

需要注意的是，在计算静态速度误差系数时，使用的是原开环传递函数 $G(s)H(s)$，而不是等效开环传递函数 $G'(s)H'(s)$。因为所谓的“等效”并非指两个开环传递函数 $G(s)H(s)$ 与 $G'(s)H'(s)$ 等效，而是指两个开环传递函数在负反馈条件下构成的闭环系统的闭环极点等效。这一点一定要深刻理解。

4.3.2 零度根轨迹

某些复杂的控制系统中可能出现局部正反馈的结构，如图 4-13 所示。这种局部正反馈的结构可能是为满足系统的某种性能要求在设计系统时加进的。具有局部正反馈的系统可以由主回路的负反馈使之稳定，但在利用根轨迹法对系统进行分析时必须求出正反馈回路的零点、极点。因而有必要讨论正反馈系统根轨迹的绘制方法。

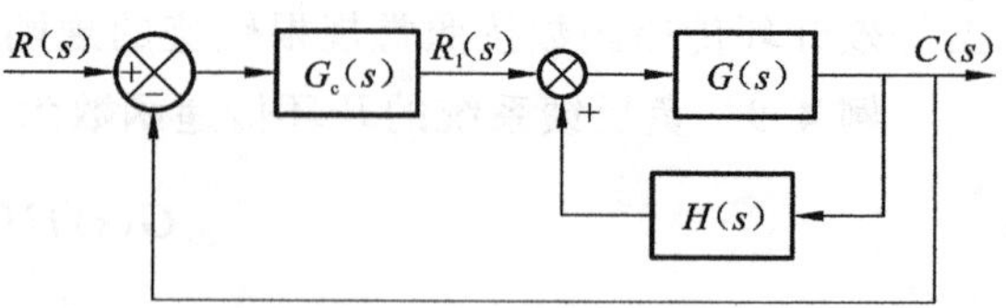

图 4-13 具有局部正反馈的系统

图 4-13 中局部正反馈回路的闭环传递函数：

$$\frac{C(s)}{R_1(s)}=\frac{G(S)}{1-G(s)H(s)} \tag{4-23}$$

相应的特征方程：

$$1-G(s)H(s)=0 \tag{4-24}$$

其幅值条件和相角条件分别为

$$K=\frac{\prod_{j=1}^{n}|s-p_j|}{\prod_{i=1}^{m}|s-z_i|} \tag{4-25}$$

$$\sum_{i=1}^{m}\angle(s-z_i)-\sum_{j=1}^{n}\angle(s-p_j)=2k\pi,\quad k=0,\pm1,\pm2,\cdots \tag{4-26}$$

与负反馈系统的幅值条件和相角条件相比，绘制正反馈系统根轨迹的幅值条件不变，而相角条件发生了改变。负反馈系统的相角条件遵循 $(2k+1)\pi$，正反馈系统则遵循 $2k\pi$。通常把相角条件遵循 $2k\pi$ 的系统根轨迹称为零度根轨迹，相应地，把遵循 $(2k+1)\pi$ 相角条件的根轨迹称为180°根轨迹。

除了局部正反馈结构会产生零度根轨迹以外，还有一种情况也会产生零度根轨迹，即虽然闭环系统是负反馈，但系统开环传递函数中含有 s 的最高次幂为负系数的因子，如图 4-14 所示。这种情况是由被控对象本身的特性所引起的。

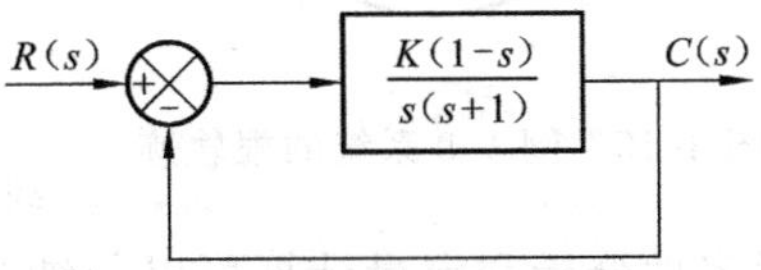

$R(s)$ → (+ −) → $\frac{K(1-s)}{s(s+1)}$ → $C(s)$

图 4-14　含有负系数 s 最高次幂因子的系统

根据零度根轨迹的相角条件，在绘制零度根轨迹时需对绘制 180°根轨迹的 8 条规则中与相角条件有关的规则作如下修改，其余规则不变。

规则 3：实轴上的某线段存在根轨迹的条件是其右边的开环零点、极点数目之和为偶数。

规则 4：$n-m$ 条渐近线与实轴正方向的夹角为

$$\varphi_a=\frac{2k\pi}{n-m},\quad k=0,\pm1,\cdots,n-m-1 \tag{4-27}$$

规则 7：根轨迹的出射角和入射角为

$$\varphi_{p_k}=2q\pi+\Big[\sum_{j=1}^{m}\angle(p_k-z_j)-\sum_{\substack{i=1\\i\neq k}}^{n}\angle(p_k-p_i)\Big],\quad q=0,\pm1,\cdots \tag{4-28}$$

$$\varphi_{z_k}=2q\pi-\Big[\sum_{\substack{i=1\\i\neq k}}^{m}\angle(z_k-z_j)-\sum_{i=1}^{n}\angle(z_k-p_i)\Big],\quad q=0,\pm1,\cdots \tag{4-29}$$

例 4-10　绘制图 4-14 所示系统的根轨迹，并确定使闭环系统稳定的 K 的取值范围。

解　系统结构图的闭环特征方程为

$$1+\frac{K(1-s)}{s(s+1)}=0$$

将其变换为

$$1-\frac{K(s-1)}{s(s+1)}=0$$

特征方程形如 $1-G(s)H(s)=0$，可见其适用零度根轨迹的绘制规则。

开环传递函数有一个开环零点 $z_1=1$，两个开环极点 $p_1=0$、$p_2=-1$，开环零点、极点把实轴分为四段：$(-\infty,-1)$，$[-1,0]$，$(0,1)$，$[1,\infty)$，根据规则 3，$[-1,0]$，$[1,\infty)$是根轨迹。

分离点：由特征方程得 $K=\frac{s(s+1)}{s-1}$，则

$$\frac{\mathrm{d}K}{\mathrm{d}s}=\frac{s^2-2s-1}{(s-1)^2}=0$$

解得 $s_1=-0.414$，$s_2=2.414$，已知两个点均为分离点。

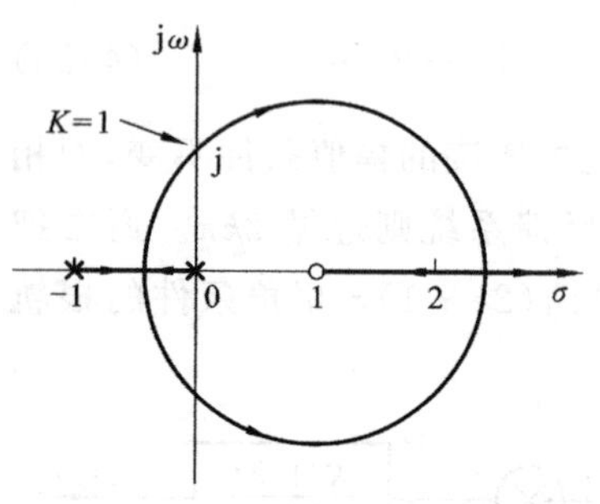

图 4-15　例 4-9 系统的根轨迹

根轨迹与虚轴的交点。令 $s=\mathrm{j}\omega$ 代入其特征方程,可解得

$$K=1,\quad \omega=\pm 1$$

有以上分析计算,绘出其根轨迹如图 4-15 所示。由图 4-15 易知,使闭环系统稳定的 K 的取值为 $0<K<1$。

4.4　用根轨迹分析系统性能

当控制系统的根轨迹绘制完成后,便可利用根轨迹对系统的性能进行定性分析和定量计算。用根轨迹对系统性能进行定性分析和定量计算可以归纳为以下几点。

(1) 稳定性。根据系统稳定的充要条件,如果闭环极点全部位于 s 平面的左半部,则系统是稳定的。当根轨迹所有分支全部位于 s 平面的左半部时,则 K 在$(0,\infty)$取任何值系统都是稳定的;当随着 K 的增加,部分根轨迹分支进入 s 平面右半部,则可通过求取根轨迹与虚轴的交点对应的 K 值,获得使系统稳定的 K 的取值范围。

(2) 稳态特性。可以通过观察位于 s 平面原点的开环极点数目得知系统的型别;也可以利用幅值条件求取根轨迹上某点所对应的根轨迹增益 K,从而利用系统的型别和增益 K 对系统的稳态特性做出分析和判断。

(3) 动态响应。①运动形态,系统的基本运动形态由闭环极点的位置决定。当闭环极点全部位于负实轴时,时间响应呈单调上升状态。当闭环极点出现复数时,时间响应呈振荡形式。②阻尼程度,阻尼角 β 越大,阻尼比 ζ 越小,系统的超调量越大,振荡频率越高,振荡越剧烈。要使系统的暂态响应平稳,同时又有比较好的快速性,系统的阻尼比不能太大,也不能太小,理论上讲 $\beta=45°$,阻尼比 $\zeta=0.707$ 时,系统的总体性能最好。③快速性,除要求非主导极点远离虚轴,使其暂态响应分量尽快衰减外,时间响应的快速性主要决定于主导极点的实部和虚部的大小。

(4) 添加开环零点、极点对根轨迹的影响。当作出系统的根轨迹图后,可以分析系统的性能能否满足要求。如果不能,一般可以通过添加开环零点、极点的方法来改变根轨迹的走向与形状,以满足系统性能的要求。

4.4.1　用根轨迹估算系统动态性能

用根轨迹估算系统的动态性能,一般从闭环主导极点入手。根据要求的阻尼比 ζ,在根轨迹图的坐标原点作与负实轴夹角为 $\beta=\arccos\zeta$(称为阻尼角)的射线,该射线称为等阻尼线。等阻尼线与根轨迹的交点就是所求的一对闭环主导极点。读图或用计算的方法求得交点的具体坐标,便可对系统时间响应的动态性能指标进行计算。

例 4-11　某单位反馈控制系统的开环传递函数为

$$G(s)=\frac{K}{s(s+2)(s+4)}$$

(1) 绘制 K 由 $0\to\infty$变化时的根轨迹;

(2) 确定系统呈阻尼振荡瞬态响应的 K 值范围;

(3) 求主导极点具有阻尼比为 0.5 时的 K 值，并估算系统的上升时间 t_r 和调整时间 t_s。

解　(1) 根轨迹渐近线：

$$\sigma_a=\frac{\sum_{j=1}^{n}p_j-\sum_{i=1}^{m}z_i}{n-m}=\frac{-2-4}{3}=-2$$

$$\varphi_a=\frac{(2k+1)\pi}{n-m}=\pm\frac{\pi}{3},\pi$$

分离点，由闭环特征方程 $K=-(s^3+6s^2+8s)$，得

$$\frac{\mathrm{d}K}{\mathrm{d}s}=3s^2+12s+8=0$$

解得 $s_1=-0.845$，$s_2=-3.155$，易知 s_1 为分离点，且分离点的 K 值为

$$K=-(s^3+6s^2+8s)\big|_{s=-0.845}=3.08$$

或由幅值条件求分离点 K 值：

$$K=|-4+0.845|\cdot|-2+0.845|\cdot|-0.845|=3.08$$

根轨迹与虚轴的交点，列劳斯表：

$$\begin{array}{lcc} s^3 & 1 & 8 \\ s^2 & 6 & K \\ s^1 & \dfrac{48-K}{6} & \\ s^0 & K & \end{array}$$

由劳斯表知系统临界稳定时 $K=48$，代入 s^2 行求得根轨迹与虚轴交点 $s_{1,2}=\pm j2\sqrt{2}$。系统的根轨迹图如图 4-16 所示。

(2) 根轨迹从分离点到与虚轴的交点这一段，系统为欠阻尼状态，时间响应呈阻尼振荡，故 K 的取值范围为 $3.08<K<48$。

(3) 过坐标原点，并与负实轴夹角为 60°作等阻尼线，与根轨迹交于 s_d 点。读图 4-16 得交点坐标约为 $s_d=-0.7+j1.1$。

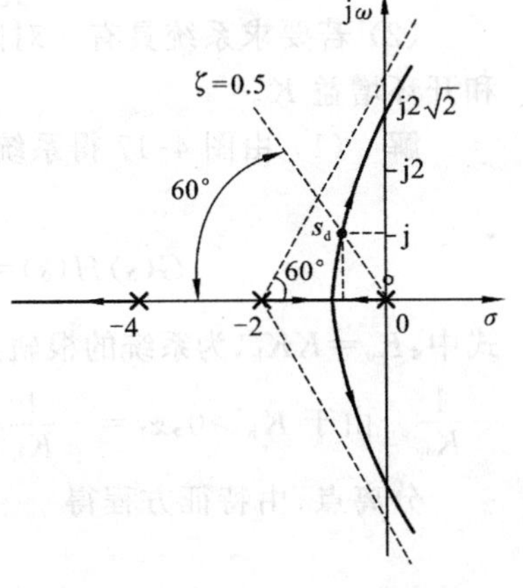

图 4-16　例 4-10 系统的根轨迹

实际上，对于比较简单的系统，该点的坐标也可以计算得到。令 $s_d=-a+jb$，等阻尼线与负实轴夹角为 60°，故有 $b=a\sqrt{3}$，于是 $s_d=-a+ja\sqrt{3}$。s_d 是根轨迹上的点，必满足特征方程。将 $s_d=-a+ja\sqrt{3}$代入系统的闭环特征方程得

$$s(s+2)(s+4)+K=0\big|_{s=-a+ja\sqrt{3}}\Longrightarrow$$

$$(-a+ja\sqrt{3})(-a+ja\sqrt{3}+2)(-a+ja\sqrt{3}+4)+K=0$$

化简得

$$(8a^3-12a^2-8a+K)+ja(8-12a)\sqrt{3}=0$$

分别令其实部和虚部等于 0，得方程组：

$$\begin{cases}8a^3-12a^2-8a+K=0\\ a(8-12a)\sqrt{3}=0\end{cases}$$

解得

$$\begin{cases} a=0.67 \\ K=8.3 \end{cases} \text{或} \begin{cases} a=0 \\ K=0 \end{cases}\text{（舍去）}$$

则得交点坐标 $s_d=-0.67+j1.15$ 及对应的 K 值，$K=8.3$。第三个极点可由根之和公式求得

$$s_3=-6+2\times0.67=-4.66$$

根据主导极点的概念，s_d 满足主导极点的要求，故可由主导极点估算系统的性能指标：

$$t_r=\frac{\pi-\beta}{\omega_d}=\frac{\pi-\dfrac{\pi}{3}}{1.15}=1.82\ \text{s}$$

$$t_s=\frac{3}{\zeta\omega_n}=\frac{3}{0.67}=4.48\text{s}$$

4.4.2　用根轨迹确定系统的有关参数

如果控制系统的可变参数仅增益 K，可方便地利用根轨迹进行参数值的确定。有时还需对其他的一些参数进行选择确定，对于这种情况，也可以利用根轨迹。

例 4-12　设控制系统如图 4-17 所示，图中 K_h、K 均大于 0

(1) 画出以 K 为参变量的根轨迹；

(2) 若要求系统具有一对闭环极点 $s_{1,2}=-1\pm j\sqrt{3}$，试利用根轨迹确定速度反馈系数 K_h 和开环增益 K。

解　(1) 由图 4-17 得系统的开环传递函数：

$$G(s)H(s)=\frac{K(K_hs+1)}{s^2}=\frac{KK_h\left(s+\dfrac{1}{K_h}\right)}{s^2}=\frac{K_0\left(s+\dfrac{1}{K_h}\right)}{s^2}$$

式中：$K_0=KK_h$，为系统的根轨迹增益。系统有两个位于原点的开环极点，一个开环零点 $z_1=-\dfrac{1}{K_h}$。由于 $K_h>0$，$z_1=-\dfrac{1}{K_h}$必位于负实轴上。易画出根轨迹，如图 4-18 所示。

分离点，由特征方程得

$$K=-\frac{s^2}{K_hs+1}$$

$$\frac{\mathrm{d}K}{\mathrm{d}s}=\frac{2s(K_hs+1)-s^2K_h}{(K_hs+1)^2}=0$$

可解得 $s=-\dfrac{2}{K_h}$。画出根轨迹，如图 4-18 所示。

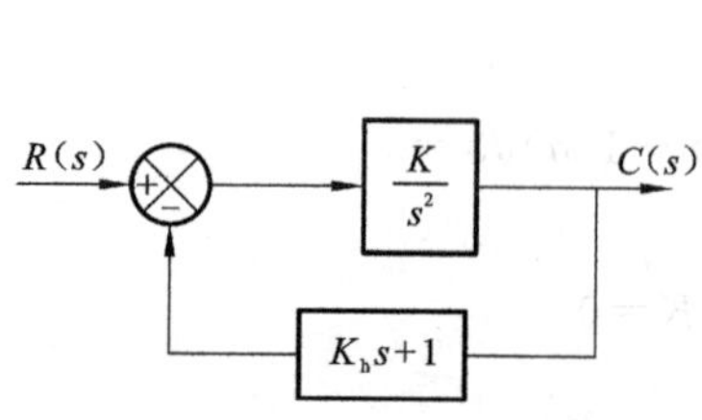

图 4-17　例 4-11 控制系统

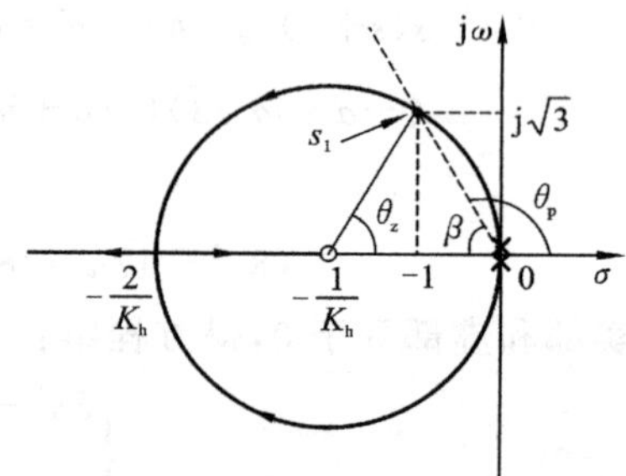

图 4-18　例 4-11 系统的根轨迹

(2) 由 $s_1=-1+\mathrm{j}\sqrt{3}$ 是系统的闭环极点知 s_1 必在根轨迹上，连接 s_1 和原点的射线为等阻尼线，易知阻尼角：

$$\beta=\arctan\sqrt{3}=60^\circ$$

则

$$\theta_p=120^\circ$$

由根轨迹的相角条件：

$$\theta_z-2\theta_p=\arctan\frac{\sqrt{3}}{\dfrac{1}{K_h}-1}-240^\circ=-180^\circ$$

$$\Rightarrow\arctan\frac{\sqrt{3}}{\dfrac{1}{K_h}-1}=60^\circ$$

$$\Rightarrow\frac{1}{K_h}-1=1$$

$$\Rightarrow K_h=\frac{1}{2}$$

由根轨迹的幅值条件：

$$K_0=\frac{|s_1|^2}{\left|s_1+\dfrac{1}{K_h}\right|}=\frac{\left|-1+\mathrm{j}\sqrt{3}\right|^2}{\left|-1+\mathrm{j}\sqrt{3}+2\right|}=2$$

又 $K_0=KK_h$，故开环增益 $K=\dfrac{K_0}{K_h}=4$。

4.4.3　添加开环零点、极点对根轨迹的影响

添加开环零点、极点能改变根轨迹的走向和形状，因而改变系统的性能。下面通过具体的例子，定性地分析添加开环零点、极点对系统性能产生的影响。

(1) 添加开环零点

设系统的开环传递函数为

$$G(s)H(s)=\frac{K}{s(s+2)(s+3)}$$

若添加一个开环零点 $-a$，则系统的开环传递函数变为

$$G(s)H(s)=\frac{K(s+a)}{s(s+2)(s+3)}$$

添加的开环零点会改变根轨迹的形状，改变后的根轨迹形状视所添加零点的具体位置而异。现将原系统和分别添加零点 $-a=-4$、-2.5、-1.5 后的根轨迹绘出，如图 4-19 所示。

由图 4-19 可见，添加的开环实数零点会使根轨迹向左偏移，零点越远离虚轴，根轨迹向左偏移的程度越小；零点越靠近虚轴，根轨迹偏移的程度越大。实际上，添加的开环零点也是闭环零点，与闭环主导极点的实部会产生一定的抵消作用，使由闭环主导极点所确定的超调量有所增大。若要使超调量不增加，增加零点后可选 ζ 值大些的阻尼线。若添加的开环零点太靠近虚轴，阻尼线上的特征根不能担当闭环主导极点，此时实轴上有比它们更靠近虚轴的闭环极点，该极点过大的时间常数使响应呈过阻尼性质，如图 4-19(d)所示。

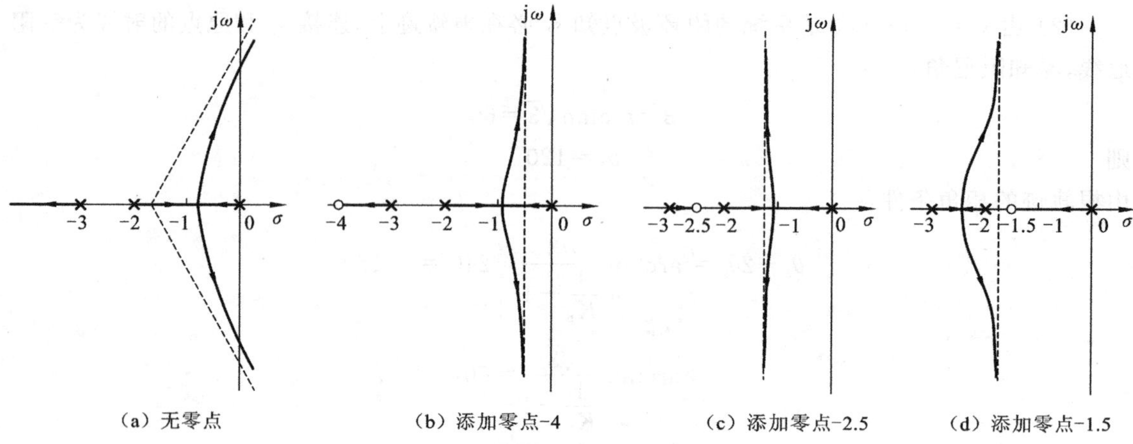

图 4-19 添加开环零点对根轨迹的影响

综合以上分析，添加开环实数零点距虚轴的距离不同，它对系统根轨迹产生的影响是不同的。对某一具体的系统来说，只有结合系统的开环传递函数和具体的性能指标要求，选择合适的附加零点，才有可能使控制系统的稳定性和动态性能得到改善。

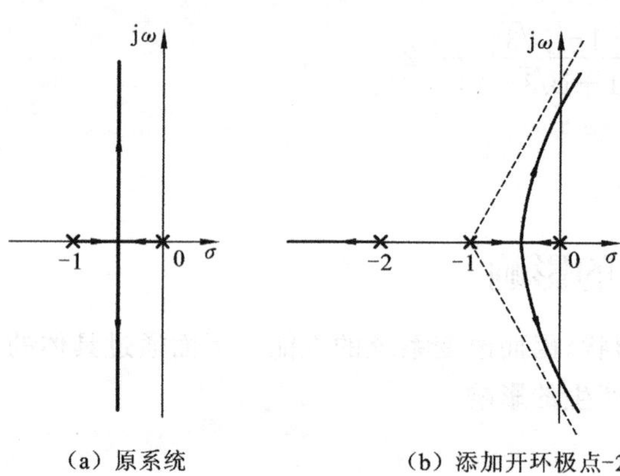

图 4-20 添加开环极点对根轨迹的影响

(2) 添加开环极点

设系统的开环传递函数为

$$G(s)H(s)=\frac{K}{s(s+1)}$$

若添加一个开环实数极点-2，则系统的开环传递函数变为

$$G(s)H(s)=\frac{K}{s(s+1)(s+2)}$$

分别绘出系统添加开环极点前后的根轨迹如图 4-20 所示。

由图 4-20 可见，添加开环实数极点后，根轨迹向右偏移了，渐近线由$\pm 90°$变为$\pm 60°$，K值越大右移得越多，穿过虚轴后系统变得不稳定。分离点由-0.5移至-0.42，对应的根轨迹增益K由 0.25 变为 0.38，但开环增益减小到 0.19，意味着添加开环极点后，开环增益需要降低才可能使响应具有同样的振荡倾向，而降低开环增益会增大系统的稳态误差。

增加开环极点后，根轨迹将向右弯曲。一般来说，增加的开环极点越靠近虚轴，根轨迹向右半平面弯曲就越严重，因而系统稳定性能的降低便越明显。因此，一般不希望单独增加开环极点。

(3) 添加开环偶极子

如果一对开环实数零点、极点满足：①极点比零点更靠近坐标原点；②比较系统的闭环主导极点而言，这对零极点很靠近坐标原点，通常它们的中心到坐标原点的距离比闭环主导极点到虚轴的距离要小一个数量级，并且它们之间的间距很小，则它们称为一对开环偶极子。

设开环偶极子的零点为$-z_c$，极点为$-p_c$，则偶极子为

$$G_c(s)=\frac{s+z_c}{s+p_c}$$

由于偶极子的零点、极点之间的间距很小，即$-z_c \approx -p_c$，则

$$\angle(s+z_c) \approx \angle(s+p_c),\ |s+z_c| \approx |s+p_c|$$

因此它们对根轨迹几乎没有影响，因而也几乎不影响闭环系统的动态性能。

设系统在没有添加开环偶极子时的开环放大倍数为K_k：

$$K_k = \lim_{s\to 0}\frac{K_g\prod_{i=1}^{m}(s+z_i)}{\prod_{j=1}^{n}(s+p_j)} = \frac{K_g\prod_{i=1}^{m}z_i}{\prod_{j=1}^{n}p_j}$$

则添加开环偶极子后的开环增益K'_k：

$$K'_k = \lim_{s\to 0}\left(\frac{K_g\prod_{i=1}^{m}(s+z_i)}{\prod_{j=1}^{n}(s+p_j)}\cdot\frac{s+z_c}{s+p_c}\right) = \frac{K_g\prod_{i=1}^{m}z_i}{\prod_{j=1}^{n}p_j}\cdot\frac{z_c}{p_c} = K_k\cdot\frac{z_c}{p_c}$$

如果合理选取z_c、p_c，如取$z_c=-0.1$，$p_c=-0.01$，则有

$$K'_k = K_k\cdot\frac{z_c}{p_c} = K_k\cdot\frac{0.1}{0.01} = 10K_k$$

显然开环放大倍数增加了 10 倍，系统的稳态误差则降低到原来的 0.1 倍，从而在几乎不改变动态性能的前提下提高了稳态精度。

例如，某单位反馈控制系统的开环传递函数为

$$G(s)=\frac{K}{s(s+1)(s+2)}$$

单位斜坡输入时的稳态误差：

$$e_{ss}=\frac{1}{K_v}=\frac{1}{\lim\limits_{s\to 0}sG(S)}=\frac{2}{K}$$

在前向通道配置偶极子$G_c(s)=\dfrac{s+0.1}{s+0.01}$，则新的开环传递函数为

$$G'(s)=\frac{K(s+0.1)}{s(s+1)(s+2)(s+0.01)}$$

稳态误差：

$$e'_{ss}=\frac{1}{K'_v}=\frac{1}{\lim\limits_{s\to 0}sG'(S)}=\frac{0.2}{K}$$

可见，稳态误差减小到了原来的 1/10。

图 4-21 给出了添加偶极子之前$G(s)$和添加偶极子之后$G'(s)$的根轨迹。

由图 4-21 可见，添加偶极子之前和之后的系统根轨迹在欠阻尼状态时几乎重合，若作$\zeta=0.5$的等阻尼线，与两条根轨迹的交点即闭环主导极点s_1和s'_1也非常接近，故系统的动态特性差别不大。因此，添加开环偶极子对原系统的暂态性能影响甚微，但对减小稳态误差有明显的作用。

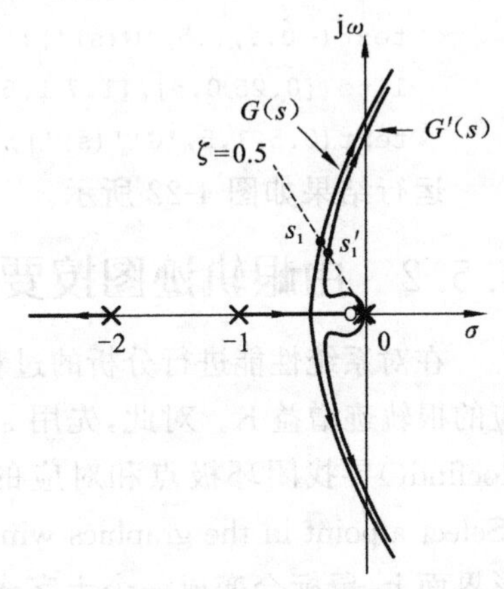

图 4-21　添加偶极子对根轨迹的影响

4.5 基于 MATLAB 的根轨迹分析

用手工作图的方法绘制根轨迹是一项复杂的工作，现在可以方便地用 MATLAB 软件绘制系统根轨迹图，而且能方便快速地确定根轨迹上任一点所对应的闭环极点即相应的根轨迹增益值。

4.5.1 绘制根轨迹

MATLAB 提供了绘制根轨迹的命令 rlocus，其基本用法为 rlocus(sys) 或 rlocus(sys, K)。K 用于指定根轨迹增益的变化范围，如果不指定 K，则默认变化范围为 $0\to\infty$。

例 4-13 某单位反馈系统的开环传递函数为

$$G(s)=\frac{K}{s(s+1)(s+2)}$$

添加一对开环偶极子 $G_c(s)=\dfrac{s+0.1}{s+0.01}$后，得到开环传递函数：

$$G'(s)=\frac{K(s+0.1)}{s(s+1)(s+2)(s+0.01)}$$

试用 MATLAB 将 $G(s)$和 $G'(s)$的根轨迹绘在同一个图中，以便于比较。

解 代码如下

```
g1=tf(1,[1 3 2 0]);
gc=tf([1 0.1],[1 0.01]);
g2=series(g1,gc);                          %g1 和 gc 串联
rlocus(g1);
hold on                                    %保持住图形
rlocus(g2);
axis([-2.5 1-2 2]);                        %限定实轴和虚轴的范围
title('Root locus of G(s) and G''(s)');    %标题
line([-0.6-0.2],[1.5 1.2]);
text(-0.9,1.5,'G(s)');                     %标注 G(s)
line([0.25 0.5],[1.7 1.5]);
text(0.5,1.5,'G''(s)');                    %标注 G'(s)
```

运行结果如图 4-22 所示。

4.5.2 由根轨迹图按要求找闭环极点

在对系统性能进行分析的过程中，需要确定根轨迹图上某一点的坐标(即闭环极点)及其对应的根轨迹增益 K。对此，先用 sgrid(ζ,ω_n) 画出等阻尼线和等自然频率线，再用命令[K, P]=rlocfind()寻找闭环极点和对应的 K 值。运行 rlocfind 命令后，在 MATLAB 的命令窗口出现"Select a point in the graphics window"，提示用户选择所需要的点；同时，当把鼠标放在根轨迹图形界面上，鼠标会变成一个十字光标，只要把十字光标对准等阻尼线与根轨迹的交点，并单击左键，在 MATLAB 的命令窗口便可返回该点的坐标、增益 K 即对应的其他闭环极点。

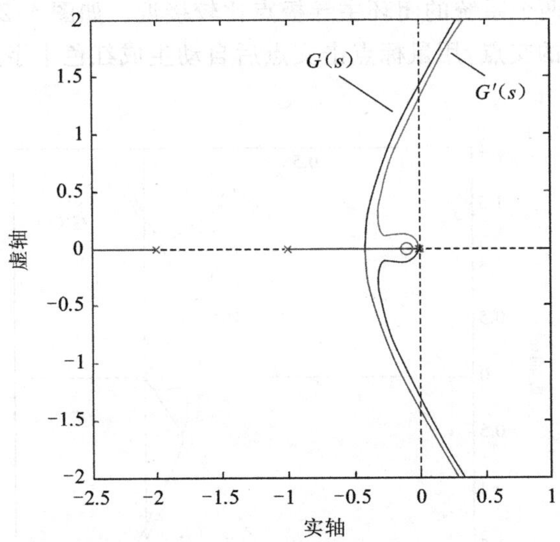

图 4-22　例 4-13 系统的根轨迹

例 4-14　在例 4-13 系统的根轨迹图中找到 $\zeta=0.5$ 的闭环极点，并求对应的 K 值。

解　在例 4-13 已经画出 $G(s)$ 和 $G'(s)$ 的根轨迹图以后，在命令窗口键入以下代码：

```
sgrid(0.5,[]);  %ωn 参数为空,只画出等阻尼线
[K,P]=rlocfind(g1)
```

在等阻尼线与 $G(s)$ 的根轨迹的交点点击后，命令窗口结果如下：

```
selected_point=
  -0.3221+0.5776i
K=
  1.0453
P=
  -2.3352
  -0.3324+0.5806i
  -0.3324-0.5806i
```

用同样的方法可以找到等阻尼线与 $G'(s)$ 的根轨迹的交点：

```
[K2,P2]=rlocfind(g2)
```

运行结果为

```
selected_point=
  -0.2879+0.5155i
K2=
  0.9907
P2=
  -2.3133
  -0.2868+0.5153i
  -0.2868-0.5153i
  -0.1231
```

可见 $G(s)$ 和 $G'(s)$ 两个系统的闭环主导极点比较接近。如图 4-23 所示，图中红色十字星即为等阻尼线与根轨迹的交点，用鼠标点击交点后自动生成红色十字星，并在命令窗口返回交点坐标即 K 值。

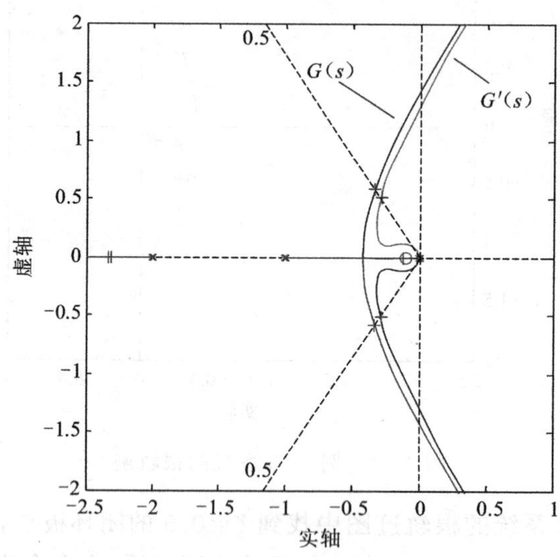

图 4-23　寻找所需的闭环极点

习　题　4

1. 已知控制系统的开环零点、极点分布如题图 4.1 所示，试绘制系统根轨迹草图。

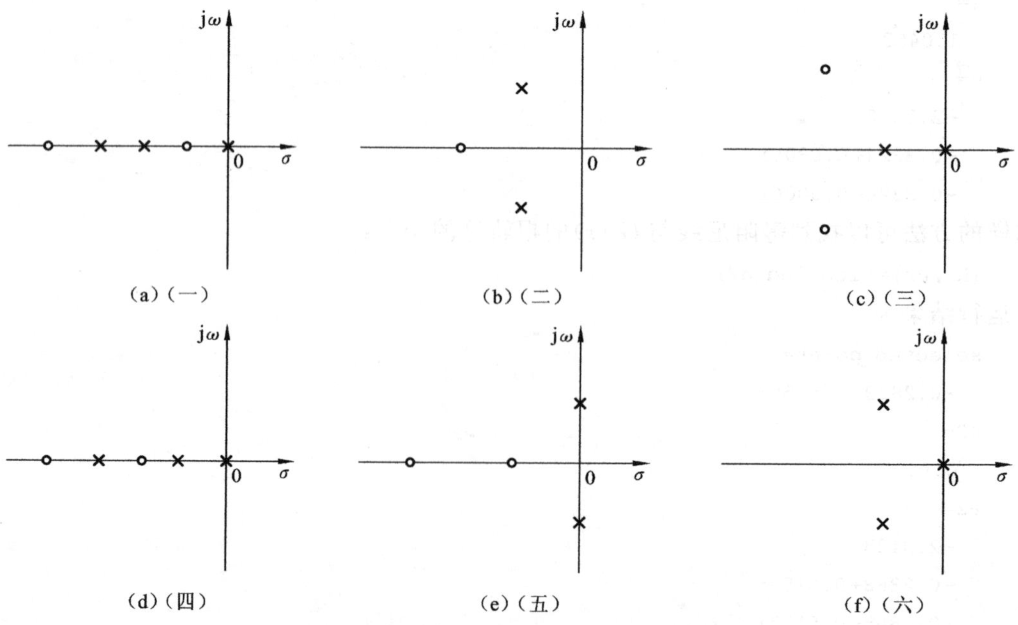

题图 4.1　系统开环零点、极点分布图

2. 如果单位负反馈控制系统的开环传递函数为 $G(s)=\frac{K}{s+1}$，试判断下列点是否在根轨迹上：

(1) -2；

(2) j；

(3) $-3+\mathrm{j}2$。

3. 已知系统的开环传递函数为

$$G(s)H(s)=\frac{K(s+5)}{s(s^2+4s+8)}$$

试用根轨迹的相角条件判断下列点是不是根轨迹上的点；如果是根轨迹上的点，则用根轨迹的幅值条件计算该点所对应的 K 值。

(1) -1；

(2) $-1.5+\mathrm{j}2$；

(3) -6；

(4) $-4+\mathrm{j}3$；

(5) $-1+\mathrm{j}2.37$。

4. 系统的开环传递函数为

$$G(s)H(s)=\frac{K(s+2)}{s(s^2+2s+3)}$$

绘制 K 由 $0\to\infty$ 变化时系统的根轨迹。

5. 已知某单位反馈系统的开环传递函数为

$$G(s)=\frac{K}{s\ (s+3)^2}$$

(1) 绘制该系统以根轨迹增益 K 为变量的根轨迹；

(2) 确定使系统满足 $0<\xi<1$ 的开环增益的取值范围。

6. 已知某系统的开环传递函数为

$$G(s)H(s)=\frac{K(s+1)}{s(s-3)}$$

(1) 试绘制该系统以根轨迹增益 K 为变量的根轨迹；

(2) 求系统稳定且为欠阻尼状态时开环增益的取值范围。

7. 某单位负反馈系统的开环传递函数为

$$G(s)=\frac{K}{s(s+3)(s^2+6s+64)}$$

试绘制系统的根轨迹图，并求 $\zeta=0.707$ 时系统的闭环极点。

8. 某单位负反馈系统的闭环特征方程为

$$s^3+(5+K)s^2+(6+K)s+2K=0$$

绘试制 K 由 $0\to\infty$ 变化时系统的根轨迹。

9. 试绘制下列单位负反馈系统的根轨迹：

(1) $G(s)=\frac{K}{(s+1)^2(s+2)}$

(2) $G(s)=\dfrac{K(s+2)}{s(s+1)(s+3)(s+4)}$

(3) $G(s)=\dfrac{K(s+3)}{s(s+2)(s^2+2s+2)}$

(4) $G(s)=\dfrac{K(s+1)(s+3)}{(s+2)(s^2+4s+8)}$

(5) $G(s)=\dfrac{K\,(s+2)^2}{s^2(s^2+2s+2)}$

10. 绘制下列单位负反馈系统的根轨迹，并用 MATLAB 验证所绘制根轨迹图形的准确性。

(1) $G(s)=\dfrac{K}{s(s^2+2s+10)}$

(2) $G(s)=\dfrac{K(s+2)}{s^4}$

(3) $G(s)=\dfrac{K(s+1)(s-0.2)}{s(s+1)(s+3)(s^2+5)}$

(4) $G(s)=\dfrac{K(1-s)}{s(s+2)}$

11. 已知单位负反馈系统的闭环零点为－1，闭环根轨迹起点为 0、－2、－3，试确定系统稳定时开环增益的取值范围。

12. 某系统结构图如题图 4.2 所示。

(1) 绘制系统的根轨迹并写出绘制步骤；

(2) 根据根轨迹分析系统稳定时 K 的取值范围。

13. 某单位负反馈系统的开环传递函数为

$$G(s)=\frac{1-2s}{(\tau s+1)(s+1)}$$

试绘制 τ 由 $0\to+\infty$ 变化时系统的根轨迹，并说明闭环系统稳定时 τ 的取值范围。

14. 已知某系统的根轨迹如题图 4.3 所示。

(1) 写出开环传递函数 $G(s)H(s)$；

(2) 确定使系统稳定的 K 的取值区间，确定使系统动态过程产生衰减振荡的 K 的取值区间；

(3) 利用主导极点的位置，确定能否通过 K 的取值使动态性能指标同时满足 $t_s\leqslant 8\text{ s}, M_p\leqslant 30\%$。

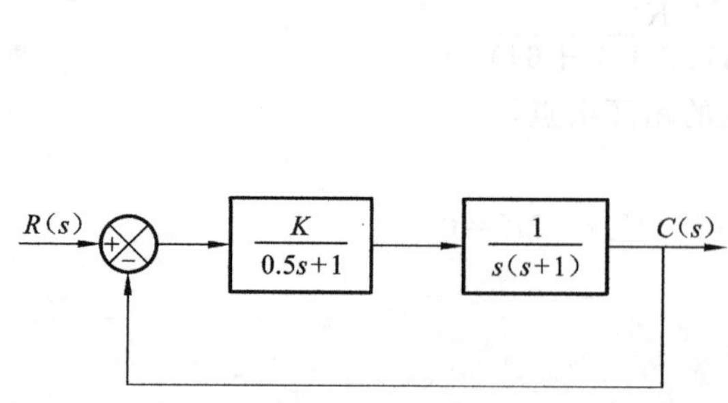

题图 4.2　系统结构图

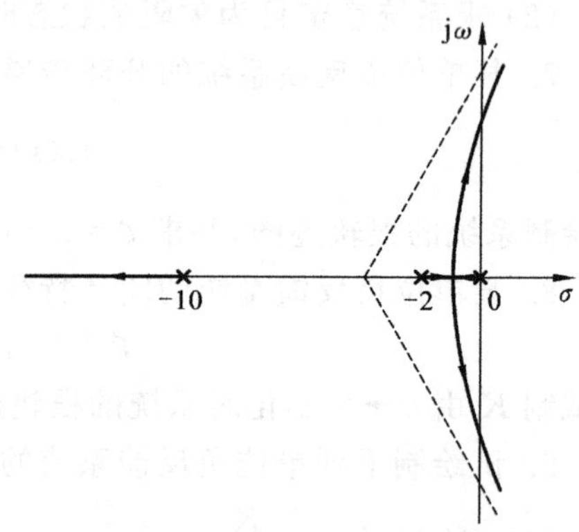

题图 4.3　题 14 系统的根轨迹

15. 已知某单位反馈系统的闭环根轨迹图如题图 4.4 所示。

(1) 写出该系统的开环传递函数；

(2) 求出分离点坐标，并写出该系统临界阻尼时的闭环传递函数。

16. 某速度反馈控制系统结构图如题图 4.5 所示，试画出以 K_h 为参变量的根轨迹，并讨论 K_h 的大小对系统性能的影响。

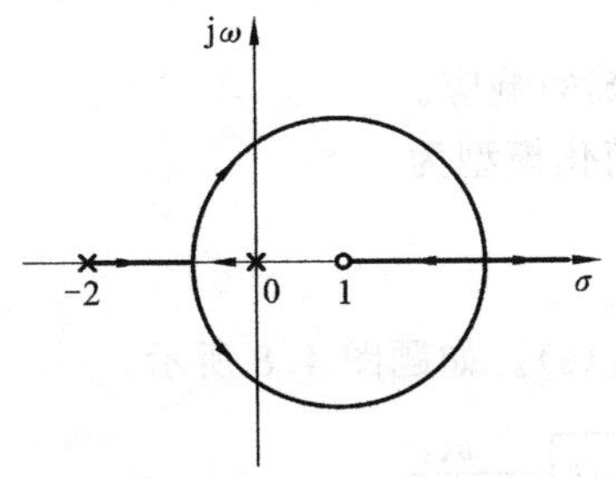

题图 4.4　题 15 系统根轨迹

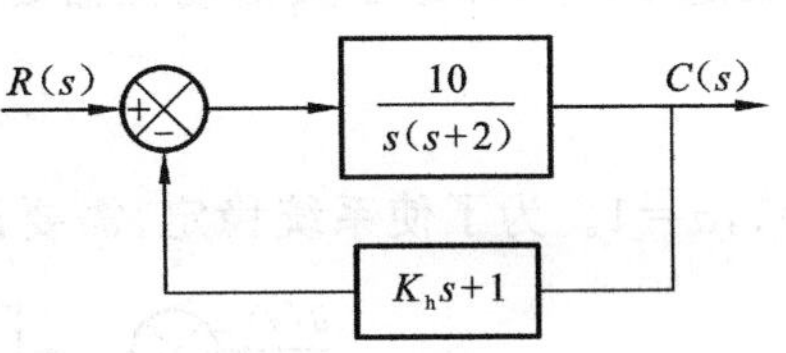

题图 4.5　速度反馈控制系统结构图

17. 某系统结构图如题图 4.6 所示，若要求 $r(t)=1(t)$ 时，超调量 $M_p\leqslant 16.3\%$，峰值时间 $t_p\leqslant \pi$s。试绘制 K_h 由 $0\to\infty$ 变化的根轨迹。在根轨迹图上标出满足性能要求的根轨迹，并求相应 K_h 的取值范围。

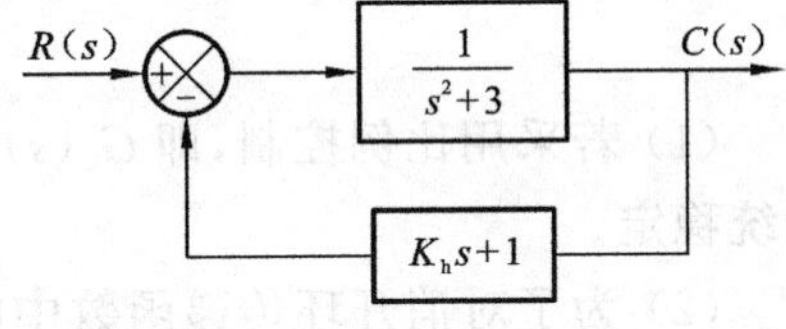

题图 4.6　题 17 控制系统结构图

18. 某单位负反馈系统的开环传递函数为

$$G(s)=\frac{K(s+2)}{(s-2)(s+1)}$$

(1) 绘制系统根轨迹图；

(2) 求系统阻尼比 $0.707<\zeta<1$ 时的 K 值范围。

19. 火箭助推器姿态控制系统如题图 4.7 所示。姿态角 θ 由推力角 δ 控制，火箭速度为 v，推力为 F_T。土星 5 号火箭助推器刚体传递函数为

$$G_p(s)=\frac{0.9407}{s^2-0.0297}$$

此传递函数是忽略了诸多因素而得到的简化模型。如果全面考虑，将得到高达 25 阶的火箭传递函数。显然，该系统是不稳定的。现在采用速度反馈控制，如题图 4.7(b)所示。

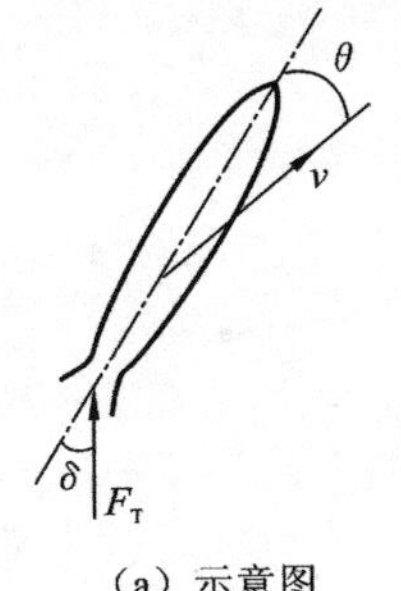

(a) 示意图

(b) 控制系统结构图

题图 4.7　火箭助推器姿态控制系统

(1) 如果取消速度反馈，即令 $K_d=0$，绘制系统的根轨迹，并根据闭环极点的位置说明系统响应情况。

(2) 若采用如题图 4.7(b)所示的速度反馈控制，要求把闭环极点配置在 $s_{1,2}=-0.25\pm j0.25$，求 K_p、K_d。

(3) 若 K_d 为(2)中所求的值，绘制 K_p 变化时的根轨迹，并根据根轨迹图说明 K_p 的变化对系统响应的影响。

(4) 用 MATLAB 求当 $\theta_c(s)$ 为单位脉冲信号时系统的响应。

20. 在题 19 中，知道了火箭助推器姿态控制系统简化模型为

$$G_p(s)=\frac{K}{s^2-a^2}$$

假设 $K=1,a=1$。为了使系统稳定，需要设计控制器 $G_c(s)$。如题图 4.8 所示。

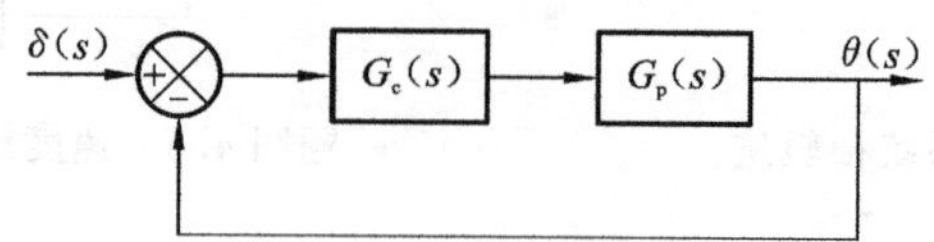

题图 4.8 控制系统结构图

(1) 若采用比例控制，即 $G_c(s)=K_p$，绘制系统的根轨迹，并说明比例控制器能否使闭环系统稳定。

(2) 为了对消开环传递函数中的正实部极点，若采用控制器：

$$G_c(s)=\frac{K_p(s-1)}{s+p}$$

式中：p 为正实数。绘制 $p=2$ 时系统的根轨迹，分析闭环系统的稳定性。说明在实际工程中此方法是否可行。

(3) 现采用比例微分控制，即 $G_c(s)=K_p+K_ds$，若要求系统的阻尼比 $\zeta=0.707$，调整时间 $t_s=4\text{ s}(\Delta=0.02)$，用根轨迹分析法求 K_p、K_d。

第 5 章　自动控制系统的频域分析法

频域分析法是基于频率特性或频率响应对系统进行分析和设计的一种图解方法，又称为频率响应法。它可以根据系统的开环频率特性去判断闭环系统的稳定性，分析系统参数对系统性能的影响，是经典控制理论中的一种重要方法，在控制系统的校正设计中得到了广泛的应用。

本章主要介绍频率特性的基本概念、典型环节和系统的开环频率特性、奈奎斯特稳定判据、系统的相对稳定性及系统性能的频域分析方法等内容。

5.1　频率特性

在第 3 章时域分析法中，讨论了阶跃、斜坡及抛物线等函数的输入信号对控制系统的作用，下面讨论另一种重要函数——正弦函数作为输入信号对系统的作用，从而引出有关频率特性的概念。

5.1.1　频率特性的基本概念

频率特性又称频率响应，它是系统(或元件)对不同频率正弦输入信号的响应特性。对于线性系统，若其输入信号为正弦函数，则其稳态输出信号是同频率的正弦函数，但其幅值和相位一般不同于输入量，并随着输入信号的频率不同而变化。

下面以图 5-1 所示的 RC 电路为例，说明频率特性的基本概念。图 5-1 中，u_r、u_c 分别为电路的输入电压和输出电压。电路的微分方程为

$$T\frac{\mathrm{d}u_c(t)}{\mathrm{d}t}+u_c(t)=u_r(t) \tag{5-1}$$

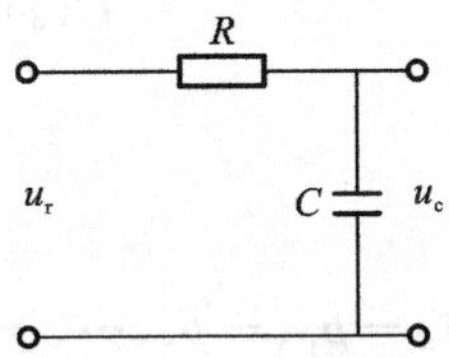

图 5-1　RC 电路

式中，$T=RC$ 为电路的时间常数。相应的传递函数为

$$G(s)=\frac{U_c(s)}{U_r(s)}=\frac{1}{Ts+1} \tag{5-2}$$

当输入电压为正弦函数 $u_r(t)=U\sin\omega t$ 时，由式(5-2)可得

$$U_c(s)=\frac{1}{Ts+1}U_r(s)=\frac{1}{Ts+1}\cdot\frac{U\omega}{s^2+\omega^2} \tag{5-3}$$

进行拉氏反变换得到电容两端的输出电压：

$$u_c(t)=\frac{UT\omega}{1+\omega^2T^2}\mathrm{e}^{-t/T}+\frac{U}{\sqrt{1+\omega^2T^2}}\sin(\omega t-\arctan\omega T) \tag{5-4}$$

式中，等式右边第一项为输出电压的暂态分量，第二项为稳态分量。当 $t\to\infty$ 时，第一项趋于 0，于是

$$u_c(t)\big|_{t\to\infty}=\frac{U}{\sqrt{1+\omega^2T^2}}\sin(\omega t-\arctan\omega T)=A(\omega)U\sin[\omega t+\varphi(\omega)] \tag{5-5}$$

式中：$A(\omega)=\dfrac{1}{\sqrt{1+\omega^2T^2}}$、$\varphi(\omega)=-\arctan\omega T$，分别反映了该 RC 电路在正弦信号作用下，输出

稳态分量的幅值和相角的变化，两者都是输入正弦信号频率 ω 的函数。

注意到 RC 电路的传递函数为

$$G(s)=\frac{1}{Ts+1}$$

令 $s=\mathrm{j}\omega$，则有

$$G(\mathrm{j}\omega)=G(s)\big|_{s=\mathrm{j}\omega}=\frac{1}{\mathrm{j}\omega T+1}=\frac{1}{\sqrt{1+\omega^2T^2}}\mathrm{e}^{-\mathrm{j}\arctan\omega T} \tag{5-6}$$

比较式(5-5)和式(5-6)，可知：

$$A(\omega)=|G(\mathrm{j}\omega)|,\quad \varphi(\omega)=\angle G(\mathrm{j}\omega) \tag{5-7}$$

也就是说，$A(\omega)$和 $\varphi(\omega)$分别为 $G(\mathrm{j}\omega)$的幅值和相位，这说明了 $A(\omega)$和 $\varphi(\omega)$与系统数学模型 $G(s)$ 的本质关系。$A(\omega)$为幅频特性，反映了系统的稳态输出与输入信号的幅值之比；$\varphi(\omega)$为相频特性，反映了系统的稳态输出与输入信号的相位之差。

下面考虑更一般的情况，设描述输出量 $c(t)$和输入量 $r(t)$关系的微分方程为

$$\begin{aligned}&\frac{\mathrm{d}^nc(t)}{\mathrm{d}t^n}+a_{n-1}\frac{\mathrm{d}^{n-1}c(t)}{\mathrm{d}t^{n-1}}+\cdots+a_1\frac{\mathrm{d}c(t)}{\mathrm{d}t}+a_0c(t)\\&=b_m\frac{\mathrm{d}^mr(t)}{\mathrm{d}t^m}+b_{m-1}\frac{\mathrm{d}^{m-1}r(t)}{\mathrm{d}t^{m-1}}+\cdots+b_1\frac{\mathrm{d}r(t)}{\mathrm{d}t}+b_0r(t),\quad n\geqslant m\end{aligned} \tag{5-8}$$

对应的传递函数为

$$G(s)=\frac{C(s)}{R(s)}=\frac{b_ms^m+b_{m-1}s^{m-1}+\cdots+b_1s+b_0}{s^n+a_{n-1}s^{n-1}+\cdots+a_1s+a_0}=\frac{B(s)}{(s+p_1)(s+p_2)\cdots(s+p_n)} \tag{5-9}$$

在系统输入端输入正弦信号 $r(t)=R_0\sin\omega t$，R_0、ω 分别为信号的幅值和频率。则输出：

$$\begin{aligned}C(s)&=G(s)R(s)=\frac{B(s)}{(s+p_1)(s+p_2)\cdots(s+p_n)}\frac{R_0\omega}{s^2+\omega^2}\\&=\sum_{i=1}^{n}\frac{b_i}{s+p_i}+\frac{d}{s+\mathrm{j}\omega}+\frac{\bar{d}}{s-\mathrm{j}\omega}\end{aligned} \tag{5-10}$$

式中：$-p_1$、$-p_2$、…、$-p_n$ 为传递函数极点；b_i $(i=1,2,\cdots,n)$、d、$\bar{d}$ 为常数。对式(5-10)进行拉氏反变换，求得系统输出：

$$c(t)=d\mathrm{e}^{-\mathrm{j}\omega t}+\bar{d}\mathrm{e}^{\mathrm{j}\omega t}+b_1\mathrm{e}^{-p_1t}+b_2\mathrm{e}^{-p_2t}+\cdots+b_n\mathrm{e}^{-p_nt},\quad t\geqslant 0 \tag{5-11}$$

式中：d、$\bar{d}$、b_1、b_2、…、b_n 为待定系数，它们均可用留数定理求出，其中 d 和 $\bar{d}$ 为共轭复数。

对于稳定系统，极点都位于 s 平面左半平面，也就是 $-p_1,-p_2,\cdots,-p_n$ 都具有负的实部，所以当 $t\to\infty$时，$\mathrm{e}^{-p_1t},\mathrm{e}^{-p_2t},\cdots,\mathrm{e}^{-p_nt}$都将衰减到 0。输出信号 $c(t)$的稳态输出 $c(\infty)$为

$$c(\infty)=d\mathrm{e}^{-\mathrm{j}\omega t}+\bar{d}\mathrm{e}^{\mathrm{j}\omega t} \tag{5-12}$$

式中：待定系数 d、$\bar{d}$ 可分别由留数定理求得

$$d=G(s)\frac{R_0\omega}{(s+\mathrm{j}\omega)(s-\mathrm{j}\omega)}(s+\mathrm{j}\omega)\big|_{s=-\mathrm{j}\omega}=-\frac{R_0}{2\mathrm{j}}G(-\mathrm{j}\omega)$$

$$\bar{d}=G(s)\frac{R_0\omega}{(s+\mathrm{j}\omega)(s-\mathrm{j}\omega)}(s-\mathrm{j}\omega)\big|_{s=\mathrm{j}\omega}=\frac{R_0}{2\mathrm{j}}G(\mathrm{j}\omega)$$

而 $G(\mathrm{j}\omega)=|G(\mathrm{j}\omega)|\mathrm{e}^{\mathrm{j}\angle G(\mathrm{j}\omega)}$，$G(-\mathrm{j}\omega)=|G(-\mathrm{j}\omega)|\mathrm{e}^{\mathrm{j}\angle G(-\mathrm{j}\omega)}=|G(\mathrm{j}\omega)|\mathrm{e}^{-\mathrm{j}\angle G(\mathrm{j}\omega)}$。将系数 d、$\overline{d}$ 代入式(5-12)得

$$\begin{aligned} c(\infty) &= -\frac{R_0}{2\mathrm{j}}|G(\mathrm{j}\omega)|\mathrm{e}^{-\mathrm{j}\angle G(\mathrm{j}\omega)}\mathrm{e}^{-\mathrm{j}\omega t}+\frac{U}{2\mathrm{j}}|G(\mathrm{j}\omega)|\mathrm{e}^{\mathrm{j}\angle G(\mathrm{j}\omega)}\mathrm{e}^{\mathrm{j}\omega t} \\ &= R_0|G(\mathrm{j}\omega)|\frac{1}{2\mathrm{j}}\left[\mathrm{e}^{\mathrm{j}(\omega t+\angle G(\mathrm{j}\omega))}-\mathrm{e}^{-\mathrm{j}(\omega t+\angle G(\mathrm{j}\omega))}\right] \\ &= R_0|G(\mathrm{j}\omega)|\sin[\omega t+\angle G(\mathrm{j}\omega)] \\ &= R_0|G(\mathrm{j}\omega)|\sin(\omega t+\phi) \end{aligned} \tag{5-13}$$

式(5-13)表明，系统在正弦输入信号 $r(t)=R_0\sin\omega t$ 作用下，稳态输出信号 $c(\infty)$ 是与输入信号具有相同频率的正弦信号，只是幅值与相位不同。输出信号的幅值是输入信号幅值的 $|G(\mathrm{j}\omega)|$ 倍，相位移 $\phi=\angle G(\mathrm{j}\omega)$。这与前面电路网络的分析结论相同。因此，定义线性定常系统(或环节)在正弦信号作用下，稳态输出信号 $c(\infty)$ 的幅值与输入信号的幅值之比 $A(\omega)=|G(\mathrm{j}\omega)|$ 为系统的**幅频特性**；稳态输出信号的相位与输入信号的相位之差 $\phi(\omega)=\angle G(\mathrm{j}\omega)$ 为**相频特性**。幅频特性 $A(\omega)$ 和相频特性 $\phi(\omega)$ 合起来称为**频率特性**，用指数形式表示为

$$G(\mathrm{j}\omega)=|G(\mathrm{j}\omega)|\mathrm{e}^{\mathrm{j}\angle G(\mathrm{j}\omega)}=A(\omega)\mathrm{e}^{\mathrm{j}\phi(\omega)} \tag{5-14}$$

所以，频率特性也定义为：线性定常系统，在正弦信号作用下，输出的稳态分量与输入的复数比。

频率特性 $G(\mathrm{j}\omega)$ 还可以用直角坐标的形式来表示：

$$G(\mathrm{j}\omega)=\mathrm{Re}(\mathrm{j}\omega)+\mathrm{j}\mathrm{Im}(\mathrm{j}\omega) \tag{5-15}$$

式中：$\mathrm{Re}(\mathrm{j}\omega)$ 为 $G(\mathrm{j}\omega)$ 的实部，称为实频特性；$\mathrm{Im}(\mathrm{j}\omega)$ 为 $G(\mathrm{j}\omega)$ 的虚部，称为虚频特性。

例 5-1　单位负反馈系统的开环传递函数为 $G(s)=\dfrac{4}{s(s+2)}$，若输入信号 $r(t)=2\sin 2t$，试求系统的稳态输出。

解　输入为正弦信号，可以利用频率特性的概念来求解。系统闭环传递函数为

$$\Phi(s)=\frac{4}{s^2+2s+4}$$

闭环极点 $s_{1,2}=-1\pm\mathrm{j}\sqrt{3}$，系统稳定。对应的闭环频率特性为

$$\Phi(\mathrm{j}\omega)=\frac{4}{4-\omega^2+\mathrm{j}2\omega}$$

幅频 $A(\omega)=|\Phi(\mathrm{j}\omega)|=\dfrac{4}{\sqrt{(4-\omega^2)^2+4\omega^2}}$，相频 $\phi(\omega)=\angle G(\mathrm{j}\omega)=-\arctan\dfrac{2\omega}{4-\omega^2}$。由于输入正弦信号频率 $\omega=2s^{-1}$，代入后计算得 $A(2)=1$，$\phi(2)=-90°$。因此，系统稳态输出为

$$c(t)=2\sin(2t-90°)$$

5.1.2　频率特性、传递函数和微分方程三种数学模型之间的关系

频率特性和传递函数、微分方程模型一样，也表征了系统的运动规律，也是系统数学模型的一种，是频率域的数学模型，而传递函数是复数域的数学模型，微分方程是时间域的数

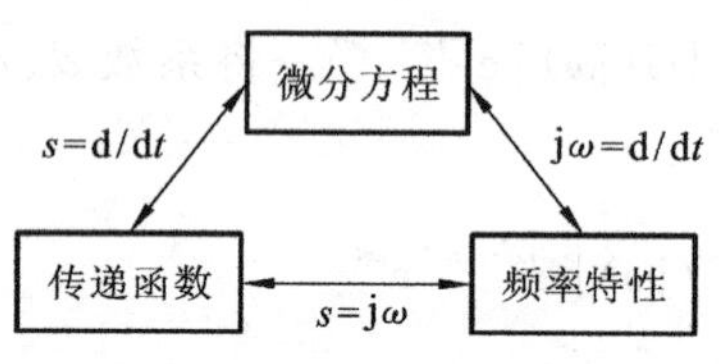

图 5-2 微分方程、频率特性、传递函数之间的关系

学模型，它们都反映了系统的固有特性。一个系统可以用这三种不同的数学模型来描述，知道其中一种数学模型便可求出另一种数学模型，它们之间的关系如图 5-2 所示。

从以上分析可知，如果已知系统(或环节)的传递函数 $G(s)$，只要用 $\mathrm{j}\omega$ 置换其中的 s，就可以得到该系统(或环节)的频率特性 $G(\mathrm{j}\omega)$。例如，系统的传递函数为

$$G(s)=\frac{2s+3}{s^2+4s+6}$$

将 $s=\mathrm{j}\omega$ 代入上式，就得到系统的频率特性为

$$G(\mathrm{j}\omega)=\frac{\mathrm{j}2\omega+3}{(\mathrm{j}\omega)^2+\mathrm{j}4\omega+6}=\frac{\mathrm{j}2\omega+3}{6-\omega^2+\mathrm{j}4\omega}$$

稳定系统的频率特性可以用实验方法来确定，即在系统的输入端施加不同频率的正弦信号，然后测量系统输出的稳态响应，再根据幅值比和相位差作出系统的频率特性曲线。

实际上，频率特性的定义既适用于稳定系统，也适用于不稳定系统。对于不稳定的线性系统，其输出信号的瞬态分量不可能消逝，系统输出中含有由不稳定极点所产生的呈单调发散或振荡发散的瞬态分量，因此系统的稳态输出无法直接观测。故对于不稳定的系统，其频率特性无法通过实验方法确定。

5.2 典型环节的频率特性

图形表示比数学式更形象，有时使用也更方便。因此工程上用频率法研究控制系统时，通常把频率特性画成曲线，从这些频率特性曲线出发进行研究。常用的频率特性曲线有极坐标图、对数频率特性曲线和对数幅相曲线(又称尼科尔斯图)。下面介绍前两种频率特性曲线。

5.2.1 极坐标图

极坐标图，又称幅相频率特性曲线或幅相曲线。极坐标图也称为**奈奎斯特图**(Nyquist 图)或奈氏图。它是在复平面上用一条曲线表示频率 ω 由 0 到 $+\infty$ 变化时的频率特性。其特点是把频率 ω 看成参变量，将频率特性的幅频和相频特性同时表示在复平面上。

根据极坐标图上任一点的实部、虚部，或由原点到该点向量的幅值、相位，就可以得到对应于该点频率的幅频特性和相频特性，如图 5-3 所示。

例 5-2 已知系统的传递函数为

$$G(s)=\frac{1}{(T_1s+1)(T_2s+1)}$$

试画出系统的极坐标图。

解 系统的频率特性为

$$G(\mathrm{j}\omega)=\frac{1}{(\mathrm{j}T_1\omega+1)(\mathrm{j}T_2\omega+1)}$$

幅频特性：$A(\omega)=\dfrac{1}{\sqrt{1+T_1^2\omega^2}\sqrt{1+T_2^2\omega^2}}$

相频特性：$\phi(\omega)=-\arctan\omega T_1-\arctan\omega T_2$

当 $\omega=0$ 时，$A(\omega)=1,\phi(\omega)=0°$；

当 $\omega=\dfrac{1}{\sqrt{T_1T_2}}$ 时，$A(\omega)=\dfrac{\sqrt{T_1T_2}}{T_1+T_2},\phi(\omega)=-90°$；

当 $\omega=+\infty$ 时，$A(\omega)=0,\phi(\omega)=-180°$。

按以上 3 个特征点，可画出 ω 由 $0\to+\infty$ 变化时的极坐标图如图 5-3 所示。图中剪头方向表示 ω 沿 $0\to+\infty$ 变化时，频率特性的变化方向。由于幅频特性是 ω 的偶函数，相频特性是 ω 的奇函数，因此，ω 由 $-\infty\to0$ 变化时的频率特性与 ω 由 $0\to+\infty$ 变化时的频率特性关于实轴对称。这样，一般只需画出 ω 由 $0\to+\infty$ 变压时的极坐标图。为了表示频率特性和传递函数的关系，通常将绘有频率特性曲线的复平面标注为 $G(s)$ 平面。

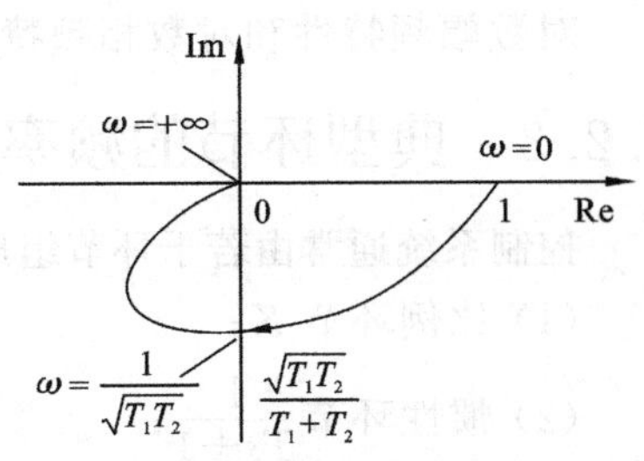

图 5-3　极坐标图

5.2.2　对数频率特性曲线

对数频率特性曲线又称伯德图(Bode diagram)，包括对数幅频和对数相频两条曲线，与奈氏图一样，是频率响应法中广泛使用的一种曲线。

1. 对数幅频特性

对数幅频特性曲线的纵坐标表示对数幅频特性的数值，均匀分度，单位为 dB。对数幅频特性定义为 $L(\omega)=20\lg A(\omega)$。

对数幅频特性图的横坐标表示频率 ω，按对数分度，单位为 rad/s。所谓对数分度，是指横坐标以 $\lg\omega$ 进行均匀分度，对 ω 而言是不均匀的，如图 5-4(a)所示。从图中可以看出，频率轴上每一线性单位表示频率的十倍变化，称为十倍频程或十倍频，用符号 dec 表示。一般情况下，不标出 $\omega=0$ 的点($\lg\omega$ 不存在)。若 ω_2 位于 ω_1 和 ω_3 的几何中点，此时有 $\lg\omega_2-\lg\omega_1=\lg\omega_3-\lg\omega_2$，即 $\omega_2^2=\omega_3\omega_1$。例如，$\omega$ 为 1 和 10 的中点，对应频率为 $\omega=3.16$。

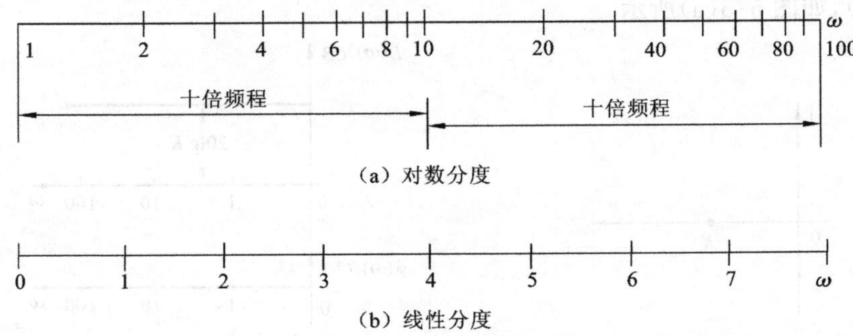

图 5-4　对数分度与线性分度的区别

频率 ω 从 1 到 10 的对数分度见表 5-1。

表 5-1 频率 ω 从 1～10 的对数分度

ω	1	2	3	4	5	6	7	8	9	10
$\lg\omega$	0	0.301	0.477	0.602	0.699	0.788	0.845	0.903	0.954	1.0

2. 对数相频特性

该图纵轴按均匀刻度，标以 $\phi(\omega)$ 值，单位为(°)或 rad；横轴刻度与对数幅频特性相同，按十倍频刻度，标以频率 ω 值，称作对数相频特性。

对数幅频特性和对数相频特性合称为对数频率特性。

5.2.3 典型环节的频率特性

控制系统通常由若干环节组成。根据它们的数学模型特点，可以划分为以下几种典型环节。

(1) 比例环节 K；

(2) 惯性环节 $\frac{1}{Ts+1}$；

(3) 积分环节 $\frac{1}{s}$；

(4) 振荡环节 $\frac{1}{T^2s^2+2\zeta Ts+1}$；

(5) 微分环节 s；

(6) 一阶微分环节 $1+Ts$；

(7) 二阶微分环节 $1+2\zeta Ts+T^2s^2$；

(8) 滞后环节 e^{-Ts}。

下面介绍这些典型环节的极坐标图和对数频率特性曲线的绘制方法及其特点。

1. 比例环节 K

比例环节的特点是输出能够无滞后、无失真地复现输入信号。其传递函数为

$$G(s)=K \tag{5-16}$$

1) 极坐标图

极坐标图也称幅相特性曲线、奈奎斯特图。比例环节频率特性为 $G(j\omega)=Ke^{j0}$，极坐标图为一点$(K, j0)$，如图 5-5(a)所示。

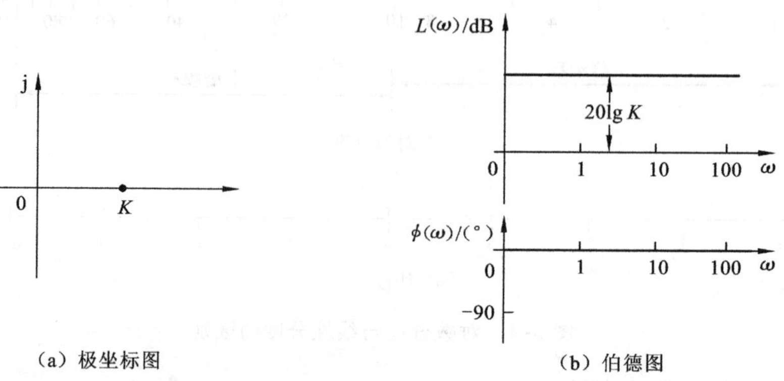

图 5-5 比例环节的极坐标图和伯德图

2）对数频率特性曲线

比例环节的对数幅频特性和对数相频特性分别为

$$L(\omega)=20\lg A(\omega)=20\lg K,\quad \phi(\omega)=0^\circ \tag{5-17}$$

根据式(5-17)作出比例环节的伯德图(对数频率特性曲线)如图 5-5(b)所示。由图 5-5(b)可以看出,比例环节的对数幅频特性为一条平行于频率轴的直线,相频特性为零度线。

2. 惯性环节$\frac{1}{Ts+1}$和一阶微分环节 $1+Ts$

惯性环节的传递函数 $G(s)=1/(1+Ts)$,其频率特性为

$$G(\mathrm{j}\omega)=\frac{1}{1+\mathrm{j}\omega T} \tag{5-18}$$

幅频特性和相频特性分别为

$$A(\omega)=\frac{1}{\sqrt{1+\omega^2T^2}},\quad \phi(\omega)=-\arctan\omega T \tag{5-19}$$

1）惯性环节的极坐标图

由惯性环节频率特性式(5-18),得到

$$G(\mathrm{j}\omega)=\frac{1}{1+\mathrm{j}\omega T}=\frac{1}{1+\omega^2T^2}-\mathrm{j}\frac{\omega T}{1+\omega^2T^2}=P(\omega)+\mathrm{j}Q(\omega)$$

从而有

$$P^2(\omega)+Q^2(\omega)=\frac{1}{1+\omega^2T^2}=P(\omega)$$

$$\left(P(\omega)-\frac{1}{2}\right)^2+Q^2(\omega)=\left(\frac{1}{2}\right)^2$$

故当 ω 由 $0\rightarrow+\infty$ 时,惯性环节的极坐标图是圆心为(0.5,j0),半径为 0.5,位于第 IV 象限的半圆,如图 5-6(a)中实线半圆所示。

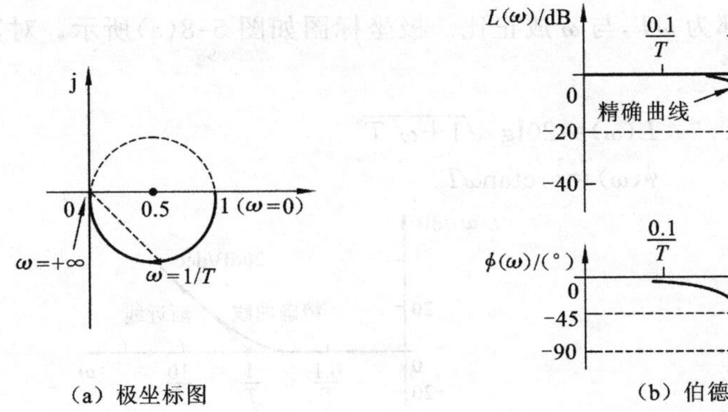

(a) 极坐标图　　(b) 伯德图

图 5-6　惯性环节的极坐标图和伯德图

当 ω 由 $-\infty\rightarrow0$ 时,根据对称性,此时极坐标图为实轴上方的虚线半圆。

2）惯性环节的对数频率特性曲线

惯性环节的对数幅频特性和相频特性为

$$L(\omega)=-20\lg\sqrt{1+(\omega T)^2} \tag{5-20}$$

$$\phi(\omega)=-\arctan(\omega T)$$

当 ω 从 $0\to+\infty$ 取值时，可以通过计算若干点的数值来绘制惯性环节的对数幅频特性。但工程上常用分段直线近似表示对数幅频特性曲线。

在低频段，ω 很小，当 $\omega\ll\frac{1}{T}$ 时，对数幅频特性可近似为 $L(\omega)\approx-20\lg1=0$ dB。这表示 $L(\omega)$ 的低频渐近线为一条 0 dB 的水平线。

在高频段，ω 很大，当 $\omega\gg\frac{1}{T}$ 时，对数幅频特性可近似为 $L(\omega)\approx-20\lg\omega T$。这说明高频渐近线为一条斜率为 -20 dB/dec 的直线。输入信号的频率每增加十倍频程，对应输出信号的幅值便下降 20 dB。

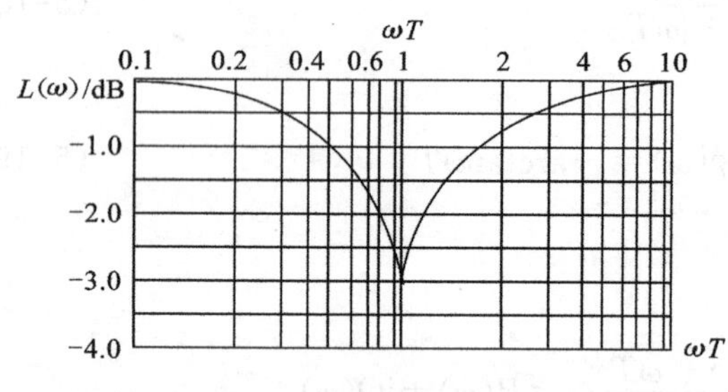

图 5-7　惯性环节对数幅频误差修正曲线

当 $\omega\to0$ 时，对数幅频特性曲线趋于低频渐近线；当 $\omega\to\infty$ 时，对数幅频特性曲线趋于高频渐近线。低频渐近线和高频渐近线的交点频率 $\omega_n=\frac{1}{T}$ 称为交接频率或转折频率。可用这两条渐进线组成的分段直线近似表示惯性环节的对数幅频特性，如图 5-6(b)所示。图 5-6(b)中绘出了惯性环节对数幅频特性的渐近线与精确曲线，以及对数相频曲线。由图 5-6(b)可见，渐近线表示时，最大幅值误差发生在转折频率 ω_n 处，其值 $\Delta_{\max}=-20\lg\sqrt{1+1}\approx-3$ dB，可按图 5-7 所示的误差曲线进行修正。相频特性从 0°变化到 $-90°$，关于点 $(1/T,-45°)$ 对称。

3）一阶微分环节的频率特性曲线

一阶微分环节传递函数为 $G(s)=1+Ts$，为惯性环节的倒数。其频率特性为

$$G(\mathrm{j}\omega)=1+\mathrm{j}\omega T \tag{5-21}$$

频率特性的实部为常数 1，虚部为 ωT，与 ω 成正比。极坐标图如图 5-8(a)所示。对数幅频特性和相频特性分别为

$$\begin{aligned}L(\omega)&=20\lg\sqrt{1+\omega^2T^2}\\ \phi(\omega)&=\arctan\omega T\end{aligned} \tag{5-22}$$

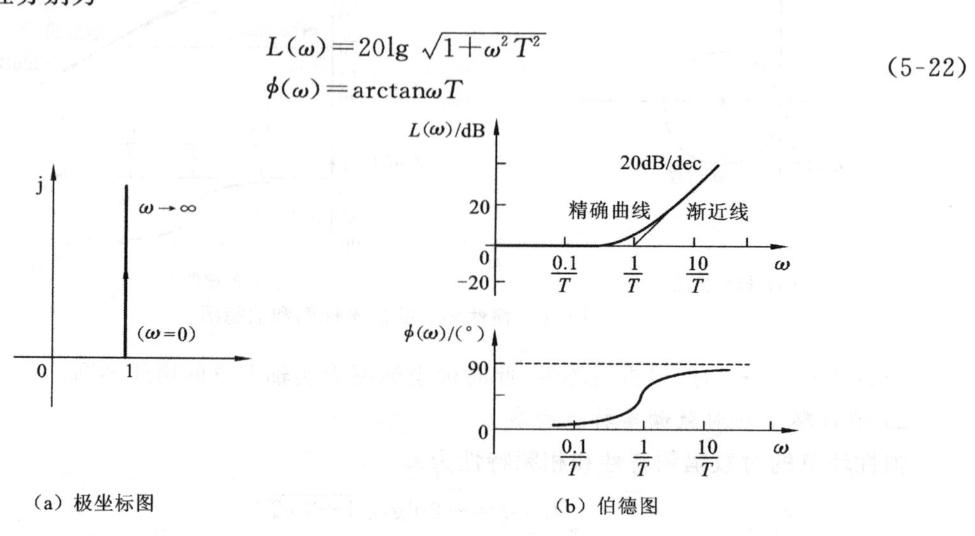

(a) 极坐标图　　(b) 伯德图

图 5-8　一阶微分环节的极坐标图和伯德图

比较惯性环节的对数幅频特性和相频特性，不难看出，一阶微分环节的伯德图与惯性环节的伯德图关于频率轴对称。作出一阶微分环节 $G(s)=1+Ts$ 的伯德图如图 5-8(b)所示。

3. 积分环节 $1/s$ 和微分环节 s

积分环节的传递函数为 $G(s)=\dfrac{1}{s}$

频率特性为

$$G(\mathrm{j}\omega)=\frac{1}{\mathrm{j}\omega}=-\mathrm{j}\,\frac{1}{\omega} \tag{5-23}$$

1）极坐标图

由式(5-23)，积分环节的实频特性 $P(\omega)=0$，虚频特性 $Q(\omega)=-1/\omega$；或幅频特性 $A(\omega)=1/\omega$，相频特性 $\phi(\omega)=-90°$。积分环节的极坐标图如图 5-9(a)所示，与负虚轴重合。当频率 ω 由 $0\to+\infty$ 时，特性曲线由虚轴的 $-\mathrm{j}\infty$ 处趋向于原点。

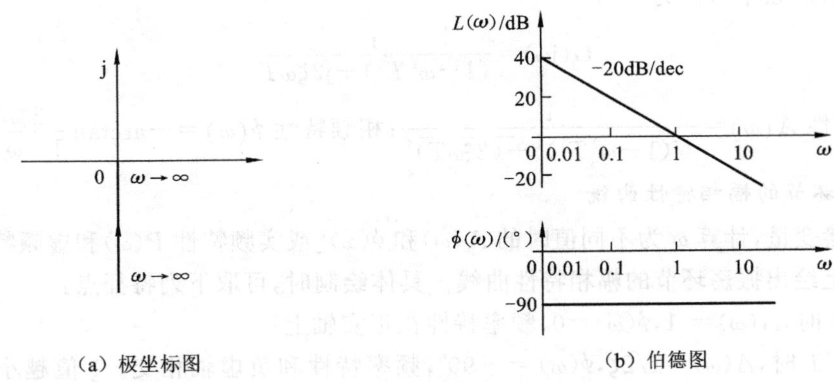

(a) 极坐标图　(b) 伯德图

图 5-9　积分环节的极坐标图和伯德图

2）对数频率特性曲线

积分环节的对数幅频特性为 $L(\omega)=-20\lg\omega$；相频特性为 $\phi(\omega)=-90°$。对数幅频特性的频率轴是以 $\lg\omega$ 分度，斜率为 -20 dB/dec 的一条直线。直线的位置由下式确定：当 $\omega=1$ 时，$L(\omega)=0$，即直线过点(1,0)。对数频率特性曲线如图 5-9(b)所示。

3）微分环节的频率特性图

微分环节的频率特性为 $G(\mathrm{j}\omega)=\mathrm{j}\omega$，实频特性为 $P(\omega)=0$，虚频特性为 $Q(\omega)=\omega$；对数幅频特性为 $L(\omega)=20\lg\omega$，相频特性为 $\phi(\omega)=90°$。与积分环节比较，不难看出，微分环节的伯德图与积分环节的伯德图关于横轴对称。微分环节的幅相曲线和伯德图如图 5-10 所示。

4. 振荡环节

振荡环节的传递函数：

$$G(s)=\frac{1}{T^2s^2+2\zeta Ts+1} \tag{5-24}$$

或写为

$$G(s)=\frac{\omega_n^2}{s^2+2\zeta\omega_n s+\omega_n^2} \tag{5-25}$$

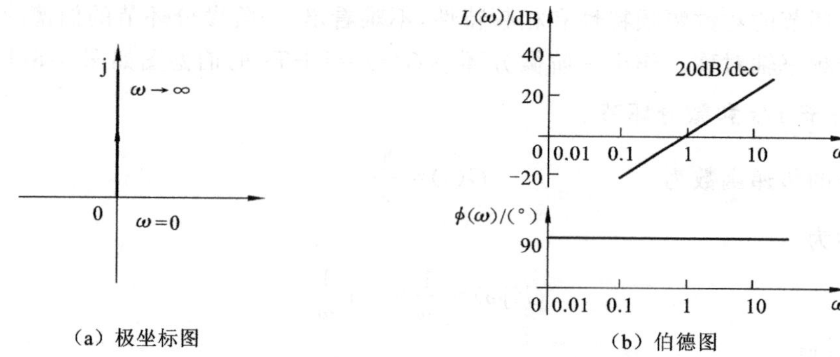

图 5-10　微分环节的极坐标图和伯德图

式中：T 为时间常数；ζ 为阻尼系数($0\leqslant\zeta<1$)；$\omega_n=\dfrac{1}{T}$称为自然频率。以 $s=j\omega$ 代入式(5-24)可得振荡环节的频率特性为

$$G(j\omega)=\frac{1}{(1-\omega^2T^2)+j2\zeta\omega T} \tag{5-26}$$

式中：幅频特性 $A(\omega)=\dfrac{1}{\sqrt{(1-\omega^2T^2)^2+(2\xi\omega T)^2}}$；相频特性 $\phi(\omega)=-\arctan\dfrac{2\xi\omega T}{1-\omega^2T^2}$。

1）振荡环节的幅相特性曲线

以 ζ 为参变量，计算 ω 为不同值时的 $A(\omega)$ 和 $\phi(\omega)$[或实频特性 $P(\omega)$ 和虚频特性 $Q(\omega)$]，可在复平面上绘出振荡环节的幅相特性曲线。具体绘制时，可取下列特征点：

当 $\omega=0$ 时，$A(\omega)=1$，$\phi(\omega)=0$，频率特性在正实轴上；

当 $\omega=1/T$ 时，$A(\omega)=1/2\zeta$，$\phi(\omega)=-90°$，频率特性和负虚轴相交。ζ 值越小，虚轴上的交点离原点越远；

当 $\omega\to\infty$ 时，$A(\omega)\to0$，$\phi(\omega)\to-180°$，即频率特性沿负实轴方向趋向原点。

根据以上特征点坐标，绘出振荡环节大致的极坐标图，如图 5-11 所示。由图 5-11 看出，曲线形状和 ζ 值有关。振荡环节的幅频特性如图 5-12 所示，可以看出，当 ζ 值较小时，随着 ω 由 0→∞变化，幅值 $A(\omega)$ 先增加然后再逐渐衰减至 0。$A(\omega)$ 达到极大值时对应的幅值称为谐振峰值，记为 M_r；此时对应的频率称为谐振频率，记为 ω_r。

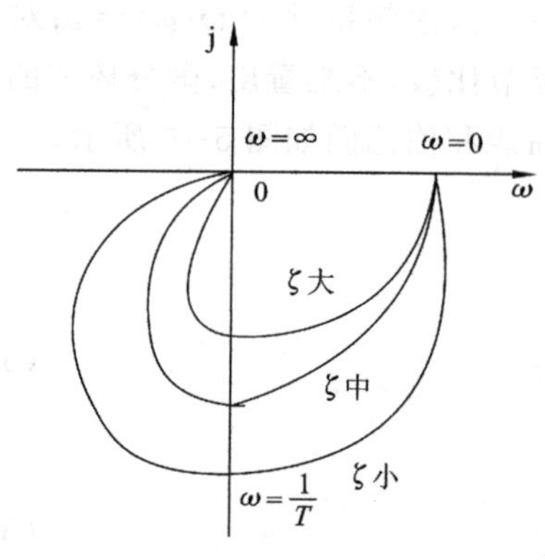

图 5-11　振荡环节的幅相特性

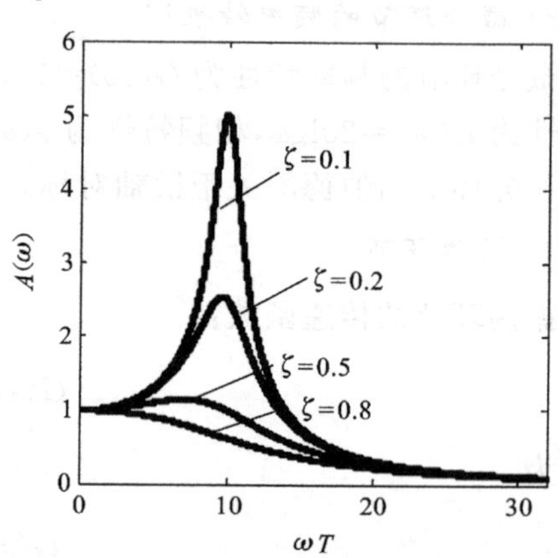

图 5-12　振荡环节的幅频特性

由于 $A(\omega)=\dfrac{1}{\sqrt{(1-\omega^2T^2)^2+(2\xi\omega T)^2}}$的极大值即为$(1-\omega^2T^2)^2+(2\xi\omega T)^2$ 的极小值，故令 $\mathrm{d}[(1-\omega^2T^2)^2+(2\xi\omega T)^2]/\mathrm{d}t=0$，推导可得

$$\omega_r=\frac{1}{T}\sqrt{1-2\zeta^2}=\omega_n\sqrt{1-2\zeta^2},\quad 0<\zeta<0.707 \tag{5-27}$$

显然，ω_r 与阻尼系数 ζ 有关。当 $\zeta=1/\sqrt{2}$时，$\omega_r=0$；当 $\zeta>1/\sqrt{2}$时，ω_r 为虚数，说明幅频特性的斜率为负，不存在谐振峰值。当 $0<\zeta<1/\sqrt{2}$时，将式(5-27)代入幅频特性式，可求得谐振峰值为

$$M_r=A(\omega_r)=\frac{1}{2\zeta\sqrt{1-\zeta^2}} \tag{5-28}$$

上式说明，当 $0<\zeta<1/\sqrt{2}$时，振荡环节存在谐振现象。阻尼比越小，谐振峰值越大，系统的单位阶跃响应超调量也越大；反之，阻尼比越大，谐振峰值越小，超调量也越小。

2) 振荡环节的对数频率特性曲线

振荡环节的对数幅频特性为

$$L(\omega)=20\lg A(\omega)=-20\lg\sqrt{(1-\omega^2T^2)^2+(2\zeta\omega T)^2} \tag{5-29}$$

在低频段，当 $\omega T\ll 1$，即 $\omega\ll\dfrac{1}{T}$时，$L(\omega)\approx 0$；在高频段，$\omega T\gg 1$，即 $\omega\gg\dfrac{1}{T}$时

$$L(\omega)\approx-20\lg(\omega T)^2=-40\lg\omega T \tag{5-30}$$

振荡环节的低频渐近线为一条与横坐标轴相重合的直线(即 0 dB 线)。式(5-29)说明振荡环节高频渐近线为一条斜率为−40 dB/dec 的直线，在 $\omega_n=\dfrac{1}{T}$处，该直线和横坐标轴相交。可用这两条渐近线组成的分段直线近似表示振荡环节的对数幅频特性。两渐近线的交点频率 $\omega_n=\dfrac{1}{T}$，称为振荡环节的交接频率或转折频率。

振荡环节的相频特性特点是：当 $\omega=0$ 时，$\phi(\omega)=0$；当 $\omega\to 0$ 时，$\phi(\omega)\to 180°$；当 $\omega=1/T$ 时，$\phi(\omega)=-90°$。

图 5-13 绘出了以相对频率 ωT 为横坐标的振荡环节渐近线和准确曲线的伯德图。

精确的对数幅频曲线形状和 ζ 有关，因此，在转折频率附近一般不能简单地用渐近线近似代替，否则可能引起较大的误差。在 $\zeta<0.707$ 时，曲线出现谐振峰值，ζ 值越小，谐振峰值越大，它与渐近线之间的误差越大。因此，必要时可采用误差修正公式或误差曲线进行修正。不同 ζ 值下，振荡环节渐近线图和准确曲线的误差曲线如图 5-14 所示。

5. 二阶微分环节

二阶微分环节的传递函数：

$$G(s)=T^2s^2+2\zeta Ts+1 \tag{5-31}$$

二阶微分环节的传递函数与振荡环节的传递函数互为倒数，故其伯德图与振荡环节的伯德图关于横轴对称。由其频率特性 $G(\mathrm{j}\omega)=1-T^2\omega^2+\mathrm{j}2\zeta T\omega$，得到实频特性 $P(\omega)=1-T^2\omega^2$，虚频特性 $Q(\omega)=2\zeta T\omega$。在 ω 由 $0\to\infty$变化中，极坐标图的起点为 $G(\mathrm{j}0)=1\angle 0°$，终点为 $G(\mathrm{j}\infty)=\infty\angle 180°$；当 $\omega=1/T$ 时，曲线与虚轴相交于点$(0,2\zeta)$。据此可画出二阶微分环节极坐标图的

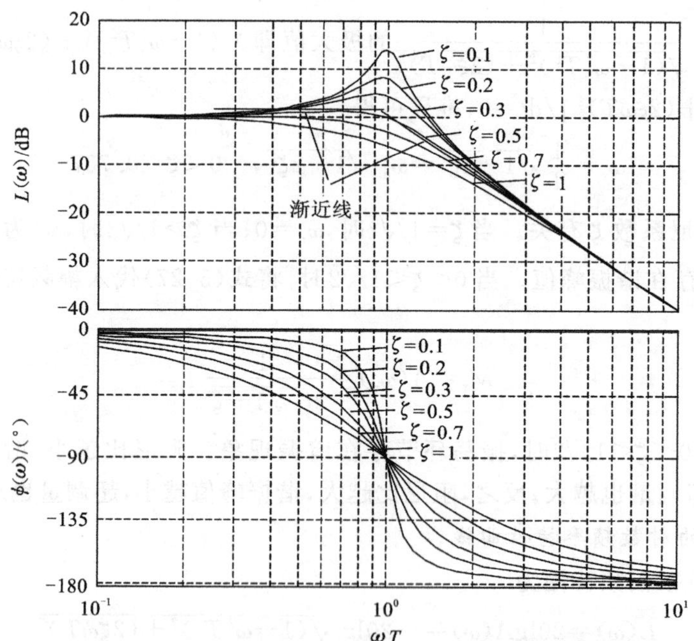

图 5-13　振荡环节的对数幅频曲线、渐近线和相频曲线

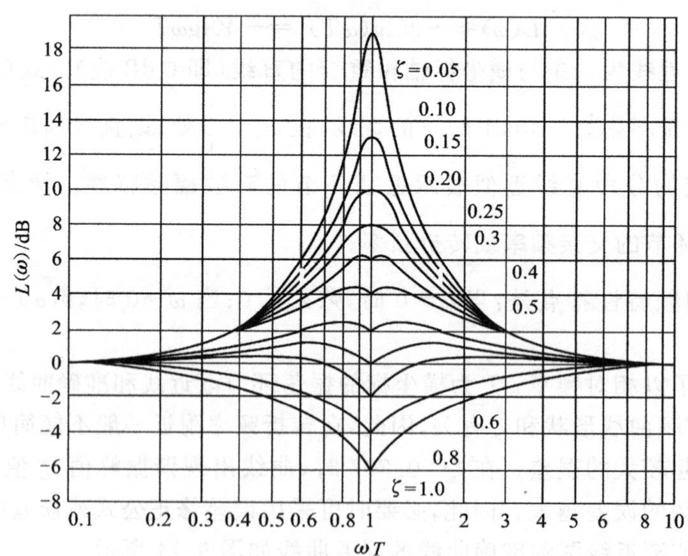

图 5-14　振荡环节的对数幅频误差修正曲线

大致形状如图 5-15(a)所示。伯德图如图 5-15(b)所示。

6. 延迟环节

延迟环节也称滞后环节，传递函数为

$$G(s)=\mathrm{e}^{-Ts} \tag{5-32}$$

频率特性为 $G(\mathrm{j}\omega)=\mathrm{e}^{-\mathrm{j}T\omega}$。幅频特性 $A(\omega)=1$，相频特性 $\phi(\omega)=-\omega T$。延迟环节的极坐标图是圆心在坐标原点，半径为 1 的圆（即单位圆），如图 5-16 所示，其相角的大小随频率增大

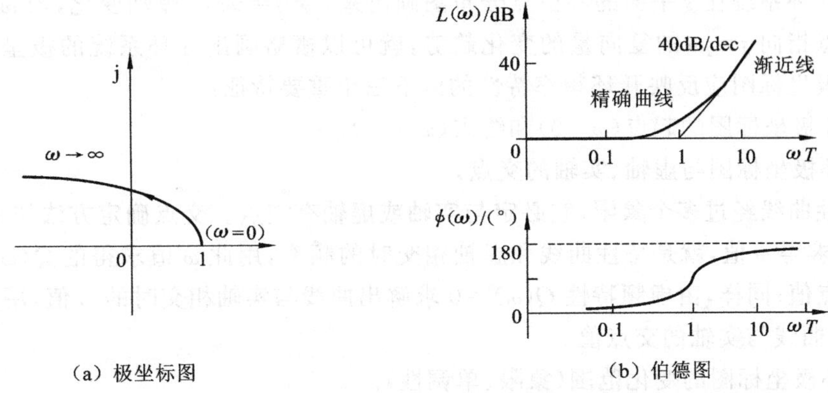

图 5-15　二阶微分环节的极坐标图和伯德图

而线性增加。对数幅频特性恒为 0 dB，即 $L(\omega)=0$。对数频率特性曲线如图 5-17 所示，滞后时间 T 越大，相角迟后就越大。

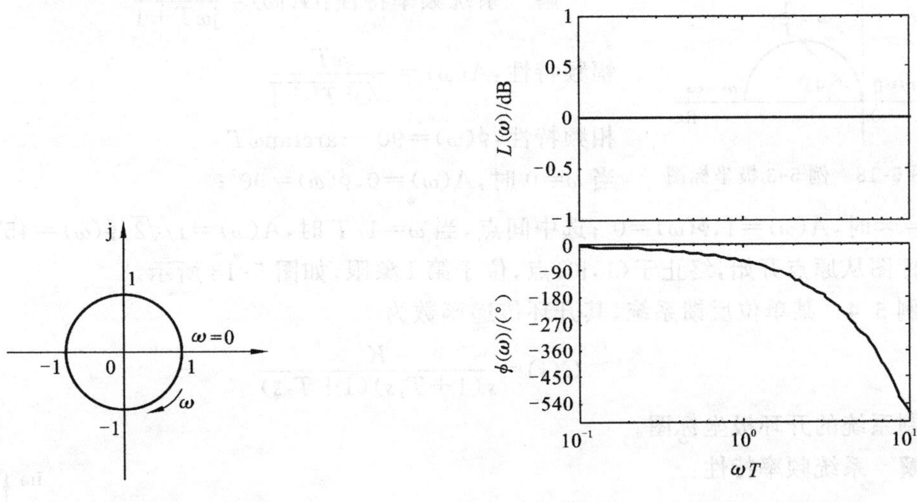

图 5-16　延迟环节的极坐标图　　　　图 5-17　延迟环节的伯德图

5.3　开环系统频率特性的绘制

系统的开环频率特性和闭环频率特性有着密切联系，因此常常利用开环频率特性来分析、研究系统闭环时的工作特性。开环系统频率特性可以从开环传递函数求得，也可以由组成系统各环节的频率特性求得。本节讨论开环系统频率特性图的绘制方法。

5.3.1　系统开环极坐标图的绘制

如果已知开环频率特性 $G(j\omega)$，可令 ω 由小到大取值，计算出幅频 $A(\omega)$ 和相频 $\phi(\omega)$ 的相应值，在 $G(s)$ 平面描点绘图就可以得到开环系统幅相频率特性曲线，也称极坐标图或奈奎斯特图。

实际系统分析过程中，往往只需要知道极坐标图的大致图形即可，并不需要绘出精确曲线。可以将开环系统在 s 平面的零极点分布图画出来，令 $s=\mathrm{j}\omega$ 沿虚轴变化，当 $\omega=0\to\infty$ 时，分析各零极点指向 $s=\mathrm{j}\omega$ 的复向量的变化趋势，就可以概略画出开环系统的极坐标图。概略绘制的开环极坐标图应反映开环频率特性的以下三个重要特征：

(1) 开环极坐标图的起点($\omega=0$)和终点($\omega=\infty$)。

(2) 开环极坐标图与虚轴、实轴的交点。

如果特性曲线经过多个象限，它必定与实轴或虚轴有交点。交点确定方法如下：由实频特性 $P(\omega)=0$ 求得 ω 值，就是特性曲线和虚轴相交时的频率，用此 ω 值求得的 $Q(\omega)$，即为曲线与虚轴的交点值；同样，由虚频特性 $Q(\omega)=0$ 求解出曲线与实轴相交时的 ω 值，用此 ω 值求得的 $P(\omega)$ 即为曲线与实轴的交点值。

(3) 开环极坐标图的变化范围(象限、单调性)。

利用上述特点就可较快地大致画出极坐标图。

例 5-3 设系统的开环传递函数为 $G(s)=\dfrac{Ts}{Ts+1}$，试绘制系统的开环极坐标图。

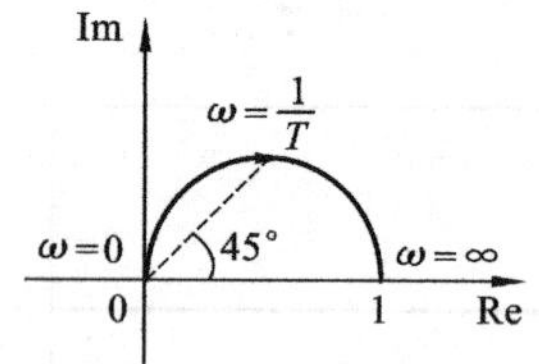

图 5-18 例 5-3 极坐标图

解 系统频率特性：$G(\mathrm{j}\omega)=\dfrac{\mathrm{j}\omega T}{\mathrm{j}\omega T+1}$

幅频特性：$A(\omega)=\dfrac{\omega T}{\sqrt{\omega^2T^2+1}}$

相频特性：$\phi(\omega)=90°-\arctan\omega T$

当 $\omega=0$ 时，$A(\omega)=0$，$\phi(\omega)=90°$；当 $\omega=\infty$ 时，$A(\omega)=1$，$\phi(\omega)=0°$；选中间点，当 $\omega=1/T$ 时，$A(\omega)=1/\sqrt{2}$，$\phi(\omega)=45°$。极坐标图从原点开始，终止于(1,j0)点，位于第 I 象限，如图 5-18 所示。

例 5-4 某单位反馈系统，其开环传递函数为

$$G(s)=\frac{K}{s(1+T_1s)(1+T_2s)}$$

试绘制系统的开环极坐标图。

解 系统频率特性：

$$G(\mathrm{j}\omega)=\frac{K}{\mathrm{j}\omega(1+\mathrm{j}\omega T_1)(1+\mathrm{j}\omega T_2)}$$

实频特性：$$P(\omega)=\frac{-K(T_1+T_2)}{(1+\omega^2T_1^2)(1+\omega^2T_2^2)}$$

虚频特性：$$Q(\omega)=\frac{-K(1-T_1T_2\omega^2)}{\omega(1+\omega^2T_1^2)(1+\omega^2T_2^2)}$$

相频特性：$$\phi(\omega)=-90°-\arctan\omega T_1-\arctan\omega T_2$$

幅频特性：$$A(\omega)=\frac{K}{\omega\sqrt{1+\omega^2T_1^2}\sqrt{1+\omega^2T_2^2}}$$

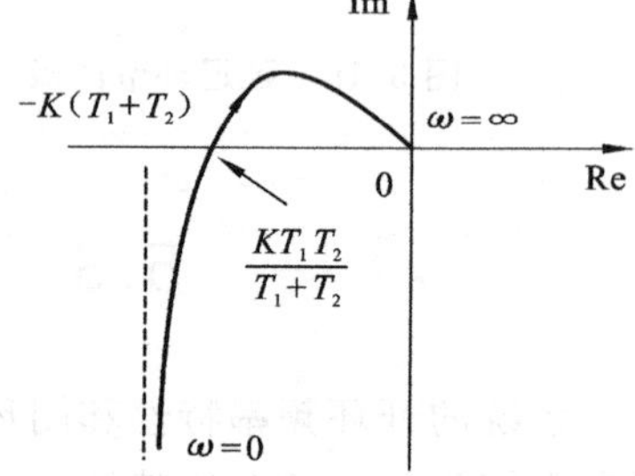

图 5-19 例 5-4 极坐标图

当 $\omega=0$ 时，$A(\omega)=\infty$，$\phi(\omega)=-90°$；$P(\omega)=-K(T_1+T_2)$，$Q(\omega)=-\infty$

当 $\omega=1/\sqrt{T_1T_2}$ 时，$A(\omega)=\dfrac{KT_1T_2}{T_1+T_2}$，$\phi(\omega)=-180°$。当 $\omega=\infty$ 时，$A(\omega)=0$，$\phi(\omega)=-270°$。曲线位于第 II、III 象限。作出系统的开环极坐标图如图 5-19 所示。

5.3.2　开环系统对数频率特性曲线的绘制

设开环系统由 n 个典型环节串联组成,其传递函数为

$$G(s)=G_1(s)G_2(s)\cdots G_n(s) \tag{5-33}$$

相应的频率特性为

$$\begin{aligned}G(\mathrm{j}\omega)&=G_1(\mathrm{j}\omega)G_2(\mathrm{j}\omega)\cdots G_n(\mathrm{j}\omega)\\&=A_1(\omega)\mathrm{e}^{\mathrm{j}\phi_1(\omega)}\cdot A_2(\omega)\mathrm{e}^{\mathrm{j}\phi_2(\omega)}\cdots A_n(\omega)\mathrm{e}^{\mathrm{j}\phi_n(\omega)}\\&=A(\omega)\mathrm{e}^{\mathrm{j}\phi(\omega)}\end{aligned} \tag{5-34}$$

式中:幅频 $A(\omega)=A_1(\omega)\cdot A_2(\omega)\cdots A_n(\omega)$;相频 $\phi(\omega)=\phi_1(\omega)+\phi_2(\omega)+\cdots\phi_n(\omega)$。

系统的开环对数频率特性为

$$\begin{aligned}L(\omega)&=\lg[A(\omega)]=\lg[A_1(\omega)\cdot A_2(\omega)\cdots A_n(\omega)]\\&=L_1(\omega)+L_2(\omega)+\cdots L_n(\omega)\end{aligned} \tag{5-35}$$

$$\phi(\omega)=\phi_1(\omega)+\phi_2(\omega)+\cdots\phi_n(\omega) \tag{5-36}$$

其中:$A_i(\omega)$ $(i=1,2\cdots,n)$为各典型环节的幅频特性;$L_i(\omega)$和 $\phi_i(\omega)$分别为各典型环节的对数幅频特性和对数相频特性。

由式(5-35)和式(5-36)可知,系统开环对数幅频特性为各环节的对数幅频特性之和,对数相频特性也为各环节的相频特性之和。从而,可以分别绘出各环节的对数幅频特性和对数相频特性,进行相加后就得到整个开环系统的对数频率特性。

实际绘制对数幅频特性时,可不必绘出各环节的特性,而采用更为简捷的办法直接画出开环系统的伯德图,具体步骤如下。

(1) 将开环传递函数写成式(5-37)所示标准形式,把各典型环节的转折频率由小到大依次标在频率轴上:

$$G(s)=\frac{K}{s^v}\cdot\frac{\prod_{i=1}^{m_1}(1+\tau_{1i}s)\prod_{u=1}^{m_2}(1+\tau_{3u}{}^2s^2+2\zeta_{1u}\tau_{3u}s)}{\prod_{j=1}^{n_1}(1+\tau_{2j}s)\prod_{l=1}^{n_2}(1+\tau_{4l}{}^2s^2+2\zeta_{2l}\tau_{4l}s)} \tag{5-37}$$

式中:K 为开环增益;v 为积分环节个数。

(2) 确定开环对数幅频特性的低频段渐近线。

由于系统低频段渐近线的频率特性为 $K/(\mathrm{j}\omega)^v$,因此,低频段渐近线或渐近线延长线为经过点(1,20lg$K$)、斜率为$-20v$ dB/dec 的直线。图 5-20 分别为 I 型、II 型系统情况。

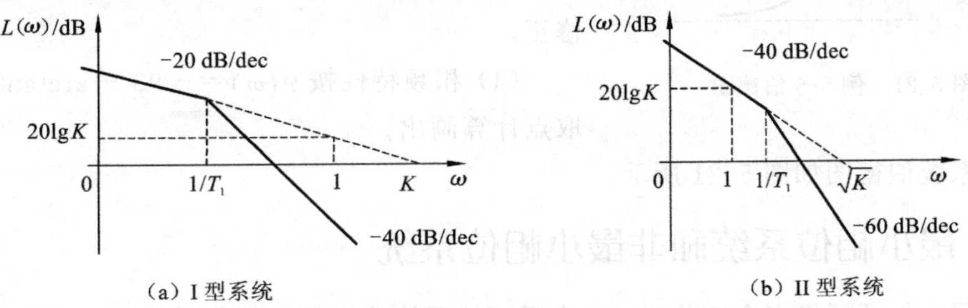

(a) I 型系统　　(b) II 型系统

图 5-20　I 型系统和 II 型系统低频段渐近线

I 型系统特点：①低频段渐近线斜率为 -20 dB/dec；②低频段或其渐近线的延长线在 $\omega=1$ 时的对数幅频为 $20\lg K$；③低频段或低频段延长线与 0 dB 线相交的交点频率 $\omega'=K$。

II 型系统特点：①低频段渐近线斜率为 -40 dB/dec；②低频段或其渐近线的延长线在 $\omega=1$ 时的对数幅频为 $20\lg K$；③低频段或低频段延长线与 0 dB 线相交的交点频率 $\omega'=\sqrt{K}$。

(3) 然后沿频率增大的方向依次画高频段渐近线，每遇到一个转折频率就改变一次斜率。

规律是遇到惯性环节的转折频率，则斜率变化量为 -20 dB/dec；遇到一阶微分环节的转折频率，斜率变化量为 20 dB/dec；遇到振荡环节的转折频率，斜率变化量为 -40 dB/dec；遇到二阶微分环节的转折频率，斜率变化量为 40 dB/dec。渐近线最后一段（高频段）的斜率应为 $-20(n-m)$dB/dec；其中 n、m 分别为 $G(s)$ 分母、分子的阶数。依次得到的分段直线即为近似的对数幅频特性。

(4) 如果需要，可按照各典型环节的误差曲线对相应段的渐近线进行修正，以便得到更为精确的对数幅频特性曲线。

(5) 绘制相频特性曲线。分别绘出各典型环节的相频特性曲线，再沿频率增大的方向逐点叠加，最后将相加点连接成曲线。

例 5-5　某系统的开环传递函数为

$$G_K(s)=\frac{100}{s(s+10)}$$

试绘制系统的对数幅频曲线和对数相频曲线。

解　将 $G(s)$ 中的各因式换成典型环节的标准形式，即 $G_K(s)=\dfrac{10}{s(0.1s+1)}$。

此系统由 3 个环节组成：1 个比例环节 $K=10$、1 个积分环节和 1 个惯性环节 $\dfrac{1}{0.1s+1}$。惯性环节转折频率为 $\omega_1=1/0.1=10$。系统还有 1 个积分环节，故低频段渐近线斜率为 -20 dB/dec；当 $\omega=1$ 时，$L(\omega)=20\lg K=20$ dB。绘制伯德图的步骤如下。

(1) 过 $\omega_1=1$，$L(\omega)=20$ dB 点作一条斜率为 -20 dB/dec 的直线，此即为低频段的渐近线。

(2) 在 $\omega_1=10$ 处，将渐近线斜率由 -20 dB/dec 变为 -40 dB/dec，这是惯性环节作用的结果。

(3) 如有必要，可利用误差曲线对惯性环节进行修正。

(4) 相频特性按 $\phi(\omega)=-90°-\arctan 0.1\omega$ 公式，取点计算画出。

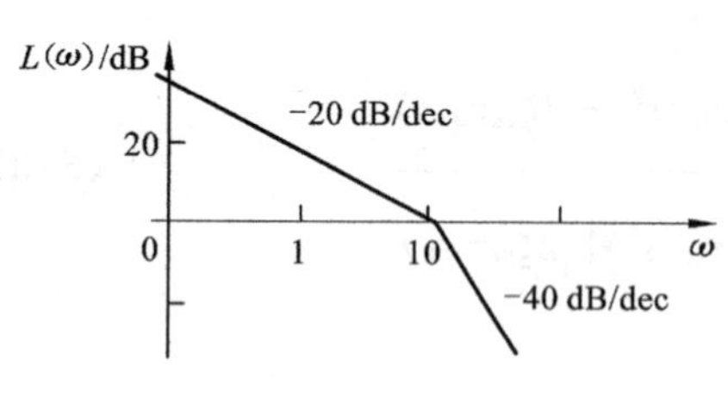

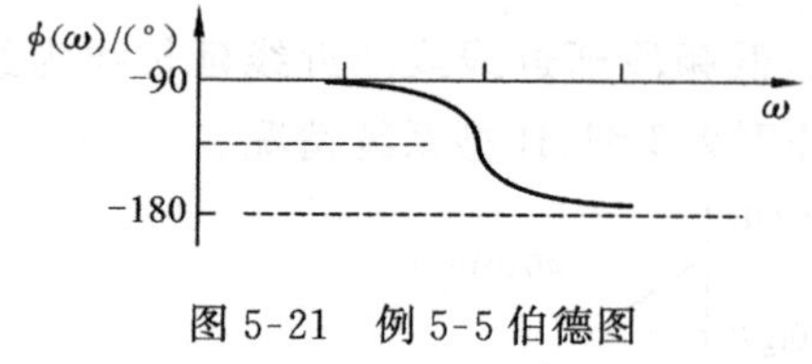

图 5-21　例 5-5 伯德图

画出系统伯德图如图 5-21 所示。

5.3.3　最小相位系统和非最小相位系统

开环零点与开环极点全部位于 s 左半平面的系统称为最小相位系统。如果开环传递函数

在 s 右半平面有一个(或多个)零点或极点,则称为非最小相位系统。例如,设有 a 和 b 两个系统,其传递函数分别为

$$G_a(s)=\frac{1+T_2 s}{1+T_1 s},\quad G_b(s)=\frac{1-T_2 s}{1+T_1 s}$$

其中,$0<T_2<T_1$。这两个系统极点完全相同,位于 s 左半平面。系统 a 的零点、极点都位于 s 左半平面,为最小相位系统;系统 b 的零点位于 s 右半平面,为非最小相位系统。两个系统的频率特性分别为

$$G_a(\omega)=\frac{1+\mathrm{j}\omega T_2}{1+\mathrm{j}\omega T_1},\quad G_b(\omega)=\frac{1-\mathrm{j}\omega T_2}{1+\mathrm{j}\omega T_1}$$

由于 $|1+\mathrm{j}\omega T_2|=|1-\mathrm{j}\omega T_2|$,$G_a(s)$ 和 $G_b(s)$ 具有相同的幅频特性。而相频特性分别为

$$\phi_a(\omega)=\arctan\omega T_2-\arctan\omega T_1$$

$$\phi_b(\omega)=-\arctan\omega T_2-\arctan\omega T_1$$

当 $\omega\to\infty$ 时,$\phi_a(\omega)\to 0°$,$\phi_b(\omega)\to -180°$,而且变化过程中系统 a 的相位变化量总是小于系统 b 的相位变化量,这就是“最小相位”名称的由来。两系统的对数幅频特性曲线如图 5-22 所示。由图 5-22 可见,最小相位系统的对数幅频特性曲线和对数相频特性曲线的变化趋势基本一致,它们之间存在着唯一的对应关系。这意味着,如果确定了最小相位系统的对数幅频特性曲线,则对应的对数相频特性曲线也就被唯一地确定了,反之亦然。因此,对于最小相位系统只要知道它的对数幅频特性曲线,就可以估计出系统的传递函数。故在画最小相位系统的伯德图时,有时只画出对数幅频特性曲线。而非最小相位系统,其对数幅频特性和对数相频特性不存在唯一的对应关系,因此必须同时知道其对数幅频和对数相频特性曲线后,才能正确估计出其传递函数。

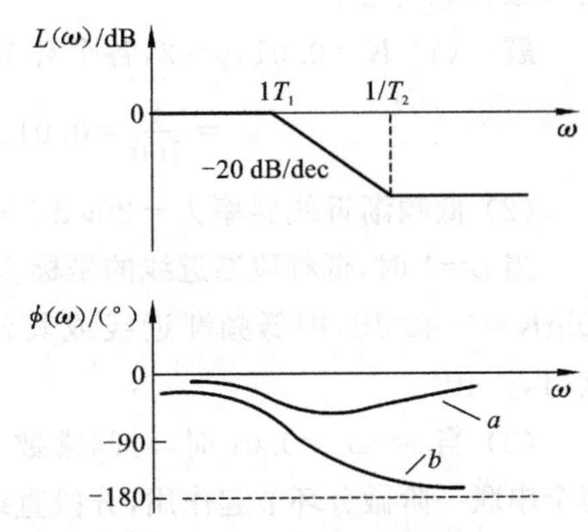

图 5-22　最小相位系统和非最小相伴系统

总结上述最小相位系统的特点如下。

(1) 在具有相同的开环幅频特性的系统中,最小相位系统的相角变化范围最小。

(2) 最小相位系统 $L(\omega)$ 曲线变化趋势与 $\phi(\omega)$ 一致。

(3) 最小相位系统 $L(\omega)$ 曲线与 $\phi(\omega)$ 曲线两者具有一一对应的关系。因此在分析时可只画出 $L(\omega)$ 曲线。在已知最小相位系统的 $L(\omega)$ 曲线时,即可确定相应的开环传递函数。

(4) 具有相同开环幅频特性的系统,$\omega\to\infty$ 时,伯德图斜率都为 $-20(n-m)$dB/dec。最小相位系统的相角满足 $\phi(\infty)=-90°(n-m)$(n 为开环极点数,m 为开环零点数),而非最小相位系统的相角不满足这一计算关系。这个特征可用于判断系统是否满足最小相位系统。

例 5-6　某最小相位系统的开环对数幅频特性曲线如图 5-23 所示。试写出该系统的开环传递函数。

解　由图 5-23 可见,低频段直线斜率是 -20 dB/dec,故系统包含一个积分环节。$\omega=1$

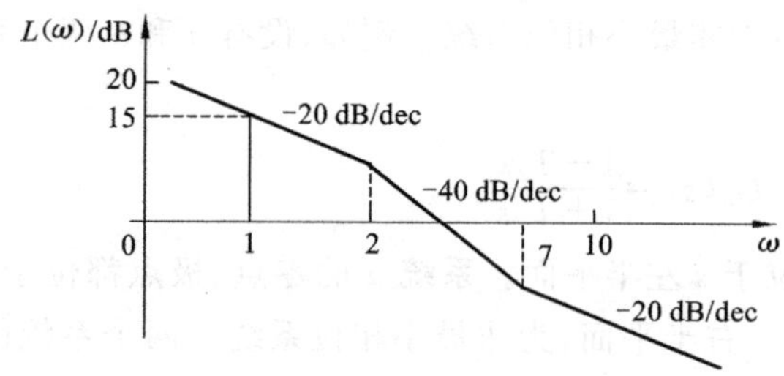

图 5-23 例 5-6 的对数幅频特性曲线

时,对应低频段渐近线上点的坐标为 15 dB,从而有 $20\lg K-20\lg\omega=20\lg K=15$ dB,求得比例环节 $K=5.6$。$\omega=2$ 时,$L(\omega)$曲线的斜率从 −20 dB/dec 变为 −40 dB/dec,故 $\omega=2$ 是惯性环节的交接频率。类似分析得知,$\omega=7$ 是一阶微分环节的交接频率。从而写出系统开环传递函数为

$$G(s)=\frac{5.6\left(1+\frac{1}{7}s\right)}{s(1+0.5s)}$$

例 5-7 设开环系统的频率特性为 $G_K(\mathrm{j}\omega)=\dfrac{0.01(1+\mathrm{j}100\omega)^2}{(\mathrm{j}\omega)^2(1+\mathrm{j}10\omega)(1+\mathrm{j}0.125\omega)}$,试绘制系统的对数幅频特性。

解 (1) $K=0.01$,$v=2$,各个环节的交接频率为

$$\omega_1=\frac{1}{100}=0.01,\quad \omega_2=\frac{1}{10}=0.1,\quad \omega_3=\frac{1}{0.125}=8$$

(2) 低频渐近线斜率为 -20ν dB/dec $=-40$ dB/dec。

当 $\omega=1$ 时,低频段渐近线的坐标为 $L(\omega)=20\lg K=-40$ dB,即低频渐近线或其延长线过点(1,−40)。

(3) 当 $\omega=\omega_1=0.01$ 时,时间常数为 100 的两个串联一阶微分环节起作用,分段直线斜率变化量为 2×20 dB/dec,原来是 −40 dB/dec;过 $\omega=0.01$ 时,斜率变为 0。当 $\omega=\omega_2=0.1$ 时,斜率变化量为 −20 dB/dec;当 $\omega=\omega_3$ 时,斜率继续变化 −20 dB/dec。

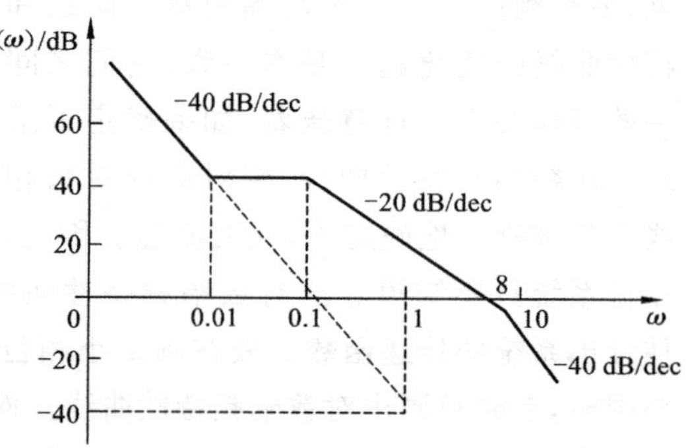

图 5-24 例 5-7 的对数幅频特性曲线

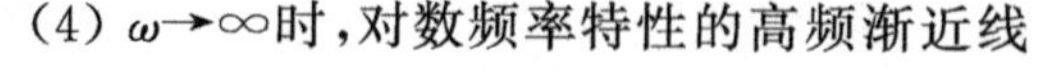

(4) $\omega\to\infty$ 时,对数频率特性的高频渐近线频率为 $-(n-m)20$ dB/dec $=-40$ dB/dec。近似对数幅频特性曲线如图 5-24 所示。

5.4 频率域稳定判据

频率域稳定判据是根据开环频率特性来判断闭环系统的稳定性。本节将介绍常用的两种频率域稳定判据方法:奈奎斯特稳定判据(简称奈氏判据)和对数频率稳定判据。

5.4.1 奈奎斯特稳定判据的数学基础

奈奎斯特稳定判据的数学基础是复变函数中的映射定理,又称幅角原理。设有一复变函数为

$$F(s)=\frac{K_1(s-z_1)(s-z_2)\cdots(s-z_m)}{(s-p_1)(s-p_2)\cdots(s-p_n)} \tag{5-38}$$

式中：s 为复变量，以 $s=\sigma+\mathrm{j}\omega$ 表示；p_i,z_j $(i=1,\cdots,n;j=1,\cdots,m)$分别为 $F(s)$的极点和零点。

对于 s 平面上除有限个奇点之外的任一点 s_1，复变函数 $F(s)$为解析函数，在 $F(s)$平面上有唯一的一个映射点 s_1' 与之对应（s_1' 称为 s_1 的像）。在 s 平面任选一条封闭曲线 Γ_s，并使其不通过 $F(s)$的任一零点和极点，则在 $F(s)$平面上必有一条相应的封闭曲线 Γ_F 与之对应。

当 s 沿着封闭曲线 Γ_s 上任一点 A 出发，顺时针沿 Γ_s 运动一周再回到 A 点时，相应地 $F(s)$沿着封闭曲线 Γ_F 从点 $F(A)$出发也绕回到点 $F(A)$，如图 5-25 所示。下面研究函数 $F(s)$的相位变化情况。

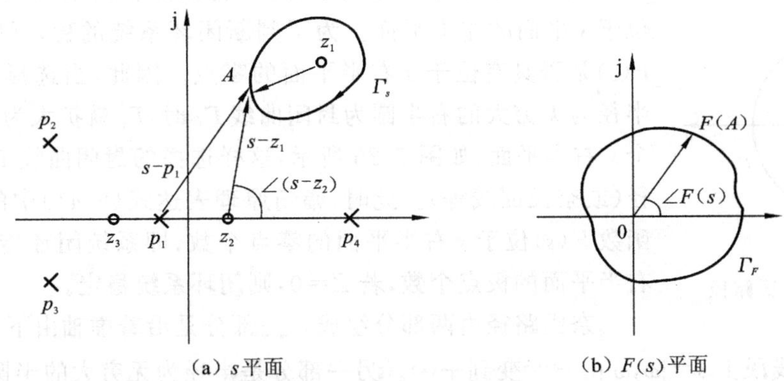

(a) s平面 (b) $F(s)$平面

图 5-25 s 和 $F(s)$平面的映射关系

设 s 沿 Γ_s 变化时，$F(s)$相角的变化为 $\Delta F(s)$，则由式(5-38)可得

$$\begin{aligned}\Delta\angle F(s)=&\Delta\angle(s-z_1)+\Delta\angle(s-z_2)+\cdots+\Delta\angle(s-z_m)\\&-\Delta\angle(s-p_1)-\Delta\angle(s-p_2)-\cdots-\Delta\angle(s-z_n)\end{aligned} \tag{5-39}$$

式中：$\Delta\angle(s-z_j)$ $(j=1,2,\cdots,m)$表示 s 沿 Γ_s 变化时，向量 $s-z_j$ 的相角变化；$\Delta\angle(s-p_i)$ $(i=1,2,\cdots,n)$的含义类似。由图 5-25 可知，当 s 从点 A 出发，顺时针沿 Γ_s 运动一周再回到 A 点后，则 s 围绕零点 z_1 顺时针旋转了一周，即 $\Delta\angle(s-z_1)=-2\pi$；除 $\Delta\angle(s-z_1)$外，式(5-39)中右端其他各项均为 0。故

$$\Delta\angle F(s)=\Delta\angle(s-z_1)=-2\pi \tag{5-40}$$

式(5-40)表明，在 $F(s)$平面上，$F(s)$曲线从点 $F(A)$开始，绕原点顺时针方向旋转了一圈。同理，当 s 从 s 平面上点 A 开始，绕着 $F(s)$的某个极点 p_k 顺时针转一圈时，$F(s)$平面上，$F(s)$的映射曲线 Γ_F 绕其原点逆时针旋转一圈。综上所述，可以归纳幅角原理如下。

幅角原理：设 s 平面封闭曲线 Γ_s 包含有 $F(s)$的 Z 个零点、P 个极点，则 s 沿 Γ_s 顺时针旋转一周时，在 $F(s)$平面上 $F(s)$曲线绕其原点逆时针包围的圈数 R 为 P 和 Z 之差，即

$$R=P-Z \tag{5-41}$$

若 R 若为负，表示 $F(s)$曲线绕原点顺时针转过的圈数。

5.4.2 奈奎斯特稳定判据

设闭环系统的特征方程为

$$1+G(s)H(s)=0 \tag{5-42}$$

式中：开环传递函数写成如下零极点形式：

$$G(s)H(s)=\frac{K(s-z_1)(s-z_2)\cdots(s-z_m)}{(s-p_1)(s-p_2)\cdots(s-p_n)},\quad n\geqslant m \tag{5-43}$$

定义辅助函数 $F(s)=1+G(s)H(s)$，将 $G(s)H(s)$ 代入辅助函数方程，得到

$$F(s)=1+\frac{K(s-z_1)(s-z_2)\cdots(s-z_m)}{(s-p_1)(s-p_2)\cdots(s-p_n)}=\frac{K_1(s-s_1)(s-s_2)\cdots(s-s_n)}{(s-p_1)(s-p_2)\cdots(s-p_n)} \tag{5-44}$$

由上式可见，复变函数 $F(s)$ 的零点 $s_1,s_2,\cdots,s_n$ 即为闭环系统特征方程的根(闭环极点)，而 $F(s)$ 的极点则为系统的开环极点。

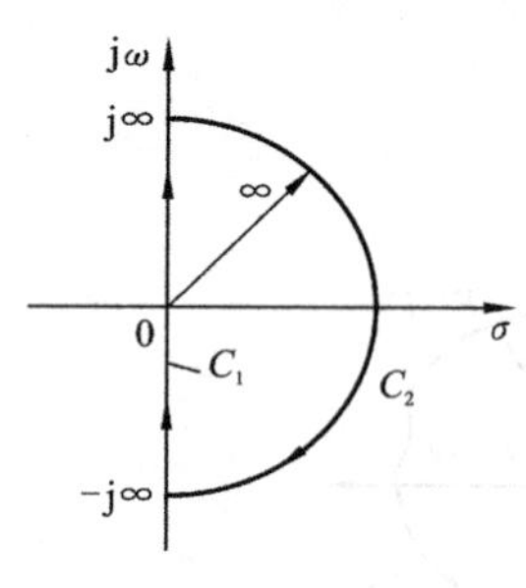

图 5-26　奈氏路径

闭环系统稳定的充要条件是，特征方程的根，即 $F(s)$ 的零点都位于 s 平面的左半平面。为了判断闭环系统的稳定性，就需要检验 $F(s)$ 是否具有位于 s 右半平面的零点。因此，当选择 s 平面虚轴和半径为无穷大的右半圆为封闭曲线 Γ_s 时，Γ_s 就扩大为包括虚轴的整个 s 右半平面，如图 5-26 所示，这样选择的封闭曲线 Γ_s 称为奈氏路径(或奈氏回线等)。此时，幅角原理表达式(5-41)中的 Z 表示辅助函数 $F(s)$ 位于 s 右半平面的零点个数，即系统闭环传递函数位于 s 右半平面的极点个数，若 $Z=0$，则闭环系统稳定。

奈氏路径由两部分组成。一部分是沿着虚轴由下向上移动的直线段 C_1，在此线段上 $s=\mathrm{j}\omega$，ω 由 $-\infty$ 变到 $+\infty$。另一部分是半径为无穷大的半圆 C_2。如此定义的封闭曲线必定包围了 $F(s)$ 的位于 s 右半平面的所有零点和极点。

基于 $G(s)H(s)$ 中 $n\geqslant m$，当 s 沿着半径为无穷大的奈氏路径 C_2 变化时，则有

$$\lim_{s\to\infty}[1+G(s)H(s)]=\text{常数} \tag{5-45}$$

这意味着 $F(s)$ 始终为一常数。由此可知，$F(s)$ 平面上的映射曲线 Γ_F 是否包含坐标原点只取决于奈氏路径上 C_1 部分的映射，即由 $\mathrm{j}\omega$ 轴上的映射曲线来表征。当 s 由 $-\mathrm{j}\infty\to\mathrm{j}\infty$ 变化时，在 $F(s)$ 平面上的映射曲线 Γ_F 为

$$F(\mathrm{j}\omega)=1+G(\mathrm{j}\omega)H(\mathrm{j}\omega) \tag{5-46}$$

设复变函数 $F(s)$ 在 s 右半平面有 Z 个零点和 P 个极点。根据幅角原理，在 $F(\mathrm{j}\omega)$ 平面上的映射曲线 Γ_F 将按逆时针方向围绕原点旋转 $P-Z$ 周。由于 $G(\mathrm{j}\omega)H(\mathrm{j}\omega)=F(\mathrm{j}\omega)-1$，$F(\mathrm{j}\omega)$ 对原点的包围等价于开环频率特性曲线 $G(\mathrm{j}\omega)H(\mathrm{j}\omega)$ 对点 $(-1,\mathrm{j}0)$ 的包围。于是，闭环系统的稳定性可以通过其开环频率特性曲线(奈氏曲线)$G(\mathrm{j}\omega)H(\mathrm{j}\omega)$ 对 $(-1,\mathrm{j}0)$ 点的包围情况来判断。

奈奎斯特稳定判据：闭环控制系统稳定的充分必要条件是当 ω 从 $-\infty\to\infty$ 变化时，开环奈氏曲线 $G(\mathrm{j}\omega)H(\mathrm{j}\omega)$ 逆时针包围 $(-1,\mathrm{j}0)$ 点的圈数 R 等于开环传递函数右半平面的极点数 P，即 $R=P$；否则闭环系统不稳定，闭环正实部特征根的个数可按 $Z=P-R$ 确定。

显然，若开环系统稳定，即 $P=0$，则闭环系统稳定的充分必要条件是开环频率特性曲线 $G(\mathrm{j}\omega)H(\mathrm{j}\omega)$ 不包围 $(-1,\mathrm{j}0)$ 点。

由于 ω 从 $0\to\infty$ 变化和从 $-\infty\to0$ 变化时，$G(\mathrm{j}\omega)H(\mathrm{j}\omega)$ 关于实轴对称。因此，在实际应用中，常常只需画出 $0\to\infty$ 变化时的频率特性曲线，这时对应的 $G(\mathrm{j}\omega)H(\mathrm{j}\omega)$ 围绕点 $(-1,\mathrm{j}0)$ 的圈数为 N(逆时针时为正，顺时针时为负)满足：

$$N=\frac{P-Z}{2}=\frac{R}{2} \tag{5-47}$$

闭环系统稳定的条件是 $Z=0$。因此，当 ω 从 $0\to\infty$ 变化时，若对应的开环频率特性曲线 $G(\mathrm{j}\omega)H(\mathrm{j}\omega)$ 逆时针围绕点$(-1,\mathrm{j}0)$的圈数为 N，则闭环系统稳定的条件是 $N=\frac{P}{2}$；若闭环系统不稳定，则 s 右半平面闭环极点数为 $Z=P-2N$。

例 5-8　已知系统开环传递函数为

$$G(s)=\frac{K}{Ts-1}$$

试画出系统的极坐标图，并判断系统的稳定性。

解　此系统开环传递函数不稳定的极点个数 $P=1$，开环频率特性为

$$G(\mathrm{j}\omega)=\frac{K}{\mathrm{j}\omega T-1}$$

当 $\omega=0$ 时，$A(0)=K,\phi(0)=-180°$；

当 $\omega\to\infty$时，$A(\infty)=0,\phi(\infty)=-90°$；

当 $\omega=1/T$ 时，$A(\omega)=K,\phi(\omega)=-180°$。幅相曲线在第 III 象限，开环极坐标图如图 5-27 所示。

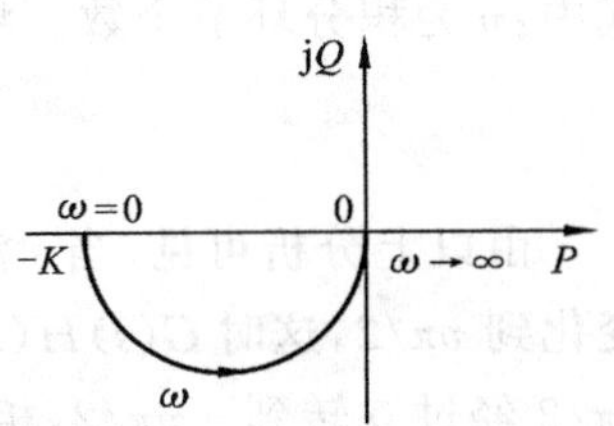

图 5-27　例 5-8 奈氏图

由图 5-27 可见，当 $0<K<1$ 时，极坐标图不包围$(-1,\mathrm{j}0)$点，$N=0,Z=P-2N=1\neq0$，闭环系统位于 s 右半平面的极点个数为 1，系统不稳定；当 $K>1$ 时，$N=\frac{1}{2},Z=P-2N=0$，闭环系统稳定；当 $K=1$ 时，极坐标图经过点$(-1,\mathrm{j}0)$，闭环系统临界稳定。

例 5-9　判断以下系统的稳定性。

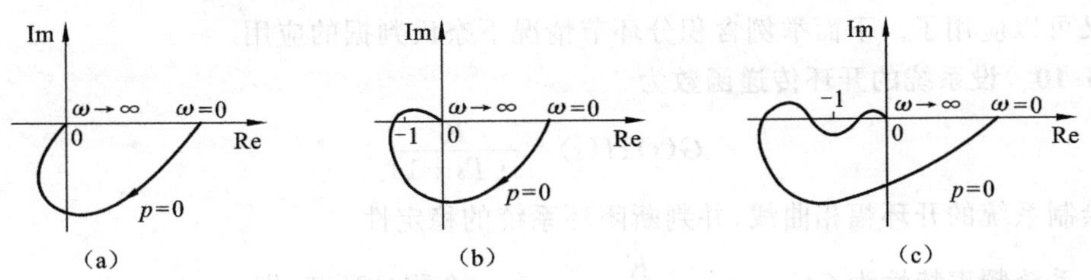

图 5-28　例 5-9 极坐标图

解　(1) 由图 5-28(a)可知，$P=0$，且 $N=0,Z=P-2N=0$，所以闭环系统是稳定的。

(2) 由图 5-28(b)可知，$P=0,N=-1$（开环幅相曲线顺时针包围$(-1,\mathrm{j}0)$点 1 圈），$Z=P-2N=2$，闭环系统不稳定。

(3) 由图 5-28(c)可知，$P=0,N=0$，闭环系统稳定。

虚轴上有开环极点时的奈氏判据：虚轴上有开环极点的情况通常出现于系统中有串联积分环节的时候，即在 s 平面的坐标原点有开环极点，如 I 型系统和 II 型系统。这时就不能直接应用图 5-26 所示的奈氏路径，因为幅角映射定理要求此路径不能经过 $F(s)$的奇点。

为了使 Γ_s 路径不通过原点，而且仍然能包围整个 s 右半平面，故以原点为圆心作一半径 ε 为无穷小的右半圆。并由以下四段线组成奈氏路径，如图 5-29 所示。

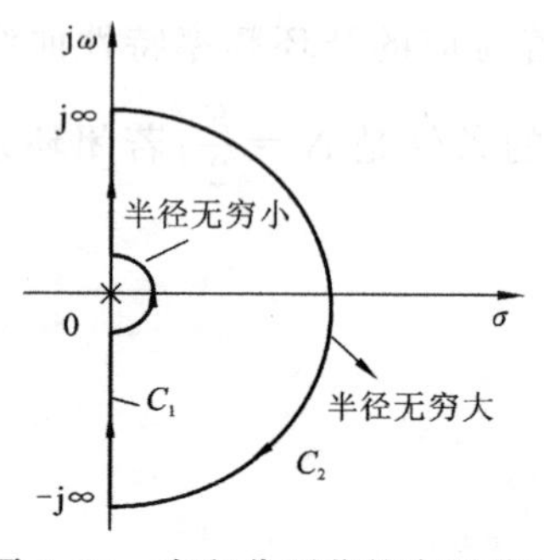

图 5-29　有积分环节的奈氏路径

(1) 负虚轴 $s=\mathrm{j}\omega$，频率 ω 由 $-\infty$ 向 $-\varepsilon(\varepsilon\to 0,\varepsilon>0)$ 变化；

(2) 半径为无穷小的右半圆 $s=\varepsilon e^{\mathrm{j}\theta}$，$\theta$ 由 $-\frac{\pi}{2}\to\frac{\pi}{2}$ 变化；

(3) 正虚轴 $s=\mathrm{j}\omega$，频率由 $\varepsilon\to\infty$ 变化；

(4) 半径为无穷大的右半圆 $s=Re^{\mathrm{j}\theta}\left(R\to\infty,\theta:\frac{\pi}{2}\to-\frac{\pi}{2}\right)$。

当 s 沿着上述小半圆移动时，有 $s=\lim\limits_{\varepsilon\to 0}\varepsilon\cdot e^{\mathrm{j}\theta}$，当 ω 从 $-\varepsilon$ 沿小半圆变到 ε 时，θ 按逆时针方向旋转了 π。设 $G(s)H(s)$ 传递函数为

$$G(s)H(s)=\frac{K\prod\limits_{i=1}^{m}(\tau_i s+1)}{s^v\prod\limits_{j=1}^{n-v}(T_j s+1)},\quad n\geqslant m \tag{5-48}$$

式中：v 为积分环节个数。将 $s=\varepsilon e^{\mathrm{j}\theta}$ 代入式(5-48)，得

$$G(s)H(s)\big|_{s=\lim\limits_{\varepsilon\to 0}\varepsilon e^{\mathrm{j}\theta}}=\lim_{\varepsilon\to 0}\frac{K}{\varepsilon^v}e^{-\mathrm{j}v\theta}=\infty e^{-\mathrm{j}v\theta} \tag{5-49}$$

由以上分析可见，当 s 沿着小半圆从 $\omega=-\varepsilon(0^-)$ 变化到 $\omega=\varepsilon(0^+)$ 时，θ 角从 $-v\pi/2$ 经 0 变化到 $v\pi/2$，这时 $G(s)H(s)$ 平面上的映射曲线将沿着半径为无穷大的圆弧按顺时针方向从 $v\pi/2$ 经过 0 转到 $-v\pi/2$，相当于沿着半径为无穷大的圆弧按顺时针方向旋转 $v/2$ 周。

若要画出 ω 从 $0\to\infty$ 变化时的 $G(\mathrm{j}\omega)H(\mathrm{j}\omega)$ 曲线，先画出 ω 从 $0^+\to\infty$ 变化时的 $G(\mathrm{j}\omega)H(\mathrm{j}\omega)$ 曲线，对于 ω 从 $0\to 0^+$ 变化时的 $G(\mathrm{j}\omega)H(\mathrm{j}\omega)$ 曲线段，只需从 $\omega=0^+$ 点处开始按逆时针方向补画 $\frac{v}{4}$ 个半径为无穷大的圆，但所补圆的方向是顺时针的。将 $G(\mathrm{j}\omega)H(\mathrm{j}\omega)$ 曲线这样补画后，奈氏判据又可以应用了。下面举例含积分环节情况下奈氏判据的应用。

例 5-10　设系统的开环传递函数为

$$G(s)H(s)=\frac{K}{s(Ts+1)}$$

试绘制系统的开环幅相曲线，并判断闭环系统的稳定性。

解　系统频率特性为 $G(\mathrm{j}\omega)=\dfrac{K}{\mathrm{j}\omega(\mathrm{j}\omega T+1)}$，有一个积分环节，即 $v=1$。

幅频 $A(\omega)=\dfrac{K}{\omega\sqrt{\omega^2T^2+1}}$，相频 $\phi(\omega)=-90°-\arctan\omega T$。

当 $\omega=0^+$ 时，$A(0^+)=\infty$，$\phi(0^+)=-90°-0$；当 $\omega\to\infty$ 时，$A(\infty)=0$，$\phi(\infty)=-180°$；

当 $\omega=1/T$ 时，$A(\omega)=KT/\sqrt{2}$，$\phi(\omega)=-135°$。

幅相曲线在第 III 象限，如图 5-30 实线所示。系统开环传递函数有一个积分环节，因此从 $\omega=0^+$ 处开始按逆时针方向补画 $\frac{1}{4}$ 个半径为无穷大的圆，如图 5-30 中虚线所示。

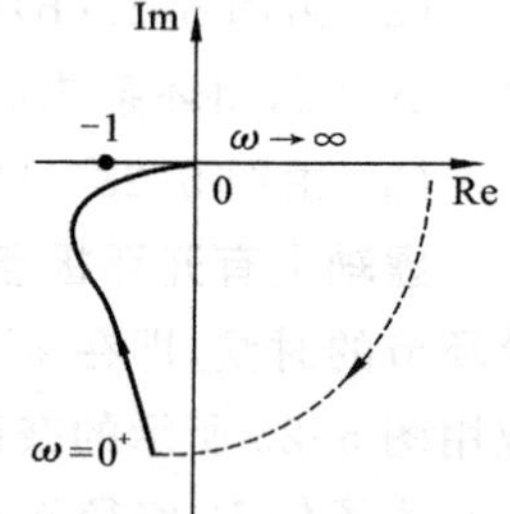

图 5-30　例 5-10 极坐标图

系统的开环传递函数在 s 右半平面没有极点，开环频率特性

$G(\mathrm{j}\omega)H(\mathrm{j}\omega)$不包围$(-1,\mathrm{j}0)$点，即 $P=0,N=0$，故闭环系统稳定。

例 5-11　已知反馈系统的开环传递函数为

$$G(s)H(s)=\frac{K(\tau s+1)}{s^2(Ts+1)}$$

试用奈氏判据分析当 $T>\tau$、$T<\tau$ 时系统的稳定性。

解　系统为 II 型系统，即 $v=2$。开环传递函数在 s 右半平面没有极点，故 $P=0$。

开环频率特性为 $G(\mathrm{j}\omega)=\dfrac{K(\mathrm{j}\omega\tau+1)}{(\mathrm{j}\omega)^2(\mathrm{j}\omega T+1)}$；幅频 $A(\omega)=\dfrac{K\sqrt{\omega^2\tau^2+1}}{\omega^2\sqrt{\omega^2T^2+1}}$，

相频 $\phi(\omega)=-180^\circ-\arctan T\omega+\arctan\tau\omega$。

(1) $T>\tau$ 时，当 $\omega=0^+$ 时，$A(0^+)=\infty,\phi(0^+)=-180^\circ-0^+$；当 $\omega\to\infty$时，$A(\infty)=0,\phi(\infty)=-180^\circ$；由于$-90^\circ<-\arctan T\omega+\arctan\tau\omega\leqslant 0$，故极坐标图分布在第 II 象限，大致形状如图 5-31(a)中实线所示。$v=2$，故从 $\omega=0^+$ 处开始按逆时针方向补画$\dfrac{2}{4}$个半径为无穷大的圆，如图 5-31(a)中虚线所示，$G(\mathrm{j}\omega)H(\mathrm{j}\omega)$顺时针包围$(-1,\mathrm{j}0)$一次，故 $P=0,N=-1,Z=P-2N=2$，闭环系统不稳定。在 s 右半平面有两个闭环极点。

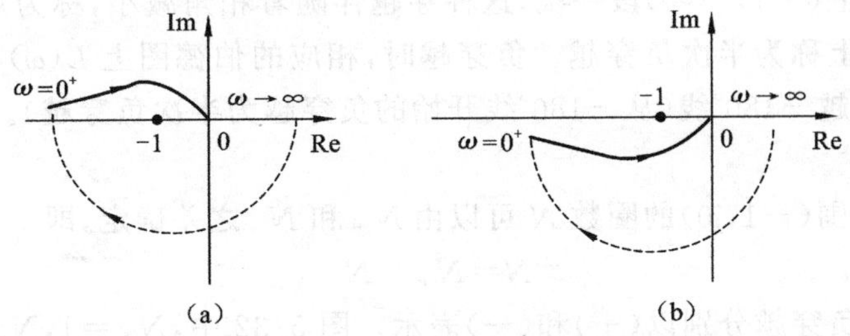

图 5-31　例 5-11 极坐标图

(2) 当 $T<\tau$ 时，$\omega=0^+$ 时，$A(0^+)=\infty,\phi(0^+)=-180^\circ+0^+$；当 $\omega\to\infty$时，$A(\infty)=0,\phi(\infty)=-180^\circ$；由于 $0\leqslant-\arctan T\omega+\arctan\tau\omega<90^\circ$，故极坐标图分布在第 III 象限，大致形状如图 5-31(b)中实线所示。从 $\omega=0^+$ 处开始按逆时针方向补画$\dfrac{2}{4}$个半径为无穷大的圆，如图 5-31(b)中虚线所示，$G(\mathrm{j}\omega)H(\mathrm{j}\omega)$不包围$(-1,\mathrm{j}0)$点，故有 $P=0,N=0$，$Z=0$，闭环系统稳定。

5.4.3　对数频率稳定判据

将奈氏判据引申到伯德图上，就成为对数稳定判据。在伯德图上运用奈氏判据的关键在于如何确定 $G(\mathrm{j}\omega)H(\mathrm{j}\omega)$ 包围$(-1,\mathrm{j}0)$的圈数 N 。系统开环频率特性的幅相曲线(极坐标图)和伯德图之间存在着一定的对应关系，如图 5-32 所示。

极坐标图上$|G(\mathrm{j}\omega)H(\mathrm{j}\omega)|=1$的单位圆与伯德图上的 0 dB 线相对应，单位圆外对应 $L(\omega)>0$；极坐标图的负实轴对应于伯德图的相频特性-180°线。

如果开环频率特性 $G(\mathrm{j}\omega)H(\mathrm{j}\omega)$按逆时针方向包围$(-1,\mathrm{j}0)$点一周，则必然从上向下穿过负实轴上$(-1,-\infty)$段一次，这种穿越伴随着相角增加，称为正穿越；如果是自实轴区间

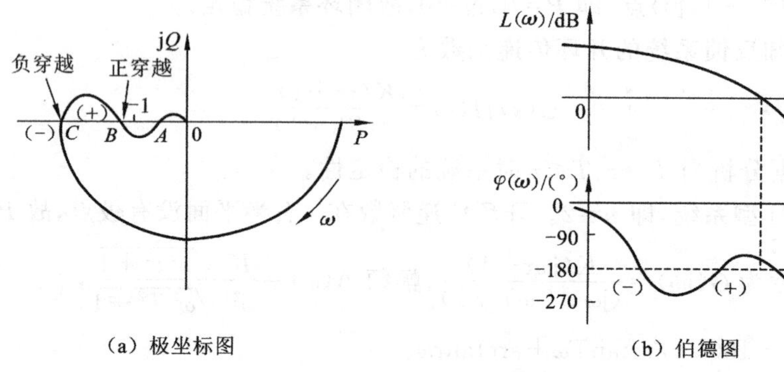

图 5-32 极坐标图及其对应的伯德图

$(-1,-\infty)$开始向下，称为半次正穿越。正穿越处，$|G(j\omega)H(j\omega)|>1$。对应于伯德图上$L(\omega)>0$范围内，ω增大时，相频曲线$\phi(\omega)$由下而上穿越$-180°$线为正穿越（从$-180°$线开始向上为半次正穿越），如图 5-32 所示。正穿越次数用N_+表示。

如果开环频率特性按顺时针方向包围$(-1,j0)$点一周，则$G(j\omega)H(j\omega)$ $(0\leqslant\omega\leqslant\infty)$必然从下向上穿过负实轴上$(-1,-\infty)$段一次，这种穿越伴随着相角减小，称为负穿越；自实轴区间$(-1,-\infty)$开始向上称为半次负穿越。负穿越时，相应的伯德图上$L(\omega)>0$范围内，相频曲线$\phi(\omega)$由上而下穿越$-180°$线（从$-180°$线开始的负穿越为半次负穿越）。负穿越次数用N_-表示。

$G(j\omega)H(j\omega)$包围$(-1,j0)$的圈数N可以由N_+和N_-之差确定，即

$$N=N_+-N_- \tag{5-50}$$

图 5-32 上，正负穿越分别以（+）和（−）表示。图 5-32 中，$N_+=1$，$N_-=1$，故$N=0$。

当$G(s)H(s)$包含积分环节时，在对数相频曲线ω为0^+的地方，从$\angle G(j0^+)H(j0^+)$向上补画一条到相角$\angle G(j0^+)H(j0^+)+\nu\cdot 90°$的虚线，这里$\nu$是积分环节个数。计算正负穿越数时，应将补上的虚线看成对数相频曲线的一部分。

综上所述，对数频率稳定判据可表述如下：闭环系统稳定的充要条件是，当ω由 0 向$+\infty$变化时，在开环对数幅频特性$L(\omega)>0$的频段内，相频特性曲线$\phi(\omega)$穿越$-180°$线$N=N_+-N_-$为$P/2$，P为位于s右半平面开环极点的数目。

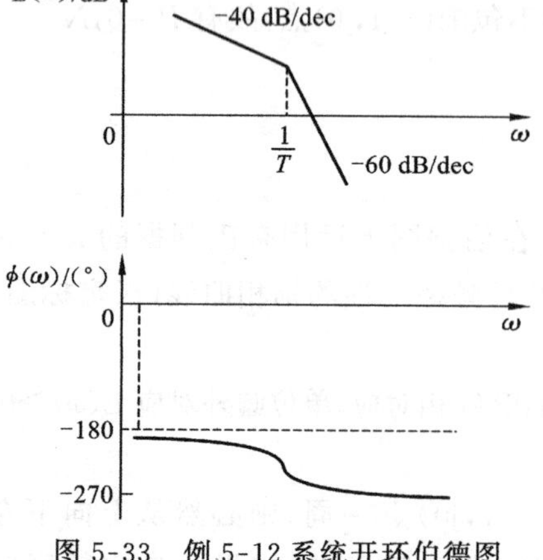

图 5-33 例 5-12 系统开环伯德图

例 5-12 一反馈控制系统，开环传递函数$G(s)H(s)=\dfrac{K}{s^2(Ts+1)}$，伯德图如图 5-33 中实线所示。试用对数频率稳定判据判断系统的稳定性。

解 系统的开环对数频率特性如图 5-33 所示。由于$G(s)H(s)$有两个积分环节，故在对数相频曲线$\omega=0^+$处，补画了一条$-180°$到$0°$的虚线，作为对数相频曲线的一部分。由图 5-33 可以看出，补画虚线后，$N_+=0$，$N_-=1$，$N=N_+-N_-=-1$。由开环传递函数知$P=0$，所以有$Z=P-2N=2$，闭环系统不稳定，有两个闭环极点位于s右半平面。

例 5-13　已知一反馈控制系统开环传递函数为 $G(s)H(s)=\dfrac{K}{s(Ts-1)}$，开环伯德图如图 5-34 实线，试用对数频率稳定判据判断系统的稳定性。

解　$G(s)H(s)$有一个积分环节，故在相频曲线 $\omega=0^{+}$ 处，补画一条 $-270°$ 到 $-180°$ 的虚线，作为对数相频曲线的一部分。补虚线后，$N_{+}=0$，$N_{-}=\dfrac{1}{2}$，$N=N_{+}-N_{-}=-\dfrac{1}{2}$。由开环传递函数知 $P=1$，所以，$Z=P-2N=2$，闭环系统不稳定，有 2 个闭环极点位于 s 右半平面。

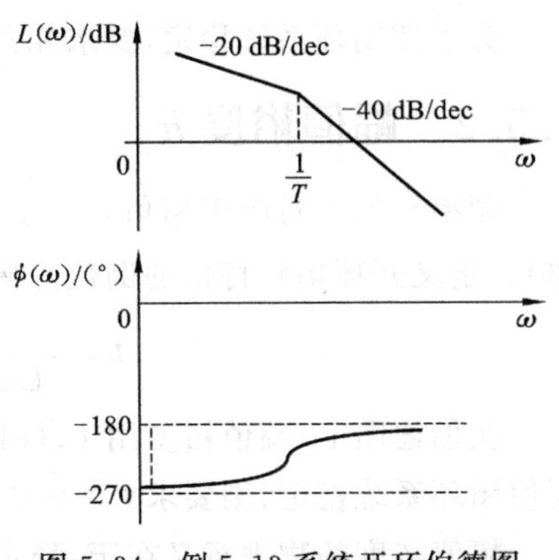

图 5-34　例 5-13 系统开环伯德图

5.5　自动控制系统相对稳定性分析

为了使控制系统可靠地工作，不仅要求它稳定，通常还希望系统具有足够的稳定裕度，即一定的相对稳定性。5.4 节介绍了奈奎斯特稳定判据，其原理是根据开环频率特性判断闭环系统稳定性，系统是否稳定依赖于开环频率特性 $G(j\omega)H(j\omega)$ 包围 $(-1,j0)$ 点的情况。因此，系统开环频率特性曲线靠近 $(-1,j0)$ 点的程度表征了系统的相对稳定性。系统的相对稳定性通常用相角裕度 γ 和幅值裕度 K_g 来衡量。

5.5.1　相角裕度 γ

在频率特性上对应于幅值 $A(\omega_c)=|G(j\omega_c)H(j\omega_c)|=1$ 的角频率 ω_c 称为剪切频率（或称幅值穿越频率），在剪切频率 ω_c 处，使系统达到临界稳定状态所要附加的相角滞后量，称为相角裕度，以 γ 或 PM(phase magin)表示。相角裕度计算公式为

$$\gamma=\varphi(\omega_c)-(-180°)=180°+\varphi(\omega_c) \tag{5-51}$$

式中：$\varphi(\omega_c)$ 为开环相频特性在 $\omega=\omega_c$ 处的相角。相角裕度和幅值裕度定义如图 5-35 所示。

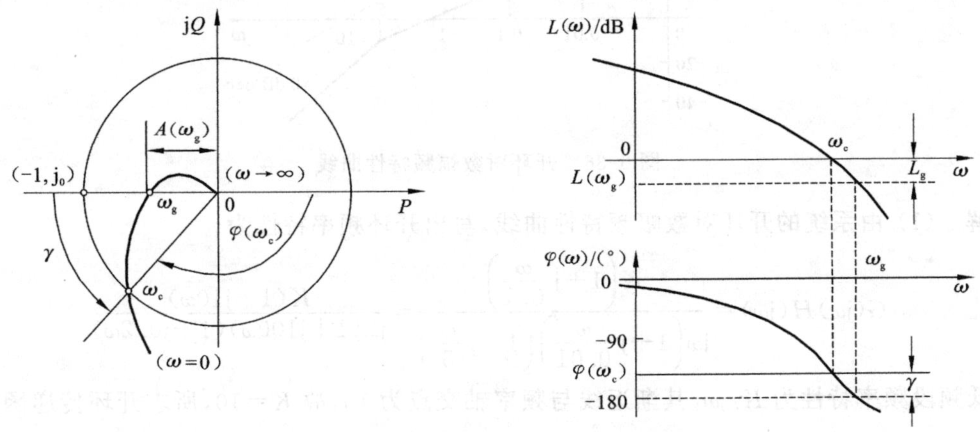

图 5-35　幅值裕度和相角裕度示意图

为了使闭环系统稳定，要求相角裕度为正，即 $\gamma>0$。一般 γ 越大，相对稳定性越好。

5.5.2 幅值裕度 h

频率特性上对应于相角 $\varphi(\omega_g)=-180°$处的角频率 ω_g 称为相位穿越频率(或相位交界频率)。定义开环幅频特性的倒数为幅值裕度，以 h 或 GM(gain margin)表示。即

$$h=\frac{1}{|G(j\omega_g)H(j\omega_g)|} \quad 或 \quad h=\frac{1}{A(\omega_g)} \tag{5-52}$$

在伯德图上，幅值裕度用 L_g(dB)表示，$L_g=20\lg h=-L(\omega_g)$，如图 5-34 中伯德图所示。要使闭环系统稳定，则要求 $h>1$(或 L_g 大于 0 dB)，即 $|G(j\omega_g)H(j\omega_g)|<1$。

幅值裕度的物理意义在于：稳定系统的开环增益增大 h 倍后，则 ω_g 处的幅值 $A(\omega_g)=1$，曲线正好通过(-1,j0)点，系统处于临界稳定状态；若开环增益继续增大，系统将不稳定。

对于最小相位系统，要使系统稳定，要求相角裕度 $\gamma>0$，幅值裕度 $h>1$。为保证系统具有一定的相对稳定性，稳定裕度不能太小。闭环系统稳定的情况下，γ 和 h 越大，系统的稳定程度越高，也就是相对稳定性越好。稳定裕度也间接地反映了系统动态过程的平衡性。在工程设计中，为了使系统具有良好的相对稳定性，一般要求在截止频率 ω_c 处的开环对数幅频渐近线的斜率为-20 dB/dec，要求 $\gamma=30°\sim60°$，幅值裕度 $h\geqslant2$ 或 $20\lg h\geqslant6$ dB。

必须指出，对于开环不稳定系统，不能用幅值裕度和相角裕度来判别其闭环系统的稳定性。

例 5-14 已知一单位负反馈最小相位系统，其开环对数幅频特性如图 5-36 所示。

(1) 试求系统开环传递函数；

(2) 计算系统的稳定裕度，并判别系统的稳定性；

(3) 如果系统是稳定的，求输入信号 $r(t)=t$ 时系统的稳态误差。

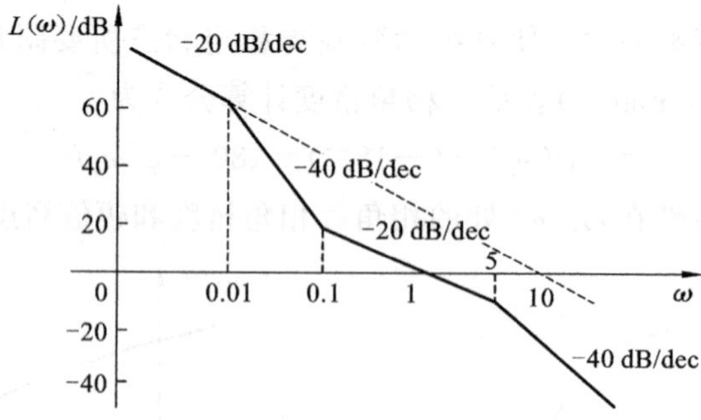

图 5-36 开环对数幅频特性曲线

解 (1) 由系统的开环对数幅频特性曲线，写出开环频率特性为

$$G(j\omega)H(j\omega)=\frac{K\left(1+j\dfrac{\omega}{0.1}\right)}{j\omega\left(1+j\dfrac{\omega}{0.01}\right)\left(1+j\dfrac{\omega}{5}\right)}=\frac{K(1+j10\omega)}{j\omega(1+j100\omega)(1+j0.2\omega)}$$

低频段频率特性为 $K/j\omega$，其渐近线与频率轴交点为 10，故 $K=10$，所求开环传递函数为

$$G(s)H(s)=\frac{10(1+10s)}{s(1+100s)(1+0.2s)}$$

(2) 由图 5-36 知，对数幅频过 0 dB 线时的频率为 $\omega=1$，此即为剪切频率，故 $\omega_c=1$；

$$\phi(\omega_c)=-90^\circ+\arctan 10-\arctan 100-\arctan 0.2=-106.4^\circ$$

相角裕度 $\gamma=180^\circ+\phi(\omega_c)=73.6^\circ$，$\gamma>0$。系统为最小相位系统，由系统频率特性可以看出，当 $\omega\to\infty$ 时，$\phi(\omega)\to-180^\circ$，因此系统具有 ∞ dB 幅值裕度。闭环系统稳定。

(3) 速度误差系数 $K_v=\lim\limits_{s\to 0} sG(s)H(s)=10$，所以稳态误差为 $e_{ss}=1/K_v=0.1$。

例 5-15　已知一单位负反馈最小相位系统的开环伯德图如图 5-37 所示。

(1) 试求系统开环传递函数；

(2) 计算系统的稳定裕度。

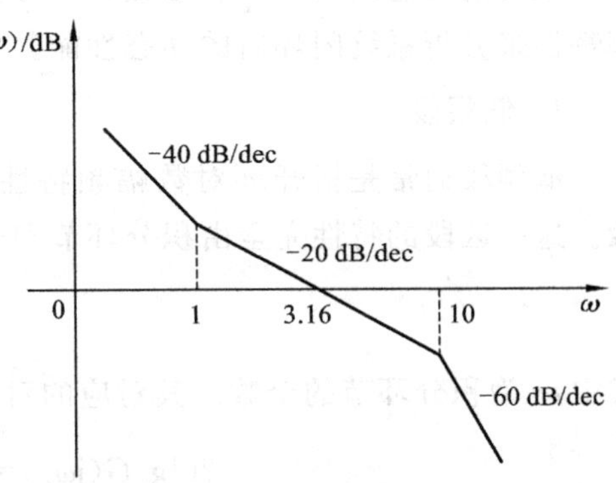

图 5-37　伯德图

解　(1) 由开环伯德图，低频段斜率为 -40 dB/dec，系统包含两个积分环节；在 $\omega=1$ 时，渐近线斜率由 -40 dB/dec 变为 -20 dB/dec，为一阶微分环节转折频率；在 $\omega=10$ 时，斜率由 -20 dB/dec 变为 -60 dB/dec，故 $\omega=10$ 为两个惯性环节的转折频率。据上述分析，写出系统的开环传递函数为

$$G(s)H(s)=\frac{K(s+1)}{s^2\ (0.1s+1)^2}$$

由伯德图可知 $\omega_c=3.16$，从而 $A(\omega_c)=\dfrac{K\sqrt{\omega_c^2+1}}{\omega_c^2\sqrt{(0.1\omega_c)^2+1}}=1$，取 $\sqrt{(0.1\omega_c)^2+1}\approx 1$，$\sqrt{\omega_c^2+1}\approx\omega_c$。

解得 $K\approx\omega_c=3$，故所求开环传递函数为

$$G(s)H(s)=\frac{3.16(s+1)}{s^2\ (0.1s+1)^2}$$

(2) 令 $\phi(\omega)=-180^\circ+\arctan\omega-2\arctan 0.1\omega=-180^\circ$，求得 $\omega_g=8.94$，则幅值裕度为

$$L_g=-20\lg A(\omega_g)\approx-20\lg\frac{3.16\omega_g}{\omega_g^2}=9.03\text{ dB}$$

将 $\omega_c=3.16$ 代入相角计算公式，得

$$\phi(\omega_c)=-180^\circ+\arctan 3.16-2\arctan 0.316=-142.6^\circ$$

相角裕度 $\gamma=180^\circ+\phi(\omega_c)=37.4^\circ$。相角裕度、幅值裕度均大于 0，闭环系统稳定。

5.6　频域性能指标与时域性能指标的关系

常用的频域性能指标有相角裕度、增益裕度、谐振峰值、谐振频率和频带宽度等，这些指标虽然也间接地表征了系统瞬态响应的性能，但不如时域性能指标那样明确、直观。实际上，在一阶、二阶系统中，时域性能指标和频域性能指标间有着确定的对应关系，在高阶系统中也有着近似的对应关系。因此工程上常用 γ 和 ω_c 等频域性能指标来估算系统的时域性能指标。

5.6.1　开环频率特性与闭环系统动态性能的关系

对于单位负反馈系统，其开环、闭环传递函数之间的关系为

$$\Phi(s)=\frac{G(s)}{1+G(s)} \tag{5-53}$$

系统的动态结构及所有参数，唯一地取决于开环传递函数。因此，可以根据系统的开环频率特性来分析系统闭环后的动态性能。

1. 低频段

低频段通常是指开环对数幅频特性 $20\lg|G(j\omega)|$ 的渐近线在第一个转折频率以前的区段。这一区段的特性完全由积分环节和开环增益决定。设低频段对应的传递函数为

$$G(s)=\frac{K}{s^{v}} \tag{5-54}$$

式中：v 为积分环节的个数。其对应的对数幅频特性为

$$20\lg|G(j\omega)|=20\lg\frac{K}{\omega^{v}}=20\lg K-v20\lg\omega \tag{5-55}$$

低频段斜率的绝对值越大，位置越高，对应串联的积分环节的数目越多(类型越高)，开环增益越大。故闭环系统在满足稳定的条件下，其稳态误差越小，动态响应的最终精度越高。

2. 中频段

中频段是指开环对数幅频特性曲线 $20\lg|G(j\omega)|$ 在幅值穿越频率 ω_c 附近的区段。这一区段的特性集中反映闭环系统动态响应的稳定性和快速性。一般将中频段配置较宽的 -20 dB/dec 斜率线，且剪切频率 ω_c 高一些，这时系统具有近似一阶模型的动态过程，超调量 M_p 及调节时间 t_S 都可以很小。

3. 高频段

高频段是指开环对数幅频特性曲线 $20\lg|G(j\omega)|$ 在中频段以后 $\omega>\omega_c$ 的区段。由于远离 ω_c，一般分贝值较低，对系统的动态响应影响不大。但从系统抗干扰性的角度看，高频段非常重要。高频段的开环幅频特性的分贝值较低，有 $20\lg|G(j\omega)|\ll 0$，即 $|G(j\omega)|\ll 1$，故对单位负反馈系统，有

$$|\Phi(j\omega)|=\frac{|G(j\omega)|}{1+|G(j\omega)|}\approx|G(j\omega)| \tag{5-56}$$

即闭环幅频特性约等于开环幅频特性。因此，系统开环对数幅频特性在高频段的幅值，直接反映了对输入端高频干扰信号的抑制能力。这部分特性的分贝值越低，系统抗干扰能力越强。

总之，在开环对数频率特性的三个频段中，低频段决定了闭环系统的稳态精度；中频段决定了闭环系统的平稳性和快速性；高频段决定了闭环系统的抗干扰能力。

5.6.2　闭环频率特性

开环频率特性和闭环频率特性之间有着确定的关系，因此可以通过开环频率特性求取系统的闭环频率特性。闭环频率特性与开环频率特性的关系为

$$\Phi(j\omega)=\frac{G(j\omega)}{1+G(j\omega)}=M(\omega)e^{j\alpha(\omega)} \tag{5-57}$$

如果已知 $G(j\omega)$ 上的一点，就可以根据式(5-57)确定出闭环频率特性曲线上相应的一点。可用逐点计算法求得闭环频率特性曲线，但这种方法烦琐费时。为此，过去工程上常用等 M 圆、等 N 圆或尼科尔斯曲线等图解法去绘制闭环频率特性曲线。现在这个工作可以应用 MATLAB 软件通过计算机来完成，既简单、又精度高。

1. 闭环幅频特性的零频值

设单位反馈系统的开环传递函数为

$$G(s)=\frac{K}{s^{v}}G_0(s) \tag{5-58}$$

式中：$G_0(s)$ 中不含积分环节和比例环节，且 $\lim\limits_{s\to 0}G_0(s)=1$，则闭环传递函数为

$$\Phi(s)=\frac{KG_0(s)}{s^{v}+KG_0(s)} \tag{5-59}$$

当系统为 0 型系统时，$v=0$，闭环幅频特性的零频值为

$$M(0)=\lim_{\omega\to 0}\left|\frac{KG_0(j\omega)}{1+KG_0(j\omega)}\right|=\frac{K}{1+K}<1 \tag{5-60}$$

当系统为 I 型及以上系统时，$v\geqslant 1$，闭环幅频特性的零频值为

$$M(0)=\lim_{\omega\to 0}\left|\frac{KG_0(j\omega)}{(j\omega)^{v}+KG_0(j\omega)}\right|=1 \tag{5-61}$$

$M(0)=1$ 说明系统在阶跃信号作用下没有静差，即 $e_{ss}=0$。而 $M(0)\neq 1$ 时，$e_{ss}\neq 0$。

2. 带宽频率

带宽频率 ω_b 是指系统闭环幅频特性下降到频率为 0 时的分贝值以下 3 dB 时所对应的频率。称 $0\leqslant\omega\leqslant\omega_b$ 的频率范围为系统带宽，如图 5-38 所示。带宽频率 ω_b，可由下列方程计算：

$$20\lg|\Phi(j\omega)|=20\lg|\Phi(j0)|-3 \quad 或 \quad M(\omega)=0.707M(0) \tag{5-60}$$

求得的 ω 就是 ω_b。

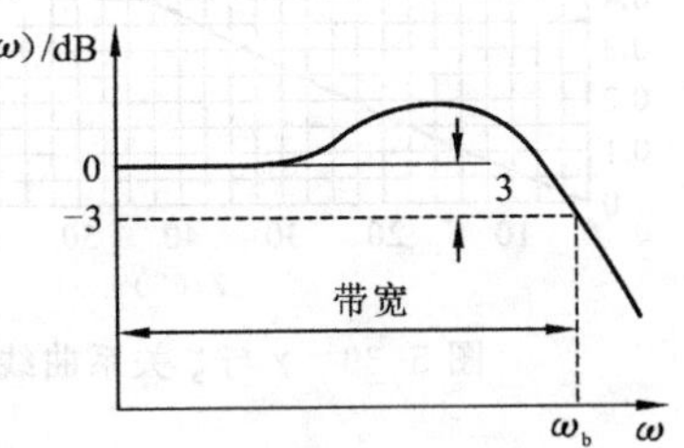

图 5-38　带宽频率与系统带宽

带宽是频域中的一项重要指标。带宽大，表明系统能通过较宽频率的输入；带宽小，系统只能通过较低频率的输入。因此，带宽大的系统，重现输入信号的能力强，系统响应速度快，但抑制高频输入噪声能力减弱。

5.6.3　频域性能指标和时域性能指标的关系

1. 一阶系统

单位负反馈的典型一阶系统的闭环传递函数为

$$\Phi(s)=\frac{1}{Ts+1} \tag{5-61}$$

式中：T 为系统的时间常数。闭环频率特性为 $\Phi(j\omega)=\dfrac{1}{j\omega T+1}$，由 $M(\omega)=0.707M(0)$ 求得系

统带宽频率为 $\omega_b=\dfrac{1}{T}$。

一阶系统无超调，主要动态性能指标为调节时间 t_s。当取5%误差带时，$t_s=3T=\dfrac{3}{\omega_b}$。所以，$\omega_b$ 越大，带宽越大，调节时间 t_s 越小，系统快速性越好。

2. 二阶系统

典型二阶系统开环频率特性为

$$G(j\omega)=\frac{\omega_n^2}{j\omega(j\omega+2\zeta\omega_n)} \tag{5-62}$$

$0<\zeta<1$ 时，超调量 $M_p=e^{-\frac{\zeta\pi}{\sqrt{1-\zeta^2}}}\times100\%$，峰值时间 $t_p=\dfrac{\pi}{\omega_n\sqrt{1-\zeta^2}}$，调节时间 $t_s=3/\zeta\omega_n(5\%)$。

下面讨论二阶系统的频域性能指标和特征参数之间的关系。开环二阶系统幅频和相频分别为 $A(\omega)=\dfrac{\omega_n^2}{\omega}\cdot\dfrac{1}{\sqrt{\omega^2+(2\zeta\omega_n)^2}}$，$\phi(\omega)=-90°-\arctan\dfrac{\omega}{2\zeta\omega_n}$。

令 $A(\omega)=1$，可求得幅值穿越频率为

$$\omega_c=\omega_n\sqrt{\sqrt{4\zeta^4+1}-2\zeta^2} \tag{5-63}$$

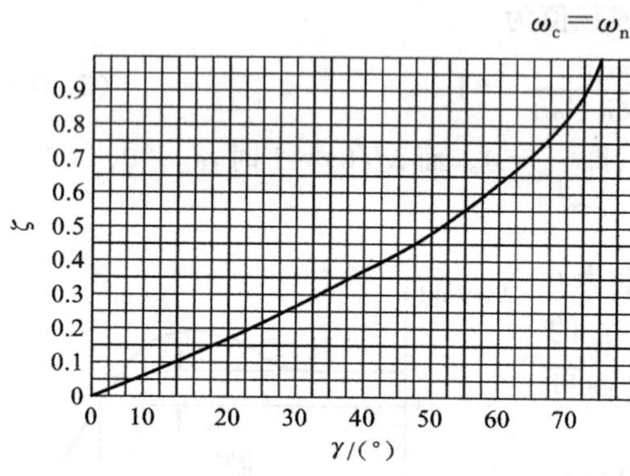

图 5-39　γ与ζ关系曲线

当 $\omega=\omega_c$ 时，相角大小为 $\phi(\omega_c)=-90°-\arctan\sqrt{\sqrt{4\zeta^4+1}-2\zeta^2}/2\zeta$，系统相角裕度为

$$\gamma=180°+\phi(\omega_c)=\arctan\frac{2\zeta}{\sqrt{\sqrt{4\zeta^4+1}-2\zeta^2}} \tag{5-64}$$

式(5-63)和式(5-64)表示了典型二阶系统开环频域性能指标 γ、ω_c 和 ζ、ω_n 的关系。图5-39为相角裕度 γ 和阻尼系数 ζ 的关系曲线。

典型二阶系统的闭环频率特性为

$$\Phi(j\omega)=\frac{\omega_n^2}{(j\omega)^2+2\zeta\omega_n(j\omega)+\omega_n^2}=\frac{\omega_n^2}{(\omega_n^2-\omega^2)+j2\zeta\omega_n\omega}=M(\omega)e^{j\alpha(\omega)} \tag{5-65}$$

闭环系统的幅频特性为 $M(\omega)=\dfrac{\omega_n^2}{\sqrt{(\omega_n^2-\omega^2)^2+(2\zeta\omega_n\omega)^2}}$。当 $0<\zeta<1/\sqrt{2}$ 时，系统存在谐振。

谐振峰值 $M_r=\dfrac{1}{2\zeta\sqrt{1-\zeta^2}}$，由谐振峰值公式可求得

$$\zeta=\sqrt{\frac{1-\sqrt{1-1/M_r^2}}{2}} \tag{5-66}$$

对应的谐振频率：

$$\omega_r=\omega_n\sqrt{1-2\zeta^2} \tag{5-67}$$

令 $M(\omega)=0.707M(0)$，可求得带宽频率为

$$\omega_b=\omega_n\sqrt{1-2\zeta^2+\sqrt{(1-2\zeta^2)^2+1}} \tag{5-68}$$

式(5-66)～式(5-68)描述了典型二阶系统闭环频率特性的 M_r、ω_r、ω_b 和 ζ、ω_n 之间的关系。

将表征频域性能指标的参数 γ、ω_c、M_r、ω_r、ω_b 等与 ζ、ω_n 的关系式和时域性能指标 $\sigma\%$、t_s 等与 ζ、ω_n 的关系式相联系，消去 ζ、ω_n，则可得到频域性能指标和时域性能指标之间的关系。

综上所述，对于一阶、二阶系统频域性能指标与时域性能指标 $\sigma\%$、t_s 有着确定的关系。但高阶系统频域性能指标和时域性能指标之间没有确定的关系式，如果高阶系统中有一对共轭主导极点，则上述时域性能指标与频域性能指标的对应关系就可以近似地应用了。

5.7　利用 MATLAB 绘制系统的频率特性

利用 MATLAB 工具箱中的 bode、nyquist、margin 和 logspace 等函数可以非常简单快速地绘制出系统的频率特性曲线。

5.7.1　用 MATLAB 绘制伯德图

Bode()函数是绘制系统对数频率特性曲线(伯德图)的函数，基本格式为

```
bode(num,den);
```

输入传递函数分子、分母参数 num，den 后，调用该命令可绘出系统的伯德图。采用带输出变量的方式：

```
w=logspace(a,b,n)
[mag,phase,w]=bode(num,den)
```

可求出 w 取不同值时的幅频值 mag 和相频值 phase，不绘图，只给出数值。用 logspace 函数指定频率 w 的范围，其格式为

```
w=logspace(a,b,n)
```

logspace(a,b,n)在十进制数10^a 和10^b 之间，产生 n 个在对数上有相等距离的点。例如，为了在 1 rad/s 和 1 000 rad/s 之间产生 100 个点，可输入下列命令：

```
w=logspace(0,3,100)
```

如果需要画出指定频率范围的伯德图，可采用：

```
bode(num,den,w)
```

例 5-16　已知一单位反馈系统的开环传递函数为

$$G(s)=\frac{20(0.1s+1)}{s(0.5s+1)}$$

试绘制该传递函数在(0.01,1000)频率范围内的伯德图。

MATLAB 程序如下，运行后画出伯德图如图 5-40 所示：

```
%BODE 图 MATLAB 程序
num=20*[0.1,1];
den=conv([1,0],[0.5,1]);
```

```
w=logspace(-2,3,10000);
bode(num,den,w)
grid on %画出风格线
title('G(s)=20(0.1s+1)/[s(0.5s+1)] 伯德图')
```

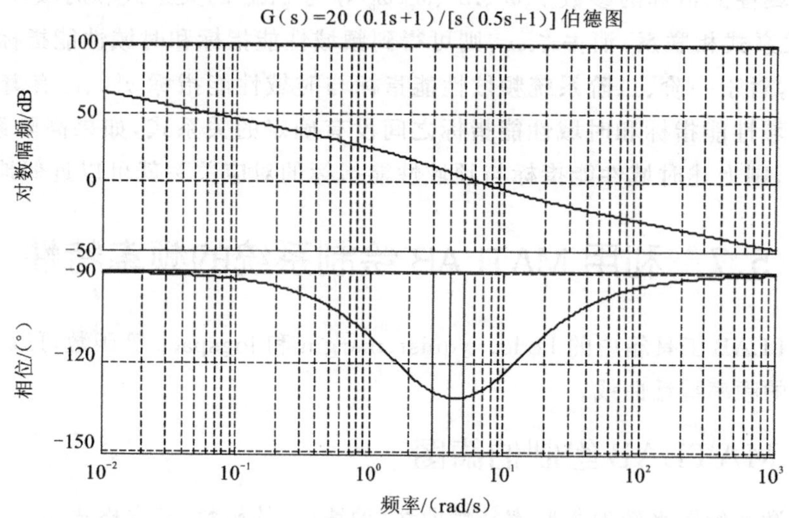

图 5-40　例 5-16 伯德图

5.7.2　用 MATLAB 求取稳定裕度

采用 margin 函数可以求得系统的幅值裕度、相角裕度、幅值穿越频率、相位穿越频率，并绘制对数频率特性曲线，格式如下：

```
margin(num,den)
```

需要指出，margin 函数与 bode 函数都是绘制对数频率特性曲线的函数，但用 margin 函数绘出的对数频率特性曲线中，给出了幅值裕度和相角裕度等特征参数。

例 5-17　已知系统的开环传递函数为

$$G(s)=\frac{20}{s(0.1s+1)(0.5s+1)}$$

试用 MATLAB 绘制系统的伯德图，并求出幅值裕度和相角裕度。

解　MATLAB 程序如下：

```
num=[10];
den=[0.1  1.1  1  0];
margin(num,den)
```

运行后画出伯德图如图 5-41 所示。

伯德图上面显示的即为稳定裕度。从图 5-41 中可看出，增益裕度为 $G_m=-16.5$ dB，对应的相位穿越频率为 1.41 rad/s；相角裕度 $P_m=-40.4°$，对应的幅值穿越频率为 3.19 rad/s。

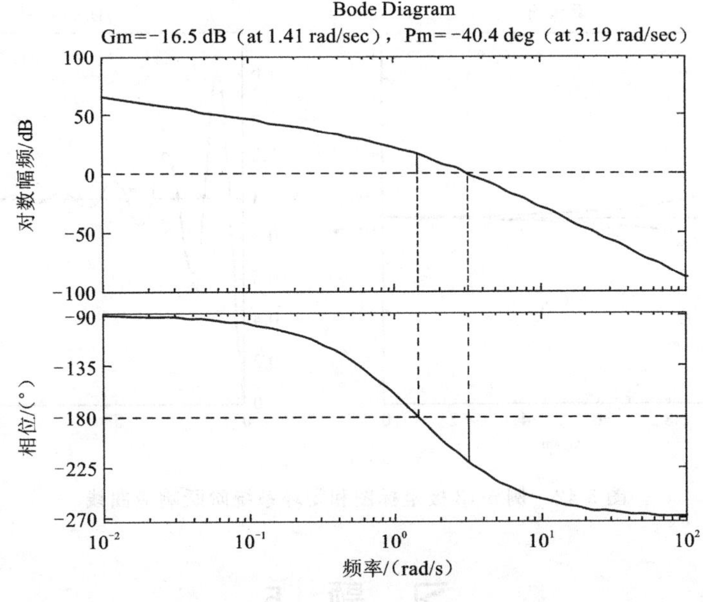

图 5-41　例 5-17 伯德图

5.7.3　nyquist 图的绘制

nyquist 函数是绘制系统 $G(s)=\dfrac{\text{num}(s)}{\text{den}(s)}$ 幅相曲线(奈氏曲线)的函数,其格式如下:

$$\begin{aligned}&\text{nyquist(num,den)}\quad 或\\&[\text{re,im,w}]=\text{nyquist(num,den)}\\&[\text{re,im,w}]=\text{nyquist(num,den,w)}\end{aligned}\tag{5-118}$$

第 1 种调用方式可绘出系统的奈氏曲线;第 2 种调用方式可求出 w 取不同值时的实频和虚频值;第 3 种调用方式可求出某一指定 w 值时实频和虚频值。

例 5-18　设某系统的开环传递函数为

$$G(s)=\frac{10}{s(s+1)}$$

试用 MATLAB 绘制系统的奈奎斯特曲线,并判断闭环系统的稳定性,最后计算闭环系统的单位阶跃响应。

解　MATLAB 程序如下:

```
num3=[10];den3=[1 1 0];
sys1=tf(num3,den3);
subplot(1,2,1);
nyquist(sys1);title('Nyquist Plot');
sys2=feedback(sys1,1)
subplot(1,2,2);
step(sys2);title('step Response')
```

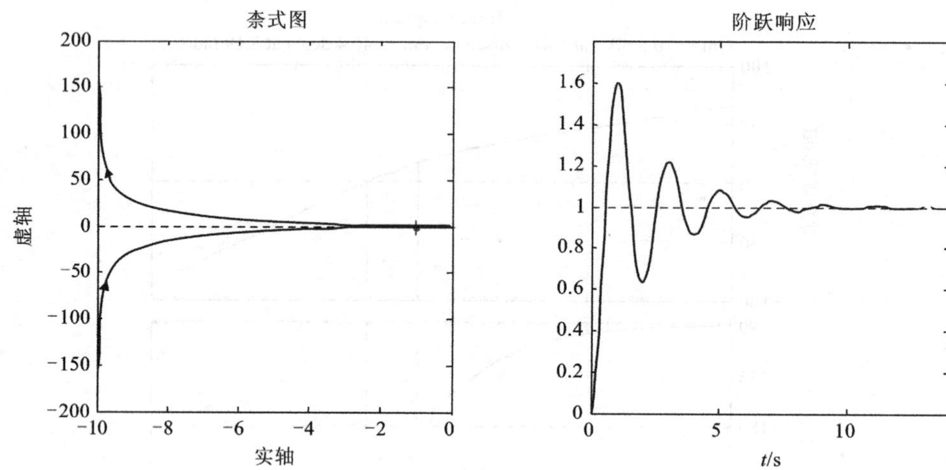

图 5-42 例 5-18 极坐标图和闭环系统阶跃响应曲线

习 题 5

1. 若系统单位阶跃响应为 $h(t)=1-0.5\mathrm{e}^{-4t}+2\mathrm{e}^{-t}, t\geqslant 0$，试求系统的频率特性。

2. 已知单位负反馈系统的开环传递函数为 $G(s)=\dfrac{9}{s+1}$，试求系统在下列输入信号作用下的稳态输出。

(1) $r(t)=\sin(t+30°)$

(2) $r(t)=2\cos(2t-45°)$

(3) $r(t)=\sin(t+30°)-2\cos(2t-45°)$

3. 已知典型二阶系统的开环传递函数为

$$G(s)=\frac{\omega_n^2}{s(s+2\zeta\omega_n)}$$

当输入 $r(t)=2\sin t$ 时，系统的稳态输出为 $c_s(t)=2\sin(t-45°)$，试确定参数 ζ、ω_n。

4. 试绘出下列各传递函数对应的极坐标图和伯德图。

(1) $G(s)=\dfrac{K(T_3 s+1)}{s(T_1 s+1)(T_2 s+1)}$, $\quad T_1>T_2>T_3>0$

(2) $G(s)=\dfrac{250}{s(s^2+s+100)}$

(3) $G(s)=\dfrac{s+0.1}{s(s+0.01)}$

(4) $G(s)=\dfrac{10(s+0.2)}{s^2(s+0.1)}$

(5) $G(s)=\dfrac{K}{s(s-1)}$

5. 已知最小相位系统的开环对数幅频特性的渐近线如题图 5.1 所示，试求系统开环传递函数。

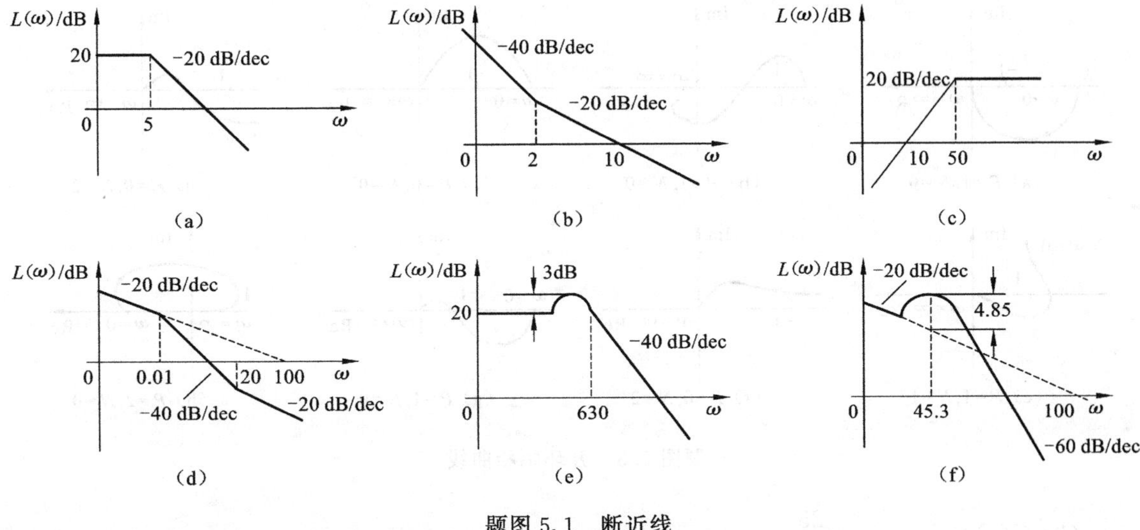

题图 5.1　渐近线

6. 试用奈氏判据判断闭环系统的稳定性。各系统的开环传递函数如下：

(1) $G(s)=\dfrac{K(T_3s+1)}{s(T_1s+1)(T_2s+1)}$，　$T_3>T_1+T_2$

(2) $G(s)=\dfrac{10(s+100)}{s(s-2)}$

7. 最小相位系统的开环对数幅频特性如题图 5.2 所示，试求系统开环传递函数。

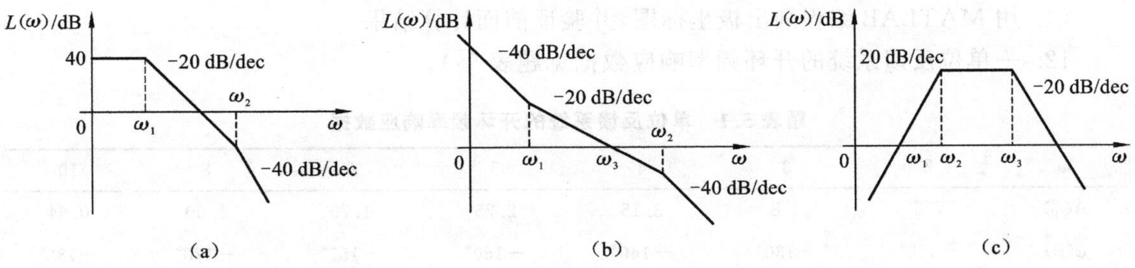

题图 5.2　最小相位系统的开环对数幅频特性图

8. 已知系统的开环传递函数为

$$G_K(s)=\frac{K(0.1s+1)}{s(s-1)}$$

试用奈氏判据判断闭环系统的稳定性。

9. 设开环幅相曲线如题图 5.3 所示，试判定闭环系统稳定性。P 为 s 右半平面的开环极点数，N 为积分环节个数。若不稳定，判断 s 右半平面的闭环极点数。

10. 绘制下列开环传递函数的伯德图，并利用相角裕度判断闭环系统稳定性。

(1) $G(s)=\dfrac{10}{s(0.1s+1)^2}$

(2) $G(s)=\dfrac{10(s+0.2)}{s^2(s+1)}$

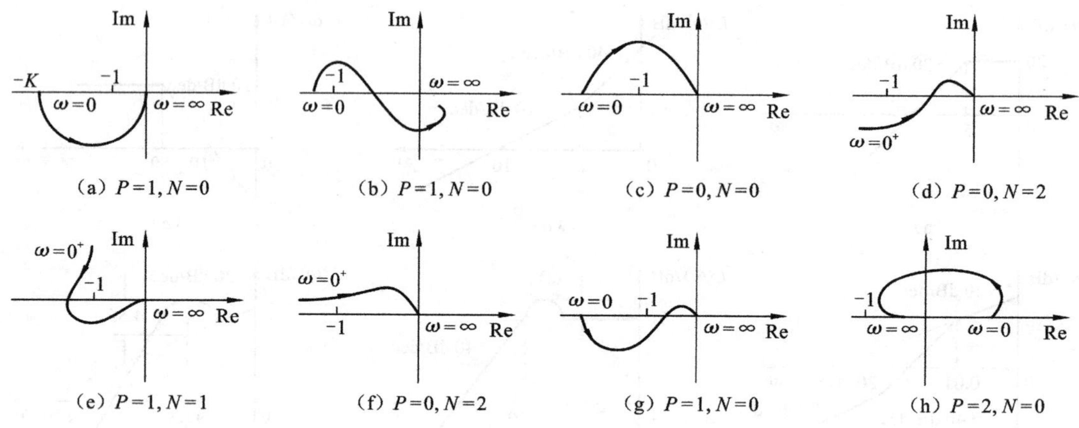

题图 5.3 开环幅相曲线

(3) $G(s)=\dfrac{25}{s(0.2s+1)(0.08s+1)}$

11. 设单位反馈系统的开环传递函数为

$$G_k(s)=\frac{250}{s(s+5)(s+15)}$$

(1) 绘制系统开环幅相曲线；

(2) 判断系统的稳定性；

(3) 求系统的相角裕度和幅值裕度；

(4) 用 MATLAB 编程画出极坐标图，并验证前面计算结果。

12. 一单位反馈系统的开环频率响应数据见题表 5.1。

题表 5.1 单位反馈系统的开环频率响应数据

ω	2	3	4	5	6	8	10
$A(\omega)$	7.5	4.8	3.15	2.25	1.70	1.00	0.64
$\varphi(\omega)$	−118°	−130°	−140°	−150°	−157°	−170°	−180°

(1) 求系统增益裕度和相角裕度；

(2) 确定使系统增益裕度为 20 dB 时所需的增益变化量；

(3) 确定使系统相角裕度为60°时所需的校准变化量。

13. 单位反馈系统的开环传递函数为 $G(s)=\dfrac{as+1}{s^2}$，试确定系统相角裕度为45°时 a 值。

14. 已知某控制系统如题图 5.4 所示，试求系统开环剪切频率 ω_c 和相角裕度 γ。

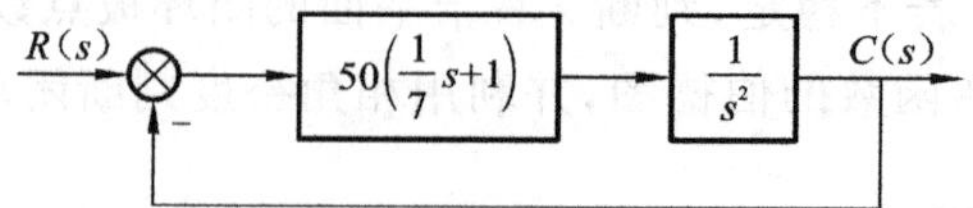

题图 5.4 某控制系统

15. 一单位负反馈系统的开环对数幅频特性曲线如题图5.5所示。

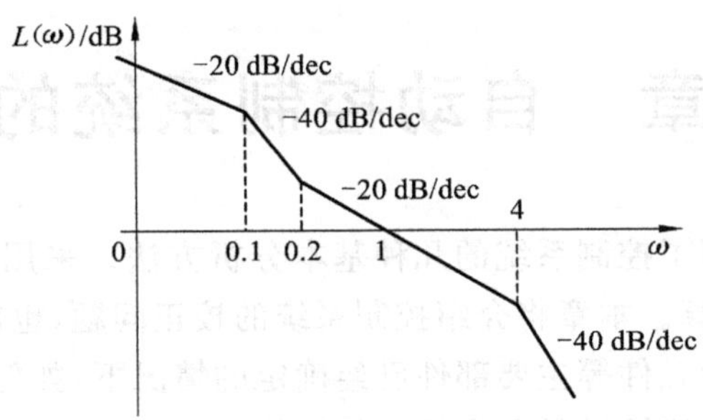

题图5.5　开环对数幅频特性曲性

(1) 写出系统传递函数；

(2) 判别闭环系统的稳定性；

(3) 如果闭环系统稳定，求系统输入 $r(t)=\sin 2t$ 时的稳态误差；

(4) 如果将幅频向右平衡十倍频程，试讨论对系统阶跃响应的影响。

16. 一单位反馈系统的开环传递函数为

$$G(s)=\frac{K}{s(1+0.2s)(1+0.05s)}$$

(1) $K=1$ 时系统的相角裕度和幅值裕度；

(2) 如何调整 K，使系统的增益裕度为20 dB，相角裕度 $\gamma \geqslant 40°$。

17. 设单位负反馈系统的开环传递函数为

$$G(s)=\frac{K}{s(1+Ts)(1+s)},\quad K>0, T>0$$

试根据奈氏判据确定其闭环稳定条件：

(1) $T=2$ 时，K 的稳定范围；

(2) $K=10$ 时，T 的稳定范围；

(3) K、T 值的稳定范围。

18. 一台记录仪，其传递函数为 $G(s)=\frac{1}{1+Ts}$，要求被测正弦信号的频率在10 Hz以内时，记录的振幅误差不大于被测信号的10%，试计算记录仪的带宽。

第6章 自动控制系统的校正

在前面的章节里，介绍了控制系统的几种基本分析方法。采用这些方法就可以对控制系统进行定性分析和定量计算。本章将介绍控制系统的校正问题，也就是在系统的基本部分，如被控对象、执行机构和测量元件等主要部件已经确定的情况下，如何通过增加校正装置和调整系统的放大系数，使得系统能够满足预先设定的性能指标。

实际控制系统的设计是一项复杂的工作，既涉及控制算法，又要考虑硬件实现；既要考虑技术要求，又要考虑经济性、可靠性、安装工艺、使用维修等多方面要求。本章所介绍的系统校正只是整个系统设计过程中的一种原理性的局部设计，即从控制理论的观点出发，用数学方法寻找一个理论上能够满足技术要求的控制系统。

6.1 自动控制系统校正的性能指标

系统校正设计的目的是使系统达到给定的性能指标。控制系统的性能通常包括稳态性能指标和动态性能指标两个方面。稳态性能指标表征了系统的控制精度，而动态性能指标表征了系统过渡过程的品质。

1. 性能指标

控制系统的性能指标通常是由使用单位或被控对象的设计单位提出的。不同控制系统对性能指标的要求有不同的侧重，如调速系统对系统平稳性和稳定精度要求较高，而随动系统则对快速性要求较高。对于实际工程问题，性能指标的提出应符合实际系统的需要和可能。

性能指标大体上可归纳为：稳态性能指标、时域动态性能指标和频域动态性能指标。

1）稳态性能指标

稳态性能指标是衡量系统稳态精度的指标。控制系统稳态精度的表征量稳态误差 e_{ss}，一般用三个误差系数来表示，即位置误差系数 K_p、速度误差系数 K_v 和加速度误差系数 K_a。

2）时域动态性能指标

时域动态性能指标通常为上升时间 t_r、峰值时间 t_P、调节时间 t_s、超调量 $\sigma\%$ 等。

3）频域动态性能指标

频域动态性能指标分开环频域指标和闭环频域指标两种。开环频域指标指相角裕度（也称相位裕量）γ、幅值裕度（也称增益裕量）h 和剪切频率 ω_c 等。闭环频域指标指谐振峰值 M_r、谐振频率 ω_r 和频带宽度 ω_b 等。

系统校正时采用的设计方法一般依据性能指标的形式而定，如果性能指标以时域指标的形式给出，一般采用时域法校正；如果是以频域指标特征的形式给出，则采用频率法校正。工程上习惯采用频率法校正。频域指标与时域指标之间有一定的换算关系可以进行互换。

2. 系统的校正方式

通常对于稳态性能和动态性能都有一定要求的大部分控制系统来说，必须引入其他装置，以改变系统结构，才有可能使系统全面地满足性能指标的要求。为使系统满足性能指标而引入的附加装置，称为校正装置，如图 6-1 中的传递函数 $G_c(s)$。按校正装置与系统固有部分的连接方式，控制系统的校正方式可以分为串联校正、反馈校正、前馈校正和复合校正等。校正装置与原系统在前向通道串联连接，称为串联校正，如图 6-1 中 $G_{c1}(s)$。由原系统的某一元件引出反馈信号构成局部负反馈回路，则称为反馈校正，如图 6-1 中 $G_{c2}(s)$。前馈校正是在系统主反馈回路之外采取的校正，一般分为对控制输入的前置补偿和对干扰的补偿，如图 6-2 中的 $G_{c1}(s)$。复合校正是指在系统中同时采用串联校正和前馈校正的方式。

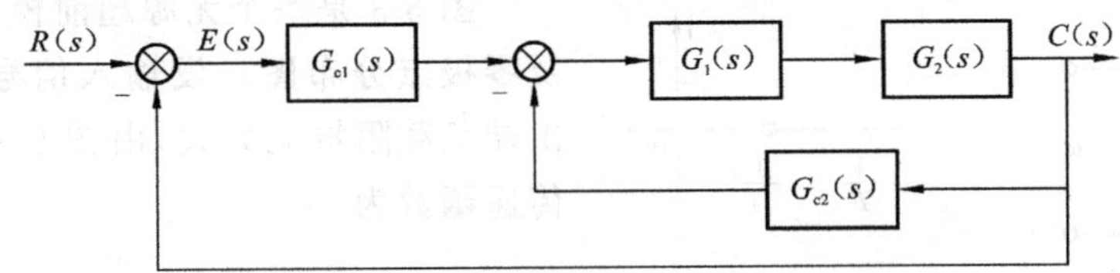

图 6-1　串联校正和反馈校正

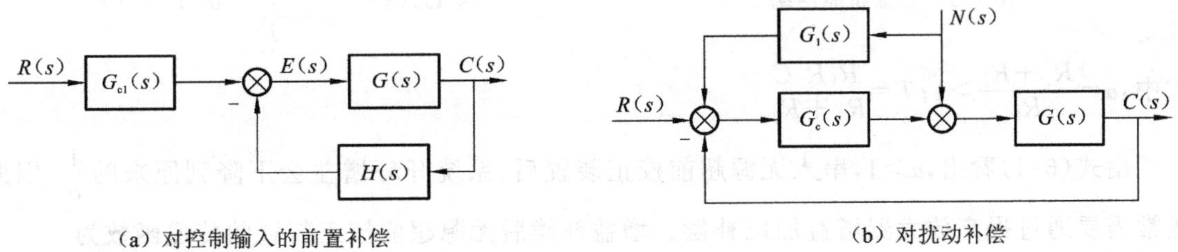

图 6-2　前馈校正

一般来说，串联校正比反馈校正设计简单且易于实现。校正装置可以是电气的、机械的、气动的、液压的，或由其他形式元件构成。电气的校正装置又分无源和有源两种。无源串联校正装置通常由 RC 无源网络实现，特点是结构简单、成本低廉，但在使用时要注意与前后级部件的阻抗匹配问题。有源串联校正装置由运算放大器和 RC 网络组成，其参数可以根据需要调整，因此应用起来将更为方便。在工业过程控制中，经常采用由电动或气动单元构成的 PID 控制器(或称调节器)，实现各种控制性能要求。

本章将介绍串联校正、反馈校正及复合校正等几种常见的校正方法。要注意的是，校正设计的一个特点是设计是非唯一的，也就是说，使系统达到指定的性能指标的校正方式和校正装置的具体形式不止一种，设计具有较大的灵活性。具体设计过程中，往往是运用基本原理，在粗略估计的基础上，经过若干次试凑来达到设计目的。因而在实际工程设计中，实践经验的积累相当重要。

6.2　基于频域分析法的串联校正

串联校正是一种常用的校正方式，按校正装置频率特性的相位超前或滞后性质可分为三类：相位超前校正、相位滞后校正和滞后超前校正。本节先介绍串联校正的特性，然后基于频率特性法(频域分析法)介绍串联校正的设计步骤。校正装置一般由有源网络或无源网络来实现。当系统设计要求满足的性能指标为频域特征量时,通常采用频域校正方法。频域校正方法的基本思想是,利用校正装置的伯德图,配合开环增益的调整,使得开环系统经校正后的伯德图满足期望的性能指标要求:低频段增益足够大,以满足稳态误差要求;中频段对数幅频特性斜率一般为-20 dB/dec 并具有充分宽的频带,以保证适当的相角裕度,保证系统具有满意的动态性能;高频段要求幅值迅速衰减,以抑制高频噪声影响。

6.2.1 相位超前校正

1. 超前校正装置的特性

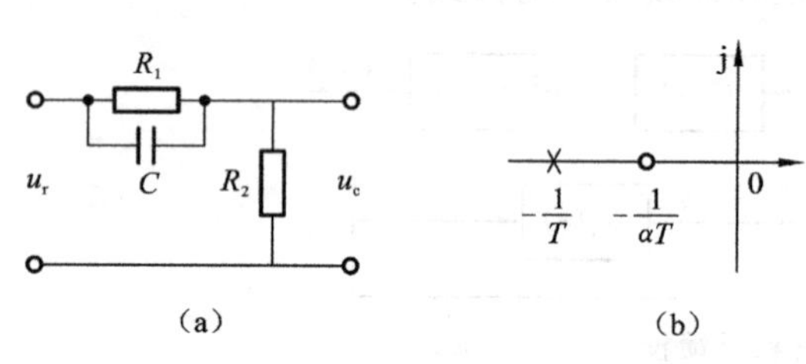

图 6-3 无源超前网络

图 6-3 是一个无源超前校正装置的电路图及零极点分布图。设输入信号源内阻为 0,输出端负载阻抗无穷大,由图 6-3(a)可以写出其传递函数为

$$G_c(s)=\frac{U_c(s)}{U_r(s)}=\frac{s+\frac{1}{\alpha T}}{s+\frac{1}{T}}=\frac{\alpha Ts+1}{\alpha(Ts+1)} \tag{6-1}$$

式中:$\alpha=\frac{R_1+R_2}{R_2}>1$;$T=\frac{R_1R_2C}{R_1+R_2}$。

由式(6-1)看出,$\alpha>1$,串入无源超前校正装置后,系统开环增益会下降到原来的$\frac{1}{\alpha}$,因此通常需要通过提高放大器增益加以补偿。增益补偿后无源超前校正装置的传递函数为

$$\alpha G_c(s)=\frac{\alpha Ts+1}{Ts+1} \tag{6-2}$$

超前网络的零点、极点分布如图 6-3(b)所示。其负实零点总是比负实极点更靠近原点,通过改变 α、T 的数值,可令超前网络的零点、极点在 s 平面的负实轴上左右移动。根据式(6-2)作出无源超前校正装置 $\alpha G_c(s)$的伯德图如图 6-4 所示。

由伯德图(6-4)看出,在频率 ω 为$\frac{1}{\alpha T}\sim\frac{1}{T}$,该环节具有明显的微分作用,输出信号相位超前于输入信号相位,故称为相位超前校正。在 $\omega=\omega_m$ 处具有最大相位超前角 ϕ_m。可以证明 ω_m 正好位于$\frac{1}{\alpha T}$和$\frac{1}{T}$的几何中心处。

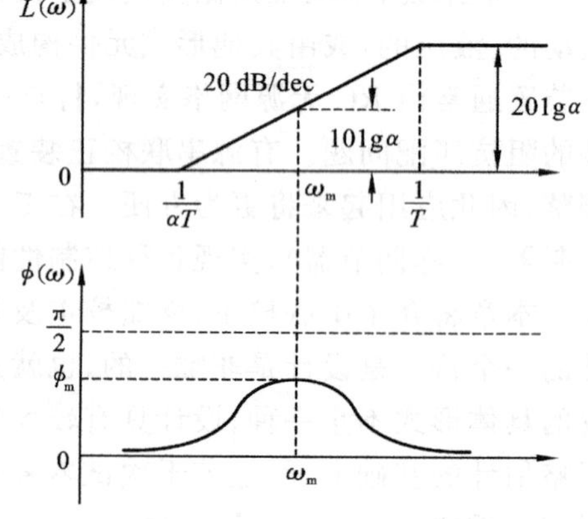

图 6-4 超前网络伯德图

由式(6-2)可写出校正装置的相位计算公式:

$$\phi_c(\omega)=\arctan\alpha T\omega-\arctan T\omega=\arctan\frac{(\alpha-1)\omega T}{1+\alpha\omega^2T^2} \tag{6-3}$$

将式(6-3)对 ω 求导并令其等于 0,得到最大超前角频率为

$$\omega_m=\frac{1}{\sqrt{\alpha}T} \tag{6-4}$$

设 ω_1 为$\frac{1}{\alpha T}$和$\frac{1}{T}$的几何中心，则有

$$\lg\omega_1=\frac{1}{2}\left(\lg\frac{1}{T}+\lg\frac{1}{\alpha T}\right)=\lg\frac{1}{\sqrt{\alpha}T}$$

即 $\omega_1=\frac{1}{\sqrt{\alpha}T}$，等于式(6-4)的 ω_m。将式(6-4)代入式(6-3)，可以求得最大超前角为

$$\phi_m=\arcsin\left(\frac{\alpha-1}{\alpha+1}\right) \tag{6-5}$$

上式表明，ϕ_m 仅与 α 有关。α 值选得越大，则超前角越大。在工程实践中，当系统部件已初步确定后，放大系数要进行较多的补偿比较困难，如可能产生饱和问题。为了保持较高的信噪比，实际选用的 α 值一般不大于 20。如果采用有源网络实现超前校正装置，就不存在上述放大系数的补偿问题。

通过计算，可以求出 ω_m 处的对数幅频值为

$$L_c(\omega_m)=20\lg|\alpha G_c(j\omega_m)|=10\lg\alpha \tag{6-6}$$

2. 串联超前校正方法

应用超前网络进行串联校正的基本原理是利用超前装置产生的相位超前量来补偿受控系统中元件产生的相位滞后量，以增大系统的稳定裕度，改善闭环系统的动态性能。为了充分利用超前装置的相位超前特性，设计时应让校正装置最大超前角出现的频率 ω_m 等于校正后系统新的剪切频率 ω_c。显然，$\omega_m=\omega_c$ 的条件是原系统在 ω_c 处的对数幅值 $L(\omega_c)$与超前网络在 ω_m 处的对数幅值 $L'(\omega_m)$之和为 0，即 $-L(\omega_c)=L'(\omega_m)=10\lg\alpha$。合理地选择好转折频率$\frac{1}{\alpha T}$和$\frac{1}{T}$，就能使被校正系统的剪切频率和相角裕度满足性能指标要求。

设被控对象的传递函数为 $G_0(s)$，用频率特性法进行超前校正的一般步骤如下。

(1) 根据性能指标对稳态误差系数的要求，确定开环放大系数 K。

假设校正装置的传递函数为

$$G_c(s)=K_c\frac{\alpha Ts+1}{\alpha(Ts+1)}=K\frac{1+\alpha Ts}{1+Ts}$$

式中：$K=K_c/\alpha$。校正后系统的开环传递函数为

$$G_c(s)G_0(s)=K\frac{1+\alpha Ts}{1+Ts}G_0(s)=\frac{1+\alpha Ts}{1+Ts}KG_0(s) \tag{6-7}$$

根据对稳态误差系数的要求，即可确定出校正装置的开环增益 K。

(2) 绘制 $KG_0(s)$的伯德图，在伯德图上测取(或根据 $KG_0(s)$直接计算)系统的相角裕度 γ_1、剪切频率 ω_c'和增益裕度。

(3) 由性能指标要求的相角裕度 γ 确定校正装置应产生的相位超前角 ϕ，即

$$\phi=\phi_m=\gamma-\gamma_1+\varepsilon \tag{6-8}$$

式中 ε 用于补偿超前校正装置的引入，使系统剪切频率增大而增加的相位滞后量。一般地，如果未校正系统的开环对数幅频特性在剪切频率 ω_c'的斜率为 −40 dB/dec，取 $\varepsilon=5°\sim10°$；如果在 ω_c'处的斜率为 −60 dB/dec，取 $\varepsilon=12°\sim20°$。

(4) 根据所确定的 ϕ_m，利用下式计算超前校正装置的参数 α：

$$\alpha=\frac{1+\sin\phi_m}{1-\sin\phi_m} \tag{6-9}$$

(5) 计算校正装置在 $\omega=\omega_m$ 处的幅值 $10\lg\alpha$。在未校正系统 $KG_0(s)$ 的对数幅频特性图上找出幅值为 $-10\lg\alpha$ 处的频率，这个频率既是校正装置的 ω_m，也是校正后系统 $G_c(s)G_0(s)$ 的剪切频率 ω_c。确定出超前校正装置的另一个参数：

$$T=\frac{1}{\omega_c\sqrt{\alpha}} \tag{6-10}$$

(6) 画出校正后系统的伯德图，检验已校正系统的相角裕度是否满足设计要求。如果不满足指标要求，适当增加 ε 值，并从(3)开始重复以上计算步骤，直到满足指标为止。

另一种参数选取的的方法是，在(3)根据对校正后系统的剪切频率要求，首先确定好校正后系统的开环剪切频率 ω_c，然后由 $\omega_m=\omega_c$ 的原则写出参数 α、T。

例 6-1 设有一单位反馈控制系统，其开环传递函数为

$$G_0(s)=\frac{K}{s(0.5s+1)}$$

若要求系统的速度误差系数 $K_V=20\ \text{s}^{-1}$，相角裕度 $\gamma\geqslant50°$，增益裕度不小于 10 dB，试设计一串联超前校正装置，满足要求的性能指标。

解 (1) 首先根据静态速度误差系数要求，确定系统的放大系数 K：

$K_V=\lim\limits_{s\to0}sG_k(s)=\lim\limits_{s\to0}s\dfrac{K}{s(0.5s+1)}=K=20$，求得 $K=20$。

未校正系统的频率特性为

$$G_0(j\omega)=\frac{20}{j\omega(0.5j\omega+1)}$$

(2) 画出未校正系统的伯德图，如图 6-5(a)所示。由图 6-5(a)可以看出，如不加校正装

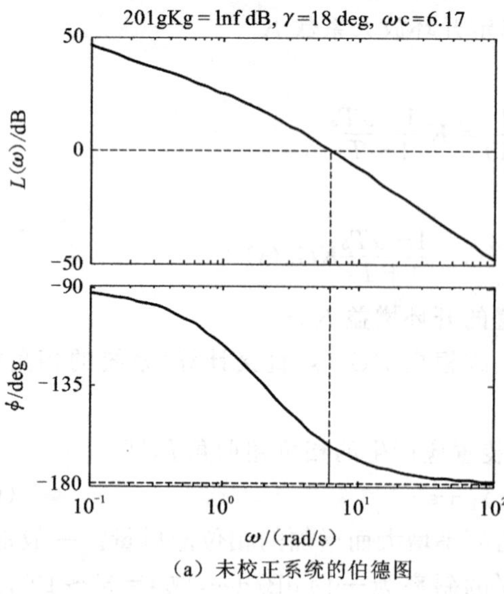

(a) 未校正系统的伯德图

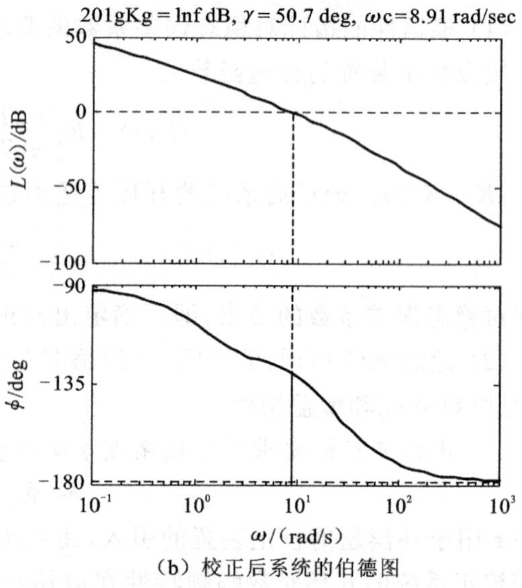

(b) 校正后系统的伯德图

图 6-5 校正前后系统的伯德图

置，末校正系统的相角裕度为 18°，增益裕度为 $+\infty$ dB，剪切频率约为 6.3。这说明相角裕度不满足要求，增益裕度已满足要求。系统是稳定的，但不满足动态性能要求，故引入串联超前校正装置。

图 6-5 为利用 MATLAB 中的 margin()命令所绘制。margin()函数在绘出伯德图的同时，给出系统的增益裕度、相角裕度和剪切频率(图中最上面标注)。具体命令调用方式为

```
G=tf(20,conv([1 0],[0.5,1]))
margin(G)
```

末校正系统的剪切频率也可以通过下述计算得出：

$$L(\omega)=20\lg 20-20\lg\omega-20\lg\sqrt{0.5^2\omega^2+1}=0$$

求得 $\omega_c'\approx\sqrt{40}\approx 6.3$，从而相角裕度为

$$\gamma=180°+\phi(\omega_c')=180°-90°-\arctan(0.5\times 6.3)=18°$$

(3) 设校正网络传递函数为

$$G_c(s)=\frac{1+\alpha Ts}{1+Ts},\quad \alpha>1$$

根据设计要求 $\gamma\geqslant 50°$，校正装置应提供超前角为

$$\phi_m=50°-18°+6°=38°$$

则

$$\alpha=\frac{1+\sin\phi_m}{1-\sin\phi_m}=4.17$$

(4) 校正装置对应于 ϕ_m 的 ω_m 处的幅值为 $10\lg\alpha=10\lg 4.17=6.2$ dB，在未校正系统的对数幅频特性曲线上对应于 $L(\omega)=-6.2$ dB 点处的频率为 $\omega\approx 9$，此频率为校正后系统的剪切频率，即 $\omega_m=\omega_c=9$ rad/s。从而，可确定出超前校正装置的另一个参数为

$$T=\frac{1}{\omega_c\sqrt{\alpha}}=0.0544$$

故可得超前校正装置的传递函数为

$$G_c(s)=\frac{1+\alpha Ts}{1+Ts}=\frac{1+0.227s}{1+0.054s}$$

(5) 校正后系统的开环传递函数为

$$G_c(s)G_0(s)=\frac{20(1+0.227s)}{s(1+0.5s)(1+0.054s)}$$

校正后系统的伯德图如图 6-5(b)所示。从图 6-5(b)中看出，校正后系统剪切频率 ω_c 从 6.3 rad/s 增加到 9 rad/s，系统的带宽和反应速度增加了，但高频噪声抑制能力下降了。校正后相角裕度增加到 50°，增益裕度为 $+\infty$ dB，故校正后的系统满足给定的性能指标。

采用串联超前校正时应注意以下情况。

(1) 若待校正系统不稳定或接近于临界稳定，则不宜采用串联超前校正。因为，为了获得要求的相角裕度，超前网络应具有很大的相角超前量，超前网络的 α 值必须选择很大，这样，一方面校正环节的实现比较困难，另一方面会造成校正系统带宽过大，使通过系统的高频噪声电平很高(即高频干扰抑制能力降低)，从而可能使系统失控。

(2) 如果待校正系统在剪切频率附近相角迅速减小，一般也不宜采用串联超前校正。因

为随着剪切频率向 ω 轴右方移动，原系统相角将迅速下降，串联超前网络提供的超前角难以补偿原系统所引起的滞后角，校正后系统相角裕度改善不大，很难产生足够的相角裕度。

上述情况下，可采取其他校正方法，如两级串联超前校正或串联滞后校正等。

6.2.2 串联滞后校正

1. 滞后校正装置的特性

滞后校正装置的传递函数为

$$G_c(s)=\frac{1+bTs}{1+Ts},\quad b<1 \tag{6-11}$$

式中：T 为时间常数。式(6-11)所示滞后校正环节的频率特性为

$$G_c(j\omega)=\frac{1+jbT\omega}{1+jT\omega},\quad b<1 \tag{6-12}$$

根据式(6-12)作出滞后校正环节的伯德图和零点、极点分布图，如图 6-6 所示。由图 6-6(a)可见，滞后校正环节的幅频特性，从频率 $\frac{1}{T}$ 处发生衰减，当 $\omega>\frac{1}{bT}$ 时，对数幅频值为

$$L(\omega)=20\lg b \tag{6-13}$$

也就是，对数幅频衰减了 $|20\lg b|$ dB，这一性质称为滞后环节的高频衰减特性。环节的相位呈滞后现象，故称滞后校正。相位滞后主要发生在 $\left(\frac{1}{T},\frac{1}{bT}\right)$ 频率区间内。滞后网络是个低通滤波器，对低频信号几乎不产生衰减，而对高频噪声或信号有较强的抑制作用。

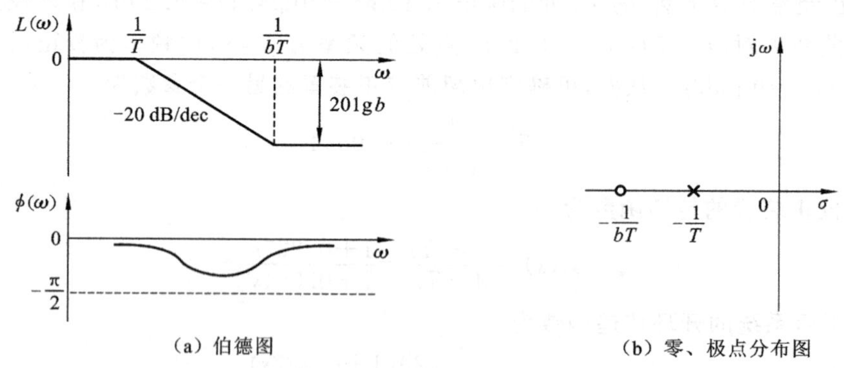

(a) 伯德图 (b) 零、极点分布图

图 6-6 滞后校正装置的伯德图和零点、极点分布

从零点、极点在 s 平面上的分布来看，滞后网络的实数极点总是位于实数零点的右侧，经过适当安排，相当于一对开环偶极子，其校正作用是在不影响系统动态性能的情况下可以大大提高系统的稳态精度。

2. 串联滞后校正方法

采用滞后网络进行校正，主要是利用其高频幅值衰减特性，以降低系统的开环截止频率，提高系统的相角裕度。当控制系统具有满意的动态特性，但稳态性能不能满足要求时，可采用串联滞后校正。滞后校正设计时应避免最大滞后角发生在校正后系统的开环剪切频率 ω_c 附近，否则会使系统动态性能恶化。因此选择滞后网络参数时，总是使网络的第二个转折频率

$\frac{1}{bT}$远小于 ω_c。一般取：

$$\frac{1}{bT}=\left(\frac{1}{5}\sim\frac{1}{10}\right)\omega_c \tag{6-14}$$

设待校正系统为 $G_0(s)$，应用频率法进行串联滞后校正的步骤如下。

(1) 设串联滞后校正装置的传递函数为 $G_c(s)=K\frac{1+bTs}{1+Ts}$，根据性能指标对静态误差系数的要求，确定系统的开环增益 K；

(2) 作出待校正系统 $KG_0(s)$的伯德图，确定系统的截止频率、相角裕度和增益裕度；

(3) 根据对相角裕度的要求，在待校正系统的伯德图上确定校正后系统新的剪切频率 ω_c，在 ω_c 处开环传递函数的相角应满足：

$$\phi=-180°+\gamma+\varepsilon \tag{6-15}$$

式中：γ 为系统所要求的相角裕度；ε 用于补偿滞后校正装置在 ω_c 处产生的滞后角，通常取 $\varepsilon=5°\sim15°$。

(4) 确定待校正系统在新的剪切频率 ω_c 处幅值下降到 0 dB 所需的衰减量 $20\lg|KG_0(j\omega_c)|$，令 $20\lg b=-20\lg|KG_0(j\omega_c)|$，由此求出校正装置的参数 b。

(5) 为了减少滞后校正装置在 ω_c 处产生滞后角的不利影响，其转折频率$\frac{1}{T}$，$\frac{1}{bT}$必须远小于 ω_c。取滞后校正装置的第二个转折频率$\frac{1}{bT}=\left(\frac{1}{5}\sim\frac{1}{10}\right)\omega_c$，进而确定出参数 T。工程实践中，时间常数 T 不宜取得太大，否则会导致系统难以实现。

(6) 作出校正后系统的伯德图，检验给定性能指标是否满足；若不满足，调整 T 值设计。

例 6-2　设单位反馈系统的开环传递函数为

$$G_0(s)=\frac{1}{s(0.2s+1)(0.5s+1)}$$

要求系统的性能指标为：$K_v\geqslant 20\ \mathrm{s}^{-1}$，相角裕度 $\gamma\geqslant 40°$，增益裕度不低于 10 db。试进行串联校正设计。

解　(1) 根据稳态指标要求确定开环增益 K 值。

令校正环节 $G_c(s)=K\frac{1+bTs}{1+Ts}$，则 $K_v=\lim\limits_{s\to 0}sG_0(s)G_c(s)=K\geqslant 20$，取 $K=20$。

(2) 作出 $KG_0(s)$伯德图，如图 6-7 中虚线所示。由图 6-7 可见，未校正系统相角裕度 $\gamma_1\approx -25°$，增益裕度为-9 dB，剪切频率 $\omega_c'=5$。系统不稳定，需要进行校正，而且采用串联超前校正无效。因为性能指标要求 $\gamma\geqslant 40°$，如采用串联超前校正，则校正装置需要提供 $\phi_m>65°$的超前角，难以实现。另外，性能指标中对剪切频率没有作具体要求，故选用串联滞后校正：

(3) 在未校正系统的伯德图上，选择对应于由下式所计算相角的频率：

$$\phi=-180°+40°+12°=-128°$$

对应于该相角的频率为 $\omega_1=1.0\ \mathrm{s}^{-1}$，此频率即为校正后系统的剪切频率 ω_c。

(4) 未校正系统在 $\omega_c=1\ \mathrm{s}^{-1}$处的幅值为 25 dB，因此，滞后校正装置在该频率处必须幅值衰减 25 dB，由此可求出校正装置参数 b，即

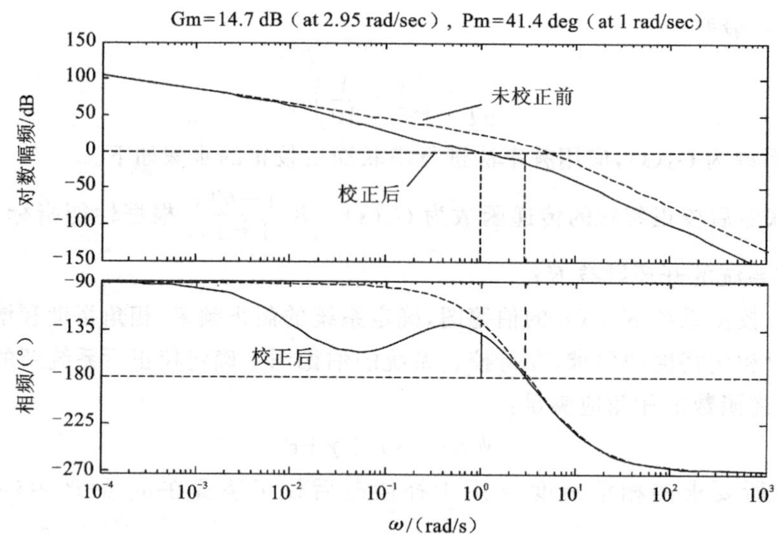

图 6-7 例 6-2 滞后校正前后系统的对数幅频特性

$$20\lg b=-25$$

求得 $b=0.056$，由 $\frac{1}{bT}=(\frac{1}{5}\sim\frac{1}{10})\omega_c$ 可求得 T。为使滞后校正装置的时间常数 T 不过分大，取 $\frac{1}{bT}=\frac{1}{5}\omega_c$，求出 $T=89.29$。这样，滞后校正装置的传递函数为

$$G_c(s)=K\frac{1+bTs}{1+Ts}=\frac{20(1+5s)}{1+89.29s}$$

校正后系统的开环传递函数

$$G_c(s)G_0(s)=\frac{20(5s+1)}{s(0.2s+1)(0.5s+1)(89.29s+1)}$$

(5) 作出校正后系统的伯德图，如图 6-7 中实线所示。由图 6-7 中可求出校正后系统的相角裕度为 $\gamma=41°$，增益裕度为 14.7 dB，且 $K_v=K=20$，剪切频率 $\omega_c=1\ \text{s}^{-1}$。校正后系统的稳态、动态性能均满足给定的指标要求。

由例 6-2 可知，与串联超前校正相比，串联滞后校正有不同的特点。

(1) 滞后校正是利用校正装置的高频衰减特性来增加系统的相角裕度，而不是利用它的相角滞后特性。而超前校正则是利用校正装置的相角超前特性。

(2) 用频率法进行超前校正，可以提高系统相角裕度，并增大系统的频带宽度。频带的变宽意味着校正后的系统响应变快，调整时间缩短。而滞后校正虽然能改善系统的静态精度，但会导致系统的幅值剪切频率和频带宽度的减小，使系统的响应速度变慢。

(3) 对同一系统，超前校正系统的频带宽度一般总大于采用滞后校正的系统，因此，如果要求校正后的系统具有宽的频带和良好的瞬态响应，则采用超前校正。当噪声电平较高时，频带越宽的系统抗噪声干扰的能力也越差。对于这种情况，宜采用滞后校正。

在进行校正设计时，应注意不能使校正装置的时间常数过大，否则会导致实现困难。另外，如果单独采用串联超前校正或串联滞后校正不能满足系统要求时，可考虑将两者结合起

来，即采用串联滞后-超前校正。

6.2.3　串联滞后—超前校正

这种校正方法兼有滞后、超前两种校正的优点。超前部分可以提高系统的相角裕度，增加系统的稳定性，改善系统的动态性能；滞后部分用来改善系统的稳态性能。图6-8为一无源滞后-超前网络及其对数幅频特性。

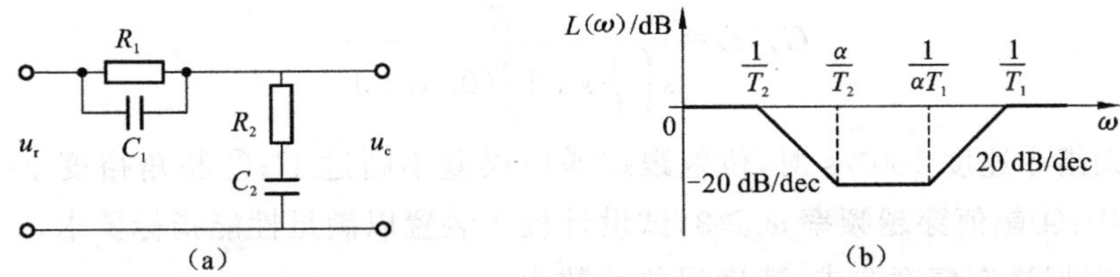

图6-8　无源滞后-超前网络及其对数幅频特性

其传递函数为

$$G_c(s)=\frac{U_c(s)}{U_r(s)}=\frac{R_2+\frac{1}{sC_2}}{\frac{1}{\frac{1}{R_1}+sC_1}+R_2+\frac{1}{sC_2}} \tag{6-16}$$

$$=\frac{(R_1C_1s+1)(R_2C_2s+1)}{R_1C_1R_2C_2s^2+(R_1C_1+R_2C_2+R_1C_2)s+1}=\frac{(\alpha T_1s+1)\left(\frac{T_2}{\alpha}s+1\right)}{(T_1s+1)(T_2s+1)}$$

即

$$G_c(s)=\frac{(\alpha T_1s+1)\left(\frac{T_2}{\alpha}s+1\right)}{(T_1s+1)(T_2s+1)} \tag{6-17}$$

式中：$\alpha T_1=R_1C_1$，$\frac{T_2}{\alpha}=R_2C_2$，即 $T_1=\frac{R_1C_1}{\alpha}$，$T_2=\alpha R_2C_2$。$\alpha$ 满足以下方程：

$$T_1+T_2=R_1C_1+R_2C_2+R_1C_2=\alpha T_1+\frac{T_2}{\alpha}+R_1C_2 \tag{6-18}$$

设定 $\alpha>1$，则 $\frac{\alpha T_1s+1}{T_1s+1}$ 起超前作用，$\frac{T_2s/\alpha+1}{T_2s+1}$ 起滞后作用。整个滞后-超前网络的对数幅频特性，如图6-8(b)所示，可以看出在不同频段内呈现出滞后、超前作用，其形状由参数 T_1、T_2 和 α 确定。

用频率法设计串联滞后-超前校正网络的一般步骤如下。

(1) 根据对校正后系统稳态性能的要求，确定校正后系统的开环增益 K。

(2) 绘制待校正系统的对数幅频特性，求出系统的剪切频率 ω_c'、相角裕度 γ' 及幅值裕度 K_g(dB)。

(3) 以未校正系统斜率从 −20 db/dec 变为 −40 db/dec 的转折频率作为校正网络超前部分的转折频率 $\omega_b=\frac{1}{\alpha T_1}$。这种选择不是唯一的，但这种选择可以降低校正后系统的阶次，并使中频段有较宽的-20 dB/dec 斜率频段。

(4) 根据对响应速度的要求,计算出校正后系统的剪切频率 ω_c,以校正后系统对数幅频特性 $L(\omega_c)=0$ 为条件,求出滞后网络高频衰减量,从而确定 α。

(5) 根据对校正后系统相角裕度的要求,确定 T_2。

(6) 验算性能指标。

例 6-3 设某单位反馈系统,其开环传递函数为

$$G_k(s)=\frac{K}{s\left(\frac{1}{6}s+1\right)(0.5s+1)}$$

要求:①在最大指令速度 180°/s 时,位置跟踪滞后误差不超过 1°;②相角裕度 $\gamma=45°$;③幅值裕度大于 10 dB;④幅值穿越频率 $\omega_c\geqslant 3$,试设计校正装置以满足性能指标要求。

解 (1) 根据稳态精度要求,速度误差系数为

$$K_v=\frac{\text{最大输入速度}}{\text{允许稳态误差}}=\frac{180°/\text{s}}{1°}=180\ \text{s}^{-1}$$

可求出 K 值:

$$K_v=\lim_{s\to 0}sG_k(s)=K=180\ \text{s}^{-1}$$

故待校正系统开环传递函数为

$$G_k(s)=\frac{180}{s(\frac{1}{6}s+1)(0.5s+1)}$$

作出其开环对数幅频特性如图 6-9 中虚线所示。求出未校正系统剪切频率 $\omega_c'\approx 12.5$,相角裕度 $\gamma'=-55°$,说明原系统不稳定。此时,采用单级串联超前校正不可能把相角裕度从$-55°$提高到 45°;如果采用两级串联超前校正,不仅使系统结构复杂,而且大大提高了系统的幅值穿越频率,扩展了频带宽度,从而系统抑制高频噪声能力大为降低;如果采用串联滞后校正,一方

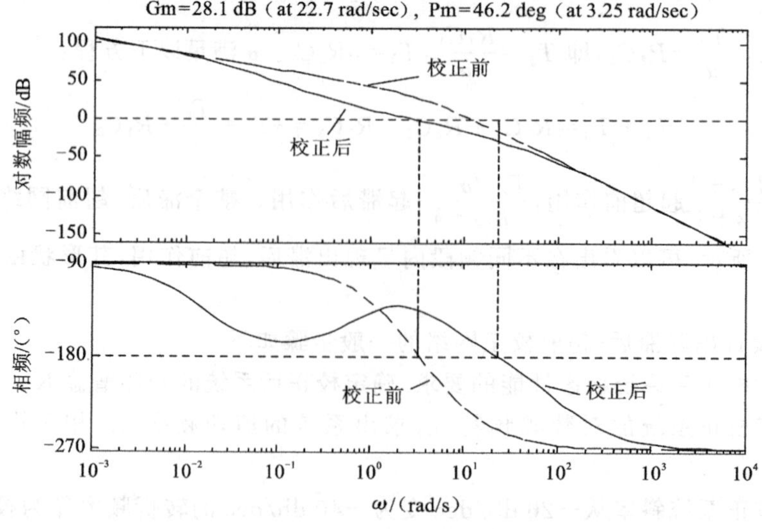

图 6-9 系统校正前后的对数幅频特性

面静态速度误差系数较大，导致滞后网络时间常数太大而无法实现，另一方面滞后校正降低了系统的剪切频率，粗略估算为了保证 $\gamma=45°$，则应有 $\omega_c<2$，从而快速性方面不能满足要求。因此采用滞后-超前校正，校正装置传递函数为

$$G_c(s)=\frac{\alpha T_1 s+1}{T_1 s+1}\frac{\frac{T_2}{\alpha}s+1}{T_2 s+1},\quad \alpha>1$$

(2) 为了降低校正后的系统阶次，选择校正装置超前部分的零点对消待校正系统中一个时间常数最大的极点。故选择 $\alpha T_1=0.5$。

(3) 根据响应速度要求，令校正后系统的幅值穿越频率为 $\omega_c=3.5$，把未校正系统对数幅频斜率为 -20 db/dec 的线段延长到 $\omega_c=3.5$ 处，并求得此处的对数幅频值为 $L(\omega_c)=20\lg\left|\frac{180}{j\omega_c}\right|=34$ dB。由式(6-13)可知，校正装置的滞后部分应满足 $20\lg(1/\alpha)=-34$ dB，求得 $\alpha\approx 50$，由 $\alpha T_1=0.5$，得 $T_1=0.01$。

(4) 下面根据相角裕度的要求确定 T_2，因为：

$$\begin{aligned}\gamma&=180°-90°+\arctan\frac{\omega_c T_2}{\alpha}-\arctan\omega_c T_2-\arctan\omega_c T_1-\arctan\frac{\omega_c}{6}\\&=90°+\arctan 0.07T_2-\arctan 3.5T_2-\arctan 0.035-\arctan 0.583=45°\end{aligned}$$

考虑到 $\frac{\alpha}{T_2}<\frac{1}{\alpha T_1}=2$，故可取 $-\arctan\omega_c T_2=-\arctan 3.5T_2\approx-90°$，从而

$$90°+\arctan 0.07T_2-90°-\arctan 0.035-\arctan 0.583=45°$$

化简得 $\arctan 0.07T_2=77.2°$，解得 $T_2=63$。因此，校正装置的传递函数为

$$G_c(s)=\frac{0.5s+1}{0.01s+1}\times\frac{1.26s+1}{63s+1}$$

校正后系统的开环传递函数为

$$G_c(s)G_k(s)=\frac{180(1.26s+1)}{s(0.167s+1)(63s+1)(0.01s+1)}$$

(5) 校正后系统的伯德图如图 6-9 中实线所示。校正后系统的相角裕度 $\gamma=46°$，幅值裕度 $K_g=28$ dB，幅值穿越频率 $\omega_c=3.25$，速度误差系数 $K_v=180$，满足系统指标要求。

6.3　基于根轨迹分析法的串联校正

当性能指标以时域特征量(如超调量、调整时间、阻尼系数及自然频率等)给出时，用根轨迹分析法对系统进行校正比较方便。系统的动态性能取决于闭环极点、零点在 s 平面上的分布。根轨迹分析法进行校正的思路是：假设系统有一对闭环主导极点，这样该系统的动态性能就可以用这对主导极点所描述的二阶系统来表征。在设计校正装置前，通常把对系统时域性能的要求转化为一对期望的闭环主导极点。如果期望的主导极点位于未校正系统根轨迹的左方，一般可以用超前校正，使校正后系统的根轨迹通过这对期望的主导极点，改善系统的动态性能。当控制系统的动态性能已满足要求而稳态性能不满足时，一般可以通过增加一对具有滞后特性的开环偶极子来增强系统的稳态性能，而使动态性能不发生明显变化。

6.3.1 基于根轨迹分析法的串联超前校正

如果调整系统的开环放大倍数能满足对稳态误差的要求，但动态性能不满足，甚至系统不稳定，通常可以采用超前校正网络对系统进行校正。超前网络的零点一般被安排在原系统主导实数极点(坐标原点的极点除外)附近，以构成偶极子，这样可以使已校正系统的根轨迹左移，以增大系统的阻尼和带宽，并使期望的主导极点落在已校正系统的根轨迹上，从而使系统的稳定性能和动态性能得到改善。

为了克服采用无源超前网络带来的增益衰减，需要相应地提高系统的开环增益。因此，无源超前校正网络的传递函数一般形式为

$$G_c(s)=K_c\frac{s+\dfrac{1}{\alpha T}}{s+\dfrac{1}{T}},\quad \alpha>1 \tag{6-19}$$

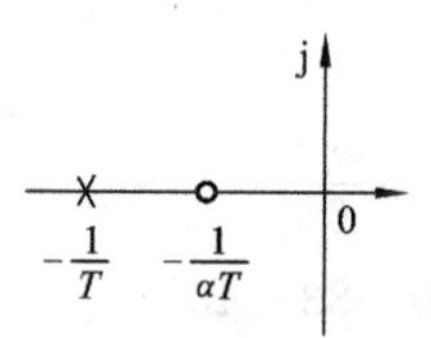

图 6-10 无源超前网络的零、极点分布图

其零点、极点在 s 平面上的分布如图 6-10 所示。由于 $\alpha>1$，其负实数零点位于负实数极点右侧靠近坐标原点处。两者之间的距离由常数 α 决定。

设待校正系统的传递函数为 $G_0(s)$，应用根轨迹分析法进行串联超前校正的步骤可归纳如下。

(1) 作出原系统的根轨迹图。

(2) 根据对系统性能指标的要求，确定闭环系统期望的主导极点 s_d。若闭环系统期望主导极点在原系统的根轨迹的左侧，可确定采用超前校正。

(3) 计算超前校正装置在 s_d 点需要提供的超前角。为使校正后的系统根轨迹通过期望的主导极点 s_d，则应有

$$\angle[G_c(s_d)G_0(s_d)]=\angle[G_c(s_d)]+\angle[G_0(s_d)]=-180° \tag{6-20}$$

因此，超前装置应该提供的超前角计算公式为

$$\phi=\angle[G_c(s_d)]=-180°-\angle[G_0(s_d)] \tag{6-21}$$

(4) 根据超前装置应提供的超前角 ϕ，确定其零点、极点位置。确定方法不唯一。

(5) 根据幅值条件，确定系统工作在 s_d 的增益和静态误差系数。验算性能指标。

例 6-4 设一单位反馈系统的开环传递函数为

$$G_0(s)=\frac{4}{s(s+2)}$$

要求校正后，调节时间 $t_s\leqslant 2$ s，超调量 $\sigma\%\leqslant 16.3\%$，试确定串联超前校正装置参数。

解 (1) 根据系统性能指标要求，超调量 $\sigma\%\leqslant 16.3\%$，相当于系统阻尼比 $\zeta\geqslant 0.5$；由 $t_s=\frac{4}{\zeta\omega_n}\leqslant 2$ s，得 $\zeta\omega_n\geqslant 2$。如果校正后系统满足 $\zeta=0.5$、$\omega_n=4$，也就是具有主导极点 $s_{d1,2}=-\zeta\omega_n\pm \mathrm{j}\omega_n\sqrt{1-\zeta^2}=-2\pm \mathrm{j}2\sqrt{3}$，则校正后的系统满足性能要求。

(2) 求超前装置需要补偿的超前角。取 $s_{d1}=-2+\mathrm{j}2\sqrt{3}$ 计算，根据式(6-21)求得

$$\phi=-180°-\angle[G_0(s_d)]=-180°-\angle\left(\frac{4}{s_d(s_d+2)}\right)=-180°+210°=30°$$

采用单级串联超前校正便可实现。

（3）设串联超前校正装置的传递函数为

$$G_c(s)=K_c\frac{s+1/\alpha T}{s+1/T},\alpha>1$$

根据超前角 $\phi=30°$，确定其零点、极点位置。按图 6-11，采用图解法确定超前网络的零点、极点。图 6-11 中点 A 为期望的极点 s_{d1}，点 Z 为校正网络的零点，而点 P 为校正网络的极点。根据超前角要求，点 Z、P 的选取，需满足：

$$\angle AZO-\angle APO=30°$$

满足上式的 Z、P 可以有无穷多种取法。

下面介绍一种使 α 取最小值的方法。如图 6-11 所示，过点 A 作实轴平行线 AB，将点 A 与原点 O 相连，然后作$\angle BAO$ 的角平分线 AE 与负实轴相交于点 E，在 AE 两侧各按 15°角作射线，分别与负实轴相交于点 Z 和点 P，则校正装置的零点为 $z=-\frac{1}{\alpha T}$和极点为 $p=-\frac{1}{T}$。可以证明，这样取法可以使$\frac{|OP|}{|OZ|}=\alpha$ 最小，即在所有提供 30°超前角的方案中 α 最小。这样做的好处是，当采用无源网络实现时，由于 α 较小，附加的增益补偿易于实现。

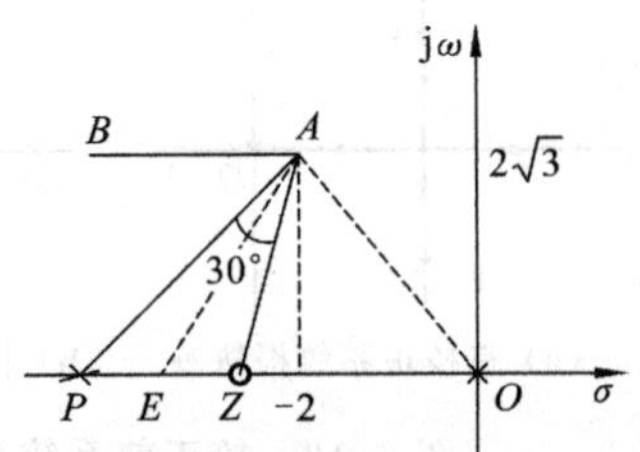

图 6-11　例 6-4 超前校正装置相角与零点、极点的几何关系

采用上述最小 α 方法，可以求得

$$-\frac{1}{\alpha T}=-2.9,\quad -\frac{1}{T}=-5.4\quad 即\quad \alpha=1.864,\quad T=0.185$$

从而有 $G_c(s)=K_c\frac{s+2.9}{s+5.4}$；校正后，系统的开环传递函数为

$$G_c(s)G_0(s)=\frac{4K_c(s+2.9)}{s(s+2)(s+5.4)}$$

（5）要使 $s_{d1,2}=-2\pm j2\sqrt{3}$都在校正后系统的根轨迹上，应满足幅值条件，即

$$|G_c(s)G_0(s)|=\left|\frac{4K_c(s+2.9)}{s(s+2)(s+5.4)}\right|_{s=-2\pm j2\sqrt{3}}=1$$

求得 $K_c=4.7$，故校正装置的传递函数为 $G_c(s)=\frac{4.7(s+2.9)}{s+5.4}$，校正后系统传递函数为

$$G_c(s)G_0(s)=\frac{18.8(s+2.9)}{s(s+2)(s+5.4)}$$

闭环主导极点已配置在期望的极点位置。校正后速度误差系数 $K_v=5.05$，校正前 $K_v=2$，静态性能也有所改善。故串入超前校正装置后满足所要求的性能指标。

进行串联超前校正设计时，一种常用做法是，使校正装置的零点对消待校正系统最靠近原点的一个开环负实极点。这样不会增加系统的阶次，使设计更为简单。如例 6-4 中，可以取：

$$G_c(s)=K_c\frac{s+2}{s+p}$$

然后根据主导极点要求，用分析法直接求出 $K_c=4$，$p=4$

6.3.2 基于根轨迹分析法的串联滞后校正

当原系统已具有比较满意的动态性能，而稳态性能不能满足要求时，可采用串联滞后校正。串联滞后校正装置可增大系统的开环增益，提高稳态精度，又不会使希望的闭环极点附近的根轨迹发生明显的变化，这就使系统动态性能基本不变。

滞后校正的思路是，在 s 平面负实轴上十分接近原点的位置设置滞后网络的零点、极点（极点位于零点右边），并使之非常靠近，成为一对开环偶极子，以增大系统的开环增益而对系统动态性能影响不大。滞后网络的零点、极点分布如图 6-6(b)所示，其传递函数为

$$G_c(s)=K_c\frac{s+\frac{1}{bT}}{s+\frac{1}{T}},\quad b<1 \tag{6-22}$$

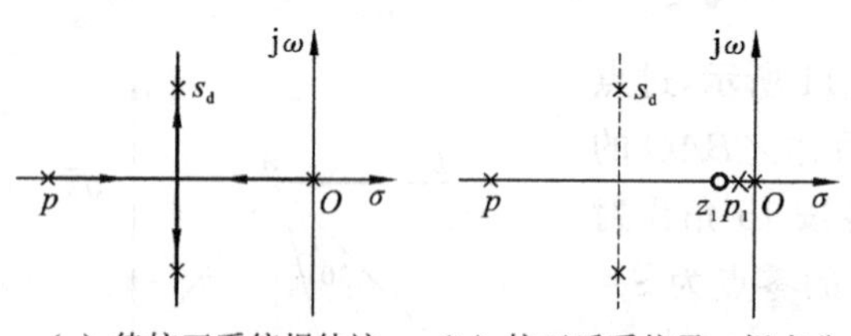

图 6-12 校正前系统根轨迹及滞后网络的零、极点分布

下面以简单系统为例说明滞后校正的作用。设一单位反馈系统开环传递函数为

$$G_0(s)=\frac{K}{s(s+p)}$$

校正前系统根轨迹如图 6-12(a)所示。假设未校正系统在 s_d 具有满意的动态性能，但其开环增益较小，速度误差系数 $K_v=K/p$，不满足稳态性能要求。如果增加 K，将会增加速度误差系数，提高控制精度，但同时也会削弱阻尼系数，使超调量增大，破坏系统的动态性能。引入滞后校正网络后，如图 6-12(b)所示，系统开环传递函数变为

$$G_c(s)G_0(s)=\frac{KK_c(s+z_1)}{s(s+p)(s+p_1)}=\frac{KK_c\left(s+\frac{1}{bT}\right)}{s(s+p)\left(s+\frac{1}{T}\right)}$$

式中：$z_1=\frac{1}{bT}$，$p_1=\frac{1}{T}$。因为$\frac{1}{bT}$、$\frac{1}{T}$相距很近，且数值很小，所以有

$$\left|s_d+\frac{1}{bT}\right|\Big/\left|s_d+\frac{1}{T}\right|\approx 1,\quad \angle\left(s_d+\frac{1}{bT}\right)-\angle\left(s_d+\frac{1}{T}\right)\approx 0^\circ \tag{6-23}$$

成立。这表明串入$\left(s+\frac{1}{bT}\right)\Big/\left(s+\frac{1}{T}\right)$后，对期望的主导极点 s_d 的根轨迹增益和相角影响很小。校正后系统的速度误差系数为

$$K_v''=\lim_{s\to 0}sG_c(s)G_0(s)=KK_c/bp=K_vK_c/b$$

校正后稳态速度误差系数增加。例如，如果选择滞后网络的零点 $z_1=-0.1$，选择滞后网络的极点 $p_1=-0.01$，可使 $K_v''=10K_cK_v$。通常，可取滞后网络的参数 $b=0.1$。

比较校正前后系统的根轨迹，除 s 平面坐标原点附近的根轨迹有较大变化外，其余部分无显著改变，因此主导极点位置基本不变，基本保持了系统原有的动态性能。

应用根轨迹分析法设计串联滞后校正网络的一般步骤如下。

(1) 画未校正系统的根轨迹图，确定闭环主导极点 s_d 在根轨迹上的位置。

(2) 计算未校正系统在 s_d 的开环增益和静态误差系数。

(3) 根据系统期望静态误差系数与未校正系统静态误差系数的比值，确定滞后校正装置的参数 b。

(4) 确定滞后网络的零点、极点；根据根轨迹的幅值条件，调整校正装置的增益 K_c，使系统工作在期望的闭环主导极点处。

(5) 校验系统各项性能指标是否满足要求。

例 6-5　设单位反馈系统的开环传递函数：

$$G_0(s)=\frac{K^*}{s(s+2)(s+5)}$$

要求校正后系统的稳态速度误差系数 $K_v \geqslant 5\ s^{-1}$，单位阶跃响应超调量 $M_p \leqslant 20\%$，调节时间 $t_s < 10\ s$。试求校正装置的传递函数。

解　(1) 作原系统的根轨迹，如图 6-13 实线所示。根据系统对超调量的要求，计算得阻尼比 $\zeta \approx 0.46$，为留有余地，取 $\zeta=0.5$。按 $\theta=\arccos\zeta=60°$ 作等阻尼线，与原系统的根轨迹相交，求得相交点坐标 $s_{1,2}=-0.7\pm j1.23$，按根轨迹的幅值条件可求得该交点对应的根轨迹增益为 $K^*=11.3$，进一步求得对应的第三个闭环极点为 $s_3=-5.6$。系统的性能主要由复数极点 $s_{1,2}=-0.7\pm j1.23$ 决定，对应的调节时间 $t_s=\frac{4}{\zeta\omega_n}=\frac{4}{0.7}=5.8\ s<10\ s$，动态性能满足指标要求。

系统速度误差系数为 $K_v'=\lim\limits_{s\to 0}sG_0(s)=\frac{K^*}{10}=1.13<5$，不满足要求。如果增加 $K^*=50$，此时速度误差系数满足要求，但调节时间和超调量不满足要求。故采用滞后校正，并使校正后系统的闭环主导极点位于 $s_{1,2}=-0.7\pm j1.23$ 附近。

(2) 设校正装置传递函数为 $G_c(s)=K_c\left(s+\frac{1}{bT}\right)\Big/\left(s+\frac{1}{T}\right)$，$b<1$。未校正系统的速度误差系数 $K_v'=1.13$，而性能要求 $K_v \geqslant 5$。根据 $K_v/K_v' \geqslant 4.42$，选取校正装置参数 $1/b=10$，即 $b=0.1$；选取校正装置零点到虚轴的距离为原闭环主导极点 $s_{1,2}=-0.7\pm j1.23$ 到虚轴距离的 $\frac{1}{5}\sim\frac{1}{10}$，即取 $\frac{1}{bT}=\frac{0.7}{7}=0.1$，那么校正装置极点为 $\frac{1}{T}=0.01$。串入校正装置后系统开环传递函数为

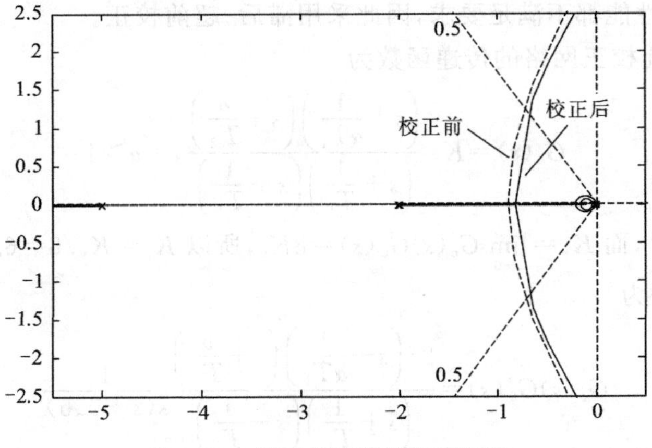

图 6-13　校正前后系统的根轨迹

$$G_c(s)G_0(s)=\frac{11.3K_c(s+0.1)}{s(s+2)(s+5)(s+0.01)}$$

(3) 以 K_c 为参量作校正后系统的根轨迹，如图 6-13 虚线所示。由 $\zeta=0.5$，求得校正后闭环系统主导复数极点为 $s'_{1,2}=-0.68\pm j1.45$，在原主导极点附近。由幅值条件求得 $K_c=0.95$。从而，校正后，系统开环传递函数为

$$G_c(s)G_0(s)=\frac{10.7(s+0.1)}{s(s+2)(s+5)(s+0.01)}$$

(4) 校正后系统速度误差系数 $K''_v=10.7$，满足稳态指标要求。经计算，另两个闭环极点为 $s_3=-5.54$，$s_4=-0.11$，s_3 远离虚轴，对系统影响可以忽略；s_4 靠近闭环零点 -0.1，且远离其他极点，形成闭环偶极子，对系统影响也可以忽略。因而校正后，$s'_{1,2}$ 起主导作用，对应调节时间 $t_s=5.9s$，超调量 $M_p=16.3\%$。系统性能满足性能指标要求。

应当注意，串联滞后校正只能使根轨迹右移，而不会左移。因此，校正后系统可能具有的最小调整时间受校正前系统的调整时间所限制。它们都不应大于指标中所要求的调整时间，若该条件不满足，则不能用滞后校正。

6.3.3 基于根轨迹分析法的串联滞后-超前校正

如果系统校正前其动态性能和稳态性能都不满足要求，而且距性能指标甚远，可以采用滞后-超前校正。根据性能指标确定一对闭环主导复数极点，利用滞后-超前校正网络超前部分提供的超前角，使校正后系统根轨迹通过确定的主导极点，使系统满足动态性能指标要求；利用滞后部分，使校正后系统满足稳态性能指标要求。

例 6-6 设某单位反馈系统的开环传递函数为

$$G_0(s)=\frac{4}{s(s+0.5)}$$

要求闭环主导极点的阻尼比 $\xi=0.5$，无阻尼自然振荡频率 $\omega_n=5\ \mathrm{rad/s}$，稳态速度误差系数 $K_v=50\ \mathrm{s}^{-1}$。试设计校正装置，串入系统后能满足上述性能指标。

解 (1) 对未校正系统进行分析。由开环传递函数，求出原系统闭环极点为 $s'_{1,2}=-0.25\pm j1.98$，阻尼比 $\xi=0.125$，无阻尼自然振荡频率 $\omega_n=2\ \mathrm{rad/s}$，稳态速度误差系数 $K_v=8\ \mathrm{s}^{-1}$，可见，动态性能和稳态性能都不满足要求，因此采用滞后-超前校正。

(2) 设滞后-超前校正网络的传递函数为

$$G_c(s)=K_c\frac{\left(s+\frac{1}{\alpha T_1}\right)\left(s+\frac{\alpha}{T_2}\right)}{\left(s+\frac{1}{T_1}\right)\left(s+\frac{1}{T_2}\right)},\quad \alpha>1$$

系统要求 $K_v=50\ \mathrm{s}^{-1}$，而 $K_v=\lim\limits_{s\to 0}sG_c(s)G_0(s)=8K_c$，所以 $K_c=K_v/8=6.25$，于是校正后系统的开环传递函数可写为

$$G_c(s)G_0(s)=\frac{25\left(s+\frac{1}{\alpha T_1}\right)\left(s+\frac{\alpha}{T_2}\right)}{\left(s+\frac{1}{T_1}\right)\left(s+\frac{1}{T_2}\right)}\frac{1}{s(s+0.5)}$$

(3) 由性能指标要求，确定期望的主导极点 $s_{1,2}=-\xi\omega_n\pm j\omega_n\sqrt{1-\xi^2}=-2.5\pm j4.33$。要

使 $s_{1,2}$ 位于校正后系统的根轨迹上，校正装置中超前部分应提供的超前角为

$$\phi=-180°-\arg\left[\frac{4}{s_1(s_1+0.5)}\right]=-180°+235°=55°$$

根据下列幅值条件和相角条件，确定超前部分的零点、极点：

$$\angle\left(s_1+\frac{1}{\alpha T_1}\right)-\angle\left(s_1+\frac{1}{T_1}\right)=55°$$

$$25\left|\frac{s_1+1/\alpha T_1}{s_1+1/T_1}\right|\left|\frac{1}{s(s+0.5)}\right|=1.05\left|\frac{s_1+1/\alpha T_1}{s_1+1/T_1}\right|=1$$

根据以上方程组，求得 $\frac{1}{\alpha T_1}=0.5$，$\frac{1}{T_1}=5$，所以 $\alpha=10$。

(4) 取滞后部分的零点为期望的主导极点 $s_{1,2}=-2.5\pm j4.33$ 实部的 $\frac{1}{5}\sim\frac{1}{10}$，如取 $-\frac{\alpha}{T_2}=-0.3$，则极点为 $-\frac{1}{T_2}=-0.03$。经过以上计算和选择，得到滞后-超前校正网络的传递函数为

$$G_c(s)=\frac{6.25(s+0.3)(s+0.5)}{(s+0.03)(s+5)}$$

串入校正网络后，系统开环传递函数为

$$G_c(s)G_0(s)=\frac{25(s+0.3)}{s(s+5)(s+0.03)}$$

(4) 经验算，校正后系统的闭环主导极点为 $s_{d1,2}=-2.36\pm j4.25$，与期望的主导极点 $s_{1,2}=-2.5\pm j4.33$ 非常接近；另一极点为 $s_3=-0.32$，s_3 非常接近闭环零点 -0.3，组成一对闭环偶极子，故该极点对系统动态性能影响很小。如果校正后，系统性能不满足要求，可通过调整超前部分的零点、极点位置来使系统满足性能要求。

6.4 PID 控制

在工业控制中，最常见的控制规律是 PID 控制。PID 控制有着结构简单、实现方便、使用灵活、适应性好、易于被现场工程师理解、已有成型的工业产品等优点，在控制工程中得到了广泛应用。PID 控制是比例(P, Proportional)、积分(I, Integral)和微分(D, Derivative)三种控制作用的简称，将偏差的比例、积分和微分通过线性组合构成控制量。前面介绍的超前校正、滞后校正和滞后-超前校正所起的作用，可以通过 PD(比例-微分)、PI(比例-积分)和 PID(比例-积分-微分)控制器来实现。

典型控制系统结构如图 6-14 所示，$G_c(s)$ 为控制器，$G_0(s)$ 为被控对象。PID 控制器一般控制规律为

$$u(t)=K_p\left[e(t)+\frac{1}{T_i}\int_0^t e(\tau)d\tau+T_d\frac{de(t)}{dt}\right] \tag{6-24}$$

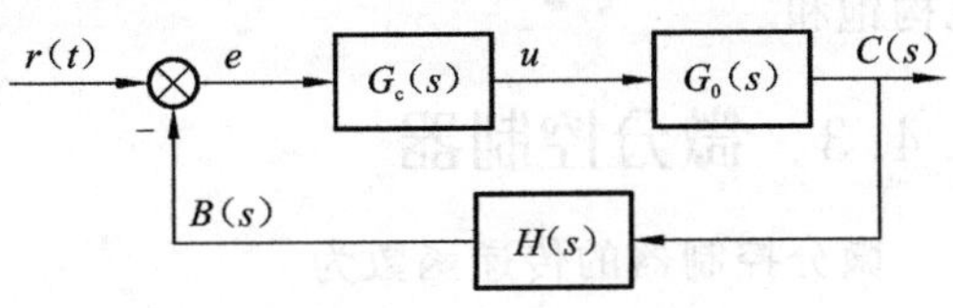

图 6-14　典型控制系统结构

式中：$u(t)$ 为控制量(控制器输出)；$e(t)$ 为被控量与给定值的偏差信号；K_p 为比例系数；T_i 为积分时间常数；T_d 为微分时间常数。PID 控制器所对应的传递函数为

$$G_c(s)=\frac{U(s)}{E(s)}=K_p\left(1+\frac{1}{T_i s}+T_d s\right) \tag{6-25}$$

在实际应用中，PID 控制可以根据被控对象的特性和控制要求进行灵活组合，如单独比例控制规律(P)、比例与积分组合的控制规律(PI)、比例微分控制规律(PD)及比例积分微分控制规律(PID)等。下面讨论 PID 控制作用的具体特点。

6.4.1 比例控制器(P)

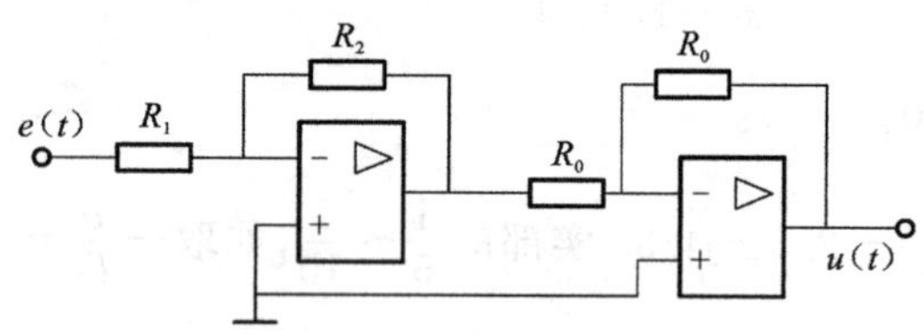

图 6-15 比例控制器电路图

具有比例规律的控制器称为比例控制器(或称 P 控制器)。图 6-15 为比例控制器电路图，其传递函数为

$$G_c(s)=\frac{R_2}{R_1}=K_p \tag{6-26}$$

比例控制器的传递函数为常数，它实际上是一个具有可调放大系数的放大器。在控制系统中引入比例控制器，增大比例系数 K_P，可以减小稳态误差，提高稳定精度，加快系统响应，提高系统的快速性；但比例调节一般不能消除静差，同时 K_P 过大的话可能加剧系统的振荡，使超调量增大，使系统稳定性下降，甚至变得不稳定。

6.4.2 积分控制器(I)

具有积分作用的控制器称为积分控制器(或调节器)，其传递函数为

$$G_c(s)=\frac{1}{T_i s} \tag{6-27}$$

对应的时域控制作用形式为

$$u(t)=\frac{1}{T_i}\int_0^t e(\tau)\mathrm{d}\tau \tag{6-28}$$

式中：T_i 为积分时间常数。

图 6-16 为积分器实现电路，其传递函数为 $G_c(s)=\frac{1}{RCs}$。积分控制器的作用是消除静差，提高系统的控制精度，但积分作用会降低系统的稳定性；另外，在控制开始阶段，偏差信号较大，这时候积分作用的存在可能导致执行机构饱和。

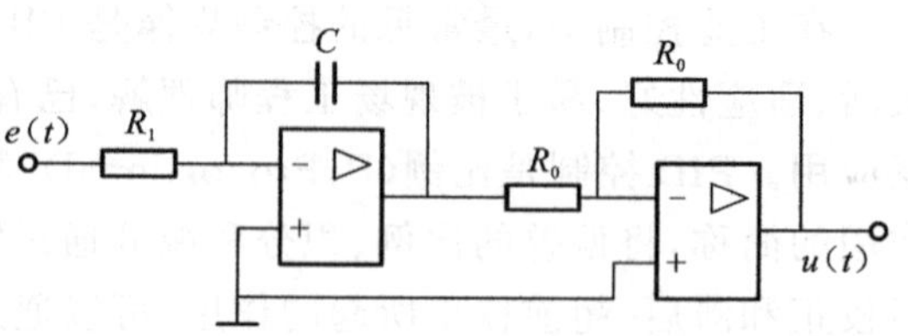

图 6-16 积分控制器电路图

6.4.3 微分控制器

微分控制器的传递函数为

$$G_c(s)=T_d s \tag{6-29}$$

式中：T_d 为微分时间常数。微分控制器的输出信号与控制器输入信号的变化率成正比，从而把输入信号的变化趋势引入到控制作用中。微分控制可以改善系统的动态性能，但也有放大信号噪声、使系统抑制高频干扰能力降低的缺点。物理上理想的微分控制作用无法实现，因此

微分控制无法单独使用，工程上总是以比例-微分或比例-积分-微分组合的形式出现。

6.4.4　PD 控制器（比例-微分控制器）

具有比例-微分控制规律的控制器称为比例微分控制器（简称 PD 控制器）。图 6-17 为 PD 控制器实现电路，其传递函数为

$$G_c(s)=\frac{U(s)}{E(s)}=\frac{R_2}{R_1}(1+R_1Cs)=K_p(1+T_d s) \tag{6-30}$$

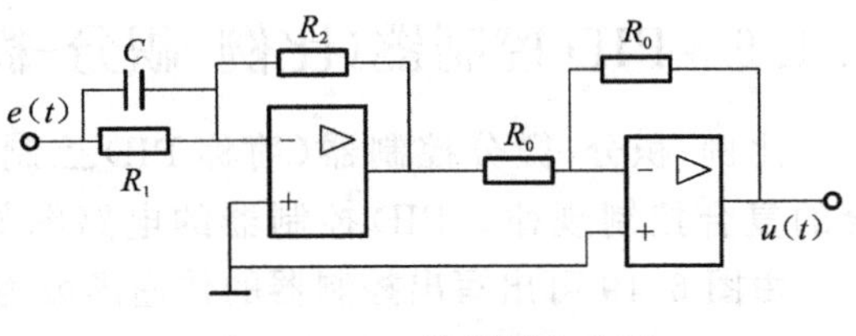

图 6-17　PD 控制器电路图

时域控制律形式：

$$u(t)=K_p\left[1+T_d\frac{de(t)}{dt}\right] \tag{6-31}$$

PD 控制器中微分输出只与偏差的变化速度有关，而与偏差的大小无关，微分时间常数 T_d 越大，微分作用越强。微分控制作用的特点是：动作迅速，具有超前调节功能，可有效改善被控对象有较大时间滞后时的控制品质。但是不能消除静差，尤其是对于恒定偏差输入，此时微分作用为 0，因此，不能单独使用微分控制规律。比例和微分作用结合，可以改善系统的动态性能，减小系统振荡幅度、降低超调，减少调节时间。但微分作用的引入也降低了系统的抗高频干扰能力。

PD 控制器具有使输出信号相位超前于输入信号相位的特性，因此又称为超前校正装置或微分校正装置。工程实践中应用这个特性来改善系统的动态性能。

6.4.5　PI 控制器（比例-积分控制器）

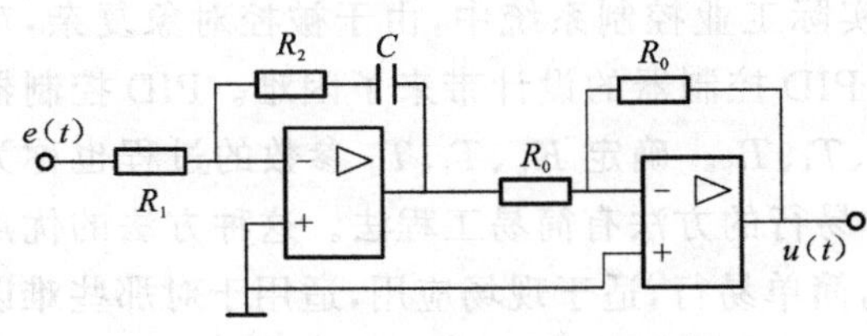

图 6-18　PI 控制器电路实现图

PI 控制器是比例控制和积分控制规律的组合，其电路实现如图 6-18 所示。

由图 6-18 可写出其传递函数为

$$G_c(s)=\frac{R_2}{R_1}\left(1+\frac{1}{R_2Cs}\right)=K_p\left(1+\frac{1}{T_i s}\right) \tag{6-32}$$

控制器输出的时间函数：

$$u(t)=K_p\left[e(t)+\frac{1}{T_i}\int_0^t e(\tau)d\tau\right] \tag{6-33}$$

PI 控制器对偏差作用有两个部分：一是按比例变化控制部分；二是带有积分控制作用部分。只要偏差存在，积分就起作用，将偏差累积对控制量产生影响，并使偏差减小，直至偏差为 0，积分作用才会停止。因此，加入积分环节将有助于消除系统的静差，改善系统的稳态性能。

积分作用的引入，可以消除或减少控制系统的静差。但是积分的引入，会使系统的响应变慢，并有可能使系统不稳定。增加 T_i 即减少积分作用，有利于增加系统的稳定性，减少超调，但系统静态误差的消除也随之变慢。T_i 的大小应根据被控对象特性来选定，对于管道压力、流量等滞后不大的对象，T_i 可选得小一些，对于温度、成分等滞后较大的对象，T_i 可选得大一些。

由 PI 控制器的传递函数可以看出，PI 控制器不仅引进了一个积分环节，同时还引进了一

个开环零点。PI 控制器属于滞后校正装置。它可以看作是由一个比例控制器和积分控制器串联而成,因此具有两者的优点。积分控制器提高了系统的型别,可消除静态误差;比例控制器可以加快系统的响应。

6.4.6 PID 控制器(比例-积分-微分控制器)

比例-积分-微分控制器(简称 PID 控制器)是一种由比例、积分、微分基本控制规律组合的复合控制规律。PID 控制器的电路图如图 6-19 所示。

由图 6-19 可出写出控制器的传递函数为

$$\begin{aligned}G_c(s)&=\frac{R_2R_4}{R_1R_3}\frac{(R_1C_1s+1)(R_2C_2s+1)}{R_2C_2s}\\&=\frac{R_4(R_1C_1+R_2C_2)}{R_1R_3C_2}\left[1+\frac{1}{(R_1C_1+R_2C_2)s}+\frac{R_1C_1R_2C_2}{R_1C_1+R_2C_2}s\right]\\&=K_p\left(1+T_ds+\frac{1}{T_is}\right)\end{aligned}\tag{6-34}$$

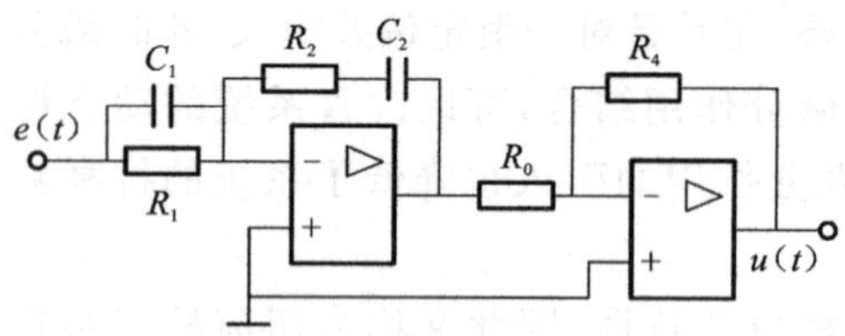

图 6-19 PID 控制器电路图

PID 控制器也是一种滞后-超前校正装置,控制器中同时具有 PI 和 PD 两种控制器的作用,前者用于提高系统的稳定精度、消除静差;后者用于改善系统的动态性能,从而使校正后的系统具有良好的性能。

PID 控制器有三个可调参数 K_p、T_i、T_d,控制器兼有比例、积分、微分三种控制作用的特点。在工程应用中只要三个参数设置得当,就可以得到较好的控制效果。当被控对象的数学模型确定时,可以采用本章前面介绍的根轨迹分析法或频域分析法确定出 PID 控制器参数。在一些实际工业控制系统中,由于被控对象复杂,难以建立精确的数学模型,这就给采用解析法进行 PID 控制器的设计带来了困难。PID 控制器的设计实际上就是确定出控制器的三个参数 K_p、T_i、T_d。确定 K_p、T_i、T_d 参数的过程也称为参数整定,PID 控制器的参数整定方法较多,简单易行的方法有简易工程法。这种方法的优点在于,整定参数时不必依赖被控对象的数学模型,简单易行,适于现场应用,适用于对那些难以得到准确数学模型的控制系统。常用的简易工程法有衰减曲线法和 Z-N 法(由 Ziegler-Nichols 于 1942 年提出)。衰减曲线法是一种现场试验整定方法,在受控过程模型未知的条件下可用。Z-N 法是一种依赖于过程阶跃响应的整定方法。这两种方法都是根据受控过程特性来确定出 PID 控制器参数,具体方法和步骤可参阅有关资料文献。

例 6-7 设有一单位反馈控制系统,其开环传递函数为

$$G_0(s)=\frac{1}{s(s+1)}$$

若要求:①系统在单位斜坡输入信号作用下,位置输出稳态误差 $e_{ss}\leqslant 0.1$ rad;②开环系统截止频率 $\omega_c\geqslant 4.4$ rad/s;③相角裕度 $\gamma\geqslant 45°$,增益裕度 $K_g\geqslant 10$ dB。试设计串联校正装置。

解 (1) 首先确定系统开环增益 K。未校正系统 $K_V'=\lim\limits_{s\to 0}sG_0(s)=1$,由静态误差要求 $e_{ss}=\frac{1}{K_v}\leqslant 0.1$ rad,得 $K_V\geqslant 10$,$K_V'<K_V$,故未校正系统稳态性能不满足要求。取 $K_V=\lim\limits_{s\to 0}sG_c(s)G_0(s)=$

10，则校正后应有开环增益 $K=10$，此增益由校正装置提供。

(2) 由待校正系统传递函数 $G_0'(s)=\dfrac{10}{s(s+1)}$，求得剪切频率 $\omega_c'=3.1$ rad/s，相角裕度 $\gamma'=18°$。剪切频率和相角裕度均不满足要求，故采用 PD 控制。设控制器传递函数为

$$G_c(s)=K_p(1+T_d s)$$

由稳态误差要求，故控制器参数 $K_p=10$。校正后系统开环传递函数：

$$G_c(s)G_0(s)=\frac{10(1+T_d s)}{s(s+1)}$$

(3) 性能要求开环剪切频率 $\omega_c\geqslant 4.4$ rad/s，取 $\omega_c=5$ rad/s，则应有

$$|G_c(j\omega_c)G_0(j\omega_c)|=\left|\frac{10(1+jT_d\omega_c)}{j\omega_c(j\omega_c+1)}\right|=1$$

代入 $\omega_c=5$，求得 $T_d=0.47$，所求 PD 控制器为 $G_c(s)=10(1+0.47s)$，校正后系统开环传递函数为

$$G_c(s)G_0(s)=\frac{10(1+0.47s)}{s(s+1)}$$

(4) 求得校正后，系统相角裕度 $\gamma=78°$，增益裕度为 $+\infty$ dB，$\omega_c=5$。满足要求的性能指标。

6.5 反馈校正

在控制工程中，为了改善系统的性能，除采用串联校正外，反馈校正也是较常用的方法，它可以改善反馈环节所包围的不可变部分的性能，减弱参数变化对控制系统性能的影响。

本节介绍利用频率特性法进行局部反馈校正的方法。如图 6-20 所示，校正装置 $G_c(s)$ 与原系统中某一部分构成一个局部反馈回路，形成反馈校正。

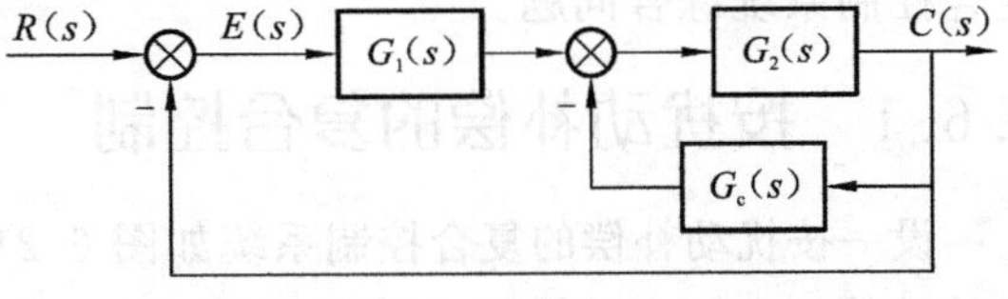

图 6-20　反馈校正系统

设置局部反馈后，系统的开环传递函数为

$$G_k(s)=\frac{G_1(s)G_2(s)}{1+G_2(s)G_c(s)} \tag{6-35}$$

如果在对系统动态性能起主要影响的频率范围内有下列关系成立：

$$|G_2(j\omega)G_c(j\omega)|\gg 1$$

式(6-35)可写为

$$G_k(s)\approx\frac{G_1(s)}{G_c(s)} \tag{6-36}$$

上式表明，引入局部反馈后，系统的开环特性几乎与被反馈校正装置所包围的 $G_2(s)$ 无关，由局部反馈部分反馈通道校正装置传递函数 $G_c(s)$ 的倒数确定。

而当 $|G_2(j\omega)G_c(j\omega)|\ll 1$ 时，式(6-35)可写成：

$$G_k(s)\approx G_1(s)G_2(s) \tag{6-37}$$

与原系统特性一致。可见，只要适当选取反馈校正装置 $G_c(s)$ 的结构和参数，就可以使被校正系统的特性发生预期的变化，从而使系统满足性能指标的要求。

反馈校正的基本原理可表述为：用反馈校正装置来包围原系统中所不希望的某些环节，以形

成局部反馈回路，在该回路开环幅值远大于 1 的条件下，被包围环节将由反馈校正装置所取代，只要适当选择反馈校正装置的结构和参数，就可以使校正后系统的动态性能满足指标要求。在初步设计中，一般把 $|G_2(j\omega)G_c(j\omega)|\gg 1$ 的条件简化为 $|G_2(j\omega)G_c(j\omega)|>1$，在 $|G_2(j\omega)G_c(j\omega)|=1$ 附近不满足远大于 1 的条件，将会引起一定的误差。这个误差在工程上是允许的。

反馈校正的这种作用，在系统设计中常被用来改造系统中不希望有的某些环节，如消除非线性、变参数的影响和抑制干扰等方面，得到了广泛的应用。

6.6 复合校正

前面介绍了串联校正和反馈校正，但对于稳态精度与动态性能均要求较高或存在强烈扰动，特别是低频扰动时，这两种校正方式有时难以满足要求，在这种情况下，常常采用复合校正。所谓复合校正，是一种前馈控制与闭环反馈相结合的控制方式，它是在反馈闭环控制的基础上，引入前馈装置，产生与输入(给定输入或扰动输入)有关的补偿作用。复合控制的实质是基于所谓的不变性原理。前馈控制属于开环控制，它是基于扰动来消除扰动对被控变量的影响，故又称为扰动补偿，它不影响闭环系统的稳定性。因此，复合控制同时利用开环、闭环控制方式，使系统既有较好的跟踪能力又有较强的抗扰动能力，在高精度控制系统中得到了广泛应用。复合控制系统综合的基本思路是：根据动态性能要求综合反馈控制部分，根据稳态精度要求综合前馈补偿部分，进行校验和修改，直至满足性能要求。

前馈控制分为按输入补偿和按扰动补偿两种方式，下面分别介绍这两种前馈补偿装置的复合控制系统综合问题。

6.6.1 按扰动补偿的复合控制

设一按扰动补偿的复合控制系统如图 6-21 所示。图中的 $G_1(s)$ 和 $G_2(s)$ 是系统前向通道传递函数，$G_n(s)$ 为前馈校正传递函数，$N(s)$ 为可测扰动输入。由图 6-21 写出扰动作用引起的系统输出为

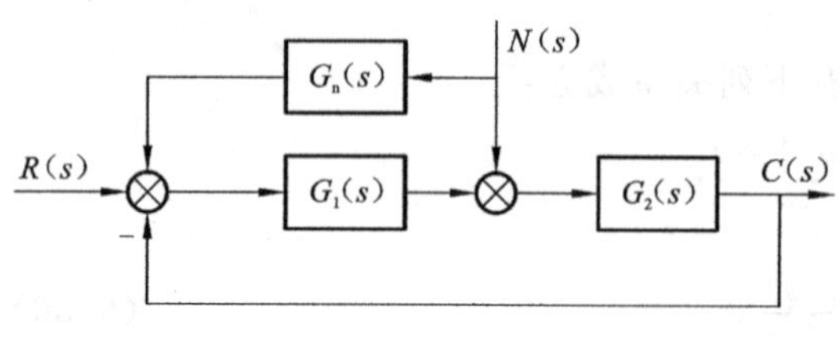

图 6-21 按扰动补偿的复合控制系统

$$C_n(s)=\frac{G_2(s)[G_n(s)G_1(s)+1]}{1+G_1(s)G_2(s)}N(s) \tag{6-38}$$

复合校正的目的，就是通过设计前馈校正装置 $G_n(s)$，消除扰动信号 $N(s)$ 对输出信号 $C(s)$ 的影响。由式(6-38)可以看出，若选择前馈装置的传递函数：

$$G_n(s)=-\frac{1}{G_1(s)} \tag{6-39}$$

则 $C_n(s)=0$，也就是完全消除了扰动 $N(s)$ 对系统输出的影响。式(6-39)称为对扰动引起的误差进行完全补偿的条件，或称为对输出实现不变性的条件。可以看出，要完全补偿扰动对输出的影响，对扰动量进行测量，形成前馈控制通道是先决条件。

设计时，首先按照系统性能要求选择 $G_1(s)$，使系统具有满意的动态性能和稳态性能；然

后设计前馈校正，按式(6-39)设计前馈装置，这样就可完全消除可测扰动 $N(s)$ 对系统输出的影响。然而，按式(6-39)实现对扰动误差的完全补偿往往是困难的，因为由物理装置实现的 $G_1(s)$，其分母多项式次数总是大于或等于分子多项式的次数。其倒数在物理上就难以实现，因此在实际使用中，一般是在对系统性能起主要影响的频段内采用近似全补偿或者稳态补偿，以使前馈补偿装置易于物理实现。前馈补偿是采用开环控制的方式去补偿可量测扰动信号的影响，因此前馈补偿不改变反馈系统的特性。从抑制扰动的角度来看，前馈控制可以减轻反馈控制的负担，有利于系统的稳定性。

例 6-8　设一随动系统如图 6-22 所示，图中 $N(s)$ 为负载力矩，即系统的扰动量。假定原来的闭环回路已满足有关性能要求。试设计前馈补偿装置 $G_n(s)$，使系统输出不受扰动影响。

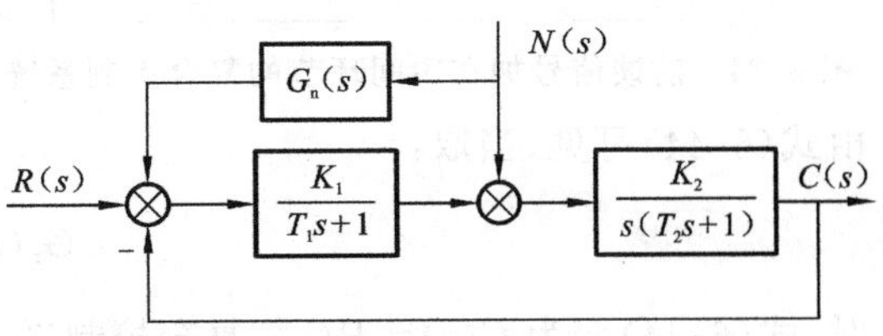

图 6-22　例 6-8 按扰动补偿的复合控制系统

解　设扰动量 $N(s)$ 可测出。根据式(6-39)，则选择

$$G_n(s)=-\frac{1}{K_1}(T_1 s+1) \tag{6-40}$$

系统输出 $C(s)$ 完全不受干扰 $N(s)$ 的影响。考虑到 $G_n(s)$ 的分子次数高于分母次数不易于物理实现，令 $G_n(s)=-\dfrac{1}{K_1}\dfrac{T_1 s+1}{T_2 s+1}$，$T_1\gg T_2$，则 $G_n(s)$ 物理上易于实现，且达到近似全补偿要求，若令 $G_n(s)=-\dfrac{1}{K_1}$，则实现稳态补偿，即干扰所引起的稳态误差为 0，此时物理上更易于实现。

在实际系统中，经常有多种干扰存在，如温度的漂移、负载的变化、电压的波动等，如果对所有扰动进行补偿会使控制系统过于复杂，而且有些干扰可能难以量测。因此，通常是对一、两个主要干扰进行补偿。

6.6.2　按输入补偿的复合控制

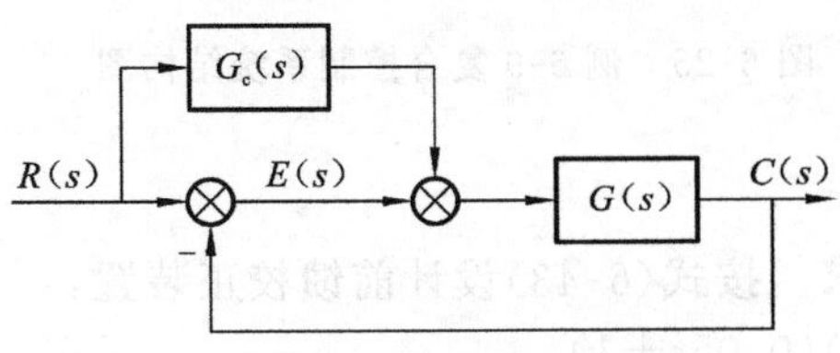

图 6-23　按输入补偿的复合控制系统

图 6-23 是按输入补偿的复合控制系统。图 6-23 中 $G(s)$ 为原系统的开环传递函数；$G_c(s)$ 为按输入补偿而设置的前馈装置的传递函数。由结构图(图 6-23)得系统输出为

$$C(s)=[1+G_c(s)]\frac{G(s)}{1+G(s)}R(s) \tag{6-41}$$

理想的情况，系统输出 $C(s)$ 能够完全复现控制输入 $R(s)$，即

$$E(s)=R(s)-C(s)=R(s)-[1+G_c(s)]\frac{G(s)}{1+G(s)}R(s)=0 \tag{6-42}$$

如果选择前馈装置的传递函数，满足：

$$G_c(s)=\frac{1}{G(s)} \tag{6-43}$$

则式(6-42)成立，从而 $C(s)=R(s)$，在任何时刻系统的输出量都能够完全无误地复现输入量，具有理想的动态跟踪特性。

式(6-43)是对误差进行完全补偿的条件。由于$G(s)$是原系统的开环传递函数，其形式比较复杂，因此，对式(6-43)的物理实现比较困难。为使$G_c(s)$结构较为简单且易于物理实现，工程上大多采用满足跟踪精度要求的部分补偿条件。

有时，前馈控制信号不是加在系统的输入端处，而是加在前向通道中某个环节的输入端，以简化误差全补偿条件，如图 6-24 所示。由图 6-24 可知，系统输出量为

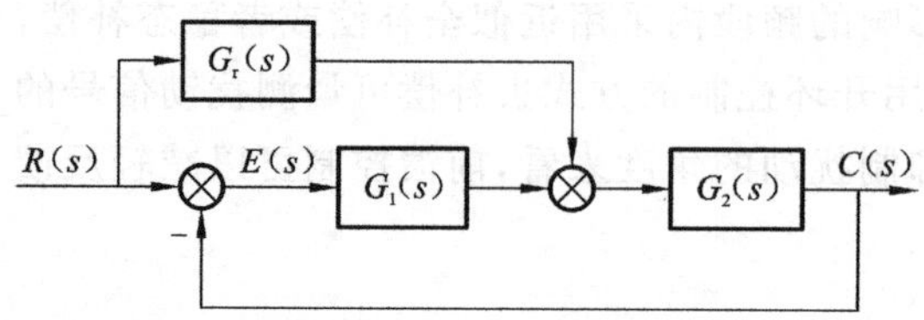

图 6-24　前馈信号加在中间环节的复合控制系统

$$C(s)=\frac{[G_1(s)+G_r(s)]G_2(s)}{1+G_1(s)G_2(s)}R(s) \tag{6-44}$$

由式(6-44)可见，当取：

$$G_r(s)=\frac{1}{G_2(s)} \tag{6-45}$$

时，式(6-44)变为$C(s)=R(s)$，复合控制系统实现对误差的完全补偿。

同样，基于物理实现的困难，通常只进行部分补偿，将系统误差减小至允许范围内即可。由于前馈控制信号不是如图 6-23 加在靠近输入端处，而是如图 6-24 加在靠近输出端处，因此要求前馈信号有较大的功率，前馈装置的结构比较复杂。通常前馈信号加在系统信号综合放大器的输入端，使$G_r(s)$具有比较简单的结构。

从控制系统稳定性的角度来看，引入前馈控制通道使系统的型别提高，达到部分补偿的目的，同时控制系统并不因为引入前馈控制而影响其稳定性。因此，复合控制系统可以很好地解决一般反馈控制系统在提高精度和确保系统稳定性之间的矛盾。

例 6-9　某复合控制系统结构如图 6-25 所示，设原系统已满足相应性能要求。要求在单位斜坡输入$r(t)=t$时，输出稳态位置误差$e_{ss}=0$，试设计前馈校正装置。

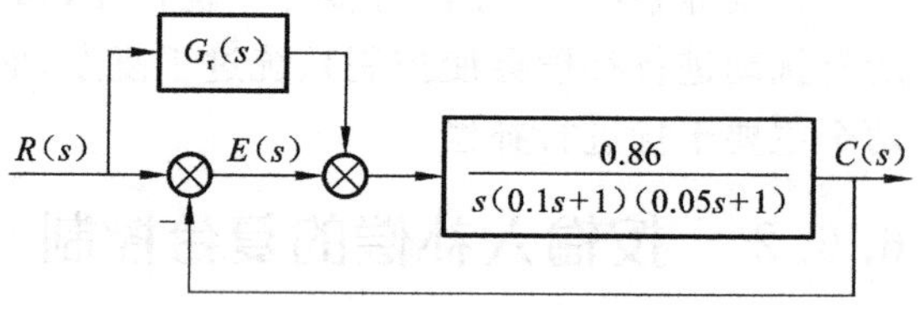

图 6-25　例 6-9 复合控制系统结构图

解　原系统静态速度误差系统为

$$K_v=\lim_{s\to 0}sG_0(s)=\lim_{s\to 0}s\frac{0.86}{s(0.1s+1)(0.05s+1)}=0.86$$

稳态位置误差$e_{ss}=1/K_v\neq 0$，不能满足性能指标的要求。按式(6-43)设计前馈校正装置：

$$G_r(s)=\frac{1}{G_0(s)}=\frac{s(0.1s+1)(0.05s+1)}{0.86}$$

考虑到物理实现问题，取输入信号的一阶导数信号作为前馈补偿信号，即$G_r(s)=\frac{s}{0.86}$。则采用前馈校正后，系统误差信号为

$$E(s)=\frac{1-G_r(s)G_0(s)}{1+G_0(s)}R(s)=\frac{1-G_r(s)G_0(s)}{1+G_0(s)}\frac{1}{s^2}$$

由终值定理解得，$e_{ss}=\lim_{s\to 0}sE(s)=0$，满足要求。

引入前馈校正后，系统闭环传递函数为

$$\Phi(s)=\frac{C(s)}{R(s)}=\frac{[1+G_r(s)]G_0(s)}{1+G_0(s)}=\frac{G_0'(s)}{1+G_0'(s)} \tag{6-46}$$

由式(6-42)可以解出系统等效开环传递函数为

$$G_0'(s)=\frac{\Phi(s)}{1-\Phi(s)}=\frac{[1+G_r(s)]G_0(s)}{1-G_r(s)G_0(s)}=\frac{5.7(1.17s+1)}{s^2(0.033s+1)}$$

上式表明，引入前馈校正 $G_r(s)=s/0.86$ 后，复合控制系统等效于 II 型系统，故此时复合控制系统的速度误差为 0，而加速度误差为常值。

未加前馈校正，系统闭环极点为 $s_1=-1$，$s_2=-8.2$，$s_3=-20.8$。加入前馈校正后，闭环极点不变，但增加了一个 $z=-0.855$ 的零点，这一零点与极点 $s_1=-1$ 构成一对偶极子，从而使得闭环系统的主导极点变为 $s_2=-8.2$，因此系统快速性大大提高。

要注意的是，前馈校正装置没有改变原系统闭环极点的能力，加入前馈校正后系统稳定性不受影响。因此，在设计时可以通过串联校正使原闭环系统具有较大的稳定裕度，而系统的快速性通过附加的前馈校正来保证。

6.7　应用 MATLAB 进行校正设计

在进行控制系统校正装置设计时，首先要分析系统性能，然后根据给定的性能指标要求进行校正装置设计，最后再验校正后的系统性能指标是否满足要求。若应用 MATLAB 进行校正设计，不仅可以免去大量的人工计算工作，还能直观地看到校正后的控制系统性能。

例 6-10　已知单位反馈系统开环传递函数为

$$G_0(s)=\frac{10}{s(s+1)}$$

试设计一超前校正装置，要求：单位斜坡输入的稳态误差小于 10%，$\omega_c\geqslant 3.1$ rad/s，相角稳定裕度 $\gamma=45°$。

解　由稳态误差的要求，得到校正装置开环增益 $K_c=1$。采用 MATLAB 编程计算，得到超前校正传递函数为

$$G_c(s)=\frac{0.4636+1}{0.1053s+1}$$

校正前后的系统伯德图如图 6-26 所示；校正后系统的阶跃响应如图 6-27 所示。

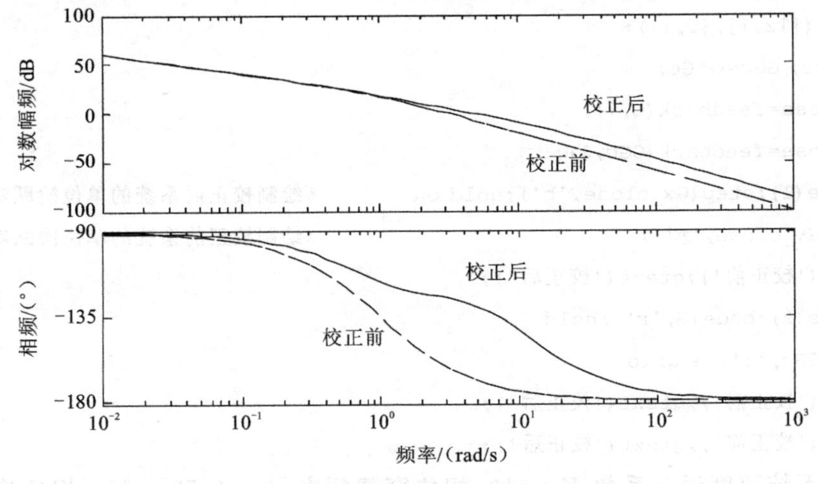

图 6-26　例 6-10 伯德图

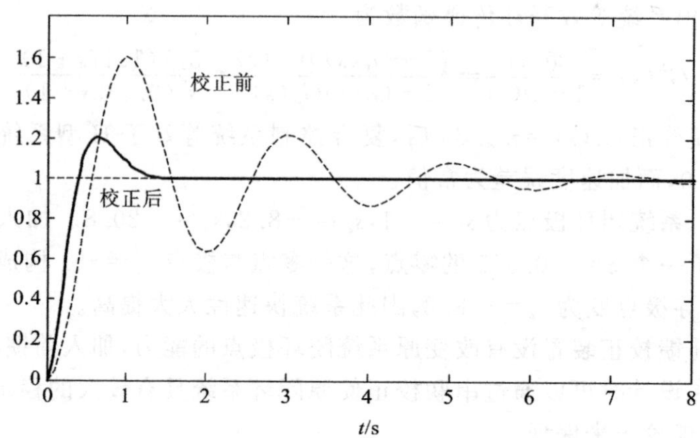

图 6-27　例 6-10 的系统阶跃响应

例 6-10　超前校正设计程序

```
num=10;
den= [1,1,0]
G=tf(num,den);
kc=1;                                          %确定增益
yPm=45+ 12;                                    %期望的相角裕度,调整时改变加数即可(在 5～15之间进行调整)
[mag,pha,w]=bode(G*kc);Mag=20*log10(mag);      %画出未校正系统 Bode 图,求稳定裕度
[Gm,Pm.Wcg,Wcp]=margin(G*kc);
phi=(yPm-getfield(Pm,'Wcg'))*pi/180;
alpha=(1+sin(phi))/(1-sin(phi));
Mn=-10*log10(alpha);
Wcgn=spline(Mag,w,Mn);
T=1/Wcgn/sqrt(alpha); Tz=alpha*T;
Gc=tf([Tz,1],[T,1]);
G=G*kc; GGc=G*Gc;
Gy_close=feedback(G,1);
Gx_close=feedback(GGc,1);
figure(1);step(Gx_close,'b');hold on           %绘制校正后系统的单位阶跃响应
step(Gy_close,'r');                            %绘制校正前系统的单位阶跃响应
gtext('校正前');gtext('校正后');
figure(2);bode(G,'r');hold
bode(GGc,'b');% grid
gtext('校正前');gtext('校正后');
gtext('校正前');gtext('校正后');
```

校正后,系统速度误差系数 $K_v=10$,相位穿戴频率 $\omega_c=4.53$ rad/s,相角稳定裕度 $\gamma=$

51.5°，具有+∞增益裕度。满足要求的性能指标。

例 6-11　已知单位反馈系统开环传递函数为

$$G_0(s)=\frac{0.5}{s(s+1)}$$

试设计校正装置，要求：超调量 $\sigma\%\leqslant 20\%$，调节时间 $t_s\leqslant 3$ s。

解　经初步分析后采用超前校正装置，校正后系统主导极点为 $s_d=-2.4\pm j3.2$。超前校正设计 MATLAB 程序如下：

%例 6-11 根轨迹分析法校正程序

```
clear
clc
zeta=0.6
wn=4
s1=-zeta*wn+sqrt(1-zeta^2)*wn*j;
ng=[0.5];
dg=[1 1 0 ];
ngv=polyval(ng,s1);
dgv=polyval(dg,s1);
g=ngv/dgv;
theta=angle(g);
phic=pi-theta;
phi=angle(s1);
thetaz=(phi+phic)/2;
thetap=(phi-phic)/2;
zc=real(s1)-(imag(s1)/tan(thetaz));
pc=real(s1)-(imag(s1)/tan(thetap));
nc=[1-zc];
dc=[1-pc];
nv=polyval(nc,s1);
dv=polyval(dc,s1);
kv=nv/dv;
kc=abs(1/(g*kv));
kc
Gc=tf(nc,dc)
s=tf([0.25],[1 1 0]);
sys1=feedback(s,1);
sys=kc*Gc*s;
scop=feedback(sys,1);
step(sys1);hold on
```

```
step(scop)
gtext('校正前');gtext('校正后');
```

校正后系统阶跃响应如图 6-28 所示。

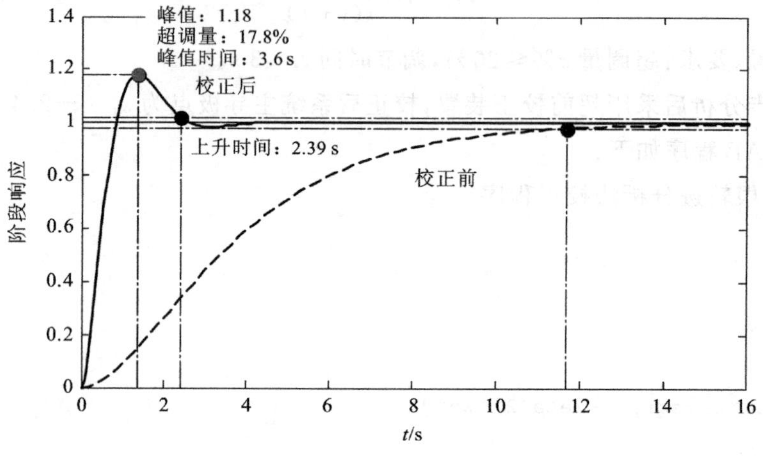

图 6-28　例 6-11 系统阶跃响应

由图 6-28 看出，校正后系统超调量 $\sigma\%=17.8\%$，调节时间 $t_s=2.39$ s。

习　题　6

1. 设单位反馈系统开环传递函数为

$$G_0(s)=\frac{K}{s(0.05s+1)(0.2s+1)}$$

试设计串联校正装置，使系统的静态速度误差系数 $K_v\geqslant 5\ \mathrm{s}^{-1}$，超调量 $\sigma\%\leqslant 17.8\%$，调节时间不大于 1 s。

2. 题图 6.1 中，实线分别为两个最小相位系统的开环对数幅频特性曲线，图中虚线部分表示采用串联校正后系统的开环对数幅频特性曲线改变后的部分。

(1) 串联校正有哪几种形式；

(2) 试指出图(a)、(b)分别采取了什么串联校正方法？

(3) 图(a)、(b)所采取的校正方法分别改善了系统的哪些性能？

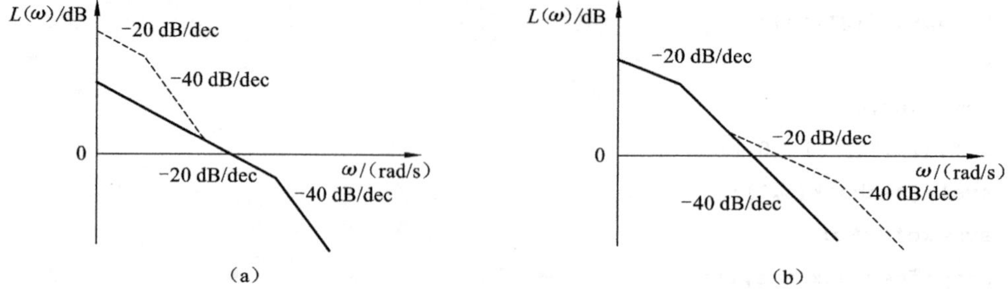

题图 6.1　习题 2 图

3. 某单位反馈二阶系统的单位阶跃响应如题图 6.2 所示。

(1) 确定系统的开环传递函数；

(2) 设计超前校正装置，使系统超调量 $\sigma\%=16.3\%$，调节时间 $t_s\leqslant 1$ s。

4. 设单位反馈系统开环传递函数为

$$G_k(s)=\frac{1.06}{s(s+1)(s+2)}$$

若要求校正后系统的 $K_V=30\ s^{-1}$，$\xi=0.707$，并保证原主导极点位置基本不变，试用根轨迹分析法设计串联校正装置。

5. 某系统结构如题图 6.3 所示，主导极点具有 $\omega_n=3\ s^{-1}$，$\zeta=0.5$，试确定 K、T_1、T_2。

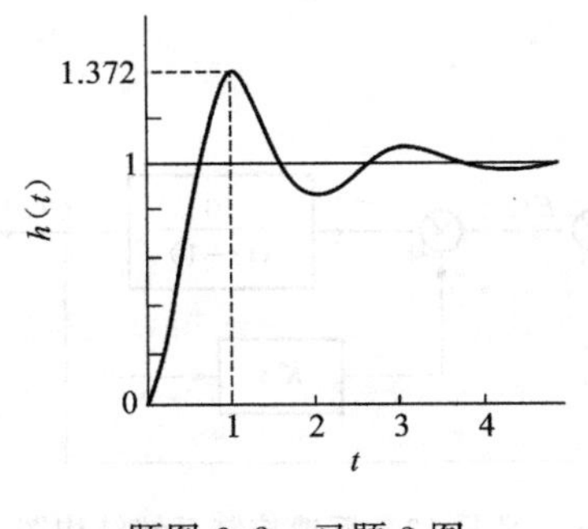

题图 6.2　习题 3 图

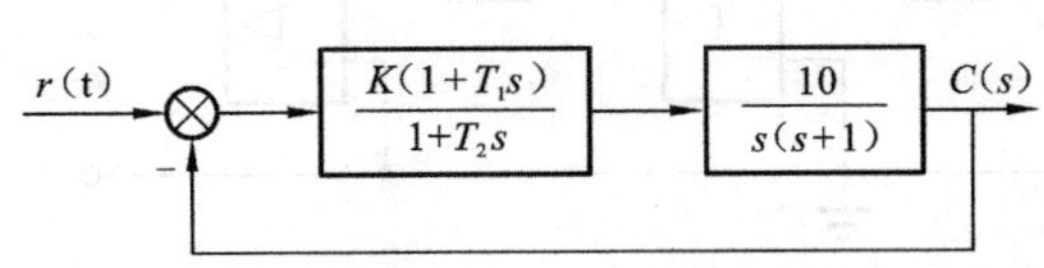

题图 6.3　习题 5 图

6. 设单位反馈系统的开环传递函数为 $G_0(s)=\dfrac{K}{s(s+1)}$，若要求系统开环幅值穿越频率 $\omega_c\geqslant 4$ rad/s，相角裕度 $\gamma\geqslant 45°$，在单位斜坡输入信号作用下，稳态误差 $e_{ss}\leqslant 0.1$。试求无源超前校正网络参数。

7. 设单位反馈系统开环传递函数 $G_0(s)=\dfrac{K}{s(s+1)(0.5s+1)}$。试采用串联滞后校正，使校正后系统的速度误差系数 $K_V=5\ s^{-1}$，相角裕度 $\gamma\geqslant 40°$。

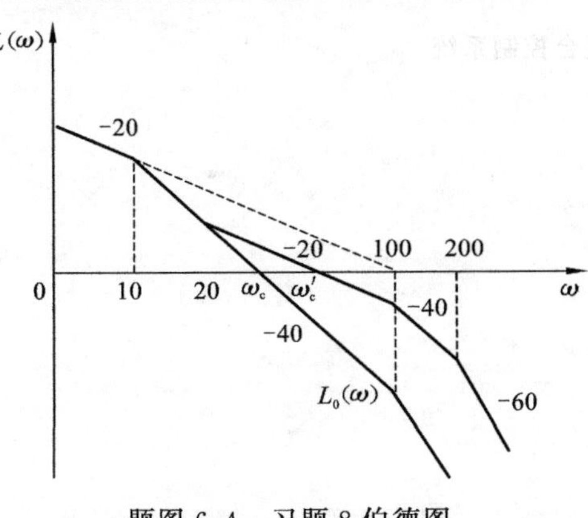

题图 6.4　习题 8 伯德图

8. 设一最小相位系统的对数幅频特性如题图 6.4 中 $L_0(\omega)$ 所示，采用串联校正后的系统开环对数幅频特性如题图 6.4 中 $L(\omega)$ 所示。

(1) 写出未校正系统的开环传递函数；

(2) 写出串联校正装置的传递函数；

(3) 求出校正后系统的相位稳定裕度；

(4) 分析题中校正装置所起的作用。

9. 一单位负反馈最小相位系统开环相频特性为 $\varphi(\omega)=-90°-\arctan\dfrac{\omega}{2}-\arctan\omega$

(1) 求相角裕度为 30°时系统的开环传递函数；

(2) 在不改变穿越频率的前提下，试选择参数 K_c 和 T，使系统在加入串联校正环节 $G_c(s)=$

$\dfrac{K_c(Ts+1)}{s+1}$后，系统的相角裕度提高到 60°。

10. 设未校正系统开环传递函数为 $G_0(s)=\dfrac{10}{s(0.2s+1)(0.5s+1)}$，要求校正后系统的相角裕度 $\gamma=65°$，幅值裕度 $K_g=6$ dB，求串联滞后校正装置。

11. 某一单位反馈系统的开环传递函数为 $G(s)=\dfrac{4K}{s(s+2)}$，设计一超前校正装置，使校正后系统的静态速度误差系数 $K_v=20\ \text{s}^{-1}$，相角裕度 $\gamma\geqslant 50°$，增益裕度不小于 10 dB。

12. 写出下列有源校正网络(题图 6.5)的传递函数，并指出为何种校正网络。

13. 控制系统如题图 6.6 所示，试利用根轨迹分析法确定测速反馈系数 K_t，以使系统的阻尼比 $\zeta=0.5$，并估算校正后系统的性能指标。

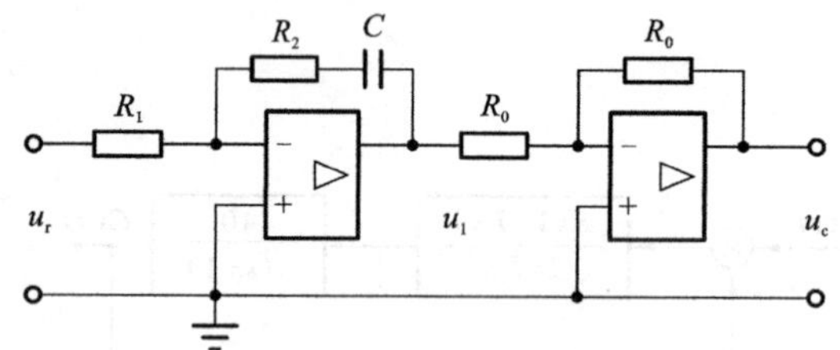

题图 6.5　习题 12　电路图

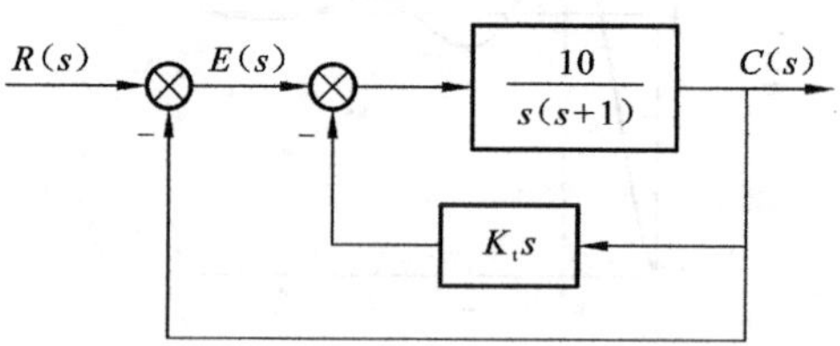

题图 6.6　习题 13　反馈控制系统结构图

14. 设一前馈控制系统结构如题图 6.7 所示。要求校正后系统为 II 型，试求前馈校正装置的传递函数 $G_r(s)$。

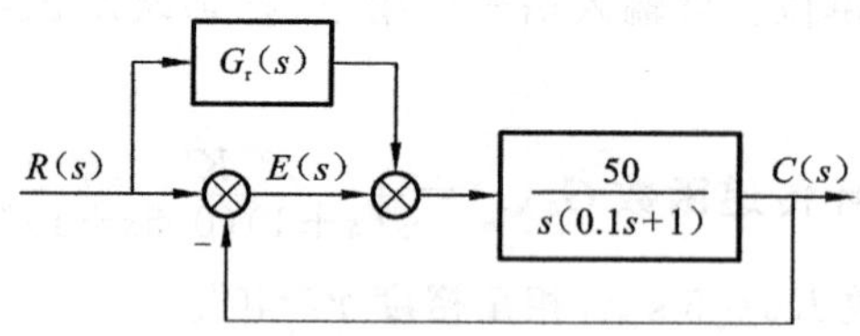

题图 6.7　习题 14　复合控制系统

第 7 章 离散控制系统的分析与校正

随着计算机的技术、检测与传感技术，特别是微处理器的发展，计算机控制系统的应用越来越广泛，数字控制器已在许多场合取代了模拟控制器。计算机强大的计算能力、逻辑判断能力和大容量存储信息的能力使得计算机控制能够解决模拟控制技术难以解决的难题，满足更为严格的性能指标要求。与连续系统相比，离散系统中存在着脉冲或数字的离散信号及信号的变换过程。在这类系统的研究中，虽然可以借鉴连续系统中的许多概念和方法，但仍然有其本身的特殊性。

本章主要讨论离散控制系统的分析和校正方法。首先从离散控制系统的信号出发，讨论信号的采样和恢复，然后介绍 z 变换理论和脉冲传递函数，最后讨论离散控制系统的稳定性判据、性能分析和校正方法。

7.1 离散控制系统的结构

如果控制系统中的所有信号都是时间变量的连续函数，则这样的系统称为连续时间控制系统，简称连续系统。如果控制系统中存在脉冲或数字信号，则这样的系统称为离散时间控制系统，简称离散系统。离散系统（也就是计算机控制系统）利用计算机（单片机、ARM、PLC、DSP、工控机等）代替传统的模拟控制器从而实现工业生产过程的自动控制。

7.1.1 离散系统的组成

离散系统将常规自动控制系统中的模拟调节器部分由计算机系统来实现，其结构图如图 7-1 所示。

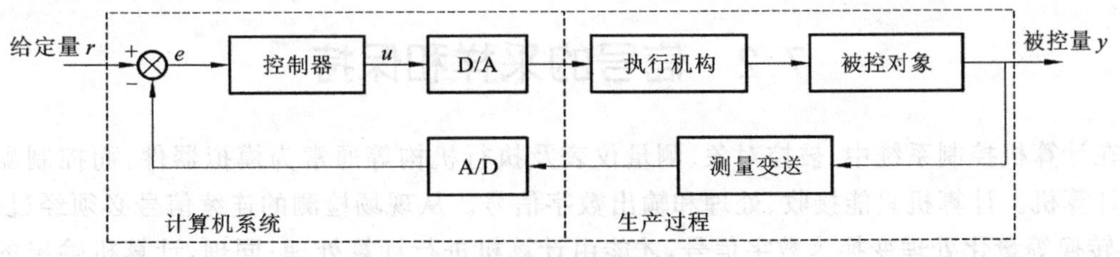

图 7-1 离散系统结构图

在实际工业生产过程中，被测参数如温度、压力、流量、速度、电压等都是连续变化的模拟量，而计算机处理的信息是数字量。信号在进入计算机之前，必须把模拟量转化为数字量，即进行 A/D 转换；大多数执行机构只能接受模拟量，计算机输出的数字量也须再转换为模拟量，即进行 D/A 转换后再作用于执行机构。因此计算机控制系统需要有模拟量/数字量转换器（A/D 或 ADC）和数字量/模拟量转换器（D/A 或 DAC）。

计算机控制系统的整个工作过程可以分为以下 3 个步骤。

(1) 实时数据采集。测量变送单元对生产过程中被控参数值进行检测,经 A/D 转换后送入计算机。

(2) 控制决策。计算机对所采集到的参数值进行处理后,按照设计好的相关算法或控制规律计算出当前控制量。

(3) 实时控制。根据计算结果,计算机输出数字量控制信号,经过 D/A 转换为连续模拟信号后传送给执行机构,实施控制任务。

系统运行期间,以上过程以采样周期为时间单位不断自动重复,使整个系统能够按照一定的动态品质指标进行工作,并且对被控参数和设备本身的异常状况进行监督和处理。

7.1.2 离散系统的特点

随着生产的发展、技术的进步,对自动化系统的控制要求越来越高,常规连续系统的应用受到了极大的限制,离散系统的应用越来越广泛。相对于连续系统,离散系统具有一系列的特点。

(1) 系统结构上,离散系统的计算机是一个数字式离散处理器,因此,系统中必须有相应的信号变换装置(A/D 转换器和 D/A 转换器)。离散系统通常是包含模拟与数字部件的混合系统。

(2) 信号形式上,离散系统中除了模拟信号外,还有离散信号、数字信号,是一种混合信号形式系统。由于系统信号的复杂性,也给设计实现带来相应的处理要求。

(3) 系统工作方式上,在连续系统中,调节器通常由不同的电路组成,并且一台调节器仅为一个控制回路服务。在离散系统中,一台计算机可以同时为多个控制回路服务。各个控制回路的控制方式由软件设计。

(4) 控制性能上,离散系统可以实现各种先进、复杂的控制策略,如自适应控制、预测控制、智能控制等,从而更好地满足日益复杂化的工业生产和科学研究的控制要求。离散系统的控制律是由软件程序实现的,很容易实现控制律的转换,实现不同的控制功能,具有适应性强和灵活性高的优点。

7.2 信号的采样和保持

在计算机控制系统中,被控对象、测量仪表及执行机构等通常为模拟器件,而控制器采用数字计算机。计算机只能接收、处理和输出数字信号。从现场检测的连续信号必须经过采样、A/D 转换等量化处理变换为数字信号,才能由计算机进行计算处理;同理,计算机输出的离散的数字量必须经过 D/A 转换器和保持器形成连续信号,才能作用于被控对象。

7.2.1 信号的采样过程

将连续信号转换成离散信号的过程,称为采样过程,如图 7-2 所示。实现采样动作的装置叫采样开关或采样器。采样器利用定时器控制的开关每隔一个固定时间(采样周期),使采样开关持续闭合时间 τ 完成一次采样。τ 称为采样宽度[如图 7-2(c)所示],开关重复闭合的时间间隔 T 称为采样周期。采样开关输入的原信号 $f(t)$ 为连续信号,采样输出信号 $f^*(t)$ 是离散的模拟信号。

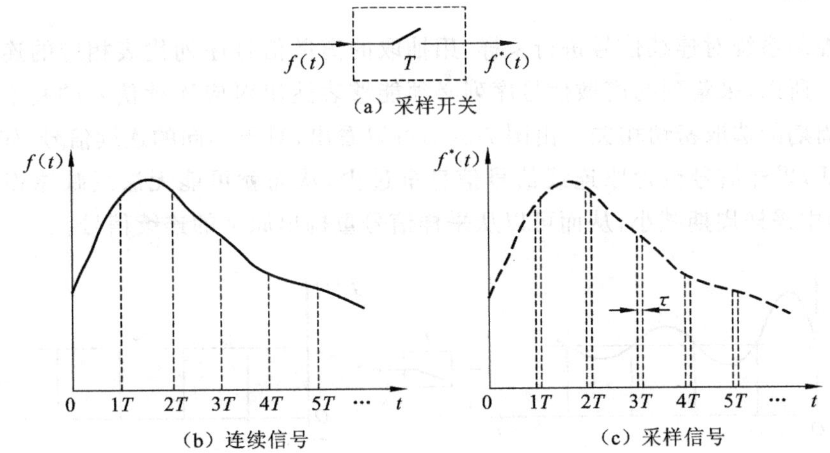

图 7-2　连续信号的采样过程

采样开关的闭合时间 τ 非常小，通常为毫秒级到微秒级，一般远小于采样周期 T，即 $\tau \ll T$，也远远小于被控对象连续部分的时间常数。因此在分析时，可以认为 $\tau=0$，这样采样开关可以看成是一个理想的采样开关。所谓理想采样开关是指，该开关每隔一个采样周期闭合一次，并且闭合后又瞬时打开，即没有延时也没有惯性。这样，采样信号 $f^*(t)$ 可以认为是一串理想的脉冲系列信号。采样信号 $f^*(t)$ 的每个采样值等于连续信号 $f(t)$ 在开关闭合的瞬时值 $f(kT)$，也就是可以看作一个权重为 $f(kT)$ 的脉冲函数，记为 $f(kT)\delta(t-kT)$。整个采样信号可以看作是一个加权脉冲序列，可以用 δ 函数来描述，如式(7-3)所示。δ 函数有下列性质：

$$\begin{cases} \int_{-\infty}^{+\infty} \delta(t-t_0)\mathrm{d}t = 1 \\ \delta(t) = \begin{cases} \infty, & t = t_0 \\ 0, & t \neq t_0 \end{cases} \end{cases} \tag{7-1}$$

从而，理想采样开关可以表示为

$$\delta_T(t) = \sum_{k=-\infty}^{+\infty} \delta(t-kT) \tag{7-2}$$

采样器的输入信号 $f(t)$ 与采样器输出采样信号 $f^*(t)$ 之间满足：

$$f^*(t) = f(t)\delta_T(t) = f(t)\sum_{k=-\infty}^{+\infty} \delta(t-kT) \tag{7-3}$$

对于实际物理系统，当 $t<0$ 时，$f(t)=0$，从而 $f^*(t)$ 可表示为

$$\begin{aligned} f^*(t) &= f(0)\delta(t) + f(T)\delta(t-T) + f(2T)\delta(t-2T) + \cdots \\ &= \sum_{k=0}^{\infty} f(kT)\delta(t-kT) \end{aligned} \tag{7-4}$$

式中：T 为采样周期；k 为整数，表示采样时刻值。

采样过程可以看成是一个信号的调制过程，$\delta_T(t)$ 是调制器的载波信号。采样信号 $f^*(t)$ 由理想脉冲序列所组成，其幅值由连续信号 $f(t)$ 在 $t=kT$ 时刻的值确定。

7.2.2 采样定理

计算机控制系统对连续信号进行采样，用抽取的离散信号序列代表相应的连续信号来参与控制运算。所以，采集到的离散信号序列必须能够表达出对应连续信号的基本特征。这个问题与采样周期的选取密切相关。由图 7-3(a)可以看出，对于不同的连续信号，如果采样周期选择过大的话，采样信号包含原连续信号信息量过少，从而就可能无法反映原连续信号的特征；图 7-3(b)中采样周期减小，从而可以从采样信号重构出原来的连续信号。

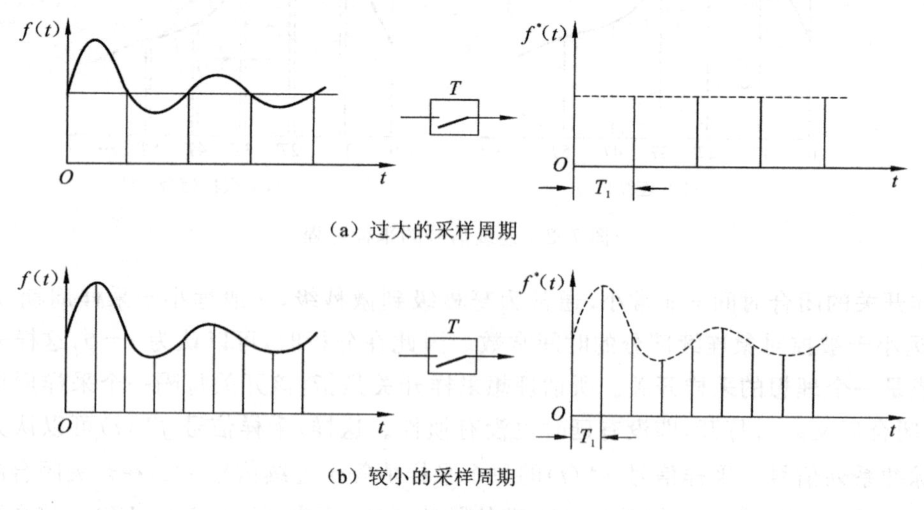

图 7-3 采样周期的影响

载波信号 $\delta_T(t)$为理想单位脉冲系列，是一个周期函数，可以展开成如下傅里叶级数：

$$\delta_T(t) = \sum_{n=-\infty}^{\infty} c_n e^{jn\omega_s t} \tag{7-5}$$

式中：$\omega_s = 2\pi/T$，为采样角频率。傅里叶系数 c_n 由下式给出

$$c_n = \frac{1}{T}\int_{-T/2}^{T/2} \delta_T(t) e^{-jn\omega_s t} dt$$

在$[-T/2, T/2]$内，$\delta_T(t)$ 仅在 $t = 0$ 时有值，且$e^{-jn\omega_s t}\big|_{t=0} = 1$，所以 $c_n = \frac{1}{T}\int_{-T/2}^{T/2} \delta(t) dt = \frac{1}{T}$，故采样信号可表示为

$$f^*(t) = \frac{1}{T}\sum_{k=-\infty}^{+\infty} f(t) e^{jn\omega_s t}$$

如果连续信号 $f(t)$ 的傅里叶变换为 $F(j\omega)$，则采样信号 $f^*(t)$ 的傅里叶变换为

$$F^*(j\omega) = \frac{1}{T}\sum_{k=-\infty}^{+\infty} F(j\omega + jn\omega_s) \tag{7-6}$$

一般来说，连续信号的频谱$|F(j\omega)|$为单一的连续频谱，而采样信号的频谱$|F^*(j\omega)|$为以采样角频率 ω_s 为周期的无穷多个频谱之和，如图 7-4 所示。$F^*(j\omega)$中，对应于 $n=0$ 部分称为主分量，其余部分称为补分量。当 $\omega_s \geqslant 2\omega_{max}$时，才能主分量和补分量不重叠。

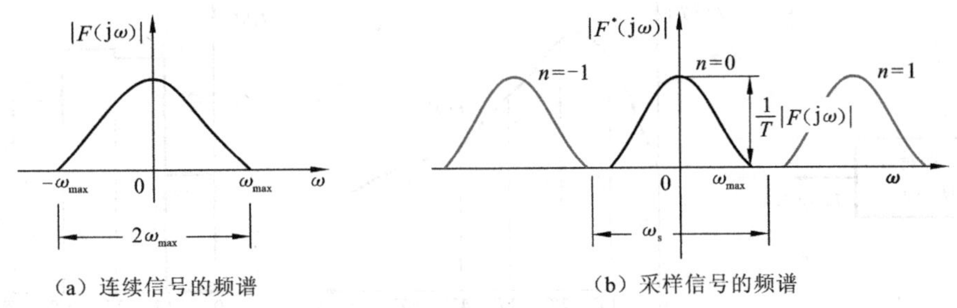

(a) 连续信号的频谱　　(b) 采样信号的频谱

图 7-4　连续信号与离散信号频谱

香农(Shannon)采样定理指出：对一个具有有限频谱$|\omega|<\omega_{max}$的连续信号 $f(t)$进行采样时，采样信号 $f^*(t)$能够唯一地复现 $f(t)$所需的最低采样角频率 ω_s 必须满足 $\omega_s \geqslant 2\omega_{max}$，也就是采样周期满足 $T \leqslant 2\pi/\omega_{max}$。

其中，ω_{max}为原信号频率的最高角频率；$\omega_s=2\pi f_s=2\pi/T$，T 为采样周期。

采样定理给出了合理选择采样周期(或采样频率)的理论指导原则。工程上，对采样周期的选取还要进一步综合系统的实际情况进行。实际应用中，采样频率通常取 $f_s \geqslant (5\sim10)f_{max}$，或者更高。

7.2.3　信号的量化

将时间上离散、幅值上连续变化的离散模拟信号 $f^*(t)$按最小量化单位取整、用一组二进制数来描述的过程称为信号的量化。执行量化动作的装置是 A/D 转换器，它把幅值在 $f_{min}\sim f_{max}$内变化的采样信号 $f^*(t)$通过字长为 n 的 A/D 转换器，变换成 $0\sim 2^n-1$ 的数字量，量化单位为 q：

$$q=\frac{f_{max}-f_{min}}{2^n-1}$$

量化单位 q 是信号进行量化后，二进制数的最低有效位对应的整量单位。量化过程实际上是一个数值的求整过程。通常有两种整量化方法：①“只舍不入”截尾整量化方法，即小于量化单位的数全部截尾舍去；②“有舍有入”整量化方法，这种量化方法类似于十进制数中的四舍五入法。

7.2.4　信号的恢复与零阶保持器

离散系统中，计算机进行信息处理后得到的数字信号需要转换为连续输出信号才能作用于模拟机构，能够实现这一过程的装置称为保持器。从数学上说，保持器的作用是根据各采样时刻的瞬时值求出采样时刻之间的函数值。

工程上考虑实时性要求，通常采用零阶保持器。零阶保持器以前一时刻的采样值为参考基值作外推，来近似原连续信号，即将前一采样时刻的采样值 $f(kT)$ 恒定地保持到下一个采样时刻 $(k+1)T$ 出现之前，即在区间$[kT,(k+1)T]$内零阶保持器的输出为常数值 $f(kT)$，如图 7-5 所示。

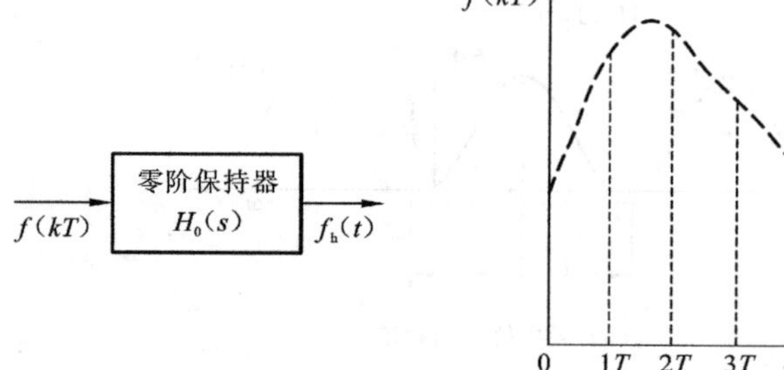

(a) 信号保持过程

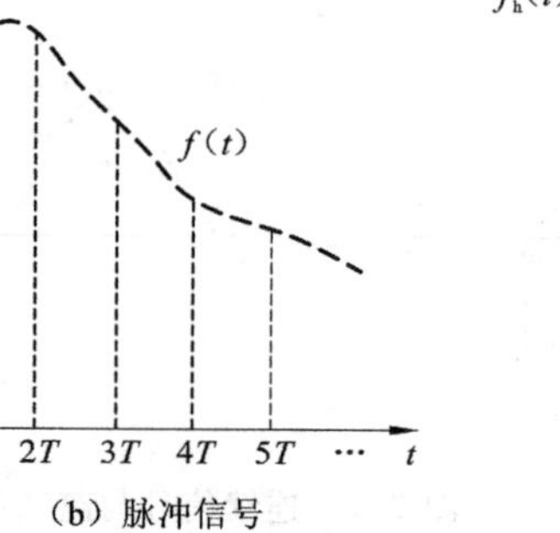

(b) 脉冲信号

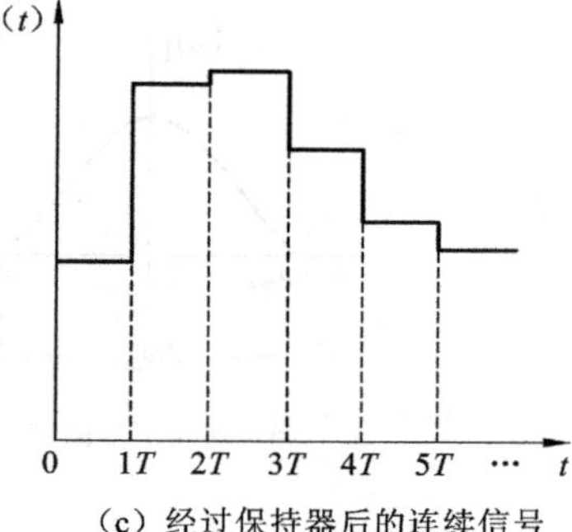

(c) 经过保持器后的连续信号

图 7-5 应用零阶保持器的信号恢复

零阶保持器的时域方程为

$$f_h(t)=f(kT),\quad kT\leqslant t<(k+1)T \tag{7-7}$$

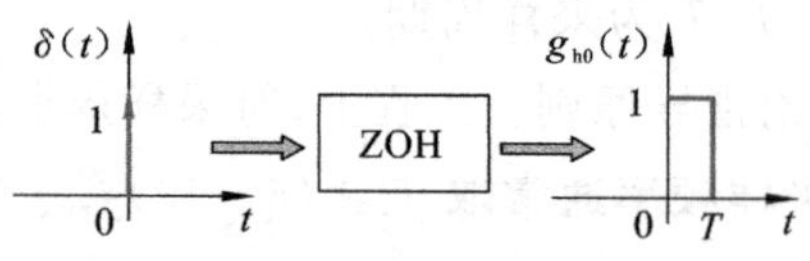

图 7-6 零阶保持器的脉冲响应

当输入单位脉冲信号 $\delta(t)$ 时，零阶保持器输出为在一个采样周期 T 内保持为常数 1 的方波信号，其脉冲过渡过程如图 7-6 所示，数学表达式：

$$g_{h0}(t)=1(t)-1(t-T) \tag{7-8}$$

对式(7-8)作拉氏变换得到零阶保持器的传递函数为

$$G_{h0}(s)=\frac{1}{s}-\frac{1}{s}\mathrm{e}^{-Ts}=\frac{1-\mathrm{e}^{-Ts}}{s} \tag{7-9}$$

其频率特性为

$$G_{h0}(\mathrm{j}\omega)=\frac{1-\mathrm{e}^{-\mathrm{j}T\omega}}{\mathrm{j}\omega}=T\frac{\sin\left(\dfrac{\omega T}{2}\right)}{\dfrac{\omega T}{2}}\mathrm{e}^{-\mathrm{j}\frac{T\omega}{2}} \tag{7-10}$$

幅频特性、相频特性分别为

$$|G_{h0}(\mathrm{j}\omega)|=\left|\frac{T\sin\dfrac{\pi\omega}{\omega_s}}{\dfrac{\pi\omega}{\omega_s}}\right|,\quad 和\quad \angle G_{h0}(\mathrm{j}\omega)=-\left[\frac{T\omega}{2}+k\pi\right]=-\left[\frac{\pi\omega}{\omega_s}+k\pi\right],\quad k=0,1,2,\cdots$$

零阶保持器频率特性曲线如图 7-7 所示。从频率特性看出，零阶保持器具有低通滤波特性，但不是理想的低通滤波器，它除了允许采样信号的主频分量通过外，还允许部分高频分量通过，不过其幅值逐渐衰减。从相位特性看，零阶保持器是一个相位滞后环节，相位滞后的大小与信号频率 ω 及采样周期 T 成正比，不利于闭环系统的稳定。零阶保持器结构简单且易于用物理装置实现，因而它在离散系统中被广泛采用。

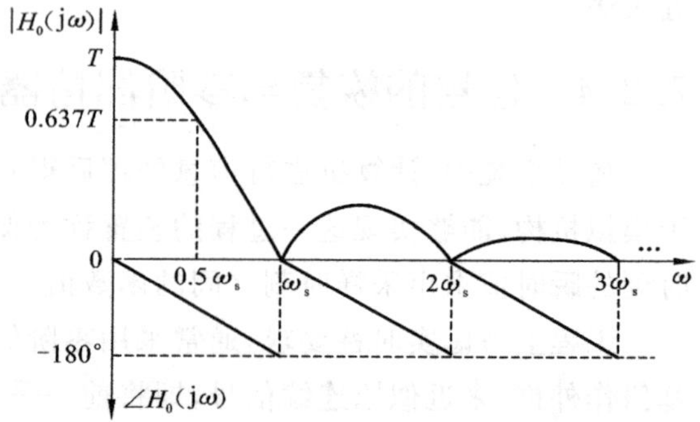

图 7-7 零阶保持器的幅频特性及相频特性

7.3　z 变换与 z 反变换

拉氏变换是连续系统分析的重要数学工具，z 变换则是分析离散系统的重要数学工具。z 变换和拉氏变换有着密切联系，可以看作是拉氏变换的一种变形。

7.3.1　z 变换的定义

连续信号 $f(t)$ 通过采样周期为 T 的采样开关后，得到脉冲系列：

$$f^*(t)=\sum_{k=0}^{\infty}f(kT)\delta(t-kT) \tag{7-11}$$

对式(7-11)进行拉氏变换，得到采样信号的拉氏变换形式：

$$\begin{aligned}F^*(s)&=\int_{-\infty}^{+\infty}f^*(t)\mathrm{e}^{-Ts}\mathrm{d}t\\&=\sum_{k=0}^{\infty}f(kT)\left[\int_{-\infty}^{+\infty}\delta(t-kT)\mathrm{e}^{-Ts}\mathrm{d}t\right]=\sum_{k=0}^{\infty}f(kT)\mathrm{e}^{-kTs}\end{aligned} \tag{7-12}$$

$F^*(s)$ 中包含超越函数 e^{-kTs}，为便于应用，定义新的复变量：

$$z=\mathrm{e}^{Ts} \tag{7-13}$$

进一步将 $F^*(s)$ 写成 $F(z)$ 的形式，从而得到采样信号 $f^*(t)$ 的 z 变换式：

$$F(z)=Z[f(t)]=Z[f^*(t)]=\sum_{k=0}^{\infty}f(kT)z^{-k} \tag{7-14}$$

称 $F(z)$ 为离散函数 $f^*(t)$ 的 z 变换。由上面关系可以看出，z 变换实际上是拉氏变换的一种特殊形式，也称为采样拉氏变换。

关于 z 变换，需要注意以下几点。

(1) z 变换中任意项 $f(kT)z^{-k}$ 具有明确的物理意义：$f(kT)$ 为幅值，z 的幂次为该采样脉冲出现的时刻。

(2) 上述求取 z 变换的方法称为单边 z 变换[即当 $t<0$ 时，$f^*(t)=0$]。类似地，称 $F(z)=\sum_{k=-\infty}^{\infty}f(kT)z^{-k}$ 为双边 z 变换。在控制系统中，通常只研究单边 z 变换。

(3) z 变换只反映信号在采样点上的信息，而不能描述采样点间信号的状态。如果存在两个不同的时间函数 $f_1(t)$ 和 $f_2(t)$，$f_1(t)\neq f_2(t)$，但其采样值完全重复，即 $f_1^*(t)=f_2^*(t)$，则 $F_1(z)=F_2(z)$。也就是说 z 变换 $F(z)$ 与 $f(kT)$ 或离散函数 $f^*(t)$ 是一一对应的，但是 $F(z)$ 与 $f(t)$ 的对应关系不唯一。

7.3.2　z 变换的求法

z 变换的求取有多种方法，下面介绍两种常用的 z 变换计算方法。

1. 级数求和法

直接按照 z 变换的定义式(7.14)求取级数和。

例 7-1　求单位阶跃函数 $f(t)=1(t)$ 的 z 变换。

解 根据 z 变换定义,有

$$F(z) = Z[1(k)] = \sum_{k=0}^{\infty} f(kT) z^{-k} = 1 + z^{-1} + z^{-2} + \cdots + z^{-k} + \cdots$$

$$= \frac{1}{1 - z^{-1}} = \frac{z}{z-1}$$

例 7-2 求指数函数 $f(t) = e^{-at}$ 的 z 变换。

解 由 z 变换定义,有

$$f^*(t) = \sum_{k=0}^{\infty} e^{-akT} \delta(t - kT) = \delta(t) + e^{-aT} \delta(t - T) + e^{-2aT} \delta(t - 2T) + \cdots$$

$$F(z) = \sum_{k=0}^{\infty} f(kT) z^{-k} = 1 + e^{-aT} z^{-1} + e^{-2aT} z^{-2} + \cdots$$

$$= \frac{1}{1 - e^{-aT} z^{-1}} = \frac{z}{z - e^{-aT}}$$

2. 部分分式展开法

设连续时间函数 $f(t)$的拉氏变换 $F(s)$已知,且为有理函数,然后将 $F(s)$分解成简单部分分式之和,通过查 z 变换表求出相应的 z 变换。

一些常用函数的 z 变换见表 7-1 所示。

表 7-1 常用函数 z 变换表

拉氏变换 $F(s)$	时间函数 $f(t)$;$t>0$	z 变换 $F(z)$
1	$\delta(t)$	1
$\frac{1}{s}$	$1(t)$	$\frac{z}{z-1}$
$\frac{1}{s^2}$	t	$\frac{Tz}{(z-1)^2}$
$\frac{1}{s^3}$	$\frac{1}{2}t^2$	$\frac{T^2 z(z+1)}{2(z-1)^3}$
e^{-kTs}	$\delta(t-kT)$	z^{-k}
$\frac{T}{Ts-\ln a}$	$a^{t/T}$	$\frac{z}{z-a}$
$\frac{1}{s+a}$	e^{-at}	$\frac{z}{z-e^{-aT}}$
$\frac{b-a}{(s+a)(s+b)}$	$(e^{-at}-e^{-bt})$	$\frac{z}{z-e^{-aT}}-\frac{z}{z-e^{-bT}}$
$\frac{1}{(s+a)^2}$	te^{-at}	$\frac{Tze^{-aT}}{(z-e^{-aT})^2}$
$\frac{a}{s(s+a)}$	$1-e^{-at}$	$\frac{(1-e^{-aT})z}{(z-1)(z-e^{-aT})}$
$\frac{a}{s^2(s+a)}$	$t-\frac{1-e^{-at}}{a}$	$\frac{Tz}{(z-1)^2}-\frac{(1-e^{-aT})z}{a(z-1)(z-e^{-aT})}$

续表

拉氏变换 $F(s)$	时间函数 $f(t);t>0$	z 变换 $F(z)$
$\frac{\omega}{s^2+\omega^2}$	$\sin\omega t$	$\frac{z\sin\omega T}{z^2-2z\cos\omega T+1}$
$\frac{s}{s^2+\omega^2}$	$\cos\omega t$	$\frac{z(z-\cos\omega T)}{z^2-2z\cos\omega T+1}$
$\frac{s+a}{(s+a)^2+b^2}$	$e^{-at}\cos bt$	$\frac{z^2-ze^{-aT}\cos bT}{z^2-2ze^{-aT}\cos bT+e^{-2aT}}$
$\frac{b}{(s+a)^2+b^2}$	$e^{-at}\sin bt$	$\frac{ze^{-aT}\sin bT}{z^2-2ze^{-aT}\cos bT+e^{-2aT}}$

例 7-3　已知函数 $F(s)=\frac{a}{s(s+a)}$，求 $F(z)$。

解　$F(s)$有两个单极点 $p_1=0$、$p_2=-a$，展开为部分分式和：

$$F(s)=\frac{a}{s(s+a)}=\frac{1}{s}-\frac{1}{s+a}$$

查 z 变换表，有

$$F(z)=\frac{z}{z-1}-\frac{z}{z-e^{-aT}}$$

$$=\frac{(1-e^{-aT})z^{-1}}{1-(1+e^{-aT})z^{-1}+e^{-aT}z^{-2}}$$

7.3.3　z 变换的基本定理

同拉氏变换的基本定理相似，z 变换也有一些基本定理，利用这些定理可以简化 z 变换的计算。

1. 线性定理

设 a_1、a_2 为常数，连续时间函数 $f_1(t)$和 $f_2(t)$的 z 变换分别为 $F_1(z)$及 $F_2(z)$，则有

$$Z[a_1f_1(t)\pm a_2f_2(t)]=a_1F_1(z)\pm a_2F_2(z) \tag{7-15}$$

2. 实数位移定理

设 $kT<0$ 时，$f(kT)=0$，且 $Z[f(kT)]=F(z)$，则有

$$Z[f(t-kT)]=z^{-k}F(z),\quad k\geqslant 0 \tag{7-16}$$

证

$$\begin{aligned}Z[f(t-kT)] &= \sum_{n=0}^{\infty}f(nT-kT)z^{-n}\\ &= f(0)z^{-k}+f(T)z^{-(k+1)}+f(2T)z^{-(k+2)}+\cdots\\ &= z^{-k}[f(0)+f(T)+f(2T)+\cdots]\\ &= z^{-k}F(z)\end{aligned}$$

$f(kT)$ 超前 k 个采样周期后的函数 $f(t+kT)$ 的 z 变换为

$$Z[f(t+kT)] = z^k F(z) - \sum_{m=0}^{k-1} f(mT) z^{k-m}, \quad k \geqslant 0 \tag{7-17}$$

在零初始条件下，即 $f(0) = f(T) = \cdots = f[(k-1)T] = 0$ 时，则有

$$Z[f(t+kT)] = z^k F(z)$$

式(7-17)中 z^k 为超前环节，表示输出信号超前输入信号 k 个采样周期。z^k 在运算中是有用的，然而实际中是不存在超前环节的。定理证明略。

3. 复位移定理

设 a 为常数，$Z[f(t)]=F(z)$，则有

$$Z[f(t)\mathrm{e}^{\mp at}]=F(z\mathrm{e}^{\pm aT}) \tag{7-18}$$

证

$$\begin{aligned} Z[f(t)\mathrm{e}^{\mp at}] &= \sum_{k=0}^{\infty}[f(kT)\mathrm{e}^{\mp akT}]z^{-k} \\ &= \sum_{k=0}^{\infty} f(kT)(\mathrm{e}^{\pm aT}z)^{-k} \\ &= F(z\mathrm{e}^{\pm aT}) \end{aligned}$$

利用复位移定理，可以求出一些复杂函数的 Z 变换。

4. 终值定理

设 $Z[f(t)]=F(z)$，且 $\lim\limits_{k\to\infty} f(kT)$ 存在，则有

$$\lim_{k\to\infty} f(kT)=\lim_{z\to 1}(z-1)F(z)=\lim_{z\to 1}(1-z^{-1})F(z) \tag{7-19}$$

5. 离散卷积定理

设 $Z[f(t)]=F(z)$，$Z[g(t)]=G(z)$，若定义：

$$g(kT) * f(kT) \triangleq \sum_{i=0}^{k} g(iT) f(kT-iT) = \sum_{i=0}^{k} g(kT-iT) f(iT)$$

则有

$$Z[g(kT) * f(kT)]=G(z)F(z) \tag{7-20}$$

该定理表明如果两个时间序列在时间域是卷积关系，则在 z 域中是乘积关系。

7.3.4 z 反变换

由信号 $f(t)$ 的 z 变换表达式 $F(z)$，求取相应离散序列 $f(kT)$ 或 $f^*(t)$ 的过程称为 z 反变换。z 反变换是 z 变换的逆运算。记为

$$Z^{-1}[F(z)]=f(kT)$$

或

$$Z^{-1}[F(z)]=f^*(t) \tag{7-21}$$

z 反变换结果只反映采样时刻的信息。

下面介绍 3 种常用的 z 反变换求法。

1. 长除法

将 $F(z)$ 用长除法展开成 z 的降幂级数，然后根据 z 变换的定义，求得 $f(kT)$ 的前若干项。

设 $F(z)$ 是 z^{-1} 或 z 的有理函数，即

$$F(z)=\frac{N(z)}{D(z)}=\frac{b_0+b_1z^{-1}+\cdots+b_mz^{-m}}{a_0+a_1z^{-1}+\cdots+a_nz^{-n}},n\geqslant m \tag{7-22}$$

用长除法将 $F(z)$ 展成 z^{-1} 的级数：

$$F(z)=f_0+f_1z^{-1}+\cdots+f_kz^{-k}+\cdots \tag{7-23}$$

z 变换定义为

$$F(z)=f(0)+f(T)z^{-1}+\cdots+f(kT)z^{-k}+\cdots \tag{7-24}$$

比较式(7-23)和式(7-24)得

$$f(kT)=f_k,\quad k=0,1,2,\cdots$$

例 7-4　已知 z 变换函数为 $F(z)=\dfrac{z^2+2z}{z^2-2z+1}$，用长除法求 z 反变换。

解　$F(z)=\dfrac{z^2+2z}{z^2-2z+1}=\dfrac{1+2z^{-1}}{1-2z^{-1}+z^{-2}}$

利用长除法：

$$\begin{array}{r l}
 & 1+4z^{-1}+7z^{-2}+\cdots \\
1-2z^{-1}+z^{-2}\,\big) & 1+2z^{-1} \\
 & \underline{1-2z^{-1}+z^{-2}} \\
 & 4z^{-1}-z^{-2} \\
 & \underline{4z^{-1}-8z^{-2}+4z^{-3}} \\
 & 7z^{-2}-4z^{-3} \\
 & \cdots
\end{array}$$

从而得到　$F(z)=1+4z^{-1}+7z^{-2}+\cdots$

用长除法求 z 反变换的缺点是只能求得时间序列的前若干项，难以得到 $f(kT)$ 的通式；优点是方法简单，用计算机编程实现也比较容易。

2. 部分分式展开法(查表法)

将 $F(z)$ 进行部分分式展开，利用查表法分别求各展开项的 z 反变换，相加得到 $f(kT)$。

设已知 z 变换函数 $F(z)$ 无重极点，先求出 $F(z)$ 的极点 $p_1,p_2,\cdots,p_n$，再将 $F(z)/z$ 展开为分式之和：

$$\frac{F(z)}{z}=\sum_{i=1}^{n}\frac{a_i}{z-p_i},\quad i=1,2,3,\cdots,n \tag{7-25}$$

进一步，得到 $F(z)$ 的部分分式之和：

$$F(z)=\sum_{i=1}^{n}\frac{a_iz}{z-p_i},\quad i=1,2,3,\cdots,n \tag{7-26}$$

然后逐项查表得到 $f_i(kT)=Z^{-1}\left[\dfrac{a_iz}{z-p_i}\right]=a_ip_i^{k-1},k>0,i=1,2,\cdots,n$，最后写出对应的采样函数：

$$f^*(t)=\sum_{k=0}^{\infty}\sum_{i=1}^{n}f_i(kT)\delta(t-kT) \tag{7-27}$$

例 7-5　设 $E(z)=\dfrac{10z}{(z-1)(z-2)}$，试用部分分式法求 $e(nT)$。

解 首先将$\frac{E(z)}{z}$展开成部分分式，即

$$\frac{E(z)}{z}=\frac{10}{(z-1)(z-2)}=\frac{-10}{z-1}+\frac{10}{z-2}$$

两边乘以 z 得

$$E(z)=\frac{-10z}{z-1}+\frac{10z}{z-2}$$

查 z 变换表得

$$Z^{-1}\left[\frac{z}{z-1}\right]=1,\quad Z^{-1}\left[\frac{z}{z-2}\right]=2^n$$

从而：

$$e^*(t)=\sum_{n=0}^{\infty}e(nT)\delta(t-nT)=10(-1+2^n)\delta(t-nT)\quad n=0,1,2,\cdots$$

3. 留数计算法

时域函数 $f(kT)$ 可以利用 $F(z)z^{k-1}$ 在 $F(z)$ 全部极点上的留数之和求得，即

$$f(kT)=\sum_{i=1}^{n}\mathrm{Res}[F(z)z^{k-1}]\Big|_{z=p_i} \tag{7-28}$$

例 7-6 设 z 变换函数：

$$F(z)=\frac{z^2}{z^2-1.5z+0.5}$$

试用留数法求其 z 反变换。

解 函数有两个极点：1 和 0.5，先求出 $F(z)z^{k-1}$对这两个极点的留数：

$$\mathrm{Res}\left[\frac{z^2z^{k-1}}{(z-1)(z-0.5)}\right]\Bigg|_{z=1}=\lim_{z\to1}\left[(z-1)\frac{z^{k+1}}{(z-1)(z-0.5)}\right]=2$$

$$\mathrm{Res}\left[\frac{z^2z^{k-1}}{(z-1)(z-0.5)}\right]\Bigg|_{z=0.5}=\lim_{z\to0.5}\left[(z-0.5)\frac{z^{k+1}}{(z-1)(z-0.5)}\right]=-(0.5)^k$$

从而求得

$$f(kT)=2-(0.5)^k$$

7.4 脉冲传递函数

为了研究离散系统的性能，需要建立离散系统的数学模型。与连续系统数学模型相对应，离散系统模型有差分方程、脉冲传递函数和离散状态空间动态方程 3 种形式。本节主要介绍差分方程和脉冲传递函数模型，有关离散状态空间动态方程的知识，将在第 9 章介绍。

7.4.1 线性定常差分方程及其求解

连续系统的动态过程可以采用微分方程来描述；类似地，离散系统的动态过程可以采用差分方程进行描述。下面讨论线性定常差分方程的描述方法。

1. 差分的定义

设连续信号 $f(t)$在 kT 时刻的采样值为 $f(kT)$，记为 $f(k)$。其前向差分和后向差分分别

定义如下。

一阶前向差分定义为

$$\Delta f(k)=f(k+1)-f(k) \tag{7-29}$$

二阶前向差分定义为

$$\begin{aligned}\Delta^2 f(k)&=\Delta f(k+1)-\Delta f(k)\\&=f(k+2)-2f(k+1)+f(k)\end{aligned} \tag{7-30}$$

类似地，n 阶前向差分定义为

$$\Delta^n f(k)=\Delta^{n-1} f(k+1)-\Delta^{n-1} f(k) \tag{7-31}$$

一阶后向差分定义为

$$\nabla f(k)=f(k)-f(k-1) \tag{7-32}$$

类似地，n 阶后向差分的定义为

$$\nabla^n f(k)=\nabla^{n-1} f(k)-\nabla^{n-1} f(k-1) \tag{7-33}$$

设单输入单输出离散系统的输入信号系列为 $u(k)$ $(k=0,1,2,\cdots)$，输出信号系列为 $y(k)$ $(k=0,1,2,\cdots)$。当采用后向差分描述时，n 阶线性定常离散系统的差分方程为

$$\begin{aligned}&y(k)+a_1 y(k-1)+\cdots+a_{n-1} y(k+1-n)+a_n y(k-n)\\&=b_0 u(k)+b_1 u(k-1)+\cdots+b_{m-1} u(k+1-m)+b_m u(k-m)\end{aligned} \tag{7-34}$$

式中：$a_n,\cdots,a_1$ 为常系数；$b_m,\cdots,b_0$ 也为常系数，对于物理可实现系统有 $n\geqslant m$。

当取前向差分描述时，n 阶离散系统一般形式为

$$\begin{aligned}&y(k+n)+a_1 y(k+n-1)+\cdots+a_{n-1} y(k+1)+a_n y(k)\\&=b_0 u(k+m)+b_1 u(k+m-1)+\cdots+b_{m-1} u(k+1)+b_m u(k)\end{aligned} \tag{7-35}$$

2. 差分方程的求解

下面介绍两种常用的方法：z 变换法和迭代法。

1) z 变换法

用 z 变换求解常系数线性差分方程和用拉氏变换解微分方程类似。先利用初始条件，将差分方程转换成以 z 为变量的代数方程，再求出 z 反变换。

例 7-7　已知差分方程 $6e(k+2)-5e(k+1)+e(k)=r(k)$，输入 $r(t)=1(t)$，初始条件为 $e(0)=e(1)=0$，试求输出系列 $e(k)$。

解　对差分方程两边分别进行 Z 变换，得

$$6z^2[E(z)-e(0)-z^{-1}e(1)]-5z[E(z)-e(0)]+E(z)=\frac{z}{z-1}$$

代入初始条件 $e(0)=0,e(1)=0$，并整理后得

$$E(z)=\frac{z}{6\left(z-\frac{1}{3}\right)\left(z-\frac{1}{2}\right)(z-1)}$$

对上式进行 z 反变换得到

$$e(k)=\frac{1}{2}-\frac{1}{2^{k-1}}+\frac{1}{2}\frac{1}{3^{k-1}}$$

或写成：

$$e^{*}(t)=\sum_{k=0}^{\infty}\left(\frac{1}{2}-\frac{1}{2^{k-1}}+\frac{1}{2}\frac{1}{3^{k-1}}\right)\delta(t-kT)$$

2) 迭代法

仍以例 7-7 中差分方程为例，采用迭代法进行求解。

解 由原差分方程式，得到递推方程：

$$e(k+2)=\frac{5}{6}e(k+1)-\frac{1}{6}e(k)+\frac{1}{6}\cdot 1(k),\quad e(0)=e(1)=0$$

通过迭代可得

$$e(0)=0,e(1)=0$$

$$e(2)=\frac{1}{6}[5e(1)-e(0)+1(0)]=1/6$$

$$e(3)=\frac{1}{6}[5e(2)-e(1)+1(1)]=11/36$$

$$\vdots$$

用迭代法求解差分方程，方法十分简单，使用计算机编程计算非常容易。缺点是难于写出输出信号的数学解析式。

7.4.2 脉冲传递函数

线性连续系统可以通过传递函数来分析系统的性能。同样，对于线性离散系统可以通过脉冲传递函数(又称 z 传递函数)来研究系统性能。

1. 脉冲传递函数的定义

在零初始条件下，离散系统输出序列的 z 变换 $Y(z)$ 与输入序列 z 变换 $U(z)$ 之比称为系统的脉冲传递函数。即

$$G(z)=\frac{Y(z)}{U(z)} \tag{7-36}$$

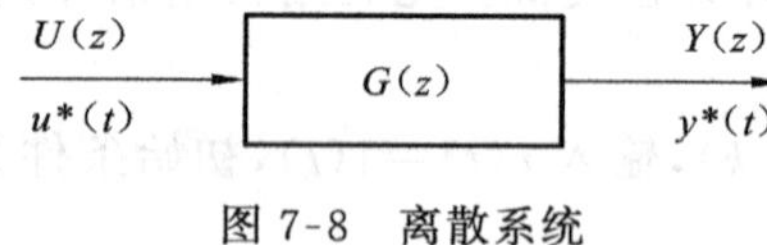

图 7-8 离散系统

脉冲传递函数只决定于系统本身的结构与参数，与输入信号无关。如果已知系统的脉冲传递函数 $G(z)$ 和输入信号 $U(z)$，则可求得系统的输出信号序列：

$$Y(z)=G(z)U(z) \tag{7-37}$$

或

$$y^{*}(t)=Z^{-1}[Y(z)]=Z^{-1}[G(z)U(z)]$$

离散系统模型可以采用差分方程描述，也可以采用 z 传递函数描述，两者可以相互转换。如果已知系统差分方程为

$$\begin{aligned}&y(k)+a_1y(k-1)+\cdots+a_{n-1}y(k+1-n)+a_ny(k-n)\\&=b_0u(k)+b_1u(k-1)+\cdots+b_{m-1}u(k+1-m)+b_mu(k-m)\end{aligned} \tag{7-38}$$

零初始条件下，对式(7-38)两边分别进行 z 变换，从而求得系统脉冲传递函数为

$$G(z)=\frac{Y(z)}{U(z)}=\frac{b_0+b_1z^{-1}+\cdots+b_mz^{-m}}{1+a_1z^{-1}+\cdots+a_nz^{-n}} \tag{7-39}$$

从上式可以看出，z 传递函数是复变量 z^{-1} 的有理分式。$\Delta(z)=1+a_1z^{-1}+\cdots+a_nz^{-n}$ 为

系统特征多项式。

如果已知连续系统传递函数 $G(s)$，进行离散化后，其对应脉冲传递函数 $G(z)$ 的极点是 $G(s)$ 的极点按 $z=e^{sT}$ 的关系一一对应过来的，而零点则没有这种对应关系。$G(z)$ 的零点一般多于 $G(s)$ 的零点个数，零点位置还与采样周期有关。另外，$G(s)$ 是最小相位系统，离散化后的 $G(z)$ 不一定是最小相位系统。

2. 串联环节的脉冲传递函数

离散系统中，计算串联环节的脉冲传递函数需要考虑环节之间有无采样开关。下面以一个典型的串联环节进行说明。

当两个环节间有采样开关时[图 7-9(a)]，则整个环节的脉冲传递函数为两个环节的 z 传递函数的乘积，如式(7-40)所示：

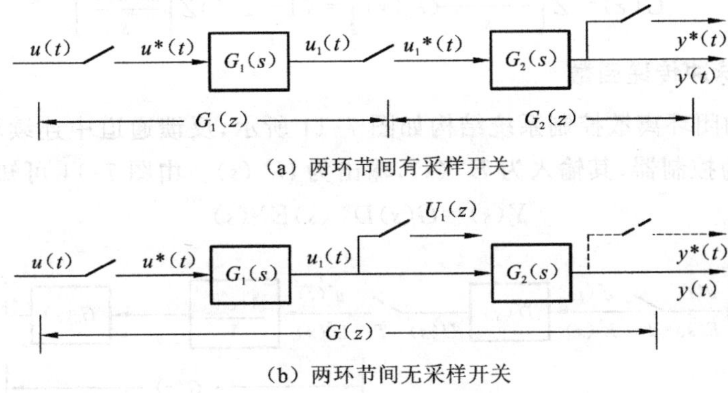

(a) 两环节间有采样开关

(b) 两环节间无采样开关

图 7-9　两个串联环节的开环系统

$$G(z)=\frac{Y(z)}{U(z)}=G_1(z)G_2(z) \tag{7-40}$$

这一结论可以推广到 n 个环节串联的情况。

当两个环节间没有采样开关隔开时，如图 7-9(b)所示，需要将两个环节看成一个整体 $G_1(s)G_2(s)$，再求出 $G_1(s)G_2(s)$ 经采样后的 z 变换式，即

$$G(z)=Z[G_1(s)G_2(s)]=G_1G_2(z) \tag{7-41}$$

当 n 个环节串联且各环节间无采样开关时，$G(z)=G_1G_2\cdots G_n(z)$。

注意：通常情况下，$G_1(z)G_2(z)\neq G_1G_2(z)$。

例如，图 7-9 中，设 $G_1(s)=\frac{1}{s}$、$G_2(s)=\frac{1}{s+1}$ 时，则

图 7-9(a)中，两环节中间有采样开关：

$$G(z)=G_1(z)G_2(z)=Z\left[\frac{1}{s}\right]Z\left[\frac{1}{s+1}\right]=\frac{z^2}{(z-1)(z-e^{-T})}$$

图 7-9(b)中，两环节中间没有采样开关：

$$G(z)=G_1G_2(z)=Z\left[\frac{1}{s(s+1)}\right]=\frac{(1-e^{-T})z}{(z-1)(z-e^{-T})}$$

图 7-9(a)、(b)两种情况的极点相同，但零点不同。

当连续环节带有零阶保持器,如图 7-10 所示。

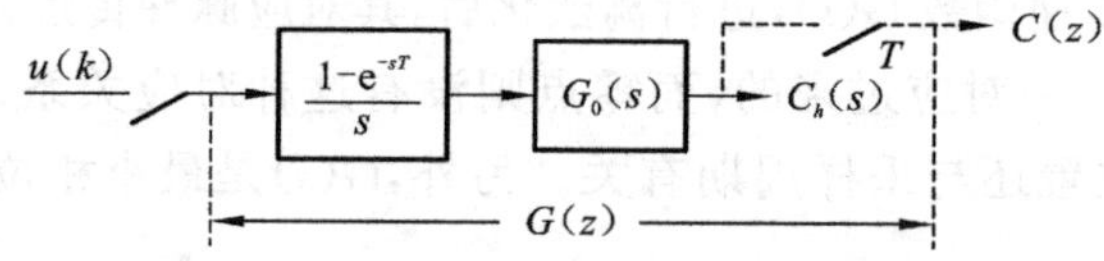

图 7-10　带零阶保持器的开环采样系统

这时系统传递函数为

$$G(s)=C_h(s)G_0(s)=\frac{1-e^{-sT}}{s}G_0(s)$$

根据 z 变换的延迟定理,得

$$G(z)=Z\left[\frac{1-e^{-sT}}{s}G_0(s)\right]=(1-z^{-1})Z\left[\frac{G_0(s)}{s}\right] \tag{7-42}$$

3. 闭环系统脉冲传递函数

考虑一典型的闭环离散控制系统结构如图 7-11 所示,反馈通道中连续环节 $H(s)$为测量变送装置。$D(s)$为控制器,其输入为 $E^*(s)$,输出为 $U^*(s)$。由图 7-11 可知:

$$Y(s)=G(s)D^*(s)E^*(s)$$

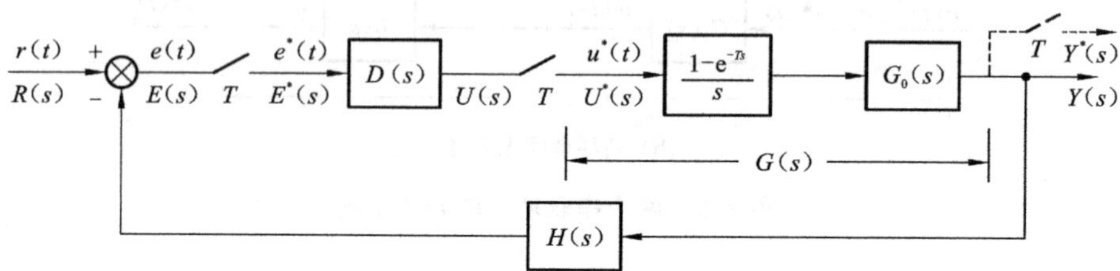

图 7-11　典型离散控制系统

偏差信号:

$$E^*(s)=R^*(s)-HG^*(s)D^*(s)E^*(s)$$

从而得到

$$E^*(s)=\frac{R^*(s)}{1+HG^*(s)D^*(s)}$$

将上式代入输出 $Y(s)$的离散信号计算公式 $Y^*(s)=G^*(s)D^*(s)E^*(s)$中,得到:

$$Y^*(s)=\frac{G^*(s)D^*(s)}{1+HG^*(s)D^*(s)}R^*(s)$$

进行 z 变换,得到:

$$Y(z)=\frac{G(z)D(z)}{1+HG(z)D(z)}R(z)$$

由此得到闭环系统的 z 传递函数为

$$\Phi(z)=\frac{Y(z)}{R(z)}=\frac{G(z)D(z)}{1+HG(z)D(z)} \tag{7-43}$$

式中:$HG(z)=Z[H(s)G(s)]$;$D(z)=D^*(s)\big|_{z=e^{Ts}}$ 为数字控制器的 z 传递函数。

称 $G(z)=Z\left[\frac{1-\mathrm{e}^{-Ts}}{s}G_0(s)\right]$ 为图 7-11 中的广义对象传递函数。表 7-2 列出了部分常见离散系统脉冲传递函数及输出 $Y(z)$ 的计算情况。

表 7-2　常见离散控制系统输出 $Y(z)$ 或脉冲传递函数

序号	系统结构图	$Y(z)$ 或 $\Phi(z)$
1	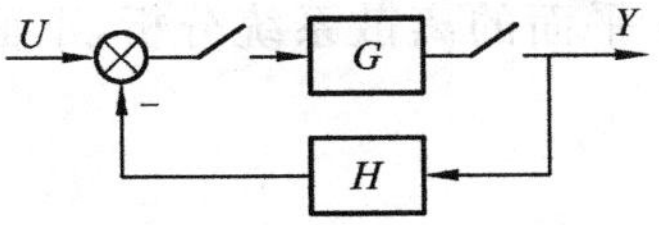	$\Phi(z)=\frac{G(z)}{1+G(z)H(z)}$
2	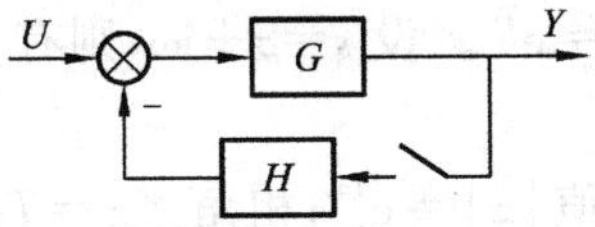	$Y(z)=\frac{UG(z)}{1+GH(z)}$
3	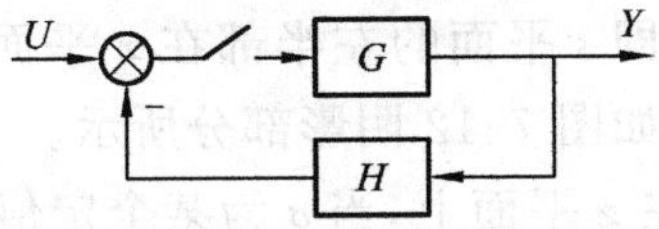	$\Phi(z)=\frac{G(z)}{1+GH(z)}$
4	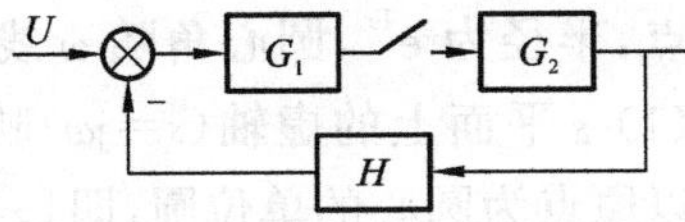	$Y(z)=\frac{G_2(z)G_1U(z)}{1+G_1G_2H(z)}$
5	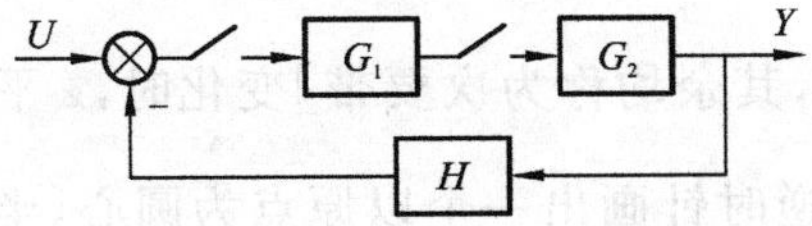	$\Phi(z)=\frac{G_1(z)G_2(z)}{1+G_1(z)G_2H(z)}$
6	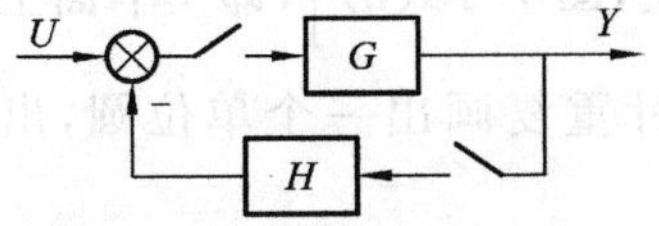	$\Phi(z)=\frac{G(z)}{1+G(z)H(z)}$
7	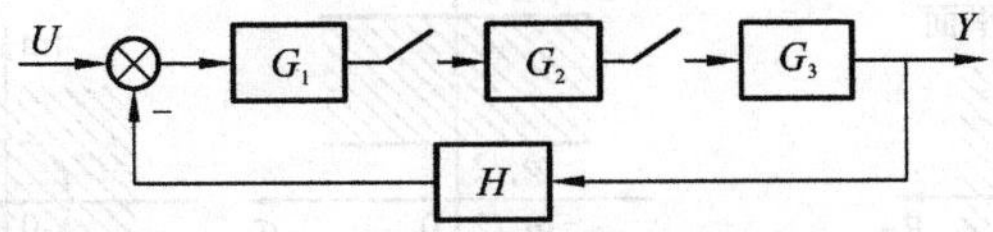	$Y(z)=\frac{G_2(z)G_3(z)G_1U(z)}{1+G_2(z)G_1G_3H(z)}$
8	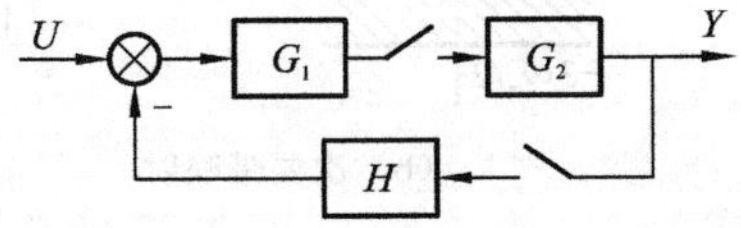	$Y(z)=\frac{G_2(z)G_1U(z)}{1+G_2(z)G_1H(z)}$

由表 7-2 可以看出，若闭环系统的输入信号未被采样，则整个闭环系统的脉冲传递函数将写不出来，如表 7-2 中 2、4、7、8 所示，这与连续系统是不同的。

7.5　离散系统的性能分析

和连续系统一样，离散系统的性能分析也包括以下三个方面：稳定性、稳态性能和动态性能。为了把连续系统在 s 平面上的分析方法移植到 z 平面的离散系统分析，下面先研究 s 平面与 z 平面的映射关系。

7.5.1　s 平面到 z 平面的映射关系

根据 z 变换的定义，s 平面与 z 平面的映射关系为 $z=e^{Ts}$。设 $s=\sigma+j\omega$，则有

$$z=e^{Ts}=e^{T\sigma}\cdot e^{jT\omega} \tag{7-44}$$

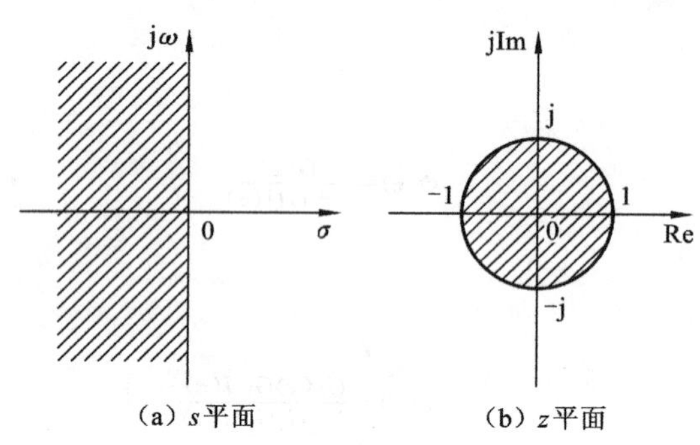

(a) s平面　　(b) z平面

图 7-12　s 平面稳定点与 z 平面的映射关系

其中：幅值 $|z|=e^{T\sigma}$；相角 $\angle z=T\omega$。从 s 平面与 z 平面的映射关系可以看出，s 平面上稳定区域，即 s 平面的左半部在 z 平面的映射为单位圆，如图 7-12 阴影部分所示。

在 z 平面上，当 σ 为某个定值时，$z=e^{Ts}$ 随 ω 由 $-\infty$ 变化到 $+\infty$ 的轨迹是一个圆，圆心位于原点，半径为 $e^{T\sigma}$，圆心角随 ω 线性增大。

(1) s 平面上的虚轴($s=j\omega$)映射到 z 平面上是以原点为圆心的单位圆，即 $|z|=1$。s 平面上的原点对应于 z 平面正实轴上的$(+1,j0)$点。当 ω 从 $-\frac{1}{2}\omega_s\sim+\frac{1}{2}\omega_s$[称为主要带，图 7-13(a)，其余均称为次要带]变化时，z 平面上的幅角由 $-\pi$ 经过 0 变化到 $+\pi$，相应的点在 z 平面上逆时针画出一个以原点为圆心，半径为 1 的单位圆。除主要带外，当 ω 每变化一个 ω_s $\left[\text{如}\frac{1}{2}\omega_s\sim\frac{3}{2}\omega_s，\text{图 7-13(b)}\right]$，即 s 平面上的点沿虚轴每移动一个 ω_s 的距离时，对应点便在 z 平面上逆时针重复画出一个单位圆，出现频率混叠现象。

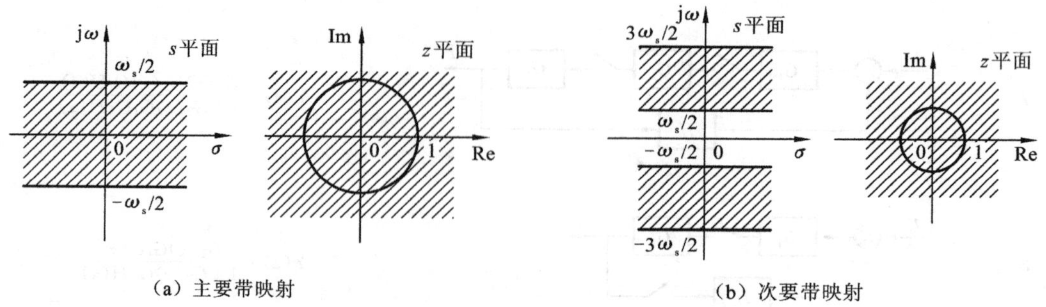

(a) 主要带映射　　(b) 次要带映射

图 7-13　主要带映射和次要带映射

(2) s 平面的左半面($\sigma<0$)映射到 z 平面上是以原点为圆心的单位圆的内部，即 $|z|<1$，图 7-12 的阴影部分。

(3) s 平面的右半面($\sigma>0$)映射到 z 平面上是以原点为圆心的单位圆的外部。

7.5.2　离散系统的稳定性判据

连续系统稳定的充要条件是系统极点在 s 平面内具有负实部($\sigma<0$)，即极点都要分布于 s 平面的左半部。由 s 平面与 z 平面的对应关系知，s 平面的虚轴对应于 z 平面单位圆。所以，线性定常离散系统稳定的充要条件是极点的模满足 $|z_i|<1$，即系统所有闭环极点均应分布于 z 平面的单位圆内。

表 7-3 给出了 s 平面和 z 平面的稳定性关系。图 7-14 给出了稳定域从 s 域到 z 域的映射关系。

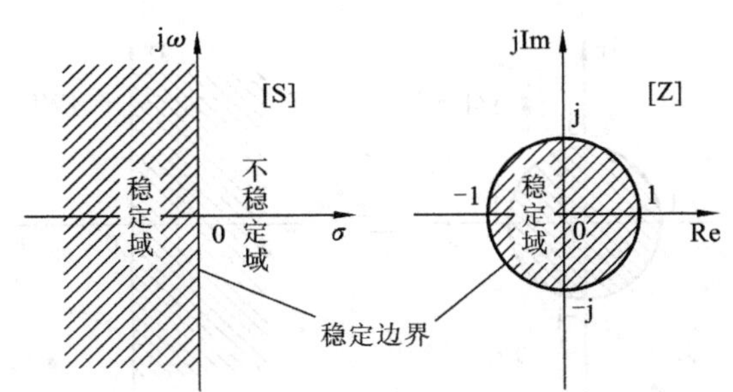

图 7-14　连续系统与离散系统的稳定域

表 7-3　z 平面与 s 平面的映射关系对应表

s 平面	z 平面	稳定性讨论
$\sigma=0$，虚轴	$r=1$，单位圆	稳定边界
$\sigma<0$，左半部分	$r<1$，单位圆内	稳定
$\sigma<0$ 且为常数，虚轴的平行线	r 为常数，同心圆	稳定
$\sigma>0$，右半部分	$r>1$，单位圆外	不稳定
$\omega=0$，实轴	正实轴	不稳定
ω 为常数，实轴的平行线	端点为原点的射线	不稳定

对于一阶、二阶系统可以直接通过求解特征方程的根来判断系统的稳定性，但对于高阶系统特征方程的求解比较困难，因此常常采用间接方法来分析系统稳定性，不直接求取系统特征根，而是根据特征方程的根与系数的对应关系来判断系统稳定性。下面介绍一种常用的离散系统稳定性判据方法——劳斯稳定判据。

在线性连续系统中，劳斯稳定判据用于极点是否位于 s 左半平面，从而确定系统的稳定性。然而离散系统的稳定边界为单位圆，不能直接采用连续系统的劳斯稳定判据方法。因此引入双线性变换[又称 w 变换，如式(7-45)]，将 z 平面的单位圆映射到 w 平面的左半平面，就可以解决这一问题。

令

$$z=\frac{w+1}{w-1} \tag{7-45}$$

则有

$$w=\frac{z+1}{z-1} \tag{7-46}$$

式中：z、w 均为复变量。令 $z=x+\mathrm{j}y$，$w=u+\mathrm{j}v$，得到：

$$w=u+\mathrm{j}v=\frac{x+\mathrm{j}y+1}{x+\mathrm{j}y-1}=\frac{x^2+y^2-1}{(x-1)^2+y^2}-\mathrm{j}\frac{2y}{(x-1)^2+y^2} \tag{7-47}$$

w 平面的实部为

$$u=\frac{x^2+y^2-1}{(x-1)^2+y^2} \tag{7-48}$$

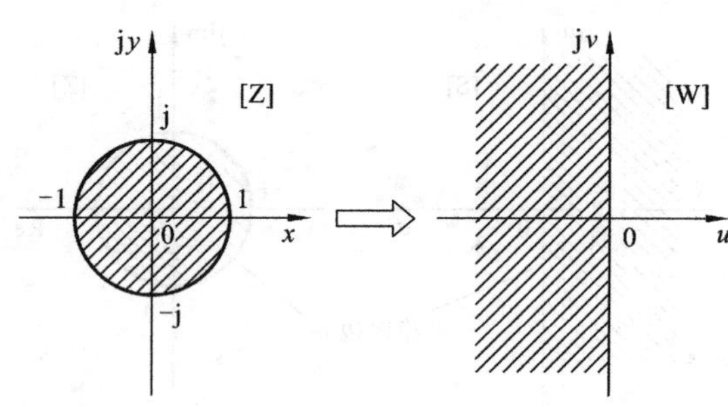

图 7-15 z 平面与 w 平面的映射关系

在 w 平面的虚轴上 $u=0$，也就是 $x^2+y^2-1=0$，映射为 z 平面的单位圆；在 z 平面的单位圆内，$x^2+y^2<1$，对应于 w 平面的 $u<0$，即左半平面；z 平面的单位圆外，对应于 w 平面右半部分。w 变换的映射关系如图 7-15 所示。

利用 w 变换，将 z 特征方程变成 w 特征方程，就可以直接应用连续系统分析中所采用的劳斯稳定判据来判别离散系统的稳定性。

例 7-8 设线性离散系统如图 7-16 所示，采样周期 $T=1$ s，试判断系统稳定时的 K 值范围。

解 系统广义对象开环脉冲传递函数为

$$G(z)=(1-z^{-1})Z\left[\frac{K}{s^2(s+1)}\right]$$

$$=\frac{K(0.368z+0.264)}{z^2-1.368z+0.368}$$

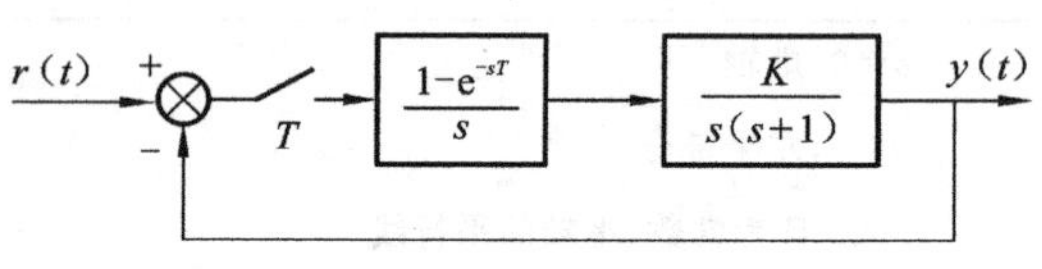

图 7-16 线性离散系统

系统的特征方程为 $D(z)=z^2+(0.368K-1.368)z+0.264K+0.368$。

将 $z=\dfrac{w+1}{w-1}$ 代入特征方程，得

$$D(w)=0.632Kw^2+(1.264-0.528K)w+(2.736-0.104K)$$

建立劳斯表：

w^2	$0.632K$	$2.736-0.104K$
w^1	$1.264-0.528K$	0
w^0	$2.736-0.104K$	

欲使系统稳定，则必须第 1 列元素均为正，故有

$$2.736-0.104K>0$$

$$1.264-0.528K>0$$

$$0.632K>0$$

从而，求得闭环系统稳定时的 K 值为 $0<K<2.4$。

7.5.3 离散系统极点分布与过渡过程的关系

同连续系统类似，离散系统的过渡过程与系统的闭环极点在 z 平面上的分布有关。设离散系统的闭环脉冲传递函数为

$$\Phi(z)=\frac{K\prod_{j=1}^{m}(z-z_j)}{\prod_{i=1}^{n}(z-p_i)}=\frac{P(z)}{D(z)},\quad n\geqslant m \tag{7-49}$$

式中：p_i 与 z_j 分别为系统的闭环极点与闭环零点。不失一般性，为简化讨论，假定 $\Phi(z)$ 无重根极点，则系统在单位阶跃输入信号作用下，输出信号的 z 变换为

$$Y(z)=\Phi(z)R(z)=\frac{P(z)}{D(z)}\cdot\frac{z}{z-1}$$

对 $Y(z)$ 进行 z 反变换，求得系统输出在采样时刻值为

$$\begin{aligned}y(kT)=&\frac{P(1)}{D(1)}+\sum_{i=1}^{n_1}\frac{KP(p_{ri})}{(p_{ri}-1)\dot{D}(p_{ri})}p_{ri}^{k}\\&+\sum_{i=1}^{n_2}\frac{KP(p_{ci})}{(p_{ci}-1)\dot{D}(p_{ci})}|p_{ci}|^{k}\cos(k\theta_i+\phi_i),\quad k\geqslant n-m\end{aligned} \tag{7-50}$$

式中：p_{ri} 为实极点；n_1 为实极点个数；$p_{ci}=\alpha_i+\mathrm{j}\beta_i$ 为复极点；n_2 为复极点对数；

$\theta_i=\arctan(\beta_i/\alpha_i)$

$r_i=\sqrt{{\alpha_i}^2+{\beta_i}^2}$

$\dot{D}(p_{ri})=\left.\frac{\mathrm{d}D(z)}{\mathrm{d}z}\right|_{z=p_{ri}}$

$\dot{D}(p_{ci})=\left.\frac{\mathrm{d}D(z)}{\mathrm{d}z}\right|_{z=p_{ci}}$。

式(7-50)等式右边第一项为 $y(kT)$ 的稳态分量；第二项为闭环系统各实极点暂态分量之和；第三项为 $y(kT)$ 的各复数极点暂态分量之和。其中各子分量的形式取决于闭环极点的性质及其在 z 平面上的位置分布。

按照极点在 z 平面实轴上的不同分布，共有 6 种不同的形式，如图 7-17 所示。

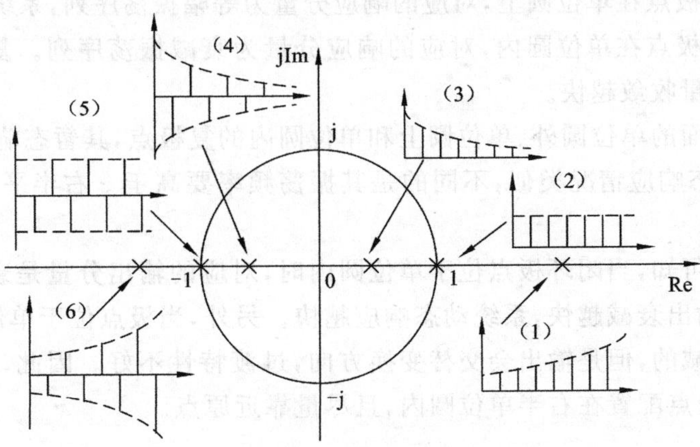

图 7-17　实数极点对应的暂态响应分量

(1) $p_i>1$，极点在单位圆外的正实轴上，对应的响应分量单调发散，系统不稳定。

(2) $p_i=1$,对应的响应分量为等幅序列,系统临界稳定。

(3) $0<p_i<1$,极点在单位圆内的正实轴上,对应的响应分量单调衰减。且极点越靠近原点,其值越小且衰减越快。

(4) $-1<p_i<0$,极点位于单位圆内负实轴上,响应分量是以 $2T$ 为周期的正负交替衰减振荡序列。

(5) $p_i=-1$,对应的响应分量是以 $2T$ 为周期的正负交替的等幅振荡序列。

(6) $p_i<-1$,极点在单位圆外的负实轴上,对应的响应分量为以 $2T$ 为周期的正负交替发散振荡序列。

复数极点在 z 平面上的分布,共有 3 种不同形式,如图 7-18 所示,下面分别讨论。

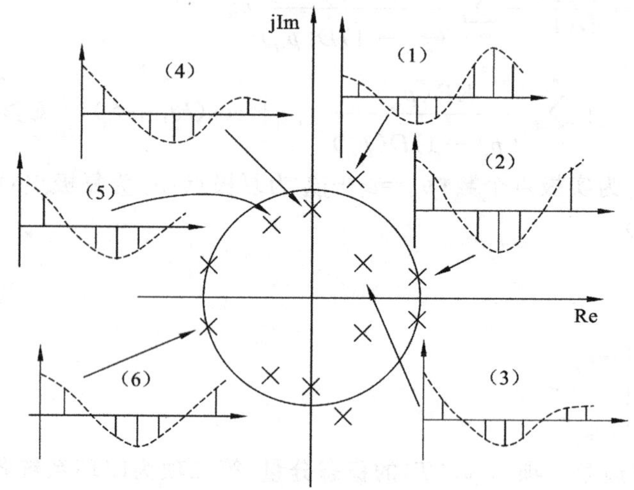

图 7-18 复数极点对应的暂态响应分量

(1) $|p_{ci}|>1$,极点在 z 平面单位圆外,对应响应分量为发散振荡序列,系统不稳定。

(2) $|p_{ci}|=1$,极点在单位圆上,对应的响应分量为等幅振荡序列,系统临界稳定。

(3) $|p_{ci}|<1$,极点在单位圆内,对应的响应分量为衰减振荡序列。复极点越靠近原点,相应的暂态响应分量收敛越快。

位于 z 左半平面的单位圆外、单位圆上和单位圆内的复极点,其暂态响应分量同上述位于 z 右半平面相应暂态响应情况类似,不同的是其振荡频率要高于 z 右半平面复极点的暂态响应分量的振荡频率。

通过以上分析可知,当闭环极点位于单位圆内时,对应的输出分量是衰减序列,极点越接近 z 平面的原点,输出衰减越快,系统动态响应越快。另外,当极点位于单位圆内左半平面时,虽然输出分量是衰减的,但是输出会交替变换方向,过渡特性不好。因此,在设计线性离散系统时,最好将闭环极点配置在右半单位圆内,且尽量靠近原点。

7.5.4 线性离散系统的稳态误差分析

图 7-19 为一典型的单位负反馈数字控制系统结构图。$D(z)$为数字控制器;$G(s)$为被控对象的传递函数;$e^*(t)$为误差采样信号。离散系统采样时刻的稳态误差定义为

$$e_{ss}^* = \lim_{t\to\infty} e^*(t) = \lim_{k\to\infty} e(kT) \tag{7-51}$$

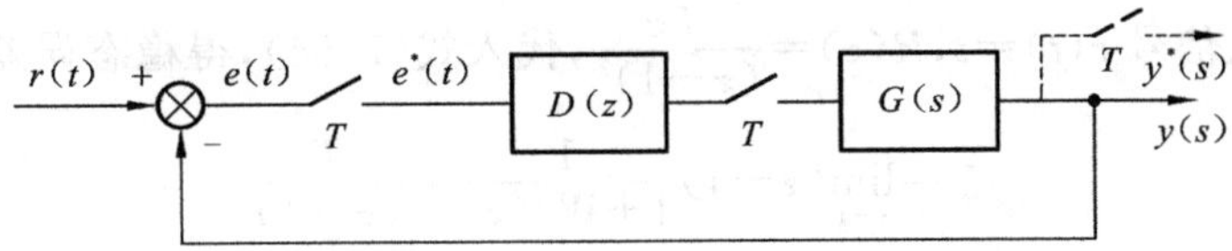

图 7-19　典型单位负反馈数字控制系统结构图

图 7-19 中，系统开环脉冲传递函数 $W_o(z)=G(z)D(z)$，其中 $G(z)$ 为广义被控对象的脉冲传递函数。误差信号 $e^*(t)$ 的脉冲传递函数为

$$W_e(z)=\frac{E(z)}{R(z)}=\frac{1}{1+G(z)D(z)}=\frac{1}{1+W_o(z)} \tag{7-52}$$

从而：

$$E(z)=W_e(z)R(z)=\frac{1}{1+W_o(z)}R(z) \tag{7-53}$$

如果系统稳定，根据 z 变换终值定理，系统的稳态误差可以通过下式求得

$$\begin{aligned} e_{ss}^* &= \lim_{t\to\infty} e^*(t) = \lim_{z\to 1}(z-1)E(z) \\ &= \lim_{z\to 1}(z-1)\frac{1}{1+W_o(z)}R(z) \end{aligned} \tag{7-54}$$

式(7-54)说明，离散系统的稳态误差，不仅与系统结构、参数有关，而且与输入信号的形式有关。下面讨论 3 种典型输入信号作用下的稳态误差。

设开环脉冲传递函数形式为 $W_o(z)=\frac{W_d(z)}{(1-z^{-1})^q}$，式中 $W_d(z)$ 的分母中不含积分环节 $(1-z^{-1})$。与连续系统类似，根据系统中积分环节的个数 q 来定义系统的类型，$q=0$ 的系统称为 0 型系统，把 $q=1$ 的系统称为 I 型系统，把 $q=2$ 的系统称为 II 型系统。

1. 单位阶跃输入信号作用下的稳态误差

单位阶跃输入信号 $r(t)=1(t)$，$R(z)=\frac{z}{z-1}$。将其代入式(7-54)，得稳态误差为

$$\begin{aligned} e_{ss}^* &= \lim_{z\to 1}(z-1)\frac{1}{1+W_o(z)}\cdot\frac{z}{z-1} \\ &= \lim_{z\to 1}\frac{z}{1+W_o(z)}=\frac{1}{1+K_p} \end{aligned} \tag{7-55}$$

式中：$K_p=\lim\limits_{z\to 1}W_o(z)=\lim\limits_{z\to 1}D(z)G(z)$，为静态位置误差系数。显然，$K_p$ 越大，则稳态误差越小。

对于 0 型系统，$K_p=\lim\limits_{z\to 1}W_o(z)=W_d(1)$ 为常数值

$$e_{ss}^*=\frac{1}{1+K_p}=\frac{1}{1+W_d(1)} \tag{7-56}$$

对于 I 型或 I 型以上系统，$K_p=\infty$，则稳态误差为 0，$e_{ss}^*=0$。可见系统在单位阶跃输入信号作用下，无静差的条件是开环传递函数 $W_o(z)$ 中至少含有一个积分环节。

2. 单位斜坡输入信号作用下的稳态误差

单位斜坡输入信号 $r(t)=t, R(z)=\dfrac{Tz}{(z-1)^2}$，代入式(7-54)，得稳态误差为

$$\begin{aligned} e_{ss}^* &= \lim_{z\to 1}(z-1)\frac{1}{1+W_o(z)}\cdot\frac{Tz}{(z-1)^2} \\ &= \lim_{z\to 1}\frac{T}{(z-1)W_o(z)}=\frac{T}{K_V} \end{aligned} \tag{7-57}$$

式中：$K_V=\lim\limits_{z\to 1}(z-1)W_o(z)$，为静态速度误差系数。

3. 单位抛物线输入信号作用下的稳态误差

单位抛物线输入信号 $r(t)=\dfrac{1}{2}t^2, R(z)=\dfrac{T^2z(z+1)}{2(z-1)^3}$，从而：

$$\begin{aligned} e_{ss}^* &= \lim_{z\to 1}(z-1)\frac{1}{1+W_o(z)}\frac{T^2z(z+1)}{2(z-1)^3} \\ &= \lim_{z\to 1}\frac{T^2}{(z-1)^2W_o(z)}=\frac{T^2}{K_a} \end{aligned} \tag{7-58}$$

式中：$K_a=\lim\limits_{z\to 1}(z-1)^2W_o(z)$，为静态加速度误差系数。

从上面分析中可以看出，采样系统的稳态误差与输入信号的形式、系统结构、类型和采样周期有关。

典型信号作用下 3 种类型系统(0 型、I 型、II 型系统)的稳态误差见表 7-4。

表 7-4　采样时刻处的稳态误差

系统型别	$r(t)=1(t)$ 时	$r(t)=t$ 时	$r(t)=t^2/2$ 时
0	$1/(1+K_p)$	∞	∞
I	0	T/K_v	∞
II	0	0	T^2/K_a

例 7-9　已知系统的开环脉冲传递函数为 $W_o(z)=\dfrac{0.368(z+0.718)}{(z-1)(z-0.368)}$，采样周期 $T=1$ s，试确定系统分别在单位阶跃、单位斜坡和单位抛物线输入信号作用下的稳态误差。

解　按照系统稳态误差的定义：

$$K_p=\lim_{z\to 1}W_o(z)=\lim_{z\to 1}\frac{0.368(z+0.718)}{(z-1)(z-0.368)}=\infty$$

$$K_v=\lim_{z\to 1}[(z-1)W_o(z)]=\lim_{z\to 1}(z-1)\frac{0.368(z+0.718)}{(z-1)(z-0.368)}=1$$

$$K_a=\lim_{z\to 1}[(z-1)^2W_o(z)]=\lim_{z\to 1}\left[(z-1)^2\,\frac{0.368(z+0.718)}{(z-1)(z-0.368)}\right]=0$$

单位阶跃输入信号作用下 $e_{ss}=1/(1+K_p)=0$；单位斜坡输入信号作用下 $e_{ss}=T/K_v=1$；单位抛物线输入信号作用下 $e_{ss}=T^2/K_a=\infty$。

7.6　离散系统的数字校正

线性离散控制系统的设计方法主要有模拟化设计和直接数字设计方法两种。模拟化设计是按连续系统设计方法,求出系统模拟校正装置 $D(s)$,然后采用工程离散化方法对其离散化得到数字校正装置 $D(z)$。直接数字设计方法则是把系统中连续部分的数字模型离散化,然后在 z 域设计相应的数字控制器 $D(z)$。本节主要介绍直接数字设计法,讨论最少拍控制系统的设计。

考虑如图 7-20 所示的闭环采样系统,$D(z)$为数字控制器的脉冲传递函数,$G(s)$的 z 变换为 $G(z)$。系统闭环脉冲传递函数 $\Phi(z)$为

$$\Phi(z)=\frac{Y(z)}{R(z)}=\frac{D(z)G(z)}{1+D(z)G(z)} \tag{7-59}$$

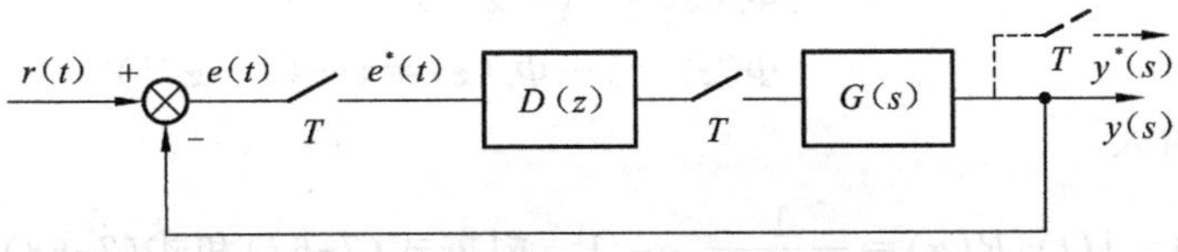

图 7-20　典型数字控制系统结构图

系统设计目标是通过数字控制器 $D(z)$,使闭环系统达到期望的性能指标。由式(7-59)可得

$$D(z)=\frac{1}{G(z)}\cdot\frac{\Phi(z)}{1-\Phi(z)} \tag{7-60}$$

根据式(7-60),当 $G(z)$已知时,只要根据系统性能指标要求选择好 $\Phi(z)$,就可以求得相应的 $D(z)$。

最少拍控制是指在典型的控制输入信号作用下,要求系统能在最少个采样周期内达到稳态无静差状态,即稳态误差 $e_{ss}=0$。因此,最少拍控制系统闭环传递函数应具有如下形式:

$$\Phi(z)=m_1z^{-1}+m_2z^{-2}+\cdots+m_nz^{-n} \tag{7-61}$$

式中:n 为可能情况下的最小正整数。式(7-61)表明,闭环系统的脉冲响应在 n 个采样周期后变为 0,也就是系统在 n 拍后到达稳态。

常用的典型输入信号有阶跃信号、速度函数和加速度函数信号,这些信号的 z 变换可以统一表示为

$$R(z)=\frac{A(z^{-1})}{(1-z^{-1})^q},q=1,2,\cdots$$

式中:$A(z^{-1})$为不包含$(1-z^{-1})$因子的关于 z^{-1}的多项式。

下面分别讨论在这些典型信号作用下的最少拍控制器设计方法。

由图 7-20 可知,系统的误差传递函数:

$$\Phi_e(z)=\frac{E(z)}{R(z)}=\frac{R(z)-C(z)}{R(z)}=1-\frac{C(z)}{R(z)} \tag{7-62}$$

$$=1-\Phi(z)$$

$$E(z)=\Phi_e(z)R(z)=[1-\Phi(z)]R(z) \tag{7-63}$$

在典型输入信号作用下：

$$E(z)=\Phi_e(z)\frac{A(z^{-1})}{(1-z^{-1})^q} \tag{7-64}$$

由 z 变换终值定理，稳态误差为

$$e_{ss}=\lim_{z\to 1}(1-z^{-1})E(z)=\lim_{z\to 1}\left[\frac{z-1}{z}\Phi_e(z)\frac{A(z^{-1})}{(1-z^{-1})^q}\right] \tag{7-65}$$

为了使稳态误差 $e_{ss}=0$ 成立。由式(7-65)，$\Phi_e(z)$ 的表达式中必须含有因子 $(1-z^{-1})^q$，即

$$\Phi_e(z)=(1-z^{-1})^p F(z)=1-\Phi(z) \tag{7-66}$$

式中：$p\geqslant q$，q 为对应于典型输入函数 $R(z)$ 中分母 $(1-z^{-1})$ 因子的阶次；$F(z)$ 为不包含零点 $z=1$ 的 z^{-1} 的多项式。根据最少拍，即时间最少的要求，故取 $p=q$，且 $F(z)=1$。

所以，对于典型输入，有

$$\Phi_e(z)=(1-z^{-1})^q \tag{7-67}$$

$$\Phi(z)=1-\Phi_e(z)=1-(1-z^{-1})^q \tag{7-68}$$

1）单位阶跃输入

输入函数 $r(t)=1(t)$，$R(z)=\dfrac{1}{1-z^{-1}}$，$q=1$。根据式(7-67)和式(7-68)得到

$$\Phi_e(z)=1-z^{-1} \tag{7-69}$$

$$\Phi(z)=1-\Phi_e(z)=z^{-1} \tag{7-70}$$

$$E(z)=R(z)\Phi_e(z)=\frac{1}{1-z^{-1}}(1-z^{-1})=1 \tag{7-71}$$

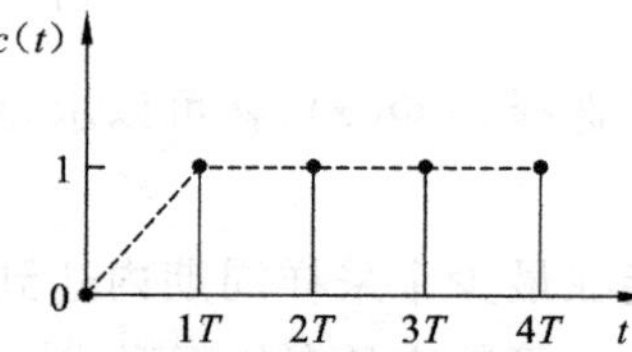

图 7-21　最少拍系统单位阶跃响应

即 $E(z)=1+0\cdot z^{-1}+0\cdot z^{-2}+\cdots$，进行 z 反变换得 $e(0)=1$，$e(1)=e(2)=\cdots=0$，这说明系统只需要一拍（一个采样周期），就可以实现误差为 0，系统输出序列如图 7-21 所示。

所设计控制器为

$$D(z)=\frac{1}{G(z)}\frac{\Phi(z)}{1-\Phi(z)}=\frac{z^{-1}}{G(z)(1-z^{-1})} \tag{7-72}$$

2）单位速度输入

输入函数 $r(t)=t$，$R(z)=\dfrac{Tz^{-1}}{(1-z^{-1})^2}$，$q=2$，由式(7-67)和式(7-68)得

$$\Phi_e(z)=(1-z^{-1})^2 \tag{7-73}$$

$$\Phi(z)=2z^{-1}-z^{-2} \tag{7-74}$$

$$E(z)=R(z)\Phi_e(z)=Tz^{-1} \tag{7-75}$$

从而 $e(0)=0$，$e(1)=T$，$e(2)=e(3)=\cdots=0$，这说明系统只需要两拍（即两个采样周期），采样时刻的偏差等于 0，也就是输出跟踪输入信号。系统输出序列如图 7-22 所示。

数字控制器为

$$D(z)=\frac{1}{G(z)}\frac{\Phi(z)}{1-\Phi(z)}=\frac{z^{-1}(2-z^{-1})}{G(z)(1-z^{-1})^2} \tag{7-76}$$

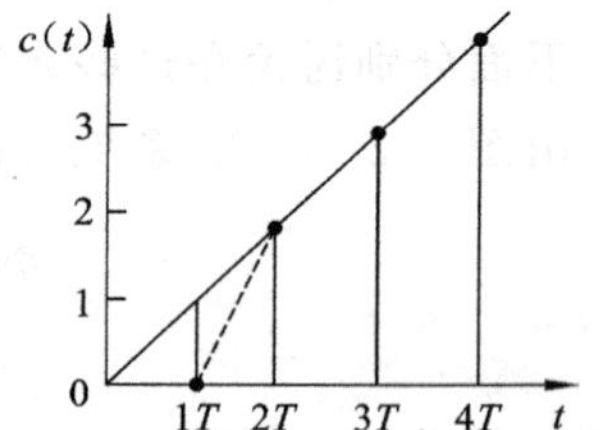

图 7-22　最少拍系统单位斜坡响应

3) 单位加速度输入

输入函数　$r(t)=\frac{1}{2}t^2, R(z)=\frac{1}{2}T^2\frac{z^{-1}(1+z^{-1})}{(1-z^{-1})^3}, q=3$，由式(7-67)和式(7-68)得

$$\Phi_e(z)=(1-z^{-1})^3 \tag{7-77}$$

$$\Phi(z)=1-\Phi_e(z)=3z^{-1}-3z^{-2}+z^{-3} \tag{7-78}$$

$$E(z)=R(z)\Phi_e(z)=\frac{T^2}{2}z^{-1}+\frac{T^2}{2}z^{-2} \tag{7-79}$$

由式(7-79)可知：$e(0)=0, e(1)=T^2/2, e(3)=e(4)=\cdots=0$，经过 3 个采样周期，系统误差为 0，对应数字控制器为

$$D(z)=\frac{z^{-1}(3-3z^{-1}+z^{-2})}{G(z)(1-z^{-1})^3} \tag{7-80}$$

例 7-10　如图 7-23 所示在离散控制系统中，已知被控对象传递函数：

$$G(s)=\frac{10}{s(s+1)}$$

采样周期 $T=1$ s，输入为单位速度信号，试设计最少拍数字控制器 $D(z)$。

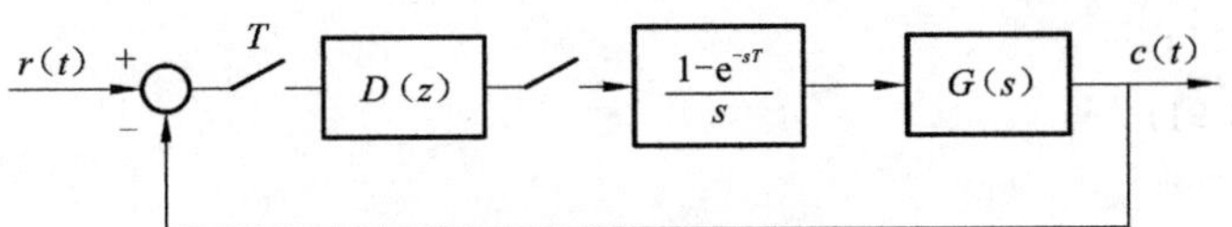

图 7-23　最少拍控制系统

解　系统广义被控对象传递函数为

$$G(z)=(1-z^{-1})Z\left[\frac{10}{s^2(s+1)}\right]=\frac{3.68z^{-1}(1+0.718z^{-1})}{(1-z^{-1})(1-0.368z^{-1})}$$

输入为单位速度信号，故 $q=2$。

故取　　$\Phi(z)=z^{-1}(a_0+a_1z^{-1}),\quad \Phi_e(z)=(1-z^{-1})^2b_1$

由 $\Phi_e(z)=1-\Phi(z)$，根据系数方程组，解得 $a_0=2, a_1=-1, b_1=1$。代入得到

$$\Phi(z)=z^{-1}(2-z^{-1}),\quad \Phi_e(z)=(1-z^{-1})^2$$

控制器脉冲传递函数为

$$D(z)=\frac{1}{G(z)}\frac{\Phi(z)}{\Phi_e(z)}=\frac{0.545(1-0.5z^{-1})(1-0.368z^{-1})}{(1-z^{-1})(1+0.718z^{-1})}$$

系统输出为

$$C(z)=\Phi(z)R(z)=\frac{Tz^{-1}}{(1-z^{-1})}(2z^{-1}-z^{-2})$$

$$=2z^{-2}+3z^{-3}+4z^{-4}+\cdots$$

通过系统输出的 z 变换式，可以看到从第 2 个采样周期开始系统输出能够在采样时刻实现对输入信号 $r(t)=t$ 的无静差跟踪。

7.7 离散系统的 MATLAB 分析与仿真

7.7.1 脉冲传递函数模型

若已知连续系统传递函数模型，其离散化模型可以通过 c2d( )函数求取。c2d( )函数的调用形式为

```
SYSD=c2d(SYSC,Ts,'METHOD')
```

3 个参数中，SYSC 为对应的连续系统模型；Ts 为采样周期；METHOD 为所选用的离散化方法，省略时默认为 'zoh'，表示带零阶保持器的离散化。

例 7-11 已知控制系统传递函数为

$$G(s)=\frac{s^2+2s+1}{s^4+5s^3+3s^2+8s+9}$$

采样周期 $T=1$ s，求带零阶保持器的广义被控对象的脉冲传递函数。

解 MATLAB 程序代码如下：

```
>>num=[1 2 1];
den=[1 5 3 8 9];
Ts=1;
G1=tf(num,den);
G=c2d(G1,Ts)
```

运行结果：

```
Transfer function:
0.2509 z^3-0.03379 z^2-0.07753 z+0.0206
----------------------------------------------------------------
z^4-0.9607 z^3+2.11 z^2-0.7144 z+0.006738

Sampling time: 1
```

零极点模型可以通过 zpk( )函数进一步求得，如进一步输入 MATLAB 指令>>zpk(G)，得到

```
Zero/pole/gain:
0.25092 (z+0.6032) (z-0.37) (z-0.3679)
-------------------------------------------------------------
(z-0.3679) (z-0.009709) (z^2-0.5832z+1.887)
Sampling time: 1
```

7.7.2 采样系统响应曲线

采样系统的阶跃响应、脉冲响应及任意输入的响应曲线，可以通过 MATLAB 函数 dstep()、dimpulse()和 dlism()得到。这些函数与连续系统的 step()、impulse()和 lism()函数用法类似，只是输出为时间序列 y(kT)。

7.7.3 采样系统的稳定性分析

在 MATLAB 环境中，可以通过绘制离散系统的闭环极点图，或直接求出闭环极点，然后判定闭环极点的模是否小于 1 来判定系统的稳定性。

例 7-12　请判定下面离散系统的稳定性，并画出系统的单位阶跃响应曲线（$T=0.1$ s）。

$$G(z)=\frac{-3z+2}{(z^3-0.2z^2-0.25z+0.05)}$$

解　可以在 MATLAB 的命令窗口输入：

```
num=[-3 2];
den=[1-0.2-0.25 0.05];
sys=tf(num,den,'Ts',0.1);
[eig(sys) abs(eig(sys))]
```

运行后得到

```
ans=
-0.5000  0.5000
 0.5000  0.5000
 0.2000  0.2000
```

第 2 列显示为 3 个极点的模，由结果看出模小于 1，3 个极点均位于单位圆内，故系统稳定。

```
[y,x]=dstep(num,den);          %计算单位阶跃响应，赋值给 y
Stem(y);                       %绘制响应的离散波形图
```

运行后，画出波形图如图 7-24 所示。

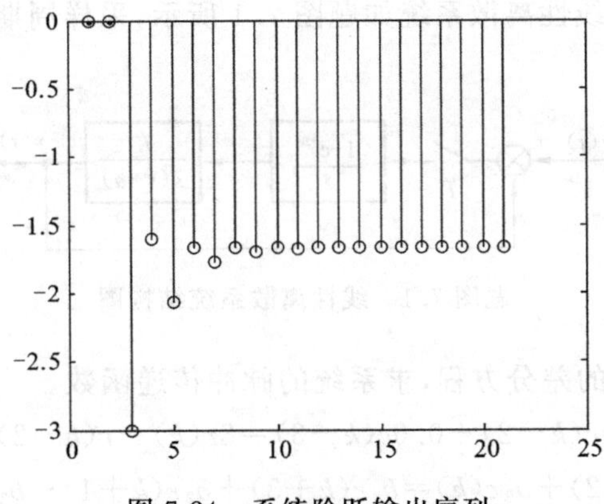

图 7-24　系统阶跃输出序列

习　题　7

1. 求下列函数的 z 变换。

(1) $f(t)=1-e^{-at}$

(2) $f(t)=a^t, t\geqslant 0$

(3) $f(t)=\mathrm{e}^{-2t}$

(4) $f(t)=t^2$

2. 求下列拉氏变换的 z 变换。

(1) $F(s)=\dfrac{1}{s^2}$

(2) $F(s)=\dfrac{s+2}{s(s+4)}$

(3) $F(s)=\dfrac{K\mathrm{e}^{-Ts}}{s(s+a)}$

(4) $F(s)=\dfrac{1-\mathrm{e}^{-Ts}}{s}\dfrac{K}{s+10}$

3. 求下列各函数的 z 反变换。

(1) $F(z)=\dfrac{z}{(z-0.5)}$

(2) $F(z)=\dfrac{(1-\mathrm{e}^{-T})z}{(z-1)(z-\mathrm{e}^{-T})}$

(3) $F(z)=\dfrac{2z^2}{(z-0.1)(z-0.8)}$

(4) $F(z)=\dfrac{3z}{(z+1)^2\ (z-1)^2}$

4. 用 z 变换方法求解下列差分方程。

$$y(k+2)+2y(k+1)+y(k)=u(k),$$

已知输入信号 $u(k)=k\ (k=0,1,2,\cdots)$,初始条件 $y(0)=0,y(1)=0$。

5. 具有零阶保持器的线性离散系统如题图 7.1 所示,采样周期 $T=0.1$ s,$a=1$,试判断系统稳定的 K 值范围。

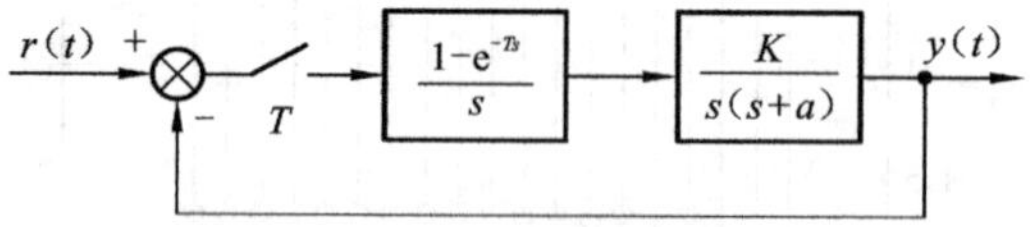

题图 7.1 线性离散系统结构图

6. 已知以下离散系统的差分方程,求系统的脉冲传递函数。

(1) $c(k)+2c(k-1)-c(k-2)+0.6c(k-3)=3r(k)-r(k-2)$

(2) $c(k+3)+a_1c(k+2)+a_3c(k)=b_0r(k+3)+b_2r(k+1)+b_3r(k)$

7. 已知离散控制系统的结构如题图 7.2 所示,采样周期 $T=0.2$ s,输入信号 $r(t)=1+t+\dfrac{1}{2}t^2$,求该系统的稳态误差。

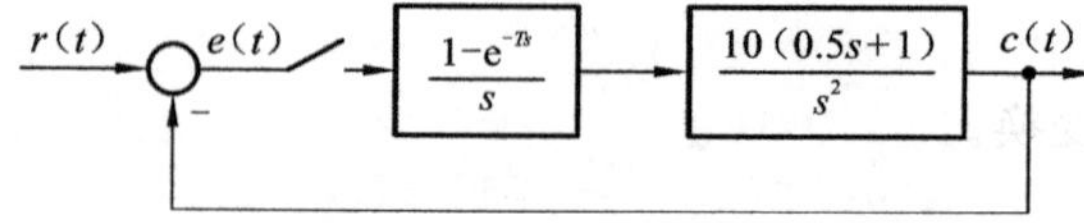

题图 7.2 离散控制系统结构图

8. 试求题图 7.3 所示闭环离散系统的脉冲传递函数 $\Phi(z)$ 或输出 z 变换 $C(z)$ 。

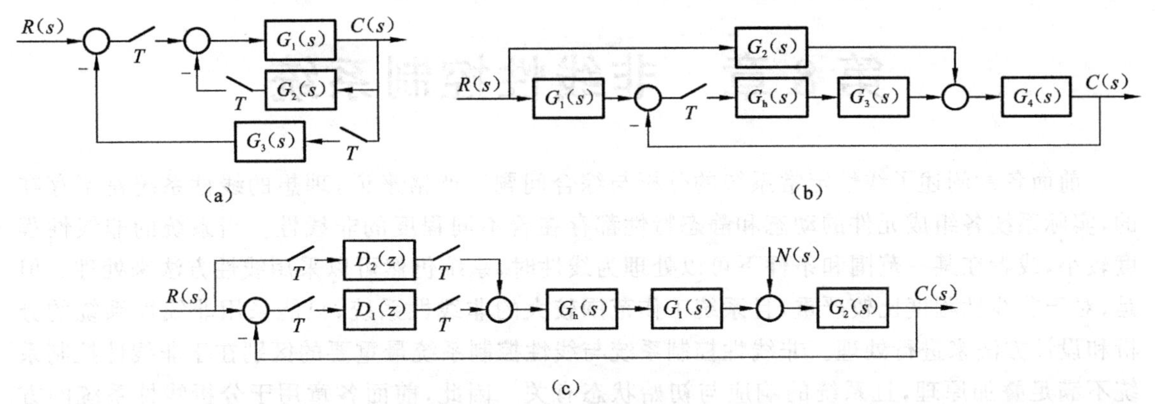

题图 7.3　闭环离散系统结构图

9. 已知离散系统如题图 7.4 所示，其中采样周期 $T=1\ \text{s}$，连续部分传递函数 $G_0(s)=1/s(s+1)$，输入 $r(t)=1(t)$，试设计系统最少拍数字控制器 $D(z)$。

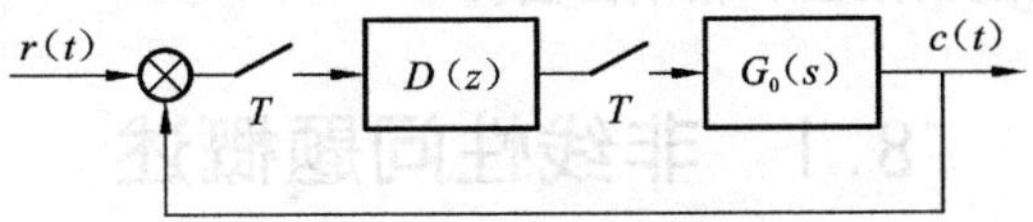

题图 7.4　离散系统结构图

第 8 章　非线性控制系统

前面各章阐述了线性定常系统的分析与综合问题。严格来说，理想的线性系统是不存在的，实际系统各组成元件的动态和静态特性都存在着不同程度的非线性。当系统的非线性程度较小，或者在某一范围和条件下可以处理为线性时，系统仍然可以采用线性方法来处理。但是，对于非线性程度比较严重，且系统工作范围较大的非线性系统，只能采用非线性系统的分析和设计方法来进行处理。非线性控制系统与线性控制系统最重要的区别在于非线性控制系统不满足叠加原理，且系统的响应与初始状态有关。因此，前面各章用于分析线性系统的方法，不能直接用于非线性控制系统。

非线性特性千差万别，对于非线性控制系统的分析研究，目前还没有一种普遍适用的方法。本章首先介绍自动控制系统中一些常见的典型非线性特性，然后介绍分析非线性控制系统的两种常用方法——描述函数法和相平面法。

8.1　非线性问题概述

实际的物理系统，由于其组成元件总是或多或少地带有非线性特性，可以说都是非线性系统。例如，在一些常见的测量装置中，当输入信号在零值附近的某一小范围之内时，没有输出，只有当输入信号大于此范围时，才有输出，即输入输出特性中存在一个不灵敏区（也称死区），如图 8-1(a)所示；放大元件都有一定线性工作范围，只有输入信号在一定范围内，输入输出呈线性关系，当输入信号超过该范围时，放大元件就会出现饱和现象，如图 8-1(b)所示；各种传动机构由于机械加工和装配上的缺陷，在传动过程中总存在着间隙，其输入输出特性为间隙特性，如图 8-1(c)所示。有时为了改善系统的性能或者简化系统的结构，还常常在系统中引入非线性部件或者更复杂的非线性控制器。另外，作为常用执行机构的电机的实际特性同时具有死区特性和饱和特性。

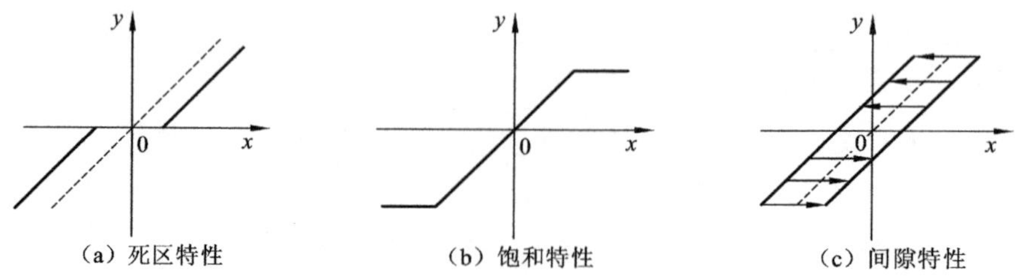

图 8-1　一些常见的非线性特性

以上种种情况说明，非线性特性在实际系统中是普遍存在的。严格来说，实际的控制系统都是非线性系统。所谓的线性系统是实际系统忽略了非线性因素后的理想模型。当实际系统的非线性程度不严重时，在某一范围内或某些条件下可以近似地视为线性系统，从而可以采用线性方法去进行研究和设计。如果实际系统的非线性程度比较严重,则不能采用线性系统方法进行研究,不然会产生较大的误差,甚至导致错误的结论。

8.1.1　非线性系统的特征

描述线性系统运动状态的数学模型是线性微分方程,其重要特征是可以应用叠加原理。而非线性系统运动状态的数学模型采用非线性微分方程描述,不能应用叠加原理。由于两类系统特性的根本区别,它们的运动规律也很不相同。现将非线性系统的主要运动特点归纳如下。

1. 稳定性分析复杂

线性系统的稳定性只与系统参数和结构有关,而与初始条件及输入信号无关。但是非线性系统,其稳定性除了和系统的结构形式及参数有关外,还与外作用及初始条件有关。对于非线性系统,不存在系统是否稳定的笼统概念,必须针对系统某一具体的运动状态,才能讨论其是否稳定的问题。例如,一个非线性系统,其非线性微分方程为

$$\dot{x}=x^2-x=x(x-1) \tag{8-1}$$

令 $\dot{x}=0$,可知系统存在两个平衡点 $x=0$ 和 $x=1$。假定系统的初始条件为 $x(0)=x_0$,从而求得上述微分方程的解为

$$x(t)=\frac{x_0\mathrm{e}^{-t}}{1-x_0+x_0\mathrm{e}^{-t}} \tag{8-2}$$

当 $x_0>1$,$t<\ln\dfrac{x_0}{x_0-1}$ 时,$x(t)$ 随着 t 的增大而增大;$t=\ln\dfrac{x_0}{x_0-1}$ 时,$x(t)$ 为无穷大。当 $x_0<1$ 时,$x(t)$ 随着 t 的增大而趋近于 0。不同初始条件下的时间响应曲线如图 8-2 所示。

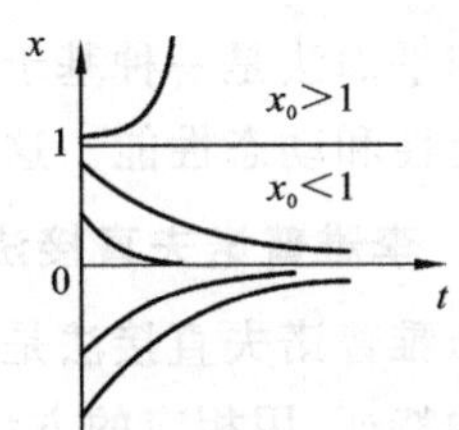

图 8-2　不同初始状态的响应

2. 不能应用叠加原理

线性系统满足叠加原理,可以采用传递函数、频率特性法、根轨迹分析法等概念。同时线性系统的运动特征与输入信号的大小和系统初始状态无关,所以可以在典型输入函数和零初始条件下对系统进行研究。然而,非线性系统不满足叠加原理,上述方法不再适用。

3. 可能存在自振荡现象

线性系统只有两种基本的暂态模式:收敛和发散。当系统处于临界稳定状态时才会产生等幅振荡。然而,线性系统的这种临界稳定状态只在理论上成立,在物理上是不可实现的,只要系统中的参数有微小的变化,系统就由临界稳定状态趋于发散或收敛。但在非线性控制系统中,即使没有外加的输入信号,系统自身也可能产生一个有一定频率和幅值的稳定振荡(称为自振荡或自持振荡)。自振荡是非线性控制系统的特有运动模式,它的振幅和频率由系统本身的特性和参数所决定。自振荡是非线性控制理论研究的重要内容。

4. 频率响应畸变现象

线性系统在正弦信号作用下的稳态输出是与输入同频率的正弦信号;非线性系统在正弦信号作用下的稳态输出不是正弦信号,它可能包含有倍频和分频等各种谐波分量,是多种频率的正弦信号组合,从而使系统输出产生非线性畸变。

8.1.2 非线性系统的分析方法

非线性系统和线性系统存在着本质的差异，使得非线性系统的分析、设计方法与线性系统有着很大的不同。线性系统可以采用传递函数、频率特性法、根轨迹分析法、典型输入函数等原理和方法来进行分析研究。而非线性系统，由于叠加原理不成立，线性系统的上述方法均不适用。到目前为止，还没有一个成熟、通用的方法可以用来分析和设计各种不同的非线性系统。目前研究非线性系统常用的工程近似方法有以下几种。

1. 描述函数法

描述函数法是一种基于频率域的分析方法。在一定的条件下，用非线性元件输出的基波信号代替在正弦信号作用下的非正弦输出，使非线性元件近似于一个线性元件，这样就可以将线性系统中的频率特性法用于非线性系统的分析。这种方法主要用于研究非线性系统的稳定性和自振荡。

2. 相平面法

相平面法是一种基于时域的分析方法。通过在相平面上绘制相轨迹，去研究非线性系统的稳定性和动态性能。这种方法只适用于一阶、二阶系统的分析。

3. 李雅普诺夫直接法

李雅普诺夫直接法是一种对线性系统和非线性系统都适用的方法。根据非线性系统动态方程的特征，用相应的方法设计出李雅普诺夫函数，然后根据有关定理和性质去判别非线性系统的稳定性。

4. 计算机求解法

数字计算机的高速发展及计算机仿真技术的应用为分析、研究和设计非线性系统提供了十分重要的手段，在工程实际中得到了广泛应用。应用计算机可以直接求解非线性微分方程，对于分析和设计复杂的非线性系统，是非常有效的方法。

8.2 典型非线性环节特性

在实际控制系统中，最常见的非线性特性有死区特性（即不灵敏区）、饱和特性、间隙特性和继电特性等。一般情况下，这些非线性特性会对系统正常工作带来不利影响。但是，在有些情况下，也可以利用某些非线性特性来改善系统性能。本节从物理概念上对包含这些非线性特性的系统进行一些定性分析，仍然运用线性系统的某些概念和方法，虽然分析不够严谨，但所得出的一些概念和结论对于分析常见非线性因素对系统运动的影响是具有参考价值的。

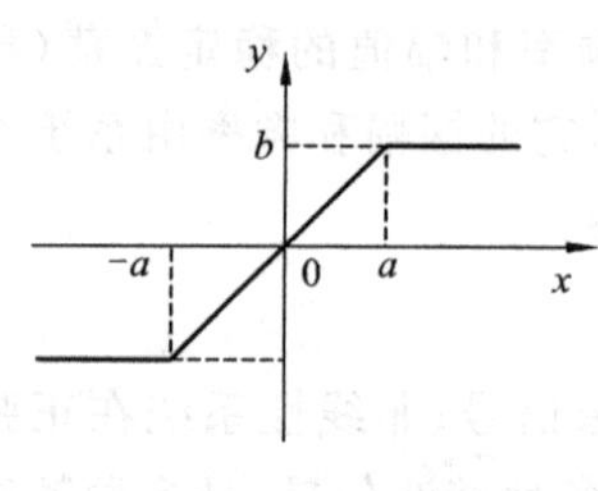

图 8-3　饱和特性

8.2.1 饱和特性

饱和非线性的静特性如图 8-3 所示。图 8-3 中 x 为非线性环节的输入信号；y 为非线性环节的输出信号。其数学表达式为

$$y=\begin{cases}kx & |x|\leqslant a\\ b\cdot \mathrm{sign}(x) & |x|>a\end{cases} \tag{8-3}$$

式中:b 为饱和区输出幅值;k 为线性区的斜率;a 为线性区的宽度;sign( )为符号函数。

饱和非线性可以由磁饱和、放大器输出饱和、功率限制等因素引起。例如,伺服电动机在大控制电压作用下的输出力矩特性、调节阀门具有行程限制及功率限制时的特性都属于饱和非线性特性。饱和特性使系统在大信号作用下的等效增益降低,一般地讲,等效增益降低,会使系统超调量下降,振荡性减弱,稳态误差增大。处于深度饱和的控制器对误差信号的变化失去反应,从而使系统丧失闭环控制作用。有时,在一些系统中也经常利用饱和特性作信号限幅,限制某些物理参量,保证系统安全合理地工作。若线性系统为振荡发散,当加入饱和限制后,系统就会出现自持振荡的现象。这是因为随着输出量幅值的增加,系统的等效增益在下降,系统的运动有收敛的趋势;而当输出量幅值减小时,等效增益增加,系统的运动有发散的趋势,故系统最终出现自振荡现象。

饱和特性对系统的性能影响是复杂的,为了避免饱和特性的不利影响,应当尽可能使系统具有较大的线性工作范围,并合理地确定各元件的线性范围。

8.2.2 死区特性

死区非线性特性如图 8-4 所示。其数学表达式为

$$y=\begin{cases}0, & |x|\leqslant a\\ k[x-a\cdot \mathrm{sign}(x)], & |x|>a\end{cases} \tag{8-4}$$

式中:a 为死区宽度;k 为死区的斜率。该特性表现在 $|x|\leqslant a$ 范围内,当输入 x 变化时,输出 y 无反应,这一范围称为死区(或不灵敏区)。

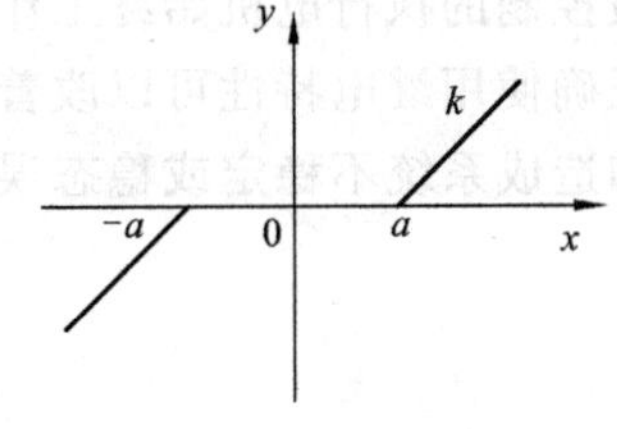

图 8-4 死区特性

伺服电动机的启动电压、测量元件的不灵敏区、继电器的不灵敏区、机械传动机构的间隙和静摩擦力都是死区特性的常见原因。死区特性的存在对系统产生的可能影响有:①对于线性无静差系统,稳态误差为 0。若控制器中包含有死区特性,则稳态误差可能为死区范围内的某一值,因此死区特性最直接的影响是造成稳态误差。②对系统暂态性能影响的利弊与系统的结构和参数有关。例如,某些系统,由于死区特性的存在,可以抑制系统的振荡;而对另一些系统,死区又可能导致系统产生自振荡。③死区能过滤从输入引入的小幅值干扰信号,提高系统抗干扰能力。因此在工程实践中,为了提高系统的抗干扰能力,有时故意引入或增大死区。④死区特性的存在有时会引起系统在输出端的滞后。

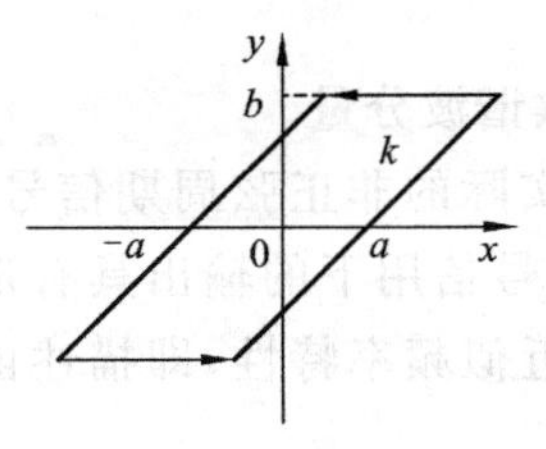

图 8-5 间隙特性

8.2.3 间隙(滞环)特性

间隙(滞环)特性如图 8-5 所示。其数学表达式为

$$y=\begin{cases}k[x-a], & \dot{x}>0\\ k[x+a], & \dot{x}<0\\ b\cdot \mathrm{sign}(x), & \dot{x}=0\end{cases} \tag{8-5}$$

式中:a 为间隙宽度;k 为输出特性的斜率;b 为常数。

机械传动中的齿轮间隙是典型的间隙特性。在齿轮传动中，由于间隙的存在，当主动齿轮方向改变时，从动轮保持原位不动，直到间隙消失后才改变转动方向。铁磁元件中的磁滞现象也是一种间隙特性。间隙特性对系统性能的影响：一是会使系统稳态误差增大，降低控制精度；二是使系统频率响应的相角迟后增大，从而使系统过渡过程振荡加剧，甚至使系统变为不稳定。

8.2.4　继电特性

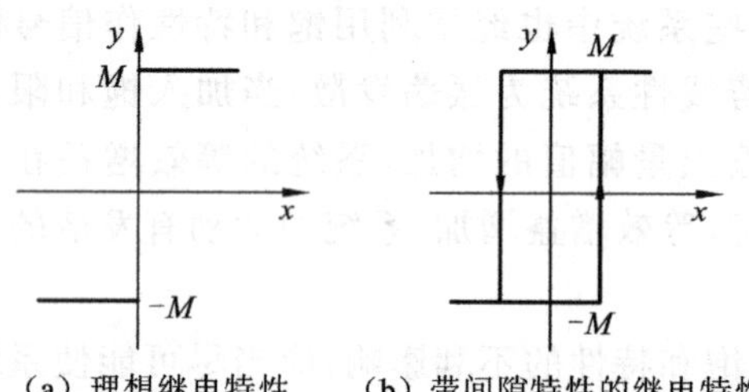

（a）理想继电特性　（b）带间隙特性的继电特性

图 8-6　继电特性

继电特性如图 8-6 所示。从图 8-6 中可以看出继电特性的特点是：当输入信号符号改变时，输出信号会产生突变，然后保持不变。图 8-6(a)为理想继电特性；图 8-6(b)为带有间隙特性的继电特性。一般继电器总有一定的吸合电压值，所以特性中往往既有死区又有间隙。

理想继电控制系统多处于自持振荡工作状态，而带死区的继电特性，则会增加系统的定位误差，而对其他动态性能的影响，类似于死区、饱和非线性特性的综合效果。但继电特性能够使被控制的执行电机始终工作在额定或最大电压下，可以充分发挥其调节能力而实现快速控制。正确使用继电特性可以改善系统的性能，但是如果使用不当，反而会给系统带来不良的后果，如造成系统不稳定或稳态误差增大等。

8.3　描述函数法

描述函数法又称谐波线性化方法，是线性系统理论中的频率法在非线性系统中的一种推广。它主要用来分析非线性系统的稳定性，以及确定非线性系统在正弦信号作用下的输出响应特性，可适用于任意阶的非线性系统。

8.3.1　描述函数的定义

非线性系统的结构图通常可以简化为如图 8-7 所示的典型形式。图 8-7 中 N 为非线性元件；$G(s)$ 为系统的线性环节。

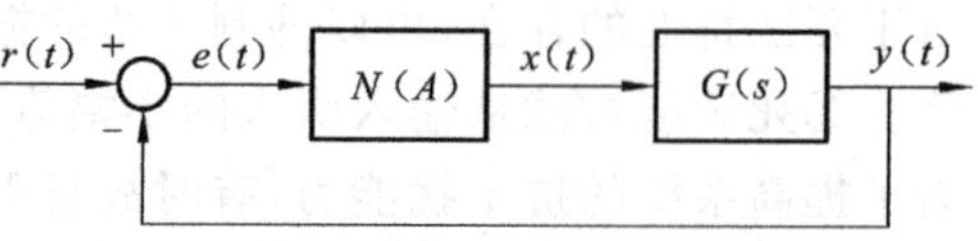

图 8-7　非线性控制系统典型结构图

线性元件在正弦信号输入时，其输出也是同频率的正弦信号。但是对于非线性元件，当输入为正弦信号时，输出不仅包含有与输入同频率的基波分量，而且还含有高次谐波分量。

描述函数法的基本思想是用非线性元件输出中的基波分量代替实际的非正弦周期信号，而忽略信号中的高次谐波分量。这样处理后，就与线性元件在正弦信号信用下的输出具有形式上的相似，可以仿照线性系统频率特性的定义，建立非线性元件的近似频率特性，即描述函数。为此要求非线性控制系统满足以下条件。

(1) 非线性元件 N 的输入信号为正弦输入信号。

(2) 非线性元件 N 无惯性,即不是时间的函数。

(3) 非线性元件 N 的特性是斜对称的,即 $f(e)=-f(-e)$。

(4) 系统中的线性部分 $G(s)$ 具有良好的低通滤波特性。这个条件对一般控制系统来说是容易满足的,而且线性部分阶次越高,低通滤波特性越好。这样,当非线性元件输出中的高次谐波通过线性部分后,其幅值大大衰减,从而可以近似认为只有基波沿着闭环通道传递。

对图 8-7 的非线性系统,设非线性元件 N 输入为 $e(t)=A\sin\omega t$ 时,其输出 $x(t)$ 一般为同频率的非正弦周期函数,此周期函数可以展开成傅里叶级数:

$$\begin{aligned} x(t) &= \frac{A_0}{2} + \sum_{n=1}^{\infty}(A_n \cos n\omega t + B_n \sin n\omega t) \\ &= \frac{A_0}{2} + \sum_{n=1}^{\infty} X_n \sin(n\omega t + \varphi_n) \end{aligned} \tag{8-6}$$

式中:$A_0/2$ 为输出信号中的直流分量;X_n 为输出信号中各次谐波分量的幅值,一般情况下 X_n 为输入信号幅值 A 和频率 ω 的函数;

$$A_n = \frac{1}{\pi}\int_0^{2\pi} y(t)\cos n\omega t\,\mathrm{d}(\omega t), \quad B_n = \frac{1}{\pi}\int_0^{2\pi} y(t)\sin n\omega t\,\mathrm{d}(\omega t)$$

$$X_n = \sqrt{A_n^2 + B_n^2}, \quad \varphi_n = \arctan\frac{A_n}{B_n}$$

由式(8-6)看出,如果非线性特性是奇对称的(即非线性特性关于原点对称),前面所介绍的典型非线性特性(如死区、饱和、间隙和继电特性)均满足这一条件,则 $A_0=0$,说明输出信号中不含有直流分量,此时若只考虑输出信号中的一次谐波分量,而把高次谐波分量忽略,即可近似认为

$$x(t)=A_1\cos\omega t+B_1\sin\omega t=X_1\sin(\omega t+\varphi_1) \tag{8-7}$$

仿照线性元件频率特性的定义,可定义非线性特性的描述函数。

非线性特性的描述函数定义:当输入是正弦信号 $A\sin\omega t$ 时,其稳态输出的一次谐波分量与输入正弦量的复数比。其数学表达式为

$$N(A)=\frac{X_1}{A}\angle\varphi_1=\frac{\sqrt{A_1^2+B_1^2}}{A}\angle\arctan\frac{A_1}{B_1} \tag{8-8}$$

式中:$N(A)$ 为该非线性元件的描述函数。描述函数 $N(A)$ 是正弦输入信号幅值 A 的函数。对非线性元件做上述近似线性化处理后,就可以应用线性系统中的频率法来研究非线性系统的基本特性。

8.3.2　典型非线性特性的描述函数

1. 饱和特性的描述函数

图 8-8 为饱和非线性特性及其在正弦输入 $e(t)=A\sin\omega t$ 作用下的输入输出波形。当 $A<a$ 时,工作在线性段,没有非线性影响;当 $A\geqslant a$ 时,工作在非线性段。因此饱和特性的描述函数,只有在 $A\geqslant a$ 时才有意义。饱和特性为单值奇对称,故有 $A_0=0$,$A_1=0$,$\varphi_1=0$。输出 $x(t)$ 的数学表达式为

$$x(t)=\begin{cases}KA\sin\omega t, & 0\leqslant\omega t\leqslant\theta\\ Ka, & \theta\leqslant\omega t\leqslant\dfrac{\pi}{2}\end{cases}\tag{8-9}$$

式中：$\theta=\arcsin(a/A)$。

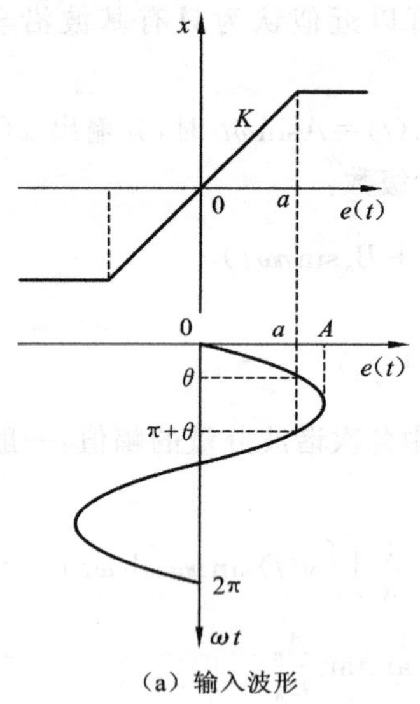

(a) 输入波形

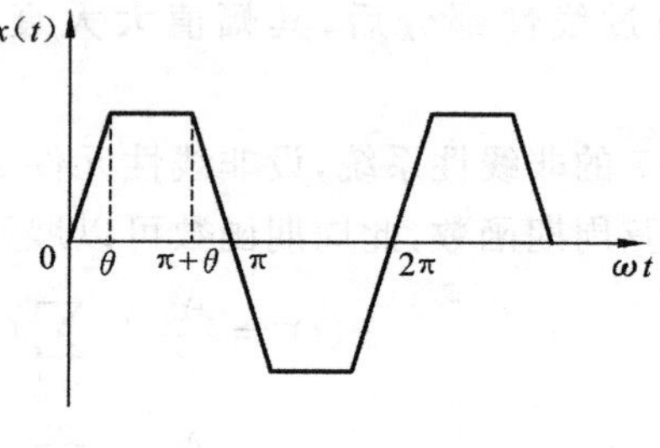

(b) 输出波形

图 8-8　饱和非线性特性输入输出波形

由于输出波形的对称性，式(8-8)中 $A_1=0$，只需确定 B_1。

$$\begin{aligned}B_1&=\frac{1}{\pi}\int_0^{2\pi}x(t)\sin\omega t\,\mathrm{d}(\omega t)\\&=\frac{4}{\pi}\left[\int_0^{\theta}KA\sin^2\omega t\,\mathrm{d}(\omega t)+\int_{\theta}^{\frac{\pi}{2}}Ka\sin\omega t\,\mathrm{d}(\omega t)\right]\\&=\frac{2KA}{\pi}\left[\sin^{-1}\frac{a}{A}+\frac{a}{A}\sqrt{1-\left(\frac{a}{A}\right)^2}\right]\end{aligned}\tag{8-10}$$

将以上关系代入式(8-8)，从而求得饱和特性的描述函数：

$$N(A)=\frac{B_1}{A}=\frac{2K}{\pi}\left[\arcsin\frac{a}{A}+\frac{a}{A}\sqrt{1-\left(\frac{a}{A}\right)^2}\right],\quad A\geqslant a\tag{8-11}$$

由式(8-11)可见，饱和非线性特性的描述函数只与输入信号的幅值 A 有关，与频率 ω 无关。它等效为一个变系数的比例环节，而且在 $A>a$ 时，等效传递系数总是小于线性段的斜率 K。

2. 死区非线性特性的描述函数

图 8-9 为死区特性及输入输出波形。当输入 $e(t)=A\sin\omega t$ 时，输出 $x(t)$ 为

$$x(t)=\begin{cases}0, & 0\leqslant\omega t\leqslant\theta\\ K(A\sin\omega t-\theta), & \theta\leqslant\omega t\leqslant\pi-\theta\\ 0, & \pi-\theta\leqslant\omega t\leqslant\pi\end{cases}$$

式中：$\theta=\arcsin(a/A)$；K 为线性区的斜率。死区特性为单值奇对称，所以 $A_0=0$，$A_1=0$，$\varphi_1=$

0。根据式(8-6)可求得 B_1 为

$$B_1 = \frac{1}{\pi}\int_0^{2\pi} x(t)\sin\omega t\,\mathrm{d}(\omega t)$$

$$= \frac{4}{\pi}\left[\int_\theta^{\frac{\pi}{2}} K(A\sin\omega t - \theta)\sin\omega t\,\mathrm{d}(\omega t)\right]$$

$$= \frac{2KA}{\pi}\left[\frac{\pi}{2} - \arcsin\frac{a}{A} - \frac{a}{A}\sqrt{1-\left(\frac{a}{A}\right)^2}\right],\quad A \geqslant a \tag{8-12}$$

于是死区特性的描述函数为

$$N(A)=\frac{B_1}{A}=\frac{2K}{\pi}\left[\frac{\pi}{2}-\arcsin\frac{a}{A}-\frac{a}{A}\sqrt{1-\left(\frac{a}{A}\right)^2}\right] \tag{8-13}$$

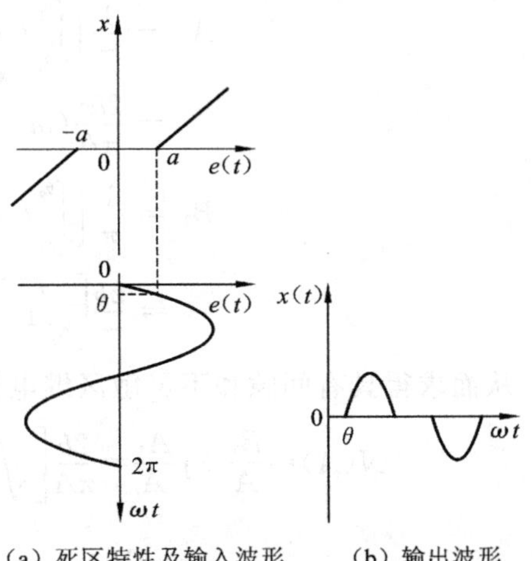

(a) 死区特性及输入波形　　(b) 输出波形

图 8-9　死区特性及其正弦响应

由式(8-13)可见，死区特性的描述函数是输入信号幅值 A 的实函数，与输入正弦信号的频率无关。当 a/A 很小时，$N(A)\approx K$，即输入幅值很大或死区很小时，死区的影响可以忽略。

3. 继电特性的描述函数

图 8-10 为具有滞环和不灵敏区的继电特性及其输入输出的波形图。当输入 $e(t)=A\sin\omega t$ 时，其输出 $x(t)$ 为

$$x(t)=\begin{cases} b, & \theta_1\leqslant\omega t\leqslant\theta_2 \\ 0, & 0\leqslant\omega t<\theta_1,\theta_2<\omega t<\pi+\theta_1,\pi+\theta_2<\omega t\leqslant 2\pi \\ -b, & \pi+\theta_1\leqslant\omega t\leqslant\pi+\theta_2 \end{cases} \tag{8-14}$$

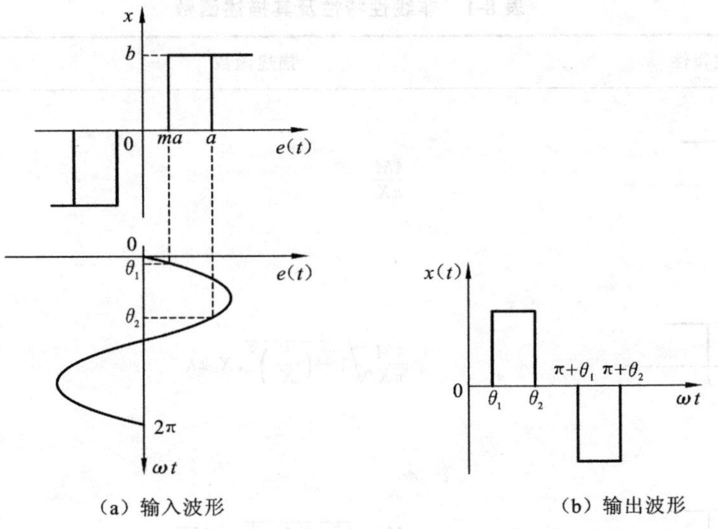

(a) 输入波形　　(b) 输出波形

图 8-10　死区-回环继电器特性及输入输出波形图

继电特性为多值函数，所以 A_1、B_1 都需要计算。根据式(8-6)得

$$A_1 = \frac{1}{\pi}\left[\int_{\theta_1}^{\theta_2} b \cdot \cos\omega t \,\mathrm{d}(\omega t) - \int_{\pi+\theta_1}^{\pi+\theta_2} b \cdot \cos\omega t \,\mathrm{d}(\omega t)\right]$$

$$= \frac{2ba}{\pi A}(m-1), \quad A \geqslant a$$

$$B_1 = \frac{1}{\pi}\left[\int_{\theta_1}^{\theta_2} b \cdot \sin\omega t \,\mathrm{d}(\omega t) - \int_{\pi+\theta_1}^{\pi+\theta_2} b \cdot \sin\omega t \,\mathrm{d}(\omega t)\right]$$

$$= \frac{2b}{\pi}\left[\sqrt{1-\left(\frac{ma}{A}\right)^2} + \sqrt{1-\left(\frac{a}{A}\right)^2}\right], \quad A \geqslant a$$

从而求得具有间隙和不灵敏区继电器特性的描述函数为

$$N(A)=\frac{B_1}{A}+\mathrm{j}\,\frac{A_1}{A}=\frac{2b}{\pi A}\left[\sqrt{1-\left(\frac{ma}{A}\right)^2}+\sqrt{1-\left(\frac{a}{A}\right)^2}\right]+\mathrm{j}\,\frac{2ba}{\pi A^2}(m-1) \quad A\geqslant a \tag{8-15}$$

如果式(8-15)中令 $a=0$,就是理想继电特性,得到理想继电器特性的描述函数为

$$N(A)=\frac{4b}{\pi A}, \quad A\geqslant a \tag{8-16}$$

如果式(8-15)中令 $m=1$,就是死区继电器特性,得到描述函数为

$$N(A)=\frac{4a}{\pi A}\sqrt{1-\left(\frac{a}{A}\right)^2}, \quad A\geqslant a \tag{8-17}$$

如果式(8-15)中令 $m=-1$,就是具有间隙的继电特性,其描述函数为

$$N(A)=\frac{4b}{\pi A}\sqrt{1-\left(\frac{a}{A}\right)^2}-\mathrm{j}\,\frac{4ba}{\pi A^2}, \quad A\geqslant a \tag{8-18}$$

表 8-1 列出了一些常见典型的非线性特性的描述函数,以供查阅。

表 8-1 非线性特性及其描述函数

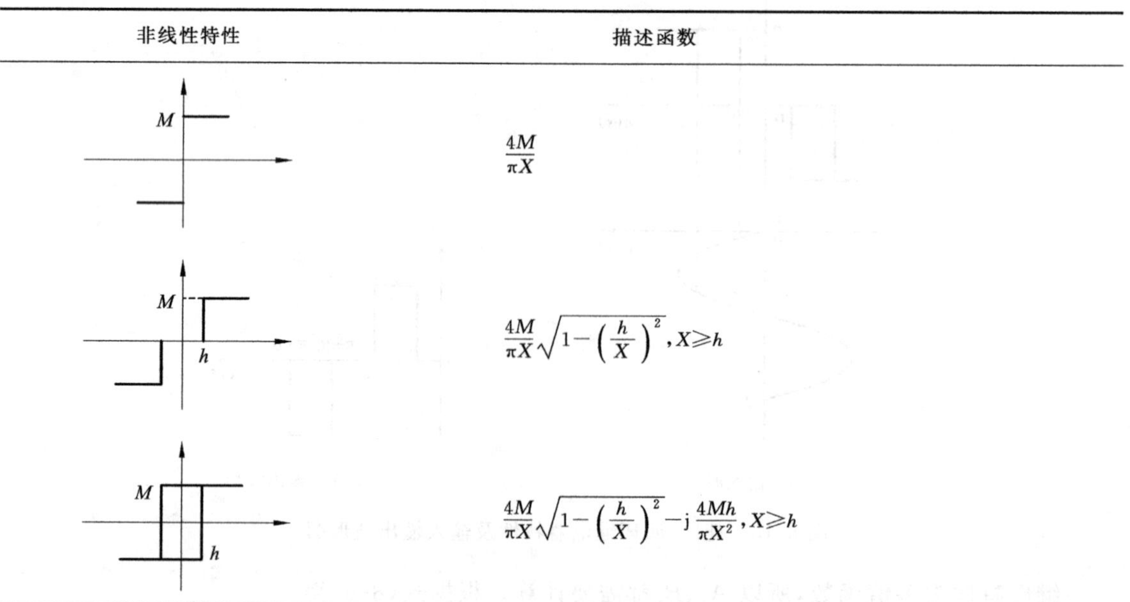

非线性特性	描述函数
M	$\frac{4M}{\pi X}$
M, h	$\frac{4M}{\pi X}\sqrt{1-\left(\frac{h}{X}\right)^2}, X\geqslant h$
M, h	$\frac{4M}{\pi X}\sqrt{1-\left(\frac{h}{X}\right)^2}-\mathrm{j}\,\frac{4Mh}{\pi X^2}, X\geqslant h$

续表

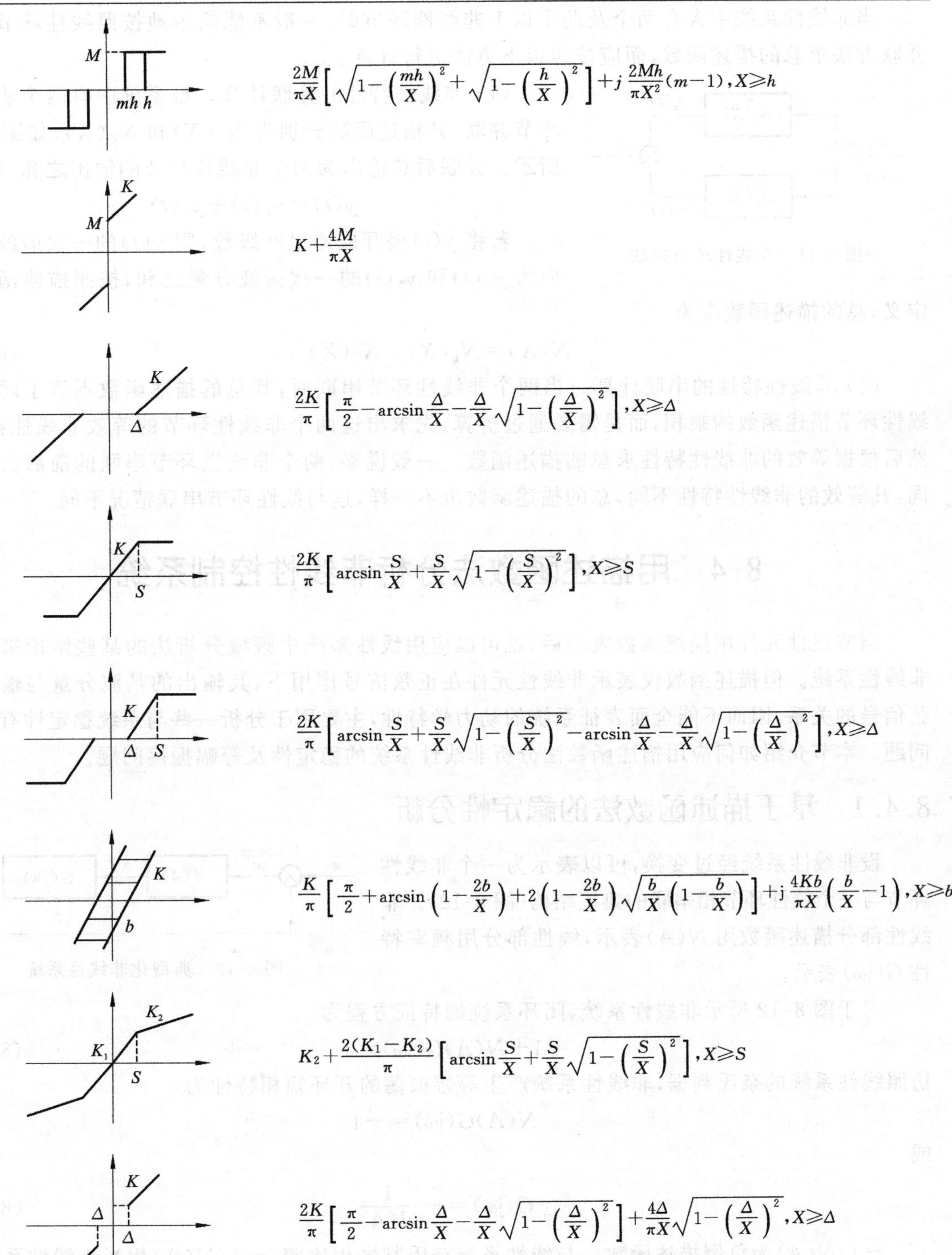

非线性特性	描述函数
	$\frac{2M}{\pi X}\left[\sqrt{1-\left(\frac{mh}{X}\right)^2}+\sqrt{1-\left(\frac{h}{X}\right)^2}\right]+j\frac{2Mh}{\pi X^2}(m-1),X\geqslant h$
	$K+\frac{4M}{\pi X}$
	$\frac{2K}{\pi}\left[\frac{\pi}{2}-\arcsin\frac{\Delta}{X}-\frac{\Delta}{X}\sqrt{1-\left(\frac{\Delta}{X}\right)^2}\right],X\geqslant\Delta$
	$\frac{2K}{\pi}\left[\arcsin\frac{S}{X}+\frac{S}{X}\sqrt{1-\left(\frac{S}{X}\right)^2}\right],X\geqslant S$
	$\frac{2K}{\pi}\left[\arcsin\frac{S}{X}+\frac{S}{X}\sqrt{1-\left(\frac{S}{X}\right)^2}-\arcsin\frac{\Delta}{X}-\frac{\Delta}{X}\sqrt{1-\left(\frac{\Delta}{X}\right)^2}\right],X\geqslant\Delta$
	$\frac{K}{\pi}\left[\frac{\pi}{2}+\arcsin\left(1-\frac{2b}{X}\right)+2\left(1-\frac{2b}{X}\right)\sqrt{\frac{b}{X}\left(1-\frac{b}{X}\right)}\right]+\mathrm{j}\frac{4Kb}{\pi X}\left(\frac{b}{X}-1\right),X\geqslant b$
	$K_2+\frac{2(K_1-K_2)}{\pi}\left[\arcsin\frac{S}{X}+\frac{S}{X}\sqrt{1-\left(\frac{S}{X}\right)^2}\right],X\geqslant S$
	$\frac{2K}{\pi}\left[\frac{\pi}{2}-\arcsin\frac{\Delta}{X}-\frac{\Delta}{X}\sqrt{1-\left(\frac{\Delta}{X}\right)^2}\right]+\frac{4\Delta}{\pi X}\sqrt{1-\left(\frac{\Delta}{X}\right)^2},X\geqslant\Delta$

8.3.3 组合非线性特性的描述函数

当非线性系统中含有两个及两个以上非线性环节时，一般不能简单地按照线性环节的串并联方法求总的描述函数，而应按照以下方法进行计算。

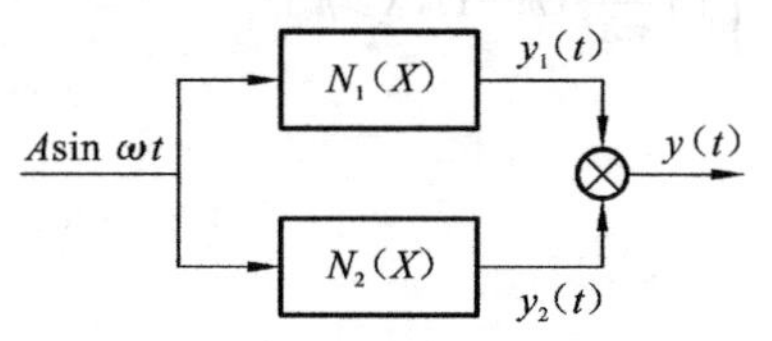

图 8-11 非线性环节并联

(1) 非线性特性的并联计算。设系统中有两个非线性环节并联，其描述函数分别为 $N_1(X)$ 和 $N_2(X)$，如图 8-11 所示。并联后总输出为两个非线性环节的输出之和，即

$$y(t)=y_1(t)+y_2(t)$$

若将 $y(t)$ 展开成傅里叶级数，则 $y(t)$ 的一次谐波分量应为 $y_1(t)$ 和 $y_2(t)$ 的一次谐波分量之和，按照描述函数的定义，总的描述函数应为

$$N(X)=N_1(X)+N_2(X) \tag{8-19}$$

(2) 非线性特性的串联计算。当两个非线性环节串联时，其总的描述函数不等于两个非线性环节描述函数的乘积，而是需要通过折算，先求出这两个非线性环节的等效非线性特性，然后根据等效的非线性特性求总的描述函数。一般说来，两个非线性环节串联的前后次序不同，其等效的非线性特性不同，总的描述函数也不一样，这与线性环节串联情况不同。

8.4 用描述函数法分析非线性控制系统

当非线性元件用描述函数表示后，就可以应用线性系统中频域分析法的某些结论来研究非线性系统。但描述函数仅表示非线性元件在正弦信号作用下，其输出的基波分量与输入正弦信号的关系，因而不能全面表征系统的动力学特性，主要用于分析一些与系统稳定性有关的问题。本节介绍如何应用描述函数法分析非线性系统的稳定性及等幅振荡问题。

8.4.1 基于描述函数法的稳定性分析

设非线性系统经过变换，可以表示为一个非线性环节与一个线性环节相串联的典型结构(图 8-12)。非线性部分描述函数用 $N(A)$ 表示，线性部分用频率特性 $G(\mathrm{j}\omega)$ 表示。

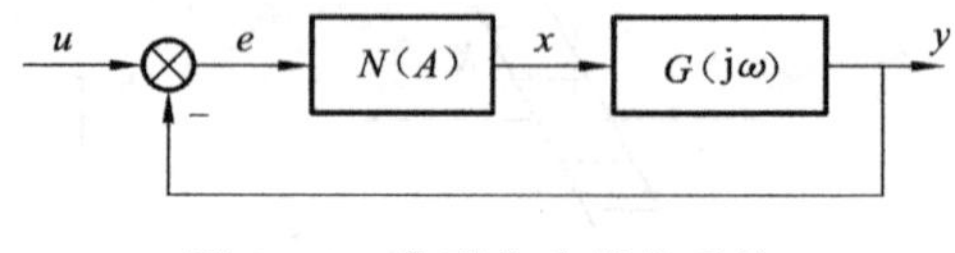

图 8-12 典型化非线性系统

对于图 8-12 所示非线性系统，闭环系统的特征方程为

$$1+N(A)G(\mathrm{j}\omega)=0 \tag{8-20}$$

仿照线性系统的奈氏判据，非线性系统产生等幅振荡的开环幅相特性为

$$N(A)G(\mathrm{j}\omega)=-1$$

或

$$G(\mathrm{j}\omega)=-\frac{1}{N(A)} \tag{8-21}$$

$-1/N(A)$ 为负倒描述函数。与线性系统奈氏判据相比较，$-1/N(A)$ 相当于线性系统的开环幅相平面的$(-1,\mathrm{j}0)$点。也就是说，仿效线性系统用奈氏判据判定非线性系统的稳定性

时，不再是参考点(−1，j0)，而是参考负倒描述函数 $-1/N(A)$ 的轨迹线。因此，对非线性系统进行稳定分析时，首先在复平面上分别绘制出以频率 ω 为变量的 $G(\mathrm{j}\omega)$ 频率特性曲线和以幅值 A 为变量的 $-1/N(A)$ 曲线，然后根据它们的相对位置来判定该系统的稳定性。由奈氏判据得到以下结论。

在复平面上当 $G(\mathrm{j}\omega)$ 曲线不包围 $-1/N(A)$ 曲线时，如图 8-13(a)所示，该非线性系统稳定；当 $G(\mathrm{j}\omega)$ 曲线包围 $-1/N(A)$ 时，如图 8-13(b)所示，该非线性系统不稳定；当 $G(\mathrm{j}\omega)$ 曲线与 $-1/N(A)$ 曲线相交时，如图 8-13(c)所示，则系统处于临界状态，系统可能发生持续自振荡。

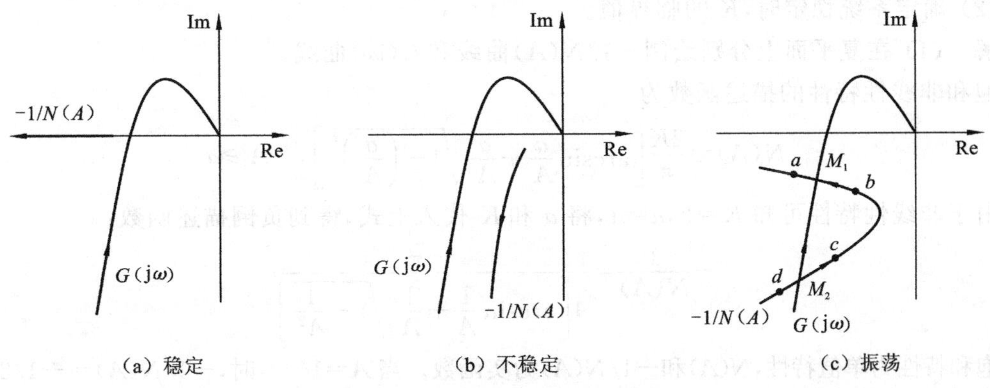

图 8-13　非线性系统的稳定判据

8.4.2　非线性系统的自激振荡分析

由上述分析可知，当 $G(\mathrm{j}\omega)$ 曲线与 $-1/N(A)$ 曲线相交时，非线性系统可能发生自激振荡。严格来说，这种自振荡一般不是正弦的，但可以用一个正弦振荡来近似。正弦振荡的幅值和频率是由交点处的 $-1/N(A)$ 轨迹上的 A 值和 $G(\mathrm{j}\omega)$ 曲线的 ω 值来表示。下面进一步分析自激振荡的稳定性。

所谓自激振荡的稳定性是指，当非线性系统受到扰动作用而偏离原来的周期运动状态，当扰动消失后，系统能够回到原来的等幅振荡状态，称为稳定的自激振荡。反之，称为不稳定的自激振荡。

如图 8-13(c)所示，线性部分的频率特性 $G(\mathrm{j}\omega)$ 与负倒描述函数曲线 $-1/N(A)$ 有两个相交点 M_1、M_2，这说明系统有两个自激振荡点。

对于 M_1 点，若受到扰动使幅值 A 增大，则工作点将由 M_1 点移至 a 点。由于 a 点不被 $G(\mathrm{j}\omega)$ 包围，系统是稳定的，故振荡衰减，振幅 A 自动减小，工作点将沿 $-1/N(A)$ 曲线又回到 M_1 点。反之亦然。所以 M_1 点是稳定的自激振荡。

对于 M_2 点，若受到扰动使幅值 A 减小，则工作点将由 M_2 点移至 d 点。由于 d 点不被 $G(\mathrm{j}\omega)$ 包围，系统是稳定的，故振荡衰减，振幅 A 进一步减小，工作点将沿 $-1/N(A)$ 曲线向幅值不断减小的方向移动，从而不能再回到 M_2 点。反之亦然。所以 M_2 点是不稳定的自激振荡。

判别自激振荡稳定的方法是：在复平面自激振荡点附近，当按幅值 A 增大的方向沿 $-1/N(A)$ 曲线移动时，若系统从不稳定区域进入稳定区域，则该交点代表的自激振荡是稳定的。反之，当按幅值 A 增大的方向沿 $-1/N(A)$ 曲线移动时，从稳定区域进入不稳定区域，则该交点代表的自激振荡是不稳定的。

对于稳定的自激振荡,其振幅和频率确定,并且是可以测量的,具体的计算方法是:振幅可由$-1/N(A)$曲线的自变量A来确定,振荡频率由$G(\mathrm{j}\omega)$曲线的自变量ω来确定。需要注意的是,计算得到的振幅和频率,是非线性环节的输入信号$x(t)=A\sin\omega t$的振幅和频率,而不是系统输出信号$c(t)$的振幅和频率。

例 8-1 具有饱和非线性元件的非线性控制系统结构如图 8-14 所示。

(1) 当线性部分$K=5$时,确定系统自激振荡的幅值和频率。

(2) 确定系统稳定时,K的临界值。

解 (1) 在复平面上分别绘制$-1/N(A)$曲线和$G(\mathrm{j}\omega)$曲线。

饱和非线性特性的描述函数为

$$N(A)=\frac{2K}{\pi}\left[\arcsin\frac{a}{A}+\frac{a}{A}\sqrt{1-\left(\frac{a}{A}\right)^2}\right],\quad A\geqslant a$$

由于非线性特性可知$K=2,a=1$,将a和K代入上式,得到负倒描述函数:

$$-\frac{1}{N(A)}=\frac{-\pi}{4\left[\arcsin\frac{1}{A}+\frac{1}{A}\sqrt{1-\frac{1}{A^2}}\right]}$$

饱和特性为单值特性,$N(A)$和$-1/N(A)$为实函数。当$A=1\sim\infty$时,$-1/N(A)=-1/2\sim\infty$。$-1/N(A)$曲线如图 8-15 所示。由:

$$\mathrm{Im}[G(\mathrm{j}\omega)]=\frac{-15(1-0.02\omega^2)}{\omega(1+0.05\omega^2+0.0004\omega^4)}=0$$

解得$\omega=\sqrt{50}$,代入$\mathrm{Re}[G(\mathrm{j}\omega)]$求得

$$\mathrm{Re}[G(\mathrm{j}\omega)]\big|_{\omega=\sqrt{50}}=\frac{-4.5}{1+0.05\omega^2+0.0004\omega^4}\bigg|_{\omega=\sqrt{50}}=-1$$

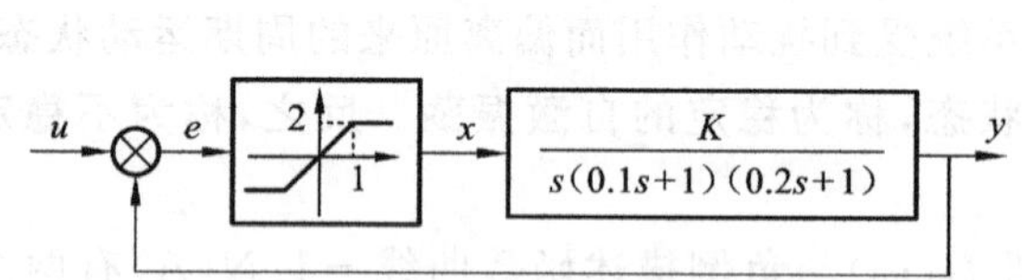

图 8-14 例 8-1 的系统结构图

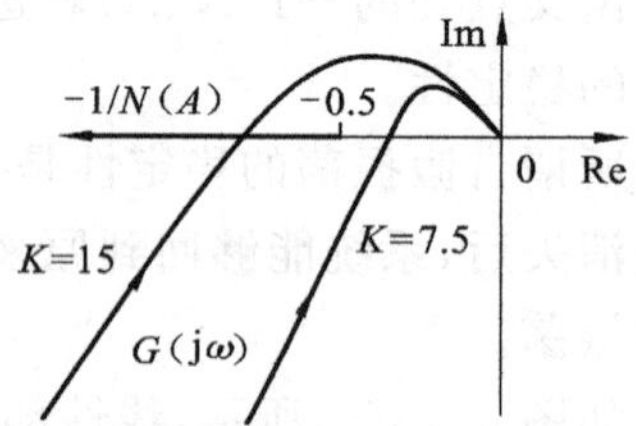

图 8-15 例 8-1 的奈氏图

则$(-1,\mathrm{j}0)$点为$G(\mathrm{j}\omega)$曲线与负实轴的交点,也是$-1/N(A)$和$G(\mathrm{j}\omega)$的交点,如图 8-15 所示。因$-1/N(A)$穿出$G(\mathrm{j}\omega)$,故交点为自振点。自振频率$\omega=\sqrt{50}$,自振荡振幅由下列方程解出:

$$-\frac{1}{N(A)}=\mathrm{Re}[G(\mathrm{j}\omega)]\big|_{\omega=\sqrt{50}}=-1$$

$$\frac{-\pi}{4\left[\arcsin\frac{1}{A}+\frac{1}{A}\sqrt{1-\frac{1}{A^2}}\right]}=-1$$

$$\arcsin\frac{1}{A}+\frac{1}{A}\sqrt{1-\frac{1}{A^2}}=-\frac{\pi}{4}$$

用试算法或作图法解得 $A=2.47$。

(2) 当 $-1/N(A)$ 与 $G(\mathrm{j}\omega)$ 不相交，即 $\mathrm{Re}[G(\mathrm{j}\omega)]>-1/2$ 时，系统退出自振荡。$\mathrm{Re}[G(\mathrm{j}\omega)]=-1/2$ 时的 K 值为临界放大倍数。由：

$$\mathrm{Re}\left[\frac{K}{\mathrm{j}\omega(1+\mathrm{j}0.1\omega)(1+\mathrm{j}0.2\omega)}\right]\Bigg|_{\omega=\sqrt{50}}=-\frac{1}{2}$$

解得 $K=7.5$。

例 8-2　非线性系统的结构图如图 8-16 所示，用描述函数法分析该系统的稳定性。

解　(1) 求非线性部分描述函数。

设 $e(t)=A\sin\omega t$，则 $x(t)=A^3(\sin\omega t)^3$，$x(t)$ 为奇函数，故 $A_0=0,A_1=0,\varphi_1=0$，

$$B_1(A)=\frac{1}{\pi}\int_0^{2\pi}x(t)\sin\omega t\,\mathrm{d}(\omega t)=\frac{1}{\pi}\int_0^{2\pi}A^3(\sin\omega t)^4\mathrm{d}(\omega t)=\frac{3}{4}A^3$$

$$N(A)=\frac{B_1}{A}=\frac{3}{4}A^2$$

(2) 判断系统的稳定性。

描述函数的相对负倒数特性为

$$-\frac{1}{N(A)}=-\frac{4}{3A^2}$$

当 $A=0\sim\infty$ 时，$-1/N(A)=-\infty\sim0$。$-1/N(A)$ 曲线如图 8-17 所示，为整个负实轴。由 $\mathrm{Im}[G(\mathrm{j}\omega)]=\dfrac{1}{\mathrm{j}\omega(\mathrm{j}\omega+1)(\mathrm{j}\omega+2)}=0$ 解得 $\omega=\sqrt{2}$。代入 $\mathrm{Re}[G(\mathrm{j}\omega)]$ 求得

$$\mathrm{Re}[G(\mathrm{j}\omega)]\Big|_{\omega=\sqrt{2}}=\frac{1}{\mathrm{j}\omega(\mathrm{j}\omega+1)(\mathrm{j}\omega+2)}\Bigg|_{\omega=\sqrt{2}}=-\frac{3}{18}=-0.17$$

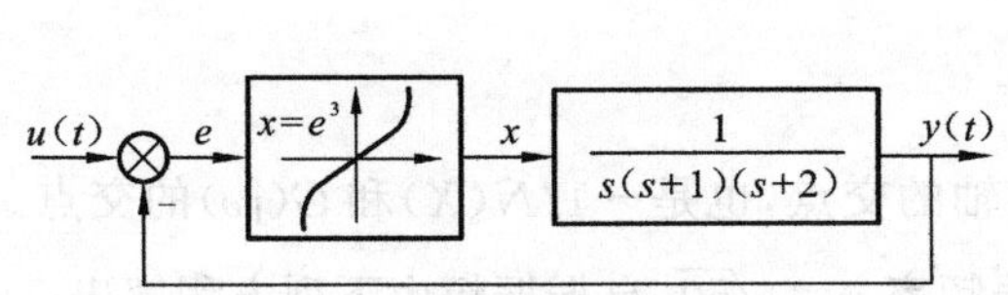

图 8-16　例 8-2 的系统结构图

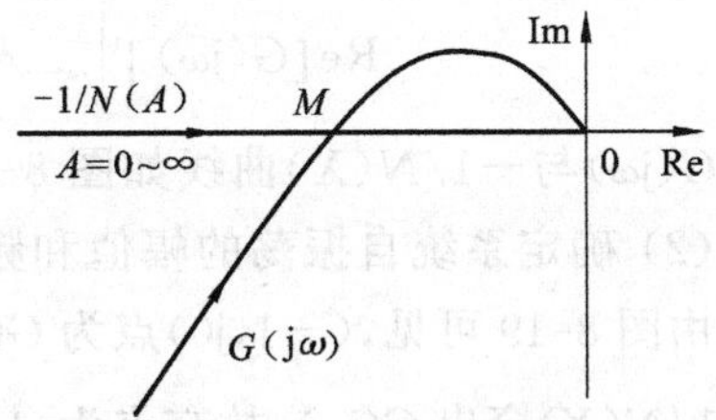

图 8-17　例 8-2 的 $-1/N(A)$ 和 $G(\mathrm{j}\omega)$ 曲线

则 $(-0.17,j0)$ 点为 $G(\mathrm{j}\omega)$ 曲线与负实轴的交点，也是 $-1/N(A)$ 和 $G(\mathrm{j}\omega)$ 的交点，如图 8-17 点 M 所示。其振幅由下列方程解出：

$$-\frac{1}{N(A)}=\mathrm{Re}[G(\mathrm{j}\omega)]\Big|_{\omega=\sqrt{2}}=-0.17$$

解得 $A=2\sqrt{2}$。因 $-1/N(A)$ 穿入 $G(\mathrm{j}\omega)$，故交点为发散点。所以，当 $A>2\sqrt{2}$ 时，系统稳定；当 $A<2\sqrt{2}$ 时，系统不稳定。

例 8-3　具有理想继电特性元件的非线性控制系统如图 8-18 所示，试确定系统自振荡的幅值和频率。

解　(1) 在复平面上分别绘制 $-1/N(X)$ 曲线和 $G(\mathrm{j}\omega)$ 曲线。

绘制 $-1/N(X)$ 曲线，由理想继电型非线性特性可知：

$$N(X)=\frac{4M}{\pi X}$$

由图 8-18 的系统结构图知 $M=2$，则负倒数描述函数：$-\frac{1}{N(X)}=-\frac{\pi X}{4M}=-\frac{\pi X}{8}$

当 X 从 $0\to\infty$ 变化时，$-1/N(X)=0\to-\infty$，$-1/N(X)$ 曲线起始于坐标原点(0,0)，并随着幅值 X 的增大沿着复平面的复实轴向左移动，终止于$-\infty$，如图 8-19 所示。

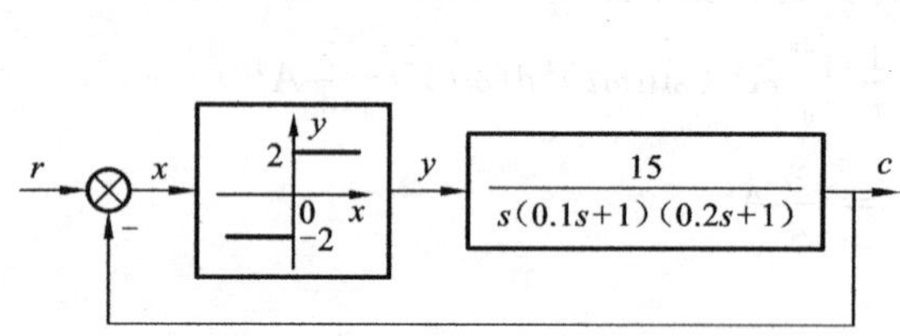

图 8-18 例 8-3 系统结构图

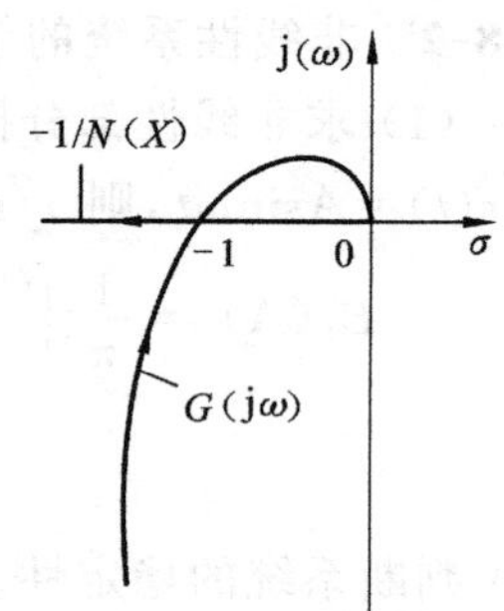

图 8-19 例 8-3 的$-\frac{1}{N(A)}$和 $G(j\omega)$曲线

绘制 $G(j\omega)$曲线。

由 $G(j\omega)$与实轴相交：

$$\mathrm{Im}[G(j\omega)]=\frac{-15(1-0.02\omega^2)}{\omega(1+0.05\omega^2+0.0004\omega^4)}=0,$$

解得 $\omega=\sqrt{50}$，代入 $\mathrm{Re}[G(j\omega)]$求得

$$\mathrm{Re}[G(j\omega)]\Big|_{\omega=\sqrt{50}}=\frac{-4.5}{1+0.05\omega^2+0.0004\omega^4}\Big|_{\omega=\sqrt{50}}=-1$$

$G(j\omega)$与$-1/N(X)$曲线如图 8-19 所示。

(2) 确定系统自振荡的幅值和频率。

由图 8-19 可见，$(-1,j0)$点为 $G(j\omega)$曲线与负实轴的交点，也是$-1/N(X)$和 $G(j\omega)$的交点。因$-1/N(X)$穿出 $G(j\omega)$，故交点为自激振荡点。自振频率 $\omega=\sqrt{50}$，自振振幅由下列方程解出：

$$-\frac{1}{N(X)}=\mathrm{Re}G(j\omega)\Big|_{\omega=\sqrt{50}}=-1$$

即

$$\frac{-\pi X}{8}=-1$$

所以

$$X=\frac{8}{\pi}=2.55$$

8.5 相平面法

相平面法是一种图解方法，求解一阶、二阶非线性微分方程的方法。适用于不能只考虑非线性元件输出基波分量的系统，或者需要研究系统在各种初始条件和各种不同输入信号(如阶跃信号、斜坡信号等)作用下的非线性系统的运动状态。

8.5.1　相平面的基本概念

考虑下列微分方程描述的二阶系统：

$$\ddot{x}=f(x,\dot{x}) \tag{8-22}$$

考虑到$\ddot{x}=\frac{\mathrm{d}\dot{x}}{\mathrm{d}t}=\frac{\mathrm{d}\dot{x}}{\mathrm{d}x}\cdot\frac{\mathrm{d}x}{\mathrm{d}t}=\dot{x}\frac{\mathrm{d}\dot{x}}{\mathrm{d}x}$,式(8-22)可改写为

$$\frac{\mathrm{d}\dot{x}}{\mathrm{d}x}=\frac{f(x,\dot{x})}{\dot{x}} \tag{8-23}$$

这是一个以 x 为自变量，以$\dot{x}$为因变量的一阶微分方程，如果能解出该方程，即求出 x、$\dot{x}$ 的关系，则可以根据$\dot{x}=\mathrm{d}x/\mathrm{d}t$ 把 x 和 t 的关系计算出来。因此对式(8-22)的研究，可以用式(8-23)代替，也就是说式(8-22)的解既可用 x 和 t 的关系来表示，也可以用 x 和$\dot{x}$ 的关系来表示。如果把式(8-22)看作一个质点的运动方程，则 x 代表位置，$\dot{x}$代表质点的速度(因而也代表了质点的动量)。用 x 和$\dot{x}$ 来描述式(8-22)的解，也就是用质点的状态(如位置和动量)来表示该质点的运动。把以 $x(t)$为横坐标、$\dot{x}$为纵坐标所组成的直角坐标平面称为相平面(状态平面)。在某一时刻 t,$x(t)$和$\dot{x}(t)$对应于相平面上的一个点$(x,\dot{x})$，称为相点(状态点)，它代表了系统在该时刻的一个状态。将系统在初始时刻 t_0 的状态用相点表示，随着时间的增长，系统的状态不断地变化，沿着时间增加的方向，将描述这些状态的许多相点连接起来，在相平面上就形成了一条轨迹曲线，这种反映系统状态变化的轨迹曲线叫相平面图(相图或相轨迹)。相轨迹的箭头表示时间增加时相点的运动方向。根据微分方程解的存在性和唯一性定理，对于任一初始条件，微分方程有唯一的解与之对应。用相平面图分析系统性能的方法就称为相平面法。由于在相平面上只能表示两个独立的变量，故相平面法只能用来研究一阶、二阶线性和非线性系统。

在相平面的上半平面上(图 8-20)，由于$\dot{x}>0$，表示随着时间 t 的推移，系统状态沿相轨迹的运动方向是 x 的增大方向，即向右运动。反之，在相平面的下半平面上，由于$\dot{x}<0$，表示随着时间 t 的推移，相轨迹的运动方向是 x 的减小方向，即向左运动。

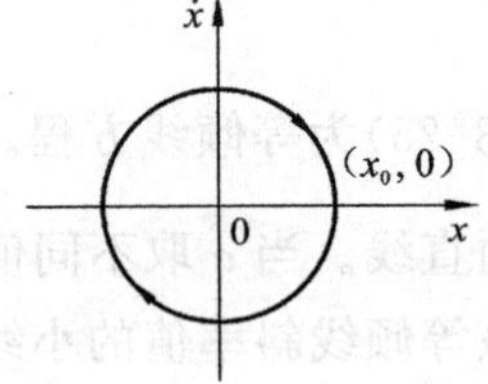

图 8-20　例 8-4 系统相轨迹

8.5.2　相平面图的画法

应用相平面法分析研究非线性，首先需要绘制出系统的相平面图(相轨迹)。绘制相轨迹的传统方法有解析法和图解法。现在，在计算机上应用 MATLAB 软件，调用 ode45 及 plot 命令，可以在线性坐标平面上很方便地绘出相应的相轨迹。

1. 解析法

所谓解析法就是通过求解微分方程，找出变量的关系，从而在相平面上绘制出相轨迹。解析法有两种方法。

(1) 消去参变量 t。这种方法是通过直接求解二阶微分方程$\ddot{x}=f(x,\dot{x})$得到 $x(t)$，经求导得到$\dot{x}(t)$的表达式，在 $x(t)$和$\dot{x}(t)$的表达式中，消去参变量 t，就可得到 $x(t)$和$\dot{x}(t)$的关系，进而在相平面上绘制相轨迹。

(2) 直接积分法。将 $\mathrm{d}\dot{x}/\mathrm{d}x=f(x,\dot{x})/\dot{x}$ 分解为 $g(\dot{x})\mathrm{d}\dot{x}=h(x)\mathrm{d}x$,通过积分直接得到 $x(t)$ 和 $\dot{x}(t)$ 的关系并绘制相轨迹。

例 8-4 设描述系统运动的微分方程为 $\ddot{x}+x=0$,初始条件为 $x(0)=x_0$、$\dot{x}(0)=0$,试绘制系统运动的相轨迹。

解 (1) 根据初始条件可以求得系统微分方程的解为 $x(t)=x_0\cos t$,求导得 $\dot{x}(t)=-x_0\sin t$。消去参变量 t,可以得到 $\dot{x}^2(t)+x^2(t)=x_0^2$。

(2) 直接积分解析法。系统的微分方程改写为 $\dot{x}\dfrac{\mathrm{d}\dot{x}}{\mathrm{d}x}=-x$,即 $\dot{x}\mathrm{d}\dot{x}=-x\mathrm{d}x$。两边积分,并考虑到初始条件,得

$$\dot{x}^2(t)+x^2(t)=x_0^2$$

两种解法结果一致,画出系统运动的相轨迹如图 8-20 所示。

2. 等倾线法

等倾线法是一种无需求解微分方程,通过作图方法便可求得相轨迹的图解方法。其基本思想是用一系列斜率相等的短的折线近似代替相轨迹的曲线段。等倾线指的是相平面上相轨迹斜率相等的各点连线。

考虑下述一般形式的系统:

$$\ddot{x}=f(x,\dot{x}) \tag{8-24}$$

式(8-24)可化为 $\dfrac{\mathrm{d}\dot{x}}{\mathrm{d}x}=\dfrac{f(x,\dot{x})}{\dot{x}}$,令 $\dfrac{\mathrm{d}\dot{x}}{\mathrm{d}x}=\alpha=$ 常数,则有

$$\frac{f(x,\dot{x})}{\dot{x}}=\alpha \tag{8-25}$$

式(8-25)为等倾线方程。它表示相轨迹上每一点的斜率 $\dfrac{\mathrm{d}\dot{x}}{\mathrm{d}x}$ 都满足这个方程,等倾线为经过原点的直线。当 α 取不同值时,由式(8-25)可以绘制若干不同的等倾线,在每条等倾线上画出表示该等倾线斜率值的小线段,这些小线段表示了相轨迹通过该等倾线时的方向。任意给定一个初始条件就相当于给定了相平面上的一个起始点,由该点出发的相轨迹可以这样作出:从该点出发,按照点所在的等倾线上的方向作一小线段,这个小线段与第二条等倾线交于一点,再由这个交点出发,按照第二条等倾线上的方向再作一小线段,这个小线段交于第三条等倾线,如此继续下去,就可以得到一条从给定初始条件出发的各个方向小线段组成的折线,最后把这条折线光滑处理,就得到了所要求的相轨迹。

例 8-5 设描述系统运动的微分方程为 $\ddot{x}+\dot{x}+x=0$,试用等倾线法绘制系统相轨迹图。

解 把系统的微分方程改写为

$$\begin{cases}\dfrac{\mathrm{d}x}{\mathrm{d}t}=\dot{x}\\[2mm]\dfrac{\mathrm{d}\dot{x}}{\mathrm{d}t}=-(\dot{x}+x)\end{cases}\qquad 或\qquad \frac{\mathrm{d}\dot{x}}{\mathrm{d}x}=\frac{-(\dot{x}+x)}{\dot{x}}$$

令 $\dfrac{\mathrm{d}\dot{x}}{\mathrm{d}x}=\alpha$ 为常数,得到等倾线方程:$\dot{x}=\dfrac{-1}{1+\alpha}x$。当取不同的相轨迹斜率 α 时,等倾线簇如

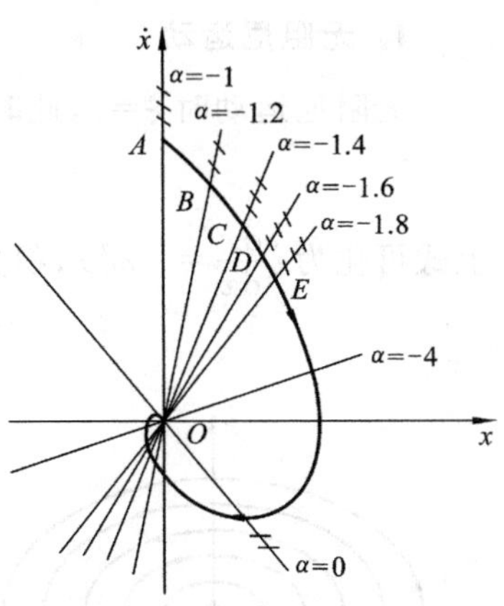

图 8-21 例 8-5 系统相轨迹图

图 8-21 所示。应用等倾线法绘制从初始状态点(x_0,$\dot{x}_0$)出发的相轨迹的过程如下。

(1) 由等倾线方程计算出一系列给定 α 值对应的等倾线：$\alpha=0$，$\dot{x}=-x$；$\alpha=0.5$，$\dot{x}=-\dfrac{1}{1.5}x$；$\alpha=2$，$\dot{x}=-\dfrac{1}{3}x$；$\alpha=4$，$\dot{x}=-0.2x$；$\alpha=-1$，$\dot{x}=-\infty x$（等倾线倾角为 ±90°）；$\alpha=-1.2$，$\dot{x}=5x$；$\alpha=-1.4$，$\dot{x}=2.5x$；$\alpha=-2$，$\dot{x}=x$；…

(2) 从初始状态点 $A(x_0,\dot{x}_0)$出发，从等倾线 $\alpha=-1$ 到相邻的等倾线 $\alpha=-1.2$ 的相轨迹用一条直线段近似，如图 8-21 所示。直线段的斜率为$\dfrac{-1+(-1.2)}{2}=-1.1$。过点 A 作斜率为-1.1 的线段与等倾线 $\alpha=-1.2$ 相交于点 B，线段 AB 就近似为相轨迹的一段。

(3) 从等倾线 $\alpha=-1.2$ 到相邻的等倾线 $\alpha=-1.4$ 的相轨迹用一条直线段近似，直线段的斜率为$\dfrac{-1.2+(-1.4)}{2}=-1.3$。过点 B 作斜率为-1.3 的线段与等倾线 $\alpha=-1.4$ 相交于点 C，线段 BC 也是相轨迹的一段。

(4) 用以上方法依次作出其他各等倾线间的相轨迹，就可得到整条相轨迹 $ABCDE$…。为了保证相轨迹具有一定的准确度，等倾线就有一定的分布度，一般每隔 5°～10°画一条等倾线。

用等倾线法绘制相轨迹时，需注意以下几点。

(1) 横坐标轴(x 轴)与纵坐标轴($\dot{x}$轴)所选用的比例尺应当一致，这样 α 值才与相轨迹切线的几何斜率相同。

(2) 在相平面的上半平面，由于$\dot{x}>0$，相轨迹沿着 x 增加的方向运动(向右运动)；而在下半平面，相轨迹总是沿着 x 减小的方向运动(向左运动)。

(3) 除系统平衡点(即 x 的各阶导数为 0 的点)外，相轨迹与 x 轴的交点处切线斜率为$\alpha=f(x,\dot{x})/\dot{x}=\infty$或$-\infty$，即相轨迹与 x 轴垂直。

(4) 一般来说等倾线的条数越多，作图的精确度越高，但条数过多的话，人工作图所产生的积累误差也会增加，所以等倾线的条数应适当。现在，应用 MATLAB 软件，调用相关函数命令，可以求出系统微分方程的解，在计算机上方便地绘出相应的相轨迹。

8.5.3 线性二阶系统的相轨迹

设系统的微分方程如下：

$$\ddot{x}+2\xi\omega_n\dot{x}+\omega_n^2x=0 \tag{8-26}$$

方程可转化为

$$\frac{d\dot{x}}{dx}=-\frac{2\xi\omega_n\dot{x}+\omega_n^2x}{\dot{x}} \tag{8-27}$$

式(8-26)所表示的自由运动，其性质由特征根的分布特点所决定，主要有以下几种情况。

1. 无阻尼运动

无阻尼运动时 $\xi=0$，此时特征根为一对纯虚根。式(8-26)变为

$$\ddot{x}+\omega_n^2 x=0 \tag{8-28}$$

上式可化为$\dot{x}\dfrac{\mathrm{d}\dot{x}}{\mathrm{d}x}=-\omega_n^2 x$，积分后可得相轨迹方程：

$$x^2+\frac{\dot{x}^2}{\omega_n^2}=\left(\sqrt{x_0^2+\frac{\dot{x}_0^2}{\omega_n^2}}\right)^2$$

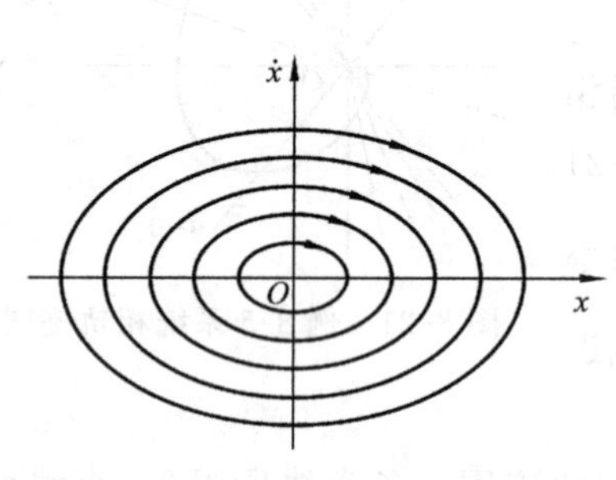

图 8-22　系统无阻尼运动时的相轨迹

相轨迹为一个椭圆，该椭圆通过初始点$(x_0,\dot{x}_0)$。当初始点取不同值时，相轨迹为一簇同心的椭圆，每一个椭圆相当于一个简谐振动，如图 8-22 所示。图 8-22 中坐标原点处 $x=\dot{x}=0$(相当于系统的平衡状态)，相轨迹的斜率不能由该点的坐标唯一地确定，这种点叫做奇点。式(8-28)的唯一奇点在原点处，奇点附近的相轨迹是一簇封闭曲线，这类奇点通常称为**中心**。

2. 欠阻尼运动($0<\xi<1$)

此时系统特征根为一对位于 s 左半平面的共轭复数根，式(8-26)的解为

$$x(t)=A\mathrm{e}^{-\xi\omega_n t}\cos(\omega_d t+\phi) \tag{8-29}$$

式中：$\omega_d=\omega_n\sqrt{1-\xi^2}$，$A=\dfrac{\sqrt{\dot{x}_0^2+2\xi\omega_n x_0\dot{x}_0+\omega_n^2 x_0^2}}{\omega_d}$；$\phi=-\arctan\left(\dfrac{\dot{x}_0+\xi\omega_n x_0}{\omega_d x_0}\right)$。

进一步可以得到欠阻尼运动时系统相轨迹方程如式(8-30)：

$$(\dot{x}+\xi\omega_n x)^2+\omega_d^2 x^2=c\exp\left[\frac{2\xi\omega_n}{\omega_d}\arctan\left(\frac{\dot{x}+\xi\omega_n x}{\omega_d x}\right)\right] \tag{8-30}$$

式中：$c=A^2\omega_d^2\exp\left(\dfrac{2\xi\omega_n\phi}{\omega_d}\right)$。

相轨迹图如图 8-23 所示。从图 8-23 中可以看出，欠阻尼系统不管初始状态如何，它经过衰减振荡，最后趋向于平衡状态。坐标原点是一个奇点，它附近的相轨迹是收敛于它的对数螺旋线，这种奇点称为稳定的**焦点**。

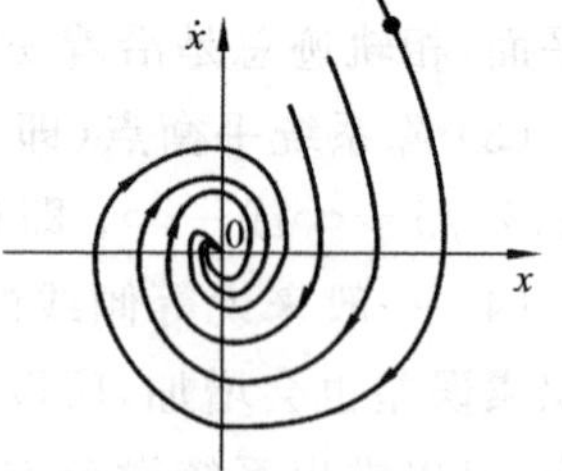

图8-23　系统欠阻尼运动时的相轨迹

3. 过阻尼运动($\xi>1$)

此时特征方程有两个负实根，式(8-26)的解为

$$x(t)=A_1\mathrm{e}^{-q_1 t}+A_2\mathrm{e}^{-q_2 t}$$

式中：$q_1=(\xi+\sqrt{\xi^2-1})\omega_n$；$q_2=(\xi-\sqrt{\xi^2-1})\omega_n$；$A_1=\dfrac{q_2 x_0+\dot{x}_0}{q_2-q_1}$；$A_2=\dfrac{q_1 x_0+\dot{x}_0}{q_1-q_2}$。

当初始点满足 $q_1 x_0+\dot{x}_0=0$ 时，有 $A_2=0$，可得相轨迹方程为

$$q_1 x+\dot{x}=0 \tag{8-31}$$

它表示了相平面上一条特殊的相轨迹，如图 8-24 中的曲线 1 所示。

同理，当初始点满足 $q_2x_0+\dot{x}_0=0$ 时，有 $A_1=0$，可得相轨迹方程为

$$q_2x+\dot{x}=0 \tag{8-32}$$

它表示相平面上另一条特殊的相轨迹，如图 8-24 中的曲线 2 所示。当 A_1 和 A_2 不为 0 时，对 $x(t)$ 求导，消去时间 t，整理后得

$$(\dot{x}+q_2x)^{q_2}=c\ (\dot{x}+q_1x)^{q_1} \tag{8-33}$$

式中：$c=\dfrac{(q_2-q_1)^{q_2}A_1^{q_2}}{(q_1-q_2)^{q_1}A_2^{q_1}}$。式(8-33)就是系统过阻尼运动时的相轨迹方程，它代表了一条通过原点的抛物线。给定不同的初始点，可以画出一簇抛物线，如图 8-24 所示。图 8-24 中坐标原点是一个奇点，这种奇点称为稳定的节点。

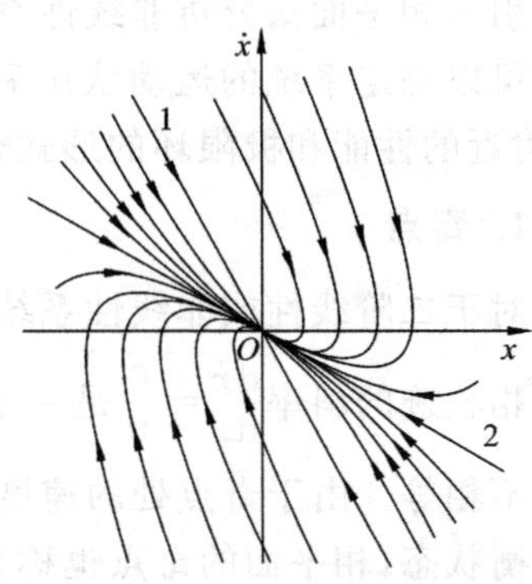

图 8-24 过阻尼运动时的相轨迹

4. 负阻尼运动($\xi<0$)

其中 $-1<\xi<0$ 时，特征根为一对具有正实部的共轭复数根，相轨迹如图 8-25 所示，它是一族对数螺旋线，随着 t 增长，运动过程振荡发散，奇点为不稳定的焦点。$\xi\leqslant-1$ 时特征根为两个正实根，相轨迹如图 8-26 所示，它是一簇抛物线，相轨迹的移动方向与过阻尼时的移动方向不同，随着 t 的增长，运动过程发散，奇点为不稳定的节点。

对于线性二阶系统，还存在另外一种类型的微分方程：

$$\ddot{x}+2\xi\omega_n\dot{x}-\omega_n^2x=0,\quad \xi>0 \tag{8-34}$$

这时系统特征根为一正、一负两个实根。微分方程解的形式与过阻尼时的形式相同，即

$$x(t)=A_1e^{-q_1t}+A_2e^{-q_2t} \tag{8-35}$$

然而不同的是这时 $q_1>0$，$q_2<0$。其相轨迹如图 8-27 所示。奇点为**鞍点**，其所对应的平衡状态是不稳定的。

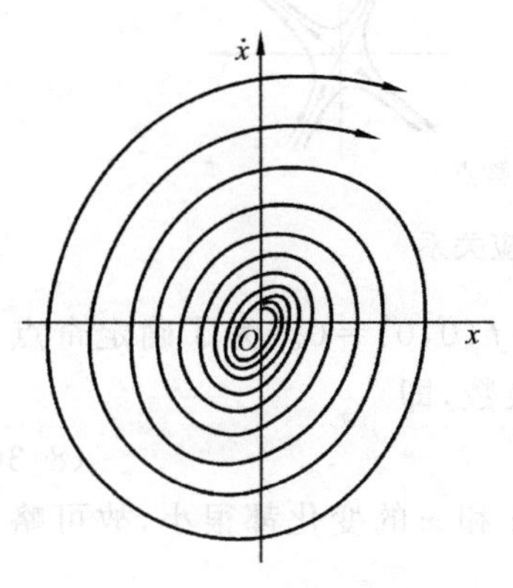

图 8-25 $-1<\xi<0$ 时相轨迹

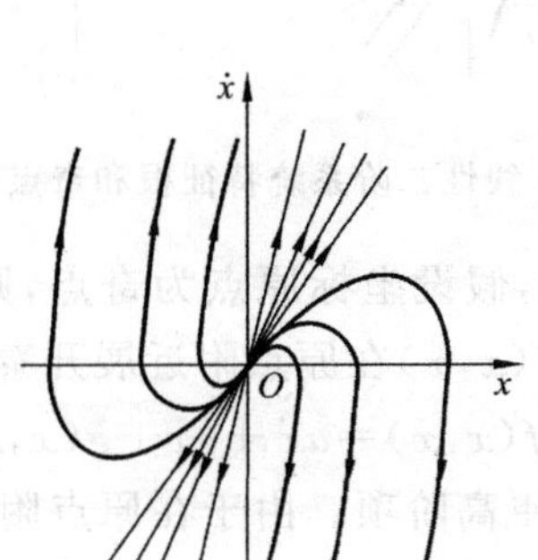

图 8-26 $\xi<-1$ 时相轨迹

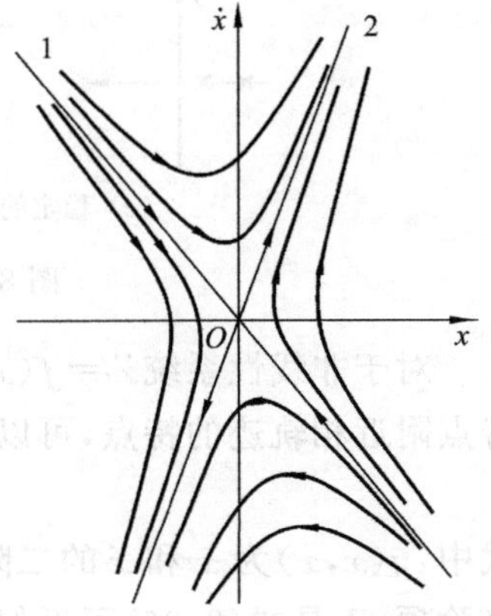

图 8-27 平衡点为鞍点的相轨迹

8.5.4 奇点和极限环

引入相平面法分析非线性系统的主要目的是通过对相轨迹的研究,从而不必求解微分方程就可以确定系统的运动状态和性能。对于非线性系统而言,确定出相平面上的平衡点(奇点)附近的性能和极限环的形式也就确立了系统可能的运动状态及其性能。

1. 奇点

对于二阶线性或非线性系统$\ddot{x}=f(x,\dot{x})$,称满足$\ddot{x}=0$、$\dot{x}=0$的点为相平面的奇点。在奇点相轨迹的斜率$\frac{\mathrm{d}\dot{x}}{\mathrm{d}x}=\frac{0}{0}$是一个不定值,因而通过该点的相轨迹有无数条,且它们的斜率也彼此不相等。由于奇点处的速度和加速度为0,对于二阶系统来说系统不再发生运动,处于一种平衡状态,相平面的奇点也称为平衡点。

线性二阶系统为非线性二阶系统的一种特殊情形,按前述分析,其特征根在s平面上的分布决定了系统自由运动的形式,因而也确定了其奇点的类型。图8-28列出了线性二阶系统特征根和奇点的对应关系。

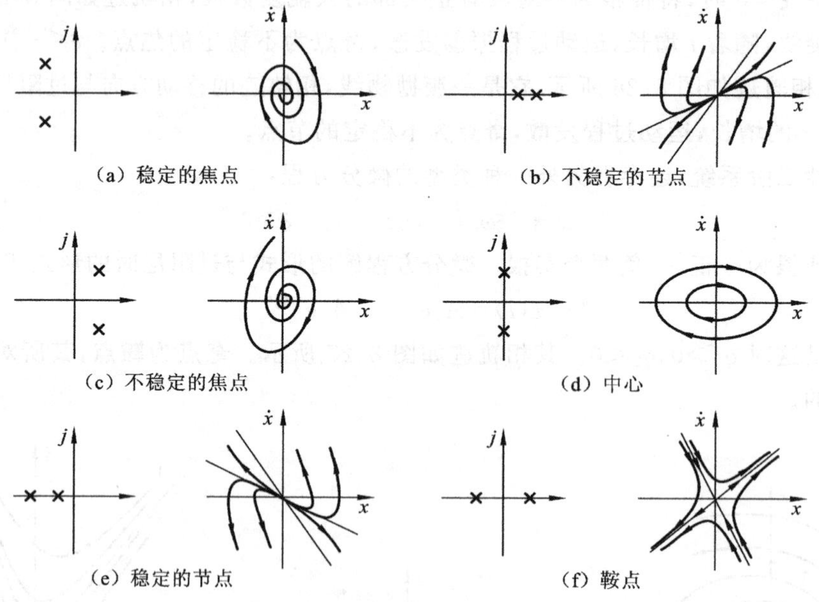

图8-28 线性二阶系统特征根和奇点的对应关系

对于非线性系统$\ddot{x}=f(x,\dot{x})$,假设坐标原点为奇点,则有$f(0,0)=0$。为了确定奇点和奇点附近相轨迹的特点,可以将$f(x,\dot{x})$在原点附近展开泰勒级数,即

$$f(x,\dot{x})=a\dot{x}+bx+g(x,\dot{x}) \tag{8-36}$$

式中:$g(x,\dot{x})$为x和$\dot{x}$的二阶或更高阶项。由于在原点附近x和$\dot{x}$的变化都很小,故可略去高阶项,于是式(8-36)可近似为

$$\ddot{x}-a\dot{x}-bx=0 \tag{8-37}$$

然后可以根据特征值的性质去判别奇点附近相轨迹的特征。若式(8-37)的特征根均为负实

数,则原点是渐近稳定的平衡点。若至少有一个特征根为0,则不能由式(8-37)确定原点的稳定性,而应进一步考虑泰勒展开式(8-37)中高阶项的影响。

2. 极限环

非线性系统的运动除了发散和收敛两种模式外,还有另一种运动模式,即在无外作用时,系统会产生具有一定振幅和频率的自持振荡。这种自振荡在相平面上表现为一个孤立的封闭轨迹线——极限环,与它相邻所有的相轨迹,或是卷向极限环,或是从极限环卷出。

极限环的类型分为稳定、不稳定和半稳定三种。

(1) 稳定的极限环。如果在极限环的附近,起始于极限环外部和内部的相轨迹都无限的趋向于这个极限环,则这种极限环称为稳定极限环,如图 8-29(a)所示。此时,若有微小的扰动使系统状态稍稍离开极限环,经过一定的时间后,系统状态能回到这个极限环。在极限环上,系统的运动状态为稳定的周期性自激振荡。极限环内部的相轨迹发散至极限环,而极限环外的相轨迹均趋向于极限环。极限环内部为不稳定区,极限环外部为稳定区。

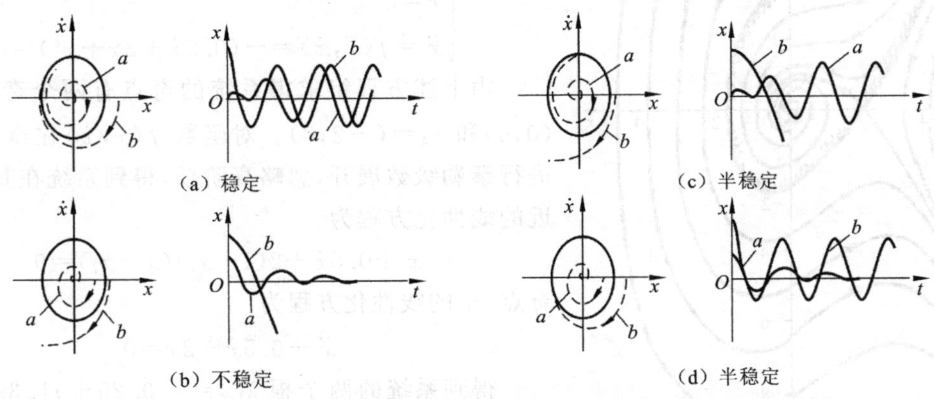

图 8-29　极限环的类型及其过渡过程

(2) 不稳定的极限环。如果起始于极限环内部和外部的相轨迹是从极限环发散出去的,则这种极限环称为不稳定极限环,如图 8-29(b)所示。此种情况下,极限环内部的相轨迹收敛于奇点,极限环内部为稳定区;极限环外部的相轨迹均趋向于无穷远,极限环外部为不稳定区。

(3) 半稳定的极限环。还有的极限环是介于上述两者之间,即其内部的相轨迹均趋向极限环,而其外部的相轨迹走向无穷远,如图 8-29(c)所示;或者反之,如图 8-29(d)所示。这两种极限环称为半稳定极限环。

对于一些复杂的非线性系统,甚至可能出现两个及以上的极限环。除一些简单情况外,一般很难用解析法去确定极限环在相平面上的精确位置。极限环在相平面上的精确位置,一般通过图解法或实验法确定。一般情况下,控制系统中不希望有极限环产生,在不能完全把它消除时,也要设法将其振荡的幅值限制在工程所允许的范围之内。

8.6　非线性系统的相平面分析

用相平面法分析非线性系统时,首先要绘制相平面图。相平面的绘制有解析法、图解法和计算机程序绘制方法。在绘制相平面图时，通常会遇到两种情况。一种情况是系统的非线性方程可解析处理的，即在奇点附近将非线性方程线性化，根据线性化方程根的性质去确定奇点的类型，然后画出奇点附近的相轨迹。另一种情况是非线性方程不可解析处理的，对于这类非线性系统，一般将非线性元件的特性作分段线性化处理，即把整个相平面分成若干个区域，使非线性方程在每一个区域表现为一个单独的线性工作状态，再应用线性系统的相平面法进行分析研究。只要把各个区域内的相轨迹作出，然后在各区域的边界线（又称相轨迹的切换线或开关线）上把相应的相轨迹依次连接起来，就可得到系统完整的相轨迹图。

下面通过举例说明，用相平面法对上述两种情况非线性系统进行具体的分析方法。

例 8-6 求由下列方程所描述系统的相轨迹图，分析该系统奇点的稳定性。

$$\ddot{x}+0.5\dot{x}+2x+x^2=0$$

解 由奇点的定义，令

$$\begin{cases}\dot{x}=0\\ \ddot{x}=f(x,\dot{x})=-(0.5\dot{x}+2x+x^2)=0\end{cases}$$

由上述方程组求得系统的奇点有两个奇点 $x_1=(0,0)$ 和 $x_2=(-2,0)$。对函数 $f(x,\dot{x})$ 在奇点 x_i 处进行泰勒级数展开，忽略高阶项，得到系统在其奇点附近的线性化方程为

$$\ddot{x}+0.5\dot{x}+2(1+x_i)(x-x_i)=0$$

奇点 x_1 的线性化方程为

$$\ddot{x}+0.5\dot{x}+2x=0$$

得到系统的两个根 $\lambda_{1,2}=-0.25\pm j1.39$。由此可见，该奇点是稳定焦点。

奇点 x_2 的线性化方程为

$$\ddot{x}+0.5\dot{x}-2(x+2)=0$$

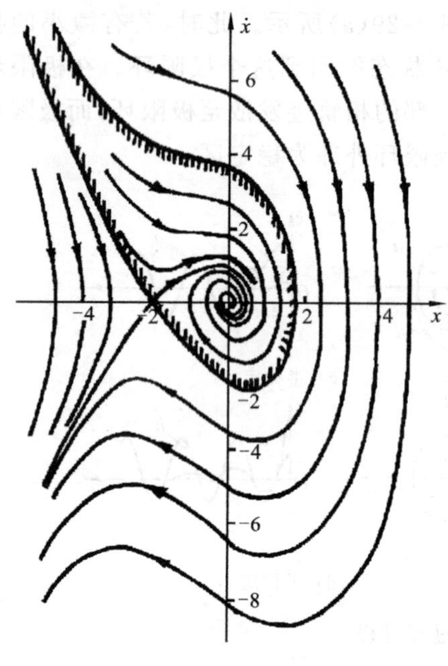

图 8-30 例 8-6 的相轨迹

对上式作变换 $y=x+2$，则上式可改写为

$$\ddot{y}+0.5\dot{y}-2y=0$$

其两个根为 $y_1=1.19$，$y_2=-1.69$。由此可见，对应的奇点$(-2,0)$为鞍点。

作该系统的相轨迹，如图 8-30 所示。进入鞍点$(-2,0)$的两条相轨迹是分隔线，它们将相平面分成两个不同的区域。如果状态的初始点位于图中的阴影区域内，则其轨迹将收敛于坐标原点，相应的系统是稳定的。如果初始点落在阴影区域外部，则其相轨迹会趋于无穷远，表示相应的系统为不稳定。由此可见，非线性系统的稳定性与其初始条件有关。

下面用分段线性化的方法来分析具有几种典型非线性的控制系统，说明该方法的应用。

8.6.1 具有饱和特性的非线性控制系统

设控制系统结构图如图 8-31 所示，输入 $r(t)=R\cdot 1(t)$。

根据图 8-31，可写出非线性特性的数学表达式为

$$y=\begin{cases} e, & |e|<a \quad \text{I} \\ M, & e>a \quad \text{II} \\ -M, & e<-a \quad \text{III} \end{cases} \tag{8-38}$$

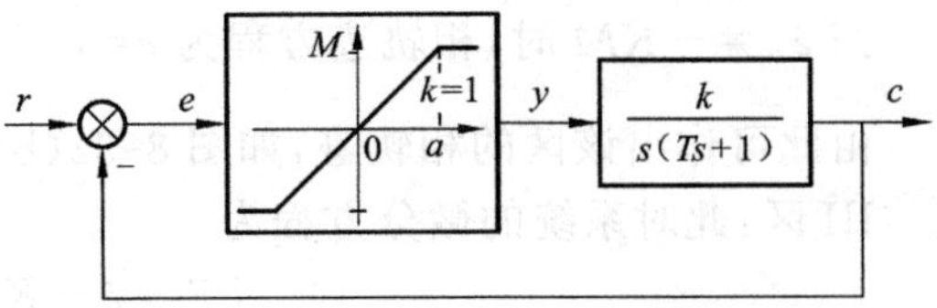

图 8-31　具有饱和特性的非线性系统

线性部分的微分方程式为

$$T\ddot{c}+\dot{c}=Ky$$

考虑到 $r-c=e$，上式又可以写成

$$T\ddot{e}+\dot{e}+Ky=T\ddot{r}+\dot{r}$$

输入信号为阶跃函数，在 $t>0$ 时有 $\ddot{r}=\dot{r}=0$，因此有

$$T\ddot{e}+\dot{e}+Ky=0$$

根据已知的非线性特性，系统可分为三个线性区域。

I 区：系统的微分方程为

$$T\ddot{e}+\dot{e}+Ke=0,\quad |e|<a \tag{8-39}$$

按前面确定奇点的方法，可知系统在该区有一个奇点(0,0)，奇点的类型为稳定焦点。图 8-32(a)为 I 区的相轨迹，它们是一簇趋向于原点的螺旋线。

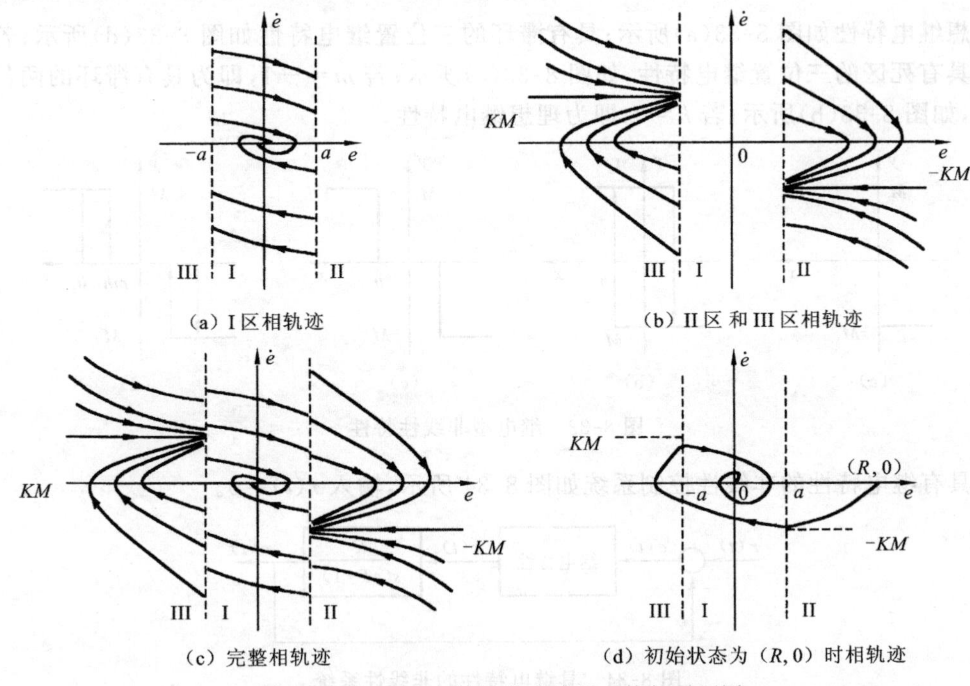

(a) I 区相轨迹　(b) II 区和 III 区相轨迹

(c) 完整相轨迹　(d) 初始状态为 $(R,0)$ 时相轨迹

图 8-32　具有饱和特性的非线性系统相平面图

II 区：系统的微分方程为

$$T\ddot{e}+\dot{e}+\dot{e}+KM=0,\quad e>a \tag{8-40}$$

设系统初始条件为 $e(0)=e_0$，$\dot{e}(0)=\dot{e}_0$。则上式的解为

$$e(t)=e_0+(\dot{e}_0+KM)T-(\dot{e}_0+KM)Te^{-t/T}-KMt \tag{8-41}$$

对上式求导，得：$\dot{e}(t)=(\dot{e}_0+KM)e^{-t/T}-KM$

故当初始条件 $\dot{e}_0=-KM$ 时，相轨迹方程为 $\dot{e}(t)=-KM$。

当 $\dot{e}_0 \neq -KM$ 时，相轨迹方程为 $e=e_0+(\dot{e}_0-\dot{e})T+KMT\ln\left|\dfrac{\dot{e}+KM}{\dot{e}_0+KM}\right|$

由此可作出该区的相轨迹，如图 8-32(b)所示，相轨迹渐近于直线 $\dot{e}=-KM$。

III 区：此时系统的微分方程为

$$T\ddot{e}+\dot{e}-KM=0,\quad e<-a \tag{8-42}$$

将 II 区相轨迹方程中的 KM 改变符号，即得 III 区的相轨迹方程：

$$\begin{cases}\dot{e}=KM, & \dot{e}_0=KM\\ e=e_0+(\dot{e}_0-\dot{e})T-KMT\ln\left|\dfrac{\dot{e}+KM}{\dot{e}_0+KM}\right|, & \dot{e}_0\neq KM\end{cases} \tag{8-43}$$

该区的相轨迹如图 8-32(b)所示，相轨迹渐近于直线 $\dot{e}=KM$。

将以上各区的相轨迹连接起来，便是系统的整个相平面图，如图 8-32(c)所示。假使系统初始状态为 $e(0)=R$、$\dot{e}(0)=0$。则在阶跃输入作用时，系统的相平面图如图 8-32(d)所示。由图 8-32 可知，在阶跃输入作用时，系统是稳定的，其稳态误差为 0。动态过程具有衰减振荡性质。

8.6.2 具有继电特性的非线性控制系统

理想继电特性如图 8-33(a)所示；具有滞环的三位置继电特性如图 8-33(d)所示；若 $m=1$，即为具有死区的三位置继电特性，如图 8-33(c)所示；若 $m=-1$，即为具有滞环的两位置继电特性，如图 8-33(b)所示；若 $h=0$，即为理想继电特性。

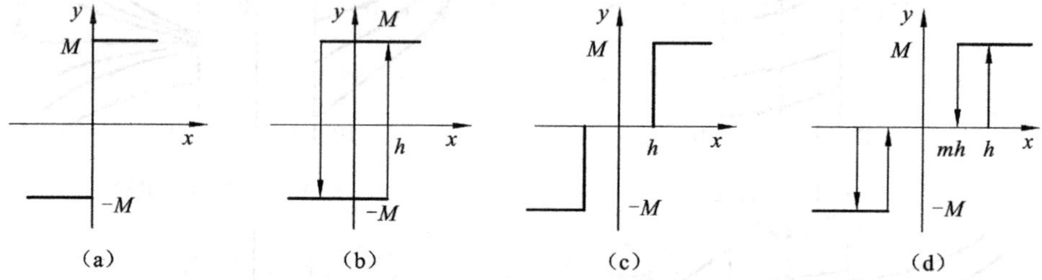

图 8-33 继电型非线性特性

设具有继电特性的非线性控制系统如图 8-34 所示，输入 $r(t)=0$。

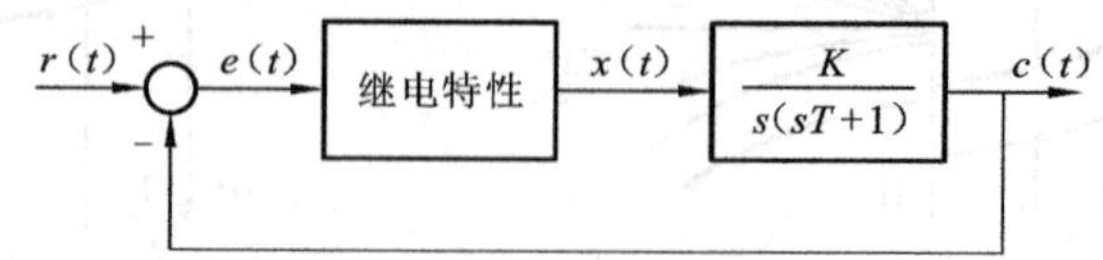

图 8-34 具继电特性的非线性系统

1. 具有死区的三位置继电特性

线性部分的微分方程为

$$T\ddot{c}+\dot{c}=Ku \tag{8-44}$$

当继电特性为具有死区的三位置继电特性[图 8-33(c)]时，式(8-44)可以写成分段线性微分方程：

$$\begin{cases}T\ddot{c}+\dot{c}=-KM, & c>h\\ T\ddot{c}+\dot{c}=0, & |c|<h\\ T\ddot{c}+\dot{c}=KM, & c<-h\end{cases} \tag{8-45}$$

开关线为 $c=\pm h$，两条开关线将相平面划分为三个线性区域，下面分区绘制相轨迹。

在 $c>h$ 区域，相轨迹方程为

$$T\ddot{c}+\dot{c}=-KM$$

相平面在该区域无奇点，相轨迹为渐近于 $\dot{c}=-KM$ 的直线。

在 $c<h$ 区域，相轨迹方程为

$$T\ddot{c}+\dot{c}=KM$$

相平面在该区域无奇点，相轨迹渐近于 $\dot{c}=KM$ 的直线。

在 $|c|<h$ 区域，相轨迹方程为

$$T\ddot{c}+\dot{c}=0$$

相轨迹为一族斜率为 $-1/T$ 且相互平行的直线。作出以上三个区域内的相轨迹，并把三个区域衔接起来，就可以得到整个系统的相平面，如图 8-35 所示。

从图 8-35 中可以看出，在开关线 $c=\pm h$ 处，相轨迹发生了转换，表明继电器由一种工作状态转换为另一种工作状态。图 8-35 中 $\dot{c}=0$，$|c|<h$ 是一段相轨迹的终止线段，称为平衡段。一旦相轨迹到达平衡段，系统便处于平衡工作状态，平衡段上的每一点都对应系统的一个平衡状态。系统究竟处于哪一个平衡状态及稳态误差的大小，除与系统的结构参数有关外，还取决于初始条件。平衡段还说明，继电特性的死区会造成稳态误差，降低了系统的稳态精度。

2. 具有滞环的两位置继电特性

当继电特性为具有滞环的两位置继电特性时，这时系统微分方程为

$$T\ddot{c}+\dot{c}=\begin{cases}-KM, c>h; & \text{或} \quad c>-h, \dot{c}<0 \\ KM, c<-h; & \text{或} \quad c<h, \dot{c}>0\end{cases} \tag{8-46}$$

开关线方程为 $c=h, \dot{c}>0$ 和 $c=-h, \dot{c}<0$。相轨迹如图 8-36 所示。

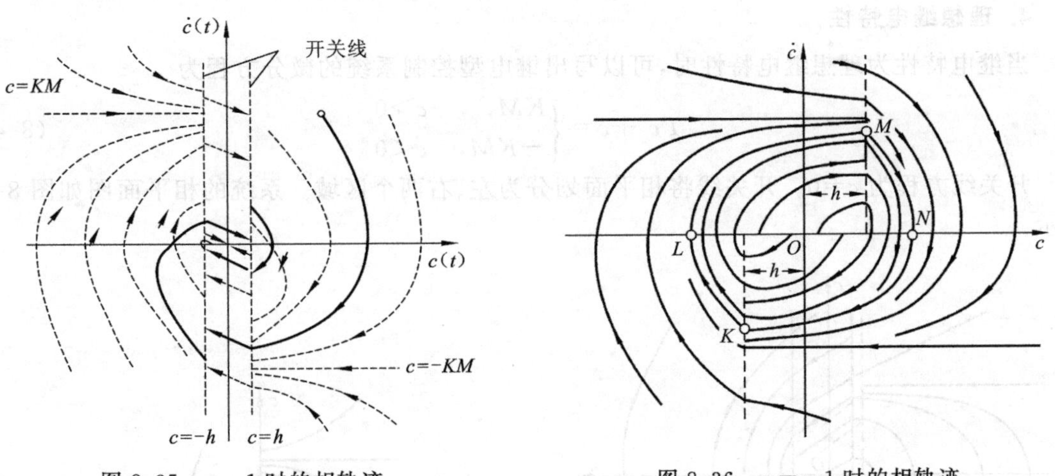

图 8-35　$m=1$ 时的相轨迹　　图 8-36　$m=-1$ 时的相轨迹

由图 8-36 中可以看出，两条开关线将整个相平面划分成两个区域。在区域 $c>h, c=0, |c|<h$ 及 $c>-h, \dot{c}<0$ 内，相轨迹方程为 $\dot{c}=-KM$；在区域 $c<-h$ 及 $c<h, \dot{c}>0$ 内，相轨迹方程为 $\dot{c}=KM$。$m=-1$ 时的相轨迹与 $m=1$ 时的相轨迹不同，这时 $\dot{c}=0$，$|c|<h$ 不是系统的平衡段，由这个线段出发的相轨迹都向外发散，而由较大初始位置出发的相轨迹都向内收敛。介于从内向外发散和从外向内收敛的相轨迹之间，存在着一个极限环 KLMNK，该极限环为稳定的极

限环。图 8-36 表明，从任一初始点出发的相轨迹都趋于这个稳定的极限环，系统的输出表现为等幅振荡。因此对这个系统而言，不论初始条件如何，系统最终均处于自持振荡状态，振荡的周期与振幅仅取决于系统的参数，与初始条件无关。在控制系统中可见滞环特性恶化了系统的控制品质。

3. 既有死区又有滞环的继电特性

当继电特性为既有死区又有滞环的继电特性时，系统微分方程为

$$T\ddot{c}+\dot{c}=\begin{cases}-KM, & c>h; \qquad c>mh,\dot{c}<0\\ 0, & -h<c<mh,\dot{c}<0;\quad -mh<c<h,\dot{c}>0\\ KM, & c<-h; \qquad c<-mh,\dot{c}>0\end{cases} \tag{8-47}$$

开关线方程为 $\dot{c}>0, c=h, c=mh$ 和 $\dot{c}<0, c=-h, c=-mh$，四条开关线将相平面划分为三个区域。

可绘出系统的相平面图，如图 8-37 所示。

将图 8-37 与 $m=1$ 时的相平面图相比较，其区别在于：上半平面的开关线由 $c=-h$ 变为 $c=-mh$；下半平面的开关线由 $c=h$ 变为 $c=mh$。这表明，由于滞环的存在，继电器在释放时的 $|\dot{c}|$ 比 $m=1$ 时大，从而增大了振荡趋势。随着 m 的减小，系统的振荡趋势将逐渐加大，当 m 值减小到一定数值时，系统中将会出现自持振荡。通过研究，系统产生自持振荡的充分必要条件为

$$e^{-\frac{2h}{KMT}}-1+\frac{(m+1)h}{KMT}<0 \tag{8-48}$$

显然，当 $m=-1$ 时，式(8-48)成立，系统有自持振荡发生；当 $m=1$ 时，式(8-48)不成立，系统无自持振荡。

4. 理想继电特性

当继电特性为理想继电特性时，可以写出继电型控制系统的微分方程为

$$T\ddot{c}+\dot{c}=\begin{cases}KM, & c>0\\ -KM, & c<0\end{cases} \tag{8-49}$$

开关线方程为 $c=0$。开关线将相平面划分为左、右两个区域。系统的相平面图如图 8-38 所示。

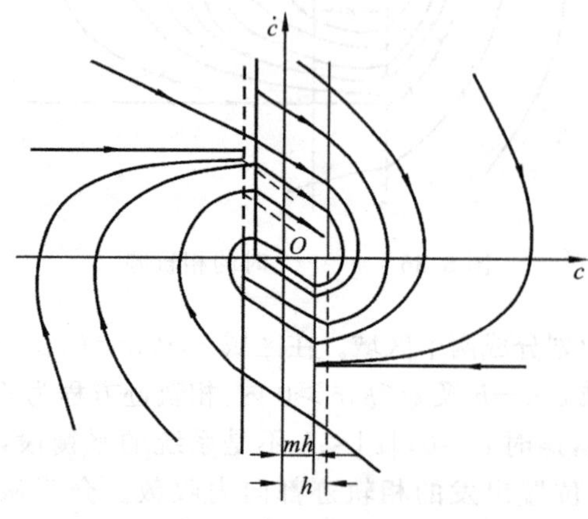

图 8-37 $m\neq\pm1$ 时相轨迹示意图

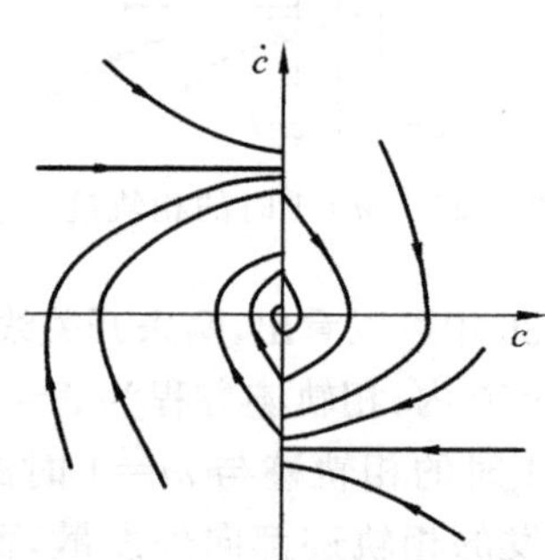

图 8-38 理想继电特性的非线性系统相轨迹

由图 8-38 可见，从任一初始点出发的相轨迹均收敛于坐标原点，控制系统在某一初始条件下的自由运动呈衰减振荡形式，系统的输出最终趋于 0，稳态误差也为 0。

8.7　基于 MATLAB 的非线性控制系统分析

8.6 节介绍了用相平面法分析非线性控制系统性能的方法，在实际应用中，这种方法不仅复杂费时，而且仅适用于三阶以下的系统。如果采用 MATLAB 软件提供的 Simulink 模块库，构建出非线性控制系统的仿真模型结构图，就能够很容易地了解相应系统的性能。下面通过几个例子说明应用 MATLAB 分析非线性控制系统的方法。

例 8-7　图 8-39 为一具有饱和特性的非线性系统结构图，求其单位阶跃响应。

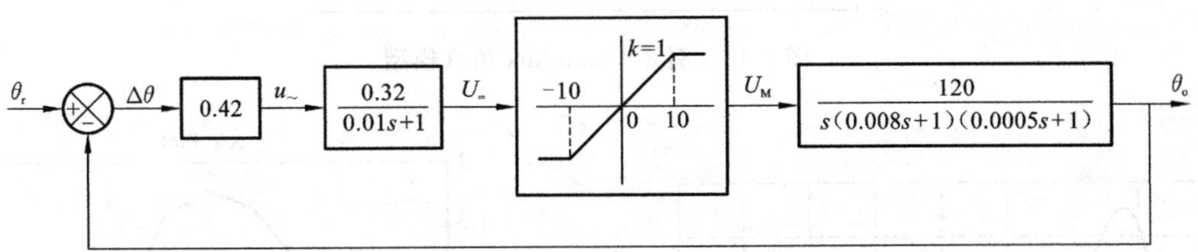

图 8-39　例 8-7 带饱和特性的非线性系统结构图

解　根据系统结构图，搭建系统 Simulink 仿真结构图如图 8-40 所示。

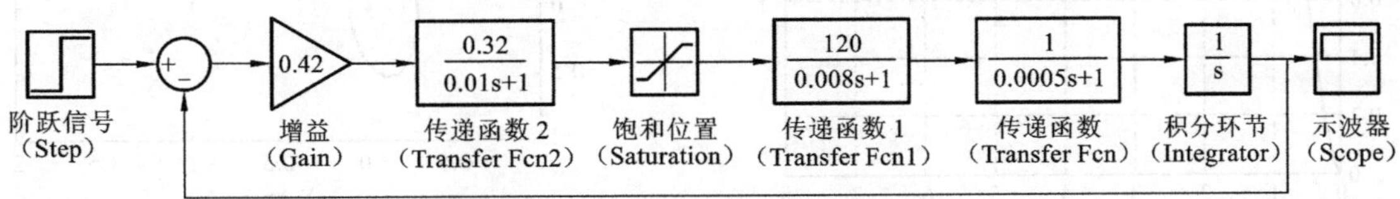

图 8-40　例 8-7 Simulink 仿真模型

运行仿真后，双击示波器 Scope，得到系统阶跃响应曲线如图 8-41 所示。

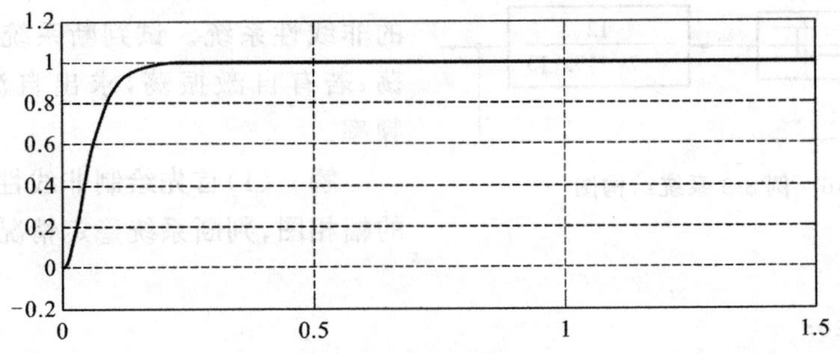

图 8-41 阶跃响应曲线

例 8-8　一具有死区特性的控制系统结构图，如图 8-42 所示。试求该系统在单位阶跃信号作用下的相轨迹和单位阶跃响应曲线。

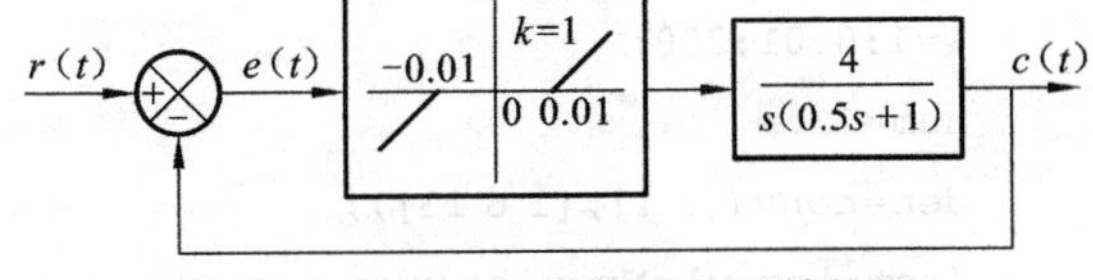

图 8-42　例 8-8 非线性系统结构图

解　根据图 8-42 选用 Simulink 模块库中的相关模块，构建图 8-43 所示的 Simulink 仿真模型图。点击 Simulink/Start 进行仿真，就可以得到图 8-44 所示的单位阶跃响应曲线和图 8-45 所示的相轨迹。

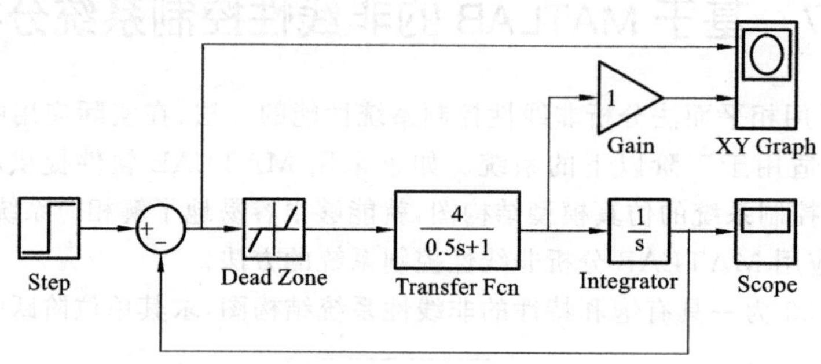

图 8-43　例 8-8 Simulink 仿真模型

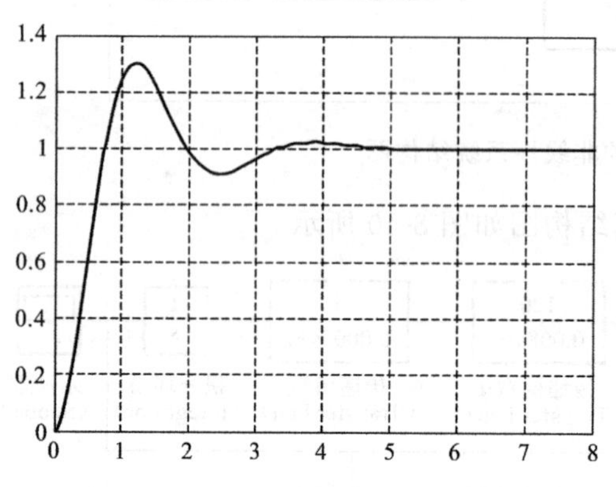

图 8-44　例 8-8 单位阶跃响应曲线

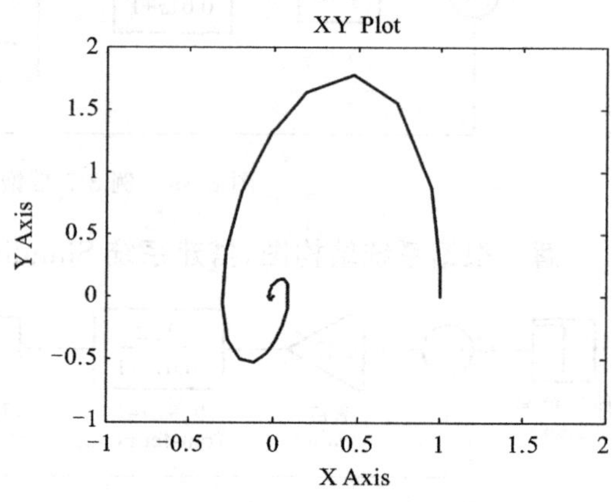

图 8-45　例 8-8 系统相轨迹

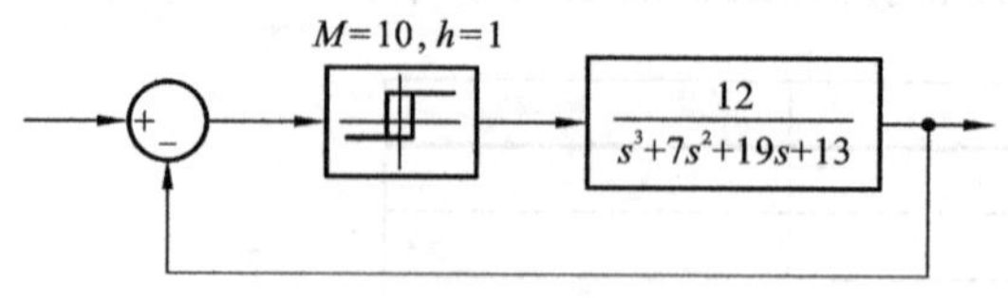

图 8-46　例 8-9 系统结构图

例 8-9　考虑如图 8-46 所示带继电特性的非线性系统。试判断系统是否存在自持振荡；若有自激振荡，求出自激振荡的振幅和频率。

解　(1)首先绘制非线性部分和线性部分的幅相图，判断系统稳定情况。

程序如下：

```
x=1:0.1:20;
disN= 40/pi./x.*sqrt(1-x.^(-2))-j*40/pi./x.^2;    %描述函数
disN2=-1./disN;                                      %负倒描述函数
w=1:0.01:200;
num=12;                                              %线性部分分子
den=conv([1 1],[1 6 13]);                            %线性部分分母
[rem,img,w]=Nyquist(num,den,w);
```

```
plot(real(disN2),imag(disN2),rem,img)   %线性部分 Nyquist 曲线参数
                                         %同时绘制非线性部分和线性部分的极坐标图
grid;                                    %加网格
```

程序运行结果如图 8-47 所示,可以看出两曲线相交,系统存在自激振荡。

(2) 利用交点坐标值求取振荡幅值和频率。在 MATLAB 环境下,图 8-47 经局部放大,可得到交点坐标约为(−0.0785,−0.166)。然后可以进一步求出自持振荡的振幅和频率。程序语句如下:

```
W1=spline(img,w,-0.0785)
                %当 img= -0.0785 时,所对应的 w 值
X1=spline(real(disN2),x,-0.166)
         %当 disN2 的实部为-0.166 时,所对应的 x 值
```

运行后得到:$W1=3.2087$,$X1=2.3382$

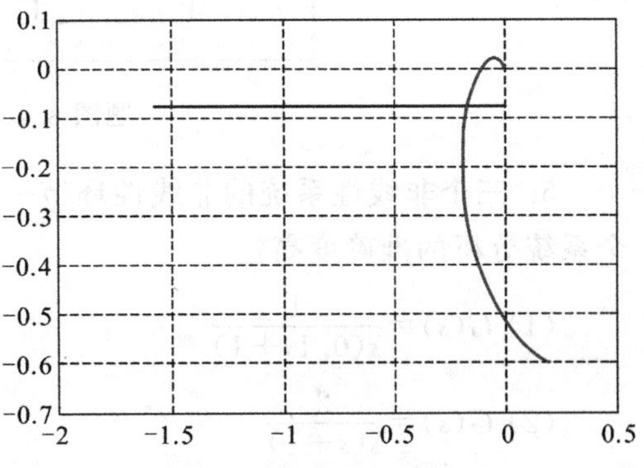

图 8-47　例 8-9 程序运行结果图

习　题　8

1. 求题图 8.1 所示非线性特性的描述函数,并在复平面画出负倒描述函数 $-1/N(X)$。

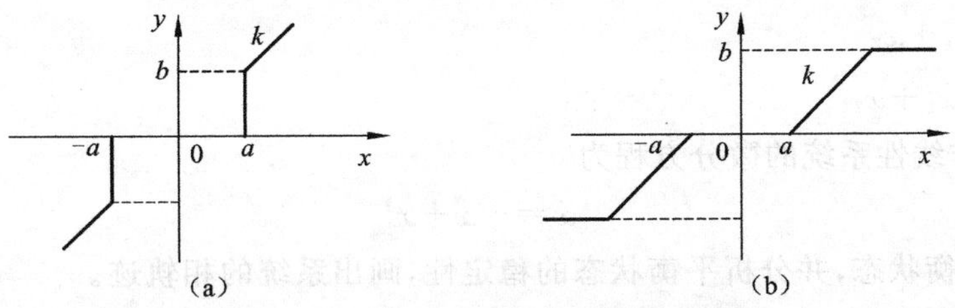

题图 8.1　非线性特性的描述函数图

2. 非线性控制系统如题图 8.2 所示,试确定其自振荡的幅值和频率。

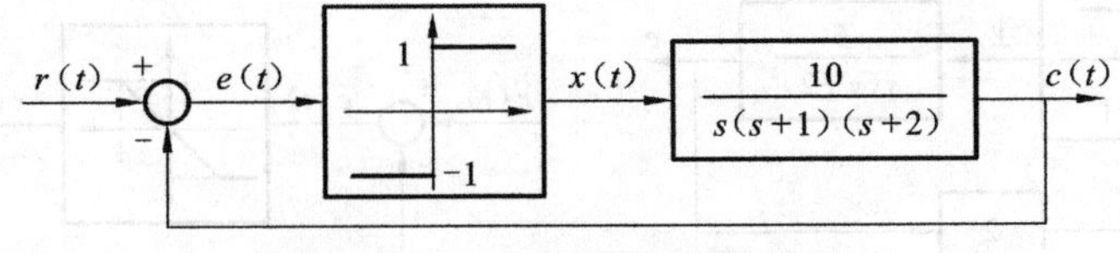

题图 8.2　非线性控制系统结构图

3. 非线性控制系统如题图 8.3 所示,用描述函数法研究系统发生自持振荡时的 K 的取值范围,并研究自持振荡的幅值和频率与 K 的关系。

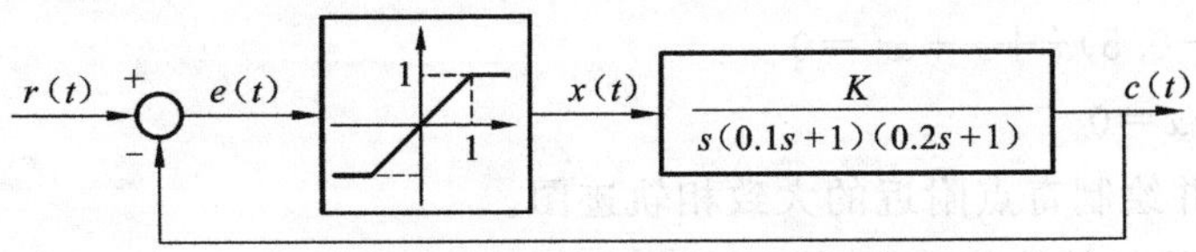

题图 8.3　非线性控制系统结构图

4. 非线性控制系统如题图 8.4 所示，试确定其自振荡的幅值和频率。

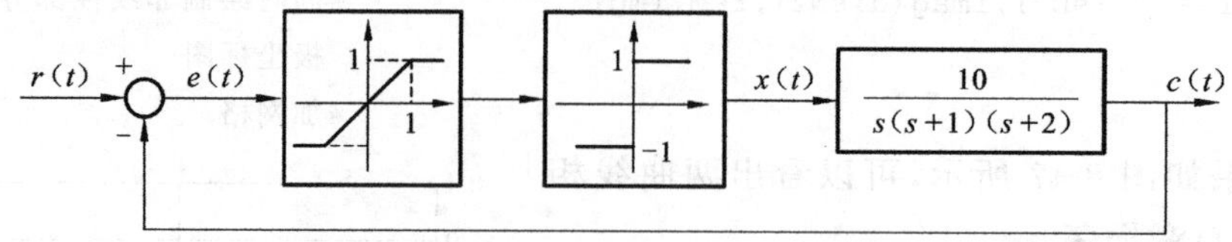

题图 8.4　非线性控制系统结构图

5. 三个非线性系统的非线性环节一样，线性部分分别如下，试问用描述函数法分析时，哪个系统分析的准确度高？

(1) $G(s)=\dfrac{1}{s(0.1s+1)}$

(2) $G(s)=\dfrac{2}{s(s+1)}$

(3) $G(s)=\dfrac{2(1.5s+1)}{s(s+1)(0.1s+1)}$

6. 试用描述函数法说明题图 8.5 所示系统必然存在自振，并确定输出信号 c 的自振振幅和频率，分别画出信号 c、x、y 的稳态波形。

7. 判别下列方程奇点的性质和位置，并用等倾线法画出相应相轨迹。

(1) $\ddot{x}+\dot{x}+|x|=0$

(2) $\begin{cases}\dot{x}_1=x_1+x_2\\ \dot{x}_2=2x_1+x_2\end{cases}$

8. 设一阶非线性系统的微分方程为

$$\dot{x}=-x+x^3$$

试确定系统的平衡状态，并分析平衡状态的稳定性，画出系统的相轨迹。

9. 已知系统如题图 8.6 所示，试画出 $c(0)=-3$，$\dot{c}(0)=0$ 时的相轨迹和相应的时间响应曲线。

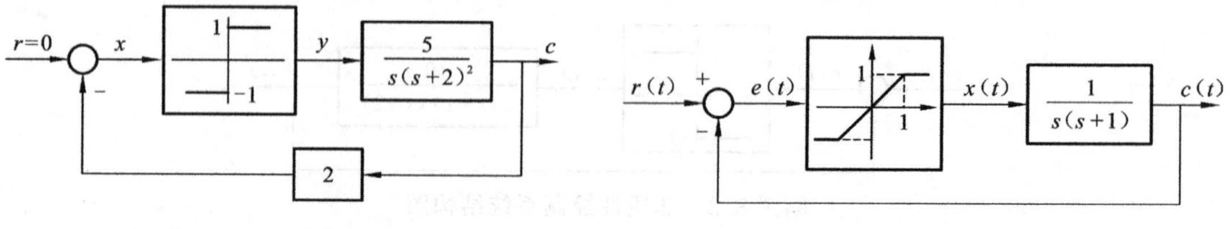

题图 8.5　系统结构图　　　　题图 8.6　系统结构图

10. 若非线性系统的微分方程为

(1) $\ddot{x}+(3\dot{x}-0.5)\dot{x}+x+x^2=0$

(2) $\ddot{x}+x\dot{x}+x=0$

试求系统的奇点，并绘制奇点附近的大致相轨迹图。

11. 非线性系统的结构如题图 8.7 所示。系统开始是静止的，输入信号 $r(t)=4\times 1(t)$，试写出开关线方程，确定奇点的位置和类型，画出该系统的相平面图，并分析系统的运动特点。

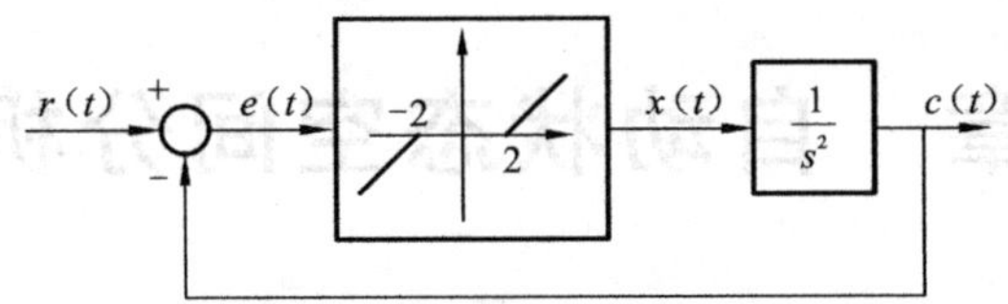

题图 8.7　非线性系统结构图

12. 将题图 8.8 所示的非线性系统简化成环节串联的典型结构形式，写出线性部分的传递函数。

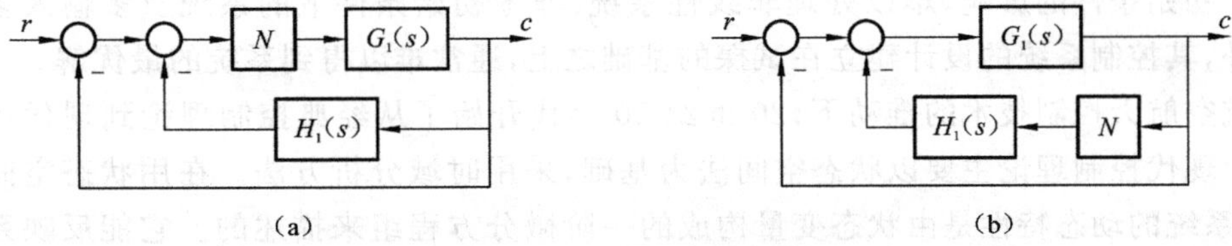

题图 8.8　非线性系统结构图

13. 已知具有理想继电器的非线性系统如题图 8.9 所示。

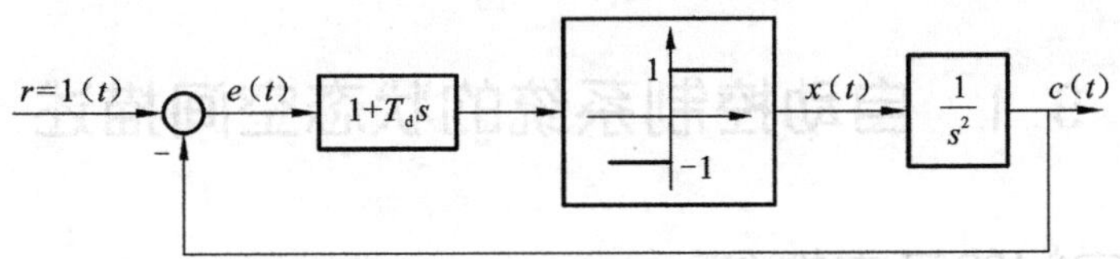

题图 8.9　非线性系统结构图

试用相平面法分析：

(1) $T_d=0$ 时系统的运动；

(2) $T_d=0.5$ 时系统的运动，并说明比例微分控制对改善系统性能的作用；

(3) $T_d=2$ 时系统的运动特点。

14. 分别用相平面法和描述函数法研究题图 8.10 所示非线性系统的周期运动，并对两种方法的结果进行比较。

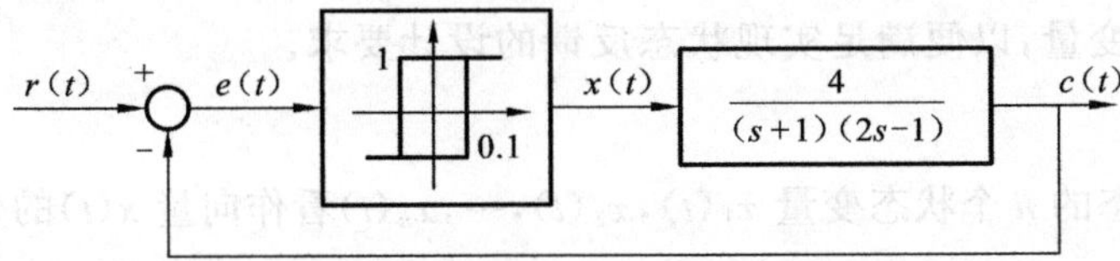

题图 8.10　非线性系统结构图

第9章 自动状态空间分析方法

经典控制理论主要以传递函数为基础，由此建立起来的频域分析法和根轨迹分析法，具有方法简单、概念清晰、易被工程技术人员所理解与接受的特点，至今仍在广泛成功地使用。但是，这些方法也有着如下局限性：①传递函数只能描述线性定常系统的外部特征，并不能反映其全部内部状态变化情况；②传递函数只适用于零初始条件下的单输入单输出线性定常系统，且忽略了初始条件的影响，难以处理非线性系统、非零初始条件下的系统及多输入多输出系统。另外，其控制系统的设计建立在试探的基础之上，通常难以得到系统的最优解。

在航空航天控制技术的推动下，20 世纪 50 年代开始了从经典控制理论到现代控制理论的过渡。现代控制理论主要以状态空间法为基础，采用时域分析方法。在用状态空间法分析系统时，系统的动态特性是由状态变量构成的一阶微分方程组来描述的。它能反映系统的全部独立变量的变化，从而能同时确定系统的全部运动状态，而且可以方便地处理初始条件。

本章主要讨论线性定常系统有关状态空间的描述、状态空间表达式的标准形式、状态方程的求解、控制系统的能控性和能观性、状态反馈进行系统极点配置等方面的内容。

9.1 自动控制系统的状态空间描述

9.1.1 状态空间的基本概念

1. 状态和状态变量

表征系统运动的信息的集合称为状态。能够完全表征系统运动状态的最小个数的一组变量称为状态变量。一个用 n 阶微分方程描述的系统，就有 n 个独立的状态变量。当这 n 个状态变量的时间响应都已知时，系统的运动轨迹也就确定了。状态变量一般表示为

$$x_1(t), x_2(t), \cdots, x_n(t)$$

状态变量的选取具有非唯一性，同一个系统可能有多种不同的状态变量选取方法。另外，状态变量不一定在物理上可量测，有时只具有数学意义。在工程应用中，应尽量选择容易量测的物理量作为状态变量，以便满足实现状态反馈的设计要求。

2. 状态向量

把描述系统状态的 n 个状态变量 $x_1(t), x_2(t), \cdots, x_n(t)$ 看作向量 $\boldsymbol{x}(t)$ 的分量，则向量 $\boldsymbol{x}(t)$ 称为状态向量，记作：

$$\boldsymbol{x}(t) = [x_1(t), \quad x_2(t), \quad \cdots, \quad x_n(t)]^{\mathrm{T}}$$

3. 状态空间

以 n 个状态变量 $x_1(t), x_2(t), \cdots, x_n(t)$ 作为坐标轴所构成的 n 维欧氏空间称为状态空间。系统在任一时刻的状态，在状态空间中表示为一点。随着时间的推移，$\boldsymbol{x}(t)$ 在状态空间中

所描绘出的轨迹，称为状态轨线。

9.1.2 线性定常系统的状态空间表达式

在状态空间分析中，涉及输入变量、输出变量和状态变量三种类型的变量，它们包含在动态系统的模型中。下面通过一个例子讨论状态空间模型的表示方法。

例 9-1 已知如图 9-1 所示的 RLC 网络，试建立系统的状态空间表达式。

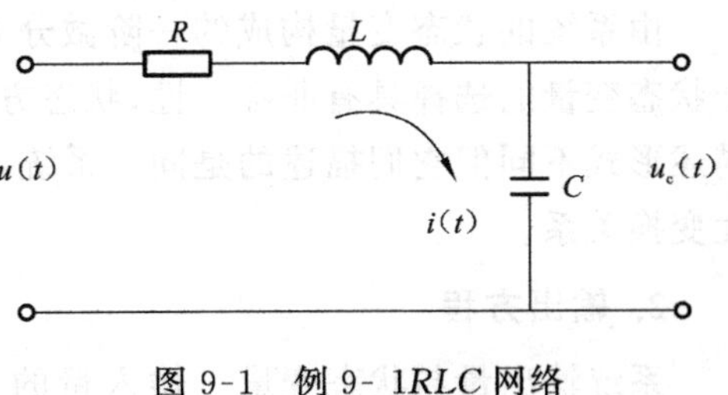

图 9-1 例 9-1RLC 网络

解 此系统有两个独立储能元件电容 C 和电感 L，故用二阶微分方程式描述该系统。系统应有两个状态变量。状态变量的选取，原则上是任意的，考虑到电容的储能与其两端的电压 u_c 有关，电感的储能与流经它的电流 i 有关，故以 u_c 和 i 作为系统的两个状态变量。

根据电路定律，写出两个含有状态变量的一阶微分方程式：

$$\begin{aligned} C\frac{\mathrm{d}u_c}{\mathrm{d}t}&=i \\ L\frac{\mathrm{d}i}{\mathrm{d}t}+Ri+u_c&=u \end{aligned} \quad \text{改写为} \quad \begin{aligned} \dot{u}_c&=\frac{1}{C}i \\ \dot{i}&=-\frac{1}{L}u_c-\frac{R}{L}i+\frac{1}{L}u \end{aligned} \tag{9-1}$$

定义状态变量 $x_1=u_c, x_2=i$，则式(9-1)可表示为

$$\dot{x}_1=\frac{1}{C}x_2$$

$$\dot{x}_2=-\frac{1}{L}x_1-\frac{R}{L}x_2+\frac{1}{L}u$$

写成向量矩阵形式为

$$\begin{bmatrix}\dot{x}_1\\ \dot{x}_2\end{bmatrix}=\begin{bmatrix}0 & \frac{1}{C}\\ -\frac{1}{L} & -\frac{R}{L}\end{bmatrix}\begin{bmatrix}x_1\\ x_2\end{bmatrix}+\begin{bmatrix}0\\ \frac{1}{L}\end{bmatrix}u \tag{9-2}$$

式(9-2)称为系统的状态方程，简记为 $\dot{\boldsymbol{x}}=\boldsymbol{A}\boldsymbol{x}+\boldsymbol{b}u$，式中：

$$\boldsymbol{x}=\begin{bmatrix}x_1\\ x_2\end{bmatrix};\quad \boldsymbol{A}=\begin{bmatrix}0 & \frac{1}{C}\\ -\frac{1}{L} & -\frac{R}{L}\end{bmatrix};\quad \boldsymbol{b}=\begin{bmatrix}0\\ \frac{1}{L}\end{bmatrix}$$

系统输出为

$$y=u_c=x_1=[1\quad 0]\boldsymbol{x} \tag{9-3}$$

此例中，若改选 u_c 和 $\dot{u}_c$ 作为两个状态变量，即令 $x_1=u_c, x_2=\dot{u}_c$，则该系统的状态方程为

$$\dot{x}_1=x_2$$

$$\dot{x}_2=-\frac{1}{LC}x_1-\frac{R}{L}x_2+\frac{1}{LC}u$$

写成矩阵形式为

$$\begin{bmatrix}\dot{x}_1\\ \dot{x}_2\end{bmatrix}=\begin{bmatrix}0 & 1\\ -\dfrac{1}{LC} & -\dfrac{R}{L}\end{bmatrix}\begin{bmatrix}x_1\\ x_2\end{bmatrix}+\begin{bmatrix}0\\ \dfrac{1}{LC}\end{bmatrix}u \tag{9-4}$$

比较式(9-2)和式(9-4)可以看出,同一系统,状态变量选取不同则状态方程也不同。

1. 状态方程

由系统的状态变量构成的一阶微分方程组称为状态方程,如式(9-2)或式(9-4)所示。由于状态变量的选择具有非唯一性,状态方程也具有非唯一性。对于同一个系统,尽管状态空间描述形式不同但它们描述的是同一系统,因此这些不同形式的描述之间实际上存在着某种线性变换关系。

2. 输出方程

系统输出量与状态变量、输入量的关系式称为输出方程。如图 9-1 中,指定 u_c 作为输出,则输出 $y=u_c$ 或 $y=x_1$,写成矩阵形式如式(9-3)所示。对于具体系统,输出量由系统任务确定或给定。

3. 状态空间表达式

状态方程和输出方程一起,称为状态空间表达式(或动态方程)。它表征了输入对于系统内部状态的关系,又反映了内部状态对于外部输出的影响,所以状态空间表达式是对系统运动特性的一种完全描述。由于状态变量的选择是非唯一的,状态空间表达式也是非唯一的。

设 n 阶单输入单输出线性定常连续系统的状态变量为 $x_1(t),x_2(t),\cdots,x_n(t)$,则状态方程的一般形式为

$$\begin{aligned}\dot{x}_1&=a_{11}x_1+a_{12}x_2+\cdots+a_{1n}x_n+b_1u\\ \dot{x}_2&=a_{21}x_1+a_{22}x_2+\cdots+a_{2n}x_n+b_2u\\ &\cdots\cdots\\ \dot{x}_n&=a_{n1}x_1+a_{n2}x_2+\cdots+a_{nn}x_n+b_nu\end{aligned} \tag{9-5}$$

输出方程为

$$y=c_1x_1+c_2x_2+\cdots+c_nx_n \tag{9-6}$$

写成状态空间描述形式为

$$\begin{aligned}\dot{\boldsymbol{x}}&=\boldsymbol{A}\boldsymbol{x}+\boldsymbol{b}u\\ y&=\boldsymbol{c}\boldsymbol{x}\end{aligned} \tag{9-7}$$

式中:

$$\boldsymbol{x}=\begin{bmatrix}x_1\\ x_2\\ \vdots\\ x_n\end{bmatrix};\quad \boldsymbol{A}=\begin{bmatrix}a_{11} & a_{12} & \cdots & a_{1n}\\ a_{21} & a_{22} & \cdots & a_{2n}\\ \vdots & \vdots & & \vdots\\ a_{n1} & a_{n2} & \cdots & a_{nn}\end{bmatrix};\quad \boldsymbol{b}=\begin{bmatrix}b_1\\ b_2\\ \vdots\\ b_n\end{bmatrix};\quad c=[c_1\quad c_2\quad \cdots\quad c_n];$$

$\boldsymbol{x}$ 为 n 维状态变量;$\boldsymbol{A}$ 为系统矩阵(或状态矩阵、系数矩阵),为 $n\times n$ 方阵;$\boldsymbol{b}$ 为输入矩阵或控制矩阵,为 $n\times 1$ 的列矩阵;$\boldsymbol{c}$ 为 $1\times n$ 的输出矩阵。

当输入输出间存在直接传输关系时表示为

$$\dot{x}=Ax+bu$$
$$y=cx+\mathrm{d}u$$

其中：$d\in\mathbf{R}$。

对于具有 r 个输入、m 个输出的多输入多输出线性系统，对应的状态方程为

$$\begin{aligned}\dot{x}_1&=a_{11}x_1+a_{12}x_2+\cdots+a_{1n}x_n+b_{11}u_1+b_{12}u_2+\cdots+b_{1r}u_r\\\dot{x}_2&=a_{21}x_1+a_{22}x_2+\cdots+a_{2n}x_n+b_{21}u_1+b_{22}u_2+\cdots+b_{2r}u_r\\&\vdots\\\dot{x}_n&=a_{n1}x_1+a_{n2}x_2+\cdots+a_{nn}x_n+b_{n1}u_1+b_{n2}u_2+\cdots+b_{nr}u_r\end{aligned}$$

输出方程是状态变量的组合，在特殊情况下还可能有输入向量的直接传递，因而具有下列一般形式：

$$\begin{aligned}y_1&=c_{11}x_1+c_{12}x_2+\cdots+c_{1n}x_n+d_{11}u_1+d_{12}u_2+\cdots+d_{1r}u_r\\y_2&=c_{21}x_1+c_{22}x_2+\cdots+c_{2n}x_n+d_{21}u_1+d_{22}u_2+\cdots+d_{2r}u_r\\&\vdots\\y_m&=c_{m1}x_1+c_{m2}x_2+\cdots+c_{mn}x_n+d_{m1}u_1+d_{m2}u_2+\cdots+d_{mr}u_r\end{aligned}$$

从而可以写出多输入多输出系统的状态空间描述形式为

$$\begin{aligned}\dot{x}&=Ax+Bu\\y&=Cx+Du\end{aligned}\tag{9-8}$$

式中：

$$A=\begin{bmatrix}a_{11}&a_{12}&\cdots&a_{1n}\\a_{21}&a_{22}&\cdots&a_{2n}\\\vdots&\vdots&&\vdots\\a_{n1}&a_{n2}&\cdots&a_{nn}\end{bmatrix};\quad B=\begin{bmatrix}b_{11}&b_{12}&\cdots&b_{1r}\\b_{21}&b_{22}&\cdots&b_{2r}\\\vdots&\vdots&&\vdots\\b_{n1}&b_{n2}&\cdots&b_{nr}\end{bmatrix};\quad u=\begin{bmatrix}u_1\\u_2\\\vdots\\u_r\end{bmatrix}$$

$$C=\begin{bmatrix}c_{11}&c_{12}&\cdots&c_{1n}\\c_{21}&c_{22}&\cdots&c_{2n}\\\vdots&\vdots&&\vdots\\c_{m1}&c_{m2}&\cdots&c_{mn}\end{bmatrix};\quad D=\begin{bmatrix}d_{11}&d_{12}&\cdots&d_{1r}\\d_{21}&d_{22}&\cdots&d_{2r}\\\vdots&\vdots&&\vdots\\d_{m1}&d_{m2}&\cdots&d_{mr}\end{bmatrix}$$

$\boldsymbol{u}$ 为 r 维输入列向量；$\boldsymbol{y}$ 为 m 维输出列向量；$\boldsymbol{B}$ 为 $n\times r$ 控制矩阵；$\boldsymbol{C}$ 为 $m\times n$ 输出矩阵；$\boldsymbol{D}$ 为 $m\times r$ 直接传输矩阵，或称为关联矩阵。多输入多输出系统的状态结构图如图 9-2 所示。单输入单输出系统的结构图类似，矢量信号的传递仍用双线箭头表示，而标量信号 u、y 的传递改为单线箭头连接。

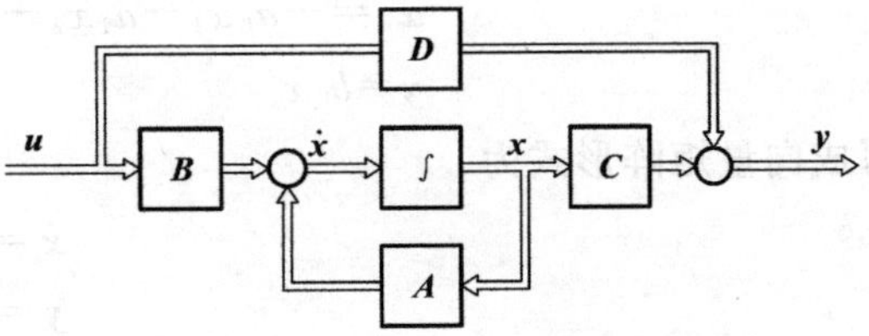

图 9-2　多输入多输出系统的状态结构图

状态空间表达式的建立可以先根据元件或系统所遵循的物理、化学定律建立其微分方程，然后选择有关物理量作为状态变量，进一步导出其状态空间表达式。也可以在得到微分方程后，进一步求出系统的传递函数，由传递函数直接写出系统的状态空间实现，具体方法将在 9.2 节进行详细介绍。

9.2 传递函数与状态空间模型

一个系统既可以用传递函数(或微分方程)进行描述,也可以采用状态空间法进行描述,因此它们之间必然存在着一定的内在关系。本节主要讨论这两种不同描述间的相互转换关系。

传递函数(或微分方程)是经典控制理论中描述线性定常系统的通用数学模型,为了应用状态空间法进行系统分析,有必要研究已知系统传递函数时,导出状态空间表达式的一般方法。由传递函数建立系统的状态空间表达式,称为传递函数的状态空间实现。由于状态变量的选择是不唯一的,传递函数的状态空间实现也是不唯一的。

设单输入单输出线性定常系统的传递函数一般形式为

$$G(s)=\frac{Y(s)}{U(s)}=\frac{b_m s^m+b_{m-1}s^{m-1}+\cdots+b_1 s+b_0}{s^n+a_{n-1}s^{n-1}+\cdots+a_1 s+a_0},\quad n\geqslant m \tag{9-9}$$

9.2.1 能控标准形实现

1. 传递函数中没有零点时的实现

此时系统传递函数为

$$G(s)=\frac{b_0}{s^n+a_{n-1}s^{n-1}+\cdots+a_1 s+a_0} \tag{9-10}$$

对应的微分方程为

$$y^{(n)}+a_{n-1}y^{(n-1)}+\cdots+a_1\dot{y}+a_0 y=b_0 u \tag{9-11}$$

定义状态变量 $x_1=y/b_0, x_2=y'/b_0, \cdots, x_n=y^{(n-1)}/b_0$,结合式(9-11)得到系统的状态空间表达式为

$$\begin{aligned}
&\dot{x}_1=x_2\\
&\dot{x}_2=x_3\\
&\vdots\\
&\dot{x}_{n-1}=x_n\\
&\dot{x}_n=-a_0x_1-a_1x_2-\cdots-a_{n-2}x_{n-1}-a_{n-1}x_n+u\\
&y=b_0x_1
\end{aligned}$$

写成向量矩阵形式为

$$\begin{aligned}
\dot{\boldsymbol{x}}&=\boldsymbol{A}\boldsymbol{x}+\boldsymbol{b}u\\
\boldsymbol{y}&=\boldsymbol{c}\boldsymbol{x}
\end{aligned} \tag{9-12}$$

式中:

$$\boldsymbol{A}=\begin{bmatrix}0&1&0&\cdots&0\\0&0&1&\cdots&0\\\vdots&\vdots&\vdots&&\vdots\\0&0&0&\cdots&1\\-a_0&-a_1&-a_2&\cdots&-a_{n-1}\end{bmatrix};\quad \boldsymbol{b}=\begin{bmatrix}0\\0\\0\\\vdots\\1\end{bmatrix};\quad \boldsymbol{c}=[b_0\quad 0\quad 0\quad\cdots\quad 0]$$

式(9-12)中矩阵 $\boldsymbol{A}$ 主对角线上方的元素均为 1，最后一行的元素可取任意值，而其余元素均为 0，这种矩阵称为友矩阵。矩阵 $\boldsymbol{b}$ 除最后一个元素不为 0 外，其余元素均为 0。由这种形式的 $\boldsymbol{A}$、$\boldsymbol{b}$ 矩阵组成的状态方程称为能控标准形。系统的结构图如图 9-3 所示。

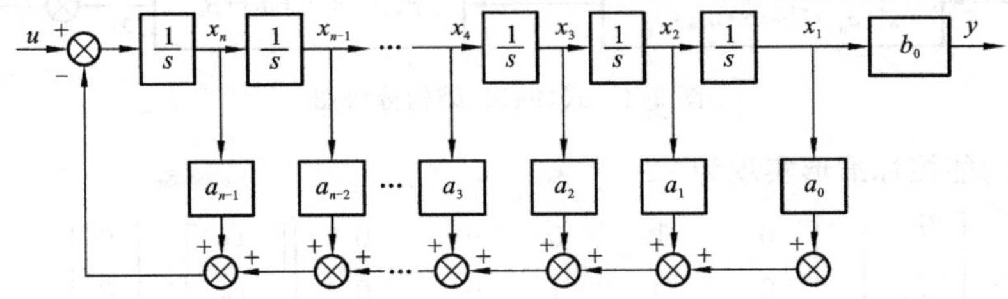

图 9-3　系统结构图

例 9-2　已知系统传递函数为

$$G(s)=\frac{3}{s^3+6s^2+11s+6}$$

试列写其能控标准形状态空间表达式。

解　根据能控标准形矩阵 $\boldsymbol{A}$、$\boldsymbol{b}$ 的特点，直接写出该系统能控标准形实现为

$$\begin{bmatrix}\dot{x}_1\\ \dot{x}_2\\ \dot{x}_3\end{bmatrix}=\begin{bmatrix}0 & 1 & 0\\ 0 & 0 & 1\\ -6 & -11 & -6\end{bmatrix}\begin{bmatrix}x_1\\ x_2\\ x_3\end{bmatrix}+\begin{bmatrix}0\\ 0\\ 1\end{bmatrix}u$$

$$\boldsymbol{y}=[3\quad 0\quad 0]\begin{bmatrix}x_1\\ x_2\\ x_3\end{bmatrix}$$

2. 传递函数中有零点时的实现

设系统传递函数为

$$G(s)=\frac{Y(s)}{U(s)}=\frac{b_m s^m+b_{m-1}s^{m-1}+\cdots+b_1 s+b_0}{s^n+a_{n-1}s^{n-1}+\cdots+a_1 s+a_0},\quad n\geqslant m \tag{9-13}$$

当 $n=m$ 时，传递函数进一步转换成

$$G(s)=\frac{Y(s)}{U(s)}=\frac{\beta_{n-1}s^{n-1}+\cdots+\beta_1 s+\beta_0}{s^n+a_{n-1}s^{n-1}+\cdots+a_1 s+a_0}+d \tag{9-14}$$

式中：d 为常数。

把传递函数式(9-14)按图 9-4 结构分解，并引入中间分量 x，可得

$$Y(s)=Y_1(s)+dU(s),\quad \frac{Y_1(s)}{U(s)}=\frac{X(s)Y_1(s)}{U(s)X(s)} \tag{9-15}$$

其中：

$$\frac{X(x)}{U(x)}=\frac{1}{s^n+a_{n-1}s^{n-1}+\cdots+a_1 s+a_0};\quad \frac{Y_1(s)}{X(s)}=\beta_{n-1}s^{n-1}+\cdots+\beta_1 s+\beta_0$$

传递函数 $\frac{X(s)}{U(s)}$ 中无零点，因此可按式(9-12)建立状态方程。系统输出方程为

$$\begin{aligned}y&=y_1+y_2=\beta_{n-1}x^{(n-1)}+\cdots+\beta_2\ddot{x}+\beta_1\dot{x}+\beta_0 x+\mathrm{d}u\\ &=\beta_{n-1}x_n+\cdots+\beta_2 x_3+\beta_1 x_2+\beta_0 x_1+du\end{aligned}$$

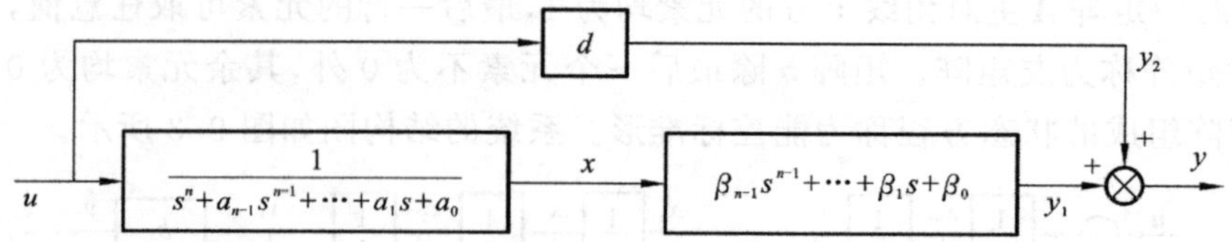

图 9-4 式(9-14)结构分解图

从而得到系统的能控标准形实现为

$$\begin{bmatrix}\dot{x}_1\\ \dot{x}_2\\ \vdots\\ \dot{x}_{n-1}\\ \dot{x}_n\end{bmatrix}=\begin{bmatrix}0&1&0&\cdots&0\\0&0&1&\cdots&0\\ \vdots&\vdots&\vdots&&\vdots\\0&0&0&\cdots&1\\-a_0&-a_1&-a_2&\cdots&-a_{n-1}\end{bmatrix}\begin{bmatrix}x_1\\x_2\\ \vdots\\x_{n-1}\\x_n\end{bmatrix}+\begin{bmatrix}0\\0\\ \vdots\\0\\1\end{bmatrix}u \tag{9-16a}$$

$$y=[\beta_0,\ \ \beta_1,\ \ \cdots,\ \ \beta_{n-2},\ \ \beta_{n-1}]\boldsymbol{x}+du \tag{9-16b}$$

9.2.2 能观标准形实现

为叙述简单起见，先研究一个三阶系统的实现问题。设系统传递函数为

$$G(s)=\frac{b_2s^2+b_1s+b_0}{s^3+a_2s^2+a_1s+a_0} \tag{9-17}$$

对应微分方程为

$$\dddot{y}+a_2\ddot{y}+a_1\dot{y}+a_0y=b_2\ddot{u}+b_1\dot{u}+b_0u \tag{9-18}$$

对式(9-18)在非零初始条件下进行拉氏变换，得

$$\begin{aligned}(s^3+a_2s^2+a_1s+a_0)Y(s)=&(b_2s^2+b_1s+b_0)U(s)+y(0)s^2+[\dot{y}(0)+a_2y(0)-b_2u(0)]s\\&+[\ddot{y}(0)+a_2\dot{y}(0)+a_1y(0)-b_2\dot{u}(0)-b_1u(0)]\end{aligned}$$

如果初始条件已知，则对于任意给定的输入 $u(t)$ 可以唯一确定对应的输出 $y(t)$。根据已知的初始条件的启发，由 s^2、s、s^0 的系数形式定义状态变量，即

$$\begin{aligned}x_1&=\ddot{y}+a_2\dot{y}+a_1y-b_2\dot{u}-b_1u\\x_2&=\dot{y}+a_2y-b_2u\\x_3&=y\end{aligned}$$

对上式进行求导得

$$\begin{aligned}\dot{x}_1&=\dddot{y}+a_2\ddot{y}+a_1\dot{y}-b_2\ddot{u}-b_1\dot{u}=-a_0y+b_0u=-a_0x_3+b_0u\\\dot{x}_2&=\ddot{y}+a_2\dot{y}-b_2\dot{u}=x_1-a_1y+b_1u=x_1-a_1x_3+b_1u\\\dot{x}_3&=\dot{y}=x_2-a_2y+b_2u=x_2-a_2x_3+b_2u\end{aligned}$$

写成向量矩阵形式有

$$\begin{bmatrix}\dot{x}_1\\ \dot{x}_2\\ \dot{x}_3\end{bmatrix}=\begin{bmatrix}0&0&-a_0\\1&0&-a_1\\0&1&-a_2\end{bmatrix}\begin{bmatrix}x_1\\x_2\\x_3\end{bmatrix}+\begin{bmatrix}b_0\\b_1\\b_2\end{bmatrix}u \tag{9-19}$$

$$y=[0\ \ 0\ \ 1]\boldsymbol{x}$$

式(9-19)所示的状态空间实现形式,称为能观标准形。动态方程式中各矩阵的元素与其传递函数分子、分母各项系数间有着相应的对应关系。这种对应关系可以扩展到一般情况,即对于具有如下一般形式的传递函数:

$$G(s)=\frac{Y(s)}{U(s)}=\frac{\beta_{n-1}s^{n-1}+\cdots+\beta_1 s+\beta_0}{s^n+a_{n-1}s^{n-1}+\cdots+a_1 s+a_0}+d$$

系统的能观标准形实现为

$$\begin{bmatrix}\dot{x}_1\\ \dot{x}_2\\ \vdots\\ \dot{x}_n\end{bmatrix}=\begin{bmatrix}0 & \cdots & 0 & -a_0\\ & & & -a_1\\ & I_{n-1} & & \vdots\\ & & & -a_n\end{bmatrix}\begin{bmatrix}x_1\\ x_2\\ \vdots\\ x_n\end{bmatrix}+\begin{bmatrix}\beta_0\\ \beta_1\\ \vdots\\ \beta_{n-1}\end{bmatrix}u \tag{9-20}$$

$$y=[0\quad\cdots\quad 0\quad 1]\boldsymbol{x}+du$$

比较式(9-16)和式(9-20)可以看出,能控标准形的系数矩阵 $\boldsymbol{A}$ 与能观标准形的系数矩阵 $\boldsymbol{A}$ 互为转置。能控标准形的输入矩阵 $\boldsymbol{b}$ 是能观标准形输出矩阵 $\boldsymbol{c}$ 的转置矩阵;能观标准形的输入矩阵 $\boldsymbol{b}$ 是能控标准形输出矩阵 $\boldsymbol{c}$ 的转置矩阵。满足这种关系的两个系统,称为对偶系统。关于对偶系统,本章 9.5.6 节后面有关小节里会作进一步介绍。

例 9-3　试求 $\ddot{y}+2\xi\omega\dot{y}+\omega^2 y=T\dot{u}+u$ 的能控标准形和能观标准形,并画出状态结构图。

解　由微分方程求得系统传递函数为

$$G(S)=\frac{Y(s)}{U(s)}=\frac{Ts+1}{s^2+2\xi\omega s+\omega^2}$$

系统能控标准形实现为

$$\begin{bmatrix}\dot{x}_1\\ \dot{x}_2\end{bmatrix}=\begin{bmatrix}0 & 1\\ -\omega^2 & -2\xi\omega\end{bmatrix}\boldsymbol{x}+\begin{bmatrix}0\\ 1\end{bmatrix}u,\quad y=[1\quad T]\boldsymbol{x}$$

状态结构图如图 9-5 所示。

系统能观标准形实现为

$$\begin{bmatrix}\dot{x}_1\\ \dot{x}_2\end{bmatrix}=\begin{bmatrix}0 & -\omega^2\\ 1 & -2\xi\omega\end{bmatrix}\boldsymbol{x}+\begin{bmatrix}1\\ T\end{bmatrix}u,\quad y=[0\quad 1]\boldsymbol{x}$$

状态结构图如图 9-6 所示。

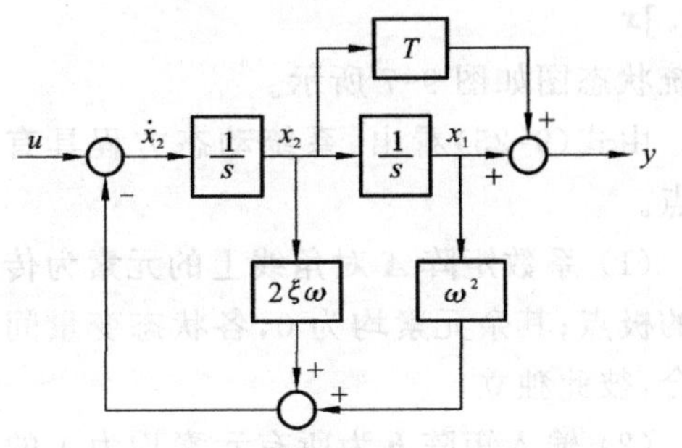

图 9-5　例 9-3 能控标准形结构图

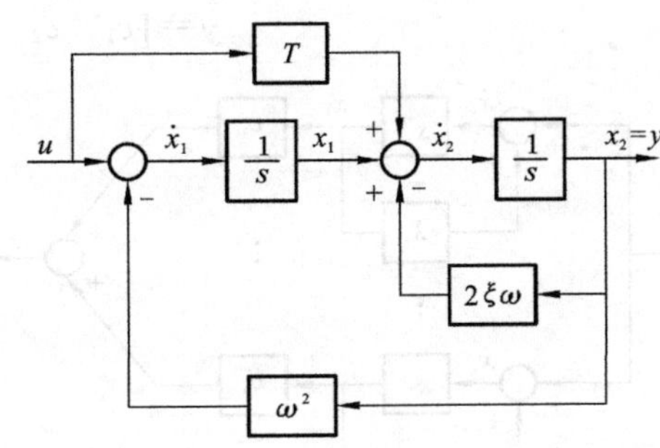

图 9-6　例 9-3 能观标准形结构图

9.2.3 对角标准形实现

当系统的传递函数只含有两两相异的实数极点时，除了能控标准形和能观标准形外，还可以化为对角标准形。

考虑传递函数：

$$G(s)=\frac{\beta_{n-1}s^{n-1}+\cdots+\beta_1 s+\beta_0}{s^n+a_{n-1}s^{n-1}+\cdots+a_1 s+a_0}=\frac{N(s)}{D(s)}$$

假设系统极点为单根实数极点，则传递函数可分解为

$$G(s)=\frac{Y(s)}{U(s)}=\frac{N(s)}{(s-\lambda_1)(s-\lambda_2)\cdots(s-\lambda_n)} \tag{9-21}$$

其中：$\lambda_1,\lambda_2,\cdots\lambda_n$ 为系统的极点。上式可进一步分解为

$$G(s)=\frac{Y(s)}{U(s)}=\sum_{i=1}^{n}\frac{c_i}{s-\lambda_i} \tag{9-22}$$

式中：$c_i=\lim\limits_{s=\lambda_i}(s-\lambda_i)G(s)$为极点 λ_i 的留数。由式(9-22) 得到

$$Y(s)=\sum_{i=1}^{n}\frac{c_i}{s-\lambda_i}U(s)$$

选取状态变量 $X_i(s)=\frac{1}{s-\lambda_i}U(s)$，从而得到状态方程：

$$(s-\lambda_i)X_i(s)=U(s)$$

$$\dot{x}_i(t)=\lambda_i x_i(t)+u(t) \tag{9-23}$$

输出方程为

$$y(t)=\sum_{i=1}^{n}c_i x_i(t) \tag{9-24}$$

写成向量矩阵形式为

$$\dot{\boldsymbol{x}}=\begin{bmatrix}\lambda_1 & & & \\ & \lambda_2 & & \\ & & \ddots & \\ & & & \lambda_n\end{bmatrix}\boldsymbol{x}+\begin{bmatrix}1\\1\\\vdots\\1\end{bmatrix}u \tag{9-25}$$

$$y=[c_1 \quad c_2 \quad \cdots \quad c_n]\boldsymbol{x}$$

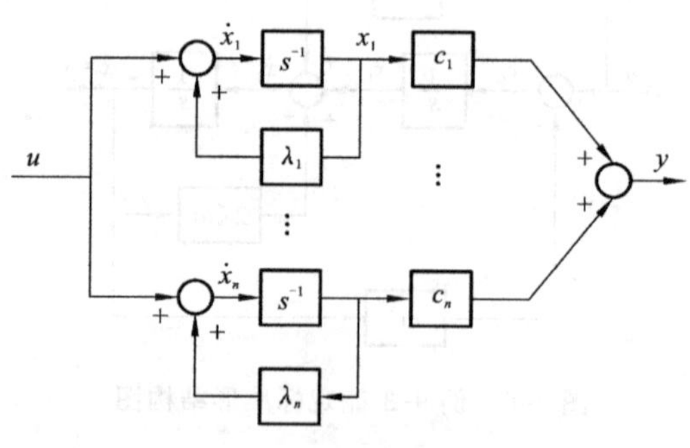

图 9-7　对角标准形状态图

系统状态图如图 9-7 所示。

由式(9-25)看出，系统动态方程具有如下特点。

(1) 系数矩阵 $\boldsymbol{A}$ 对角线上的元素为传递函数的极点；其余元素均为 0，各状态变量间没有耦合，彼此独立。

(2) 输入矩阵 $\boldsymbol{b}$ 为所有元素均为 1 的列向量；输出矩阵 $\boldsymbol{C}$ 为一行向量，其元素为极点 λ_i 的留数。

这种形式的状态空间实现称为对角标准形实现。

当系统传递函数的特征方程具有重根，不能得到对角标准形实现时，这时，系统可化为约当(Jordan)标准形实现。为讨论简单起见，假设系统只有一个重特征值 λ_1，重数为 j，则 λ_1 就是 j 重极点的情况。对应的传递函数为

$$G(s)=\frac{Y(s)}{U(s)}=\frac{N(s)}{(s-\lambda_1)^j(s-\lambda_{j+1})\cdots(s-\lambda_n)} \tag{9-26}$$

上述公式可以展开为下列部分分式之和：

$$G(s)=\frac{Y(s)}{U(s)}==\underbrace{\frac{c_{11}}{(s-\lambda_1)^j}+\frac{c_{12}}{(s-\lambda_1)^{j-1}}+\cdots+\frac{c_{1j}}{(s-\lambda_1)}}_{\text{对应}j\text{重极点}}+\underbrace{\frac{c_{j+1}}{(s-\lambda_{j+1})}+\frac{c_{j+2}}{(s-\lambda_{j+2})}+\cdots+\frac{c_n}{(s-\lambda_n)}}_{\text{对应}n-j\text{个单极点}}$$

其中，对应 j 重极点系数的求法是：$c_{1i}=\dfrac{1}{(i-1)!}\lim\limits_{s\to\lambda_1}\dfrac{\mathrm{d}^{(i-1)}}{\mathrm{d}s^{(i-1)}}[G(s)(s-\lambda_1)^j]$，$i=1,2,\cdots,j$。对重根部分，定义状态变量：

$$\begin{cases}X_1(s)=\dfrac{U(s)}{(s-\lambda_1)^j}=\dfrac{1}{(s-\lambda_1)}\cdot\dfrac{U(s)}{(s-\lambda_1)^{j-1}}=\dfrac{X_2(s)}{(s-\lambda_1)}\\ X_2(s)=\dfrac{U(s)}{(s-\lambda_1)^{j-1}}=\dfrac{1}{(s-\lambda_1)}\cdot\dfrac{U(s)}{(s-\lambda_1)^{j-2}}=\dfrac{X_3(s)}{(s-\lambda_1)}\\ \cdots\cdots\\ X_j(s)=\dfrac{U(s)}{(s-\lambda_1)}\end{cases}$$

从而有

$$\begin{cases}sX_1(s)=\lambda_1X_1(s)+X_2(s)\\ sX_2(s)=\lambda_1X_2(s)+X_3(s)\\ \cdots\cdots\\ sX_j(s)=\lambda_1X_j(s)+U(s)\end{cases}$$

进行拉氏反变换，得

$$\begin{cases}\dot{x}_1=\lambda_1x_1+x_2\\ \dot{x}_2=\qquad\lambda_1x_2+x_3\\ \cdots\cdots\\ \dot{x}_j=\qquad\qquad\lambda_1x_j+u\end{cases} \tag{9-27}$$

对单根部分，定义状态变量：

$$X_{j+1}(s)=\frac{U(s)}{(s-\lambda_{j+1})},\quad\cdots,\quad X_n(s)=\frac{U(s)}{(s-\lambda_n)}$$

得到对应状态变量方程：

$$\begin{gathered}\dot{x}_{j+1}=\lambda_{j+1}x_{j+1}+u\\ \cdots\cdots\\ \dot{x}_n=\lambda_nx_n+u\end{gathered} \tag{9-28}$$

结合式(9-27)和式(9-28)，得到系统状态空间方程：

约当块

$$\begin{bmatrix}\dot{x}_1\\ \vdots\\ \dot{x}_j\\ \dot{x}_{j+1}\\ \vdots\\ \dot{x}_n\end{bmatrix}=\begin{bmatrix}\lambda_1 & 1 & 0 & & & \\ & \ddots & 1 & & & \\ & & \lambda_1 & & & \\ & & & \lambda_{j+1} & & \\ & & & & \ddots & \\ & & & & & \lambda_n\end{bmatrix}\begin{bmatrix}x_1\\ \vdots\\ x_j\\ x_{j+1}\\ \vdots\\ x_n\end{bmatrix}+\begin{bmatrix}0\\ \vdots\\ 1\\ 1\\ \vdots\\ 1\end{bmatrix}u \tag{9-29}$$

输出方程为

$$\begin{aligned}Y(s)&=\frac{c_{11}}{(s-\lambda_1)^j}U(s)+\frac{c_{12}}{(s-\lambda_1)^{j-1}}U(s)+\cdots+\frac{c_{1j}}{(s-\lambda_1)}U(s)+\sum_{k=j+1}^{n}\frac{c_k}{(s-\lambda_k)}U(s)\\&=c_{11}X_1(s)+c_{12}X_2(s)+\cdots+c_{1j}X_j(s)+\sum_{k=j+1}^{n}c_kX_k(s)\end{aligned}$$

进行拉氏反变换，得到输出方程：

$$\boldsymbol{y}=[c_{11}\quad\cdots\quad c_{1j}\quad\vdots\quad c_{j+1}\quad\cdots\quad c_n]\boldsymbol{x} \tag{9-30}$$

例 9-4　已知系统传递函数 $G(s)=\dfrac{4s+8}{s^3+8s^2+19s+12}$，求系统能控标准形、能观标准形和对角标准形实现。

解　(1)由传递函数直接写出能控标准形实现为

$$\begin{bmatrix}\dot{x}_1\\ \dot{x}_2\\ \dot{x}_3\end{bmatrix}=\begin{bmatrix}0 & 1 & 0\\ 0 & 0 & 1\\ -12 & -19 & -8\end{bmatrix}\begin{bmatrix}x_1\\ x_2\\ x_3\end{bmatrix}+\begin{bmatrix}0\\ 0\\ 1\end{bmatrix}u$$

$$\boldsymbol{y}=[8\quad 4\quad 0]\boldsymbol{x}$$

(2) 能观标准形实现为

$$\begin{bmatrix}\dot{x}_1\\ \dot{x}_2\\ \dot{x}_3\end{bmatrix}=\begin{bmatrix}0 & 0 & -12\\ 1 & 0 & -19\\ 0 & 1 & -8\end{bmatrix}\begin{bmatrix}x_1\\ x_2\\ x_3\end{bmatrix}+\begin{bmatrix}8\\ 4\\ 0\end{bmatrix}u$$

$$\boldsymbol{y}=[0\quad 0\quad 1]\boldsymbol{x}$$

(3) 传递函数特征根为(−1，−3，−4)，互不相等，故对角标准形可实现。对传递函数进行分解，得

$$G(s)=\frac{4(s+2)}{(s+1)(s+3)(s+4)}=\frac{c_1}{s+1}+\frac{c_2}{s+3}+\frac{c_3}{s+4}$$

式中：$c_1=\lim\limits_{s\to-1}G(s)(s+1)=\lim\limits_{s\to-1}\dfrac{4(s+2)}{(s+3)(s+4)}=\dfrac{2}{3}$

$$c_2=\lim_{s\to-3}G(s)(s+3)=\lim_{s\to-3}\frac{4(s+2)}{(s+1)(s+4)}=2$$

$$c_3=\lim_{s\to-4}G(s)(s+4)=\lim_{s\to-4}\frac{4(s+2)}{(s+1)(s+3)}=-\frac{8}{3}$$

从而系统对角标准形实现为

$$\begin{bmatrix}\dot{x}_1\\ \dot{x}_2\\ \dot{x}_3\end{bmatrix}=\begin{bmatrix}-1 & 0 & 0\\ 0 & -3 & 0\\ 0 & 0 & -4\end{bmatrix}\begin{bmatrix}x_1\\ x_2\\ x_3\end{bmatrix}+\begin{bmatrix}1\\ 1\\ 1\end{bmatrix}u$$

$$\boldsymbol{y}=[2/3 \quad 2 \quad -3/8]\boldsymbol{x}$$

例 9-5　已知系统结构图如图 9-8 所示，状态变量为 x_1、x_2、x_3。试求其动态方程。

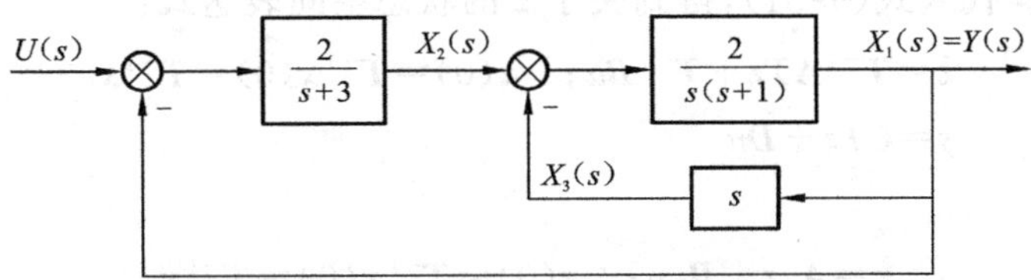

图 9-8　例 9-5 系统结构图

解　由结构图可得

$$\begin{cases}\dfrac{X_1}{X_2-X_3}=\dfrac{2}{s(s+1)} & \Rightarrow \quad s^2X_1+sX_1=2X_2-2X_3 \quad \text{即} \quad \ddot{x}_1+\dot{x}_1=2x_2-2x_3\\ \dfrac{X_3}{X_1}=s & \Rightarrow \quad sX_1=X_3 \quad \text{即} \quad \dot{x}_1=x_3\\ \dfrac{X_2}{u-X_1}=\dfrac{2}{s+3} & \Rightarrow \quad sX_2=-2X_1-3X_2+2u \quad \text{即} \quad \dot{x}_2=-2x_1-3x_2+2u\end{cases}$$

由上式，可列出动态方程如下：

$$\begin{bmatrix}\dot{x}_1\\ \dot{x}_2\\ \dot{x}_3\end{bmatrix}=\begin{bmatrix}0 & 0 & 1\\ -2 & -3 & 0\\ 0 & 2 & -3\end{bmatrix}\begin{bmatrix}x_1\\ x_2\\ x_3\end{bmatrix}+\begin{bmatrix}0\\ 2\\ 0\end{bmatrix}u$$

$$y=x_1=[1 \quad 0 \quad 0]\begin{bmatrix}x_1\\ x_2\\ x_3\end{bmatrix}$$

状态结构图如图 9-9 所示。

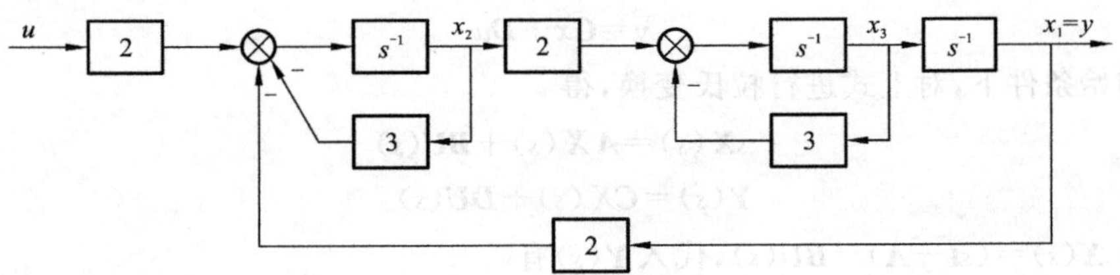

图 9-9　例 9-5 状态结构图

9.2.4　状态空间表达式的线性变换

对于给定的线性定常系统，由于状态变量选择的不同，系统动态方程中的 $\boldsymbol{A}$、$\boldsymbol{B}$、$\boldsymbol{C}$ 矩阵也不相同。同一系统可以有多种不同的动态方程实现结构形式，因此所选取的不同状态向量之间，实际上存在着某种可逆线性变换。

假设给定系统为

$$\begin{aligned}&\dot{\boldsymbol{x}}=\boldsymbol{A}\boldsymbol{x}+\boldsymbol{B}u;\quad \boldsymbol{x}(0)=\boldsymbol{x}_0\\&y=\boldsymbol{C}\boldsymbol{x}+\boldsymbol{D}u\end{aligned}\tag{9-31}$$

任意选取一个非奇异矩阵 $\boldsymbol{T}$，对原状态向量 $\boldsymbol{x}$ 作线性变换，得到另一状态向量 $\boldsymbol{z}$，设变换关系为 $\boldsymbol{x}=\boldsymbol{T}\boldsymbol{z}$，即 $\boldsymbol{z}=\boldsymbol{T}^{-1}\boldsymbol{x}$。代入式(9-31)，得到关于 $\boldsymbol{z}$ 的状态空间表达式：

$$\begin{aligned}&\dot{\boldsymbol{z}}=\boldsymbol{T}^{-1}\boldsymbol{A}\boldsymbol{T}\boldsymbol{z}+\boldsymbol{T}^{-1}\boldsymbol{B}u;\quad \boldsymbol{z}(0)=\boldsymbol{T}^{-1}\boldsymbol{x}(0)=\boldsymbol{T}^{-1}\boldsymbol{x}_0\\&\boldsymbol{y}=\boldsymbol{C}\boldsymbol{T}\boldsymbol{z}+\boldsymbol{D}u\end{aligned}\tag{9-32}$$

或表示为

$$\begin{aligned}&\dot{\boldsymbol{z}}=\boldsymbol{A}_1\boldsymbol{z}+\boldsymbol{B}_1u;\quad \boldsymbol{z}(0)=\boldsymbol{T}^{-1}\boldsymbol{x}(0)=\boldsymbol{T}^{-1}\boldsymbol{x}_0\\&\boldsymbol{y}=\boldsymbol{C}_1\boldsymbol{z}+\boldsymbol{D}u\end{aligned}\tag{9-33}$$

式中：$\boldsymbol{A}_1=\boldsymbol{T}^{-1}\boldsymbol{A}\boldsymbol{T}$，$\boldsymbol{B}_1=\boldsymbol{T}^{-1}\boldsymbol{B}$，$\boldsymbol{C}_1=\boldsymbol{C}\boldsymbol{T}$。显然，$\boldsymbol{T}$ 为任意非奇异矩阵，故状态空间表达式(9-33)是不唯一的。通常称 $\boldsymbol{T}$ 为变换矩阵。经可逆线性变换后，动态方程的形式改变了，但是系数矩阵 $\boldsymbol{A}$ 和 $\boldsymbol{A}_1$ 具有相同的特征值。对于式(9-31)，系统的特征多项式为 $|\lambda\boldsymbol{I}-\boldsymbol{A}|$，经过线性变换后的式(9-32)的特征值多项式为

$$\begin{aligned}|\lambda\boldsymbol{I}-\boldsymbol{T}^{-1}\boldsymbol{A}\boldsymbol{T}|&=|\lambda\boldsymbol{T}^{-1}\boldsymbol{T}-\boldsymbol{T}^{-1}\boldsymbol{A}\boldsymbol{T}|=|\boldsymbol{T}^{-1}\lambda\boldsymbol{T}-\boldsymbol{T}^{-1}\boldsymbol{A}\boldsymbol{T}|\\&=|\boldsymbol{T}^{-1}(\lambda\boldsymbol{I}-\boldsymbol{A})\boldsymbol{T}|=|\boldsymbol{T}^{-1}||\lambda\boldsymbol{I}-\boldsymbol{A}||\boldsymbol{T}|=|\lambda\boldsymbol{I}-\boldsymbol{A}|\end{aligned}$$

对动态方程进行可逆线性变换，是一种重要的研究方法和手段。选择合适的变换矩阵 $\boldsymbol{T}$，可以使变换后的系统$(\boldsymbol{A}_1,\boldsymbol{B}_1,\boldsymbol{C}_1)$具有简单和便于研究的形式，从而更好地揭示系统的本质和方便计算。

9.2.5 从状态空间表达式求传递函数

上面研究了由传递函数建立状态空间表达式的问题，即系统的实现问题。下面介绍从状态空间表达式求传递函数阵的方法。

设系统状态空间表达式为

$$\begin{aligned}&\dot{\boldsymbol{x}}=\boldsymbol{A}\boldsymbol{x}+\boldsymbol{B}u\\&y=\boldsymbol{C}\boldsymbol{x}+\boldsymbol{D}u\end{aligned}\tag{9-34}$$

在零初始条件下，对上式进行拉氏变换，得

$$\begin{aligned}s\boldsymbol{X}(s)&=\boldsymbol{A}X(s)+\boldsymbol{B}\boldsymbol{U}(s)\\\boldsymbol{Y}(s)&=\boldsymbol{C}X(s)+\boldsymbol{D}\boldsymbol{U}(s)\end{aligned}$$

由上式可得 $\boldsymbol{X}(s)=(s\boldsymbol{I}-\boldsymbol{A})^{-1}\boldsymbol{B}\boldsymbol{U}(s)$，代入 $\boldsymbol{Y}(s)$ 有

$$\boldsymbol{Y}(s)=\boldsymbol{C}(s\boldsymbol{I}-\boldsymbol{A})^{-1}\boldsymbol{B}\boldsymbol{U}(s)+\boldsymbol{D}\boldsymbol{U}(s)=[\boldsymbol{C}(s\boldsymbol{I}-\boldsymbol{A})^{-1}\boldsymbol{B}+\boldsymbol{D}]\boldsymbol{U}(s)$$

进一步可得到系统传递函数为

$$\boldsymbol{G}(s)=\frac{\boldsymbol{Y}(s)}{\boldsymbol{U}(s)}=\boldsymbol{C}(s\boldsymbol{I}-\boldsymbol{A})^{-1}\boldsymbol{B}+\boldsymbol{D}\tag{9-35}$$

对于多输入多输出系统(假设 r 个输入、m 个输出)，采用式(9-35)可以求得系统的传递函数矩阵。多输入多输出系统的传递函数矩阵 $\boldsymbol{W}(s)$ 是一个 $m\times r$ 矩阵，即

$$W(s)=\begin{bmatrix} W_{11}(s) & W_{12}(s) & \cdots & W_{1r}(s) \\ W_{21}(s) & W_{22}(s) & \cdots & W_{2r}(s) \\ & \cdots\cdots & & \\ W_{m1}(s) & W_{m2}(s) & \cdots & W_{mr}(s) \end{bmatrix}$$

其中各元素 $W_{ij}(s)$ 都是标量函数，它表征第 j 个输入对第 i 个输出的传递关系。当 $i\neq j$ 时，意味着不同标号的输入与输出有相互关联，称为耦合关系，这正是多变量系统的特点。

应当注意，同一系统，尽管其状态空间表达式是不唯一的，但它的传递函数是唯一的。例如，已知系统如式(9-34)，其传递函数为式(9-35)。当坐标变换，令 $\boldsymbol{z}=\boldsymbol{T}^{-1}\boldsymbol{x}$ 时，该系统的状态空间表达式变为

$$\dot{\boldsymbol{z}}=\boldsymbol{T}^{-1}\boldsymbol{A}\boldsymbol{T}\boldsymbol{z}+\boldsymbol{T}^{-1}\boldsymbol{B}\boldsymbol{u}$$
$$\boldsymbol{y}=\boldsymbol{C}\boldsymbol{T}\boldsymbol{z}+\boldsymbol{D}\boldsymbol{u}$$

变换后，系统的传递函数为

$$\begin{aligned}\tilde{\boldsymbol{G}}(s)&=\boldsymbol{C}\boldsymbol{T}(s\boldsymbol{I}-\boldsymbol{T}^{-1}\boldsymbol{A}\boldsymbol{T})^{-1}\boldsymbol{T}^{-1}\boldsymbol{B}+\boldsymbol{D}=\boldsymbol{C}[\boldsymbol{T}(s\boldsymbol{I}-\boldsymbol{T}^{-1}\boldsymbol{A}\boldsymbol{T})^{-1}\boldsymbol{T}]\boldsymbol{B}+\boldsymbol{D}\\&=\boldsymbol{C}\,(\boldsymbol{T}(s\boldsymbol{I})\boldsymbol{T}^{-1}-\boldsymbol{T}\boldsymbol{T}^{-1}\boldsymbol{A}\boldsymbol{T}\boldsymbol{T}^{-1})^{-1}\boldsymbol{B}+\boldsymbol{D}=\boldsymbol{C}\,(s\boldsymbol{I}-\boldsymbol{A})^{-1}\boldsymbol{B}+\boldsymbol{D}\end{aligned}$$

可见，变换后传递函数不变。即同一系统，其传递函数是唯一的。

例 9-6　已知系统动态方程如下，试求传递函数 $G(s)$

$$\dot{\boldsymbol{x}}=\begin{bmatrix} 0 & 1 & 0 \\ -2 & -3 & 0 \\ -1 & 1 & 3 \end{bmatrix}\boldsymbol{x}+\begin{bmatrix} 0 \\ 1 \\ 2 \end{bmatrix}u$$
$$\boldsymbol{y}=[0\ 0\ 1]$$

解　因为：

$$(s\boldsymbol{I}-\boldsymbol{A})^{-1}=\begin{bmatrix} s & -1 & 0 \\ 2 & s+3 & 0 \\ 1 & -1 & s-3 \end{bmatrix}^{-1}=\frac{1}{(s+1)(s+2)(s-3)}\begin{bmatrix} (s+3)(s-3) & s-3 & 0 \\ -2(s-2) & s(s-3) & -s(s-3) \\ -s-5 & s-1 & (s+1)(s+2) \end{bmatrix}$$

所求传递函数为

$$\begin{aligned}G(s)=\boldsymbol{c}(s\boldsymbol{I}-\boldsymbol{A})^{-1}\boldsymbol{b}&=\frac{1}{(s+1)(s+2)(s-3)}[-s-5\quad s-1\quad s^2+3s+2]\begin{bmatrix} 0 \\ 1 \\ 2 \end{bmatrix}\\&=\frac{(2s+1)(s+3)}{(s+1)(s+2)(s-3)}\end{aligned}$$

9.3　线性定常系统状态方程的解

状态空间描述模型的建立为分析系统的行为和特性提供了可能。为了求取系统的时域响应，就需要求解系统的状态方程。下面通过求解状态方程来研究系统状态的运动规律。

9.3.1　齐次状态方程的解

齐次状态方程的解也称为系统的自由解(零输入响应)，是指系统输入为 0 时，由初始状态

引起的自由运动。

设系统状态方程为齐次状态方程：

$$\dot{\boldsymbol{x}} = \underset{n\times n}{\boldsymbol{A}} \underset{n\times 1}{\boldsymbol{x}} \tag{9-36}$$

状态方程是一阶微分方程组，其求解方法与一阶标量微分方程类似。

标量一阶微分齐次方程 $\dot{z}=az, z\in\mathbf{R}$ 的解为

$$z(t)=\mathrm{e}^{at}z(t_0)$$

其中，指数函数 e^{at} 可以展开成无穷级数：

$$\mathrm{e}^{at}=1+at+\frac{1}{2!}(at)^2+\cdots+\frac{1}{n!}(at)^n+\cdots$$

从而有

$$z(t)=\mathrm{e}^{at}z(t_0)=\left[1+at+\frac{1}{2!}(at)^2+\cdots+\frac{1}{n!}(at)^n+\cdots\right]z(t_0)$$

假设齐次状态方程式(9-36)的解也有类似形式：

$$\boldsymbol{x}(t)=\boldsymbol{b}_0+\boldsymbol{b}_1t+\boldsymbol{b}_2t^2+\cdots+\boldsymbol{b}_kt^k+\cdots \tag{9-37}$$

式中：$\boldsymbol{b}_0, \boldsymbol{b}_1, \cdots, \boldsymbol{b}_k, \cdots$ 为 n 维列向量。从而可以得到

$$\dot{\boldsymbol{x}}(t)=\boldsymbol{b}_1+2\boldsymbol{b}_2t+3\boldsymbol{b}_3t^2+\cdots+k\boldsymbol{b}_kt^{k-1}+\cdots \tag{9-38}$$

将式(9-37)、(9-38)代入(9-36)得

$$\boldsymbol{b}_1+2\boldsymbol{b}_2t+3\boldsymbol{b}_3t^2+\cdots+k\boldsymbol{b}_kt^{k-1}+\cdots=\boldsymbol{A}\left(\boldsymbol{I}+\boldsymbol{A}t+\frac{1}{2!}\boldsymbol{A}^2t^2+\cdots+\frac{1}{k!}\boldsymbol{A}^kt^k+\cdots\right)$$

比较上式右边等号 t 同次幂的系数，得到

$$\boldsymbol{b}_1=\boldsymbol{A}\boldsymbol{b}_0$$

$$\boldsymbol{b}_2=\frac{1}{2}\boldsymbol{A}\boldsymbol{b}_1=\frac{1}{2!}\boldsymbol{A}^2\boldsymbol{b}_0$$

$$\boldsymbol{b}_3=\frac{1}{3}\boldsymbol{A}\boldsymbol{b}_2=\frac{1}{3!}\boldsymbol{A}^3\boldsymbol{b}_0$$

$$\cdots\cdots$$

$$\boldsymbol{b}_k=\frac{1}{k}\boldsymbol{A}\boldsymbol{b}_{k-1}=\frac{1}{k!}\boldsymbol{A}^k\boldsymbol{b}_0$$

$$\cdots\cdots$$

由式(9-37)，取 $t=0$，得 $\boldsymbol{b}_0=\boldsymbol{x}(0)=\boldsymbol{x}_0$。于是得到式(9-36)的解为

$$\boldsymbol{x}(t)=\left(I+\boldsymbol{A}t+\frac{1}{2!}\boldsymbol{A}^2t^2+\cdots+\frac{1}{k!}\boldsymbol{A}^kt^k+\cdots\right)=\mathrm{e}^{\boldsymbol{A}t}\boldsymbol{x}(0)=\mathrm{e}^{\boldsymbol{A}t}\boldsymbol{x}_0 \tag{9-39}$$

式中：

$$\mathrm{e}^{\boldsymbol{A}t}=I+\boldsymbol{A}t+\frac{1}{2!}\boldsymbol{A}^2t^2+\cdots+\frac{1}{k!}\boldsymbol{A}^kt^k+\cdots$$

称 $\mathrm{e}^{\boldsymbol{A}t}$ 为矩阵指数函数，简称矩阵指数。

由于 $\boldsymbol{x}(t)$ 是初始状态 $\boldsymbol{x}(0)$ 转移而来，对于线性定常系统 $\boldsymbol{e}^{\boldsymbol{A}t}$ 又称为状态转移矩阵，记为 $\boldsymbol{\Phi}(t)$，即 $\boldsymbol{\Phi}(t)=\boldsymbol{e}^{\boldsymbol{A}t}$。将 $t=0$ 代入式(9-39)得到

$$\boldsymbol{x}(0)=\boldsymbol{\Phi}(0)\boldsymbol{x}(0)$$

因为上式对所有 $\boldsymbol{x}(0)$ 均成立，所以有 $\boldsymbol{\Phi}(0)=\boldsymbol{I}_{n\times n}$，为 n 阶单位阵。

如果系统状态不是从 $t=0$ 时的状态 $\boldsymbol{x}(0)$，而是从 $t=t_0$ 时刻的状态 $\boldsymbol{x}(t_0)$ 开始转移，则齐次状态方程的解可写成：

$$\boldsymbol{x}(t)=\boldsymbol{\Phi}(t-t_0)\boldsymbol{x}(t_0)$$

9.3.2　状态转移矩阵的性质

(1) $\boldsymbol{\Phi}(0)=\boldsymbol{I}$

(2) $\dot{\boldsymbol{\Phi}}(t)=\boldsymbol{A}\boldsymbol{\Phi}(t)=\boldsymbol{\Phi}(t)\boldsymbol{A}$

证明　$\boldsymbol{\Phi}(t)=\boldsymbol{I}+\boldsymbol{A}t+\frac{1}{2!}\boldsymbol{A}^2t^2+\cdots+\frac{1}{k!}\boldsymbol{A}^kt^k+\cdots$，

$$\dot{\boldsymbol{\Phi}}(t)=\boldsymbol{A}+\boldsymbol{A}^2t+\frac{1}{2!}\boldsymbol{A}^3t^2+\frac{1}{3!}\boldsymbol{A}^4t^3+\cdots$$

$$=\boldsymbol{A}\left(\boldsymbol{I}+\boldsymbol{A}t+\frac{1}{2!}\boldsymbol{A}^2t^2+\frac{1}{3!}\boldsymbol{A}^3t^3+\cdots\right)=\boldsymbol{A}\boldsymbol{\Phi}(t)=\boldsymbol{\Phi}(t)\boldsymbol{A}$$

由性质(2)，可知 $\dot{\boldsymbol{\Phi}}(0)=\boldsymbol{A}\boldsymbol{\Phi}(0)=\boldsymbol{A}$

(3) $\boldsymbol{\Phi}(t_1+t_2)=\boldsymbol{\Phi}(t_1)\boldsymbol{\Phi}(t_2)=\boldsymbol{\Phi}(t_2)\boldsymbol{\Phi}(t_1)$

$$\boldsymbol{\Phi}(t_1+t_2)=\mathrm{e}^{\boldsymbol{A}(t_1+t_2)}=\mathrm{e}^{\boldsymbol{A}(t_2+t_1)}=\mathrm{e}^{\boldsymbol{A}t_1}\mathrm{e}^{\boldsymbol{A}t_2}=\mathrm{e}^{\boldsymbol{A}t_2}\mathrm{e}^{\boldsymbol{A}t_1}$$

(4) $\boldsymbol{\Phi}^{-1}(t)=\boldsymbol{\Phi}(-t)$

证明　$\boldsymbol{\Phi}(t)=\mathrm{e}^{\boldsymbol{A}t}$，将 $\mathrm{e}^{-\boldsymbol{A}t}$ 右乘该式得

$$\boldsymbol{\Phi}(t)\mathrm{e}^{-\boldsymbol{A}t}=\boldsymbol{\Phi}(t)\boldsymbol{\Phi}(-t)=\mathrm{e}^{\boldsymbol{A}t}\mathrm{e}^{-\boldsymbol{A}t}=\mathrm{e}^{\boldsymbol{A}(t-t)}=\boldsymbol{\Phi}(0)=\boldsymbol{I}$$

对 $\boldsymbol{\Phi}(t)\boldsymbol{\Phi}(-t)=\boldsymbol{I}$ 左乘 $\boldsymbol{\Phi}^{-1}(t)$，即可得到 $\boldsymbol{\Phi}(-t)=\boldsymbol{\Phi}^{-1}(t)$

根据这一定理，对于线性定常系统，显然有

$$\boldsymbol{x}(t)=\boldsymbol{\Phi}(t)\boldsymbol{x}(0),\quad \boldsymbol{x}(0)=\boldsymbol{\Phi}^{-1}(t)\boldsymbol{x}(t)=\boldsymbol{\Phi}(-t)\boldsymbol{x}(t)$$

这说明状态转移具有可逆性，$\boldsymbol{x}(t)$ 可由 $\boldsymbol{x}(0)$ 转移而来；$\boldsymbol{x}(0)$ 也可由 $\boldsymbol{x}(t)$ 转移而来。

(5) $\boldsymbol{\Phi}(t_2-t_1)\boldsymbol{\Phi}(t_1-t_0)=\boldsymbol{\Phi}(t_2-t_0)$

证明　当系统由 $\boldsymbol{x}(t_0)$ 转移到 $\boldsymbol{x}(t_1)$ 时，有 $\boldsymbol{x}(t_1)=\boldsymbol{\Phi}(t_1-t_0)\boldsymbol{x}(t_0)$；当系统由 $\boldsymbol{x}(t_1)$ 转移到 $\boldsymbol{x}(t_2)$ 时，有

$$\boldsymbol{x}(t_2)=\boldsymbol{\Phi}(t_2-t_1)\boldsymbol{x}(t_1)$$

将 $\boldsymbol{x}(t_1)$ 代入上式得

$$\boldsymbol{x}(t_2)=\boldsymbol{\Phi}(t_2-t_1)\boldsymbol{x}(t_1)=\boldsymbol{\Phi}(t_2-t_1)\boldsymbol{\Phi}(t_1-t_0)\boldsymbol{x}(t_0)$$

而 $\boldsymbol{x}(t_2)=\boldsymbol{\Phi}(t_2-t_0)\boldsymbol{x}(t_0)$，所以，$\boldsymbol{\Phi}(t_2-t_1)\boldsymbol{\Phi}(t_1-t_0)=\boldsymbol{\Phi}(t_2-t_0)$ 成立。

(6) 若矩阵 $\boldsymbol{A}$、$\boldsymbol{B}$ 满足 $\boldsymbol{AB}=\boldsymbol{BA}$，则

$$\mathrm{e}^{(\boldsymbol{A}+\boldsymbol{B})t}=\mathrm{e}^{\boldsymbol{A}t}\mathrm{e}^{\boldsymbol{B}t}=\mathrm{e}^{\boldsymbol{B}t}\mathrm{e}^{\boldsymbol{A}t}$$

若 $\boldsymbol{AB}\neq\boldsymbol{BA}$，则

$$\mathrm{e}^{(\boldsymbol{A}+\boldsymbol{B})t}\neq\mathrm{e}^{\boldsymbol{A}t}\mathrm{e}^{\boldsymbol{B}t}\neq\mathrm{e}^{\boldsymbol{B}t}\mathrm{e}^{\boldsymbol{A}t}$$

例 9-7　已知

$$\boldsymbol{\Phi}_1(t)=\begin{bmatrix}6\mathrm{e}^{-t}-5\mathrm{e}^{-2t} & 4\mathrm{e}^{-t}-4\mathrm{e}^{-2t}\\ -3\mathrm{e}^{-t}+3\mathrm{e}^{-2t} & -2\mathrm{e}^{-t}+3\mathrm{e}^{-2t}\end{bmatrix},\quad \boldsymbol{\Phi}_2(t)=\begin{bmatrix}2\mathrm{e}^{-t}-\mathrm{e}^{-2t} & \mathrm{e}^{-t}-\mathrm{e}^{-2t}\\ -2\mathrm{e}^{-t}+2\mathrm{e}^{-2t} & -\mathrm{e}^{-t}+2\mathrm{e}^{-2t}\end{bmatrix}$$

判断 $\boldsymbol{\Phi}_1,\boldsymbol{\Phi}_2$ 是否是状态转移矩阵。若是，则确定系统的状态阵 $\boldsymbol{A}$；如果不是，请说明理由。

解 转移矩阵应满足：$\dot{\boldsymbol{\Phi}}=\boldsymbol{A}\boldsymbol{\Phi},\boldsymbol{\Phi}(0)=\boldsymbol{I}$，分别代入 $t=0$ 得到

$$\boldsymbol{\Phi}_1(0)=\begin{bmatrix}1 & 0\\ 0 & 1\end{bmatrix}=\boldsymbol{I}\quad \boldsymbol{\Phi}_2(0)=\begin{bmatrix}1 & 0\\ 0 & 1\end{bmatrix}=\boldsymbol{I}$$

假设 $\boldsymbol{\Phi}_1(t)$、$\boldsymbol{\Phi}_2(t)$ 为转移矩阵，那么有

$$\boldsymbol{A}_1=\dot{\boldsymbol{\Phi}}_1(t)\big|_{t=0}=\begin{bmatrix}-6\mathrm{e}^{-t}+10\mathrm{e}^{-2t} & -4\mathrm{e}^{-t}+8\mathrm{e}^{-2t}\\ 3\mathrm{e}^{-t}-6\mathrm{e}^{-2t} & 2\mathrm{e}^{-t}-6\mathrm{e}^{-2t}\end{bmatrix}\Bigg|_{t=0}=\begin{bmatrix}4 & 4\\ -3 & -4\end{bmatrix}$$

$$\boldsymbol{A}_2=\dot{\boldsymbol{\Phi}}_2(t)\big|_{t=0}=\begin{bmatrix}-2\mathrm{e}^{-t}+2\mathrm{e}^{-2t} & -\mathrm{e}^{-t}+2\mathrm{e}^{-2t}\\ 2\mathrm{e}^{-t}-4\mathrm{e}^{-2t} & \mathrm{e}^{-t}-4\mathrm{e}^{-2t}\end{bmatrix}\Bigg|_{t=0}=\begin{bmatrix}0 & 1\\ -2 & -3\end{bmatrix}$$

则

$$\boldsymbol{A}_1\boldsymbol{\Phi}_1(t)=\begin{bmatrix}12\mathrm{e}^{-t}-8\mathrm{e}^{-2t} & 8\mathrm{e}^{-t}-4\mathrm{e}^{-2t}\\ -9\mathrm{e}^{-t}+8\mathrm{e}^{-2t} & -6\mathrm{e}^{-t}+4\mathrm{e}^{-2t}\end{bmatrix}\neq\dot{\boldsymbol{\Phi}}_1(t)$$

$$\boldsymbol{A}_2\boldsymbol{\Phi}_2(t)=\begin{bmatrix}-2\mathrm{e}^{-t}+2\mathrm{e}^{-2t} & -\mathrm{e}^{-t}+2\mathrm{e}^{-2t}\\ 2\mathrm{e}^{-t}-4\mathrm{e}^{-2t} & \mathrm{e}^{-t}-4\mathrm{e}^{-2t}\end{bmatrix}=\dot{\boldsymbol{\Phi}}_2(t)$$

所以 $\boldsymbol{\Phi}_1(t)$ 不是状态转移矩阵；$\boldsymbol{\Phi}_2(t)$ 是状态转移矩阵。

由 $\dot{\boldsymbol{\Phi}}_2(0)=\boldsymbol{A}_2\boldsymbol{\Phi}_2(0)=\boldsymbol{A}_2\boldsymbol{I}=\begin{bmatrix}-2\mathrm{e}^{-t}+2\mathrm{e}^{-2t} & -\mathrm{e}^{-t}+2\mathrm{e}^{-2t}\\ 2\mathrm{e}^{-t}-4\mathrm{e}^{-2t} & \mathrm{e}^{-t}-4\mathrm{e}^{-2t}\end{bmatrix}\Bigg|_{t=0}$，得到状态矩阵：

$$\boldsymbol{A}_2=\begin{bmatrix}0 & 1\\ -2 & -3\end{bmatrix}$$

9.3.3 状态转移矩阵 $\mathrm{e}^{\boldsymbol{A}t}$ 的计算

(1) 根据 $\mathrm{e}^{\boldsymbol{A}t}$ 的定义直接计算：

$$\mathrm{e}^{\boldsymbol{A}t}=\boldsymbol{I}+\boldsymbol{A}t+\frac{1}{2}\boldsymbol{A}^2t^2+\cdots+\frac{1}{k!}\boldsymbol{A}^kt^k+\cdots$$

例 9-8 已知 $\boldsymbol{A}=\begin{bmatrix}0 & 3\\ -2 & -5\end{bmatrix}$，求 $\mathrm{e}^{\boldsymbol{A}t}$

解

$$\begin{aligned}\mathrm{e}^{\boldsymbol{A}t}&=\begin{bmatrix}1 & 0\\ 0 & 1\end{bmatrix}+\begin{bmatrix}0 & 3\\ -2 & -5\end{bmatrix}t+\frac{1}{2!}\begin{bmatrix}0 & 3\\ -2 & -5\end{bmatrix}^2t^2+\frac{1}{3!}\begin{bmatrix}0 & 3\\ -2 & -5\end{bmatrix}^3t^3+\cdots\\ &=\begin{bmatrix}1-3t^2+5t^3+\cdots & 3t-\dfrac{15}{2}t^2+\dfrac{57}{6}t^3+\cdots\\ -2t+5t^2-\dfrac{19}{3}t^3+\cdots & 1-5t+\dfrac{19}{2}t^2-\dfrac{65}{6}t^3+\cdots\end{bmatrix}\end{aligned}$$

此法具有步骤简单和编程容易的优点，适合于计算机计算。但是采用此法计算难以获得

解析解。

(2) 利用拉氏变换方法计算。

对于齐次方程：

$$\dot{\boldsymbol{x}}=\boldsymbol{A}\boldsymbol{x},\quad \boldsymbol{x}(0)=\boldsymbol{x}_0 \tag{9-40}$$

经拉氏变换后得到

$$s\boldsymbol{X}(s)-\boldsymbol{x}_0=\boldsymbol{A}\boldsymbol{X}(s)$$

从而得到

$$\boldsymbol{X}(s)=(s\boldsymbol{I}-\boldsymbol{A})^{-1}\boldsymbol{x}_0$$

对上式两边取拉氏反变换，得到式(9-40)的解为

$$\boldsymbol{x}(t)=\boldsymbol{L}^{-1}[(s\boldsymbol{I}-\boldsymbol{A})^{-1}]\boldsymbol{x}_0 \tag{9-41}$$

将式(9-41)和式(9-39)比较，故有

$$\mathrm{e}^{\boldsymbol{A}t}=\boldsymbol{L}^{-1}[(s\boldsymbol{I}-\boldsymbol{A})^{-1}] \tag{9-42}$$

例 9-9　已知 $\boldsymbol{A}=\begin{bmatrix}0 & 1\\ -2 & -3\end{bmatrix}$，求 $\mathrm{e}^{\boldsymbol{A}t}$

解　$s\boldsymbol{I}-\boldsymbol{A}=\begin{bmatrix}s & -1\\ 2 & s+3\end{bmatrix}$，故：

$$(s\boldsymbol{I}-\boldsymbol{A})^{-1}=\frac{1}{|s\boldsymbol{I}-\boldsymbol{A}|}\mathrm{adj}(s\boldsymbol{I}-\boldsymbol{A})=\frac{1}{(s+1)(s+2)}\begin{bmatrix}s+3 & 1\\ -2 & s\end{bmatrix}$$

$$=\begin{bmatrix}\dfrac{s+3}{(s+1)(s+2)} & \dfrac{1}{(s+1)(s+2)}\\ \dfrac{-2}{(s+1)(s+2)} & \dfrac{s}{(s+1)(s+2)}\end{bmatrix}=\begin{bmatrix}\dfrac{2}{s+1}-\dfrac{1}{s+2} & \dfrac{1}{s+1}-\dfrac{1}{s+2}\\ \dfrac{-2}{s+1}+\dfrac{2}{s+2} & \dfrac{-1}{s+1}+\dfrac{2}{s+2}\end{bmatrix}$$

所以：

$$\mathrm{e}^{\boldsymbol{A}t}=\boldsymbol{L}^{-1}[(s\boldsymbol{I}-\boldsymbol{A})^{-1}]=\begin{bmatrix}2\mathrm{e}^{-t}-\mathrm{e}^{-2t} & \mathrm{e}^{-t}-\mathrm{e}^{-2t}\\ 2\mathrm{e}^{-t}+\mathrm{e}^{-2t} & -\mathrm{e}^{-t}+2\mathrm{e}^{-2t}\end{bmatrix}$$

(3) 利用对角标准形或约当标准形矩阵计算。

首先介绍两种常见矩阵的状态转移矩阵。

若 $\boldsymbol{A}$ 为对角矩阵，即

$$\boldsymbol{A}=\begin{bmatrix}\lambda_1 & & & \\ & \lambda_2 & & \\ & & \ddots & \\ & & & \lambda_n\end{bmatrix},\quad 则\quad \mathrm{e}^{\boldsymbol{A}t}=\begin{bmatrix}\mathrm{e}^{\lambda_1 t} & & & \\ & \mathrm{e}^{\lambda_2 t} & & \\ & & \ddots & \\ & & & \mathrm{e}^{\lambda_n t}\end{bmatrix} \tag{9-43}$$

若 $\boldsymbol{A}$ 为约当矩阵：

$$\boldsymbol{A}=\begin{bmatrix}\lambda & 1 & & \\ & \lambda & \ddots & \\ & & \ddots & 1\\ & & & \lambda\end{bmatrix}$$

则

$$
e^{At}=\begin{bmatrix} e^{\lambda t} & te^{\lambda t} & \frac{t^2}{2}e^{\lambda t} & \cdots & \frac{t^{m-1}}{(m-1)!}e^{\lambda t} \\ 0 & e^{\lambda t} & te^{\lambda t} & \cdots & \frac{t^{m-2}}{(m-2)!}e^{\lambda t} \\ \vdots & \vdots & \vdots & & \vdots \\ 0 & 0 & 0 & \cdots & te^{\lambda t} \\ 0 & 0 & 0 & \cdots & e^{\lambda t} \end{bmatrix} \tag{9-44}
$$

用幂级数展开式即可证明式(9-43)和式(9-44)成立。

当矩阵 $\boldsymbol{A}$ 具有相异的特征值，矩阵 $\boldsymbol{A}$ 可化为对角阵时，则存在非奇异矩阵 $\boldsymbol{P}$ 使得

$$
\boldsymbol{P}^{-1}\boldsymbol{A}\boldsymbol{P}=\overline{\boldsymbol{A}}=\begin{bmatrix} \lambda_1 & & & \\ & \lambda_2 & & \\ & & \ddots & \\ & & & \lambda_n \end{bmatrix} \tag{9-45}
$$

对奇次状态方程 $\dot{\boldsymbol{x}}=\boldsymbol{A}\boldsymbol{x}$ 作坐标变换 $\overline{\boldsymbol{x}}=\boldsymbol{P}^{-1}\boldsymbol{x}$，则有

$$
\dot{\overline{\boldsymbol{x}}}=\overline{\boldsymbol{A}}\,\overline{\boldsymbol{x}} \tag{9-46}
$$

式(9-46)的解为

$$
\overline{\boldsymbol{x}}(t)=e^{\overline{\boldsymbol{A}}t}\overline{\boldsymbol{x}}(0)=e^{\overline{\boldsymbol{A}}t}\boldsymbol{P}^{-1}\boldsymbol{x}(0) \tag{9-47}
$$

$\dot{\boldsymbol{x}}=\boldsymbol{A}\boldsymbol{x}$ 的解为 $\boldsymbol{x}(t)=e^{\boldsymbol{A}t}\boldsymbol{x}(0)$。代入到 $\overline{\boldsymbol{x}}=\boldsymbol{P}^{-1}\boldsymbol{x}$，得到

$$
\overline{\boldsymbol{x}}(t)=\boldsymbol{P}^{-1}\boldsymbol{x}(t)=\boldsymbol{P}^{-1}e^{\boldsymbol{A}t}\boldsymbol{x}(0) \tag{9-48}
$$

比较式(9-47)和式(9-48)得到 $\boldsymbol{P}^{-1}e^{\boldsymbol{A}t}=e^{\overline{\boldsymbol{A}}t}\boldsymbol{P}^{-1}$，从而有

$$
e^{\boldsymbol{A}t}=\boldsymbol{P}e^{\overline{\boldsymbol{A}}t}\boldsymbol{P}^{-1} \tag{9-49}
$$

类似地，当矩阵 $\boldsymbol{A}$ 的特征值有重根，可化为约当阵时，存在非奇异矩阵 $\boldsymbol{P}$ 使得

$$
\boldsymbol{J}=\boldsymbol{P}^{-1}\boldsymbol{A}\boldsymbol{P}=\begin{bmatrix} \lambda & 1 & & \\ & \lambda & \ddots & \\ & & \ddots & 1 \\ & & & \lambda \end{bmatrix}
$$

此时：

$$
e^{\boldsymbol{A}t}=\boldsymbol{P}e^{\boldsymbol{J}t}\boldsymbol{P}^{-1} \tag{9-50}
$$

例 9-10　已知 $\boldsymbol{A}=\begin{bmatrix} 0 & 1 & -1 \\ -6 & -11 & 6 \\ -6 & -11 & 5 \end{bmatrix}$，求 $e^{\boldsymbol{A}t}$

解　矩阵特征方程为

$$
|\lambda\boldsymbol{I}-\boldsymbol{A}|=\begin{vmatrix} \lambda & -1 & 1 \\ 6 & \lambda+11 & -6 \\ 6 & 11 & \lambda-5 \end{vmatrix}=(\lambda+1)(\lambda+2)(\lambda+3)=0
$$

解得特征值为 $\lambda_1=-1,\lambda_2=-2,\lambda_3=-3$，特征值互异，矩阵可化为对角阵。求得变换矩阵为

$$P=\begin{bmatrix}1 & 1/2 & 1/3\\ 0 & 1 & 2\\ 1 & 2 & 3\end{bmatrix}\quad P^{-1}=\begin{bmatrix}3 & 5/2 & -2\\ -6 & -8 & 6\\ 3 & 9/2 & 3\end{bmatrix}$$

所以：

$$e^{At}=Pe^{\bar{A}t}P^{-1}=P\begin{bmatrix}e^{\lambda_1 t} & & \\ & e^{\lambda_2 t} & \\ & & e^{\lambda_3 t}\end{bmatrix}P^{-1}=\begin{bmatrix}1 & 1/2 & 1/3\\ 0 & 1 & 2\\ 1 & 2 & 3\end{bmatrix}\begin{bmatrix}e^{-t} & & \\ & e^{-2t} & \\ & & e^{-3t}\end{bmatrix}\begin{bmatrix}3 & 5/2 & -2\\ -6 & -8 & 6\\ 3 & 9/2 & 3\end{bmatrix}$$

$$=\begin{bmatrix}3e^{-t}-3e^{-2t}+e^{-3t} & \frac{5}{2}e^{-t}-4e^{-2t}+\frac{3}{2}e^{-3t} & -2e^{-t}+3e^{-2t}+e^{-3t}\\ -6e^{-2t}+6e^{-3t} & -8e^{-2t}+9e^{-3t} & 6e^{-2t}+6e^{-3t}\\ 3e^{-t}-12e^{-2t}+9e^{-3t} & \frac{5}{2}e^{-t}-16e^{-2t}+\frac{27}{2}e^{-3t} & -2e^{-t}+12e^{-2t}+9e^{-3t}\end{bmatrix}$$

9.3.4 线性定常系统非齐次方程的解

下面讨论线性定常系统在控制作用 $\boldsymbol{u}(t)\neq 0$ 时的运动情况。此时状态方程为非齐次方程：

$$\dot{\boldsymbol{x}}=\boldsymbol{A}\boldsymbol{x}+\boldsymbol{B}\boldsymbol{u} \tag{9-51}$$

式中：$\boldsymbol{x}$ 为 n 维列向量；$\boldsymbol{u}$ 为 p 维列向量；$\boldsymbol{B}$ 为 $n\times p$ 常数矩阵。

把式(9-51)改写为

$$\dot{\boldsymbol{x}}(t)-\boldsymbol{A}\boldsymbol{x}(t)=\boldsymbol{B}\boldsymbol{u}(t) \tag{9-52}$$

以 e^{-At} 左乘等式两边得

$$e^{-At}[\dot{\boldsymbol{x}}(t)-\boldsymbol{A}\boldsymbol{x}(t)]=\frac{d}{dt}[e^{-At}\boldsymbol{x}(t)]=e^{-At}\boldsymbol{B}\boldsymbol{u}(t) \tag{9-53}$$

在 0 到 t 之间对上式进行积分：

$$e^{-At}\boldsymbol{x}(t)=\boldsymbol{x}(0)+\int_0^t e^{-A\tau}\boldsymbol{B}\boldsymbol{u}(\tau)d\tau,\quad t\geqslant 0$$

然后等式两边右乘 e^{At}，可得

$$\boldsymbol{x}(t)=e^{At}\boldsymbol{x}(0)+\int_0^t e^{A(t-\tau)}\boldsymbol{B}\boldsymbol{u}(\tau)d\tau,\quad t\geqslant 0 \tag{9-54}$$

式(9-54)即为非齐次状态方程式(9-51)假定初始时刻为 0 的解。如果初始时刻为 t_0，则相应的解的形式为

$$\boldsymbol{x}(t)=e^{A(t-t_0)}\boldsymbol{x}(t_0)+\int_{t_0}^t e^{A(t-\tau)}\boldsymbol{B}\boldsymbol{u}(\tau)d\tau,\quad t\geqslant t_0 \tag{9-55}$$

式(9-55)的解 $\boldsymbol{x}(t)$ 由两部分组成：等式右边第一项表示由初始状态引起的自由运动，是零输入响应；第二项表示由控制激励作用引起的强制运动，又称零状态响应。

例 9-11　试求下述系统在单位阶跃函数作用下的解：

$$\dot{\boldsymbol{x}}=\begin{bmatrix}0 & 1\\ -2 & -3\end{bmatrix}\boldsymbol{x}+\begin{bmatrix}0\\ 1\end{bmatrix}u$$

解 系统状态转移矩阵为

$$\mathrm{e}^{\boldsymbol{A}t}=\begin{bmatrix}2\mathrm{e}^{-t}-\mathrm{e}^{-2t} & \mathrm{e}^{-t}-\mathrm{e}^{-2t}\\ -2\mathrm{e}^{-t}+2\mathrm{e}^{-2t} & -\mathrm{e}^{-t}+2\mathrm{e}^{-2t}\end{bmatrix}$$

因为 $u(t)=1,t\geqslant 0$,所以有

$$\begin{aligned}\boldsymbol{x}(t)&=\mathrm{e}^{\boldsymbol{A}t}\boldsymbol{x}(0)+\int_0^t \mathrm{e}^{\boldsymbol{A}(t-\tau)}\boldsymbol{B}\boldsymbol{u}(\tau)\mathrm{d}\tau=\mathrm{e}^{\boldsymbol{A}t}\boldsymbol{x}(0)+\int_0^t \mathrm{e}^{\boldsymbol{A}(t-\tau)}\boldsymbol{B}\mathrm{d}\tau\\&=\begin{bmatrix}2\mathrm{e}^{-t}-\mathrm{e}^{-2t} & \mathrm{e}^{-t}-\mathrm{e}^{-2t}\\ -2\mathrm{e}^{-t}+2\mathrm{e}^{-2t} & -\mathrm{e}^{-t}+2\mathrm{e}^{-2t}\end{bmatrix}\begin{bmatrix}x_1(0)\\ x_2(0)\end{bmatrix}+\begin{bmatrix}\dfrac{1}{2}-\mathrm{e}^{-t}+\dfrac{1}{2}\mathrm{e}^{-2t}\\ \mathrm{e}^{-t}-\mathrm{e}^{-2t}\end{bmatrix}\end{aligned}$$

例 9-12 设系统状态方程为 $\dot{\boldsymbol{x}}=\boldsymbol{A}\boldsymbol{x},\boldsymbol{A}\in\boldsymbol{R}^{2\times 2}$,当 $\boldsymbol{x}(0)=\begin{bmatrix}2\\ 1\end{bmatrix}$时,$\boldsymbol{x}(t)=\begin{bmatrix}2\mathrm{e}^{-t}\\ \mathrm{e}^{-t}\end{bmatrix}$;当 $\boldsymbol{x}(0)=\begin{bmatrix}1\\ 1\end{bmatrix}$时,$\boldsymbol{x}(t)=\begin{bmatrix}\mathrm{e}^{-t}+2t\mathrm{e}^{-t}\\ \mathrm{e}^{-t}+t\mathrm{e}^{-t}\end{bmatrix}$,试求系统状态转移矩阵 $\mathrm{e}^{\boldsymbol{A}t}$ 和矩阵 $\boldsymbol{A}$。

解 由题意:

$$\begin{bmatrix}2\mathrm{e}^{-t}\\ \mathrm{e}^{-t}\end{bmatrix}=\mathrm{e}^{\boldsymbol{A}t}\begin{bmatrix}2\\ 1\end{bmatrix},\quad \begin{bmatrix}\mathrm{e}^{-t}+2t\mathrm{e}^{-t}\\ \mathrm{e}^{-t}+t\mathrm{e}^{-t}\end{bmatrix}=\mathrm{e}^{\boldsymbol{A}t}\begin{bmatrix}1\\ 1\end{bmatrix}$$

把上述两式合并为矩阵运算形式,得

$$\begin{bmatrix}2\mathrm{e}^{-t} & \mathrm{e}^{-t}+2t\mathrm{e}^{-t}\\ \mathrm{e}^{-t} & \mathrm{e}^{-t}+t\mathrm{e}^{-t}\end{bmatrix}=\mathrm{e}^{\boldsymbol{A}t}\begin{bmatrix}2 & 1\\ 1 & 1\end{bmatrix}$$

从而有

$$\begin{aligned}\mathrm{e}^{\boldsymbol{A}t}&=\begin{bmatrix}2\mathrm{e}^{-t} & \mathrm{e}^{-t}+2t\mathrm{e}^{-t}\\ \mathrm{e}^{-t} & \mathrm{e}^{-t}+t\mathrm{e}^{-t}\end{bmatrix}\begin{bmatrix}2 & 1\\ 1 & 1\end{bmatrix}^{-1}\\&=\begin{bmatrix}\mathrm{e}^{-t}-2t\mathrm{e}^{-t} & 4t\mathrm{e}^{-t}\\ -t\mathrm{e}^{-t} & \mathrm{e}^{-t}+2t\mathrm{e}^{-t}\end{bmatrix}\end{aligned}$$

由此求得

$$\boldsymbol{A}=\left.\frac{\mathrm{d}\mathrm{e}^{\boldsymbol{A}t}}{\mathrm{d}t}\right|_{t=0}=\begin{bmatrix}-3 & 4\\ -1 & 1\end{bmatrix}$$

9.4 线性定常离散系统的状态空间描述

与线性连续系统一样,离散系统也可以用状态空间模型进行描述,其状态方程和输出方程形式与线性连续系统相类似。线性离散系统的动态方程可以利用系统的差分方程建立,也可以利用线性连续系统的动态方程进行离散化得到。

9.4.1　由差分方程或脉冲传递函数建立动态方程

在经典控制理论中，离散系统通常用差分方程或脉冲传递函数来描述。设单输入单输出线性定常离散系统的差分方程为

$$\begin{aligned} &y(k+n)+a_{n-1}y(k+n-1)+\cdots+a_1y(k+1)+a_0y(k) \\ &=b_nu(k+n)+b_{n-1}u(k+n-1)+\cdots+b_1u(k+1)+b_0u(k) \end{aligned} \tag{9-56}$$

式中：k 表示 kT 时刻；T 为采样周期；a_i、b_i $(i=0,1,2,\cdots,n)$ 为表征系统特征的常数系数；$u(k)$、$y(k)$ 分别为 kT 时刻的输入、输出。

对式(9-56)进行 z 变换，得到系统脉冲传递函数为

$$\begin{aligned} G(z)&=\frac{Y(z)}{U(z)}=\frac{b_nz^n+b_{n-1}z^{n-1}+\cdots+b_1z+b_0}{z^n+a_{n-1}z^{n-1}+\cdots+a_1z+a_0} \\ &=b_n+\frac{\beta_{n-1}z^{n-1}+\cdots+\beta_1z+\beta_0}{z^n+a_{n-1}z^{n-1}+\cdots+a_1z+a_0}=b_n+\frac{N(z)}{D(z)} \end{aligned} \tag{9-57}$$

式(9-57)与式(9-14)所示连续系统的传递函数在形式上相同，故可以仿照连续系统动态方程的建立方法，参照式(9-16)写出线性定常离散系统的动态方程式为

$$\begin{bmatrix} x_1(k+1) \\ x_2(k+1) \\ \vdots \\ x_{n-1}(k+1) \\ x_n(k+1) \end{bmatrix}=\begin{bmatrix} 0 & 1 & 0 & \cdots & 0 \\ 0 & 0 & 1 & \cdots & 0 \\ \vdots & \vdots & \vdots & & \vdots \\ 0 & 0 & 0 & \cdots & 1 \\ -a_0 & -a_1 & -a_2 & \cdots & -a_{n-1} \end{bmatrix}\begin{bmatrix} x_1(k) \\ x_2(k) \\ \vdots \\ x_{n-1}(k) \\ x_n(k) \end{bmatrix}+\begin{bmatrix} 0 \\ 0 \\ \vdots \\ 0 \\ 1 \end{bmatrix}u(k) \tag{9-58a}$$

$$y(k)=[\beta_0\quad \beta_1\quad \cdots\quad \beta_{n-1}]\boldsymbol{x}(k)+b_nu(k) \tag{9-58b}$$

简记为

$$\begin{aligned} \boldsymbol{x}(k+1)&=\boldsymbol{G}\boldsymbol{x}(k)+\boldsymbol{h}u(k) \\ y(k)&=\boldsymbol{c}\boldsymbol{x}(k)+du(k) \end{aligned} \tag{9-59}$$

式中：$\boldsymbol{G}$ 为友矩阵；$(\boldsymbol{G},\boldsymbol{h})$ 为系统能控标准形实现。

相应地，线性定常多输入多输出离散系统的动态方程记为

$$\begin{aligned} \boldsymbol{x}(k+1)&=\boldsymbol{G}\boldsymbol{x}(k)+\boldsymbol{H}\boldsymbol{u}(k) \\ \boldsymbol{y}(k)&=\boldsymbol{C}\boldsymbol{x}(k)+\boldsymbol{D}\boldsymbol{u}(k) \end{aligned} \tag{9-60}$$

9.4.2　连续时间状态空间表达式的离散化

设线性定常连续系统的动态方程为

$$\dot{\boldsymbol{x}}(t)=\boldsymbol{A}\boldsymbol{x}(t)+\boldsymbol{B}\boldsymbol{u}(t)$$

已知系统初始状态为 $\boldsymbol{x}(t_0)$，则状态方程的解为

$$\boldsymbol{x}(t)=\boldsymbol{\Phi}(t-t_0)\boldsymbol{x}(t_0)+\int_{t_0}^{t}\boldsymbol{\Phi}(t-\tau)\boldsymbol{B}\boldsymbol{u}(\tau)\mathrm{d}\tau \tag{9-61}$$

令 $t_0=kT$、$t=(k+1)T$，则 $\boldsymbol{x}(t_0)=\boldsymbol{x}(kT)=\boldsymbol{x}(k)$、$\boldsymbol{x}(t)=\boldsymbol{x}[(k+1)T]=\boldsymbol{x}(k+1)$；在 $t\in[kT,(k+1)T)$ 采样周期内，$u(t)=u(k)=$ 常量。因而，式(9-61)可改写为

$$\boldsymbol{x}(k+1)=\boldsymbol{\Phi}(T)\boldsymbol{x}(k)+\int_{kT}^{(k+1)T}\boldsymbol{\Phi}[(k+1)T-\tau]\boldsymbol{B}\mathrm{d}\tau\cdot\boldsymbol{u}(k) \tag{9-62}$$

记 $\boldsymbol{H}(T)=\int_{kT}^{(k+1)T}\boldsymbol{\Phi}[(k+1)T-\tau]\boldsymbol{B}\mathrm{d}\tau$，为便于计算令 $\tau'=(k+1)T-\tau$，则

$$\boldsymbol{H}(T)=\int_{kT}^{(k+1)T}\boldsymbol{\Phi}[(k+1)T-\tau]\boldsymbol{B}\mathrm{d}\tau=-\int_{T}^{0}\boldsymbol{\Phi}(\tau')\boldsymbol{B}\mathrm{d}\tau'=\int_{0}^{T}\boldsymbol{\Phi}(\tau')\boldsymbol{B}\mathrm{d}\tau' \tag{9-63}$$

故离散化后系统的状态方程为

$$\boldsymbol{x}(k+1)=\boldsymbol{\Phi}(T)\boldsymbol{x}(k)+\boldsymbol{H}(T)\boldsymbol{u}(k) \tag{9-64}$$

式中：$\boldsymbol{\Phi}(T)$是由连续系统状态转移矩阵 $\boldsymbol{\Phi}(t)$导出，即有

$$\boldsymbol{\Phi}(T)=\boldsymbol{\Phi}(t)\big|_{t=T} \tag{9-65}$$

若连续系统输出方程为

$$\boldsymbol{y}(t)=\boldsymbol{C}\boldsymbol{x}(t)+\boldsymbol{D}\boldsymbol{u}(t)$$

对应离散系统输出方程为

$$\boldsymbol{y}(k)=\boldsymbol{C}\boldsymbol{x}(k)+\boldsymbol{D}\boldsymbol{u}(k) \tag{9-66}$$

例 9-13 已知连续系统的动态方程为$\dot{\boldsymbol{x}}=\begin{bmatrix}0 & 1\\ -2 & -3\end{bmatrix}\boldsymbol{x}+\begin{bmatrix}0\\1\end{bmatrix}\boldsymbol{u}$，$\boldsymbol{y}=[1\quad 0]\boldsymbol{x}$，设采样周期 $T=1\ \mathrm{s}$，试求离散化动态方程。

解 求得连续系统状态转移矩阵为

$$\boldsymbol{\Phi}(t)=\begin{bmatrix}2\mathrm{e}^{-t}-\mathrm{e}^{-2t} & \mathrm{e}^{-t}-\mathrm{e}^{-2t}\\ -2\mathrm{e}^{-t}+2\mathrm{e}^{-2t} & -\mathrm{e}^{-t}+2\mathrm{e}^{-2t}\end{bmatrix}$$

求得

$$\boldsymbol{\Phi}(T)=\boldsymbol{\Phi}(t)\bigg|_{t=1}=\begin{bmatrix}0.6004 & 0.2325\\ -0.4651 & -0.0972\end{bmatrix},$$

$$\boldsymbol{H}(T)=\int_{0}^{T}\boldsymbol{\Phi}(\tau)\boldsymbol{B}\mathrm{d}\tau=\int_{0}^{1}\begin{bmatrix}\mathrm{e}^{-\tau}-\mathrm{e}^{-2\tau}\\ -\mathrm{e}^{-\tau}+2\mathrm{e}^{-2\tau}\end{bmatrix}\mathrm{d}\tau=\begin{bmatrix}0.1998\\ 0.2325\end{bmatrix}$$

系统离散动态方程为

$$\boldsymbol{x}(k+1)=\begin{bmatrix}0.6004 & 0.2325\\ -0.4651 & -0.0972\end{bmatrix}\boldsymbol{x}(k)+\begin{bmatrix}0.1998\\ 0.2325\end{bmatrix}\boldsymbol{u}(k)$$

$$\boldsymbol{y}(k)=[1\quad 0]\boldsymbol{x}(k)$$

9.4.3 线性定常离散系统状态方程的解

求解线性定常系统离散状态方程的方法有递推法和 z 变换法。递推法非常适合于计算机编程实现，下面介绍递推法，对 z 变换法感兴趣的读者可参阅有关书籍。

线性定常离散时间系统的状态方程为

$$\boldsymbol{x}(k+1)=\boldsymbol{G}\boldsymbol{x}(k)+\boldsymbol{H}\boldsymbol{u}(k),\quad \boldsymbol{x}(k)\big|_{k=0}=\boldsymbol{x}(0) \tag{9-67}$$

用迭代法解矩阵差分方程式(9-67)：

$$\begin{aligned}&k=0,\boldsymbol{x}(1)=\boldsymbol{G}\boldsymbol{x}(0)+\boldsymbol{H}\boldsymbol{u}(0)\\ &k=1,\boldsymbol{x}(2)=\boldsymbol{G}\boldsymbol{x}(1)+\boldsymbol{H}\boldsymbol{u}(1)\\ &\qquad\quad=\boldsymbol{G}^{2}\boldsymbol{x}(0)+\boldsymbol{G}\boldsymbol{H}\boldsymbol{u}(0)+\boldsymbol{H}\boldsymbol{u}(1)\end{aligned}$$

$$
\begin{aligned}
k=2,\boldsymbol{x}(3)&=\boldsymbol{G}\boldsymbol{x}(2)+\boldsymbol{H}\boldsymbol{u}(2)\\
&=\boldsymbol{G}^3\boldsymbol{x}(0)+\boldsymbol{G}^2\boldsymbol{H}\boldsymbol{u}(0)+\boldsymbol{G}\boldsymbol{H}\boldsymbol{u}(1)+\boldsymbol{H}\boldsymbol{u}(2)\\
&\vdots\\
k=k-1,\boldsymbol{x}(k)&=\boldsymbol{G}\boldsymbol{x}(k-1)+\boldsymbol{H}\boldsymbol{u}(k-1)\\
&=\boldsymbol{G}^k\boldsymbol{x}(0)+\sum_{i=0}^{k-1}\boldsymbol{G}^{k-1-i}\boldsymbol{H}\boldsymbol{u}(i)
\end{aligned}
\tag{9-68}
$$

式(9-68)即为线性定常离散系统的状态方程式(9-67)的解。式(9-68)等号右边第一项为零输入响应,第二项为零状态响应。由该式可见,系统状态转移矩阵为

$$\boldsymbol{\Phi}(k)=\boldsymbol{G}^k$$

它是满足 $\boldsymbol{\Phi}(k+1)=\boldsymbol{G}\boldsymbol{\Phi}(k)$,$\boldsymbol{\Phi}(0)=\boldsymbol{I}$ 的唯一矩阵。系统输出矩阵为

$$
\begin{aligned}
\boldsymbol{y}(k)&=\boldsymbol{C}\boldsymbol{x}(k)+\boldsymbol{D}\boldsymbol{u}(k)\\
&=\boldsymbol{C}\boldsymbol{G}^k\boldsymbol{x}(0)+\boldsymbol{C}\sum_{i=0}^{k-1}\boldsymbol{G}^{k-1-i}\boldsymbol{H}\boldsymbol{u}(i)+\boldsymbol{D}\boldsymbol{u}(k)
\end{aligned}
$$

9.5　线性定常系统的能控性和能观性

现代控制理论是建立在用状态空间法描述系统的基础上的。状态方程描述了输入 $u(t)$ 引起状态 $x(t)$ 的变化过程;而输出方程描述了由状态变化所引起的输出 $y(t)$ 的变化。能控性定性地描述了输入 $u(t)$ 对状态 $x(t)$ 的控制能力,能观性则定性地描述了输出 $y(t)$ 对状态 $x(t)$ 的反映能力。简而言之,能控性回答了“输入能否控制状态的变化”的问题;能观性回答了“状态的变化能否由输出反映出来”的问题。

控制系统的能控性和能观性是卡尔曼(Kalman)于 20 世纪 60 年代提出来的。在现代控制工程中,许多基本的控制问题如系统极点的任意配置、状态观测器的设计、最优控制和最优估计等都与它们有关,因此能控性和能观性是现代控制理论中非常重要的两个概念。

例 9-14　已知系统动态方程如下,试分析系统能控性和能观性。

$$
\begin{aligned}
\dot{\boldsymbol{x}}&=\begin{bmatrix}1&0\\0&2\end{bmatrix}\boldsymbol{x}+\begin{bmatrix}0\\2\end{bmatrix}u\\
\boldsymbol{y}&=\begin{bmatrix}1&0\end{bmatrix}\boldsymbol{x}
\end{aligned}
$$

解　上述动态方程写成方程组形式:

$$
\begin{cases}
\dot{x}_1=x_1\\
\dot{x}_2=2x_2+2u
\end{cases}
\qquad y=x_1
$$

从状态方程来看,输入 u 不能控制状态变量 x_1,所以状态变量 x_1 是不可控的;从输出方程来看,输出 y 不能反映状态变量 x_2,所以状态变量 x_2 是不能观测的。即状态变量 x_1 不可控、可观测;状态变量 x_2 可控、不可观测。

9.5.1　线性定常连续系统的能控性定义

能控性所考察的是系统在控制作用 $u(t)$ 的控制下,状态向量 $x(t)$ 的转移情况,而与输出 $y(t)$

无关，所以能控性只需从状态方程的研究出发即可。

线性定常连续系统**能控性的定义**：对于线性定常连续系统$\dot{\boldsymbol{x}}=\boldsymbol{Ax}+\boldsymbol{Bu}$，如果存在一个无约束的分段连续的控制作用$\boldsymbol{u}(t)$，能在有限时间$t_f$ ($t_f>t_0$)内，使系统能够从任一非零初始状态$\boldsymbol{x}(t_0)$转移到t_f时刻的终端状态$\boldsymbol{x}(t_f)=0$，则称此系统是能控的。

若系统的所有状态都是能控的，则称此系统是状态完全能控的，简称系统能控。如果状态空间中存在一个或一些状态不可控，则称系统是不完全可控的，简称不可控。

如果规定初始状态为状态空间的原点，即$\boldsymbol{x}(t_0)=0$，存在容许控制作用$\boldsymbol{u}(t)$，能在有限时间t_f内，使得系统能够从初始状态$\boldsymbol{x}(t_0)=0$转移到任意一个非零有限终端状态$\boldsymbol{x}(t_f)$，则称系统是状态能达的。对于线性定常连续系统，能控性与能达性是等价的；但对于离散系统和时变系统，严格来说两者是不等价的。

9.5.2　线性定常连续系统的能控性判据

系统的能控性指的是控制作用$u(t)$与状态$x(t)$的关系，即控制作用$u(t)$对状态$x(t)$的控制能力，而与输出量y无关，因此系统的能控性判据仅涉及系统的状态方程。

1. 能控性判据定理

设线性连续定常系统的状态方程为

$$\dot{\boldsymbol{x}}=\boldsymbol{Ax}+\boldsymbol{bu},\quad \boldsymbol{x}\in R^{n\times n},\quad u\in R,\quad t_0=0 \tag{9-69}$$

系统状态完全能控的充分必要条件是由A、b构成的能控性矩阵：

$$S_c=[\boldsymbol{b}\quad \boldsymbol{Ab}\quad \boldsymbol{A}^2\boldsymbol{b}\quad \cdots\quad \boldsymbol{A}^{n-1}\boldsymbol{b}] \tag{9-70}$$

满秩，即$\mathrm{rank}S_c=n$。当$\mathrm{rank}S_c<n$时，则系统为不能控。

证明　式(9-69)状态方程的解为

$$\boldsymbol{x}(t_f)=\mathrm{e}^{\boldsymbol{A}t_f}\boldsymbol{x}(0)+\int_0^{t_f}\mathrm{e}^{\boldsymbol{A}(t_f-\tau)}\boldsymbol{bu}(\tau)\mathrm{d}\tau,\quad t>0 \tag{9-71}$$

设系统状态是能控的，则$\boldsymbol{x}(t_f)=0$，从而式(9-71)可改写为

$$\begin{aligned}\boldsymbol{x}(0)&=-\mathrm{e}^{-\boldsymbol{A}t_f}\int_0^{t_f}\mathrm{e}^{\boldsymbol{A}(t-\tau)}\boldsymbol{bu}(\tau)\mathrm{d}\tau\\&=-\int_0^{t_f}\mathrm{e}^{-\boldsymbol{A}\tau}\boldsymbol{bu}(\tau)\mathrm{d}\tau\end{aligned} \tag{9-72}$$

由于系统状态完全能控，故对于任意给定的非零初始状态$\boldsymbol{x}(0)$，必然能从式(9-72)中解出相应的$u(t)$。

由凯莱-哈密顿定理可知，设n阶矩阵$\boldsymbol{A}$的特征多项式为

$$f(\lambda)=|\lambda\boldsymbol{I}-\boldsymbol{A}|=\lambda^n+a_{n-1}\lambda^{n-1}+\cdots+a_1\lambda+a_0$$

则$\boldsymbol{A}$满足其特征方程，即

$$f(A)=A^n+a_{n-1}A^{n-1}+\cdots+a_1A+a_0I=0 \tag{9-73}$$

从而可以推论出：当$k\geqslant n$时，矩阵$\boldsymbol{A}$的k次幂可表示为$\boldsymbol{A}$的$n-1$阶多项式，即

$$\boldsymbol{A}^k=\sum_{m=0}^{n-1}a_m\boldsymbol{A}^m,\quad k\geqslant n \tag{9-74}$$

从而矩阵指数 e^{At} 可表示为 $\boldsymbol{A}$ 的 $n-1$ 阶多项式，即

$$e^{\boldsymbol{A}t} = \sum_{m=0}^{n-1} a_m(t)\boldsymbol{A}^m \tag{9-75}$$

式中：$a_0(t), a_1(t), \cdots, a_{n-1}(t)$ 为线性独立的。将式(9-75)代入式(9-72)得到

$$\begin{aligned}\boldsymbol{x}(0) &= -\int_0^{t_f} e^{-\boldsymbol{A}\tau}\boldsymbol{b}u(\tau)\mathrm{d}\tau \\ &= -\int_0^{t_f}\sum_{m=0}^{n-1} a_m(-\tau)\boldsymbol{A}^m\boldsymbol{b}u(\tau)\mathrm{d}\tau \\ &= -\sum_{m=0}^{n-1} A^m\boldsymbol{b}\int_0^{t_f} a_m(-\tau)u(\tau)\mathrm{d}\tau\end{aligned} \tag{9-76}$$

令 $u_m = \int_0^{t_f} a_m(-\tau)u(\tau)\mathrm{d}\tau,\quad m = 0,1,2,\cdots,n-1$，则式(9-76) 简化为

$$\boldsymbol{x}(0) = -\sum_{m=0}^{n-1} A^m\boldsymbol{b}u_m = -[\boldsymbol{b}\quad \boldsymbol{A}\boldsymbol{b}\quad \cdots\quad \boldsymbol{A}^{n-1}\boldsymbol{b}]\begin{bmatrix} u_0 \\ u_1 \\ \vdots \\ u_{n-1}\end{bmatrix} \tag{9-77}$$

或写作

$$\boldsymbol{S}_c\boldsymbol{u} = -\boldsymbol{x}(0) \tag{9-78}$$

式中：$\boldsymbol{S}_c = [\boldsymbol{b}\quad \boldsymbol{A}\boldsymbol{b}\quad \boldsymbol{A}^2\boldsymbol{b}\quad \cdots\quad \boldsymbol{A}^{n-1}\boldsymbol{b}]$ 为能控性矩阵；$\boldsymbol{u} = [u_0\quad u_1\quad \cdots\quad u_{n-1}]^{\mathrm{T}}$ 为待定的 $n\times 1$ 维向量。这样能控性问题就转化为一个任意给定非零初始状态 $\boldsymbol{x}(0)$，式(9-78)中 $\boldsymbol{u}$ 的解的存在性问题。由线性方程组解的存在定理可知，式(9-78)有解的充分必要条件为能控矩阵满秩，即

$$\mathrm{rank}S_c = \mathrm{rank}[\boldsymbol{b}\quad \boldsymbol{A}\boldsymbol{b}\quad \boldsymbol{A}^2\boldsymbol{b}\quad \cdots\quad \boldsymbol{A}^{n-1}\boldsymbol{b}] = n \tag{9-79}$$

对于多输入系统，如输入 $\boldsymbol{u}\in R^{r\times 1}$，输入矩阵 $\boldsymbol{B}\in R^{n\times r}$，则式(9-78)变为

$$[B\quad AB\quad \cdots\quad A^{n-1}B]_{n\times nr}[u_0\quad u_1\quad \cdots\quad u_{n-1}]^{\mathrm{T}}_{nr\times 1} = -\boldsymbol{x}(0) \tag{9-80}$$

这实质上是由 n 个方程求解 nr 个未知变量的问题。对于任意给定的非零初始状态 $\boldsymbol{x}(0)$，上述方程的解存在的充分必要条件为

$$\mathrm{rank}[\boldsymbol{B}\quad \boldsymbol{A}\boldsymbol{B}\quad \cdots\quad \boldsymbol{A}^{n-1}\boldsymbol{B}] = n \tag{9-81}$$

需要注意的是，无论对于单输入系统，还是多输入系统，满足将系统由任意初始状态 $\boldsymbol{x}(0)$ 转移到 $\boldsymbol{x}(t_f) = 0$ 的控制作用 $\boldsymbol{u}(t)$ 是不唯一的。另外，对线性定常连续系统作非奇异变换，其能控性不变。

例 9-15　已知某系统如下，试判断其是否能控。

$$\dot{\boldsymbol{x}} = \begin{bmatrix} -4 & 5 \\ 1 & 0\end{bmatrix}\boldsymbol{x} + \begin{bmatrix} -5 \\ 1\end{bmatrix}u$$

解　$S_c = [\boldsymbol{b}\quad \boldsymbol{A}\boldsymbol{b}] = \begin{bmatrix} -5 & 25 \\ 1 & -5\end{bmatrix}$

显然其秩为 1，不满秩，故系统不能控。

例 9-16 试判断下列系统的能控性。

$$\dot{\boldsymbol{x}}=\begin{bmatrix}1&2&1\\0&1&0\\1&0&3\end{bmatrix}\boldsymbol{x}+\begin{bmatrix}1&0\\0&1\\0&0\end{bmatrix}\boldsymbol{u}$$

解

$$S_c=[\boldsymbol{B}\quad \boldsymbol{AB}\quad \boldsymbol{A}^2\boldsymbol{B}]=\begin{bmatrix}1&0&1&2&2&4\\0&1&0&1&0&1\\0&0&1&0&4&2\end{bmatrix}\xrightarrow{(-1)r_3+r_1\to r_1}\begin{bmatrix}1&0&0&2&-2&2\\0&1&0&1&0&1\\0&0&1&0&4&2\end{bmatrix}$$

秩为 3,满秩,故系统能控。

2. 输出能控性的概念

如果需要控制的是输出量,则需研究输出能控性。输出能控性定义为对于线性定常连续系统:

$$\dot{\boldsymbol{x}}=\boldsymbol{Ax}+\boldsymbol{Bu}$$
$$\boldsymbol{y}=\boldsymbol{Cx}+\boldsymbol{Du}$$

如果存在容许控制作用 $\boldsymbol{u}(t)$,能在有限时间 t_f $(t_0<t_f<\infty)$内,使系统能够从任意初始输出 $\boldsymbol{y}(t_0)$ 转移到任意终端输出 $\boldsymbol{y}(t_f)$,则称此系统输出完全可控,简称输出能控。

系统输出能控的充分必要条件是输出可控性矩阵

$$S=[CB\quad CAB\quad CA^2B\quad \cdots\quad CA^{n-1}B\quad D] \tag{9-82}$$

的秩为输出变量的数目 q。即

$$\mathrm{rank}S=q$$

需要注意,状态能控与输出能控是两个概念,其间没有什么必然联系。

9.5.3 线性定常离散系统的可控性

1. 离散系统的可控性定义

对于 n 阶线性定常离散系统 $\boldsymbol{x}(k+1)=\boldsymbol{Gx}(k)+\boldsymbol{Hu}(k)$,若存在控制作用序列$\{u(0),u(1),\cdots,u(n-1)\}$,在有限时间 $t\in[0,nT]$内,能使系统从任意非零初始状态 $\boldsymbol{x}(0)$经有限步转移到零状态,即 $\boldsymbol{x}(nT)$,则称此系统是状态完全可控的,简称系统是可控的。

2. 线性定常离散系统可控性秩判据

线性定常离散系统 $\boldsymbol{x}(k+1)=\boldsymbol{Gx}(k)+H\boldsymbol{u}(k)$,其状态完全可控的充分必要条件是:由 G、H 构成的可控性判别矩阵:

$$Q_c=[H\quad GH\quad G^2H\quad \cdots\quad G^{n-1}H]$$

满秩,即 $\mathrm{rank}Q_c=n$。

例 9-17 设离散系统的状态方程如下,试判别其可控性。

$$\boldsymbol{x}(k+1)=\begin{bmatrix}1&0&0\\0&2&-2\\-1&1&0\end{bmatrix}\boldsymbol{x}(k)+\begin{bmatrix}1\\2\\1\end{bmatrix}u(k)$$

解　$$Q_c=[H \quad GH \quad G^2H]=\begin{bmatrix}1&1&1\\2&2&2\\1&1&1\end{bmatrix},\quad \mathrm{rank}Q_c=1<n$$

所以该离散系统是不可控的。

9.5.4　线性定常连续系统的能观性

在现代控制工程中，为了使系统具有良好的动态性能，系统大多采用状态反馈控制形式。这样就要求系统的状态变量能被量测，但是工程上并非所有的系统的状态变量在物理上都能量测到，于是便提出了能否通过对系统输出的测量来获得全部状态变量的信息，这就涉及系统的能观测性(简称能观性)问题。能观性表示的是输出 $y(t)$ 反映状态向量 $x(t)$ 的能力，所以分析能观性问题时，需从状态方程和输出方程出发。

1. 能观性定义

设线性定常连续系统的状态方程和输出方程为$\dot{\boldsymbol{x}}=\boldsymbol{Ax}+\boldsymbol{Bu}$，$\boldsymbol{y}=\boldsymbol{Cx}$，系统在给定控制输入 $\boldsymbol{u}(t)$ 作用下，存在一有限观测时间 $t_f>t_0$，使得在有限时间区间 $[t_0,t_f]$ 内测量到的 $\boldsymbol{y}(t)$，能够唯一地确定系统的初始状态 $\boldsymbol{x}(t_0)$，则称此状态是可观测的。若系统的每一个状态都是可观测的，则称系统是状态完全可观测的，简称系统是系统能观。

说明：在定义中之所以把能观性规定为对初始状态的确定，是因为一旦确定了初始状态，便可以根据给定输入，利用状态方程的解：

$$\boldsymbol{x}(t)=\boldsymbol{\phi}(t-t_0)\boldsymbol{x}(t_0)+\int_{t_0}^{t}\boldsymbol{\phi}(t-\tau)\boldsymbol{Bu}(\tau)\mathrm{d}\tau$$

求出各个瞬间状态。

2. 能观性的判别

线性连续定常系统：

$$\begin{aligned}\dot{\boldsymbol{x}}&=\boldsymbol{Ax}+\boldsymbol{Bu}\\ \boldsymbol{y}&=\boldsymbol{Cx}\end{aligned} \tag{9-83}$$

式中：$\boldsymbol{x}\in R^{n\times1}$，$\boldsymbol{y}\in R^{q\times1}$，$\boldsymbol{C}\in R^{q\times n}$，其状态能观的充分必要条件是由 $\boldsymbol{A}$、$\boldsymbol{C}$ 构成的能观性矩阵：

$$\boldsymbol{S}_o=\begin{bmatrix}\boldsymbol{C}\\ \boldsymbol{CA}\\ \boldsymbol{CA}^2\\ \vdots\\ \boldsymbol{CA}^{n-1}\end{bmatrix} \tag{9-84}$$

满秩，即 $\mathrm{rank}\boldsymbol{S}_o=n$。当 $\mathrm{rank}\boldsymbol{S}_o<n$ 时，系统为不能观。

证明　根据其状态方程的解式(9-55)，写出式(9-83)输出表达式为

$$\boldsymbol{y}(t)=\boldsymbol{C}\mathrm{e}^{\boldsymbol{A}(t-t_0)}\boldsymbol{x}(t_0)+\boldsymbol{C}\int_{t_0}^{t}\mathrm{e}^{\boldsymbol{A}(t-\tau)}\boldsymbol{Bu}(\tau)\mathrm{d}\tau \tag{9-85}$$

由于式中，$\boldsymbol{u}(\tau)$、$\boldsymbol{A}$、$\boldsymbol{B}$、$\boldsymbol{C}$ 均为已知量，故上式右端的积分项已知值。为使推导方便且不失一般性，令 $\boldsymbol{u}(\tau)=0$，$t_0=0$，又考虑到 $\mathrm{e}^{\boldsymbol{A}t}=\sum_{m=0}^{n-1}a_m(t)\boldsymbol{A}^m$，故式(9-85)可简化为

$$\begin{aligned} \boldsymbol{y}(t) &= \boldsymbol{C}\mathrm{e}^{\boldsymbol{A}t}\boldsymbol{x}(0) = \boldsymbol{C}\sum_{m=0}^{n-1}a_m(t)\boldsymbol{A}^m \cdot \boldsymbol{x}(0) \\ &= a_0(t)\boldsymbol{Cx}(0) + a_1(t)\boldsymbol{CA}x(0) + \cdots + a_{n-1}(t)\boldsymbol{CA}^{n-1}x(0) \\ &= [a_0(t)\boldsymbol{I}_q \quad a_1(t)\boldsymbol{I}_q \quad \cdots \quad a_{n-1}(t)\boldsymbol{I}_q]\begin{bmatrix} \boldsymbol{C} \\ \boldsymbol{CA} \\ \vdots \\ \boldsymbol{CA}^{n-1} \end{bmatrix} x(0) \end{aligned} \tag{9-86}$$

由于式中$[a_0(t)\boldsymbol{I}_q \quad a_1(t)\boldsymbol{I}_q \quad \cdots \quad a_{n-1}(t)\boldsymbol{I}_q]$的 nq 列线性无关，于是根据测量信号 $\boldsymbol{y}(t)$唯一确定 $x(0)$的充分必要条件是

$$\mathrm{rank}\boldsymbol{S}_{\mathrm{o}} = \mathrm{rank}\begin{bmatrix} \boldsymbol{C} \\ \boldsymbol{CA} \\ \boldsymbol{CA}^2 \\ \vdots \\ \boldsymbol{CA}^{n-1} \end{bmatrix} = n$$

类似地，对于线性定常离散系统：

$$\boldsymbol{x}(k+1) = \boldsymbol{Gx}(k) + \boldsymbol{Hu}(k), \quad \boldsymbol{y}(k) = \boldsymbol{Cx}(k)$$

其状态完全可观测的充分必要条件是可观测性判别矩阵：

$$\boldsymbol{Q}_{\mathrm{o}} = \begin{bmatrix} \boldsymbol{C} \\ \boldsymbol{CG} \\ \vdots \\ \boldsymbol{CG}^{n-1} \end{bmatrix}$$

满秩，即 $\mathrm{rank}\boldsymbol{Q}_{\mathrm{o}} = n$。

例 9-18 试确定使系统$\dot{\boldsymbol{x}} = \begin{bmatrix} a & 1 \\ 0 & b \end{bmatrix}\boldsymbol{x}$，$\boldsymbol{y} = [1 \quad -1]\boldsymbol{x}$ 可观测时的 a、b。

解 $\boldsymbol{P}_{\mathrm{c}} = \begin{bmatrix} \boldsymbol{C} \\ \boldsymbol{CA} \end{bmatrix} = \begin{bmatrix} 1 & -1 \\ a & 1-b \end{bmatrix}$

$|\boldsymbol{P}_{\mathrm{c}}| = 1-b+a \neq 0 \Rightarrow b \neq a+1$ 时，系统可观。

9.5.5 能控标准形和能观标准形

由于状态变量选择的非唯一性，系统的状态空间表达也是不唯一的。在实际应用中，常常根据所研究问题的需要，将状态空间表达式化成相应的标准形式，如对角标准形、能控标准形或能观标准形等。对角标准形，对于状态转移矩阵的计算、能控性和能观性分析十分方便；能控标准形对于状态反馈来说比较方便，而能观标准形对于状态观测器的设计及系统辩识比较方便。对于同一系统，不同的状态空间实现形式可以通过非奇异线性变换进行相互转换求得。非奇异变换不改变系统的传递函数、能控性及能观性。

设系统传递函数为

$$G(s) = \frac{Y(s)}{U(s)} = \frac{b_{n-1}s^{n-1} + b_{n-2}s^{n-2} + \cdots + b_1 s + b_0}{s^n + a_{n-1}s^{n-1} + \cdots + a_1 s + a_0} \tag{9-87}$$

可以证明，当其无相消的零极点时，系统一定能控能观。此时，可以直接由传递函数写出其能

控标准形和能观标准形。

1. 能控标准形

$$\begin{bmatrix} \dot{x}_1 \\ \dot{x}_2 \\ \vdots \\ \dot{x}_{n-1} \\ \dot{x}_n \end{bmatrix} = \begin{bmatrix} 0 & 1 & 0 & \cdots & 0 \\ 0 & 0 & 1 & \cdots & 0 \\ \vdots & \vdots & \vdots & \cdots & \vdots \\ 0 & 0 & 0 & \cdots & 1 \\ -a_0 & -a_1 & -a_2 & \cdots & -a_{n-1} \end{bmatrix} \begin{bmatrix} x_1 \\ x_2 \\ \vdots \\ x_{n-1} \\ x_n \end{bmatrix} + \begin{bmatrix} 0 \\ 0 \\ 0 \\ \vdots \\ 1 \end{bmatrix} u \tag{9-88}$$

$$\boldsymbol{y} = [b_0 \quad b_1 \quad b_2 \quad \cdots \quad b_{n-1}]\boldsymbol{x}$$

如果一个系统的 $\boldsymbol{A}$、$\boldsymbol{b}$ 矩阵具有式(9-88)的能控标准形形式，则系统一定能控。如果一个系统能控，但并不具有能控标准形的形式，则一定存在可逆线性变换能够将其化为能控标准形形式。下面分析具体转换方法。

设系统的状态方程为

$$\dot{\boldsymbol{x}} = \boldsymbol{A}\boldsymbol{x} + \boldsymbol{b}u, \quad x \in R^{n\times 1} \tag{9-89}$$

设系统是完全能控的，进行可逆变换，令

$$\boldsymbol{x} = \boldsymbol{P}^{-1}\boldsymbol{z}, \quad \boldsymbol{P} \in R^{n\times n} \tag{9-90}$$

将式(9-89)变换为

$$\dot{\boldsymbol{z}} = \boldsymbol{P}\boldsymbol{A}\boldsymbol{P}^{-1}\boldsymbol{z} + \boldsymbol{P}\boldsymbol{b}u \tag{9-91}$$

式中：

$$\boldsymbol{P}\boldsymbol{A}\boldsymbol{P}^{-1} = \begin{bmatrix} 0 & 1 & 0 & \cdots & 0 \\ 0 & 0 & 1 & \cdots & 0 \\ \vdots & \vdots & \vdots & & \vdots \\ 0 & 0 & 0 & \cdots & 1 \\ -a_0 & -a_1 & -a_2 & \cdots & -a_{n-1} \end{bmatrix}; \quad \boldsymbol{P}\boldsymbol{b} = \begin{bmatrix} 0 \\ 0 \\ \vdots \\ 0 \\ 1 \end{bmatrix} \tag{9-92}$$

下面对变换矩阵 $\boldsymbol{P}$ 进行推导。设变换矩阵 $\boldsymbol{P}$ 为

$$\boldsymbol{P} = [\boldsymbol{p}_1^T \quad \boldsymbol{p}_2^T \quad \cdots \quad \boldsymbol{p}_n^T]^{\mathrm{T}} \tag{9-93}$$

由式(9-92)可得到

$$\begin{bmatrix} \boldsymbol{p}_1 \\ \boldsymbol{p}_2 \\ \vdots \\ \boldsymbol{p}_{n-1} \\ \boldsymbol{p}_n \end{bmatrix} \boldsymbol{A} = \begin{bmatrix} 0 & 1 & 0 & \cdots & 0 \\ 0 & 0 & 1 & \cdots & 0 \\ \vdots & \vdots & \vdots & & \vdots \\ 0 & 0 & 0 & \cdots & 1 \\ -a_0 & -a_1 & -a_2 & \cdots & -a_{n-1} \end{bmatrix} \begin{bmatrix} \boldsymbol{p}_1 \\ \boldsymbol{p}_2 \\ \vdots \\ \boldsymbol{p}_{n-1} \\ \boldsymbol{p}_n \end{bmatrix} \tag{9-94}$$

展开得

$$\begin{aligned} &\boldsymbol{p}_1\boldsymbol{A} = \boldsymbol{p}_2 \\ &\boldsymbol{p}_2\boldsymbol{A} = \boldsymbol{p}_3 \\ &\quad\vdots \\ &\boldsymbol{p}_{n-1}\boldsymbol{A} = \boldsymbol{p}_n \\ &\boldsymbol{p}_n\boldsymbol{A} = -a_0\boldsymbol{p}_1 - a_1\boldsymbol{p}_2 \cdots - a_{n-1}\boldsymbol{p}_n \end{aligned}$$

进一步有

$$
\begin{aligned}
&\boldsymbol{p}_1\boldsymbol{A}=\boldsymbol{p}_2\\
&\boldsymbol{p}_2\boldsymbol{A}=\boldsymbol{p}_1\boldsymbol{A}^2=\boldsymbol{p}_3\\
&\cdots\cdots\\
&\boldsymbol{p}_{n-1}\boldsymbol{A}=\boldsymbol{p}_1\boldsymbol{A}^{n-1}=\boldsymbol{p}_n\\
&\boldsymbol{p}_n\boldsymbol{A}=-a_0\boldsymbol{p}_1-a_1\boldsymbol{p}_1\boldsymbol{A}\cdots-a_{n-1}\boldsymbol{p}_1\boldsymbol{A}^{n-1}
\end{aligned}
$$

由此可得变换矩阵：

$$
\boldsymbol{P}=\begin{bmatrix}\boldsymbol{p}_1\\ \boldsymbol{p}_1\boldsymbol{A}\\ \vdots\\ \boldsymbol{p}_1\boldsymbol{A}^{n-2}\\ \boldsymbol{p}_1\boldsymbol{A}^{n-1}\end{bmatrix} \tag{9-95}
$$

又因为

$$
\boldsymbol{Pb}=\begin{bmatrix}\boldsymbol{p}_1\\ \boldsymbol{p}_1\boldsymbol{A}\\ \vdots\\ \boldsymbol{p}_1\boldsymbol{A}^{n-2}\\ \boldsymbol{p}_1\boldsymbol{A}^{n-1}\end{bmatrix}\boldsymbol{b}=\boldsymbol{p}_1\begin{bmatrix}\boldsymbol{b}\\ \boldsymbol{Ab}\\ \vdots\\ \boldsymbol{A}^{n-2}\boldsymbol{b}\\ \boldsymbol{A}^{n-1}\boldsymbol{b}\end{bmatrix}=\begin{bmatrix}0\\0\\ \vdots\\0\\1\end{bmatrix}
$$

可得到

$$
\boldsymbol{p}_1[\boldsymbol{b}\quad \boldsymbol{Ab}\quad \cdots\quad \boldsymbol{A}^{n-1}\boldsymbol{b}]=[0\quad 0\quad \cdots\quad 1] \tag{9-96}
$$

即

$$
\boldsymbol{p}_1=[0\quad 0\quad \cdots\quad 1][\boldsymbol{b}\quad \boldsymbol{Ab}\quad \cdots\quad \boldsymbol{A}^{n-1}\boldsymbol{b}]^{-1} \tag{9-97}
$$

求出 $\boldsymbol{p}_1$ 后即可由式(9-95)求出变换矩阵 $\boldsymbol{P}$。

例 9-19 设系统状态方程为 $\boldsymbol{A}=\begin{bmatrix}-2 & 2 & -1\\ 0 & -2 & 0\\ 1 & -4 & 0\end{bmatrix}$，$\boldsymbol{b}=\begin{bmatrix}0\\1\\1\end{bmatrix}$，试将其化为能控标准形。

解

$$
\boldsymbol{S}=[\boldsymbol{b}\quad \boldsymbol{Ab}\quad \boldsymbol{A}^{n-1}\boldsymbol{b}]=\begin{bmatrix}0 & 1 & -2\\ 1 & -2 & 4\\ 1 & -4 & 9\end{bmatrix}
$$

因为 $\det S\neq 0$，故系统能控。根据式(9-97)

$$
\boldsymbol{S}^{-1}=\begin{bmatrix}2 & 1 & 0\\ 5 & -2 & 2\\ 2 & -1 & 1\end{bmatrix},\quad \boldsymbol{p}_1=[2\quad -1\quad 1]
$$

则变换矩阵：

$$P=\begin{bmatrix} p_1 \\ p_1A \\ p_1A^2 \end{bmatrix}=\begin{bmatrix} 2 & -1 & 1 \\ -3 & 2 & -2 \\ 4 & -2 & 3 \end{bmatrix}, \quad P^{-1}=\begin{bmatrix} 2 & 1 & 0 \\ 1 & 2 & 1 \\ -2 & 0 & 1 \end{bmatrix}$$

从而得到变换后的能控标准形矩阵为

$$\bar{A}=PAP^{-1}=\begin{bmatrix} 0 & 1 & 0 \\ 0 & 0 & 1 \\ -2 & -5 & -4 \end{bmatrix}, \quad b=Pb=\begin{bmatrix} 0 \\ 0 \\ 1 \end{bmatrix}$$

2. 能观标准型

当系统的传递函数如式(9-87),可直接写出其能观标准型:

$$\begin{bmatrix} \dot{x}_1 \\ \dot{x}_2 \\ \vdots \\ \dot{x}_{n-1} \\ \dot{x}_n \end{bmatrix}=\begin{bmatrix} 0 & 0 & 0 & \cdots & -a_0 \\ 1 & 0 & 0 & \cdots & -a_1 \\ 0 & 1 & 0 & \cdots & -a_2 \\ \vdots & \vdots & \vdots & & \vdots \\ 0 & 0 & 0 & \cdots & -a_{n-1} \end{bmatrix}\begin{bmatrix} x_1 \\ x_2 \\ \vdots \\ x_{n-1} \\ x_n \end{bmatrix}+\begin{bmatrix} b_0 \\ b_1 \\ b_2 \\ \vdots \\ b_{n-1} \end{bmatrix}u \tag{9-98}$$

$$y=[0 \quad 0 \quad 0 \quad \cdots \quad 1]x$$

当给定的能观系统是采用状态空间表达式描述的,但并不是能观标准型时,同样可以通过可逆变换的方法将其变换为能观标准型。下面讨论能观标准形变换方法。

设系统的状态空间表达式为

$$\begin{cases} \dot{x}=Ax+bu, \quad x\in R^{n\times 1} \\ y=Cx \end{cases} \tag{9-99}$$

若系统是完全能观的,则存在线性非奇异变换矩阵 T_o 将其变换为能观标准形:

$$\dot{\tilde{x}}=\tilde{A}\tilde{x}+\tilde{b}u$$

$$y=\tilde{c}\tilde{x}$$

式中:

$$\tilde{A}=T_o^{-1}AT_o=\begin{bmatrix} 0 & 0 & 0 & \cdots & -a_0 \\ 1 & 0 & 0 & \cdots & -a_1 \\ 0 & 1 & 0 & \cdots & -a_2 \\ \vdots & \vdots & \vdots & & \vdots \\ 0 & 0 & 0 & \cdots & -a_{n-1} \end{bmatrix}, \quad \tilde{b}=T_o^{-1}b=\begin{bmatrix} b_0 \\ b_1 \\ b_2 \\ \vdots \\ b_{n-1} \end{bmatrix}$$

$$\tilde{C}=CT_o=[0 \quad 0 \quad 0 \quad \cdots \quad 1]$$

变换矩阵为

$$T_o=[t \quad At \quad \cdots \quad A^{n-1}t]_{n\times n} \tag{9-100}$$

式中:

$$t=\begin{bmatrix} C^{T} \\ C^{T}A \\ \vdots \\ C^{T}A^{n-2} \\ C^{T}A^{n-1} \end{bmatrix}_{n\times n}^{-1}\begin{bmatrix} 0 \\ 0 \\ \vdots \\ 0 \\ 1 \end{bmatrix}_{n\times 1}$$

单输入单输出系统的能控标准形和能观标准形是唯一的。但是对于多输入多输出系统，由于其能控性矩阵和能观性矩阵中 n 个线性无关向量的选择可以不同，即不是唯一的，所以其能控标准形和能观标准形也是不唯一的。

9.5.6　对偶性原理

从前面的介绍中可以看出，线性系统的能控性和能观性，无论在概念上还是在判据的形式上都存在着内在关系，这种内在关系称为对偶性关系。

对偶系统：设有两个线性定常系统 $\Sigma_1(\boldsymbol{A}_1,\boldsymbol{B}_1,\boldsymbol{C}_1)$ 和 $\Sigma_2(\boldsymbol{A}_2,\boldsymbol{B}_2,\boldsymbol{C}_2)$，若这两个系统满足式(9-101)所示条件，则称 Σ_1 与 Σ_2 是互为对偶系统。

$$\boldsymbol{A}_2=\boldsymbol{A}_1^{T},\quad \boldsymbol{B}_2=\boldsymbol{C}_1^{T},\quad \boldsymbol{C}_2=\boldsymbol{B}_1^{T} \tag{9-101}$$

由对偶系统的定义，不难看出前面所介绍的能控标准形和能观标准形为一对对偶系统。互为对偶的系统，其特征方程式是相同的，即

$$|s\boldsymbol{I}-\boldsymbol{A}_2|=|s\boldsymbol{I}-\boldsymbol{A}_1^{T}|=|s\boldsymbol{I}-\boldsymbol{A}_1|$$

对偶原理：系统 $\Sigma_1(\boldsymbol{A}_1,\boldsymbol{B}_1,\boldsymbol{C}_1)$ 和 $\Sigma_2(\boldsymbol{A}_2,\boldsymbol{B}_2,\boldsymbol{C}_2)$ 是互为对偶的两个系统，则 $\Sigma_1(\boldsymbol{A}_1,\boldsymbol{B}_1,\boldsymbol{C}_1)$ 的能控性等价于 $\Sigma_2(\boldsymbol{A}_2,\boldsymbol{B}_2,\boldsymbol{C}_2)$ 的能观性，$\Sigma_1(\boldsymbol{A}_1,\boldsymbol{B}_1,\boldsymbol{C}_1)$ 的能观性等价于 $\Sigma_2(\boldsymbol{A}_2,\boldsymbol{B}_2,\boldsymbol{C}_2)$ 的能观性。或者说，若 $\Sigma_1(\boldsymbol{A}_1,\boldsymbol{B}_1,\boldsymbol{C}_1)$ 是状态完全能控的(完全能观的)，则 $\Sigma_2(\boldsymbol{A}_2,\boldsymbol{B}_2,\boldsymbol{C}_2)$ 是状态完全能观的(完全能控的)。

证明　设系统 $\Sigma_1(\boldsymbol{A}_1,\boldsymbol{B}_1,\boldsymbol{C}_1)$ 完全能控，则其能控矩阵满秩，即

$$\text{rank}\boldsymbol{S}_c=\text{rank}[\boldsymbol{B}_1\quad \boldsymbol{A}_1\boldsymbol{B}_1\quad \cdots\quad \boldsymbol{A}_1^{n-1}\boldsymbol{B}_1]=n$$

而系统 $\Sigma_2(\boldsymbol{A}_2,\boldsymbol{B}_2,\boldsymbol{C}_2)$ 的能观性矩阵为

$$\boldsymbol{S}_o=\begin{bmatrix} \boldsymbol{C}_2 \\ \boldsymbol{C}_2\boldsymbol{A}_2 \\ \vdots \\ \boldsymbol{C}_2\boldsymbol{A}_2{}^{n-1} \end{bmatrix}=\begin{bmatrix} \boldsymbol{B}_1^{T} \\ \boldsymbol{B}_1^{T}\boldsymbol{A}_1^{T} \\ \vdots \\ \boldsymbol{B}_1^{T}\ (\boldsymbol{A}_1^{T})^{n-1} \end{bmatrix}=[\boldsymbol{B}_1\quad \boldsymbol{A}_1\boldsymbol{B}_1\quad \cdots\quad \boldsymbol{A}_1^{n-1}\boldsymbol{B}_1]^{T}$$

$$\text{rank}S_o=\text{rank}S_c^{T}=n$$

故系统 $\Sigma_2(\boldsymbol{A}_2,\boldsymbol{B}_2,\boldsymbol{C}_2)$ 状态完全能观。同样，若系统 $\Sigma_1(\boldsymbol{A}_1,\boldsymbol{B}_1,\boldsymbol{C}_1)$ 完全能观，也可以证明系统 $\Sigma_2(\boldsymbol{A}_2,\boldsymbol{B}_2,\boldsymbol{C}_2)$ 完全能控。

利用对偶原理，可以将系统的能控性研究转化为其对偶系统的能观性研究；或将系统的能观性研究转化为对偶系统的能控性研究

9.5.7　能控性、能观性与传递函数的关系

对于一个给定的系统，既可以用动态方程进行描述，又可以用传递函数描述。这两种不同

的描述方法所得的结果是否完全相同，这是值得关心的问题。实际上，这两种描述情况只有在一定的条件下，才具有等价性。

1. 能控性、能观性与零点、极点对消问题

假设单输入单输出系统的传递函数为

$$G(s)=\frac{s+c}{(s+a)(s+b)} \tag{9-102}$$

若传递函数不存在零点、极点对消，即 $a\neq c, b\neq c$ 且 $a\neq b$，传递函数为不可约的真有理函数。可以写出其状态空间实现为

能控标准形实现：

$$\begin{aligned}\dot{\boldsymbol{x}}&=\begin{bmatrix}0 & 1\\ -ab & -a-b\end{bmatrix}\boldsymbol{x}+\begin{bmatrix}0\\1\end{bmatrix}u\\ \boldsymbol{y}&=[c\quad 1]\boldsymbol{x}\end{aligned} \tag{9-103}$$

能观标准形实现：

$$\begin{aligned}\dot{\boldsymbol{x}}&=\begin{bmatrix}0 & -ab\\ 1 & -a-b\end{bmatrix}\boldsymbol{x}+\begin{bmatrix}c\\1\end{bmatrix}u\\ \boldsymbol{y}&=[0\quad 1]\boldsymbol{x}\end{aligned} \tag{9-104}$$

不难验证式(9-103)也状态完全能观，而式(9-104)状态完全能控。两种描述状态方程为二阶，传递函数有两个极点，系统既能控又能观，传递函数特征多项式的阶次正好等于状态方程的维数，该系统可以由传递函数完全表征。此时，传递函数的极点完全等于状态矩阵 $\boldsymbol{A}$ 的特征值，上述两种实现都是对该传递函数的最小实现，

但是当 $a=c$ 或 $b=c$ 时，式(9-102)所示传递函数中出现零点、极点对消，此时传递函数变为一阶，而动态方程式(9-103)或式(9-104)仍是二阶的，这时传递函数就不能完全表征系统。能控标准形式(9-103)的能观性矩阵满足：

$$\det\begin{bmatrix}\boldsymbol{C}\\ \boldsymbol{CA}\end{bmatrix}=\begin{vmatrix}c & 1\\ -ab & c-a-b\end{vmatrix}=(c-a)(c-b)=0$$

所以，能控标准形式(9-103)能控但不能观。同样不难验证式(9-104)能观但不能控。

当传递函数完全表征系统时，最小实现的系统必然是既能控又能观的；当传递函数不完全表征系统时，非最小实现的系统将是不能控或者不能观，或者既不能控又不能观。总之，传递函数只能表示状态变量描述模式的动态方程中既能控又能观的那部分子系统。

定理 9-1　考虑单输入单输出系统 $\Sigma(\boldsymbol{A},\boldsymbol{b},\boldsymbol{c})$，系统能控又能观的充分必要条件是其对应的传递函数 $G(s)=\boldsymbol{c}\,(s\boldsymbol{I}-\boldsymbol{A})^{-1}\boldsymbol{b}=N(s)/D(s)$ 的分子分母中没有相消的公因子，即不存在零点、极点对消现象。

注意，对于多输入多输出系统 $\Sigma(\boldsymbol{A},\boldsymbol{B},\boldsymbol{C})$，系统能控又能观的必要条件是其对应的传递函数矩阵 $\boldsymbol{C}(s\boldsymbol{I}-\boldsymbol{A})^{-1}\boldsymbol{B}=\boldsymbol{C}\dfrac{P(s)}{Q(s)}\boldsymbol{B}$ 的分子分母中没有相消的公因子，即不存在零点、极点对消现象。无零点、极点对消对于单输入系统是充分必要条件，而对于多输入多输出系统只是必要条件。

2. 传递函数的最小实现

对于给定的传递函数，要求求出系统的状态空间描述称为传递函数的实现问题。随着状

态变量定义的不同，同一传递函数的状态空间实现是不唯一的。如果要求给出的状态空间描述的动态方程的阶次为最低，就称为传递函数的最小实现。寻求传递函数的最小实现是有意义的，人们总是要求所求得的动态方程能完全描述出系统的运动特征，同时又希望得到的动态方程的维数尽可能的小，这样可以使计算更加简单。所以就需要寻找最小阶的动态方程实现。

对于单输入单输出线性定常系统：

$$G(s)=\frac{b_{n-1}s^{n-1}+b_{n-2}s^{n-2}+\cdots+b_1s+b_0}{s^n+a_{n-1}s^{n-1}+\cdots+a_1s+a_0}=\frac{N(s)}{D(s)}$$

当传递函数 $G(s)$ 的分子、分母多项式 $N(s)$、$D(s)$ 无非常数公因式的时候，也就是不存在零点、极点对消的情况下，传递函数的能控标准形、能观标准形或约当标准形都是对传递函数的最小实现，系统既能控也能观。

若传递函数 $G(s)$ 的分母是 n 阶多项式，但 $N(s)$ 与 $D(s)$ 有可以相消的公因子时，这时传递函数的 n 阶动态方程实现就不是最小实现，系统的 n 阶状态方程实现或是不可控的，或是不可观的，或是既不可控又不可观。最小实现的维数一定小于 n。

例 9-20　已知一系统的传递函数为

$$G(s)=\frac{s+a}{s^4+5s^3+10s^2+10s+4}$$

(1) 试求 a 为何值时，系统为不能控或不能观。

(2) 选择一组状态变量，使系统能控而不能观，并求出其动态方程。

(3) 选择另一组状态变量，使系统能观而不能控，并求出其动态方程。

(4) 当 $a=1$ 时，给出系统的一种最小实现。

解　将传递函数写成零极点形式：

$$G(s)=\frac{Y(s)}{U(s)}=\frac{s+a}{(s+1)(s+2)(s^2+2s+2)}$$

(1) 当 $a=1$ 或 $a=2$ 时，传递函数存在零点、极点对消现象，此时系统的四阶状态空间实现为不能控或不能观。

(2) 取 $a=1$ 或 $a=2$，按能控标准形选取状态变量，则系统能控而不能观，当取 $a=1$ 时，所求动态方程为

$$\dot{\boldsymbol{x}}=\begin{bmatrix}0&1&0&0\\0&0&1&0\\0&0&0&1\\-4&-10&-10&-5\end{bmatrix}\boldsymbol{x}+\begin{bmatrix}0\\0\\0\\1\end{bmatrix}u$$

$$\boldsymbol{y}=[1\quad 1\quad 0\quad 0]\boldsymbol{x}$$

(3) 取 $a=1$ 或 $a=2$，根据对偶性原理，把上述能控标准形变为能观标准形，则所求动态方程能观而不能控。当取 $a=1$ 时，能观标准形为

$$\dot{\boldsymbol{x}}=\begin{bmatrix}0&0&0&-4\\1&0&0&-10\\0&1&0&-10\\0&0&1&-5\end{bmatrix}\boldsymbol{x}+\begin{bmatrix}1\\1\\0\\0\end{bmatrix}u$$

$$\boldsymbol{y}=[0\quad 0\quad 0\quad 1]\boldsymbol{x}$$

(4) 当 $a=1$ 时,约去对消的零点、极点后,系统传递函数为

$$G(s)=\frac{s+a}{(s+1)(s+2)(s^2+2s+2)}=\frac{1}{(s+2)(s^2+2s+2)}$$

此时,再无零点、极点对消现象。写出其能控标准形实现:

$$\dot{\boldsymbol{x}}=\begin{bmatrix}0 & 1 & 0\\ 0 & 0 & 1\\ -4 & -6 & -4\end{bmatrix}\boldsymbol{x}+\begin{bmatrix}0\\0\\1\end{bmatrix}u$$

$$\boldsymbol{y}=[1\quad 0\quad 0]\boldsymbol{x}$$

即为一种最小实现。可以看出,当存在零点、极点对消时,系统最小实现为一个三阶系统。

9.6　李雅普诺夫稳定性分析

稳定性是系统的重要特性,是系统正常工作的必要条件,它描述初始条件下系统方程的解是否具有收敛性。经典控制理论中已经讨论了劳斯稳定判据、奈氏判据、根轨迹判据来判断线性定常系统的稳定性,但这些方法不适用于非线性系统、时变系统。对于非线性系统的稳定性分析,描述函数法对于确定系统的稳定性是近似的,而相平面法只适合于一阶、二阶非线性系统。1892 年俄国学者李雅普诺夫提出的稳定性理论是确定系统稳定性的更一般的理论,它不仅适用于单变量、线性、定常系统,还适用于多变量、非线性、时变系统。李雅普诺夫稳定性理论在建立一系列关于稳定性概念的基础上,提出了两种稳定性判别方法:一种方法是直接利用线性系统微分方程的解来判断系统的稳定性,称为李雅普诺夫第一方法,也称间接法;另一种方法是通过构造李雅普诺夫函数来进行系统稳定性分析,称为李雅普诺夫第二方法,又称直接法。特别是李雅普诺夫直接法,在现代控制系统的分析与综合中,如最优控制、自适应控制、非线性、时变系统的分析、设计等方面,得到了广泛应用。

9.6.1　李雅普诺夫稳定性的基本概念

1. 平衡点的概念

设控制系统的状态方程为

$$\dot{\boldsymbol{x}}=\boldsymbol{f}(\boldsymbol{x},t),\quad \boldsymbol{x}(t_0)=\boldsymbol{x}_0 \tag{9-105}$$

式中:$\boldsymbol{x}$ 为 n 维状态向量;t 为时间变量。$\boldsymbol{f}(\boldsymbol{x},t)$ 为线性或非线性、定常或时变的 n 维函数。如果对于所有的 t,存在某个状态 $\boldsymbol{x}_e$,满足:

$$\dot{\boldsymbol{x}}_e=f(\boldsymbol{x}_e,t)=0 \tag{9-106}$$

$\boldsymbol{x}_e$ 为系统的一个平衡点或平衡状态。

系统处于平衡状态时,各状态分量相对时间不再发生变化。若已知系统状态方程,令 $\dot{\boldsymbol{x}}=0$ 所求得的解 $\boldsymbol{x}$,便是平衡状态。在大多数情况下,$\boldsymbol{x}_e=0$(状态空间原点)为系统的一个平衡状态。另外,系统也可以有非零平衡状态。如果系统的平衡状态在状态空间中表现为彼此分隔的孤立点,则称其为孤立平衡点。对于孤立平衡点,总是可以通过坐标平移而将其转换为状态空间的原点,所以在下面的讨论中,假定原点即 $\boldsymbol{x}_e=0$ 为系统平衡点(平衡状态)。

系统运动的稳定性,就是研究其平衡状态的稳定性。即当系统受到扰动偏离平衡状态,当

扰动消失后，系统能否只依靠内部的结构因素而返回到平衡状态，或者限制在平衡状态的附近。

线性定常系统$\dot{\boldsymbol{x}}=\boldsymbol{A}\boldsymbol{x}$，其平衡状态满足$\boldsymbol{A}\boldsymbol{x}_e=0$，只要$\boldsymbol{A}$非奇异，则系统只有唯一的零解，即状态空间原点为系统唯一的平衡状态；当$\boldsymbol{A}$为奇异矩阵时，$\boldsymbol{A}\boldsymbol{x}_e=0$有无数解，也就是系统有无数个平衡状态。对于非线性系统，$f(\boldsymbol{x}_e,t)=0$的解可能有多个，具体情况由系统状态方程决定。

2. 有关稳定性的定义

李雅普诺夫根据系统自由响应是否有界把系统的稳定性定义为四种情况。

1）*李雅普诺夫意义下的稳定*

设系统初始状态$\boldsymbol{x}_0$位于以平衡点$\boldsymbol{x}_e$为球心、δ为半径的闭球域$\boldsymbol{S}(\delta)$内时，即

$$\|\boldsymbol{x}_0-\boldsymbol{x}_e\|\leqslant\delta(\varepsilon,t_0),\quad t=t_0 \tag{9-107}$$

若能使系统方程的解$\boldsymbol{x}(t;\boldsymbol{x}_0,t_0)$在$t\to\infty$的过程中，都位于以$\boldsymbol{x}_e$为球心、任意规定的半径为$\varepsilon$的闭球域$\boldsymbol{S}(\varepsilon)$内，即

$$\|\boldsymbol{x}(t;\boldsymbol{x}_0,t_0)-\boldsymbol{x}_e\|\leqslant\varepsilon,\quad t\geqslant t_0 \tag{9-108}$$

则称$\boldsymbol{x}_e$为李雅普诺夫意义下的稳定平衡状态。

上述定义中，$\|\cdot\|$表示向量的范数，其几何意义是空间距离的尺度。如$\|\boldsymbol{x}_0-\boldsymbol{x}_e\|$表示状态空间中$\boldsymbol{x}_0$至$\boldsymbol{x}_e$点之间距离的尺度，其数学表达式为

$$\|\boldsymbol{x}_0-\boldsymbol{x}_e\|=\sqrt{(x_{10}-x_{1e})^2+\cdots+(x_{n1}-x_{ne})^2} \tag{9-109}$$

以二维系统为例，该定义的平面几何表示如图9-10(a)所示。李雅普诺夫意义下的稳定定义中，如果δ只依赖于ε而和初始时刻t_0的选取无关，则称平衡状态$\boldsymbol{x}_e$是一致稳定的。对于定常系统，$\boldsymbol{x}_e$的稳定等价于一致稳定。但对于时变系统，$\boldsymbol{x}_e$的稳定并不意味着一致稳定。

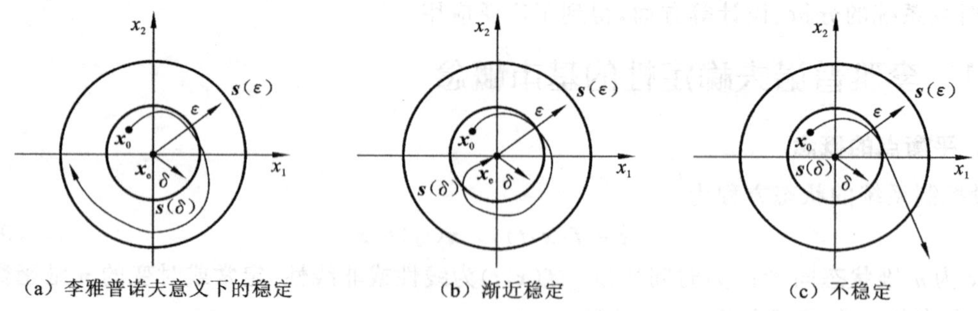

图9-10　有关稳定性的平面几何表示

应当注意，按李雅普诺夫意义下的稳定定义，当系统作不衰减的振荡运动时，将在平面描绘出一条封闭曲线，但只要不超过$\boldsymbol{S}(\varepsilon)$，就认为是稳定的。这与经典控制理论中线性定常系统稳定性的定义是有差异的。在经典控制理论中，临界稳定属于不稳定的一种，而在李雅普诺夫意义下它却是稳定的。经典控制理论中的稳定指的是下面介绍的渐近稳定。

2）*渐近稳定*

设$\boldsymbol{x}_e$是系统$\dot{\boldsymbol{x}}=f(\boldsymbol{x},t)$，$\boldsymbol{x}(t_0)=\boldsymbol{x}_0$，$t\geqslant t_0$的一个孤立平衡状态，如果$\boldsymbol{x}_e$是李雅普诺夫意义下的稳定，并且满足：

$$\lim_{t \to \infty} \| \boldsymbol{x}(t;x_0,t_0) - \boldsymbol{x}_e \| \to 0 \tag{9-110}$$

则称此平衡状态是渐近稳定的。这时，从 $\boldsymbol{S}(\delta)$ 出发的轨迹不仅不会超出 $\boldsymbol{S}(\varepsilon)$，而且当 $t \to \infty$ 时收敛于 $\boldsymbol{x}_e$，其平面几何表示见图 9-10(b)。显然经典控制理论中稳定性的定义与渐近稳定对应。当 δ 与 t_0 无关时，称为一致渐近稳定。

3) 大范围(全局)渐近稳定

当初始条件扩展至整个状态空间，且具有渐近稳定性时，称此平衡状态 $\boldsymbol{x}_e$ 是大范围渐近稳定的。此时，由状态空间中任意一点出发的轨迹都收敛至 $\boldsymbol{x}_e$。对于严格线性系统，如果它是渐近稳定的，则必然是大范围渐近稳定的，这是因为线性系统稳定性与初始条件的大小无关。而对于非线性系统，其稳定性往往与初始条件大小密切相关，通常 δ 有限，故只能在小范围内渐近稳定。

4) 不稳定

不论把域 $\boldsymbol{S}(\delta)$ 取得多么小，也不论把域 $\boldsymbol{S}(\varepsilon)$ 取得如何的大，只要在 $\boldsymbol{S}(\delta)$ 内存在一个非零初始状态 $\boldsymbol{x}_0$，使得由 $\boldsymbol{x}_0$ 出发的运动轨迹超出 $\boldsymbol{S}(\varepsilon)$，则称平衡状态 $\boldsymbol{x}_e$ 是不稳定的。其平面几何表示如图 9-10(c)所示。线性系统的平衡状态不稳定，表征系统不稳定；非线性系统的平衡状态不稳定，只说明存在局部发散的轨迹，至于是否趋于无穷远，还要看域 $\boldsymbol{S}(\varepsilon)$ 外是否存在其他平衡状态，若存在，如有极限环，则系统仍是李雅普诺夫意义下的稳定。

下面介绍李雅普诺夫理论中判断系统稳定性的方法。

9.6.2　李雅普诺夫稳定性判别方法

1. 李雅普诺夫第一法(间接法)

李雅普诺夫第一法又称间接法。其基本思路是利用系统状态方程的解来判断系统的稳定性。它适用于线性定常、线性时变及非线性不很严重可通过线性化处理的情况。

定理 9-2　对于线性定常系统 $\dot{\boldsymbol{x}} = \boldsymbol{A}\boldsymbol{x}, \boldsymbol{x}(0) = \boldsymbol{x}_0, t \geqslant 0$

(1) 系统的平衡状态是李雅普诺夫意义下的稳定的充分必要条件是，$\boldsymbol{A}$ 的所有特征值均具有零或负的实部，且其零实部的特征值为 $\boldsymbol{A}$ 的最小多项式的单根。

(2) 系统的惟一平衡状态 $\boldsymbol{x}_e = 0$ 渐近稳定的充分必要条件是，$\boldsymbol{A}$ 的所有特征值均具有负实部。

实际系统总具有一定程度的非线性。非线性系统与线性系统在稳定性方面有很大的不同。例如，线性系统的稳定性与初始状态及外部扰动的大小无关，而非线性系统的稳定性却与之有关。对于非线性特性不很严重的实际系统，可利用线性化的数学模型按线性系统的稳定条件去进行分析。李雅普诺夫指出：

① 如果线性化系统的系数矩阵 $\boldsymbol{A}$ 的特征值全部具有负实部，则实际系统就是渐近稳定的。线性化过程中被忽略的高阶导数项对系统的稳定性没有影响。

② 系数矩阵 $\boldsymbol{A}$ 的特征值中只要有一个特征值具有正实部，则实际系统就是不稳定的，与被忽略的高阶导数项无关。

③ 如果系数矩阵 $\boldsymbol{A}$ 的特征值中，即使只有一个实部为 0，其余的都具有负实部。这时，系统的稳定与否，与线性化过程中被忽略的高阶导数项有关，必须分析原始的非线性数学模型才

能确定系统的稳定性。

2. 李雅普诺夫直接法(第二法)

李雅普诺夫直接法是借助于一个李雅普诺夫函数来直接对系统平衡状态的稳定性做出判断,无需求出系统状态方程的解。其基本思想是从能量的观点进行系统稳定性分析。一个系统被激励后,如果其储存的能量随着时间的推移逐渐衰减,系统迟早会达到平衡状态。反之,如果系统不断地从外界吸收能量,储能越来越大,就是不稳定的。如果系统的储能既不增加,也不消耗,那么就是李雅普诺夫意义下的稳定。

由于系统的复杂性和多样性,实际系统的能量函数往往难以找到,于是李雅普诺夫引入一个虚构的广义能量函数,称为李雅普诺夫函数。它与状态 $x_1,\cdots,x_n$ 及 t 有关,记以 $V(\boldsymbol{x},t)$;若不显含 t,则记为 $V(\boldsymbol{x})$。考虑到能量总大于 0,故 $V(\boldsymbol{x},t)$ 为正定函数,能量衰减特性用 $\dot{V}(\boldsymbol{x},t)$ 表示。然后根据 $\dot{V}(\boldsymbol{x},t)$ 的符号特征来判别系统的稳定性。实际上,任何一个标量函数只要满足李雅普诺夫稳定性判据所假设的条件,均可作为李雅普诺夫函数。由此,应用李雅普诺夫直接法的关键是寻找李雅普诺夫函数 $V(\boldsymbol{x},t)$。遗憾的是,对于一般非线性系统仍未形成构造李雅普诺夫函数的通用方法。对于线性系统,通常可用二次型函数 $\boldsymbol{x}^{\mathrm{T}}\boldsymbol{P}\boldsymbol{x}$ 作为李雅普诺夫函数。

下面先介绍一下标量函数的符号性质,然后介绍李雅普诺夫直接法稳定性判据方法。

设 $V(\boldsymbol{x})$ 为由 n 维矢量 $\boldsymbol{x}$ 所定义的标量函数,$\boldsymbol{x}\in\boldsymbol{S}$,且当 $\boldsymbol{x}=0$ 处,恒有 $V(\boldsymbol{x})=0$。对所有在域 $\boldsymbol{S}$ 中的任何非零矢量 $\boldsymbol{x}$,如果成立:①$V(\boldsymbol{x})>0$,则称 $V(\boldsymbol{x})$ 为正定的,如 $V(\boldsymbol{x})=0.5x_1^2+0.5x_2^2$;②$V(\boldsymbol{x})\geqslant 0$,则称 $V(\boldsymbol{x})$ 为半正定的,如 $V(\boldsymbol{x})=(x_1+x_2)^2$;③$V(\boldsymbol{x})<0$,则称 $V(\boldsymbol{x})$ 为负定的,如 $V(\boldsymbol{x})=-(0.5x_1^2+0.5x_2^2)$;④$V(\boldsymbol{x})\leqslant 0$,则称 $V(\boldsymbol{x})$ 为半负定的,如 $V(\boldsymbol{x})=-(x_1+x_2)^2$;⑤$V(\boldsymbol{x})<0$ 或 $V(\boldsymbol{x})>0$,则称 $V(\boldsymbol{x})$ 为不定的,如 $V(\boldsymbol{x})=x_1+x_2$。

定理 9-3 设系统的状态方程为

$$\dot{\boldsymbol{x}}=\boldsymbol{f}(\boldsymbol{x}) \tag{9-111}$$

在平衡状态 $\boldsymbol{x}_{\mathrm{e}}=0$ 处,满足 $\boldsymbol{f}(\boldsymbol{x}_{\mathrm{e}})=0$。如果存在一个正定的标量函数 $V(\boldsymbol{x})$,$\boldsymbol{x}\in\mathbf{R}^n$[当 $\boldsymbol{x}\neq 0$ 时,$V(\boldsymbol{x})>0$],且 $V(\boldsymbol{x})$ 具有连续的一阶偏导数 $\dot{V}(\boldsymbol{x})=\mathrm{d}V(x)/\mathrm{d}t$,那么:①若 $\dot{V}(\boldsymbol{x})<0$,则系统平衡状态是渐近稳定的(如果随着 $\|\boldsymbol{x}\|\to\infty$,$V(\boldsymbol{x})\to\infty$,则系统原点平衡状态是大范围渐近稳定的);②若 $\dot{V}(\boldsymbol{x})>0$,则系统是不稳定的;③若 $\dot{V}(\boldsymbol{x})\leqslant 0$,即 $\dot{V}(\boldsymbol{x})$ 为半负定的,但 $\dot{V}(\boldsymbol{x})$ 不恒等于 0(除了 $\dot{V}(\boldsymbol{x}_{\mathrm{e}})=0$ 以外),则系统是渐近稳定的。如果存在 $\boldsymbol{x}\neq 0$,使得 $\dot{V}(\boldsymbol{x})$ 恒等于 0,则系统是李雅普诺夫意义下的稳定。

应当注意,上述判据只是判断系统稳定性的充分条件,而非充要条件。就是说,对于给定系统,如果能找到满足判据条件的李雅普诺夫函数便能对系统的稳定性做出肯定的结论。但是却不能因为没有找到李雅普诺夫函数,就得出否定的结论。

例 9-21 已知非线性系统状态方程:

$$\dot{x}_1=x_2-x_1(x_1^2+x_2^2)$$

$$\dot{x}_2=-x_1-x_2(x_1^2+x_2^2)$$

试分析其平衡状态的稳定性。

解　由$\dot{x}_1=0,\dot{x}_2=0$,解得$x_1=0,x_2=0$,故原点$\boldsymbol{x}_e=(0,0)^T$为系统唯一平衡状态。设$V(\boldsymbol{x})=x_1^2+x_2^2$,则

$$\begin{aligned}\dot{V}(\boldsymbol{x})&=\frac{\partial V}{\partial x_1}\frac{dx_1}{dt}+\frac{\partial V}{\partial x_2}\frac{dx_2}{dt}=2\dot{x}_1x_1+2\dot{x}_2x_2\\&=2x_1[x_2-x_1(x_1^2+x_2^2)]+2x_2[-x_1-x_2(x_1^2+x_2^2)]\\&=-2(x_1^2+x_2^2)\end{aligned}$$

显然,$\dot{V}(\boldsymbol{x})<0$,且当$\|\boldsymbol{x}\|\to\infty$时,$V(\boldsymbol{x})\to\infty$,故系统在坐标原点处是大范围渐近稳定的。

例 9-22　试分析下述系统平衡状态的稳定性:

$$\dot{x}_1=x_2$$

$$\dot{x}_2=-x_1^3-x_2$$

解　坐标原点$\boldsymbol{x}_e=(0,0)^T$是系统唯一的平衡状态。考虑$V(\boldsymbol{x})=x_1^4+2x_2^2$,则

$$\dot{V}(\boldsymbol{x})=4\dot{x}_1x_1^3+4\dot{x}_2x_2=4x_1^3(x_2)+4x_2(-x_1^3-x_2)=-4x_2^2$$

显然,$\dot{V}(\boldsymbol{x})$是半负定的,根据判据,可知该系统是李雅普诺夫意义下的稳定。下面进一步考察渐近稳定性。假设存在$\boldsymbol{x}\neq0$,假设$\dot{V}(\boldsymbol{x})\equiv0$,必然要求$x_2$在$t>t_0$时恒等于 0;而$x_2\equiv0$,则又要求$\dot{x}_2$恒等于 0。从状态方程可知,此时$x_1$也恒等于 0。这就表明,在$\boldsymbol{x}\neq0$时,$\dot{V}(\boldsymbol{x})$是不可能恒为 0 的。又由于当$\|\boldsymbol{x}\|\to\infty$时,有$V(\boldsymbol{x})\to\infty$,故系统在坐标原点大范围渐近稳定。

9.6.3　线性定常系统的李雅普诺夫稳定性分析

下面介绍利用李雅普诺夫直接法进行线性定常连续系统的稳定性分析方法。

设线性定常系统的状态方程为

$$\dot{\boldsymbol{x}}=\boldsymbol{A}\boldsymbol{x},\quad \boldsymbol{x}\in\boldsymbol{R}^{n\times1}\tag{9-112}$$

取$V(\boldsymbol{x})=\boldsymbol{x}^T\boldsymbol{P}\boldsymbol{x}$,其中$\boldsymbol{P}$为$n\times n$维正定实对称矩阵,则$V(\boldsymbol{x})$是正定的。对其求取时间导数为

$$\dot{V}(\boldsymbol{x})=\boldsymbol{x}^T\boldsymbol{P}\dot{\boldsymbol{x}}+\dot{\boldsymbol{x}}^T\boldsymbol{P}\boldsymbol{x}\tag{9-113}$$

将式(9-112)代入式(9-113)得

$$\dot{V}(\boldsymbol{x})=\boldsymbol{x}^T\boldsymbol{P}\boldsymbol{A}\boldsymbol{x}+(\boldsymbol{A}\boldsymbol{x})^T\boldsymbol{P}\boldsymbol{x}=\boldsymbol{x}^T(\boldsymbol{P}\boldsymbol{A}+\boldsymbol{A}^T\boldsymbol{P})\boldsymbol{x}$$

欲使系统在原点渐近稳定,则要求$\dot{V}(\boldsymbol{x})$必须为负定,即

$$\dot{V}(\boldsymbol{x})=-\boldsymbol{x}^T\boldsymbol{Q}\boldsymbol{x}\tag{9-114}$$

式中:$\boldsymbol{Q}=-(\boldsymbol{A}^T\boldsymbol{P}+\boldsymbol{P}\boldsymbol{A})$,为正定矩阵。

也就是说,如果能找到满足方程:

$$\boldsymbol{A}^T\boldsymbol{P}+\boldsymbol{P}\boldsymbol{A}=-\boldsymbol{Q}\tag{9-115}$$

的正定矩阵$\boldsymbol{P}$和$\boldsymbol{Q}$,那么有$V(\boldsymbol{x})>0$,且$\dot{V}(\boldsymbol{x})<0$,式(9-112)所示系统渐近稳定。式(9-115)是一个矩阵代数方程,称为李雅普诺夫方程。

定理 9-4　对于线性定常系统$\dot{\boldsymbol{x}}=\boldsymbol{A}\boldsymbol{x}$,平衡状态$\boldsymbol{x}_e=0$为大范围渐近稳定的充要条件是:对于任意给定的正定实对称矩阵$\boldsymbol{Q}$,一定存在正定实对称矩阵$\boldsymbol{P}$,满足李雅普诺夫方程:

$$\boldsymbol{A}^T\boldsymbol{P}+\boldsymbol{P}\boldsymbol{A}=-\boldsymbol{Q}$$

并且$V(\boldsymbol{x})=\boldsymbol{x}^T\boldsymbol{P}\boldsymbol{x}$即为一个适合的李雅普诺夫函数。

实际应用时，通常是先选取一个正定的实对称矩阵 $\boldsymbol{Q}$，代入李雅普诺夫方程式(9-115)解出矩阵 $\boldsymbol{P}$，然后判定 $\boldsymbol{P}$ 的正定性，进而判断系统稳定性。为了方便计算，常取 $\boldsymbol{Q}=\boldsymbol{I}$，即单位矩阵。

例 9-23　设系统的状态方程为

$$\dot{\boldsymbol{x}}=\begin{bmatrix}0 & 1\\ -2 & -3\end{bmatrix}\boldsymbol{x}$$

试分析系统稳定性。

解　设 $\boldsymbol{Q}=\boldsymbol{I}$，$\boldsymbol{P}=\begin{bmatrix}p_{11} & p_{12}\\ p_{12} & p_{22}\end{bmatrix}$，代入李雅普诺夫方程式(9-115)，得

$$\begin{bmatrix}0 & -2\\ 1 & -3\end{bmatrix}\begin{bmatrix}p_{11} & p_{12}\\ p_{12} & p_{22}\end{bmatrix}+\begin{bmatrix}p_{11} & p_{12}\\ p_{12} & p_{22}\end{bmatrix}\begin{bmatrix}0 & 1\\ -2 & -3\end{bmatrix}=\begin{bmatrix}1\\ 0\end{bmatrix}$$

将上式展开，并令各对应元素相等，可解得

$$\boldsymbol{P}=\begin{bmatrix}\frac{5}{4} & \frac{1}{4}\\ \frac{1}{4} & \frac{1}{4}\end{bmatrix}$$

由于 $\boldsymbol{P}$ 的各顺序主子行列式为

$$\Delta_1=\frac{5}{4}>0,\quad \Delta_2=\begin{vmatrix}\frac{5}{4} & \frac{1}{4}\\ \frac{1}{4} & \frac{1}{4}\end{vmatrix}=\frac{1}{4}>0$$

故 $\boldsymbol{P}$ 为正定矩阵，因而系统是大范围渐近稳定。

9.7　线性定常系统的状态反馈和极点配置

反馈是控制系统设计的主要方式。经典控制理论是用传递函数模型来描述的，因此采用根轨迹分析法或频域分析法对系统进行校正设计时，只能用输出量作为反馈量。而现代控制理论采用系统内部的状态变量来描述系统的物理特性，除了输出反馈外，当系统可控时，还经常采用状态反馈实现对系统极点的任意配置，因而使系统容易获得更为优异的性能。

9.7.1　状态反馈

状态反馈是将系统的每一个状态变量乘以相应的反馈系数，然后反馈到输入端与参考输入相加形成控制律，作为受控系统的控制输入。如图 9-11 所示结构。

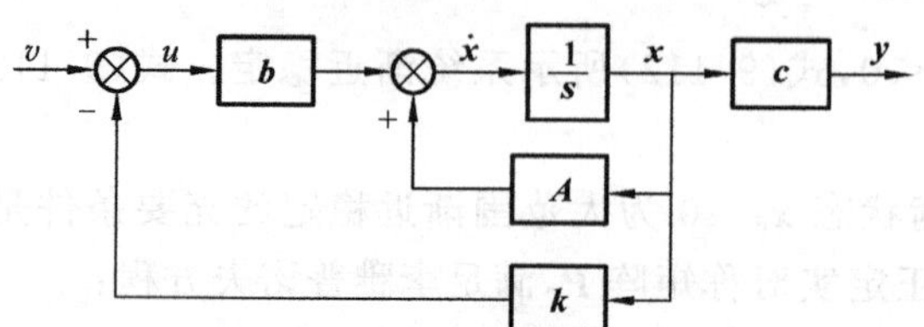

图 9-11　状态反馈系统的结构图

设 n 阶 SISO 系统的状态空间表达式为

$$\begin{aligned}\dot{\boldsymbol{x}}&=\boldsymbol{A}\boldsymbol{x}+\boldsymbol{b}u\\ y&=\boldsymbol{c}\boldsymbol{x}\end{aligned}\qquad(9\text{-}116)$$

令

$$u=v-\boldsymbol{k}\boldsymbol{x} \tag{9-117}$$

式中：v 为参考输入；$\boldsymbol{k}$ 为 $1\times n$ 状态反馈矩阵，即 $\boldsymbol{k}=[k_0 \quad k_1 \quad \cdots \quad k_{n-1}]$，则状态反馈系统的动态方程为

$$\begin{aligned}\dot{\boldsymbol{x}}&=(\boldsymbol{A}-\boldsymbol{b}\boldsymbol{k})\boldsymbol{x}+\boldsymbol{b}v\\ y&=\boldsymbol{c}\boldsymbol{x}\end{aligned} \tag{9-118}$$

式中：$\boldsymbol{A}-\boldsymbol{b}\boldsymbol{k}$ 为闭环系统的系数矩阵。闭环特征多项式为 $|\lambda\boldsymbol{I}-(\boldsymbol{A}-\boldsymbol{b}\boldsymbol{k})|$。由式(9-118)可见，引入状态反馈后，只改变了系统矩阵及其特征值，$\boldsymbol{b}$、$\boldsymbol{c}$ 矩阵均无变化。

图 9-11 为式(9-118)所描述系统的状态图。

比较式(9-116)和式(9-118)可以看出，状态反馈增益阵 $\boldsymbol{k}$ 的引入，并不增加系统的维数，但通过 $\boldsymbol{k}$ 的选择可以改变闭环系统的特征值，从而使系统获得所要求的性能。

1. 状态反馈不改变系统的能控性

单输入单输出系统式(9-116)的能控性矩阵为

$$\boldsymbol{S}_c=[\boldsymbol{b} \quad \boldsymbol{A}\boldsymbol{b} \quad \boldsymbol{A}^2\boldsymbol{b} \quad \cdots \quad \boldsymbol{A}^{n-1}\boldsymbol{b}] \tag{9-119}$$

引入状态反馈后，系统动态方程如式(9-118)所示，能控性矩阵为

$$\boldsymbol{S}_{kc}=[\boldsymbol{b} \quad (\boldsymbol{A}-\boldsymbol{b}\boldsymbol{k})\boldsymbol{b} \quad (\boldsymbol{A}-\boldsymbol{b}\boldsymbol{k})^2\boldsymbol{b} \quad \cdots \quad (\boldsymbol{A}-\boldsymbol{b}\boldsymbol{k})^{n-1}\boldsymbol{b}] \tag{9-120}$$

因为：

$$\begin{aligned}&(\boldsymbol{A}-\boldsymbol{b}\boldsymbol{k})\boldsymbol{b}=\boldsymbol{A}\boldsymbol{b}-\boldsymbol{b}\boldsymbol{k}\boldsymbol{b}=\boldsymbol{A}\boldsymbol{b}-\boldsymbol{b}\boldsymbol{d}, \quad \boldsymbol{d}=\boldsymbol{k}\boldsymbol{b}\\ &(\boldsymbol{A}-\boldsymbol{b}\boldsymbol{k})^2\boldsymbol{b}=(\boldsymbol{A}-\boldsymbol{b}\boldsymbol{k})(\boldsymbol{A}\boldsymbol{b}-\boldsymbol{b}\boldsymbol{d})=\boldsymbol{A}^2\boldsymbol{b}+(\boldsymbol{b},\boldsymbol{A}\boldsymbol{b}\text{ 的线性组合})\\ &(\boldsymbol{A}-\boldsymbol{b}\boldsymbol{k})^3\boldsymbol{b}=(\boldsymbol{A}-\boldsymbol{b}\boldsymbol{k})(\boldsymbol{A}^2\boldsymbol{b}+(\boldsymbol{b},\boldsymbol{A}\boldsymbol{b}\text{ 的线性组合}))\\ &\qquad\qquad\quad=\boldsymbol{A}^3\boldsymbol{b}+(\boldsymbol{b},\boldsymbol{A}\boldsymbol{b},\boldsymbol{A}^2\boldsymbol{b}\text{ 的线性组合})\\ &\qquad\vdots\\ &(\boldsymbol{A}-\boldsymbol{b}\boldsymbol{k})^{n-1}\boldsymbol{b}=\boldsymbol{A}^{n-1}\boldsymbol{b}+(\boldsymbol{b},\boldsymbol{A}\boldsymbol{b},\boldsymbol{A}^2\boldsymbol{b},\cdots,\boldsymbol{A}^{n-2}\boldsymbol{b}\text{ 的线性组合})\end{aligned}$$

故能控矩阵 $\boldsymbol{S}_{kc}$ 可表示为

$$\begin{aligned}\boldsymbol{S}_{kc}&=[\boldsymbol{b} \quad (\boldsymbol{A}-\boldsymbol{b}\boldsymbol{k})\boldsymbol{b} \quad (\boldsymbol{A}-\boldsymbol{b}\boldsymbol{k})^2\boldsymbol{b} \quad \cdots \quad (\boldsymbol{A}-\boldsymbol{b}\boldsymbol{k})^{n-1}\boldsymbol{b}]\\ &=[\boldsymbol{b} \quad \boldsymbol{A}\boldsymbol{b} \quad \boldsymbol{A}^2\boldsymbol{b} \quad \cdots \quad \boldsymbol{A}^{n-1}\boldsymbol{b}]\begin{bmatrix}1 & * & \cdots & *\\ 0 & 1 & & \vdots\\ \vdots & 0 & & *\\ 0 & \cdots & & 1\end{bmatrix}_{n\times n}\end{aligned} \tag{9-121}$$

式(9-121)最右边矩阵为非奇异阵，因此有

$$\operatorname{rank}[\boldsymbol{b} \quad (\boldsymbol{A}-\boldsymbol{b}\boldsymbol{k})\boldsymbol{b} \quad \cdots \quad (\boldsymbol{A}-\boldsymbol{b}\boldsymbol{k})^{n-1}\boldsymbol{b}]=\operatorname{rank}[\boldsymbol{b} \quad \boldsymbol{A}\boldsymbol{b} \quad \cdots \quad \boldsymbol{A}^{n-1}\boldsymbol{b}] \tag{9-122}$$

上式表明，引入状态反馈后，系统的能控性与原来系统一致。也就是状态反馈不改变系统的能控性。

2. 状态反馈对系统能观性的影响

状态反馈不改变系统的能控性，但有可能改变系统的能观性。原来能观的系统在状态反馈作用下，所得闭环系统可以是不能观；同样，原来不能观的系统在状态反馈作用下，闭环系统有可能变为能观。这一性质通过一个例子来说明。

例 9-24　系统动态方程为

$$\dot{x}=\begin{bmatrix}1&2\\0&3\end{bmatrix}x+\begin{bmatrix}0\\1\end{bmatrix}u$$

$$y=[1\quad 1]x$$

其能观性矩阵为

$$S_o=\begin{bmatrix}C\\CA\end{bmatrix}=\begin{bmatrix}1&1\\1&5\end{bmatrix},\quad \mathrm{rank}S_o=2=n$$

故系统能观。假如引入状态反馈，取 $k=[0\quad 4]$，则闭环动态方程为

$$\dot{x}=(A-bk)x+bv=\begin{bmatrix}1&2\\0&-1\end{bmatrix}x+\begin{bmatrix}0\\1\end{bmatrix}v$$

$$y=[1\quad 1]x$$

能观性矩阵为

$$S_{ko}=\begin{bmatrix}C\\C(A-bk)\end{bmatrix}=\begin{bmatrix}1&1\\1&1\end{bmatrix},\quad \mathrm{rank}S_{ko}=1<n$$

引入状态反馈后，系统变成不能观。这表明状态反馈改变了系统的能观性，其原因是状态反馈造成了所配置极点与零点的对消。

9.7.2　极点配置

控制系统的性能主要取决于系统极点在根平面上的分布。所谓的极点配置，就是利用状态反馈或输出反馈使闭环系统的极点位于所希望的极点位置，以获得所期望的动态性能。状态反馈不改变系统能控性，因此可以利用状态反馈，很好地解决极点配置问题。

定理 9-5　对于线性系统 $\dot{x}=Ax+Bu, y=Cx$，利用状态反馈可以对极点进行任意配置的充分必要条件为系统能控。

下面就单输入单输出系统情况进行定理证明。

证明　先证充分性。若系统 $\dot{x}=Ax+bu$ 可控，则存在非奇异变换 $x=P^{-1}\bar{x}$ 将系统动态方程变换为能控标准形：

$$\dot{\bar{x}}=\bar{A}\bar{x}+\bar{b}u,\quad y=\bar{c}x$$

式中：

$$\bar{A}=PAP^{-1}=\begin{bmatrix}0&1&0&\cdots&0\\0&0&1&\cdots&0\\\vdots&\vdots&\vdots&&\vdots\\0&0&0&\cdots&1\\-a_0&-a_1&-a_2&\cdots&-a_{n-1}\end{bmatrix},\quad \bar{b}=Pb=\begin{bmatrix}0\\0\\\vdots\\0\\1\end{bmatrix}$$

$$\bar{c}=cP^{-1}=[\beta_0\quad \beta_1\quad \cdots\quad \beta_{n-1}]$$

引入状态反馈：

$$u=-kx+v=-kP^{-1}\bar{x}+v=-\bar{k}\bar{x}+v \tag{9-123}$$

其中：

$$\bar{\boldsymbol{k}}=\boldsymbol{k}\boldsymbol{P}^{-1}=\begin{bmatrix}\bar{k}_0 & \bar{k}_1 & \cdots & \bar{k}_{n-1}\end{bmatrix}$$

考虑矩阵：

$$\bar{\boldsymbol{A}}-\bar{\boldsymbol{b}}\bar{\boldsymbol{k}}=\begin{bmatrix}0 & 1 & & \\ & & 1 & \\ & & & \ddots \\ & & & & 1 \\ -(a_0+\bar{k}_0) & -(a_1+\bar{k}_1) & \cdots & -(a_{n-1}+\bar{k}_{n-1})\end{bmatrix} \tag{9-124}$$

其特征多项式为

$$\det[s\boldsymbol{I}-(\bar{\boldsymbol{A}}-\bar{\boldsymbol{b}}\bar{\boldsymbol{k}})]=s^n+(a_{n-1}+\bar{k}_{n-1})s^{n-1}+\cdots+(a_1+\bar{k}_1)s+(a_0+\bar{k}_0) \tag{9-125}$$

显然，该 n 阶特征多项式中的 n 个系数，可通过 $\bar{k}_0,\bar{k}_1,\cdots,\bar{k}_{n-1}$ 来独立设置，也就是说 $(\bar{\boldsymbol{A}}-\bar{\boldsymbol{b}}\bar{\boldsymbol{k}})$ 的特征值可以进行任意设置。

因为：

$$\begin{aligned}\det[s\boldsymbol{I}-(\bar{\boldsymbol{A}}-\bar{\boldsymbol{b}}\bar{\boldsymbol{k}})]&=\det[s\boldsymbol{I}-(\boldsymbol{PAP}^{-1}-\boldsymbol{PbkP}^{-1})]\\&=\det\{\boldsymbol{P}[s\boldsymbol{I}-(\bar{\boldsymbol{A}}-\bar{\boldsymbol{b}}\bar{\boldsymbol{k}})]\boldsymbol{P}^{-1}\}\\&=\det[s\boldsymbol{I}-(\boldsymbol{A}-\boldsymbol{bk})]\end{aligned} \tag{9-126}$$

也就是 $(\bar{\boldsymbol{A}}-\bar{\boldsymbol{b}}\bar{\boldsymbol{k}})$ 与 $(\boldsymbol{A}-\boldsymbol{bk})$ 具有相同的特征值，所以 $(\boldsymbol{A}-\boldsymbol{bk})$ 的特征值可以任意选择，即系统的极点可以任意配置。

必要性。如果系统 $(\boldsymbol{A},\boldsymbol{b})$ 不可控，说明系统中有些状态将不受控制作用 u 的控制，而状态反馈不改变系统的可控性，因此引入状态反馈时就不可能通过控制影响到这些不可控的极点。

状态反馈能够实现系统闭环极点的任意配置；输出反馈，如经典控制理论中的根轨迹分析法，通过调节系统的开环增益，只能使闭环极点沿着一定的根轨迹移动。由此可见，状态反馈比一般的输出反馈对系统性能的综合更为有效。但从实现的角度来看，状态反馈的实现也更为复杂。因为实现反馈控制需要检测系统内部各个状态的信息，对于有的物理系统，这是有难度的。

上面定理的充分性证明中，可以总结出通过可控标准形来选择 $\boldsymbol{k}$ 矩阵，使闭环系统具有任意要求的特征值的计算步骤。

(1) 首先检验系统的能控性。然后计算 $\boldsymbol{A}$ 的特征多项式：

$$f(s)=\det(s\boldsymbol{I}-\boldsymbol{A})=s^n+a_{n-1}s^{n-1}+\cdots+a_1s+a_0$$

(2) 由期望的闭环极点 $\lambda_1,\lambda_2,\cdots,\lambda_n$，计算期望的特征多项式：

$$f^*(s)=(s-\lambda_1)(s-\lambda_2)\cdots(s-\lambda_n)=s^n+\beta_{n-1}s^{n-1}+\cdots+\beta_1s+\beta_0$$

(3) 计算 $\bar{\boldsymbol{k}}$：

$$\bar{\boldsymbol{k}}=[\beta_0-a_0 \quad \beta_1-a_1 \quad \cdots \quad \beta_{n-1}-a_{n-1}]$$

(4) 计算可控标准形变换矩阵 $\boldsymbol{P}$，由式(9-97)、式(9-95)计算。

(5) 计算反馈增益矩阵 $\boldsymbol{k}=\bar{\boldsymbol{k}}\boldsymbol{P}$。

对于阶次较低的单输入单输出系统，求解状态反馈向量矩阵 $\boldsymbol{k}$ 时，不必像上面那样通过求取可控标准形变换矩阵进行，可以采用下面的简单算法进行。

(1) 列写出系统状态方程及状态反馈控制律：

$$\dot{\boldsymbol{x}}=\boldsymbol{A}\boldsymbol{x}+\boldsymbol{b}u,\quad u=-\boldsymbol{k}\boldsymbol{x}+v$$

式中：$\boldsymbol{k}=[k_0\quad k_1\quad \cdots\quad k_{n-1}]$。

(2) 检验系统的能控性。若系统 $(\boldsymbol{A},\boldsymbol{b})$ 能控，则进行下一步。

(3) 计算 $[s\boldsymbol{I}-(\boldsymbol{A}-\boldsymbol{b}\boldsymbol{k})]$ 的特征多项式：

$$f(s)=\det(s\boldsymbol{I}-\boldsymbol{A}+\boldsymbol{b}\boldsymbol{k})=s^n+a_{n-1}s^{n-1}+\cdots+a_1s+a_0$$

(4) 由期望的闭环极点 $\lambda_1,\lambda_2,\cdots,\lambda_n$，计算期望的特征多项式：

$$f^*(s)=(s-\lambda_1)(s-\lambda_2)\cdots(s-\lambda_n)=s^n+\beta_{n-1}s^{n-1}+\cdots+\beta_1s+\beta_0$$

(5) 比较式 $f(s)$ 与 $f^*(s)$，令其对应项系数相等，即

$$\beta_0=a_0,\quad \beta_1=a_1,\quad \cdots,\quad \beta_{n-1}=a_{n-1}$$

即可确定状态反馈增益向量 $\boldsymbol{k}$。

但随着系统阶次的增高，直接计算 $\boldsymbol{k}$ 的方程将愈加复杂。此时不如先将其化成能控标准型 $\Sigma_c(\overline{\boldsymbol{A}},\overline{\boldsymbol{b}},\overline{\boldsymbol{c}})$ 求出在 $\overline{\boldsymbol{x}}$ 下的 $\overline{\boldsymbol{k}}$，然后再按式 $\boldsymbol{k}=\overline{\boldsymbol{k}}\boldsymbol{P}$ 计算。

例 9-25 已知系统传递函数为 $G(s)=\dfrac{10}{s(s+1)(s+2)}$，试设计状态反馈控制器，使闭环极点为 $-2,-1\pm \mathrm{j}$。

解 (1) 因为传递函数没有零点、极点对消，故系统完全能控。写出其能控标准型为

$$\dot{\boldsymbol{x}}=\begin{bmatrix}0&1&0\\0&0&1\\0&-2&-3\end{bmatrix}\boldsymbol{x}+\begin{bmatrix}0\\0\\1\end{bmatrix}u,\quad \boldsymbol{y}=[10\quad 0\quad 0]\boldsymbol{x}$$

(2) 引入状态反馈控制 $u=-\boldsymbol{k}\boldsymbol{x}+v$，$\boldsymbol{k}=[k_0\quad k_1\quad k_2]$，则闭环状态方程和闭环特征多项式为

$$\dot{\boldsymbol{x}}=(\boldsymbol{A}-\boldsymbol{b}\boldsymbol{k})\boldsymbol{x}$$

$$\det[\lambda\boldsymbol{I}-(\boldsymbol{A}-\boldsymbol{b}\boldsymbol{k})]=\lambda^3+(3+k_2)\lambda^2+(2+k_1)\lambda+k_0$$

(3) 由期望的闭环极点得到期望的特征多项式为

$$f^*(\lambda)=(\lambda+2)(\lambda+1-\mathrm{j})(\lambda+1+\mathrm{j})=\lambda^3+4\lambda^2+6\lambda+4$$

(4) 比较闭环特征多项式与期望的特征多项式的对应系数得

$$\begin{cases}(3-k_2)=4\\(2-k_1)=6\\-k_0=4\end{cases}$$

解上述方程组，得 $k_0=4$，$k_1=4$，$k_2=1$，即 $\boldsymbol{k}=[4,4,1]$。实现状态反馈后系统状态结构图如图 9-12 所示。

下面讨论状态反馈对传递函数零点的影响。

单输入单输出系统 $\dot{\boldsymbol{x}}=\boldsymbol{A}\boldsymbol{x}+\boldsymbol{b}u$，$y=\boldsymbol{c}\boldsymbol{x}$ 的传递函数为

$$G(s)=\boldsymbol{c}(s\boldsymbol{I}-\boldsymbol{A})^{-1}\boldsymbol{b}=\frac{b_{n-1}s^{n-1}+b_{n-2}s^{n-2}+\cdots+b_1s+b_0}{s^n+a_{n-1}s^{n-1}+\cdots+a_1s+a_0}$$

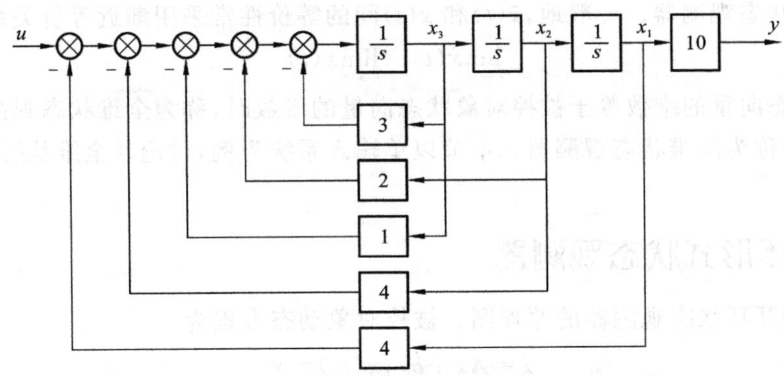

图 9-12　例 9-25 引入状态反馈后的结构图

引入状态反馈后，闭环系统的传递函数为

$$G_k(s)=\boldsymbol{c}(s\boldsymbol{I}-\boldsymbol{A}+\boldsymbol{bk})^{-1}\boldsymbol{b}=\bar{\boldsymbol{c}}(s\boldsymbol{I}-\bar{\boldsymbol{A}}+\bar{\boldsymbol{b}}\,\bar{\boldsymbol{k}})^{-1}\bar{\boldsymbol{b}}$$

$$=\frac{b_{n-1}s^{n-1}+b_{n-2}s^{n-2}+\cdots+b_1s+b_0}{s^n+(a_{n-1}+\bar{k}_{n-1})s^{n-1}+\cdots+(a_1+\bar{k}_1)s+(a_0+\bar{k}_0)}$$

可以看出，$G(s)$、$G_k(s)$的分子多项式相同，故状态反馈对系统的零点没有影响。一种可能的情况是：引入状态反馈后恰巧使闭环系统的某个极点移到 $G(s)$的零点，从而形成零点、极点对消，这时系统便失去了一对零点、极点。这也是状反馈可能使系统失去可观性的原因。

应用极点配置方法来改善系统性能时，在具体使用中需要注意：

(1) 极点配置时并非使期望的极点离虚轴越远越好，还要考虑到系统带宽过大时抗干扰性降低的问题。

(2) 状态反馈向量 $\boldsymbol{k}$ 中的元素不宜过大，要考虑物理上的可实现性问题。

(3) 在选择期望的闭环极点时，有时需要考虑到零点对系统动态性能的影响。

(4) 对于不完全能控系统，状态反馈可以任意配置其能控子空间的特征值；而对不能控子空间的特征值没有任何影响力。

9.8　状态观测器及其应用

当利用状态反馈进行极点配置时，需用传感器测量状态变量以便形成反馈。但在实际系统中，通常只有被控对象的输入量和输出量可以用传感器测量，许多中间状态变量往往不易测得或不可测得。因此为了实现状态反馈控制律，就要设法利用系统中可直接测量的输入量和输出量建立状态观测器(也称为状态估计器、状态重构器)，通过一个模型来对状态变量进行估计。用所构模型的输出信号 $\hat{\boldsymbol{x}}(t)$作为原系统的状态 $\boldsymbol{x}(t)$的估计(图 9-13)。称 $\hat{\boldsymbol{x}}(t)$为 $\boldsymbol{x}(t)$的重构状态或估计状态。用以实现状态估计的

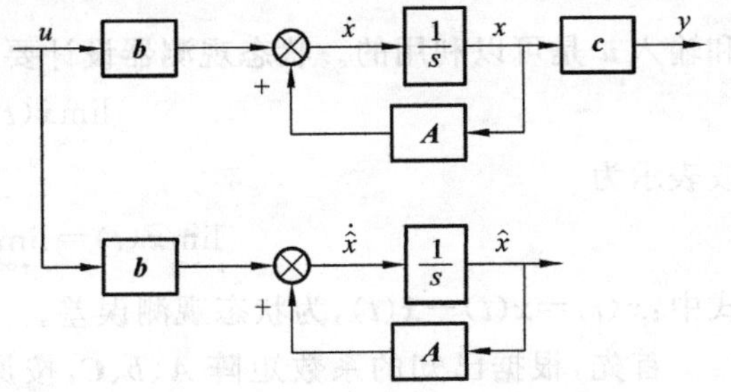

图 9-13　开环状态观测器

系统模型称为状态观测器。一般地，$\hat{\boldsymbol{x}}(t)$和$\boldsymbol{x}(t)$间的等价性常采用渐近等价关系，即

$$\lim_{t\to\infty}\hat{\boldsymbol{x}}(t)=\lim_{t\to\infty}\boldsymbol{x}(t) \tag{9-127}$$

当重构状态向量的维数等于被控对象状态向量的维数时，称为全维状态观测器；小于状态向量的维数时，称为降维状态观测器。本节以单输入系统为例，讨论其全维状态观测器的设计方法。

9.8.1 开环形式状态观测器

图 9-13 为开环状态观测器的原理图。被控对象动态方程为

$$\begin{aligned}&\dot{\boldsymbol{x}}=\boldsymbol{A}\boldsymbol{x}+\boldsymbol{b}u,\boldsymbol{x}(t_0)=\boldsymbol{x}_0\\&y=\boldsymbol{c}\boldsymbol{x}\end{aligned} \tag{9-128}$$

状态观测器模型为

$$\dot{\hat{\boldsymbol{x}}}=\boldsymbol{A}\hat{\boldsymbol{x}}+\boldsymbol{b}u,\hat{\boldsymbol{x}}(t_0)=\hat{\boldsymbol{x}}_0 \tag{9-129}$$

理论上，如果初始状态$\hat{\boldsymbol{x}}_0=\boldsymbol{x}_0$，则对于所有$t\geqslant t_0$，此模型可提供准确的状态估计值$\hat{\boldsymbol{x}}(t)=\boldsymbol{x}(t)$。但是由于被控对象受到噪声的影响，以及线性模型和初始状态的不准确性，这种开环估计的方法会带来很大的误差。这样的状态观测器无多大的实用价值。

系统输出量$y(t)$和控制输入量$u(t)$通常已知，因此可以利用系统输出信号来修正状态估计值$\hat{\boldsymbol{x}}(t)$，构成闭环估计方案。

9.8.2 闭环形式状态观测器

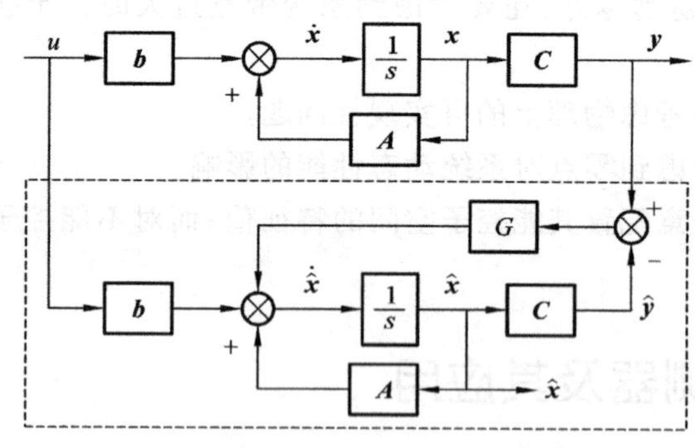

图 9-14 闭环状态观测器结构

这种观测器的特点是利用被控对象的输出$\boldsymbol{y}=\boldsymbol{C}\boldsymbol{x}$与$\hat{\boldsymbol{y}}=\boldsymbol{C}\hat{\boldsymbol{x}}$的偏差信号来修正状态的估计值$\hat{\boldsymbol{x}}(t)$，从而构成了图 9-14 中虚线框内的闭环状态观测器。

考虑n阶线性定常系统：

$$\begin{aligned}&\dot{\boldsymbol{x}}=\boldsymbol{A}\boldsymbol{x}+\boldsymbol{b}u,\quad \boldsymbol{x}(0)=\boldsymbol{x}_0,\quad t\geqslant 0\\&\boldsymbol{y}=\boldsymbol{C}\boldsymbol{x}\end{aligned} \tag{9-130}$$

式中：$\boldsymbol{A}$、$\boldsymbol{b}$、$\boldsymbol{C}$分别为$n\times n$，$n\times 1$，$m\times n$维常数矩阵。假设状态$\boldsymbol{x}$不能直接加以量测，输出$\boldsymbol{y}$和输入u是可以利用的。状态观测器设计要求，就是以$\boldsymbol{y}$、u为输入，输出$\hat{x}(t)$满足：

$$\lim_{t\to\infty}\hat{\boldsymbol{x}}(t)=\lim_{t\to\infty}\boldsymbol{x}(t)$$

或表示为

$$\lim_{t\to\infty}\tilde{\boldsymbol{x}}(t)=\lim_{t\to\infty}[\boldsymbol{x}(t)-\hat{\boldsymbol{x}}(t)]=0 \tag{9-131}$$

式中：$\tilde{\boldsymbol{x}}(t)=\boldsymbol{x}(t)-\hat{\boldsymbol{x}}(t)$，为状态观测误差。

首先，根据已知的系数矩阵$\boldsymbol{A}$、$\boldsymbol{b}$、$\boldsymbol{C}$，按原系统相同的结构形式，复制出一个基本系统。然后，取原系统输出$\boldsymbol{y}=\boldsymbol{C}\boldsymbol{x}$与复制系统输出$\hat{\boldsymbol{y}}=\boldsymbol{C}\hat{\boldsymbol{x}}$的差值信号作为修正变量，并经增益矩阵$\boldsymbol{G}$反馈到复制系统中积分器的输入端，而构成一个闭环系统，如图 9-14 中虚线框所示。

从图 9-14 中可以推导出，按上述方式所构成的全维状态观测器的状态方程为

$$\dot{\hat{\boldsymbol{x}}}=\boldsymbol{A}\hat{\boldsymbol{x}}+\boldsymbol{b}u+\boldsymbol{G}(\boldsymbol{y}-\boldsymbol{C}\hat{\boldsymbol{x}}),\quad \hat{\boldsymbol{x}}(0)=\hat{\boldsymbol{x}}_0 \tag{9-132}$$

式中：$\boldsymbol{G}=[g_1\quad g_2,\cdots,\quad g_n]^{\mathrm{T}}$。

与式(9-129)相比，修正项 $\boldsymbol{G}(\boldsymbol{y}-\boldsymbol{C}\hat{\boldsymbol{x}})$ 起到了反馈作用。此状态观测器在维数上显然等于被估计系统维数，是一个全维状态观测器。

由式(9-130)的状态方程减式(9-132)的状态方程，可得

$$\begin{aligned}\dot{\boldsymbol{x}}-\dot{\hat{\boldsymbol{x}}}&=\boldsymbol{A}(\boldsymbol{x}-\hat{\boldsymbol{x}})-\boldsymbol{G}(\boldsymbol{y}-\boldsymbol{C}\hat{\boldsymbol{x}})=\boldsymbol{A}(\boldsymbol{x}-\hat{\boldsymbol{x}})-\boldsymbol{GC}(\boldsymbol{x}-\hat{\boldsymbol{x}})\\&=(\boldsymbol{A}-\boldsymbol{GC})(\boldsymbol{x}-\hat{\boldsymbol{x}})\end{aligned} \tag{9-133}$$

状态估计误差方程为

$$\dot{\tilde{\boldsymbol{x}}}(t)=(\boldsymbol{A}-\boldsymbol{GC})\tilde{\boldsymbol{x}}(t),\quad \tilde{\boldsymbol{x}}_0=\boldsymbol{x}_0-\hat{\boldsymbol{x}}_0 \tag{9-134}$$

这表明，不管初始误差 $\tilde{\boldsymbol{x}}_0$ 为多大，只要使矩阵$(\boldsymbol{A}-\boldsymbol{GC})$的特征值均具有负实部，那么：

$$\lim_{t\to\infty}\tilde{\boldsymbol{x}}(t)=\lim_{t\to\infty}[\boldsymbol{x}(t)-\hat{\boldsymbol{x}}(t)]=0$$

即实现状态的渐近重构。进而，如果可以通过选择增益矩阵 $\boldsymbol{G}$ 而使$(\boldsymbol{A}-\boldsymbol{GC})$的特征值任意配置，则状态估计误差 $\tilde{\boldsymbol{x}}(t)$ 的衰减快慢是可以被控制的。显然，若$(\boldsymbol{A}-\boldsymbol{GC})$特征值均位于 s 平面，且远离虚轴，则可使重构状态 $\hat{\boldsymbol{x}}(t)$ 很快地趋于实际状态 $\boldsymbol{x}(t)$。

定理 9-6　系统$(\boldsymbol{A},\boldsymbol{B},\boldsymbol{C})$的状态可以用式：

$$\dot{\hat{\boldsymbol{x}}}=\boldsymbol{A}\hat{\boldsymbol{x}}+\boldsymbol{B}u+\boldsymbol{G}(\boldsymbol{y}-\boldsymbol{C}\hat{\boldsymbol{x}}),\quad \hat{\boldsymbol{x}}(0)=\hat{\boldsymbol{x}}_0$$

的全维状态观测器进行估计，且存在一个线性反馈矩阵 $\boldsymbol{G}$，可以任意配置$(\boldsymbol{A}-\boldsymbol{GC})$极点的充分必要条件是系统$(\boldsymbol{A},\boldsymbol{B},\boldsymbol{C})$完全能观。

证明　因为：

$$\det[s\boldsymbol{I}-(\boldsymbol{A}-\boldsymbol{GC})]=\det[s\boldsymbol{I}-(\boldsymbol{A}-\boldsymbol{GC})]^{\mathrm{T}}$$

所以：

$$\det[s\boldsymbol{I}-(\boldsymbol{A}-\boldsymbol{GC})^{\mathrm{T}}]=\det[s\boldsymbol{I}-(\boldsymbol{A}^{\mathrm{T}}-\boldsymbol{C}^{\mathrm{T}}\boldsymbol{G}^{\mathrm{T}})]$$

因此，配置$(\boldsymbol{A}-\boldsymbol{GC})$的特征值与配置$(\boldsymbol{A}^{\mathrm{T}}-\boldsymbol{C}^{\mathrm{T}}\boldsymbol{G}^{\mathrm{T}})$的特征值等价。如果由系数矩阵 $\boldsymbol{A}^{\mathrm{T}}$，输入矩阵 $\boldsymbol{C}^{\mathrm{T}}$ 构成的系统$(\boldsymbol{A}^{\mathrm{T}},\boldsymbol{C}^{\mathrm{T}},\boldsymbol{B}^{\mathrm{T}})$是能控的，即

$$\operatorname{rank}[\boldsymbol{C}^{\mathrm{T}}\quad \boldsymbol{A}^{\mathrm{T}}\boldsymbol{C}^{\mathrm{T}}\quad \cdots\quad (\boldsymbol{A}^{\mathrm{T}})^{n-1}\boldsymbol{C}^{\mathrm{T}}]=n$$

则矩阵$(\boldsymbol{A}^{\mathrm{T}}-\boldsymbol{C}^{\mathrm{T}}\boldsymbol{G}^{\mathrm{T}})$的特征值可以任意配置。根据对偶性原理，系统$(\boldsymbol{A}^{\mathrm{T}},\boldsymbol{C}^{\mathrm{T}},\boldsymbol{B}^{\mathrm{T}})$能控的条件是系统$(\boldsymbol{A},\boldsymbol{B},\boldsymbol{C})$能观。这就证明了如果矩阵$(\boldsymbol{A}-\boldsymbol{GC})$的特征值能进行任意配置，必然要求系统$(\boldsymbol{A},\boldsymbol{B},\boldsymbol{C})$能观。

例 9-26　已知系统：

$$\dot{\boldsymbol{x}}=\begin{bmatrix}0&1\\-2&-3\end{bmatrix}\boldsymbol{x}+\begin{bmatrix}0\\1\end{bmatrix}u$$

$$\boldsymbol{y}=[2\quad 0]\boldsymbol{x}$$

设计状态观测器使其两个极点为 $s_1=s_2=-10$。

解　(1) 检验能观性

$$\operatorname{rank}\begin{bmatrix}\boldsymbol{c}\\\boldsymbol{cA}\end{bmatrix}=\operatorname{rank}\begin{bmatrix}2&0\\0&2\end{bmatrix}=2$$

满秩，系统能观，观测器极点可任意配置。

(2) 令 $\boldsymbol{G}=[g_1 \quad g_2]^{\mathrm{T}}$，则

$$\boldsymbol{A}-\boldsymbol{G}\boldsymbol{c}=\begin{bmatrix}-2g_1 & 1\\-2-2g_2 & -3\end{bmatrix}$$

系统特征多项式为

$$f(s)=s^2+(2g_1+3)s+6g_1+2g_2+2$$

观测器所期望的特征多项式为

$$f^*(s)=(s+10)(s+10)=s^2+20s+100$$

令 $f^*(s)=f(s)$，有

$$\begin{aligned}2g_1+3&=20\\6g_1+2g_2+2&=100\end{aligned}$$

解此方程组得，$g_1=8.5$，$g_2=23.5$。据此可定出所设计状态观测器方程为

$$\begin{aligned}\dot{\hat{\boldsymbol{x}}}&=(\boldsymbol{A}-\boldsymbol{G}\boldsymbol{c})\hat{\boldsymbol{x}}+\boldsymbol{b}u+\boldsymbol{G}y\\&=\begin{bmatrix}-17 & 1\\-49 & -3\end{bmatrix}\hat{\boldsymbol{x}}+\begin{bmatrix}0\\1\end{bmatrix}u+\begin{bmatrix}8.5\\23.5\end{bmatrix}y\end{aligned}$$

9.8.3 利用状态观测器实现状态反馈

状态观测器解决了受控系统的状态估计问题，可以使状态反馈系统得以实现。但是用状态观测器提供的状态估值 $\hat{\boldsymbol{x}}(t)$ 代替真实状态 $\boldsymbol{x}(t)$ 来实现状态反馈，状态反馈矩阵 $\boldsymbol{K}$ 是否需要重新设计，以保持系统的期望特征值？当观测器被引入系统后，状态反馈系统部分是否会改变已经设计好的观测器的极点配置，观测器输出反馈矩阵 $\boldsymbol{G}$ 是否需要重新设计？针对这些问题，为此需对引入观测器的状态反馈系统作进一步的分析。

图 9-15 是一个带有全维状态观测器的状态反馈系统。

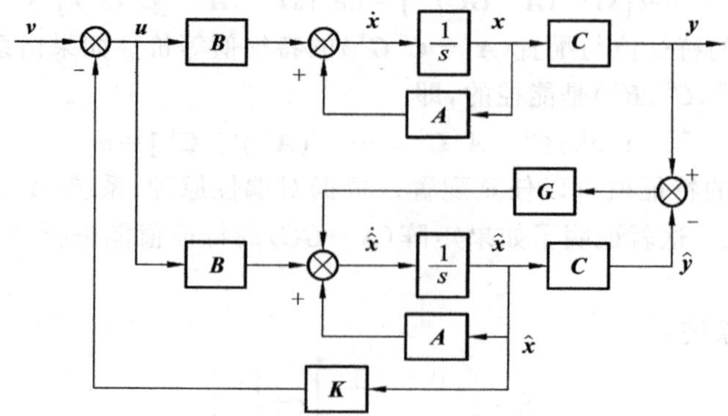

图 9-15 带状态观测器的状态反馈系统

设能控能观的受控系统 $(\boldsymbol{A},\boldsymbol{B},\boldsymbol{C})$ 为

$$\begin{aligned}\dot{\boldsymbol{x}}&=\boldsymbol{A}\boldsymbol{x}+\boldsymbol{B}\boldsymbol{u}\\\boldsymbol{y}&=\boldsymbol{C}\boldsymbol{x}\end{aligned} \tag{9-135}$$

状态反馈控制律为

$$\boldsymbol{u}=-\boldsymbol{K}\boldsymbol{x}+\boldsymbol{v} \tag{9-136}$$

状态反馈子系统动态方程为

$$\begin{aligned}\dot{\boldsymbol{x}}&=\boldsymbol{A}\boldsymbol{x}-\boldsymbol{B}\boldsymbol{K}\hat{\boldsymbol{x}}+\boldsymbol{B}\boldsymbol{v}\\ \boldsymbol{y}&=\boldsymbol{C}\boldsymbol{x}\end{aligned} \tag{9-137}$$

全维状态观测器子系统动态方程为

$$\begin{aligned}\dot{\hat{\boldsymbol{x}}}&=\boldsymbol{A}\hat{\boldsymbol{x}}+\boldsymbol{B}\boldsymbol{u}+\boldsymbol{G}(\boldsymbol{y}-\boldsymbol{C}\hat{\boldsymbol{x}})\\ &=\boldsymbol{A}\hat{\boldsymbol{x}}-\boldsymbol{B}\boldsymbol{K}\hat{\boldsymbol{x}}+\boldsymbol{G}\boldsymbol{C}(\boldsymbol{x}-\hat{\boldsymbol{x}})+\boldsymbol{B}\boldsymbol{v}\end{aligned} \tag{9-138}$$

由式(9-137)与(9-138)，可得误差状态方程：

$$\dot{\boldsymbol{x}}-\dot{\hat{\boldsymbol{x}}}=\boldsymbol{A}(\boldsymbol{x}-\hat{\boldsymbol{x}})-\boldsymbol{G}\boldsymbol{C}(\boldsymbol{x}-\hat{\boldsymbol{x}}) \tag{9-139}$$

即

$$\dot{\tilde{\boldsymbol{x}}}=\boldsymbol{A}\tilde{\boldsymbol{x}}-\boldsymbol{G}\boldsymbol{C}\tilde{\boldsymbol{x}}=(\boldsymbol{A}-\boldsymbol{G}\boldsymbol{C})\tilde{\boldsymbol{x}} \tag{9-140}$$

该式与 $\boldsymbol{u},\boldsymbol{v}$ 无关，只要$(\boldsymbol{A}-\boldsymbol{G}\boldsymbol{C})$的全部特征值都具有负实部，状态误差就会衰减到 0。由状态误差定义 $\tilde{\boldsymbol{x}}=\boldsymbol{x}-\hat{\boldsymbol{x}}$，得 $\hat{\boldsymbol{x}}=\boldsymbol{x}-\tilde{\boldsymbol{x}}$，将其代入式(9-137)得

$$\begin{aligned}\dot{\boldsymbol{x}}&=\boldsymbol{A}\boldsymbol{x}-\boldsymbol{B}\boldsymbol{K}(\boldsymbol{x}-\tilde{\boldsymbol{x}})+\boldsymbol{B}\boldsymbol{v}=(\boldsymbol{A}-\boldsymbol{B}\boldsymbol{K})\boldsymbol{x}+\boldsymbol{B}\boldsymbol{K}\tilde{\boldsymbol{x}}+\boldsymbol{B}\boldsymbol{v}\\ \boldsymbol{y}&=\boldsymbol{C}\boldsymbol{x}\end{aligned} \tag{9-141}$$

由式(9-140)和式(9-141)得整个闭环系统的动态方程为

$$\begin{aligned}\dot{\boldsymbol{x}}&=(\boldsymbol{A}-\boldsymbol{B}\boldsymbol{K})\boldsymbol{x}+\boldsymbol{B}\boldsymbol{K}\tilde{\boldsymbol{x}}+\boldsymbol{B}\boldsymbol{v}\\ \dot{\tilde{\boldsymbol{x}}}&=\boldsymbol{A}\tilde{\boldsymbol{x}}-\boldsymbol{G}\boldsymbol{C}\tilde{\boldsymbol{x}}=(\boldsymbol{A}-\boldsymbol{G}\boldsymbol{C})\tilde{\boldsymbol{x}}\\ \boldsymbol{y}&=\boldsymbol{C}\boldsymbol{x}\end{aligned} \tag{9-142}$$

写成矩阵形式为

$$\begin{aligned}\begin{bmatrix}\dot{\boldsymbol{x}}\\ \dot{\tilde{\boldsymbol{x}}}\end{bmatrix}&=\begin{bmatrix}\boldsymbol{A}-\boldsymbol{B}\boldsymbol{K} & \boldsymbol{B}\boldsymbol{K}\\ 0 & \boldsymbol{A}-\boldsymbol{G}\boldsymbol{C}\end{bmatrix}\begin{bmatrix}\boldsymbol{x}\\ \tilde{\boldsymbol{x}}\end{bmatrix}+\begin{bmatrix}\boldsymbol{B}\\ 0\end{bmatrix}\boldsymbol{v}\\ \boldsymbol{y}&=[\boldsymbol{C}\quad 0]\begin{bmatrix}\boldsymbol{x}\\ \tilde{\boldsymbol{x}}\end{bmatrix}\end{aligned} \tag{9-143}$$

整个系统是一个 $2n$ 维的复合系统。其特征多项式为

$$\det\begin{bmatrix}\boldsymbol{A}-\boldsymbol{B}\boldsymbol{K} & \boldsymbol{B}\boldsymbol{K}\\ 0 & \boldsymbol{A}-\boldsymbol{G}\boldsymbol{C}\end{bmatrix}=\det(\boldsymbol{A}-\boldsymbol{B}\boldsymbol{K})\cdot\det(\boldsymbol{A}-\boldsymbol{G}\boldsymbol{C})$$

可以看出，增广系统(9-143)的特征值由两部分组成：一部分与$(\boldsymbol{A}-\boldsymbol{B}\boldsymbol{K})$有关，其特征值决定系统状态 $\boldsymbol{x}$ 的动态性能；另一部分与$(\boldsymbol{A}-\boldsymbol{G}\boldsymbol{C})$有关，对应的特征值决定状态观测器的动态性能。如果系统能控能观，则这两部分特征值可以分别通过矩阵 $\boldsymbol{K}$ 和 $\boldsymbol{G}$ 进行极点的任意配置，且互不影响，也就是 $\boldsymbol{K}$、$\boldsymbol{G}$ 的选择可以根据各自的性能要求分开独立地进行。这也就是线性系统的分离定理。

分离定理　若被控系统$(\boldsymbol{A},\boldsymbol{B},\boldsymbol{C})$能控能观，用状态观测器估值实现状态反馈时，系统的极点配置和观测器设计可分开独立进行，即矩阵 $\boldsymbol{K}$ 和 $\boldsymbol{G}$ 的设计可以分别独立进行。

例 9-27　设被控系统的传递函数为 $G(s)=\dfrac{100}{s(s+5)}$，若状态变量不能直接测量到，试采用

全维状态观测器实现状态反馈控制，使闭环系极点配置在 $-7.07\pm j7.07$。

解 (1)由于 $G(s)$ 不存在零极点对消，故系统能控能观。写出能控标准型

$$\dot{\boldsymbol{x}}=\begin{bmatrix}0 & 1\\0 & -5\end{bmatrix}\boldsymbol{x}+\begin{bmatrix}0\\1\end{bmatrix}\boldsymbol{u},\quad \boldsymbol{y}=\begin{bmatrix}100 & 0\end{bmatrix}\boldsymbol{x}$$

(2) 根据分离定理，先按期望的闭环极点设计状态反馈增益矩阵 $\boldsymbol{K}$

① 设 $\boldsymbol{K}=[k_0\quad k_1]$

② 直接状态反馈闭环系统的特征多项式为

$$f(\lambda)=|\lambda\boldsymbol{I}-(\boldsymbol{A}-\boldsymbol{bk})|=\left|\begin{bmatrix}\lambda & 0\\0 & \lambda\end{bmatrix}-\begin{bmatrix}0 & 1\\0 & -5\end{bmatrix}+\begin{bmatrix}0\\1\end{bmatrix}[k_0\quad k_1]\right|$$

$$=\lambda^2+(5+k_1)\lambda+k_0$$

③ 闭环系统期望特征多项式为

$$f^*(\lambda)=(\lambda+7.07-j7.07)(\lambda+7.07+j7.07)=\lambda^2+14.14\lambda+100$$

④ 由 $f(\lambda)=f^*(\lambda)$，解得 $k_0=100, k_1=9.14$，即

$$\boldsymbol{K}=[k_0\quad k_1]=[100\quad 9.14]$$

(3) 设计全维状态观测器反馈矩阵 $\boldsymbol{G}=[g_1\quad g_2]^{\mathrm{T}}$，为了使状态观测器的估计状态 $\hat{\boldsymbol{x}}(t)$ 较快地收敛到真实状态 $\boldsymbol{x}(t)$，选取状态观测器的特征值为：$s_1=-50, s_2=-50$

$$\boldsymbol{A}-\boldsymbol{Gc}=\begin{bmatrix}0 & 1\\0 & -5\end{bmatrix}-\begin{bmatrix}g_1\\g_2\end{bmatrix}[100\quad 0]=\begin{bmatrix}-100g_1 & 1\\-100g_2 & -5\end{bmatrix}$$

系统特征多项式为：$f(s)=|s\boldsymbol{I}-(\boldsymbol{A}-\boldsymbol{Gc})|=s^2+(100g_1+5)s+100g_2$

观测器所期望的特征多项式为：$f^*(s)=(s+50)(s+50)=s^2+100s+2500$

令 $f^*(s)=f(s)$，有

$$100g_1+5=100,\quad 100g_2=2500$$

解此方程组得，$g_1=0.95, g_2=25, \boldsymbol{G}=[0.95\quad 25]^{\mathrm{T}}$。闭环系统结构图如图 9-16 所示。

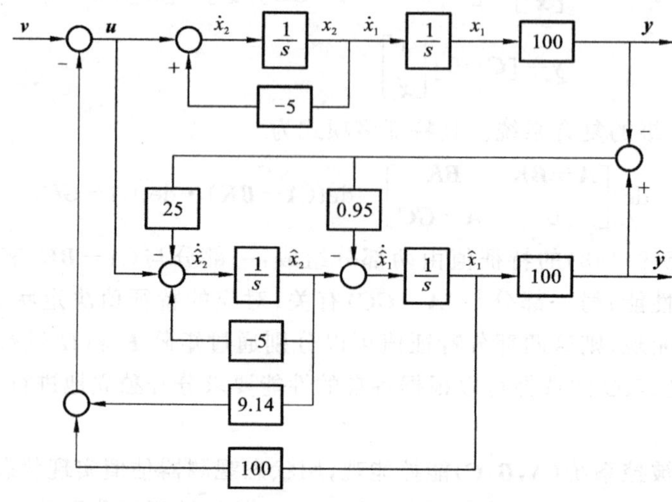

图 9-16　例 9-27 系统状态结构图

9.9　MATLAB 在状态空间分析中的应用

前面讨论了状态空间分析法中动态方程与传递函数的相互变换关系，状态方程的求解、系统能控性、能观性判断、极点配置和观测器设计等内容。下面介绍利用 MATLAB 工具箱中有关函数对上述内容进行分析研究的方法。

9.9.1　利用 MATLAB 进行系统模型之间的相互转换

1. 将传递函数转换为状态空间描述

例 9-28　已知系统的传递函数为

$$\frac{Y(s)}{U(s)}=\frac{s}{s^3+14s^2+56s+160}$$

求系统的状态空间描述。

解

```
%MATLAB 程序 9-1
Num=[0  0  1  0];
Den=[1  14  56  160];
[A,B,C,D]=tf2ss(num,den)       %将传递函数转换为状态空间描述
程序运行结果为：
A=
  -14     -56     -160
     1       0  0
     0       1  0
B=
    1
    0
    0
C=
    0  1  0
D=
    0
```

2. 将状态空间描述转换为传递函数

为了从状态空间方程得到传递函数，采用以下命令：

```
[num,den]= ss2tf(A,B,C,D,iu)
```

对于多输入的系统，必须具体化 iu。例如，如果系统有 3 个输入($u1,u2,u3$)，则 iu 必须为 1、2 或 3 中的一个，其中 1 表示 $u1$，2 表示 $u2$，3 表示 $u3$。如果系统只有一个输入，则可采用

[num,den]= ss2tf(A,B,C,D) 或 [num,den]= ss2tf(A,B,C,D,1)。

例 9-29　试求下列状态方程所定义的系统传递函数。

$$\begin{bmatrix}\dot{x}_1\\ \dot{x}_2\\ \dot{x}_3\end{bmatrix}=\begin{bmatrix}0 & 1 & 0\\ 0 & 0 & 1\\ -5 & -25 & -5\end{bmatrix}\begin{bmatrix}x_1\\ x_2\\ x_3\end{bmatrix}+\begin{bmatrix}0\\ 25\\ -120\end{bmatrix}\boldsymbol{u}$$

$$\boldsymbol{y}=[1 \quad 0 \quad 0]\boldsymbol{x}$$

```
% MTLAB 程序 9- 2
A=[0  1  0;  0  0  1;  -5  -25  -5];
B=[0;  25;  -120];
C=[1  0  0];
D=[0];
[num,den]=ss2tf(A,B,C,D)
程序运行结果为:
num=
       0  -0.0000  25.0000  5.0000
den=
       1.0000  5.0000  25.0000  5.0000

%*****The same result can be obtained by entering the following command*****
[num,den]=ss2tf(A,B,C,D,1)
num=
       0  -0.0000  25.0000  5.0000
den=
       1.0000  5.0000  25.0000  5.0000
```

所得传递函数为

$$\frac{Y(s)}{U(s)}=\frac{25s+5}{s^3+5s^2+25s+5}$$

9.9.2　用 MATLAB 求取线性系统的时域解

MATLAB 中的 step、impulse 和 initial 函数分别用来求连续系统的单位阶跃响应、单位冲激响应和零输入响应。简单的 MATLAB 程序便可实现。

例 9-30　已知线性定常系统:

$$\dot{\boldsymbol{x}}=\begin{bmatrix}-1.6 & -0.9 & 0 & 0\\ 0.9 & 0 & 0 & 0\\ 0.4 & 0.5 & -5.0 & -2.45\\ 0 & 0 & 2.45 & 0\end{bmatrix}\boldsymbol{x}+\begin{bmatrix}1\\ 0\\ 1\\ 0\end{bmatrix}\boldsymbol{u}$$

$$\boldsymbol{y}=[1 \quad 1 \quad 1 \quad 1]\boldsymbol{x}$$

求系统单位阶跃响应,单位冲激响应和零输入响应(设初始状态为 $\boldsymbol{x}_0=[1\ 1\ 1\ -1]^{\mathrm{T}}$)。

求解该题的 MATLAB 程序如下:

```
a=[-1.6,-0.9,0,0; 0.9,0,0,0; 0.4,0.5,-5.0,- 2.45; 0,0,2.45,0 ];
b=[ 1; 0; 1; 0 ];
c=[ 1 1 1 1 ];
```

```
d=[ 0 ];
figure ( 1 )
subplot ( 2,2,1 )
step ( a,b,c,d )
title (`Step Response` )
subplot ( 2,2,2 )
impulse ( a,b,c,d )
title (`Impulse Response` )
subplot ( 2,2,3 )
x0=[ 1; 1; 1; -1 ];
initial ( a,b,c,d,x0 )
axis ( [ 0 6 -0.5 2.5 ] )
title (`Initial Response` )
subplot ( 2,2,4 )
pzmap (a,b,c,d )
title (`Pole-Zero Map` )
```

程序运行结果为

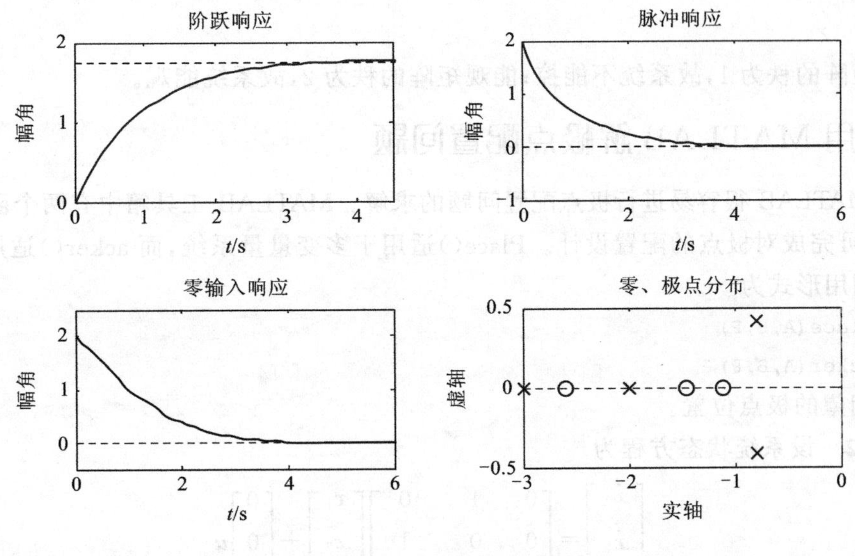

图 9-17　响应图及零极点分布

9.9.3　用 MATLAB 判断线性系统的能控性和能观性

用 MATLAB 来判断线性系统的能控性和能观性是非常方便的。ctrb 命令用于求取系统的能控矩阵 M，obsv 命令用于求取系统的能观矩阵 N，命令格式为

```
M= ctrb (A,B )  或  M= ctrb(sys)
N= obsv (A,C )  或  N= obsv(sys)
```

例 9-31　已知线性定常系统：

$$\dot{x}=\begin{bmatrix}-3 & 1\\ 1 & -3\end{bmatrix}x+\begin{bmatrix}1 & 1\\ 1 & 1\end{bmatrix}u$$

$$y=\begin{bmatrix}1 & 1\\ 1 & -1\end{bmatrix}x$$

试判别系统的能控性和能观性。

MATLAB 程序如下所示：

```
a=[-3, 1; 1, -3 ];
b=[1,1; 1, 1 ];
c=[ 1,1; 1, -1 ]; d=[ 0 ];
cam=ctrb (a,b );
rcam=rank (cam )
oam=obsv ( a,c );
roam=rank (oam )
```

程序运行结果为

```
rcam=
    1
roam=
    2
```

能控矩阵的秩为 1，故系统不能控；能观矩阵的秩为 2，故系统能观。

9.9.4 用 MATLAB 解极点配置问题

应用 MATLAB 很容易进行极点配置问题的求解。MATLAB 工具箱中有两个函数 place() 和 acker()可完成对极点的配置设计。Place()适用于多变量量系统，而 acker()适用于单变量系统。其调用形式为

```
K=place(A,B,P)
K=acker(A,B,P)
```

其中 P 为期望的极点位置。

例 9-32 设系统状态方程为

$$\begin{bmatrix}\dot{x}_1\\ \dot{x}_2\\ \dot{x}_3\end{bmatrix}=\begin{bmatrix}0 & 1 & 0\\ 0 & 0 & 1\\ 0 & -2 & -3\end{bmatrix}\begin{bmatrix}x_1\\ x_2\\ x_3\end{bmatrix}+\begin{bmatrix}0\\ 0\\ 1\end{bmatrix}u$$

试设计状态反馈控制器，使闭环极点为−2，−1±j。

解 MATLAB 程序如下所示：

```
%pole placement
%
disp('pole placement -using transformation matrix')
a=[0,1,0; 0,0,1; 0,-2,-3 ];
b=[0,0,1 ];
cam=ctrb (a,b );
```

```
dis('The rank of controllability matrix')
rc=rank (cam )
```

运行结果：

```
Rc=
   3       %系统能控，故可进行极点的任意配置。
P=[-2;-1+j;-1-j];
K=acker(A,B,P)
```

运行结果：

```
K=
   4  4  1
```

另外，MATLAB 还可以进行状态观测器设计、特征方程的求解及李雅普诺夫稳定性分析，具体应用方法可参考有关参考书。

习　题　9

1. 试求题图 9.1 所示网络的状态空间表达式。

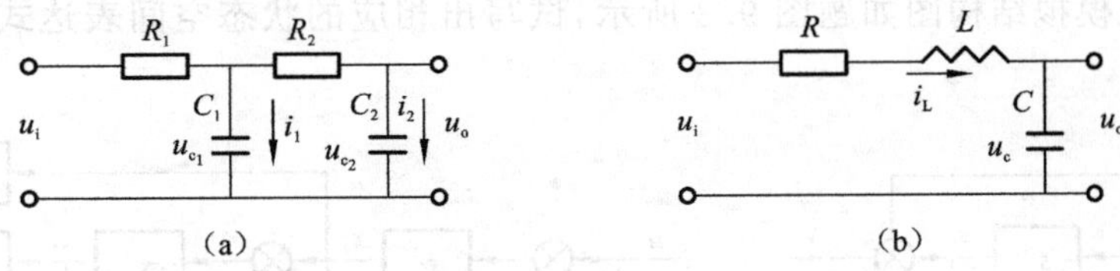

题图 9.1　电路图

2. 已知系统结构图如题图 9.2 所示，其状态变量为 x_1, x_2, x_3。(1)试求动态方程，并画出状态变量模拟结构图；(2)求系统传递函数。

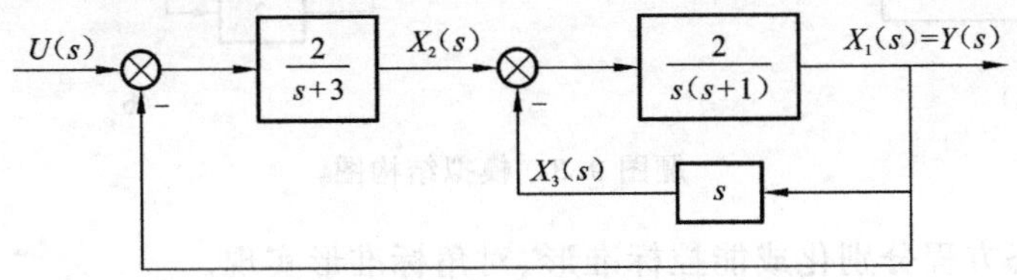

题图 9.2　系统结构图

3. 设系统的微分方程为

(1) $\dddot{y}+6\ddot{y}+11\dot{y}+6y=6u$

(2) $\dddot{y}+5\ddot{y}+7\dot{y}+3y=\dot{u}+2u$

其中：u、y 分别系统为输入量、输出量。试列写出能控标准形及能观标准形状态空间表达式，并画出相应的状态变量模拟结构图。

4. 已知双输入双输出系统状态方程和输出方程分别为

$$\dot{x}_1=x_2+u_1$$
$$\dot{x}_2=x_3+2u_1-u_2$$
$$\dot{x}_3=-6x_1-11x_2-6x_3+2u_2$$

$$y_1 = x_1 - x_2$$
$$y_2 = 2x_1 + x_2 - x_3$$

试写出矩阵形式的动态方程。

5. 已知状态空间表达式：

$$\dot{\boldsymbol{x}} = \begin{bmatrix} -2 & 1 & 0 \\ 0 & -3 & 0 \\ 0 & 1 & -4 \end{bmatrix}\boldsymbol{x} + \begin{bmatrix} -1 & -1 \\ 1 & 4 \\ 2 & -3 \end{bmatrix}\boldsymbol{u}$$

(1) 试用$\tilde{\boldsymbol{x}} = \boldsymbol{P}^{-1}\boldsymbol{x}$进行线性变换，变换矩阵$\boldsymbol{P}^{-1} = \begin{bmatrix} 1 & 0 & 0 \\ 0 & 2 & 0 \\ 0 & 0 & 1 \end{bmatrix}$，求变换后的状态空间表达式。

(2) 试证明变换前后系统的特征值的不变性和传递函数矩阵的不变性。

6. 已知系统传递函数为

$$G(s) = \frac{s^2 + 6s + 8}{s^2 + 4s + 3}$$

试求可控标准形、可观测标准形、对角形标准形动态方程，并画出相应的模拟结构图。

7. 已知系统模拟结构图如题图 9.3 所示，试写出相应的状态空间表达式，并求出对应的传递函数。

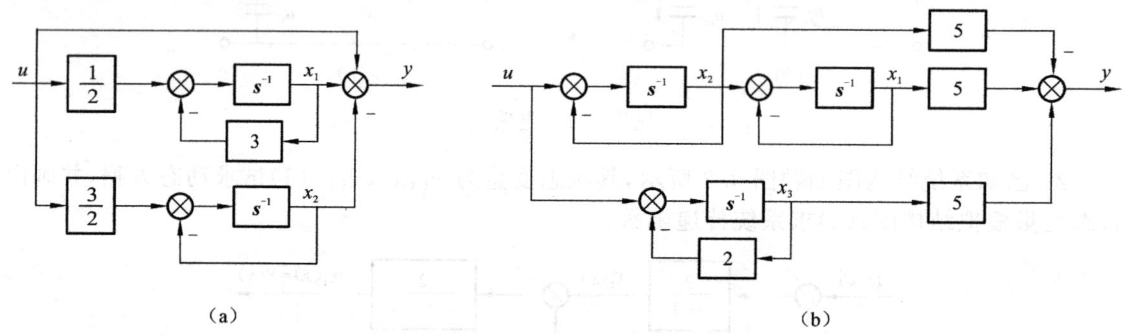

题图 9.3 模拟结构图

8. 将下列状态方程分别化成能控标准形、对角标准形实现。

(1) $\dot{\boldsymbol{x}} = \begin{bmatrix} 1 & -2 \\ 3 & 4 \end{bmatrix}\boldsymbol{x} + \begin{bmatrix} 1 \\ 1 \end{bmatrix}\boldsymbol{u}$, $\boldsymbol{y} = [2 \quad 1]\boldsymbol{x}$

(2) $\dot{\boldsymbol{x}} \begin{bmatrix} 0 & 1 & 0 \\ 0 & 0 & 1 \\ -6 & -11 & -6 \end{bmatrix}\boldsymbol{x} + \begin{bmatrix} 1 \\ 1 \\ 0 \end{bmatrix}\boldsymbol{u}$

9. 已知某系统的状态方程为

$$\dot{\boldsymbol{x}}(t) = \boldsymbol{A}(t)\boldsymbol{x}(t) + \boldsymbol{B}(t)\boldsymbol{u}(t)$$

其中$\boldsymbol{A}(t) = \begin{pmatrix} e^{-t} & 1 \\ 0 & 4t \end{pmatrix}$，$\boldsymbol{B}(t) = \begin{pmatrix} 1 & e^{-2t} \\ 0 & e^{-t} \end{pmatrix}$，试求 $T = 0.5$ s 时的离散化状态方程。

10. 已知离散系统的差分方程为

$$y(k+3)+3y(k+2)+5y(k+1)+y(k)=u(k+1)2u(k)$$

求系统的状态空间表达式。

11. 已知系统动态方程如下，试求传递函数 $G(s)$。

(1) $\begin{cases}\dot{\boldsymbol{x}}=\begin{bmatrix}0 & 1 & 0\\ -2 & -3 & 0\\ -1 & 1 & 3\end{bmatrix}\boldsymbol{x}+\begin{bmatrix}0\\1\\2\end{bmatrix}\boldsymbol{u}\\ \boldsymbol{y}=[0\quad 0\quad 1]\end{cases}$，(2) $\begin{cases}\dot{\boldsymbol{x}}=\begin{bmatrix}0 & 1 & 0\\ 0 & 0 & 1\\ -8 & -1 & -3\end{bmatrix}\boldsymbol{x}+\begin{bmatrix}0\\0\\1\end{bmatrix}\boldsymbol{u}\\ \boldsymbol{y}=[10\quad 8\quad 1]\end{cases}$

12. 已知系统矩阵：

$$\boldsymbol{A}=\begin{bmatrix}-1 & 0\\ 0 & 1\end{bmatrix}$$

至少用两种方法求状态转移矩阵。

13. 下列矩阵是否满足状态转移矩阵的条件？如果满足，试求对应的矩阵 $\boldsymbol{A}$。

(1) $\boldsymbol{\Phi}(t)=\begin{bmatrix}1 & 0 & 0\\ 0 & \sin t & \cos t\\ 0 & -\cos t & \sin t\end{bmatrix}$ (2) $\boldsymbol{\Phi}(t)=\begin{bmatrix}2e^{-t}-e^{-2t} & -2e^{-t}+2e^{-2t}\\ e^{-t}-e^{-2t} & -e^{-t}+2e^{-2t}\end{bmatrix}$

14. 已知系统状态方程为

$$\dot{\boldsymbol{x}}=\begin{bmatrix}1 & 0\\ 1 & 1\end{bmatrix}\boldsymbol{x}+\begin{bmatrix}1\\1\end{bmatrix}\boldsymbol{u}$$

初始条件为 $\boldsymbol{x}_1(0)=1,\boldsymbol{x}_2(0)=0$，试求系统在单位阶跃输入作用下的响应。

15. 线性定常系统的齐次方程为

$$\dot{\boldsymbol{x}}=\boldsymbol{A}\boldsymbol{x}(t)$$

已知当 $\boldsymbol{x}(0)=\begin{bmatrix}1\\-2\end{bmatrix}$时，状态方程的解为 $\boldsymbol{x}(t)=\begin{bmatrix}e^{-2t}\\-2e^{-2t}\end{bmatrix}$；而当 $\boldsymbol{x}(0)=\begin{bmatrix}1\\-1\end{bmatrix}$时，状态方程的解为 $x(t)=\begin{bmatrix}e^{-t}\\-e^{-t}\end{bmatrix}$。

(1) 系统的状态转移矩阵 $\boldsymbol{\Phi}(t)$；

(2) 系统的系数矩阵 $\boldsymbol{A}$。

16. 线性定常系统的状态空间表达式为

(1) $\dot{\boldsymbol{x}}=\begin{bmatrix}0 & 1 & 0\\ -2 & 3 & 0\\ -1 & 1 & 3\end{bmatrix}\boldsymbol{x}+\begin{bmatrix}0\\1\\2\end{bmatrix}\boldsymbol{u},\boldsymbol{y}=[2\quad 0\quad 1]$；

(2) $\dot{\boldsymbol{x}}=\begin{bmatrix}-3 & 1\\ 1 & -3\end{bmatrix}\boldsymbol{x}+\begin{bmatrix}1 & 1\\ 1 & 1\end{bmatrix}\boldsymbol{u},\boldsymbol{y}=\begin{bmatrix}1 & 1\\ 1 & -1\end{bmatrix}\boldsymbol{x}$；

试判别系统的能控性和能观性。

17. 已知系统的传递函数为

$$G(s)=\frac{s+a}{s^3+7s^2+14s+8}$$

(1) 试求 a 为何值时，系统为不能控或不能观；

(2) 选择一组状态变量，使系统能控而不能观，并求出其动态方程；

(3) 选择另一组状态变量,使系统能观而不能控,并求出其动态方程。

18. 设系统状态方程为

$$\dot{\boldsymbol{x}}=\begin{bmatrix}0 & 1\\ -1 & a\end{bmatrix}\boldsymbol{x}+\begin{bmatrix}1\\ b\end{bmatrix}\boldsymbol{u}$$

设系统状态可控,试求 a,b。

19. 试证明系统$\begin{cases}\dot{x}_1=x_2\\ \dot{x}_2=-a_1x_1-a_2x_1^2x_2\end{cases}$在 $a_1>0,a_2>0$ 时是全局渐近稳定的。

20. 已知系统状态方程为

$$\begin{bmatrix}\dot{x}_1\\ \dot{x}_2\end{bmatrix}=\begin{bmatrix}0 & 1\\ -2 & -1.5\end{bmatrix}\begin{bmatrix}x_1\\ x_2\end{bmatrix}$$

试用李雅普诺夫直接法判断系统的稳定性,并写出有关李雅普诺夫函数。

21. 设系统动态方程为

$$\dot{\boldsymbol{x}}=\begin{bmatrix}-2 & 0\\ 0 & 3\end{bmatrix}\boldsymbol{x}+\begin{bmatrix}1\\ 1\end{bmatrix}\boldsymbol{u},\quad \boldsymbol{y}=[1\quad 2]\boldsymbol{x}$$

试:(1) 判别系统的能控性和能观性;

(2) 求系统的传递函数;

(3) 画出系统的状态图;

(4) 判别系统的稳定性。

22. 设系统状态方程为

$$\dot{\boldsymbol{x}}=\begin{bmatrix}0 & 1 & 0\\ 0 & -1 & 1\\ 0 & -1 & 10\end{bmatrix}\boldsymbol{x}+\begin{bmatrix}0\\ 0\\ 10\end{bmatrix}\boldsymbol{u}$$

说明可否用状态反馈任意配置闭环极点,若可以,求状态反馈矩阵,使闭环极点位于-10,$-1\pm \mathrm{j}\sqrt{3}$,并画出相应模拟结构图。

23. 设系统动态方程为

$$\dot{\boldsymbol{x}}=\begin{bmatrix}0 & 1\\ 0 & 0\end{bmatrix}\boldsymbol{x}+\begin{bmatrix}0\\ 1\end{bmatrix}\boldsymbol{u},\quad \boldsymbol{y}=[1\quad 0]\boldsymbol{x}$$

试设计全维状态观测器,使其极点位于$-r,-2r\ (r>0)$。

24. 设系统传递函数为

$$\frac{Y(s)}{U(s)}=\frac{(s-1)(s+2)}{(s+1)(s-2)(s+3)}$$

判断能否利用状态反馈矩阵将传递函数变成$\dfrac{(s-1)}{(s+2)(s+3)}$,若有可能,求出一个满足的状态反馈矩阵 $\boldsymbol{K}$。

25. 已知系统动态方程为

$$\dot{\boldsymbol{x}}=\begin{bmatrix}0 & 1\\ -2 & 1\end{bmatrix}\boldsymbol{x}+\begin{bmatrix}0\\ 1\end{bmatrix}\boldsymbol{u},\quad \boldsymbol{y}=[1\quad 0]\boldsymbol{x}$$

试设计状态反馈矩阵 $\boldsymbol{k}$,使闭环系统在阶跃信号作用下超调量和调节时间为 $M_{\mathrm{p}}=5\%$,$t_{\mathrm{s}}=2\ \mathrm{s}$,且假定系统的状态变量不能被检测。

附录　拉普拉斯变换

拉普拉斯变换简称拉氏变换，是研究控制系统的一个重要数学工具。通过拉氏变换，可以把时域微分方程变换成复域代数方程，从而使得求解高阶微分方程的难题大为简化。

1. 拉氏变换与拉氏反变换的定义

设分段连续的时间函数 $f(t)$，$t \geqslant 0$，满足 $|f(t)| \leqslant M\mathrm{e}^{\lambda t}$，其中 M，λ 都是正的实常数。如果函数

$$F(s) = \int_0^{\infty} f(t)\mathrm{e}^{-st}\mathrm{d}t$$

在复变量 s 的某个域内收敛，则称此积分所确定的函数 $F(s)$ 为 $f(t)$ 的拉氏变换，记为 $L[f(t)]$，即

$$L[f(t)] = F(s) = \int_0^{\infty} f(t)\mathrm{e}^{-st}\mathrm{d}t \tag{附-1}$$

式中：L 为拉氏变换符号；s 为复变量；$F(s)$ 为 $f(t)$ 的拉氏变换函数，称为象函数，$f(t)$ 为原函数。

将 $F(s)$ 变换成与之相对应的原函数 $f(t)$ 的过程，称为拉氏反变换，如式(附-2)

$$f(t) = L^{-1}[F(s)] = \frac{1}{2\pi j}\int_{\sigma-\mathrm{j}w}^{\sigma+\mathrm{j}w} F(s)\mathrm{e}^{st}\mathrm{d}s \tag{附-2}$$

式中：L^{-1}为拉氏反变换符号。

表附-1 为常用函数的拉氏变换，表附-2 为拉氏变换的基本性质。

表附-1　常用函数的拉氏变换

序号	拉氏变换 $F(s)$	时间函数 $f(t)$
1	1	$\delta(t)$
2	$\frac{1}{s}$	$1(t)$
3	$\frac{1}{s^2}$	t
4	$\frac{1}{s^3}$	$\frac{t^2}{2}$
5	$\frac{1}{s^{n+1}}$	$\frac{t^n}{n!}$
6	$\frac{1}{s+a}$	e^{-at}
7	$\frac{1}{(s+a)^2}$	$t\mathrm{e}^{-at}$
8	$\frac{b-a}{(s+a)(s+b)}$	$\mathrm{e}^{-at}-\mathrm{e}^{-bt}$

续表

序号	拉氏变换 $F(s)$	时间函数 $f(t)$
9	$\dfrac{\omega}{s^2+\omega^2}$	$\sin\omega t$
10	$\dfrac{s}{s^2+\omega^2}$	$\cos\omega t$
11	$\dfrac{\omega}{(s+a)^2+\omega^2}$	$e^{-at}\sin\omega t$
12	$\dfrac{s+a}{(s+a)^2+\omega^2}$	$e^{-at}\cos\omega t$
13	$\dfrac{1}{s-(1/T)\ln a}$	$a^{t/T}$
14	$\dfrac{n!}{(s+a)^{n+1}}$	$t^n e^{-at}(n=1,2,3\cdots)$
15	$\dfrac{\omega_n^2}{s^2+2\zeta\omega_n s+\omega_n^2}$	$\dfrac{\omega_n}{\sqrt{1-\zeta^2}}e^{-\zeta\omega_n t}\sin(\omega_n\sqrt{1-\zeta^2}t)$

表附-2　拉氏变换的基本性质

1	线性定理	齐次性	$L[af(t)]=aF(s)$
		叠加性	$L[f_1(t)\pm f_2(t)]=F_1(s)\pm F_2(s)$
2	微分定理	一般形式	$L\left[\dfrac{df(t)}{dt}\right]=sF(s)-f(0)$ $L\left[\dfrac{d^2f(t)}{dt^2}\right]=s^2F(s)-sf(0)-f'(0)$ $\vdots$ $L\left[\dfrac{d^nf(t)}{dt^n}\right]=s^nF(s)-\sum\limits_{k=1}^{n}s^{n-k}f^{(k-1)}(0)$
		初始条件为 0 时	$L\left[\dfrac{d^nf(t)}{dt^n}\right]=s^nF(s)$
3	积分定理	一般形式	$L\left[\int f(t)dt\right]=\dfrac{F(s)}{s}+\dfrac{\left[\int f(t)dt\right]_{t=0}}{s}$ $L\left[\iint f(t)(dt)^2\right]=\dfrac{F(s)}{s^2}+\dfrac{\left[\int f(t)dt\right]_{t=0}}{s^2}+\dfrac{\left[\iint f(t)(dt)^2\right]_{t=0}}{s}$ $\vdots$ $L\left[\overbrace{\int\cdots\int}^{\text{共}n\text{个}} f(t)(dt)^n\right]=\dfrac{F(s)}{s^n}+\sum\limits_{k=1}^{n}\dfrac{1}{s^{n-k+1}}\left[\overbrace{\int\cdots\int}^{\text{共}n\text{个}} f(t)(dt)^n\right]_{t=0}$
		初始条件为 0 时	$L\left[\overbrace{\int\cdots\int}^{\text{共}n\text{个}} f(t)(dt)^n\right]=\dfrac{F(s)}{s^n}$

续表

4	延迟定理(或称 t 域平移定理)	$L[f(t-T)1(t-T)]=e^{-Ts}F(s)$
5	衰减定理(或称 s 域平移定理)	$L[f(t)e^{-at}]=F(s+a)$
6	终值定理	$\lim\limits_{t\to\infty}f(t)=\lim\limits_{s\to 0}sF(s)$
7	初值定理	$\lim\limits_{t\to 0}f(t)=\lim\limits_{s\to\infty}sF(s)$
8	卷积定理	$L\left[\int_0^t f_1(t-\tau)f_2(\tau)d\tau\right]=L\left[\int_0^t f_1(t)f_2(t-\tau)d\tau\right]=F_1(s)F_2(s)$ 或写作 $L[f_1(t)*f_2(t)]=F_1(s)F_2(s)$

2. 求拉氏反变换的数学方法

当已知函数 $F(s)$需要求取 $f(t)$时,对于简单的函数,可直接利用表 A-1 查询。对于复杂形式的 $F(s)$,可利用部分分式展开法,将复杂形式的 $F(s)$分解为数个简单的部分分式之和,再求出各个分式的原函数,从而求出总的原函数 $f(t)$。

设 $F(s)$是 s 的有理真分式

$$F(s)=\frac{B(s)}{A(s)}=\frac{b_m s^m+b_{m-1}s^{m-1}+\cdots+b_1 s+b_0}{a_n s^n+a_{n-1}s^{n-1}+\cdots+a_1 s+a_0}\quad (n>m)$$

式中:系数 $a_0,a_1,\cdots,a_{n-1},a_n,b_0,b_1,\cdots b_{m-1},b_m$ 都是实常数;m,n 是正整数。按代数定理可将 $F(s)$展开为部分分式。分以下两种情况讨论。

1) $A(s)=0$ 无重根

这时,$F(s)$可展开为 n 个简单的部分分式之和的形式:

$$F(s)=\frac{c_1}{s-s_1}+\frac{c_2}{s-s_2}+\cdots+\frac{c_i}{s-s_i}+\cdots+\frac{c_n}{s-s_n}=\sum_{i=1}^{n}\frac{c_i}{s-s_i}\tag{附-3}$$

式中:$s_1,s_2,\cdots,s_n$ 是特征方程 $A(s)=0$ 的根;c_i 为待定常数,称为 $F(s)$在 s_i 处的留数,可按式(附-4)计算:

$$c_i=\lim_{s\to s_i}(s-s_i)F(s)\tag{附-4}$$

或

$$c_i=\left.\frac{B(s)}{A'(s)}\right|_{s=s_i}\tag{附-5}$$

式中:$A'(s)$为 $A(s)$对 s 的一阶导数。根据拉氏变换的性质,从式(附-3)可求得原函数

$$f(t)=L^{-1}[F(s)]=L^{-1}\left[\sum_{i=1}^{n}\frac{c_i}{s-s_i}\right]=\sum_{i=1}^{n}c_i e^{-s_i t}\tag{附-6}$$

2) $A(s)=0$ 有重根

设 $A(s)=0$ 有 r 重根 s_1,$F(s)$可写为

$$F(s)=\frac{B(s)}{(s-s_1)^r(s-s_{r+1})\cdots(s-s_n)}$$
$$=\frac{c_r}{(s-s_1)^r}+\frac{c_{r-1}}{(s-s_1)^{r-1}}+\cdots+\frac{c_1}{(s-s_1)}+\frac{c_{r+1}}{s-s_{r+1}}+\cdots+\frac{c_n}{s-s_n}$$

式中：s_1 为 $F(s)$的 r 重根，$s_{r+1},\cdots,s_n$ 为 $F(s)$的 $n-r$ 个单根；$c_{r+1},\cdots,c_n$ 仍按式(附-4)或(附-5)计算，$c_r,c_{r-1},\cdots,c_1$ 则按式(附-7)计算：

$$c_r=\lim_{s\to s_1}(s-s_1)^rF(s)$$
$$c_{r-1}=\lim_{s\to s_1}\frac{\mathrm{d}}{\mathrm{d}s}[(s-s_1)^rF(s)]$$
$$\cdots\cdots$$
$$c_{r-j}=\frac{1}{j!}\lim_{s\to s_1}\frac{\mathrm{d}^{(j)}}{\mathrm{d}s^{(j)}}(s-s_1)^rF(s)$$
$$\cdots\cdots$$
$$c_1=\frac{1}{(r-1)!}\lim_{s\to s_1}\frac{\mathrm{d}^{(r-1)}}{\mathrm{d}s^{(r-1)}}(s-s_1)^rF(s)$$

(附-7)

原函数 $f(t)$为

$$f(t)=L^{-1}[F(s)]$$
$$=L^{-1}\left[\frac{c_r}{(s-s_1)^r}+\frac{c_{r-1}}{(s-s_1)^{r-1}}+\cdots+\frac{c_1}{(s-s_1)}+\frac{c_{r+1}}{s-s_{r+1}}+\cdots+\frac{c_i}{s-s_i}+\cdots+\frac{c_n}{s-s_n}\right]$$
$$=\left[\frac{c_r}{(r-1)!}t^{r-1}+\frac{c_{r-1}}{(r-2)!}t^{r-2}+\cdots+c_2t+c_1\right]\mathrm{e}^{s_1t}+\sum_{i=r+1}^{n}c_i\mathrm{e}^{s_it}$$

(附-8)

例附-1 已知 $F(s)=\dfrac{S+3}{(S+1)(S+2)}$，求 $f(t)$。

解
$$F(s)=\frac{S+3}{(S+1)(S+2)}=\frac{K_1}{(S+1)}+\frac{K_2}{(S+2)}$$

式中：

$$K_1=F(s)(s+1)\big|_{s=-1}=\frac{S+3}{(S+2)}\bigg|_{s=-1}=2$$
$$K_2=F(s)(s+2)\big|_{s=-2}=-1$$

得

$$F(s)=\frac{2}{(S+1)}+\frac{-1}{(S+2)}$$

查表附-1，从而有

$$f(t)=2\mathrm{e}^{-t}-\mathrm{e}^{-2t}$$

例附-2　求 $F(s)=\dfrac{s^2+2s+3}{(s+1)^3}$ 的拉氏反变换。

解

$$F(s)=\frac{s^2+2s+3}{(s+1)^3}=\frac{a_{11}}{(s+1)^3}+\frac{a_{12}}{(s+1)^2}+\frac{a_{13}}{(s+1)}$$

其中

$$a_{11}=\frac{s^2+2s+3}{(s+1)^3}(s+1)^3\Big|_{s=-1}=2$$

$$a_{12}=\frac{\mathrm{d}}{\mathrm{d}s}\left[\frac{s^2+2s+3}{(s+1)^3}(s+1)^3\right]\Bigg|_{s=-1}=0$$

$$a_{13}=\frac{1}{2!}\frac{\mathrm{d}^2}{\mathrm{d}s^2}\left[\frac{s^2+2s+3}{(s+1)^3}(s+1)^3\right]\Bigg|_{s=-1}=1$$

所以

$$f(t)=L^{-1}\left[\frac{2}{(s+1)^3}+\frac{1}{s+1}\right]=t^2\mathrm{e}^{-t}+\mathrm{e}^{-t}=(t^2+1)\mathrm{e}^{-t}$$

参 考 文 献

程鹏，2010. 自动控制原理[M]. 2 版. 北京：高等教育出版社.

程鹏，王艳东，2011. 自动控制原理学习辅导与习题解答[M]. 2 版. 北京：高等教育出版社.

陈启宗，1988. 线性系统理论与设计[M]. 王纪文，等，译. 北京：科学出版社.

戴忠达，1991. 自动控制理论基础[M]. 北京：清华大学出版社.

富兰克林，2014. 自动控制原理与设计[M]. 6 版. 李中华，等，译. 北京：电子工业出版社.

胡寿松，2013. 自动控制原理[M]. 6 版. 北京：科学出版社.

胡寿松，2016. 自动控制原理习题解析[M]. 2 版. 北京：科学出版社.

黄坚，2009. 自动控制原理及其应用[M]. 2 版. 北京：高等教育出版社.

李友善，2014. 自动控制原理[M]. 3 版. 北京：国防工业出版社.

廖道争，施保华，2016. 计算机控制技术[M]. 北京：机械工业出版社.

刘豹，唐万生，2011. 现代控制理论[M]. 3 版. 北京：机械工业出版社.

刘超，高双，2015. 自动控制原理的 MATLAB 仿真与实践[M]. 北京：机械工业出版社.

施保华，2007. 计算机控制技术[M]. 武汉：华中科技大学出版社.

宋乐鹏，2012. 自动控制原理[M]. 北京：清华大学出版社.

孙建平，孙海蓉，2014. 自动控制原理[M]. 2 版. 北京：中国电力出版社.

孙扬声，2007. 自动控制理论[M]. 4 版. 北京：中国电力出版社.

王建辉，顾树生，2014. 自动控制原理[M]. 2 版. 北京：清华大学出版社.

王万良，2014. 自动控制原理. 2 版. 北京：高等教育出版社.

王永骥，王金城，王敏，2007. 自动控制原理[M]. 2 版. 北京：化学工业出版社.

吴麒，王诗宓，2016. 自动控制原理[M]. 2 版. 北京：清华大学出版社.

夏超英，2014. 自动控制原理[M]. 2 版. 北京：科学出版社.

绪方胜彦，2017. 现代控制工程[M]. 5 版. 卢伯英，等，译. 北京：电子工业出版社.

徐薇莉，田作华，1995. 自动控制理论与设计[M]. 上海：上海交通大学出版社.

薛定宇，2012. 控制系统计算机辅助设计：MATLAB 语言与应用 [M]. 3 版. 北京：清华大学出版社.

杨平，翁思义，余洁，等，2015. 自动控制原理——简明篇 [M]. 北京：中国电力出版社.

张建民，2010. 自动控制原理[M]. 北京：高等教育出版社.

张嗣瀛，高立群，2017. 现代控制理论[M]. 2 版. 北京：清华大学出版社.

郑大钟，2005. 线性系统理论[M]. 2 版. 北京：清华大学出版社.

邹伯敏，2007. 自动控制理论[M]. 3 版. 北京：机械工业出版社.

Dorf R C，Bishop R H，2015. 现代控制系统[M]. 12 版. 谢红卫，孙志强，等，译. 北京：科学出版社.